Herbert Österreicher

Natur- und Umweltpädagogik für sozialpädagogische Berufe

3. Auflage

Bestellnummer 04611

Bildungsverlag EINS

Haben Sie Anregungen oder Kritikpunkte zu diesem Produkt?
Dann senden Sie eine E-Mail an 04611_003@bv-1.de
Autor und Verlag freuen sich auf Ihre Rückmeldung.

www.bildungsverlag1.de

Bildungsverlag EINS GmbH
Hansestraße 115, 51149 Köln

ISBN 978-3-427-**04611**-0

Inhaltsverzeichnis

Vorwort

Am 11. August 1999 war um die Mittagszeit über Deutschland eine totale Sonnenfinsternis zu beobachten. Bereits Wochen vor diesem seltenen und spektakulären Ereignis wurden in den Medien und von Fachleuten besorgte Warnungen geäußert, eine direkte Beobachtung dieses Ereignisses nur mit einem entsprechend geeigneten Augenschutz durchzuführen. In Kaufhäusern und Bürgerbüros, selbstverständlich bei jedem Optiker und bei zahlreichen anderen Stellen wurden *Schutzbrillen* verteilt oder verkauft.

In Einrichtungen zur Kindertagesbetreuung gab es im Vorfeld intensive Diskussionen, wie Kinder hier am besten zu schützen seien. Da insbesondere bei jüngeren Kindern befürchtet wurde, sie könnten bei einem Aufenthalt im Außengelände trotz aller Warnungen nach oben schauen, entschieden viele pädagogische Teams und Eltern, die Kinder in dieser Zeit nicht ins Freie zu lassen. Darüber hinaus kam es nicht nur zu vielen Gesprächen mit den Kindern, sondern in einigen Fällen auch zum Besuch von einschlägigen Informationsveranstaltungen, die damals vielerorts stattfanden.

Bei einer solchen Veranstaltung in einem Planetarium, die speziell für Kinder durchgeführt wurde und bei der ein weiteres Mal darauf hingewiesen wurde, die Sonne auf keinen Fall ohne den richtigen Augenschutz zu betrachten, meldete sich ein etwa vierjähriges Kind und fragte, ob die Tiere auch eine solche Brille bekommen würden. Der vortragende Experte war von dieser Überlegung offensichtlich sehr überrascht und fand nicht gleich eine Antwort. Nun äußerten auch andere Kinder ihre Sorge um die Tiere, und der Experte rang sich – vermutlich mit etwas schlechtem Gewissen, aber zur Beruhigung der Kinder – zu dem Eingeständnis durch, dass wohl auch die Tiere geschützt werden sollten.

Was hat dieser kleine Vorfall mit **Umweltpädagogik** zu tun? Oder genauer: Welche Aspekte von Umweltpädagogik werden da sichtbar? Ist Umweltpädagogik hier

- Aufklärung über die schädliche Strahlung der Sonne,
- technische Unterweisung,
- Werben um Interesse für ein Naturphänomen,
- ein Event im Planetarium,
- Reaktion auf ein öffentliches *Großthema* oder
- Verständnis zeigen für Tiere (oder Kinder)?

Zielsetzungen der Umweltpädagogik

Umweltpädagogik steckt ohne Zweifel in einem gewissen Dilemma: Es gibt viele, vielleicht zu viele Dimensionen, in denen sie ihr Recht behaupten, ihre Verpflichtung nachweisen, ihren Wert unter Beweis stellen will. Dementsprechend gibt es eine Reihe umfassender Konzepte und Konzeptionen, wie ein meist anspruchsvolles *Programm* in der Praxis umgesetzt werden sollte. Das soll an dieser Stelle nicht im Einzelnen dargelegt, unterschieden und verglichen, sondern der Blick soll stattdessen auf einige grundsätzliche Aspekte gelenkt werden.

Trotz aller Unterschiede im Detail zeigen alle Vorschläge, Richtlinien und Empfehlungen eine große Gemeinsamkeit: **Umweltpädagogik sollte eine grundsätzlich positive, weltoffene Haltung für das weitere Denken und Handeln vermitteln, wobei kognitiven Aspekten eine zwar wichtige, vor allem aber unterstützende Funktion zukommt** (vgl. Minssen, 1989; Knauer/Brandt, 1995; Reidelhuber, 2000; Gebhard, 2009; Wilken, 2002; Blessing/Mäurer, 2002 u. a.).

Eine weitere wichtige Gemeinsamkeit vieler Konzepte besteht in der **Forderung, die Lebenswelt der Kinder (stärker) zu berücksichtigen**. Auch hier geht es vor allem um emotionale Aspekte, aber auch um soziale und gesellschaftliche Fragestellungen, Alltagsstrukturen, Raumgestaltung und Handlungsspielräume. Umweltpädagogik im engeren Sinn verknüpft sich hier mit allgemeinen pädagogischen und sozialpädagogischen Ansätzen, die auch Eltern und familiäre Situation, Wohnraum und *Aktionsraum* von Kindern thematisieren (vgl. Blinkert 2005; Hüttenmoser, 2002; Opp, 2008; Bastian, 2000; Oberholzer/Lässer, 2003; Czisch, 2007 u. a.).

Eine dritte, insbesondere in den letzten Jahren wieder stärker betonte Dimension hebt die Bedeutung kindlicher Lernprozesse hervor. Dabei belegen die neueren Erkenntnisse der *Hirnforschung* sehr gut, **wie wichtig gerade die ersten Lebensjahre auch im Hinblick auf kognitive Prozesse sind**. Das bedeutet auch für die Umweltpädagogik, den *Wissensaspekt* nicht zu vernachlässigen, wenn auch hervorzuheben ist, dass es dabei stets auf eine *altersgemäße Vermittlung* (naturkundlicher) Inhalte ankommt (vgl. Gopnik, 2010; Lück, 2008; Eliot, 2010; Schäfer, 2002 und 2005; Spitzer, 2007 u. a.).

Besonders dieser letzte Aspekt steht in enger Beziehung zu den **Bildungs- und Erziehungsplänen**, die als *gemeinsamer Rahmen* der Länder nicht nur eine Ausarbeitung des Bildungsbegriffs für den Elementarbereich darstellen, sondern auch eine Verbindung zu anderen Aufgabenfeldern der Erziehung und Betreuung herstellen wollen. Der *Bayerische Bildungs- und Erziehungsplan* nennt hier beispielsweise Basiskompetenzen und themenbezogene Bildungs- und Erziehungsbereiche, wobei der Bereich Umwelt neben dem traditionellen Thema *Naturbegegnung* explizit auch den Aspekt der Mensch-Natur-Beziehung und die Notwendigkeit der Verknüpfung mit anderen Bereichen wie etwa der naturwissenschaftlich-technischen Bildung anspricht.

Was dieses Lehrbuch anstrebt

Es sei offen gestanden: Die Auswahl, Zusammenstellung und Gewichtung der Inhalte folgen weniger formalen Vorgaben (die ohnehin nicht allzu zahlreich oder gar zwingend waren) als vielmehr subjektiven, im Lauf der Jahre gesammelten Erfahrungen und Einsichten in der umweltpädagogischen Arbeit mit Kindern, Jugendlichen und Erwachsenen.

Dennoch war es für die Abfassung eines *Lehrbuchs* natürlich erforderlich, die entsprechenden Inhalte zu sortieren und zu gliedern, wobei verschiedene, einander teilweise widersprechende Überlegungen eine Rolle spielten.

Insgesamt lassen sich für dieses Buch verschiedene inhaltliche und gestalterische Elemente unterscheiden. Es liegt in der Natur der Sache, dass die damit verbundenen Zielsetzungen nicht nur seitens des Autors unterschiedlich intensiv verfolgt und umgesetzt werden konnten, sondern dass auch Sie bei der Lektüre und Arbeit mit diesem Buch schon diese Zielsetzungen selbst unterschiedlich bewerten werden:

1. Als *Lehrbuch* für den Gebrauch in der erzieherischen und sozialpädagogischen Ausbildung ermöglicht dieses Buch nicht nur das **eigenständige Erarbeiten von Inhalten**, sondern möchte dazu auch ausdrücklich anregen. Die besonderen Möglichkeiten zu Kontakten und Hilfestellungen, die ein Lernen im Klassenverband bzw. in Seminaren und Arbeitsgruppen bietet, können dabei von Ihnen insbesondere zu Gedankenaustausch und Diskussion genutzt werden – auch bei jenen Aufgaben, bei denen das nicht ausdrücklich vermerkt ist.

2. **Theorie und Praxis** sind miteinander verzahnt, d. h., Vorschläge und Tipps für die praktische Arbeit ergeben sich teils unmittelbar aus bestimmten theoretischen Überlegungen, teils führen konkrete Beobachtungen und Arbeitsergebnisse zur Suche nach Verallgemeinerungen oder übergeordneten Prinzipien: Die Theorie wird durch das praktische Beispiel anschaulich und nachvollziehbar, wie umgekehrt das Beispiel aus der Praxis durch eine theoretische Fundierung und Einordnung an Wert gewinnt.

3. Die Auswahl der Inhalte verweist auf die Bandbreite von Arbeitsansätzen, Motiven, Wissensgebieten und Themen, die für die aktuelle Umweltpädagogik wichtig, sinnvoll oder möglich erscheinen. Es geht immer wieder darum, **Querverbindungen** herzustellen und Assoziationen auszulösen, eher wissenschaftliche *und* eher alltagsgebundene Ansätze nebeneinanderzustellen.

4. Aktuelle bzw. neuere Daten und Herangehensweisen werden in vielen Fällen durch **Erinnerungen an Älteres**, geschichtlich Bedeutsames, ergänzt und erweitert – im Bewusstsein, dass wir stets auf früheren Erkenntnissen und Errungenschaften aufbauen und viele Erscheinungsformen unserer heutigen Welt im Blick auf das Vergangene verständlicher werden: *Bildung* statt bloßer *Ausbildung*.

5. Zahlreiche **Beispiele** und Anregungen, Fotos, Skizzen oder Beschreibungen stellen konkrete und bewährte Vorschläge für die praktische Arbeit mit Kindern dar. Die beste Art, sie zu nutzen, besteht allerdings darin, sie nicht als „Rezepte", sondern als Anregung und Wegweiser zu sehen und durch eigene Ideen zu variieren.

6. **Literaturangaben und -empfehlungen** sind ebenso wie Webadressen nicht nur ein Beleg für die hier vorgestellten Inhalte und Zitate, sondern mindestens so sehr auch eine Hilfe, einzelne Fragestellungen und Themen eigenständig weiter zu vertiefen, wobei Sie sich nicht zuletzt auch durch persönliche Vorlieben und Interessen leiten lassen sollen.

7. Als *Lehrbuch* dient dieses Buch auch dem **Transfer** von Inhalten und Ideen aus dem Bereich der Ausbildung in die sozialpädagogische Praxis: Die nicht selten besonders motivierenden Eindrücke aus Seminaren und Arbeitsgruppen sowie eine von der Alltagsroutine noch unbelastete Begeisterung für den Beruf ergänzen und erweitern den Bereich des Bekannten und im pädagogischen Alltag vielfach bereits Etablierten.

8. Trotz der Genauigkeit in vielen Details verzichtet das Buch an anderen Stellen auf exakte Formulierungen oder Definitionen und begnügt sich mit einem allgemeinen Hinweis: Bestimmte Abbildungen und offen gehaltene Fragen, Lücken oder merkwürdig erscheinende Querverweise möchten die **Neugier** und Lust auf eigenes Nachschlagen und Weiterlesen wecken.
9. Umweltpädagogik erscheint als spannendes, facettenreiches und **immer wieder neu zu entwickelndes Vorhaben**; es macht Lust, gemeinsam mit Kindern daran zu arbeiten.

Nicht alle, aber vielleicht einige besonders wichtige Aspekte einer gleichermaßen engagierten wie reflektierten Umweltpädagogik hat Hartmut von Hentig (2009, S. 120) in einem Essay mit dem schlichten und anspruchsvollen Titel „Bildung" so formuliert:

Wenn wir unsere Kinder in die Natur mitnehmen, ihnen zumuten, draußen zu schlafen, und zutrauen, sich wie ein Teil der Natur zu verhalten; wenn wir mit ihnen Murmeltiere beobachten (wozu man sehr geduldig und still sein muss) oder eine Igelfamilie (was erfordert, dass man abends lange aufbleibt und die Augen gut anstrengt und dies oft auch noch vergeblich); wenn wir mit ihnen den Himmel bei Tag und bei Nacht studieren; wenn wir sie Insekten sammeln und wieder aussetzen, Bäume beklettern, ein Wasser stauen lassen; wenn wir ihnen im Schrebergarten eine Ecke zur eigenen Kultivierung zuweisen; wenn Städte und Schulen ihnen gar ein Stückchen rohes Gelände (statt der sterilen Sandkästen und der mit Totempfahl und Blockhaus möblierten Abenteuerspielplätze) einräumen; wenn sie eigene Meerschweinchen oder einen Hund halten dürfen – dann wird nicht nur ihre „naturwissenschaftliche Neugier" daran wachsen, sondern auch ihre Rücksicht auf die übrige Kreatur.

Aus Gründen der leichteren Lesbarkeit und wegen des größeren Anteils an weiblichen Auszubildenden in der Erzieherinnenausbildung wurde im Text allein die weibliche Form der Berufsbezeichnung gewählt. Bitte fühlen Sie sich als männliche Person ebenso angesprochen.

Anmerkungen zur dritten Auflage

Das vielleicht wichtigste Ziel dieses Buches besteht darin, eine inhaltlich möglichst breite und gleichzeitig auf das Wesentliche bezogene Auswahl an Themen zu Natur- und Umweltpädagogik vorzustellen. Dieses Ziel bestimmt auch die Überarbeitung der dritten Auflage des Werkes. Inhaltliche Veränderungen und Ergänzungen bauen dabei auf der zweiten Auflage auf, in der es zu einigen Erweiterungen des ursprünglichen Konzeptes gekommen war: Aspekte der natur- und umweltpädagogischen Arbeit mit Kleinkindern sowie bestimmte gesellschaftliche und gesellschaftspolitische Fragen von Umwelt und Umweltschutz. Mit dieser dritten Auflage wird das Buch insgesamt aktualisiert, was auch dazu geführt hat, dass einige Abschnitte etwas gekürzt, andere hingegen ergänzt wurden.

Die beiden wichtigsten Änderungen gegenüber der zweiten Auflage haben jedoch mit der Struktur des Buches insgesamt zu tun. Zum einen findet sich nun im Anhang ein umfangreiches **Sachwortverzeichnis**, um das Auffinden bestimmter Inhalte zu erleichtern. Die Seitenangaben zu einem bestimmten Begriff beziehen sich dabei nur auf jene Seiten, wo der betreffende Sachverhalt eine größere Rolle spielt. Seitenzahlen im Fettdruck verweisen auf Abbildungen.

Die andere Änderung besteht in einer deutlichen Reduzierung der Aufgabenstellungen innerhalb der einzelnen Kapitel. Die in den früheren Ausgaben angebotenen Projektvorschläge fehlen in dieser Ausgabe ganz. Nach wie vor finden Sie zwar in allen Kapiteln einzelne Aufgabenstellungen, häufiger begegnen Ihnen nun aber Verweise auf ein eigenes **Arbeitsbuch**, das parallel zu dieser Ausgabe angeboten wird. Dieses Arbeitsbuch enthält nicht nur sämtliche Aufgaben und Projektvorschläge der zweiten Auflage des Lehrbuchs in überarbeiteter Form, sondern auch neue, ergänzende Aufgaben. Damit konnte erreicht werden, dass der Umfang dieser Auflage trotz des hinzugekommenen Sachwortverzeichnisses und teilweise deutlich größerer Abbildungen im Wesentlichen gleich bleiben konnte.

Abschließend sei noch auf das Buch „Basiswissen Natur- und Umweltpädagogik für die sozialpädagogische Erstausbildung" (Österreicher, 2010) hingewiesen. Dort finden Sie besonders wichtige Themen der Natur- und Umweltbildung in komprimierter Form und kurz gefassten Erläuterungen.

Herbert Österreicher, Dipl. Ing. (FH) Mag. art., arbeitet freiberuflich als Fortbildner in verschiedenen Bereichen der Umweltpädagogik (Projektentwicklung und -begleitung, Seminare und Exkursionen) sowie als Planer und Gestalter von Außenanlagen an Kinderbetreuungseinrichtungen. Darüber hinaus ist er als Autor für verschiedene Fachzeitschriften und Verlage tätig.

1 Neugier – die Lust am entdeckenden Lernen

Sind Sie selbst neugierig?

Was hindert uns, Fragen zu stellen?

Warum ist es wichtig, dass Kinder neugierig sein dürfen?

Was ermuntert ein Kind, sich auf die Suche nach dem Unbekannten zu machen?

Unterscheidet sich kindliche Wahrnehmung von jener der Erwachsenen?

Wie nehmen Kinder ihre Umwelt wahr?

Was hilft unserem Wahrnehmungsvermögen, was macht uns sensibel?

Entdeckungen erfordern Aktivität: Was macht Kindern Mut, was Angst?

Wie gehen wir mit Risiken im Alltag um?

Was motiviert uns, auch unter schwierigen Bedingungen weiterzumachen?

Wie erhalten wir unser Interesse am Neuen, unsere Lust am Lernen?

Was geben wir Kindern mit auf ihren Weg?

Sammlung sonderbarer Objekte

Nr. 1

Was löst die Betrachtung in Ihnen aus? Erinnerungen, Vermutungen, Wiedererkennen?

Was könnte das sein?

Welche Bedeutung, welchen Nutzen könnte es haben?

(Auflösung im Anhang, S. 429)

Wer mit Kindern arbeitet, hat die Zukunft vor Augen.
Wer mit Kindern arbeitet, sieht die Welt auch im Einzelnen.

Die Auseinandersetzung mit wichtigen Aspekten von Wahrnehmung und Motivation spielt in der Umweltpädagogik eine herausragende Rolle. Wer mit Kindern in diesem Bereich arbeitet, wird vor allen naturkundlichen oder technischen Kenntnissen immer auch auf psychologische Fragestellungen stoßen. Dabei sind es mehrere Teildisziplinen der Psychologie, die uns hier interessieren und die zunächst kurz charakterisiert werden sollen. Nach einer relativ weitverbreiteten Einteilung handelt es sich überwiegend um Teilgebiete der **allgemeinen Psychologie**, auch wenn diese Teilgebiete eigenständig benannt werden:

- Die **Wahrnehmungspsychologie** beschäftigt sich in erster Linie mit den physiologischen Vorgängen der Sinnesorgane, also speziell dem visuellen (Sehen) und auditiven (Hören) System. Dazu gehören aber auch die Vorgänge beim Tasten, Riechen, Schmecken, denen insbesondere in der frühkindlichen Entwicklung eine große Bedeutung zukommt.
- Die **Kognitionspsychologie** umfasst das Arbeitsgebiet von Denken und Sprache, wozu auch die Untersuchung der Vorgänge beim Problemlösen und der Organisation von Wissen im Gehirn gehört.
- Die **Motivationspsychologie** hat ihren Schwerpunkt in der Erforschung von Motivation und Motiven (Hunger, Durst, Sexualität, Neugier, soziale Anerkennung, Durchsetzung eigener Interessen), also denjenigen Gründen, die Menschen zu einem bestimmten Verhalten motivieren. Auch der Begriff „Emotion“ wird von dieser Fachrichtung näher beleuchtet.
- Unter dem Begriff der **Lernpsychologie** werden heute oft alle Untersuchungsansätze zusammengefasst, die sich mit den Vorgängen beim Lernen und der Funktionsweise des Gedächtnisses befassen.
- Die **Entwicklungspsychologie** gilt neben der allgemeinen Psychologie als eigener großer Teilbereich der Psychologie. Dabei geht es hier heute nicht bloß um die menschliche Entwicklung an sich und wie Individuen durch ihre Entwicklungsumwelt beeinflusst werden, sondern zunehmend auch um jene Prozesse, in denen Individuen ihrerseits Einfluss auf ihre Umwelt nehmen.
- Die **ökologische Psychologie** stellt eine der jüngsten Teilbereiche der Psychologie dar und kann als besonders anwendungsorientierter Forschungsschwerpunkt gesehen werden. Dabei werden das Erleben und Verhalten von Individuen und Gruppen in ihren jeweiligen räumlichen, technischen, kulturellen und sozialen Lebensbedingungen untersucht. Ihr Ziel ist es, durch Beschreibung und Erklärung die Mensch-Umwelt-Beziehungen zu verbessern: einerseits durch Beiträge für eine menschengerechtere Gestaltung der Umwelt, andererseits durch umweltgerechteres Verhalten und Handeln des Menschen.

Selbstverständlich existieren zwischen den Teildisziplinen zahlreiche Überschneidungen und Querverbindungen, weshalb bei etwas anderen Zuordnungen oder Akzentuierungen teilweise auch unterschiedliche Benennungen zu finden sind.

Unzählige Erkenntnisse aus diesen und anderen psychologischen Forschungsrichtungen haben mittlerweile einen festen Platz im pädagogischen Alltag. Auch wenn im Einzelfall wohl nur selten auf die genauen wissenschaftlichen Ergebnisse Bezug genommen wird, so bieten psychologische Theorien und Erklärungen häufig einen hilfreichen Rahmen für die Einordnung von Beobachtungen bis hin zu Entscheidungen über Vorgehensweisen und Beurteilungen.

In unserem Zusammenhang werden wir uns nur mit einem kleinen Ausschnitt dieser Fragen befassen, und zwar mit solchen Aspekten, die uns für eine praxisrelevante Natur- und Umweltpädagogik besonders wichtig und interessant erscheinen. Dieses Kapitel will Sie deshalb mit folgenden Einzelthemen ein wenig vertraut machen:

1.1 Neugier als Grundvoraussetzung für (innere) Bewegung und Lernen
1.2 Wahrnehmung und Wahrnehmungsförderung
1.3 Natur- und Umweltpädagogik auch für Kleinkinder?
1.4 Risiko und Risikobewusstsein – wie Kinder auf ihre Umwelt reagieren
1.5 Entdeckendes Lernen als aktive Auseinandersetzung mit der Umwelt

Die Darstellung von Systemen und Theorien wird sich dabei – wie übrigens auch in den weiteren Kapiteln – immer wieder auf ganz konkrete Fragestellungen des (pädagogischen) Alltags beziehen. Beispiele aus der Praxis, methodische Vorschläge und spezielle einzelne Aufgabenstellungen sollen diesen Brückenschlag erleichtern. Im Übrigen kann es sich dabei um kein einseitiges Vorgehen handeln: So wie die einzelnen psychologischen Überlegungen und Ansätze auf bestimmte Alltagserfahrungen mit Kindern verweisen und gelegentlich ganz bestimmte Arbeitsmethoden nahelegen, so ergibt sich bei der Beschäftigung mit einzelnen naturkundlichen Sachthemen immer wieder auch eine eher psychologisch relevante Fragestellung. Zum Beispiel kann die Thematik „Kind und Tier“ keinesfalls auf die Erörterung von zoologischen oder tierpflegerischen Aspekten reduziert werden, sondern gewinnt erst unter der Berücksichtigung von Fragen nach Art und Intensität der Beziehung zwischen Kindern und Tieren ihren Stellenwert und ihre Bedeutung.

1.1 Neugier als Grundvoraussetzung für (innere) Bewegung und Lernen

Kinder sind von sich aus neugierig, und Neugier ist ein starkes Motiv. Sie steht am Anfang jeden Interesses, jeder Untersuchung, jeder Hinwendung, und sie ist hartnäckig, überwindet die größten Widerstände. Alles Neuartige oder Ungewohnte wird zu ihrem Objekt, und im wörtlichen wie im übertragenen Sinn führt sie oft weit von ihrem Ausgangspunkt fort.

Aufgaben:

1. Wie würden Sie Neugier definieren?
2. Was beobachten Sie im Verhalten eines neugierigen Kindes?
3. Sehen Sie hier Unterschiede im Verhalten von Kindern und Erwachsenen? Wenn ja, welche?

Ein psychologisches Erklärungsmodell sieht *Neugier* als innere Gegenbewegung zum *Streben* nach *Sicherheit*. Erst beide zusammen, das Streben nach Sicherheit *und* das Bedürfnis nach Herausforderungen, helfen dem Individuum, sich in einer sich ständig ändernden Umwelt zu behaupten. Die Suche nach neuen Reizen und die Fähigkeit, sie aufmerksam zu erkunden, gehören zu einem Verhaltenssystem, das sich bei Mensch und Tier im Lauf der Entwicklungsgeschichte (*Evolution*) gebildet hat.

Epistemische Neugier = spezifisches Neugierverhalten, das auf aktive Weise nach Einsichten und Wissen sucht. Typisch für viele Fragen von Kindern nach der Ursache oder Funktionsweise einer Sache.

Instinkt oder Motiv?

Während Instinkte als angeborene, häufig unbewusst wirksame Triebhandlungen gelten und damit physiologisch bedingten Bedürfnissen wie Hunger, Durst, Sexualität oder Schlaf nahestehen, werden Motive heute als frühkindlich erworbene Verhaltensdispositionen gesehen. Motive und Motivation erwachsen primär aus den Grundbedürfnissen um Erhalt des Körpers. Sicherheit im sozialen Gefüge und Erweiterung des Handlungsspielraums sowie der Fortpflanzung sind eingebunden in das komplexe Welteroberungsprogramm, das sich in Kindern vom Säuglingsalter an entfaltet und zu seinen spezifischen Ausprägungen durch die aktuelle Umwelt des Individuums geformt wird. Es gibt verschiedene Annahmen über Art und Anzahl solcher Motive, wobei eine grundsätzliche Schwierigkeit darin liegt, dass ein *Motiv* nicht direkt zu beobachten ist: Motive sind *hypothetische Konstrukte*, Erklärungsbegriffe, mit denen der Hintergrund für ein bestimmtes menschliches Verhalten beschrieben werden soll. Während in der Alltagssprache ein Motiv meist mit einem bewussten Handeln in Verbindung gebracht wird, gilt im wissenschaftlichen Wortgebrauch ein Handeln auch dann als motiviert, wenn keine bewusste Absicht des Handelnden zu erkennen ist.

Motiv (*in der Psychologie*) = in früher Kindheit gelernte, relativ stabile individuelle Ausrichtung an einem bestimmten Handlungsziel. Das Verhalten bewusst oder unbewusst bestimmend und damit ein Individuum charakterisierend. In seiner Art, Entwicklung und Stärke abhängig von sozialen und kulturellen Normen.

Unübersichtlich und riskant? In gewisser Weise schon, und gerade deshalb spannend, aufregend und herausfordernd.

Wenn in der Motivationspsychologie teilweise von einem **Neugiermotiv** gesprochen wird, so wird damit der Anteil der individuellen Lernerfahrung hervorgehoben. Dies gilt nicht nur für den Menschen. In der Verhaltensforschung bei Tieren (*Ethologie*) wurde etwa von Konrad Lorenz herausgefunden, dass Tiere wie Ratten gerade durch ihre ausgeprägte Neugier äußerst erfolgreich mit den unterschiedlichsten Lebensräumen zurechtkommen. Offenbar dient Neugierverhalten dem Erwerb mentaler Strukturen und Fähigkeiten und trägt entscheidend zur Weiterentwicklung sowohl des Individuums wie auch der Gattung bei. Umgekehrt zeigen zahlreiche Befunde, dass sich eine reizarme Umgebung auch negativ auf die Gehirnentwicklung auswirkt.

Im Hinblick darauf, dass Neugierverhalten nicht nur als gelernte Verhaltensdisposition (*Motiv*), sondern auch als Antwort der Evolution auf die Erfordernisse des Überlebens gesehen werden kann, spricht man vielleicht besser von einem umfassenden **biogenen Motivsystem**, das in der jeweiligen individuellen Entwicklung (*Ontogenese*) einer erfahrungsbedingten Veränderung unterworfen ist (vgl. Kapitel 8, S. 253 f.).

Erkundungsverhalten und Sinnsuche

Worauf zielt Neugier ab? Gibt es unter den zahlreichen Anlässen für Neugierverhalten Gemeinsamkeiten? Hier ist für uns vor allem interessant: Lassen sich allgemeine Beobachtungen für kindliches Neugierverhalten machen und beschreiben?

Ausgelöst durch eine Art **Orientierungsreaktion** geht es bei der Befriedigung von Neugier hauptsächlich um das Erfassen von Bedeutungen dessen, was wir wahrnehmen und was unsere Aufmerksamkeit fesselt. Neugier dient zugleich der Erkundung von Unbekanntem wie der Suche nach dem Sinn des Gefundenen oder Entdeckten und bildet den Ausgangspunkt allen Explorationsverhaltens.

> **Exploration** = „Ausforschung", als diagnostische Methode in der Psychologie und Medizin zur Ermittlung von psychischen Vorgängen durch intensive Befragung eines Klienten; in der Entwicklungspsychologie auch als Begriff der aktiven Erkundung der Umwelt durch ein Kind: *Explorationsverhalten*, das auf Neugier zurückzuführen ist und vielfältigen Zwecken von Bedürfnisbefriedigung bis hin zum Problemlösen dienen kann – sinngemäße Verwendung auch in der Meinungsforschung: „Umfrage" oder im Bergbau: „Lagerstättenerkundung".

Für die kindliche Entwicklung spielt Neugier eine außerordentlich große und wichtige Rolle. Kinder *wollen* nicht nur entdecken, erobern, erforschen, sie *müssen* es einfach, um ihren Platz in der Welt zu finden. Ihre „Entdeckungen" beinhalten das Kleinste und das Größte, und sie wollen kaum eine Grenze anerkennen, es sei denn eine sehr deutliche und vielleicht bereits schmerzhaft erfahrene Warnung oder die Grenzen der eigenen Körperkraft.

Hinzu kommt, dass Neugier untrennbar mit **Erinnerungsvermögen** verbunden ist: Je besser etwas bekannt ist, desto geringer wird der Drang, sich damit auseinanderzusetzen. Besonders deutlich wird das bei Spielen aller Art: Denn ein wesentliches Element jeden Spiels ist der Umgang mit Möglichkeiten, die Suche nach neuen, noch unbekannten Ergebnissen. Ein Spiel, dessen Variationsbreite schmal ist, dessen Ausgang leicht vorhersehbar (geworden) ist, verliert bald jeden Reiz. Aber Neugier ist wirklich ein starkes Motiv: Wenn Kinder ein bestimmtes Spiel schon so gut kennen, dass es ihnen keine neuen Impulse mehr gibt, so suchen sie nicht selten einen originellen Ausweg: Sie erfinden selbst neue, kompliziertere Regeln und verschärfen selbst nach Möglichkeit Anforderungen und Hindernisse.

Aufgaben:

Beobachten Sie gezielt, aber diskret eine Spielsituation, in der zwei oder mehr Kinder ein bestimmtes Spiel über einen längeren Zeitraum spielen. Notieren Sie Ihre Beobachtungen bezüglich folgender Aspekte:

1. Art und Umfang der vorgegebenen Spielregeln
2. Schwierigkeiten beim Einhalten der Spielregeln zu Beginn Ihrer Beobachtungszeit (Änderungen dieser Schwierigkeiten im Verlauf Ihrer Beobachtungszeit?)

➲ ***Zur Vertiefung dieses Themas finden Sie im Arbeitsheft weitere Fragestellungen.***

Besonders im freien Spiel wird deutlich, wie kreativ Kinder sich mitunter selbst Aufgaben stellen und mit Lust, Anstrengung und Findigkeit an einer Lösung arbeiten. Wie sehr ein anfangs zweckfrei-zielloses Spielen aufgrund einer plötzlichen Idee den Charakter eines ernsthaften Vorhabens gewinnen kann, zeigt folgendes Beispiel:

Während eines Ausflugs mit einer Gruppe von Kindern im Alter zwischen einem Jahr und sechs Jahren entdecken einige der Kinder im Uferbereich eines Waldsees verschiedene Kunststoffreste, zerbrochene Holzplatten und anderen Müll. Die Beobachtung einer Ente, die auf einem schwimmenden Holzstück sitzt, regt die Kinder an, aus verschiedenen gesammelten Dingen ein Floß zu bauen. Sie geben sich dabei selbst das Ziel: Sie wollen mit ihrem Boot aufs Wasser hinaus. Das zur Verfügung stehende Material bietet höchstens eine diffuse Anregung, das Fehlen von Mustern oder gar Vorbildern inspiriert aber zu einer eigenen Kreation. Während die erwachsenen Begleitpersonen sich noch entrüstet über die wilde Müllablagerung unterhalten, tragen die Kinder mit zunehmendem Eifer Materialien für ihren Floßbau zusammen. In erstaunlich kurzer Zeit nimmt das Werk Gestalt an, und gerade der Mangel an bestimmten Hilfsmitteln und andere technische Widrigkeiten sind es, die den Kindern zu einer beglückenden Entdeckung ihrer Fähigkeiten verhelfen: Eine halbwegs intakte Europalette wird mit Styropor- und anderen Kunststoffresten so „ausgestopft", dass sie besser schwimmt und sogar noch ein paar Kinder tragen kann.

Aber mit diesem Erlebnis sollte das Thema nicht abgeschlossen sein: Im Lauf der darauffolgenden Monate entstehen in dieser Kindergruppe spontan zahllose Zeichnungen und Modelle aus Holz, Ton oder Papier, stets mit dem Wunsch verbunden, noch einmal so ein „Schiff" zu bauen, aber natürlich noch besser und größer. Mithilfe einer etwas genaueren Planung (die Hinzuziehung eines „Experten" beeindruckt die Kinder selbstverständlich sehr) baut dann ein Schreiner ein „richtiges" Schiff: ein ungefähr 2 m langes Holzboot, das von den Kindern bemalt und ausgestaltet wird. Die „Jungfernfahrt" auf einem Badesee wird zum gefeierten Ereignis, und später, als die Seetüchtigkeit des Bootes nicht mehr gegeben ist, besitzt es im Garten der betreffenden Kindertageseinrichtung noch lange eine herausragende Bedeutung.

Das Boot ist längst nicht mehr seetauglich, aber auch im „Trockendock" ein nahezu unverzichtbares Requisit für Aus- und Umbauten in Rollenspielen und Fantasiereisen.

In immer mehr pädagogischen Konzepten findet sich mittlerweile der Hinweis darauf, wie wichtig es für die kindliche Entwicklung ist, Kindern einen erweiterten Handlungsspielraum auch und gerade im Freien zu verschaffen. Auch dort, wo die Betreuung von Kindern in Kinderkrippen, Kindergärten oder Horten überwiegend in geschlossenen Räumen stattfindet, werden diese Räume nicht selten mit Naturmaterialien geschmückt und manchmal sogar aufwendig als „Waldhöhle" oder „Wassermann-Reich" gestaltet. Auch wenn das Ergebnis kunstvoll und beeindruckend sein mag: Der Aufenthalt in einem freien Gelände oder auch „nur" in einem Park, ein Ausflug, der aus den Räumen des Kindergartens oder Horts hinausführt, ist in seinem Erlebnis- und Erkenntniswert für alle Beteiligten meist bei Weitem spannender und wichtiger.

Natürlich sind für solche Unternehmungen mit Kindern manche Vorbereitungen erforderlich, Vorkenntnisse und Planung, aber Natur- und Umweltpädagogik *ohne* direkte Naturerfahrungen verfehlt ihr Anliegen. Die folgenden Kapitel beinhalten daher u. a. auch verschiedene konkrete Empfehlungen, Beispiele und Tipps, wie **Outdoor-Unternehmungen** mit Kindern am besten organisiert und durchgeführt werden. Dabei sollte die unmittelbare Naturerfahrung stets im Zentrum des Geschehens stehen. Am wichtigsten ist die persönliche Erfahrung, die ein Kind mit Naturphänomenen, Pflanzen und Tieren machen kann. Lernen, insbesondere entdeckendes Lernen, basiert wesentlich auf positiven Emotionen. Daraus kann sich jenes persönliche Wissen entwickeln, das einem Kind hilft, sich die Welt auf bestmögliche Weise zu erschließen (vgl. Weber, 2012, S. 148 ff.).

Intrinsische Motivation

Wie schon Piaget betonte, wird die Entwicklung kognitiver Strukturen bei Kindern durch eine aktive Auseinandersetzung mit ihrer jeweiligen Umwelt entscheidend begünstigt. Dazu braucht es keinerlei Belohnungen, denn unter der Voraussetzung einer ansprechenden und anregenden Umwelt sind Kinder von sich aus höchst motiviert, ihre Umgebung zu erkunden und auszuforschen. Im Gegensatz zu jener Motivation, die aufgrund äußerer Anreize zu einem bestimmten Verhalten oder Handeln führt (*extrinsische Motivation*), basiert die **intrinsische Motivation** auf Zielen, die sich das Individuum selbst setzt, und auf einem Gefühl der Belohnung aufgrund des Erreichens dieser Ziele aus eigener Anstrengung.

Wie wichtig die Möglichkeiten, Prozesse und Ergebnisse der intrinsischen Motivation sind, ist seit Langem bekannt. So konnte bereits 1966 in einer Untersuchung mit Kleinkindern gezeigt werden, dass Kinder, denen ein einfaches Bild oder später ein Mobile über das Bett gehängt wurde, sechs bis acht Wochen früher greifen lernten als Kinder, in deren unmittelbarer Umwelt solche Anregungen fehlten. Die Forscher fanden aber auch heraus, dass die Kinder bei vielen und wechselnden Reizen unruhig wurden, häufiger weinten und sogar die Fähigkeit zum Greifen langsamer entwickelten als die Kinder, die nur mit einem zu bewältigenden Ausmaß an neuen Reizen stimuliert wurden.

➲ ***Zur Vertiefung dieses Themas finden Sie im Arbeitsheft eine Reihe von Aufgaben.***

Suchen und Sammeln

Etwas Besonderes zu entdecken bedeutet gerade auch Kindern sehr viel. Während aber Erwachsene das „Besondere“ häufig mit monetärem Wert in Verbindung bringen – und die Bedeutung einer Sache demnach rasch am Preis festmachen –, setzen Kinder durchaus (noch) andere Prioritäten. Schon die Tatsache, etwas selbst gefunden zu haben, kann für sie ein Ding mit Bedeutung aufladen – und damit wertvoll machen. Und lange vor jeder (gelernten) Angst vor Mathematik finden Kinder bestimmte Mengen und Häufungen gleichartiger Dinge interessant – und wert, mitgenommen zu werden.

In der spielerischen Annäherung an die Dingwelt liegt eine wichtige Voraussetzung für alles spätere Verständnis für natürliche Phänomene und jede praktisch-technische Verwendung. Vorerst soll es hier lediglich um die **Wahrnehmung der Stofflichkeit** gehen, um sichtbare und fühlbare Unterschiede zwischen den Dingen und um den Wert, den insbesondere selbst gesammelte Dinge für Kinder haben (vgl. Kapitel 12, S. 381 ff.).

Ein Beispiel zur praktischen Umsetzung dieser Überlegungen sind Sammellisten, die für verschiedene Rahmenbedingungen und Anlässe leicht selbst erstellt werden können. Sie finden ihren Einsatz bei Gruppenspielen im Gelände oder an Kindergeburtstagen, zur Auflockerung einer Wanderung mit Kindern, bei Ausflügen einer Kindergartengruppe oder auch bei einem Ausflug mit älteren Kindern zum gezielten Kennenlernen und Bestimmen von Naturmaterialien, Pflanzen oder Spuren.

Stoffe und Zahlen, Formen und Farben	**Verschiedene Materialien zur Gestaltung** (z. B. für Mandalas)	**Ausgewählte Pflanzen bzw. Pflanzenteile und Tierspuren**
– etwas Schönes – etwas Langes, ganz Gerades – etwas Blaues (kein Plastik!) – etwas richtig Rundes – ein angenagtes Blatt – zwei apfelgroße kugelrunde Steine – etwas Weißes (kein Schnee!) – ein (kleines) Stück Müll – etwas sehr Merkwürdiges – etwas sehr Spitzes – etwas Weiches – ein großer bunter Stein – Wasser (in dieser Dose)	– 100 runde weiße Kieselsteine – eine Tüte voll gelber Blüten – Knochen von einem Tier – 30 Steine mit einem schwarz-weißen Muster – 100 ganz gerade, lange Fichtenzapfen – ein Korb voll dunkelgrüner Buchenblätter – viele Streifen Baumrinde (nur von gefällten Bäumen!) – 50 (blaue) Beeren – zwei Eimer voll Sand – zwei Eimer voll feiner schwarzer Erde	– Blätter von zehn verschiedenen Bäumen – ein leeres Schneckenhaus – ein Aststück mit Fraßgängen eines Käfers – ein Dorn (kein Stachel!) – ein Gewölle – Zapfen von vier verschiedenen Nadelbäumen – eine Vogelfeder – eine Pflanzengalle – 13 kleine Blüten – ein Baumpilz – ein (Spitzwegerich-)Blatt mit Fraßspuren

Pflanzengalle = kleine, oft seltsam geformte Wucherung an den Blättern oder Trieben einer Pflanze, verursacht durch Viren, Bakterien, Pilze, Milben oder Insekten. Größe und Aussehen der Gallen können sehr verschieden sein und ermöglichen Rückschlüsse auf den Erreger.

Bei der Verwendung solcher oder ähnlicher Sammellisten sind ein paar praktische Dinge zu beachten: So sollten die gesuchten Materialien im entsprechenden Gelände wirklich zu finden sein, allerdings auch nicht allzu zahlreich vorkommen. Unter Umständen ist der Hinweis wichtig, dass keine Tiere gesammelt werden sollten und auch keine sehr seltenen, besonderen Pflanzen gepflückt werden dürfen. Im Regelfall wird man darauf schon bei der Zusammenstellung einer solchen Liste achten. Außerdem sind natürlich jahreszeitliche Besonderheiten interessant, der (sinnvolle) Umfang der Liste sowie die Frage der Ausrüstung der Kinder müssen ebenso beachtet werden: Sammelbehälter, vielleicht Pflanzenscheren, kleine Lupen etc. Falls sinnvoll und möglich, können die gesammelten Materialien anschließend sogar für den Aufbau eines kleinen Mini-Museums genutzt werden.

Nur eine einfache Sammelliste, aber der Reiz liegt hier gerade im Unbestimmten, in der Notwendigkeit, selbst oder gemeinsam in der Gruppe über passend oder unpassend zu entscheiden.

Eine „Schatzkiste“

Kinder – und nicht nur Kinder! – sammeln auch ohne jeden Auftrag offenkundig gerne: meist kleine Dinge wie Steine, Schneckenhäuser, Früchte, Hölzer, aber auch bestimmte nutzlos gewordene Dinge unseres Alltags, rätselhafte Strukturen, Metallstücke und vieles andere mehr. Die Herkunft so mancher dieser Fundstücke bleibt im Verborgenen, was natürlich erst recht Anlass geben kann zum Staunen, Bewundern und Spekulieren.

Der Moment des Entdeckens bedeutet übrigens ein *Aufnehmen* im doppelten Wortsinn: Indem wir etwas in die Hand nehmen, nehmen wir es auch deutlicher wahr – zwischen *Greifen* und *Begreifen* liegt oft kaum mehr als ein Atemholen. Eine „Schatzkiste“ ist so gesehen ein einfaches, aber wirkungsvolles Mittel, diesen wunderbaren Moment etwas zu verlängern.

Die Sammlung ist Dokumentation und Spielmaterial in einem, und selbstverständlich lassen sich diese beiden Kategorien nicht voneinander trennen. Die Materialien sollten lediglich trocken und nicht allzu vergänglich sein, um z. B. Schimmelbildung zu vermeiden.

Es genügt, einen kleinen Koffer, eine Schachtel oder eine Kiste mit solch interessanten und *merk-würdigen* Dingen zu füllen. In Gestalt eines Mini-Museums lassen sich diese Funde immer wieder neu begutachten, interpretieren und ordnen. Der erste Zugang erfolgt über die sinnlichen Qualitäten eines Stoffes, über Form, Größe, Gewicht, Farbe; die übrigen näheren Bestimmungen wie Herkunft, Entstehungsgeschichte und Bedeutung erschließen sich vielleicht später.

Zwar erscheint es sinnvoll, gerade verschiedene Materialien aus den umgebenden Natur- und Aktionsräumen der Kinder in eine solche Sammlung aufzunehmen, aber auch Mitbringsel von einer Reise wie Meerbälle, Versteinerungen, Muschelschalen oder besonders große Pflanzengallen, wie sie in südlicheren Ländern zu finden sind, können so eine „Schatzkiste“ bereichern. Anstatt einzelne besondere Dinge zu suchen, kann es auch sehr spannend sein, nach besonderen Bodenstrukturen Ausschau zu halten. Im Buch „Expedition Leben“ finden Sie Kopiervorlagen für entsprechende Suchbilder, die ganzjährig und in unterschiedlichen Gebieten und Naturräumen eingesetzt werden können (vgl. Österreicher, 2009).

Materialsammlung: je bunter, vielfältiger und origineller, desto anregender und vielseitiger im Gebrauch.

1.2 Wahrnehmung und Wahrnehmungsförderung

Wahrnehmung (Perzeption) = Prozess *und* Ergebnis *des* Informationsgewinns aus Umwelt (äußere Wahrnehmung) und Körperreizen (innere Wahrnehmung). Beeinflusst durch emotionale und kognitive Prozesse einschließlich unserer Lernerfahrungen und Gedächtnisleistungen. Die aufgenommenen Reize werden entschlüsselt und zu einem komplexen inneren Bild zusammengefügt.

Bezogen auf unser Wahrnehmungsvermögen spricht man in der Hirnforschung heute von einem **Integrationsproblem**: Jede Wahrnehmung kann nur durch die gleichzeitige Arbeit verschiedener Gehirnzentren stattfinden. Wie diese Arbeit geleistet wird, ist dabei noch umstritten und unklar. Fest steht lediglich, dass das Gedächtnis von zentraler Bedeutung ist, indem es gleichsam Bausteine zur (späteren) Verwendung bereithält. So gesehen findet in allen Wahrnehmungsprozessen auch stets eine starke Verflechtung bewusster und unbewusster Gehirnaktivitäten statt, die es uns letztlich ermöglichen, uns in unserer Umwelt in jeder Hinsicht orientieren zu können.

„Wahrnehmen ist Wählen, handelndes Strukturieren, Bewerten, Erinnern und sachliches Denken in einem" (Schäfer, 1999, S. 220). Die Vielzahl der Einflussfaktoren erklärt, weshalb Wahrnehmungen grundsätzlich individuell differieren und nicht selten sogar höchst unterschiedlich ausfallen. Wichtig ist dabei gerade in der Kindheit, dass die Komplexität der Sinneserfahrungen eng mit **Bildungs- und Lernprozessen** gekoppelt ist. Dazu gehört auch, dass Kinder ihre Sinneswahrnehmungen außerordentlich stark mit Fantasien zu verbinden vermögen, was die Subjektivität der gemachten Erfahrungen noch verstärkt. Diese individuelle Erfahrung einer Entsprechung von äußerer Form und innerer Bedeutung (vgl. Schäfer, 1999) geht über rein kognitive Denk- und Lernprozesse weit hinaus und kann insbesondere für das Wirklichkeitserleben jüngerer Kinder als typisch gelten.

Aufgaben:

Betrachten Sie während eines Spazierganges an einem selbst gewählten Ort (Stadt, Dorf, Park, Wald, Flussufer etc.) die jeweilige Umgebung mit dem Blick eines anderen. Versetzen Sie sich z. B. in

1. ein Kind, das nach einem interessanten Versteck sucht,
2. einen Touristen, der hier ansprechende Fotomotive sucht,
3. einen Grundbesitzer, der sein hier befindliches Grundstück (oder Haus) verkaufen will und sich Argumente überlegt, wie er seinen Besitz am besten anpreisen kann,
4. eine ältere Dame, die hier ihren Hund ausführt,
5. eine Biologin, die in diesem Gebiet vorkommende bestimmte Kleinsäuger erforschen will,
6. einen Menschen, der irgendwo an diesem Ort seinen Schlüsselbund verloren hat,
7. ein Mädchen (einen Jungen), das (der) sich gerade ganz heftig verliebt hat,
8. einen Menschen, der sich einsam fühlt,
9. einen Menschen, der sich gerade furchtbar über die Rücksichtslosigkeit ärgert, mit der die Natur ausgebeutet wird.

Notieren Sie in Stichpunkten Beobachtungen, die Ihnen in der jeweiligen Rolle wichtig sind. Seien Sie sich dabei bewusst, dass jede Rolle sich auf Erfahrungen, Erinnerungen und Empfindungen begründet, die sie von allen anderen Rollen unterscheidet.

Erfahrungsraum Natur

Für Kinder sind jene Erfahrungen, die sie draußen machen, d. h. im offenen Gelände, in Wäldern oder am Wasser, oft besonders wertvoll: Unmittelbare Naturerfahrungen setzen starke, emotional berührende *und* kognitiv anregende Impulse. Das, was Kinder in diesem Zusammenhang erleben, darf allerdings von der Pädagogik nicht zu sehr vereinnahmt werden, darf auch nicht bloß unter Lernaspekten gesehen werden, denn: „Es ereignet sich die Wirkung von Natur nämlich nebenbei. Nur der Naturraum wird als bedeutsam erlebt, in dem man eigene Bedürfnisse erfüllen, in dem man eigene Fantasien und Träume schweifen lassen kann und der auf diese Weise eine persönliche Bedeutung bekommt" (Gebhard, 2009, S. 98). Erfahrung basiert auf Wahrnehmung und Wahrnehmung ist ein aktiver Prozess.

Naturmaterialien, die Kinder selbst entdecken, regen meist in besonderer Weise zum Bauen und Gestalten an. Die Neugier, die durch neue Reize und Objekte geweckt wird, geht Hand in Hand mit dem Bedürfnis, die Dinge auf ihre Eigenschaften und Eignungen hin zu erproben. Damit lassen sich zwei Komponenten unterscheiden: eine **motivationale Komponente**, zu der auch die Ausdauer zählt, mit der Kinder sich neuen Sachverhalten zuwenden, und eine **kognitive Komponente**, in der sich die Fähigkeit zeigt, Wichtiges von Unwichtigem zu unterscheiden und aus dem Neuen relevante Informationen zu gewinnen.

Vor aller praktischen Nutzung von Materialien steht aber die aufmerksame, konzentrierte Wahrnehmung an sich. Zahlreiche sogenannte **Naturerfahrungsspiele**, von vielen Autoren (Cornell, 2006; Reidelhuber, 2000 u. a.) unterschiedlich zusammengestellt und beschrieben, legen vor allem darauf großen Wert. Ein Beispiel einer solchen leicht vorzubereitenden Wahrnehmungsübung, die Kindern immer wieder Spaß macht, stellt folgendes Spiel dar:

Merkwürdige Dinge am Weg

Natürlich oder hergestellt: Künstliches zeigt sich in der gut sichtbaren (An-)Ordnung.

Entlang einer vereinbarten, nicht zu kurzen Wegstrecke wird eine Anzahl „besonderer" Dinge ausgelegt, aufgestellt oder aufgehängt. Die Kinder, die anschließend hintereinander in gewissen Abständen den Weg entlanggehen, wissen nicht, wie viele Dinge dort angebracht wurden, und noch weniger sind sie über die Art der Dinge informiert. Sie wissen nur so viel: Es handelt sich um Dinge, die an diesem Platz nicht von Natur aus zu finden wären.

Alle Dinge sind zwar gut vom Weg aus zu sehen, aber – je nach beabsichtigtem Schwierigkeitsgrad – unterscheiden sich manche nicht besonders deutlich von der Umgebung: Sie sind beispielsweise relativ klein (z. B. ein Glasfläschchen) oder farblich unauffällig (z. B. ein braunes Stofftuch). Andere wieder fallen zwar rasch ins Auge, irritieren aber aufgrund ihrer Natürlichkeit und erfordern ein wenig Wissen, ob es sich nicht doch um ein hier natürlich vorkommendes Objekt handeln könnte (z. B. ein großer

Pinienzapfen). Der Fantasie sind kaum Grenzen gesetzt, und selbstverständlich kann dieses Spiel auch gut gemeinsam mit Kindern für andere geplant und vorbereitet werden. Insgesamt hat es sich bewährt, nicht mehr als etwa zehn verschiedene Dinge einzusetzen, und es genügt, wenn für den Weg bei langsamem Gehen (ohne stehen zu bleiben!) etwa fünf bis zehn Minuten benötigt werden. Während dieser Zeit sollte übrigens nicht gesprochen werden.
Zum Abschluss dieser Konzentrations- und Aufmerksamkeitsübung wird entweder gemeinsam überlegt, wer was wo gesehen hat, oder die Kinder notieren auf ein Blatt Papier, was sie entdeckt haben und woran sie sich nun noch erinnern können.

Fähigkeiten unserer Sinne

Üblicherweise unterscheiden wir zwischen Tast-, Geruchs-, Gehör-, Geschmacks- und Sehsinn. Der Tastsinn gilt aber als derart komplex, dass seine Qualitäten oft einzeln benannt werden: Druck-, Wärme- und Kraftsinn. Außerdem spricht man heute auch vom Schmerzsinn, vom Gleichgewichtssinn und anderen mehr. Setzt man die Aktivität dieser Sinne in Beziehung zu den unterschiedlichen Ebenen unseres Bewusstseins, so erhält man rasch eine Vorstellung von der Vielfalt, Komplexität und Bedeutung menschlicher Wahrnehmungsmöglichkeiten.

Viele Ansätze und Formen der Natur- und Umweltpädagogik basieren auf Elementen einer möglichst direkten sinnlichen Wahrnehmung. Aus diesem Grund werden im Folgenden einige wichtige Aspekte und Besonderheiten der Leistungsfähigkeit der menschlichen Sinnesorgane diskutiert und einige Methoden vorgestellt, wie Kinder spielerisch an diese Thematik herangeführt werden können. Auch wenn die beschriebenen Spiele und Versuche mehr auf das soziale Miteinander und Gruppenprozesse und weniger auf naturkundliche Ziele ausgerichtet werden sollten, besteht selbstverständlich ein enger Zusammenhang zur Wahrnehmung von Natur und Umwelt.

Das Haut-Ich

Die **Haut** ist unser größtes Sinnesorgan und wird zusammen mit dem Gehirn aus dem *Ektoderm* gebildet: Die Oberfläche und das Zentrum unserer Wahrnehmungsmöglichkeiten haben denselben Ursprung. Indem die Haut den ganzen Körper umhüllt, vermittelt sie jede mögliche Berührung, jeden Wärme- oder Kältereiz. Sie atmet und ist am Stoffwechsel beteiligt, spielt aber auch in psychischer Hinsicht eine bedeutende Rolle: Sie fungiert als Hülle und Schutz, als Grenze zwischen innen und außen. Die Erfahrungen, die der Mensch über und durch seine Haut macht, bestehen in unterschiedlichsten Informationen, Anregungen, Eindrücken; sie dienen der Kommunikation und Vermittlung und tragen wesentlich zur Entwicklung von Wahrnehmung und Denken bei.

➲ ***Zur Vertiefung dieses Themas finden Sie im Arbeitsheft eine Reihe von Aufgaben.***

In unserem Alltag haben Berührungen weit häufiger negativen als positiven Charakter: Das Schild „Bitte nicht berühren!“ wird zwar in manchen Ausstellungen heute sogar gegen ein „Berühren erwünscht!“ ausgetauscht, aber wollen wir die Dinge wirklich anfassen und befühlen? Wir stellen uns lieber vor, wie es sich anfühlen könnte und verzichten allzu schnell darauf, eine möglicherweise neue, überraschende Erfahrung zu machen. Vielleicht sollten wir uns aber bei mancher Berührungsscheu auch fragen, ob wir damit nicht etwas vermeiden wollen, weil es uns andernfalls zu nahegeht, weil da etwas ist, das dann uns berührt.

Tasten heißt Begreifen, Ausprobieren, Prüfen. Letztlich bedeutet diese Wahrnehmung auch Verstehen, Auffassen und Erfassen. Damit wird unser Tastsinn, insbesondere die Hand, zu einem ganz eigenen Instrument der Bildung – im doppelten Wortsinn: Wir können damit erfühlen und erkennen, aber auch gestalten und formen.

Von allen unseren Körperteilen ist die **Hand** mit ihrer hoch spezialisierten Muskulatur vermutlich das aktivste Organ: 25 Millionen Mal in einem Leben öffnen und schließen wir sie. Die faszinierende Komplexität ihrer Bewegungsmöglichkeiten hat auch im Bereich des Nervensystems ihre Entsprechung: Auf jedem Quadratzentimeter der Fingerkuppen enden 3.500 Nervenbahnen und allein für die wichtigsten Daumen-Zeigefinger-Bewegungen braucht das Gehirn zehnmal so viele Impulse wie für übliche Fußbewegungen. In der Hirnrinde (*Cortex*) ist für die Hand und ihre Steuerungen mehr Platz reserviert als für den ganzen Rumpf.

Unabhängig von solchen medizinischen Details haben die Menschen aber seit jeher die Bedeutung der Hand besonders hoch eingeschätzt und ihr auch Eigenschaften zugeschrieben, die über manuelle Fertigkeiten hinausgehen: So war es etwa in Schleswig-Holstein früher verboten, Kindern die Handinnenseiten zu waschen; ihnen würde so die Ruhe genommen. Und im mittelalterlichen Volksglauben verkörperte die Hand sogar eine ganze Welt für sich, in der der kleine Finger als Sitz geheimer Mächte, als Zentrum des Bösen berüchtigt war. Ein alter, fast vergessener Kinderreim weist noch auf diese Vorstellung hin:

Das ist der Daumen,
der schüttelt die Pflaumen,
der sammelt sie ein,
der trägt sie heim,
der isst sie ganz allein.

(Volkstümliche Überlieferung)

Im Händedruck teilen Menschen anderen sehr viel von sich mit und zeigen in direkter Weise ihre Persönlichkeit. Die Art, wie wir uns mit der Hand berühren, kann alle Facetten von Zärtlichkeit bis Grobheit umfassen. Interessant ist auch, dass die meisten Menschen ihre eigenen Hände nicht erkennen, wenn ihnen Bilder von Händen vertrauter Menschen vorgelegt werden. Ein Test ergab, dass nur 18 % auf Anhieb ihre Hände erkannten, 10 % erst nach Hinweis auf Vorhandensein des Bildes ihrer eigenen Hände. Die übrigen Befragten konnten ihre Hände auf den Bildern nicht wiedererkennen.

Im Gegensatz zur Hand hat der **Fuß** in unserem Alltag keine besondere Bedeutung. Er ist für uns kaum mehr als die Plattform, auf der wir stehen, und interessiert nur dann, wenn er schmerzt. In früheren Zeiten und Kulturen galt er hingegen ebenfalls als Sitz einer besonderen Macht und symbolisierte sogar Lebenskraft und Fruchtbarkeit. Unser Körperbild mit dem Kopf als Sitz des Gehirns, als Ort des Ich, verweist den Fuß zwangsläufig in den entlegensten Randbereich des Körpers – und das, obwohl gerade Barfußgehen in ganz elementarer und direkter Weise der Wahrnehmung unserer Umwelt dient (vgl. Kükelhaus, 1998). Zudem könnte uns die Beschäftigung mit dem Fuß und seinen Bewegungen nicht nur einen Weg zum besseren Verständnis des Gehens an sich eröffnen, sondern auch deutlicher machen, wie wir durch unseren Gang beeinflusst werden – und was unser Gang unserer Umgebung signalisiert. Denn jeder Mensch hat seine Gangart: stolz, gelangweilt, gelassen, schleichend, hinkend, schleppend, zögernd, unsicher, tastend etc.

In der pädagogischen Praxis sollte den Kindern eine große Vielfalt unterschiedlichster Tasterfahrungen angeboten werden. Eindrucksvolle und erlebnisreiche Erfahrungen kann man – Kinder wie Erwachsene – mit einer „Deckenwiege" machen: Ein Kind legt sich (mit geschlossenen Augen) auf eine große Decke und wird dann von mehreren anderen gleichzeitig vorsichtig hochgehoben, geschaukelt, niedergelassen. Ein anderes intensives Erlebnis lässt sich am besten in einem kleinen Wald vermitteln:

Blinde Reise
In einem Gelände, das den Kindern durchaus unbekannt sein kann, wird zwischen Bäumen ein starkes, ungefähr 50 m langes Tau gespannt. An diesem Führungsseil tasten sich die Kinder dann mit verbundenen Augen einzeln vorwärts. Das Gelände muss nicht eben sein, und das Seil kann durchaus in unterschiedlicher Griffhöhe verlaufen. Wichtig ist allerdings, die auftretenden Schwierigkeitsgrade vorab sorgfältig zu prüfen, am besten in einem kleinen Selbstversuch mit geschlossenen Augen. Da merkt man dann rasch, wenn eine Passage zu schwierig werden könnte.
Bei der Anleitung der Kinder ist es wichtig, eine konzentrierte und dennoch entspannte Atmosphäre zu schaffen. Ängstliche Kinder sollen sich zu nichts gezwungen fühlen, besonders lebhafte Kinder sollten hier ein wenig gebremst werden: ***Eine Reise ist immer etwas, bei der unerwartete Dinge passieren können und bei der man vorsichtig sein und alles sehr aufmerksam verfolgen sollte.***

Die „Blinde Reise" wird zwar meist als *Naturerfahrungsspiel* bezeichnet, aber die rein spielerischen Elemente treten zugunsten einer intensiven Selbstwahrnehmung zurück. Es ist wichtig, bei den Vorbereitungen einer „Blinden Reise" insbesondere die (psychischen) Möglichkeiten und Grenzen der teilnehmenden Personen zu berücksichtigen.

Die Suche nach einem Baum, dessen Stamm zuvor blind ertastet wurde, ist ein weiteres, sehr einfaches Spiel, das Kinder gerne immer wieder spielen. Dabei führt ein sehendes Kind ein anderes Kind zu einem bestimmten Baum und lässt ihn sorgfältig betasten. Anschließend wird das Kind, dessen Augen verbunden sind, wieder zurück zum Ausgangsplatz geführt und die Binde abgenommen: Lässt sich der *richtige* Baum wiederfinden?

➲ ***Zur Vertiefung dieses Themas finden Sie im Arbeitsheft eine Projektanregung.***

Aufgabe:

Welche anderen Spiele oder Übungen sind Ihnen bekannt, um Kindern Tasterfahrungen zu ermöglichen und bewusst zu machen? Sammeln Sie Ideen und Vorschläge und diskutieren Sie diese im Rahmen einer Arbeitsgruppe.

Duft – Geruch – Aroma: Wahrnehmungen eines „Fernsinns"

Düfte stellen eine Dimension dar, die völlig ungreifbar bleibt, auch wenn sie manchmal aufdringlich und zudringlich sein mag. Alle Dinge und alle Lebewesen besitzen ihren eigenen Geruch und er ist mit ihnen untrennbar verbunden: spürbar oder unmerklich, stark oder schwach, angenehm oder unangenehm. Verändern oder beeinflussen können wir ihn nur schwer. Dabei gibt es eine enge, ganz direkte Verbindung zwischen Geruch und Affekt: Gerüche wecken Lust- oder Abwehrgefühle, meist ohne unsere bewusste Wahrnehmung. Die über unser Geruchsempfinden aufgenommenen Reize finden ihren Weg direkt in einen sehr eigentümlichen Gehirnabschnitt: das **limbische System**. Hier entstehen die Gefühle – Lust und Unlust, Angst und Zuneigung. Die Reizleitung beginnt in der nur etwa fünf bis zehn cm^2 großen *Regio olfactoria* in unserer Nase, wo sich an die zehn Millionen Riechzellen befinden. Diese Zellen sind sehr empfindlich und mit einer

Lebensdauer von 28 Tagen vergleichsweise kurzlebig. (Zum Vergleich: Viele Hunde besitzen bis zu dreizehnmal mehr Riechzellen als der Mensch.)

Die biochemischen Prozesse beim Riechen sind bis heute nur teilweise erforscht, wobei aber feststeht, dass die Reizleitung bis in das limbische System lediglich drei Zellverbindungen braucht. Von dort gelangt die Geruchsbotschaft dann in die jeweiligen Zentren im Gehirn und beeinflusst Nahrungs-, Sexual- oder Fluchtverhalten. Wie stark uns ein lädierter Geruchssinn beeinträchtigt, lässt sich daraus ersehen, dass beispielsweise der Genuss beim Essen zu 80 % vom Riechen und Schnuppern kommt.

➲ ***Zur Vertiefung dieses Themas finden Sie im Arbeitsheft eine Reihe von Aufgaben.***

Wir Menschen können schätzungsweise zwischen 2.000 und 4.000 verschiedene Gerüche unterscheiden. Benennen können wir nur wenige davon – ein interessantes Phänomen, das in allen Sprachen festzustellen ist. Allein bei den ätherischen Ölen kennen wir heute etwa 3.000 (die ihrerseits wieder aus 20 bis 200 Einzelsubstanzen bestehen), wovon an die 150 wirtschaftlich genutzt werden. Diese Öle werden in teilweise sehr aufwendigen Verfahren gewonnen, was auch den hohen Preis für echte Duftextrakte erklärt. Die betreffenden Pflanzen sind überwiegend in wenigen Familien zu finden wie etwa Lippenblütler (z. B. Rosmarin, Thymian, Oregano, Majoran, Melisse, Minze), Doldenblütler (z. B. Anis, Fenchel, Kümmel) oder Lorbeergewächse (z. B. Lorbeer, Zimt, Sassafras). Weiteres über Pflanzen finden Sie insbesondere in den Kapiteln 5, 6 und 10.

Gerüche werden aber auch manipuliert: Zahlreiche Nahrungsmittel enthalten Aromazusätze: natürliche, naturidentische oder künstliche. Eine feine Nase kann unterscheiden, aber wie, wenn die Vergleichsmöglichkeiten fehlen? Naturidentische Erdbeeraromastoffe sind wesentlich intensiver als die natürlichen. Es ist also nur natürlich, dass die meisten von uns jene Erdbeeren für echt halten, die am stärksten nach Erdbeere riechen.

Die Beschäftigung mit Düften und Gerüchen ist sicherlich spannend und macht gerade auch Kindern viel Spaß, allerdings sollte man damit auch vorsichtig und überlegt umgehen: Nicht jeder Duft ist gleichermaßen gut verträglich; Duftlampen sollten – wenn überhaupt – nur sehr sparsam eingesetzt werden, und allen starken, künstlichen Gerüchen ist ohnehin mit Vorsicht zu begegnen. Nicht selten können solche Substanzen starke Schleimhautreizungen auslösen, für Allergiker sind sie in der Regel mindestens sehr unangenehm.

Eine spannende Annäherung an die Thematik von Duft und Aroma ermöglicht eine Technik, die nicht nur für Kinder attraktiv ist, jedoch einigen Aufwand erfordert (vgl. Minssen, 1989):

Afrikanische Topfdestille

Nach dem Prinzip der Wasserdampfdestillation werden aus Pflanzenteilen Duftwässer hergestellt. Dazu benötigt man einen großen, feuerfesten Topf, in dem die gesammelten Blüten oder Blätter in Wasser angesetzt und zum Kochen gebracht werden. Um den sich entwickelnden Wasserdampf, in dem sich auch zahlreiche ätherische Öle

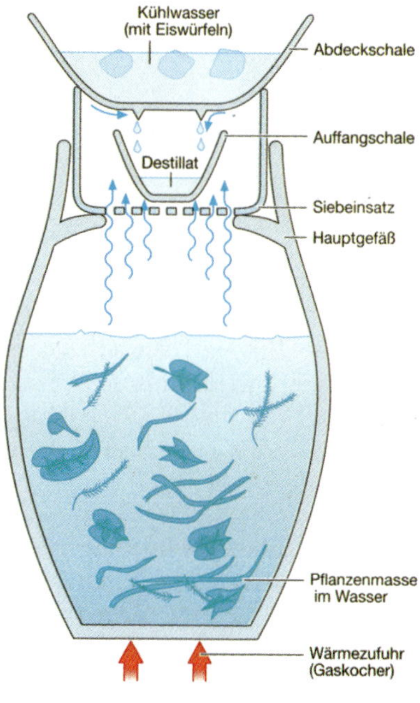

Die einzelnen Teile der getöpferten Destille müssen sorgfältig gearbeitet sein, um gut ineinanderzupassen. Breite Gummiringe sind für eine zusätzliche Abdichtung zweckmäßig.

der Pflanzen befinden, am Entweichen zu hindern, wird der Topf durch eine trickreiche Konstruktion aus Siebeinsatz, Auffangschale und Deckel mit Tropfkante abgedeckt: Je nach Größe des Gefäßes und Wärmezufuhr dauert es dann mindestens etwa eine Stunde, bis sich im Auffanggefäß das Destillat sammelt – ein „Duftwasser", dessen Aroma durchaus überraschend sein kann: Ein Versuch mit Rosenblättern, unter die versehentlich einige Blätter eines Liebstöckel gemischt wurden, ergab ein „Parfum", das unwiderstehlich und äußerst stark nach Kartoffelsuppe roch.

Auch der Geschmackssinn will trainiert werden

Alle Geschmacksempfindungen können auf vier Geschmacksqualitäten zurückgeführt werden: süß, sauer, salzig und bitter. Die jeweiligen Geschmackssensoren sind auf der Zungenoberfläche lokalisiert: Die vorderen Abschnitte der Zunge sind besonders empfindlich für süß und salzig, die seitlichen für sauer und die hinteren Abschnitte für bitter. Viele natürliche Geschmacksreize lösen Mischempfindungen aus: So schmeckt eine Orange beispielsweise süß und sauer. Die Stärke einer solchen Empfindung hängt in erster Linie von der Konzentration des Reizstoffes ab.

Die Aufnahme der Reize erfolgt an **Geschmacksknospen** in der Schleimhaut der Zungenoberfläche. Dort befinden sich gebündelt – als die eigentlichen Sensoren – die *Geschmackssinneszellen*. Übrigens: Während der Mensch ungefähr 2.000 Geschmacksknospen besitzt, hat ein Huhn z. B. nur etwa 25, ein Schwein aber 15.000 und ein Rind sogar rund 25.000.

Schälen und Schneiden eines roten Riesenrettichs – erste Begegnung mit einem interessanten Gemüse.

Der Geschmackssinn ist wie der Geruchssinn ein chemischer Sinn. In einer komplizierten Kette chemischer Vermittlungen sorgen einzelne Botenstoffe dafür, dass der Reiz weitergeleitet werden kann. Das **limbische System**, in dem die Reize oder Informationen verarbeitet werden, besitzt dabei zentrale Bedeutung: Es handelt sich hier nicht – wie heute noch oft angenommen wird – um einen älteren Abschnitt des Gehirns, in dem lediglich Affekte, Triebe und Gefühle ihren Ursprung haben, sondern um nicht weniger als unser *Verhaltensbewertungssystem*. Seine Leistung darf nicht mit bloßer Datenverarbeitung verglichen werden, sondern es geht letztlich darum, ein Verhalten zu erzeugen, mit dem das Individuum die immer wieder aktuelle Frage beantworten kann: Was soll ich jetzt tun? Und dass unser Organismus es schafft, in einer komplexen und vielfältig unvorhersehbaren Umwelt den richtigen Weg zu finden, ist nur möglich, weil wir in unserem Nervensystem diese Instanz besitzen, die alle eingehenden Reize bewertet: Aus Informationen werden Bedeutungen.

Der Geschmackssinn ist zudem besonders eng mit unserem **Erinnerungsvermögen** verbunden und gleicht auch in dieser Beziehung dem Geruchssinn. Die Folge sind frühe und starke Festlegungen: Jeder

kennt Speisen oder Geschmacksnoten aus der eigenen Kindheit, die er in lebhaftester Erinnerung behält – sei es als Lieblingsessen auch über die Jahre hinweg, sei es als unveränderbar eklig. Dennoch gibt es im Lauf des Lebens auch hier Veränderungen, Gewöhnungen, Lernprozesse. Kinder mögen weder den Geschmack von Ingwer oder Kümmel, Kognak, Kaffee, Zigarette oder rohem Fisch. Aus verschiedenen Gründen steigen im Lauf des Lebens unsere Ansprüche, der Hang zum Raffinierten nimmt zu. Das ist nicht neu – und der erste Schritt zur Dekadenz: Ein römischer Patrizier ließ seinen Gästen gebackene Haselmäuse servieren, in Honig und Mohnsamen gerollt; dazu gab es gebratenes Wildschwein, aus dessen Magen beim Tranchieren lebende Drosseln entwichen. Und sprichwörtlich wurde bei der Zubereitung von Wild der „Hohe Geschmack" (Hautgout), ein besonderes Aroma, das durch die Verwesung des Fleisches entsteht. Heute liegen die Übertreibungen an anderer Stelle: Die Lebensmittelindustrie hat es längst übernommen, unsere Nahrungsmittel auch in Fragen des Geschmacks zu gestalten. Weit über 10.000 künstliche Aromastoffe stehen den Chemikern zur Verfügung – wir haben uns vermutlich bereits an mehr gewöhnt, als wir ahnen.

Gerade wegen dieser allgegenwärtigen Künstlichkeit und Manipulierbarkeit unserer Nahrung sollten wir Kindern immer wieder die Gelegenheit geben, selbst elementare Geschmacksversuche zu machen. Das kann im Garten beginnen, bei verschiedenen Wildpflanzen, Beerenobst oder Wurzelgemüse, aber selbstverständlich bietet auch jede Küche zahlreiche Möglichkeiten und Anregungen (vgl. Kapitel 10). Wenn es um selbst geerntete Wildpflanzen geht, ist eine entsprechende Pflanzenkenntnis Voraussetzung, und es versteht sich von selbst, dass auch überlegt sein will, an welchem Ort und zu welcher Zeit Blätter und Früchte gesammelt werden dürfen. Zahlreiche Bücher bieten dazu aber hilfreiche Tipps und Rezepte zur Verarbeitung des Gesammelten.

Eine große Rolle spielt bei der Arbeit mit Kindern der eigene Anbau von Nutzpflanzen bzw. die Gestaltung eines Gartengeländes mit Wildpflanzen und Obst, die sich auch als Wildobst oder Wildgemüse nutzen lassen; mehr dazu in den Kapiteln 5, 6 und 7.

Die Geschmacksvorlieben sind nicht nur individuell höchst unterschiedlich, sondern werden auch kulturell stark beeinflusst. Es kann nicht darum gehen, Kindern unbedingt Mehrkornmüsli schmackhaft zu machen, nur weil man es vielleicht selbst wunderbar findet, darüber hinaus ist es unvermeidlich, dass sich von Generation zu Generation auch die Ernährungsvorlieben verändern. Doch braucht auch der Geschmackssinn gewisse Anforderungen, will aufgebaut, trainiert und immer wieder neu erprobt werden.

Aufgaben:

Machen Sie – ggf. gemeinsam mit anderen – eine Erhebung zu den Nahrungsmittelvorlieben und -abneigungen von Kindern. Benutzen Sie dazu einen kleinen, selbst verfassten Fragebogen, den Sie in einem Gespräch mit mindestens zehn Kindern ausfüllen. Werten Sie Ihre Ergebnisse in einer Arbeitsgruppe aus. Dabei könnten folgende Fragen gestellt werden:

1. Was ist deine Lieblingsspeise? Wie oft (in der Woche) isst du das?
2. Kann man deine Lieblingsspeise verändern? Und wie?
3. Was magst du gar nicht essen?
4. Hat deine beste Freundin/dein bester Freund den gleichen Geschmack wie du?
5. Was findest du bei deinem Essen besonders gesund?

Klänge, Geräusche, Signale, Musik

Der Hörsinn nimmt unter den Sinnen eine Mittelstellung ein: Während Tasten, Riechen und Schmecken ganz unmittelbare Eindrücke vermitteln, lässt uns der Sehsinn vor allem auch das Ferne erkennen. Die Mittelstellung des Hörens ist aber von zentraler Bedeutung, denn Töne, Klänge oder Sprache – kurz: Schallwellen – sind das Medium unserer Kommunikation (vgl. Österreicher, 2005).

Wir haben es hier mit einem Sinnesorgan zu tun, das in der Entwicklungsgeschichte erstaunliche Wandlungen durchgemacht hat. Bereits die noch im Wasser lebenden Vorfahren der Wirbeltiere entwickelten einen Sinn für **Vibrationen**. Nach und nach entstanden daraus der **Gleichgewichtssinn** und das **Gehör**, das wir bei allen Wirbeltieren finden. Eine grundlegende Veränderung besteht nun darin, dass die Sinneszellen, die früher außen von Flüssigkeit umgeben waren, nach innen verlegt wurden: eine Art Wasserwaage für den Gleichgewichtssinn im Innenohr. Dieser gemeinsame Ursprung von Gleichgewichts- und Hörsinn zeigt sich auch darin, dass beide mit winzigen Haarzellen schon auf minimale Druckveränderungen reagieren. Die Empfindlichkeit unseres Ohres ist so groß, dass es beinahe fähig wäre, selbst die Luftdruckschwankungen zu hören – ein ständiges Rauschen durch umherfliegende Luftmoleküle. Das Maß für den Schalldruck ist das *Dezibel* (dB).

Pegelbereiche charakteristischer Geräusche

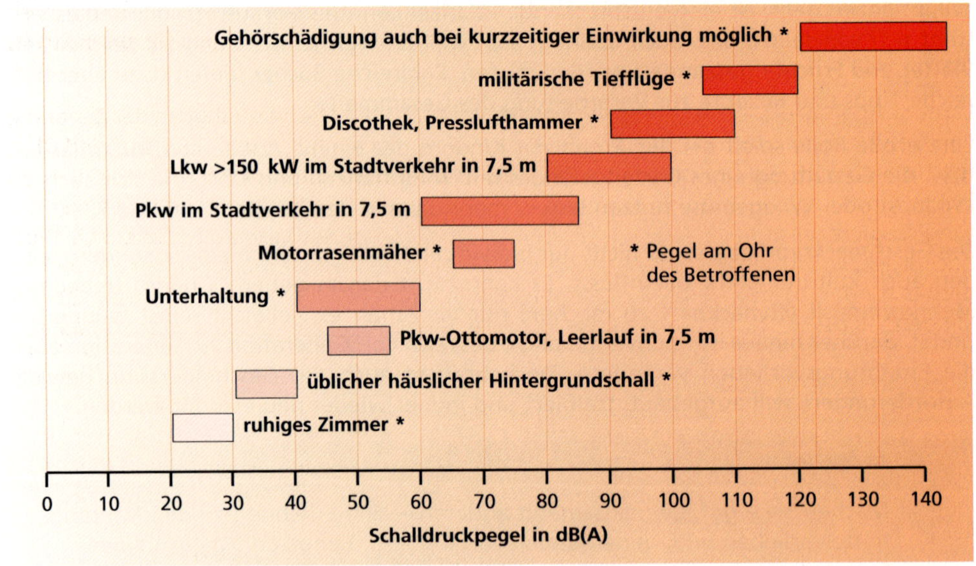

(Bayerisches Landesamt für Umwelt, Augsburg, 2007)

Welche Art von Ton oder Geräusch wir hören, hängt von der Wellenlänge ab. Je kürzer die Wellen, desto höher der Ton. Sehr hohe Töne haben Wellenlängen von wenigen Zentimetern, sehr tiefe von einigen Metern. Meist wird aber statt der Wellenlänge die sogenannte Frequenz in *Hertz* (Hz) angegeben: die Zahl der Einzelwellen pro Sekunde. Je kürzer die Wellenlänge, desto größer die Frequenz, desto höher der Ton. Dabei ist unser Ohr nicht für alle Frequenzen gleich empfindlich. Zwar können wir im Bereich zwischen etwa 16 Hz und 16.000 Hz (bei jungen Menschen bis 20.000 Hz) hören, aber die größte Sensibilität besitzen wir zwischen 1.000 und 3.000 Hz, dem Bereich der Sopranstimme.

Lärm = unerwünschter bzw. störender Schall. Formen des Lärmverständnisses: Das psychologische Verständnis geht von der Erfahrung von durch Lärm beeinträchtigten Personen aus, das naturwissenschaftliche Verständnis versucht eine Abgrenzung zu anderen Schallereignissen mittels Messwerten, ein ökologisches Verständnis sieht Lärm als eine Form der Luftverschmutzung durch Energie (vgl. Marks, 2003).

Neben den physikalischen Eigenschaften des Schalls und den medizinischen Befunden über unser Hörvermögen spielen beim Hören aber auch *psychische Aspekte* eine herausragende Rolle. Die individuelle Bewertung der Hörwahrnehmungen führt dazu, ob wir etwas als angenehm, vielleicht sogar melodiös oder störend bis hin zu aggressiv empfinden: Dem Freund wird mehr Spielraum zugebilligt als dem Feind. Außerdem versuchen wir anscheinend automatisch, im Gehörten stets einen Sinn zu entdecken. Möglicherweise ist das ein Grund, warum unsere Aufmerksamkeit bei zunehmender Lautstärke bzw. unterschiedlichen, gleichzeitig zu hörenden Geräuschen beeinträchtigt wird. Wir nutzen zwar unser Gehör häufig selektiv – nützliche Geräusche beachten, unbrauchbare ausblenden –, aber das verringert natürlich nicht die Menge an Geräuschen und Klangwellen, denen wir ausgesetzt sind (vgl. Kapitel 11, S. 358 ff.).

Beinahe überall – so scheint es wenigstens – nimmt der Lärm zu. Lärm signalisiert uns aber immer noch wie in den ersten Menschheitstagen nahende Gefahr und bereitet unseren Körper auf Auseinandersetzung oder Flucht vor, die in unserer heutigen technisierten Welt nicht mehr stattfinden kann. Stattdessen reagieren wir oft mit Nervosität oder Stress, Gereiztheit oder Beklemmung.

Lärm ist Aggression, löst Aggression aus und ist damit wesentlich beteiligt an der Zunahme von Gewalt. Besonders schlimm erscheint uns Lärm, der plötzlich und überraschend über uns hereinbricht: das Donnern eines Tieffliegers oder das Aufheulen einer Sirene. Gerade kleine Kinder erleben solche Situationen als sehr beängstigend. Bei ständiger Lärmbelastung reagiert unser Körper auch mit Krankheit bzw. erhöhten Krankheitsrisiken wie Bluthochdruck, erhöhtem Herzinfarktrisiko oder unheilbarer Schwerhörigkeit. Heute weisen bereits rund 60 % der 18- bis 20-Jährigen Hörschäden auf, und die von Tinnitus („Ohrenklingen", eine ernste Erkrankung des Hörsinns) Geplagten nehmen von Jahr zu Jahr zu.

Aufgaben:

Ruhezonen als Bereiche reduzierter Geräusche sind nicht nur wichtig, wenn es um Konzentration geht, solche Zonen können vor allem auch unsere Empfindungen entscheidend beeinflussen: Wohlbefinden oder Stress, Ungeduld oder Gelassenheit. Wie gehen Sie damit um?

1. Wann lassen Sie sich durch Hintergrundmusik o. Ä. berieseln? Und wie geht es Ihnen damit im Kaufhaus, im Restaurant, in der Telefon-Warteschleife?
2. Wählen Sie – bei selbst bestimmter Hintergrundbeschallung – die Art und Lautstärke bewusst aus?
3. Entscheiden Sie auch über die Hintergrundbeschallung anderer? Im Kinderzimmer oder Gruppenraum? Wenn ja: Schalten Sie an oder ab?

➲ ***Zur Vertiefung dieses Themas finden Sie im Arbeitsheft weitere Fragestellungen.***

Ein Trommelkonzert ist immer beides: individuelles und gemeinsames Erlebnis.

In der praktischen Auseinandersetzung mit dem Hörsinn ist es gerade bei Kindern wichtig, nicht bloß die Suche nach Ruhezonen zu thematisieren. Kinder wollen natürlich – neugierig und experimentierfreudig – die Welt der Geräusche, Töne, Klänge erst einmal richtig kennenlernen. Spiele, die das ermöglichen und unterstützen, sind naturgemäß selten ruhig und besinnlich, aber hier geht es dann um etwas anderes: Kreativität und Aufmerksamkeit für besondere Hörwahrnehmungen. Selbst gefundene oder selbst gebaute Instrumente zum Schlagen, Zupfen, Blasen sollten das Repertoire gekaufter Standardinstrumente ergänzen. Die Besonderheit von Gongs und Klangstäben besteht darin, dass die Vibrationen nicht nur durch das Gehör, sondern als feine Druckunterschiede über die ganze Haut wahrgenommen werden.

Gemeinsam gemachte Musik, angefangen von „Geräusch-Landschaften" bis hin zu aufwendigeren Orff-Spielen, kann dabei stets auch die Geräuschkulisse einer bestimmten Umgebung aufgreifen. So bietet es sich an, eine „Waldmusik" oder eine „Wassermusik" zu machen, wobei die Stimmung je nach Tageszeit, Jahreszeit, Art des Gewässers oder Waldgebietes unterschiedlich sein wird. Unterstützung bieten dabei bestimmte Naturklangaufnahmen auf CD. Interessant und spannend können aber auch Versuche sein, städtische Klangbilder, Straßenszenarien oder das Zusammensein vieler Menschen auf engem Raum akustisch nachzustellen. Das wird nicht ohne sehr genaues Hinhören und Ausprobieren gehen – ein hervorragendes Mittel für Kinder, individuell und spielerisch zahlreiche akustische Phänomene zu erfassen.
Die Beschäftigung mit dem Hörsinn führt stets über Konzentration, Wartenkönnen, Geduld. Dazu bietet sich auch folgendes Spiel an:

Schlafender Geizhals:
Ein Kind mit verbundenen Augen bewacht einen vor ihm liegenden Gegenstand, vielleicht eine kleine Glocke. Nacheinander versuchen nun andere Kinder, sich anzuschleichen und die Glocke wegzunehmen. Wenn der „Geizhals" vorher erkennt, aus welcher Richtung ein „Dieb" kommt und mit dem Finger in die richtige Richtung zeigt, ist der Versuch gescheitert; ein anderes Kind wagt dann den Raub. Wem das letztlich gelingt, der darf den nächsten „Geizhals" spielen.

Wenn der „Schlafende Geizhals" nervös wird, kann es schon mal passieren, dass er den Schatz, den er bloß mit gespitzten Ohren bewachen soll, auch gleich festhält.

Darüber hinaus gibt es noch zahlreiche andere Möglichkeiten, mit Kindern Hörerlebnisse aufzugreifen. So bezieht sich etwa das Malen nach einer ausgewählten Musik vor allem auf die kindliche Fantasie. Beim Erstellen einer sogenannten **Soundmap** geht es wiederum generell um alles Hörbare in der Umgebung eines bestimmten Standortes und darum, die in einer festgelegten Zeitspanne wahrgenommenen Geräusche und Laute mittels einfacher Symbole in eine kleine eigene Orientierungskarte einzutragen.

Die verwendeten Symbole einer Soundmap sollten einfach und anschaulich sein, wobei die Erfindung der Zeichen Kindern schon viel Spaß macht.

Sehen, erkennen, beobachten – und die Macht des Blickes

Dem Auge kommt unter allen Sinnesorganen eine unvergleichliche Doppelrolle zu: Es dient nicht nur der Wahrnehmung bestimmter Reize, sondern es sendet auch selbst Signale aus. Im Blick kann alles liegen: Wachsamkeit, Erschöpfung, Zärtlichkeit, Angriff, Spott, Erstaunen, Begierde, Geduld, Verzweiflung, Entschlossenheit, Vertrauen und vieles andere mehr.

Sehen heißt konstruieren: Die optische Widerspiegelung eines Gegenstandes oder einer Szene auf der Netzhaut unserer Augen ist noch kein Sehen, sondern gibt dem Sehsinn nur ein Eingangssignal. Erst die Verarbeitung dieses Signals bedeutet Sehen, und daran kann bis zu einem Viertel der menschlichen Großhirnrinde beteiligt sein. Die Verknüpfungen innerhalb des Gehirns sind nicht nur äußerst komplex, sondern auch in vielfacher Weise flexibel und veränderbar. Das zeigen u. a. Lernvorgänge bei Menschen, deren Sehsinn – genauer: die betreffenden Gehirnareale – verletzt wurde.

Farben, Formen, Bewegungen nehmen wir sozusagen auf der untersten Ebene der Bildverarbeitung wahr. Dadurch entstehen bildhafte Karten mit bestimmten Werten von Helligkeit, Begrenzungslinien oder räumlicher Tiefenschärfe. Auf einer zweiten Stufe untersuchen wir bereits, wie die einzelnen Bildbestandteile untereinander zusammenhängen; das Ziel ist eine möglichst fehlerfreie *Interpretation* der Umwelt. Die oberste, anspruchsvollste Ebene des Sehens besteht in unserer Fähigkeit, Objekte oder Gesichter wiederzuerkennen: Aufmerksamkeit und Gedächtnis sind wichtige, unverzichtbare Faktoren dieser erstaunlichen Leistung. Auch hier zeigt sich, dass Sehen und Verstehen als aktive Vorgänge in unserem Gehirn untrennbar miteinander verbunden sind.

Erst die konzentrierte Betrachtung ermöglicht Erkennen, Wiedererkennen und Verständnis.

Die Physiologie der optischen Wahrnehmung reicht für das Verständnis des Blickes zwar nicht aus, stellt dafür aber eine notwendige Voraussetzung dar. Von allen Details und Besonderheiten muss vielleicht hervorgehoben werden, wie eng der Bereich der elektromagnetischen Wellen ist, für den der menschliche Sehsinn empfänglich ist: Es ist eigentlich

nur ein winziger Bereich zwischen Infrarot und Ultraviolett, allerdings genau jener Anteil des Sonnenlichts, der die Erdatmosphäre durchstrahlt. Das ist kein Zufall, sondern der Evolution zu verdanken, die im Lauf der Entwicklungsgeschichte zu immer besser an unsere Lebenswelt angepasste Augen geführt hat.

Dabei geht es aber nicht nur um das Sehen an sich. Licht beeinflusst über das Auge unseren **Stoffwechsel**, vom Zucker- und Wassergleichgewicht über Hormonhaushalt und Blutbild bis hin zu Sexualfunktionen. Häufige und andauernde Aufenthalte im Kunstlicht können deshalb durchaus zu Stoffwechselstörungen führen.

Der menschliche Blick bedeutet – über die aktiven Vorgänge von Sehen, Erkennen, Verstehen hinaus – noch eine ganz andere Form der Aktivität: Mit dem Sehen und Gesehenwerden stellen wir uns auch in einen **sozialen Zusammenhang**. Wir gucken, betrachten, taxieren, beobachten, staunen, locken, verurteilen oder verständigen uns. Mit unseren Blicken regulieren wir Beziehungen, auch dann, wenn wir den Blickkontakt vermeiden. Nicht von ungefähr verhüllt auch die kleinste Faschingsmaske noch die Augenpartie: Das Gesicht, und hier vor allem der Blick, sendet Zeichen aus. Und wir sehen, was wir sehen wollen.

Ein Netz von Schnüren, auf denen Tücher und Decken hängen, ergibt ein wunderbares Stofflabyrinth.

In der Arbeit mit Kindern spielt das Anschauliche häufig eine überragende Rolle – manchmal vielleicht sogar auf Kosten des Gesprächs und des Erklärens. Dennoch: Das Sichtbare beinhaltet auch eine Form des Beweisbaren, und das braucht keinesfalls andere Wahrnehmungsmöglichkeiten auszuschließen. Die schimmernde Oberfläche eines Steins lässt sich nicht nur betrachten, sondern auch betasten; seine Realität schließt die Magie nicht aus. Ein zweiter Stein bringt ihn vielleicht sogar zum Klingen. Auch visuelle Wahrnehmungen sind wohl stets mit anderen verknüpft. Eine für Kinder besonders spannende Situation ist die Orientierung in einem Labyrinth. Das kann ein kunstvoll angelegter Irrgarten ebenso wie ein Versteckspiel zwischen Stoffbahnen sein: Zum Versuch, den richtigen Weg zu finden (zu sehen), gehört untrennbar eine innere Angespanntheit; alle Sinne sind hellwach.

Wie schwierig (und interessant) es sein kann, sich mit den Möglichkeiten unseres Sehsinns zu beschäftigen, zeigen verschiedene visuelle Irritationen. Einen ganz eigenen und für die Kunstgeschichte des 20. Jahrhunderts wegweisenden Zugang zu unseren Seh- und Verständnisgewohnheiten hat Marcel Duchamp entwickelt: Seine „Fontaine", die er 1917 in einer Kunstgalerie ausstellte, war nichts anderes als eine umgedrehte Pissoirschüssel – das Readymade war geboren. Nicht die Herstellung eines neuen Gegenstandes war das Ziel von Duchamp, sondern die Konfrontation des Betrachters mit gewohnten und bekannten Dingen in einer unerwarteten Position, Anordnung oder Kombination.

Die Suche nach solchen Ideen macht Kindern viel Vergnügen und regt nicht nur ihre Fantasie an: Beim Bauen und Konstruieren geht es auch um das Kennenlernen der Möglichkeiten, bestimmte Materialien einzusetzen, und natürlich auch um handwerkliches Geschick.

➲ ***Zur Vertiefung dieses Themas finden Sie im Arbeitsheft eine Reihe von Aufgaben.***

Etwas Bestimmtes auszuwählen und besonders genau zu beobachten kann für sich genommen für Kinder schon recht interessant sein. Zusätzlich gibt es aber auch Hilfsmittel, die anregen, Objekte aufmerksam zu untersuchen. Es genügt ein Stück Pappe, in das Löcher geschnitten oder gestochen werden und ein Kind hat seine „Zauberbrille".

Die rätselhaften schwarzen Flecken in der Wasserpfütze sind kein Altöl, sondern eine ungeheure Anzahl einer bestimmten Art Springschwänze, wobei jedes einzelne Tier kaum einen Millimeter groß ist.

Ein dritter Weg, intensive visuelle Umweltwahrnehmungen zu machen, führt über den Einsatz von optischen Geräten wie Lupen oder Ferngläser. Von beidem können Kinder manchmal kaum genug kriegen, und der Wert, den solche Geräte gerade für die Umweltbildung haben, kann kaum überschätzt werden. Vor allem Stereolupen, die im Gegensatz zu Mikroskopen auch von Kindern nahezu jeden Alters einfach zu bedienen sind und die Beobachtung lebender Kleintiere erlauben, sollten viel häufiger zum Einsatz kommen.

1.3 Natur- und Umweltpädagogik auch für Kleinkinder?

Alles, was wir heute von frühkindlichen Bildungs- und Lernprozessen wissen, zeigt, dass die unmittelbare Umgebung für Kleinkinder in vielfacher Hinsicht von großer Bedeutung ist. Neben verschiedenen sinnlichen Erfahrungen, die dem Kind bereits viele Qualitäten seiner Umgebung vermitteln, spielen insbesondere ko-konstruktive Prozesse eine entscheidende Rolle.

Selbstverständlich sind diese Prozesse auch im Bereich der Natur- und Umweltpädagogik von großer Bedeutung – ja mehr noch: insbesondere Kleinkinder zeigen an ihrer unmittelbaren Umwelt starkes Interesse und die Prägungen, die für die Entwicklung von Umweltbewusstsein im weitesten Sinn wesentlich sind, fallen in die ersten Lebensjahre. Darum ist ein der Entwicklung der Kinder entsprechendes natur- und umweltpädagogisches Arbeiten in dieser Zeit besonders wichtig.

Ko-Konstruktion = Lernen im sozialen Kontext, d. h. im kommunikativen Austausch, in dem die Beteiligten gemeinsam Wissen und Fähigkeiten entwickeln. In entwicklungspsychologischer Sicht ein wichtiger aktiver Prozess von (Klein-)Kindern zur Welterkundung und -aneignung über Gleichaltrige und andere Kinder sowie erwachsene Bezugspersonen.

In engem Zusammenhang damit stehen auch bemerkenswerte Selbstbildungsprozesse, die allerdings schwieriger zu beobachten sind und teilweise erst in ihren Ergebnissen bemerkt werden. Dabei sind nicht nur selbst gesteuerte Lernerfahrungen gemeint, sondern dieses Konzept schließt auch Aspekte eines lebenslangen Lernens und die Suche nach einer sinnvollen Lebensführung ein.

Selbstbildung = pädagogisches Konzept der eigenverantwortlichen Gestaltung von Lernerfahrungen und Bildungsprozessen. Im Unterschied zum Erwachsenen erfordern Selbstbildungsprozesse von Kindern vor allem, unterstützende Rahmenbedingungen und Möglichkeiten bereitzustellen.

Noch beschränkt sich die Erkundung der Umwelt auf die unmittelbare Umgebung. Die Kiste wird dabei als gut vertrauter und persönlicher Platz erlebt.

Die Bildungspläne der letzten Jahre nehmen die Prozesse der Ko-Konstruktion und Selbstbildung verstärkt in den Blick. Das lässt sich auf mehrere Ursachen zurückführen. Einerseits zeigen zahlreiche Untersuchungen von Entwicklungspsychologen und Neurophysiologen die unerwartet große Bandbreite an kognitiven und interpretativen Fähigkeiten von Kleinkindern. Andererseits haben diese Forschungsarbeiten verstärkt darauf aufmerksam gemacht, wie wichtig dabei soziale und kommunikative Aspekte sind. Zunächst spielt hier eine enge Beziehung eines Kindes zu seinen Eltern und anderen erwachsenen Bezugspersonen eine entscheidende Rolle. Aber parallel dazu wird die Entwicklung eines Kindes weit stärker als bislang angenommen von vielfältigen Lernerfahrungen in den ersten Lebensjahren beeinflusst (vgl. Hüther, 2006a, S. 79 ff.).

Psychische Grundbedürfnisse und Basiskompetenzen

Werden die psychischen Grundbedürfnisse eines Kindes nach menschlicher Nähe und Geborgenheit, der Erfahrung von Selbstwirksamkeit und dem Streben nach Autonomie durch die unmittelbare soziale Umgebung befriedigt, so beginnt das Kind meist rasch, sich aktiv mit den Eigenschaften und Besonderheiten seiner Umwelt auseinanderzusetzen. Dabei hat eine sichere Beziehung zu seinen Bezugspersonen für das Kind die weitaus größte Bedeutung. Ist sie vorhanden, können auch Einschränkungen und Misserfolge besser akzeptiert und überwunden werden. Das Kind fühlt sich nicht allein und hilflos, sondern nimmt eben einen neuen Anlauf, um die jeweilige Hürde zu bewältigen.

Neben der Erforschung dieser psychischen Wechselwirkungen zwischen dem Streben nach Sicherheit und Neugier (vgl. Kapitel 1.1) haben sich Pädagogik und Entwicklungspsychologie bereits seit etlichen Jahren intensiv mit Fragen der Lerntheorie und Bildung insgesamt auseinandergesetzt. Ausgangspunkt war dabei die Unterscheidung zwischen Bildung im Sinn des Erwerbs von allgemein gültigen Kompetenzen, sogenannten **Basiskompetenzen,** und **Ausbildung**, in der es um den Erwerb von Fach- und

Spezialwissen geht. Der Bayerische Bildungs- und Erziehungsplan nennt vier Gruppen Basiskompetenzen:

- personale, wie etwa Selbstwertgefühl, das Erleben von Autonomie und Selbstwirksamkeit, individuelle Interessen, Selbstregulation etc.
- soziale, wie etwa Einfühlungsvermögen (Empathie), Kommunikations- und Kooperationsfähigkeit, Sensibilität für Anderssein, Solidarität etc.
- lernmethodische, wie etwa differenzierte Wahrnehmung, Orientierungsvermögen, Problemlösefähigkeit, Kreativität etc.
- kompetenter Umgang mit Veränderungen und Belastungen (Resilienz), Regelakzeptanz, Verantwortlichkeit für das eigene Handeln etc.

Dabei ist zu berücksichtigen, dass sich die beiden letztgenannten aus verschiedenen personalen und sozialen Kompetenzen zusammensetzen.

➲ *Zur Vertiefung dieses Themas finden Sie im Arbeitsheft eine Reihe von Aufgaben.*

Aufgaben:

Damit eine Erzieherin einem Kind Beziehungssicherheit geben kann, müssen zunächst die psychischen Grundbedürfnisse des Kindes erkannt und erfüllt werden können. Einen sehr wichtigen Beitrag zum Aufbau der sozialen Sicherheit leistet der Kontakt zu anderen Kindern. Versuchen Sie, sich Situationen in Erinnerung zu rufen, deren Merkmale etwa in dieser Weise beschrieben werden können:

1. Zwei Kinder im Alter von höchstens drei Jahren zeigen sich gegenseitig etwas und teilen sich mit, was sie daran interessant finden.
2. Ein Kleinkind beobachtet über einen längeren Zeitraum eine bestimmte Situation, in der ein anderes Kleinkind eine bestimmte Anstrengung auf sich nimmt. Als die Mühe nicht zum gewünschten Erfolg führt, versucht das erste Kind, Hilfestellung zu geben.
3. Mehrere Kleinkinder befassen sich mit derselben Sache oder Entdeckung. Es kommt zum verbalen und nonverbalen Austausch, wobei Sie beobachten können, dass die Kinder voneinander bestimmte Handgriffe und Bewegungen übernehmen und sich auf diese Weise gegenseitig anregen.

Bereits Kleinkinder bilden Lerngemeinschaften, auch wenn die jeweiligen Gruppen meist eher kurzen Bestand haben. Unter entsprechenden Rahmenbedingungen suchen und finden die betreffenden Kinder meist rasch wieder andere Partner, wobei das Alter der Kinder durchaus unterschiedlich sein kann. Ältere, vertraute Kinder sind dabei oft besonders wichtige **Lernpartner**, denn diese Kinder sind dem Kleinkind in seiner Entwicklung bereits etwas voraus, sprechen andererseits aber noch die gleiche „Sprache" wie das Kleinkind. Sie bilden für das betreffende Kind die „Zone der nächsten Entwicklung" (vgl. Wygotsky, 1991).

Unser heutiges **Bild vom Kind** ist von der Überzeugung geprägt, dass es sich um ein autonomes und vielfach kompetentes Wesen handelt, das sich aktiv mit seiner Umwelt auseinandersetzt. Für die pädagogische Fachkraft bedeutet das vor allem, eine dialogorientierte Haltung einzunehmen, indem das Kind als Bildungspartner gesehen wird. Ein aufmerksamer und feinfühliger Erwachsener, der die Signale des Kindes erkennen, interpretieren und beantworten kann, ist für ein Kleinkind von größter Bedeutung. Dabei spielt in der Zeit der ersten Lebensjahre die Frage, was dem jeweiligen Kind zugetraut wird, eine zentrale Rolle.

Auch jüngere Kinder zeigen immer wieder großes Einfühlungsvermögen und Hilfsbereitschaft.

Die Erforschung der jungen Kindheit zeigt, dass bereits Babys bestens ausgerüstet sind, ganz viele unterschiedliche Informationen gleichzeitig aufzunehmen. Zudem ist ihre Vorstellungskaft schon im Alter von etwa 18 Monaten gut entwickelt – eine Fähigkeit, die bislang vor allem für eine Eigenschaft von Erwachsenen gehalten wurde. Wir wissen heute, dass Babys und Kleinkinder vor allem von Gefühlen wie Überraschung und Neugier motiviert werden. Wenn es hingegen um konkrete Ziele geht, wird es schwierig. Auch etwas ältere Kinder haben damit noch große Schwierigkeiten. Erwachsene meinen dann, die betreffenden Kinder seien einfach nicht in der Lage aufzupassen und sich zu konzentrieren. Das ist jedoch ein schwerwiegendes Missverständnis: Vor allem Kleinkinder können noch nicht aufpassen. Sie sind nämlich nicht imstande, sich lediglich auf eine Sache zu konzentrieren und alles andere auszublenden. Alles um sie herum kann interessant und anregend sein und unermüdlich beobachten und untersuchen sie ihre Umgebung. Am intensivsten erforschen sie Menschen in ihrer Nähe, beobachten deren Verhaltensweisen und Reaktionen. Eltern und andere Bezugspersonen vermitteln Kindern also am meisten, wenn sie sich ihnen zuwenden und mit ihnen kommunizieren (vgl. Gopnik, 2010).

Hinsichtlich der Bezugspersonen eines Kleinkindes ist zwischen Eltern und pädagogischen Fachkräften zu unterscheiden. Wie die Entwicklungspsychologin Liselotte Ahnert erklärt, darf eine gute **Fachkraft-Kind-Beziehung** zwar nicht mit der **Eltern-Kind-Bindung** gleichgesetzt werden, hat aber wichtige Eigenschaften, deren Qualität an fünf Merkmalen abgelesen werden kann (vgl. Ahnert, 2007, S. 31 ff.):

- emotionale Zuwendung
- Sicherheit und Zuverlässigkeit
- Verminderung von Stress
- Unterstützung von Exploration und Eigenaktivität
- Assistenz im Sinn von Hilfestellung dort, wo es erforderlich ist

Ein wichtiges und übergeordnetes Prinzip der Arbeit mit Kleinkindern besteht darin, die **sprachlichen und kommunikativen Kompetenzen** dieser Kinder zu stärken. Sprachentwicklung ist niemals isoliert zu sehen, sondern ist mit der physischen und

Das Kind kennt die Treppe gut, hat andere Kinder dort schon oft beobachtet. Aufmerksam verfolgt es jetzt die Reaktion des Erwachsenen: Darf ich die Treppe besteigen?

psychischen, kognitiven und sozial-emotionalen Entwicklung eng verknüpft. Dabei verläuft die Entwicklung nicht gleichmäßig: Bis zum Alter von 18 Monaten haben die meisten Kinder einen Wortschatz von etwa 50 Wörtern aufgebaut. Danach nimmt ihr Wortschatz ungeheuer rasch zu. Dies und die zunehmende **Beherrschung des eigenen Körpers** tragen wesentlich zur wachsenden Selbstständigkeit und zum gestiegenen Umweltinteresse bei. Hinzu kommt die Entwicklung der Fähigkeit, sich in andere Menschen hineinversetzen zu können und ein Bewusstsein dafür zu entwickeln, was andere Menschen fühlen, denken oder wissen können – eine Fähigkeit, die auch als **Theory of Mind** bezeichnet wird und ebenfalls in diesem Lebensalter eine sprunghafte Entwicklung erfährt. So nehmen Kinder im Alter von etwa 18 Monaten schon recht genau die emotionale Verfassung ihres Gegenübers wahr und reagieren darauf.

Die Umweltwahrnehmung von Kleinkindern

Für ein Kleinkind ist seine Umwelt noch voller Rätsel, Merkwürdigkeiten und Überraschungen. Ein Apfel ist für ein Kleinkind weder ein Handelsprodukt noch ein Geschenk Gottes, kein Symbol der Verführung oder der ewigen Jugend, nicht der Hinweis auf eine bestimmte Kultur des Gartenbaues und er löst nicht einmal einen Beißreflex aus. Für ein Kleinkind ist der Apfel „zunächst ganz einfach ein Apfel, das heißt ein mehr oder weniger rundliches, duftendes Ding, in seiner Größe und seiner leicht öligen Haut schlecht anzufassen" (Hüttenmoser, 2007, o. S.) Ein solcher Gegenstand wird immer wieder betastet, das Kind nähert sich ihm auf unterschiedliche Weise. Es erforscht die Eigenschaften des Apfels als sinnlich wahrnehmbares Objekt, stets in aktiver Bewegung und gleichzeitig wahrnehmend und aufnehmend.

In dieser Umweltwahrnehmung eines Kleinkindes entdecken wir eine Fähigkeit, die uns nachdenklich machen sollte. Es ist die Fähigkeit, auf das, was uns in der Umwelt und in der Natur begegnet, näher einzugehen und es zu beachten. Sie bildet die Grundlage für die **Achtung der Natur, Respekt** und letztlich **Verantwortungsbewusstsein**. Auch wenn wir damit über die eigentlichen Phänomene und Erfahrungen des Kleinkindalters hinausgehen und bereits in die Welt der älteren Kinder und Jugendlichen vorausschauen, sollte uns bewusst sein, wo die Anfänge und viele Ursachen späterer Denk- und Verhaltensweisen gegenüber der Umwelt liegen.

Während kognitive Aspekte wie Umweltwissen und Verständnis für ökologische Zusammenhänge in der Umweltbildung seit jeher eine große Rolle spielen, wurden **Emotionen** lange Zeit etwas vernachlässigt. Heute wissen wir, dass Emotionen eine ganz eigenständige und das Verhalten steuernde, keinesfalls zu unterschätzende Wirksamkeit haben. Die Umweltpsychologie sieht daher im frühzeitigen Aufbau einer „Liebe zur Natur" über **direkte Naturerfahrungen** eine besonders große Bedeutung. „Diese Naturerfahrungen spiegeln sich vor allem dann als positive Verbundenheit wider, wenn sie gemeinsam mit *bedeutsamen anderen Personen* erlebt und dadurch in die eigene Gefühlswelt integriert werden" (Kals, 2002, S. 81).

Dinge und Materialien, mit denen sich Kleinkinder auseinandersetzen, haben stets viele Funktionen und Bedeutungen. Vieles davon, was uns Erwachsenen banal und geringwertig erscheint, besitzt für sie großen Wert.

Natur- und Umweltpädagogik für Kleinkinder hat daher vor allem die Aufgabe, Gelegenheit für emotional positive Umwelterfahrungen zu schaffen und diese gemeinsam mit den betreffenden Kindern zu erleben. Dazu gehört etwa der Umgang mit Nahrungsmitteln, Pflanzen und Tieren, der Aufenthalt in verschiedenen Naturräumen und das Spiel mit unterschiedlichen (Natur-)Materialien.

Alle einschlägigen Konzepte sehen in der Naturerfahrung nicht nur einen unverzichtbaren Baustein für die Entwicklung eines positiven Verhältnisses zur Umwelt, sondern auch eine wesentliche Voraussetzung für **umweltbewusstes Handeln** (vgl. Nützel, 2007, S. 66). Auch dieses Umwelthandeln beginnt sehr früh. Es wird von einem rasch zunehmenden begrifflichen Wissen begleitet, das bei Kleinkindern in Gestalt eines **intuitiven physikalischen und biologischen Wissens** erkennbar wird. Während ein Neugeborenes ein äußeres Ding noch nicht von seinem Körper unterscheiden kann, wird diese „relative Einheit (...) durch kognitive und affektive Lernprozesse, durch Erfahrung mit der äußeren Realität zunehmend aufgehoben" (Gebhard, 2009, S. 22). Die Unterscheidung zwischen Ursache und Wirkung sowie von Ereignissen, die zueinander in keinem kausalen Zusammenhang stehen, gelingt bereits sechs Monate alten Säuglingen (vgl. Nützel, 2007, S. 83).

Wenn es unser Ziel ist, das **Umweltbewusstsein** von Kindern frühzeitig zu fördern – so ungenau dieses Ziel fürs Erste auch sein mag –, so geht es zunächst vor allem darum, stets auf die psychischen Komponenten von Naturerfahrungen zu achten:

- Der Wechsel von Vertrautem und Neuem ist anregend und fördernd. Er unterstützt die Entwicklung von Handlungskompetenz und Selbstvertrauen.
- Facettenreiche Umgebungen halten die Neugier und das Interesse wach. Sie machen auf Neues und Veränderungen aufmerksam.
- Die Kenntnis von fremden Lebensformen und Lebensweisen und der Vielfalt pflanzlichen und tierischen Lebens sind bedeutsam für die Identitätsentwicklung des Kindes.
- Der Aufenthalt in der Natur beziehungsweise außerhalb geschlossener Räume hat überwiegend sehr positive gesundheitliche Auswirkungen auf Körper und Psyche eines Kindes.

Faktoren für erfolgreiche Naturerfahrungen von Kindern liegen in verschiedenen Bereichen. Je nach Alter der Kinder, ihren individuellen wie gruppenspezifischen Eigenschaften und Fähigkeiten, ihren Eltern und Bezugspersonen sowie anderen pädagogischen Fachkräften, aber auch den äußeren Umständen wie Jahreszeit, Witterung und Struktureigenschaften des jeweiligen Geländes gibt es eine Vielzahl möglicher Situationen und Effekte. Generell lässt sich aber nachweisen, dass insbesondere die **frühkindlichen Bezugspersonen** für die Bildung des kindlichen Umweltbewusstseins entscheidend sind. Das sind Eltern und Freunde ebenso wie pädagogische Fachkräfte. Dabei sind Vertrautheit, Emotionen und die Vorbildfunktion besonders wichtig (vgl. Nützel, 2007, S. 33).

Professionelle Unterstützung der frühkindlichen Entwicklung

Wenn es richtig ist, dass die Erfahrung, die das kleine Kind mit den primären Objekten macht, wesentlich die spätere Persönlichkeit, das Lebensgefühl, das Urvertrauen (oder wie immer man es nennen mag) bestimmt, dann wird eben dieses Lebensgefühl auch von der Art und Qualität der nichtmenschlichen Umwelt geprägt sein, wobei wir freilich wenig darüber wissen, welche Art von nichtmenschlicher Umwelt die kindliche Entwicklung eher fördert.

(Gebhard, 2009, S. 21)

Angesichts der großen Bedeutung, die gerade frühkindliche Naturerfahrungen haben, geht es heute verstärkt um die Frage, wie Entwicklungs- und Lernräume für Kleinkinder optimal gestaltet werden können und wie pädagogische Fachkräfte die jeweiligen Kinder in ihrer Entwicklung am besten unterstützen können. Natur- und Umweltpädagogik im Sinn der Förderung naturschonenden oder naturschützenden Verhaltens kann nur als Teil einer umfassenden Zielsetzung angesehen werden. Zunächst geht es um etwas viel Grundlegenderes:

Gemessen an dem, was konkrete Handlungsanreize und Verhaltensangebote in Gang setzen können, kommt dem bloßen **Umweltwissen** für die Entwicklung eines umweltzuträglichen Verhaltens eine vergleichsweise geringere Bedeutung zu. Diese Zusammenhänge wurden zwar an älteren Kindern und Erwachsenen untersucht, aber es liegt nahe, dass diese Erkenntnis erst recht auf Kleinkinder zutrifft. Zudem spielen ko-konstruktive Prozesse eine weit größere Rolle als eine eher schulisch geprägte Wissensvermittlung. Gerade für jüngere Kinder heißt Lernen entdecken, erproben und sich überraschen lassen (vgl. Kapitel 1.5).

Damit kommt dem Erwachsenen vor allem die Rolle eines aufmerksamen und aktiven Beobachters zu, der sich nur von Fall zu Fall einschaltet beziehungsweise zu Wort meldet. **Beobachtung** stellt in diesem Zusammenhang eine anspruchsvolle Tätigkeit dar, bei der es darum geht, die Entwicklung eines Kindes in verschiedenen Bereichen möglichst gut einzuschätzen. Diesem Ziel ist eine Reihe wissenschaftlicher Beobachtungsverfahren verpflichtet, die zwar wichtige Detailerkenntnisse liefern, aber für die pädagogische Praxis unzureichend sind: Alltägliche Entwicklungs- und Lernsituationen können mit diesen Beobachtungsverfahren nicht oder nur ansatzweise erfasst werden. Diese sind aber wiederum die Voraussetzung für eine angemessene individuelle Begleitung und Unterstützung der Kinder. Es reicht eben nicht aus, „Kenntnisse über normative Entwicklungsschritte zu haben, die in einem bestimmten Alter erwartet werden" (Gartinger, 2009, S. 5).

So betont beispielsweise Gerd Schäfer den Wert einer ergebnisoffenen Vorgehensweise. Anstelle der Beantwortung vorgegebener Fragen, wie es für die wissenschaftlichen Beobachtungsverfahren kennzeichnend ist, geht es ihm um die professionelle Grundhaltung der pädagogischen Fachkräfte. Mit „ungerichteter Aufmerksamkeit" und „wahrnehmender Beobachtung" sollen die jeweiligen Erwachsenen den Kindern gegenübertreten, bereit „wahrzunehmen, was Kinder indirekt oder direkt über sich, ihre Erlebnisse und Gedanken mitteilen" (Schäfer, 2005, S. 148 ff.).

Als besonders wichtig und effizient zur Begleitung und Unterstützung der (früh-)kindlichen Entwicklung hat sich das Modell der **Lerngeschichten** nach Margret Carr erwiesen. Hier wird ein einzelnes Kind in einer konkreten Alltagssituation begleitet, wobei die beobachtende Person diese Situation schriftlich in Form einer kurzen Geschichte festhält, die vom Lernen des betreffenden Kindes erzählt. Anschließend wird der Text nach fünf sogenannten Lerndispositionen ausgewertet:

- Interessiert sein
- Engagiert sein
- Standhalten bei Herausforderungen und Schwierigkeiten
- Sich ausdrücken und mitteilen
- An der Lerngemeinschaft mitwirken und Verantwortung übernehmen

Noch hat das Bambusrohr sein Geheimnis nicht preisgegeben. Obwohl es völlig hohl scheint, kann man nicht durchschauen ...

Carr verfolgt mit diesem Konzept das Ziel, zu erkennen, wo sich ein Kind mit seinem Lern- und Bildungsprozess gerade befindet und was dazu beitragen kann, seine Lust am Lernen zu erhalten und zu steigern. Der eigentliche Sinn von Beobachtung und Dokumentation liegt auch hier keinesfalls in der Verfertigung von schriftlichen Berichten und „Erfolgsmeldungen", sondern im Prozess des genauen, einfühlsamen wie kritischen Begleitens der kindlichen Aktivität (vgl. Carr, 2001; Viernickel & Völkel, 2009; Kapitel 8.1).

Wenn es für die verschiedenen Ansätze der Unterstützung der frühkindlichen Entwicklung einen gemeinsamen Nenner gibt, dann den, dass Babys und Kleinkinder von den sie betreuenden Erwachsenen vor allem durch Rückmeldungen, Ermunterungen und Bestätigungen unterstützt werden sollten.

Eine Pädagogik des Innehaltens lässt der Aktivität der Kinder den Vortritt. Dies ist keine pädagogische Passivität. Vielmehr wird das bessere Wissen der Erwachsenen zurückgehalten, um einerseits Raum für die möglichst umfangreiche Beteiligung der Kinder an ihren Bildungsprozessen zu geben und um dieses Wissen andererseits so zu organisieren, dass es angemessener auf die Möglichkeiten der Kinder zugeschnitten wird.

(Schäfer, 2008, S. 14)

Hirnforschung und Pädagogik

Für die Erforschung der frühkindlichen Entwicklung sind – nicht zuletzt unter lerntheoretischen Gesichtspunkten – auch die Ergebnisse der neueren Hirnforschung interessant und aufschlussreich. So konnte etwa konkret nachgewiesen werden, dass die bloße Wahrnehmung von Bildern im Gehirn eine relativ schwache Verankerung ermöglicht. Eine **direkte, physisch erlebbare Auseinandersetzung** hingegen führt im Gehirn zu weit stärkeren und meist sehr nachhaltigen Strukturierungen. Wir haben ein „soziales Gehirn", das entscheidend über den direkten Austausch mit seiner Umwelt geprägt wird.

Als zentral gelten die Erkenntnisse der **Plastizität des menschlichen Gehirns** und seiner komplexen und komplizierten **Selbstorganisationsprozesse**. Diese Prozesse sind umweltabhängig und erfordern einen ständigen Austausch mit Umweltreizen jeglicher Art (vgl. Hüther, 2006b, o. S.). Dabei spielt die Individualität eine herausragende Rolle:

Da kein Kind dem anderen gleicht und auch die jeweiligen Umwelteinflüsse verschiedene sind, ist es für die Hirnentwicklung sehr wichtig, dass dem Kind diejenigen Lernangebote gemacht werden, die seinen individuellen Interessen entsprechen. Individualisierung ist pädagogisch ebenso gefragt wie eine gewisse Vielseitigkeit (Lernen mit allen Sinnen). Überangebote sind jedoch ebenso unergiebig wie aufgezwungene Lernzumutungen. Dagegen wehrt sich das eigene Bewertungssystem des kindlichen Gehirns.

(Speck, 2009, S. 18)

Ein solcher Hinweis auf individuelle Unterschiede darf keinesfalls übersehen werden. Darin geht es nicht nur um die Möglichkeit der Optimierung bestimmter Lernleistungen, sondern mindestens so sehr um die Feststellung **wichtiger individueller Unterschiede**, die respektiert werden wollen. Otto Speck, ein namhafter Vertreter der Heilpädagogik, geht noch einen Schritt weiter: Er sieht die Hirnforschung beziehungsweise den manchmal enthusiastischen Glauben an die Bedeutung der neuen bildgebenden Verfahren der Neurobiologie skeptisch. Er weist darauf hin, dass nach wie vor ungeklärt sei, „wie aus neuronalen Wechselwirkungen spezifisches Verhalten entsteht" (Speck, 2009, S. 14). Dabei sei auch zu befürchten, dass Lehren und Lernen unter dem Eindruck der neurobiologischen Erkenntnisse allzu sehr auf Hirnfunktionen und biochemische Prozesse reduziert würden.

Trotz dieser berechtigt erscheinenden Einwände hat die Pädagogik der Hirnforschung neben der Bekräftigung der Individualität eine Reihe **wertvoller Impulse und Bestätigungen** zu verdanken (vgl. Speck, 2009, S. 179):

- Wir sind imstande, lebenslang zu lernen und umzulernen.
- Wir brauchen Möglichkeiten, an Bekanntes anzuknüpfen.
- Positive menschliche Beziehungen wirken motivierend und unterstützend. Umgekehrt kann ein Fehlen menschlicher Zuwendung einen regelrechten Motivationseinbruch verursachen.
- Das persönliche Interesse an einer Sache ist von herausragender Bedeutung.
- Durch eigenes Tun (learning by doing) lernen wir mehr als durch Zuschauen oder Zuhören.
- Eine angenehme Umgebung verbessert die Lernfähigkeit.
- Die Vorbildwirkung von Menschen, die wir direkt erleben, ist ungleich stärker als jene von Menschen, denen wir bloß virtuell (über Medien) begegnen.
- Unsere Gedächtnisleistungen werden insbesondere durch Wiederholung und Übung verbessert.
- Wir verlieren Lernchancen, wenn wir entsprechende Nervenzellen nicht nutzen.
- Wir kennen Möglichkeiten, bei Lern- und Verhaltensschwierigkeiten in einem bestimmten Umfang gezielt helfen zu können.

Zusammenfassend lässt sich sagen, dass trotz aller Möglichkeiten und Versuche, Lernleistungen zu optimieren, **das einzelne Kind und die Entwicklung seiner Persönlichkeit** im Mittelpunkt der Pädagogik bleiben muss. In dieser Hinsicht können Konzepte wie das der Ko-Konstruktion und der Selbstbildungsprozesse (vgl. oben) einen entscheidenden Beitrag leisten und insbesondere eine eher lerntheoretisch ausgerichtete Hirnforschung in wichtigen Bereichen ergänzen: Während das Konzept der Ko-Konstruktion deutlich auf den sozialen Kontext des Menschen abzielt, würdigt das Konzept der Selbstbildungsprozesse in besonderer Weise Selbstbestimmung und Eigenverantwortung.

1.4 Risiko und Risikobewusstsein – wie Kinder auf ihre Umwelt reagieren

Die heute üblichen Ansätze und Arbeitsweisen in der Natur- und Umweltbildung sind nicht vorstellbar ohne ein hohes Maß an direkter Naturerfahrung. So wichtig Bücher oder Filme auch sind, so unverzichtbar ist gerade für Kinder die sinnliche Wahrnehmung von Naturphänomenen, die unmittelbare Auseinandersetzung mit Gelände, Pflanzen, Tieren und Materialien unterschiedlichster Art. Das löst in der pädagogischen Praxis zum Teil immer wieder ganz bestimmte Ängste und Befürchtungen aus, und nicht selten werden umweltpädagogische Projekte aus solchen Gründen vermieden.

Ein zentrales und häufig genanntes Argument ist der Hinweis auf die **Aufsichtspflicht**, die beispielsweise bestimmte Unternehmungen mit Kindern in der freien Natur als nicht geraten erscheinen lasse. Häufig werden hier Befürchtungen vorgebracht, Kinder könnten sich an Pflanzen vergiften, in unwegsamem Gelände verloren gehen oder durch gefährliche Tiere verletzt werden. Im Fall der Einrichtung einer Werkstatt für verschiedene Experimente wird der Einsatz von Werkzeugen oft mit dem Hinweis auf Verletzungsrisiken abgelehnt.

Nicht selten werden Verbote ausgesprochen, die nur vorgeblich auf Sicherheitsüberlegungen basieren. Häufig geht es im Grunde um das Aufrechterhalten einer bestimmten Ordnung oder Gewohnheit.

Selbstverständlich ist es die Aufgabe einer pädagogischen Fachkraft, dafür Sorge zu tragen, dass Kinder und Jugendliche keinem besonderen Unfallrisiko ausgesetzt sind. Aber es liegt auf der Hand, dass es absoluten Schutz niemals geben kann. Die heutzutage beinahe überall zu findenden **Sicherheitsvorschriften** bringen unter Umständen sogar eine zusätzliche Gefahr mit sich: Sie vermitteln nicht selten ein falsches Sicherheitsgefühl, denn sie können stets nur bestimmte Erfahrungswerte reflektieren und sind in ihren Aussagen vom Brennpunkt der jeweiligen Aufmerksamkeit bestimmt. Abgesehen davon ist laut mehreren unterschiedlichen Gerichtsurteilen ein gewisses sportlich-spielerisches Risiko zu akzeptieren, und insbesondere der sogenannte gesunde Menschenverstand sollte nicht vergessen werden (vgl. Prott, 2011).

➲ ***Zur Vertiefung dieses Themas finden Sie im Arbeitsheft eine Reihe von Aufgaben.***

Die Abwehr von unzulässigen Gefährdungen erfordert allerdings vor allem dort, wo man mit Kindern und Jugendlichen verstärkt im freien Gelände arbeiten will, gelegentlich eine intensivere Vorbereitung und Planung. Neben manchen psychologischen Aspekten können auch etliche praktische und organisatorische Fragestellungen eine große Rolle spielen. Hinzu kommen vielleicht witterungs- und jahreszeitbedingte Überraschungen, technische Unwägbarkeiten und der womöglich stark vergrößerte Aktionsradius der Kinder. Unter Umständen sollte mehr als sonst darauf geachtet werden, dass auch kurzfristig jemand für eine Betreuungsperson einspringen oder die Gruppe verstärken kann. Darüber hinaus muss von allen Begleitpersonen mehr als sonst individuelle Flexibilität gefordert werden, denn gerade die Arbeit mit Kindern außerhalb der Einrichtung ist ohne sachkundiges und selbstständiges Vorgehen nicht gut möglich. **Sachkundigkeit** bedeutet hier auch, sich mit Dingen und Wissensbereichen zu beschäftigen, die in der sonst üblichen pädagogischen Arbeit eine geringe oder gar keine Rolle spielen: Geländeorientierung, Vertrautheit mit verschiedenen Witterungsverhältnissen, Sicherheit im Straßenverkehr, ökologisches Basiswissen zu Pflanzen und Tieren und deren Lebensräumen einschließlich spezieller Risiken wie Infizierung durch Zecken und Gefährdungen durch frei laufende Hunde. Dazu kommen Vorbereitungen hinsichtlich einer geeigneten Bekleidung und Ausrüstung für die erwachsenen Begleitpersonen ebenso wie für die Kinder.

Aus all dem ergeben sich auch bereits erste Antworten auf die immer wieder drängende Frage nach der **Aufsichtspflicht**. Bei der Forderung, Kindern mehr Bewegungs- und Handlungsspiel zu ermöglichen, lässt sich immer wieder eine gewisse Tendenz dazu feststellen, sich auf die Aufsichtspflicht zurückzuziehen und die jeweiligen Freiräume einzuschränken. Das muss nicht sein: Eine gründliche Vorbereitung und Planung ist beispielsweise bei Ausflügen mit Kindern unabdingbar. Ist dies aber ebenso gegeben wie eine **pädagogische Fundierung** der Arbeit, sind die entscheidenden Forderungen der Aufsichtspflicht erfüllt (vgl. Prott, 2011). Denn pädagogische Überlegungen und Zielsetzungen sind mit solchen der Aufsichtspflicht (die den Schutz Dritter einschließt) als gleichrangig anzusehen. Keiner der Bereiche soll zu kurz kommen, entscheidend ist es, sie miteinander in Einklang zu bringen.

Aufgaben:

Die Ankündigung eines Ausflugs löst bei Kindern meist eine große Vorfreude aus. Versuchen Sie herauszufinden, welche Erwartungen damit verbunden sein können, und zwar

1. bei Kindern (wählen Sie selbst dazu eine bestimmte Altersgruppe),
2. bei den betreffenden Eltern,
3. bei Ihnen selbst und Ihren Kolleginnen.

Gelingt es Ihnen, sich in die verschiedenen Rollen zu versetzen? Welche Unterschiede fallen Ihnen bei einem Vergleich der Positionen besonders auf? Worin sehen Sie dabei ein Konfliktpotenzial und was könnte bei der Vorbereitung des Ausflugs sinnvoll sein, um das Vorhaben für alle Beteiligten erfolgreich zu gestalten?

Übrigens: Risiken ergeben sich nicht nur aus Umständen, sondern weit mehr aus bestimmten Verhaltensweisen und Handlungen. Das zeigen gerade Unternehmungen im Bereich der Erlebnispädagogik sehr deutlich.

Sich im Gelände richtig zu verhalten, kann und muss trainiert werden. Das Erklettern einer steilen Böschung oder einer Felswand im Rahmen eines speziellen Outdoor-Trainings erfordert Zeit und Geduld, Aufmerksamkeit und Gelassenheit. Jungen sind da nicht unbedingt mutiger als Mädchen. Allerdings wird von ihnen genau das immer noch und immer wieder erwartet. Das Ergebnis sind nicht selten Mutproben aller Art.

Abgesehen davon, dass Mädchen gerade hinsichtlich körperlicher Betätigungen durchaus mehr zugetraut werden sollte, haben Jungen und Mädchen Lust auf die Bewältigung schwieriger Aufgaben und Situationen. Eine sinnvolle Hilfestellung verzichtet auf übergroße Besorgnisse ebenso wie auf unnötige Ermunterungen.
Dabei zeigen Beobachtungen und Erfahrungen, dass gerade in der Erlebnispädagogik vielfältige Möglichkeiten für eine geschlechtsspezifische Förderung bestehen – auch und gerade deshalb, weil viele sonst übliche „Verstärker" der Geschlechterrollen wegfallen. Jungen wie Mädchen erleben hier häufig viel rascher als sonst ein gleichgewichtiges Miteinander. Eine gemeinsam erlebte Ungewissheit und miteinander erzielte Erfolge in der Bewältigung einer vielleicht unbekannten, neuen und überraschenden Situation führen zu wichtigen persönlichen Erfahrungen – soziales Lernen durch gemeinsam erlebte Risiken.

Weitere Details, speziell zur Frage von Ausflügen und Erkundungswanderungen, finden Sie in Kapitel 2, S. 60 ff.

Kindliche Ängstlichkeit

Bereits 1890 beschrieb der Psychologe William James ein Verhaltenssystem, das der menschlichen Neugier entgegenwirke. Er nannte es **Neophobie**, die Furcht vor Neuem. Diese Ängstlichkeit, die auch bei Kindern beobachtet werden kann, steht mit der Neugier in einer bemerkenswerten Wechselwirkung, auch wenn es bislang nur wenige Studien dazu gibt. Es steht aber fest, dass gerade in der frühen und mittleren Kindheit die Scheu vor Unbekanntem oder Undurchschaubarem eine große Rolle spielt und dass diese Scheu die Bereitschaft zum Annähern und Erforschen hemmt. Die Stärke des Neugiermotivs und die Erkundung des Neuen (Exploration) beeinflussen andererseits aber in ganz erheblicher Weise die geistige Entwicklung (vgl. Piaget, 1972 u. a.). Dabei spielen zwei Aspekte eine wichtige Rolle: die **Motivation**, die zur Kontaktaufnahme mit dem Fremden führt und mit mehr oder weniger Ausdauer und nicht selten sichtbarer Freude am Entdeckten verbunden ist, und die **Kognition**, mit der die Fähigkeit beschrieben wird, den Kontakt mit dem Neuen als bedeutsam und informativ zu erleben (vgl. Trudewind/Schubert/Ballin, 1996).

Die Lust, den feinen Kies mit bloßen Händen in den anderen Eimer zu streuen, hält nur kurz an, denn ...

... es muss auch eine andere, effizientere Methode geben, den Kies zu bewegen:

den Eimer als Ganzes umleeren – eine Technik, die hier allerdings auch unerwünschte Folgen mit sich bringt.

Angst = umfassende Bezeichnung für eine emotionale Erregung aufgrund von Erwartungen oder Vorstellungen physischer Gefährdung und psychischer Bedrohung, verbunden mit einer Vielzahl unterschiedlicher körperlicher und psychischer Symptome. Bei konkreten Bedrohungen besser: „Furcht". Lerntheoretische Ansätze betonen die Bedeutung kognitiver Bewertungsprozesse beim Abbau von Ängsten.

➲ *Zur Vertiefung dieses Themas finden Sie im Arbeitsheft eine Reihe von Aufgaben.*

Bewertung von Risiko und Gefahr

Diskussionen über Risikopotenziale in der Umwelt von Kindern und Jugendlichen weisen häufig eine merkwürdige Diskrepanz auf: Fundierte Erkenntnisse und Einsichten aus der Entwicklungspsychologie und Pädagogik stehen einer Gesellschaft gegenüber, in der administrative, normative und haftungsrechtliche Festlegungen einen enormen Umfang erlangt haben. Hier spielt möglicherweise eine große Rolle, dass unser Sicherheits- und Sicherungsbedürfnis ständig zuzunehmen scheint, während wir aufgrund geänderter Lebensumstände immer weniger in der Lage sind, natürliche Gefahrenpotenziale richtig einzuschätzen und mit ihnen entsprechend umzugehen. Das lässt sich gut am Beispiel der Gefährdung durch Giftpflanzen zeigen: Zwar enthält eine Reihe von Pflanzen Substanzen, die für den Menschen stark giftig sind, entsprechende Vergiftungen sind allerdings auch bei Kindern viel seltener, als allgemein befürchtet wird. Zugespitzt lässt sich sagen, dass die Angst vor Pflanzenvergiftungen vor allem dort wächst, wo konkretes Wissen über Giftpflanzen fehlt (vgl. Kapitel 5, S. 167 ff.).

Toxizität = Giftigkeit als Grad der schädigenden Wirkung durch eine Substanz. Unterscheidung zwischen **akuter Vergiftung** (rasch eintretende Wirkung) und **chronischer Vergiftung** (nach und nach auftretende Wirkung aufgrund mehrmaliger, anhaltender Einnahme einer Substanz bzw. häufigerem Kontakt mit einem Giftstoff). Prinzipiell gilt: **Die Dosis macht das Gift.**

Wir wissen heute sehr genau, welch große Bedeutung körperliche Fähigkeiten auch für die psychische Entwicklung haben, und es sollte uns nachdenklich stimmen, wenn Kinder zunehmend Störungen in der **motorischen Entwicklung** aufweisen. Diese Kinder aber leiden nicht nur oft unter ihrer Mutlosigkeit und Unsicherheit, sondern sie sind gerade deswegen auch bei vielen Bewegungs- und Abenteuerspielen gefährdeter als ihre Altersgenossen. Es ist aber sicherlich falsch, diesem Phänomen lediglich mit weiter ausgefeilten Sicherheitsnormen zu begegnen, sondern wir brauchen Spiel- und Erfahrungsräume, in denen die Kinder auch lernen, mit Schwierigkeiten und Risiken umzugehen. Die weit verbreitete Sorge, die Kinder warteten gleichsam nur auf Gelegenheiten, sich oder anderen etwas Schreckliches zuzufügen, ist unbegründet. Ganz im Gegenteil verhalten sich Kinder in aller Regel sehr vorsichtig und setzen sich keinen Gefahren aus, die ihnen bedrohlich werden können.

Aus diesen Einsichten lassen sich drei Grundsätze ableiten:

1. Spielerische Risiken sind ein wesentlicher Bestandteil vieler Unternehmungen in der Kindheit und Jugend. Sie bieten unersetzliche Lernerfahrungen und dürfen daher auch aus pädagogischer Sicht nicht fehlen.
2. Schwierige und riskante Situationen müssen für Kinder – ihrem Alter entsprechend – erkennbar und kalkulierbar sein. Versteckte Gefahren sind unzulässig.
3. Vorsorge- und Sicherungsmaßnahmen sind vor allem dort zu treffen, wo als relativ wahrscheinliche Folge eines Spiels oder einer Aufgabenstellung schwere Verletzungen auftreten können.

Bei Ausflügen und Geländeerkundungen, naturkundlicher Projektarbeit oder Naturerfahrungsspielen mit Kindern und Jugendlichen in einem Gebiet außerhalb einer Tageseinrichtung spielen solche Überlegungen bereits in der Vorbereitungsphase eine wichtige Rolle. Insbesondere eine gute Ortskenntnis der pädagogischen Fachkräfte ist dabei unerlässlich.

Das Beklettern der Stammstücke ist schwierig und nicht ganz ungefährlich. Aber die Kinder agieren vorsichtig, und die Betreuerinnen kontrollieren regelmäßig die Stabilität der Lagerung der Holzstücke.

Was letztlich bei Ausflügen in die freie Natur aber wirklich als gefährlich oder bedrohlich erlebt wird, hängt ganz entscheidend von den jeweiligen Personen und ihren Positionen ab. Ein interessantes Bild ergab sich bei einer eigenen kleinen Befragung von Kindern und Erwachsenen:

Was fürchten Kinder?	Was fürchten Erzieherinnen?	Was fürchten Eltern?
– Hunde, vor allem große, fremde und frei laufende	– Ein Kind aus den Augen zu verlieren – Einen Unfall und die Schwierigkeit, rechtzeitig Hilfe zu erhalten – Hunde, vor allem große, fremde und frei laufende – Zu starke Belastung eines oder mehrerer Kinder – Kaltes, unangenehmes Wetter – Ein plötzlich ausbrechendes Gewitter/Blitze – Schmutz und verschmutzte Kleidung und eine diesbezügliche Kritik von Eltern	– Ihr Kind könnte verloren gehen – Mangelnde Versorgung/Verpflegung – Insektenstiche, Zeckenbisse, Schlangen u. Ä. – Erkältungen und andere Krankheiten – Eine (körperliche) Überforderung ihres Kindes – Fehlende Schulvorbereitung

Aufgaben:

1. Welche der hier genannten Befürchtungen können Sie teilen? Welche nicht?
2. Haben Sie in dieser Sache eine andere, hier nicht aufgeführte Befürchtung?
3. Notieren Sie in Stichworten zu jedem Argument, in welcher Weise Sie
   a. der potenziellen Bedrohung in Ihrer Vorbereitung begegnen würden, um einen bestimmten Ausflug o. Ä. dennoch durchzuführen,
   b. in einem Gespräch mit der betreffenden Person am besten auf die jeweilige Befürchtung antworten, um die Ängste wenigstens zu verringern.

Für öffentliche Kinderspielplätze und Außenanlagen in Einrichtungen zur Tagesbetreuung von Kindern gelten einschlägige Normen, die einzuhalten sind. So werden dort Vorgaben hinsichtlich der Art, des Zustandes oder der Wartung von Spielgeräten gemacht. Die Entscheidung über **Schutzmaßnahmen** hängt dabei wesentlich von zwei Kriterien ab: der Schwere eines möglichen Unfalls und seiner Wahrscheinlichkeit. Erst die entsprechende Gesamtbeurteilung ermöglicht beispielsweise, ob eine bestimmte Schutzmaßnahme notwendig ist, wie sie auszusehen hat und wie dringlich sie ist. Die entsprechenden rechtlichen Grundlagen finden sich in verschiedenen Gesetzen wie z. B. dem Baugesetz, den Kindergartengesetzen oder den Spielplatzgesetzen der Länder einschließlich ihrer Durchführungsverordnungen. Entscheidend sind in der Praxis aber die DIN 18034 („Spielplätze und Freiräume zum Spielen") und die europäischen DIN EN 1176 („Spielplatzgeräte und Spielplatzböden",11 Teile) und DIN EN 1177 („Stoßdämpfende Spielplatzböden"). Durch diese Normen werden auch die jeweils vorgeschriebenen Kontroll- und Wartungsarbeiten geregelt.

Die Risikoforschung zeigt, dass die **subjektive Wahrnehmung von Risiken** meist bei Weitem nicht den **objektiv gegebenen Risiken** entspricht. Für die meisten Menschen ist das Nichtgreifbare, das im Ungewissen Liegende weit bedrohlicher als alltägliche Gefahrenquellen und Gesundheitsrisiken. Mag unser Leben insgesamt heute auch wesentlich weniger durch Unfälle, Krankheit und Gewalt bedroht sein als in früheren Zeiten – die übergroße Mehrheit der Menschen hierzulande ist vom Gegenteil überzeugt. Die einschlägige Forschung erkennt hier auch einen starken kulturellen Einfluss: Während etwa für die Norweger Risiken erst dann wirklich diskussionswürdig werden, wenn sie offen zutage treten, führt hierzulande oft schon ein erster vager Verdacht zu heftigen Emotionen; was allerdings nicht heißt, dass die Kenntnisse über bestimmte Risikofaktoren auch ein entsprechend verändertes Verhalten nach sich ziehen. Eine Auswertung von über 400 einschlägigen Studien hat ergeben, dass zwischen Wissen und Handeln nur sehr geringe Zusammenhänge bestehen. In manchen Fällen wurde sogar ein gegenläufiger Zusammenhang festgestellt: Nicht selten zeigen Menschen, die über die negativen Folgen eines bestimmten Fehlverhaltens (z. B. riskantes Verhalten im Straßenverkehr, im Sport oder bestimmte Konsumverhaltensweisen) besonders gut Bescheid wissen, ein weniger reflektiertes Verhalten als andere. Sie handeln stattdessen gerne nach dem Motto: Ich weiß Bescheid, mir passiert schon nichts.

Mit Feuer richtig umgehen zu lernen ist nur ein Grund für ein Lagerfeuer mit Kindern. Mindestens so wichtig ist das unmittelbare sinnliche Erlebnis.

1.5 Entdeckendes Lernen als aktive Auseinandersetzung mit der Umwelt

Das Konzept des **entdeckenden Lernens** basiert auf kognitionspsychologischen Erkenntnissen und wurde vor allem von dem amerikanischen Psychologen Jerome Bruner entwickelt (vgl. Schulmeister, 2007). Auch wenn die Bezeichnung „entdeckendes Lernen" heute in sehr allgemeiner Weise und gelegentlich bereits in der Umgangssprache verwendet wird, sollte seine Bedeutung klar umrissen sein. Schulmeister hebt hier einen Aspekt deutlich hervor: Lernen darf nicht ausschließlich als ein von außen gesteuerter Prozess gesehen werden, sondern ist ein aktiver, selbst gesteuerter Vorgang des Individuums. Dabei lassen sich verschiedene Aspekte unterscheiden:

- **Exploration** als erforschende und kommunizierende Tätigkeit
- **Reflexion** als Akt des gedanklichen Durchdringens eines Phänomens
- **Konstruktion** als Bauen oder Gestalten von Produkten oder tätige Mitwirkung an solchen Prozessen

Entdeckendes Lernen braucht vor allem eine anregende Atmosphäre mit Gegenständen und Werkzeugen aller Art sowie ausreichend Zeit zum Probieren.

Eine Gegenüberstellung herkömmlicher *programmierter* Lernmethoden mit der Methode des *entdeckenden Lernens* zeigt weitreichende Unterschiede:

Programmiertes Lernen	Entdeckendes Lernen
Lernen portionsweise in (kleinen) Schritten	Lernen in (oft assoziativ entstandenen) Sinnzusammenhängen
Ablauf des Geschehens von außen genau geplant und kontrolliert	Ablauf des Geschehens durch Anregungen und zurückhaltende Hilfestellung
Aufgaben nach Schwierigkeitsgrad gestuft	Keine fest vorgegebene Reihung der Arbeitsschritte
Methodenvielfalt häufig stark eingeschränkt	Methodenwissen meist größer und vielfältiger angewendet
Eine bestimmte Lösung ist als die (einzig) richtige Lösung zu erreichen.	Ergebnisoffenheit – Weg ist wichtiger als (ein bestimmtes) Ziel
Verlässlich zu planen und zu organisieren, relativ geringer Zeitaufwand (gute Verfügbarkeit didaktischer Hilfsmittel)	Häufig von Überraschungen bestimmt, oftmals aufwendiger in Organisation und Zeitbedarf
Lernerfolg gut überprüfbar, aber nicht selten kurzfristig und oberflächlich	Lernerfolg schwer bestimmbar, aber oft sehr nachhaltig, da mit mehr innerer Beteiligung und verbesserter Gedächtnisleistung aufgrund der Nutzung mehrerer „Kanäle"

Ein Vorläufer der Methode des *entdeckenden Lernens* wurde in Deutschland bereits in den 1950er-Jahren als eine Form des offenen Unterrichts konzipiert und 1973 in den Gesamtbildungsplan aufgenommen. Obwohl mittlerweile als bewiesen gilt, dass diese Methode für jede Altersstufe von Lernenden und für ganz unterschiedliche Inhalte geeignet ist, wird sie nach wie vor überwiegend in der Vermittlung (natur-)wissenschaftlicher Erkenntnisse und Arbeitsweisen eingesetzt.

➲ ***Zur Vertiefung dieses Themas finden Sie im Arbeitsheft eine Reihe von Aufgaben.***

Entdeckendes Lernen = umfassender Begriff für alle selbstbestimmten Lernprozesse, die zum Wissenserwerb mithilfe des eigenen Verstandes beitragen.

In vielen Kindertagesstätten und Schulen gehört Projektarbeit mit mehr oder weniger eigenständigen Arbeitsweisen der Kinder längst zum Alltag. Allerdings ist das Ziel fast immer vorgegeben. Das muss nicht so sein. Wenn wir das Grundprinzip des entdeckenden Lernens ernst nehmen, sollten sich pädagogische Fachkräfte und Lehrkräfte weit stärker dafür interessieren, was Kinder interessiert. Nach heutigem Verständnis kann Lernen grundsätzlich nicht mehr als schlichte Aufnahme und Verankerung bestimmter Informationen gesehen werden, sondern muss als individueller Vorgang begriffen werden, dessen Qualität durch zahlreiche Einzelerlebnisse, Erinnerungen, Empfindungen, Kategorien und Regeln bestimmt wird. Dabei spielen nach heutiger Auffassung die Prozesse der Ko-Konstruktion und der Selbstbildung eine wichtige Rolle (vgl. Kapitel 1.3). So lernen Kinder etwa die Charakteristika des Wassers nicht durch Vortrag oder Belehrung, sondern durch die eigene Betrachtung und Beobachtung unzähliger Situationen, in denen es um Wasser geht. Sie erfahren die Besonderheiten des Wassers durch eigenes Agieren und Ausprobieren mit diesem Stoff und nähern sich so dem Allgemeinen, Regelhaften an. Je vielseitiger ihre Erfahrungen sind, desto qualitativ wertvoller ist die **Konstruktionsleistung Lernen**.

Lernen ist übrigens alles andere als leichte Arbeit. Die Verarbeitung unserer Sinnesreize bzw. unser Denken stellt nämlich auch eine enorme Stoffwechselbelastung dar: Das Gehirn des Säuglings benötigt dafür etwa 60 % der zugeführten (Nahrungs-)Energie, das des Erwachsenen immerhin noch 20 %. Dabei sollte der Vergleich der Gehirnmasse mit der jeweiligen Körpermasse nicht übersehen werden. Man könnte sagen: Unser Bewusstsein wird sehr teuer bezahlt, „das Denken ist ein Körperakt" (Roth, 1998).

Ein kleines „Labor" in einer Kinderkrippe: Die Ausdauer, mit der Kinder hier ihre Versuche anstellen, überrascht Eltern und Erzieherinnen immer wieder.

Fragen erwünscht

Eine besonders gute Gelegenheit für neue (Lern-)Erfahrungen bieten Ausflüge oder umfangreichere naturkundliche Exkursionen. Sie tragen nicht nur dem Bewegungsdrang und der Abenteuerlust von Kindern und Jugendlichen Rechnung, sondern bieten auch Anlass für vielfältige Entdeckungen und Fragen – Fragen, die manchen Erwachsenen rasch überfordern.

Im Umgang mit solchen Fragen treten nun häufig zwei Schwierigkeiten auf: Entweder wird das Verständnis der Kinder für diese

Zusammenhänge unterschätzt – was zu eher knappen und oberflächlichen Antworten führt. Oder man reagiert mit spürbarer Verunsicherung, selbst nicht genügend zu wissen – was dann gerne mit irgendeinem Ablenkungsmanöver kaschiert wird. Für Kinder sind beide Reaktionen wenig befriedigend, und sie werden ihrerseits mehr und mehr darauf verzichten, den Erwachsenen solche offensichtlich unwillkommenen Fragen zu stellen.

Pädagogische Begleitung sollte allerdings stets auf den genau gegenteiligen Effekt zielen: die Kinder neugierig und erfinderisch zu lassen und ihnen dabei vielleicht weitere Anregungen zu geben, sie mit eigenen Fragen herauszufordern und Mut und Lust auf Entdeckungen zu machen. Kinder lieben zwar das eigenständige und zweckfreie Spiel im Wald oder am Wasser über alles, aber wenn sie etwas entdeckt haben, das ihnen Rätsel aufgibt und zu weiterer Erkundung reizt, sollten wir sie darin bestärken und uns vielleicht am besten mit ihnen gemeinsam auf die Suche nach Antworten machen – sicherlich nicht immer einfach, aber lohnend: **Kreativität** ist gerade in der pädagogischen Arbeit eine Kategorie von besonderem Wert.

Einige Kinder entdecken bei einem Ausflug Spinnennetze und stellen fest, dass die Netze sich teilweise stark unterscheiden. Neben zahlreichen unterschiedlich großen und mehr oder weniger regelmäßigen Radnetzen entdecken die Kinder zwischen Blättern am Boden auch merkwürdig geformte Röhren aus Spinnfäden, die alle tief in die Erde zu reichen scheinen. Niemand weiß, was das ist, aber gerade die Merkwürdigkeit der Entdeckung fordert nach einer Erklärung. Sobald die Gruppe wieder in ihre Einrichtung zurückgekehrt ist, holen die Kinder auch schon ein Spinnen-Bestimmungsbuch (Baehr/Bellmann, 2009) und fordern die Erzieherin auf, ihnen bei der Suche nach dem Tier zu helfen, das so eigenartige Röhren baut. Die Lösung, die schließlich anhand einer Abbildung gefunden wird, hilft zwar nicht, alle Fragen der Kinder zu beantworten, aber entscheidend ist doch, dass eine mindestens vorläufige Antwort gefunden wurde: Es handelt sich wohl um die Fallen von Bodentrichterspinnen, die mithilfe dieser Röhren sogar große Laufkäfer fangen können.

Eine kleine Landerkundung, bei der die Kinder die Aufgabe hatten, aus einer Notsituation das Beste zu machen: Sie wären in einem völlig unbekannten Gebiet abgestürzt und sollten nun gemeinsam herausfinden, wie sie unter diesen Umständen mit ihrer Lage am besten zurechtkämen.

Selbstverständlich ist es völlig ausgeschlossen, umfassende naturkundliche **Wissensvermittlung** leisten zu können. Das erscheint aber auch nicht notwendig, denn die beste Annäherung an diesen riesigen Komplex an Fakten- und Erfahrungswissen ist auch für uns Erwachsene Neugier, Aufmerksamkeit und Interesse. Vergessen wir nicht, dass schon unsere (Kindheits-)Erinnerungen sehr viele elementare Naturerfahrungen bereithalten und wir oft nur einige Bindeglieder brauchen, um plötzlich den einen oder anderen Zusammenhang zu erkennen: die Tatsache beispielsweise, dass innerhalb eines geschlossenen Baumbestands (Wald, Baumgruppe oder Hecke) ein Kleinklima herrscht, das im Winter höhere, im Sommer niedrigere Temperaturen als die freie Landschaft aufweist. Und plötzlich eröffnet sich uns gleichermaßen eine Kindheit des Höhlen- und Baumhäuserbauens wie ein grundlegendes Verständnis für die Überwinterungsstrategien mancher heimischer Wildtiere (vgl. Kapitel 9, S. 283 ff.).

Bei alldem sollte nicht übersehen werden, dass dem Draußensein an sich bereits eine große, nicht zu unterschätzende Bedeutung zukommt. „Kinder brauchen Natur für die gesunde Entwicklung ihrer Sinne und somit für ihr Lernen und ihre Kreativität. Diese Notwendigkeit wird auf zweierlei Weise deutlich: wenn wir uns ansehen, was mit den Sinnen von Kindern und Jugendlichen geschieht, wenn sie die Verbindung zur Natur verlieren, und wenn wir den sinnlichen Zauber betrachten, der in jungen Menschen – auch bei denen, die schon jenseits der Kindheit sind – entsteht, wenn sie auch nur kleinste Erfahrungen in einer natürlichen Umgebung machen." (Louv, 2011, S. 79) Richard Louv verweist in diesem Zusammenhang auf Forschungen, die auf die 1970er-Jahre zurückgehen. In diesen Arbeiten wurden vor allem der Einfluss (früh-)kindlicher, positiver Naturerfahrungen auf Wohlbefinden und Gesundheit der betreffenden Kinder untersucht. Louv greift diese Erkenntnisse auf und bündelt sie im Begriff „nature-deficit disorder" (Naturdefizit-Störung). Damit – so Louv – ließen sich die Folgen der Entfremdung von der Natur: körperliche und emotionale Erkrankungen, reduzierte Sinneswahrnehmungen, psychische Störung beschreiben. Für Entwicklungspsychologen und Pädagogen sind solche Befunde zwar keineswegs überraschend, aber die Umsetzung in die pädagogische Praxis lässt vielfach noch zu wünschen übrig. Wie wichtig unmittelbare und nicht-reglementierte Naturerfahrungen für die kindliche Entwicklung sind, macht der Philosoph und Biologe Andreas Weber deutlich: „Kinder benötigen Natur als die Pforte zur Innenseite der Welt. Sie ist das Tor, dass sie mit ihrer eigenen Herkunft verbindet, und dass zugleich alle Entfaltungsmöglichkeiten ihrer eigenen unbekannten Lebendigkeit bereithält. Kinder erfahren an anderen Wesen und am lebenden Netz der Natur zentrale Kategorien von Lebendigkeit." (Weber, 2012, S. 201)

Checkliste: Ausrüstung für naturkundliche Ausflüge
Grundsätzlich sollte für Ausflüge oder ähnliche Unternehmungen mit Kindern oder Jugendlichen so wenig Gepäck wie möglich mitgenommen werden; erfahrungsgemäß wird es dann immer noch zu viel und vor allem zu schwer. Dennoch sind manchmal einige einfache und variabel einsetzbare Hilfsmittel sinnvoll, die allerdings durchaus nicht jeder in seinem Rucksack zu haben braucht:

- Erste-Hilfe-Set mit Verbandsmaterial, Desinfektionsspray und Wundsalbe
- Mobiltelefon
- Ein oder zwei ausgewählte Bestimmungsbücher
- Fernglas, etwa im Bereich 8 x 25 bis 10 x 20
- Lupe(n), ggf. mit unterschiedlichen Vergrößerungen
- Notizblock mit Stift
- Fotoapparat, wenn möglich mit Makroobjektiv
- Einige Kescher zum Fang von Wassertieren
- Einige Haarpinsel und Pinzetten
- Allzweck-Taschenmesser
- Einige Becher mit Deckel, ggf. Schraubdeckelgläser
- Einige Sammeltüten (Beim Sammeln von Pflanzen bzw. Pflanzenteilen sind die Bestimmungen des Natur- und Artenschutzes zu beachten. Tiere niemals mitnehmen.)

Treffen Sie aus dieser Auflistung je nach Jahreszeit und Ausflugsziel Ihre persönliche Auswahl – die geeignete Kleidung einschließlich Vorsorge für Wetterveränderungen und entsprechend feste Schuhe (bei Bach-Exkursionen ggf. Gummistiefel) vorausgesetzt.

Im Kern geht es in allen Bereichen der Umweltbildung heute um weit mehr als um ein bestimmtes Einzelwissen. Es geht um ein **Verständnis für Zusammenhänge und Wechselwirkungen**. Das erfordert neben naturwissenschaftlichen Grundkenntnissen auch ein gewisses kulturelles Hintergrundwissen und nicht zuletzt ein Verständnis für bestimmte historische Entwicklungen. Das klingt nicht nur anspruchsvoll: Es *ist* anspruchsvoll. Wer sich aber einmal auf das Wagnis einer fachübergreifenden Betrachtungs- und Arbeitsweise einlässt, stellt rasch fest, dass ein Prozess in Gang kommt, in dem sich vieles wie von selbst entwickelt: Die Fragen der Kinder, ihre Neugier und ihr Erfindungsreichtum bleiben ohnehin nicht gerne an einem Punkt stehen, und ehe man sich versieht, entsteht aus einer kleinen Versuchsanordnung ein ganzes Bündel an weiterführenden Fragen, Problemen und Ideen.

Für die pädagogische Praxis lassen sich drei Techniken unterscheiden (vgl. Textor, o. J.):

- Unmittelbare Naturbeobachtungen und die Möglichkeit für bestimmte Entdeckungen
- Experimente und Versuche mit mehr oder weniger intensiver Anleitung
- Projekte mit umfassenden Aufgaben- und Fragestellungen

In dieser Gliederung steckt eine Ordnung nach zunehmender Komplexität, und es soll damit vor allem deutlich werden, wie facettenreich Umweltbildung sein kann. Welche Vorgehensweise dann im Einzelnen gewählt wird und wie umfangreich ein bestimmtes Vorhaben dann entwickelt werden kann, hängt natürlich von vielen Faktoren ab. Grundsätzlich sollte allerdings immer dem Faktor Zeit besondere Aufmerksamkeit gewidmet werden:

Die drei Säulen des Lernens stehen immer noch:

1. Emotionaler Zugang bzw. ein persönliches Interesse für die Sache aufbringen können
2. An Bekanntes anknüpfen und das Neue damit einordnen können
3. Gelegenheit zu Wiederholung, Verfestigung und Vertiefung finden. Von Schnelligkeit ist da nicht die Rede.

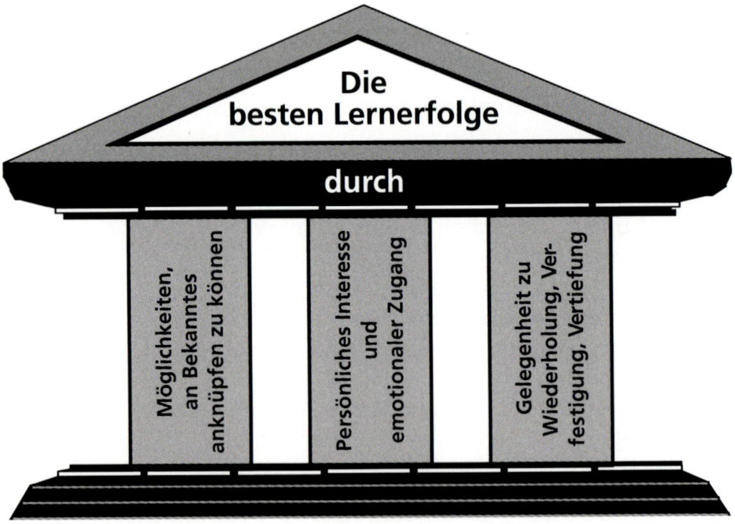

Die drei Säulen des Lernens

Literaturtipps

- Cornell, Joseph B: Mit Kindern die Natur erleben. Naturerfahrungsspiele für Kinder und Jugendliche, übers. v. Gabriele Kuby, Mülheim an der Ruhr: Verlag an der Ruhr, 2006 – *Der* Klassiker unter den Praxisbüchern zu Naturerleben und Naturerfahrungsspielen.
- Eliot, Lise: Was geht da drinnen vor? Die Gehirnentwicklung in den ersten fünf Lebensjahren, übers. v. B. Schaden, Berlin: Bloomsbury, 2010 – Eine beeindruckende, lebendig geschriebene und mittlerweile Maßstäbe setzende Darstellung der Gehirnentwicklung in den ersten Lebensjahren.
- Gebhard, Ulrich: Kind und Natur. Die Bedeutung der Natur für die psychische Entwicklung. Wiesbaden: VS Verlag für Sozialwissenschaften, 2009 – Eine hervorragende Darstellung der vielfältigen Beziehungen zwischen kindlichen Entwicklungsprozessen und Naturerfahrung.
- Österreicher, Herbert/Prokop, Edeltraud: Kinder wollen draußen sein. Natur entdecken, erleben und erforschen, Velber: Kallmeyer, 2010 – Grundsätzliches und zahlreiche praktische Tipps für „Freiland-Unternehmungen" mit Kindern ab dem Krippenalter.
- Prott, Roger: Aufsichtspflicht. Rechtshandbuch für Erzieherinnen und Eltern. Weimar/Berlin: verlag das netz, 2011 – Eine fundierte und Mut machende Auseinandersetzung mit einschlägigen Fragen von Sicherheit und Risiko.
- Schneider, Wolfgang und Lindenberger, Ulman (Hrsg.): Entwicklungspsychologie. Weinheim/Basel/Berlin: Beltz, 2012 – Umfangreiches Lehrbuch für Studierende wie Berufstätige in unterschiedlichen Praxisfeldern.
- Weber, Andreas: Mehr Matsch! Kinder brauchen Natur. Berlin: Ullstein, 2012 – Ein engagiertes und vielfältig begründetes Plädoyer, Kindern mehr unmittelbare Naturerfahrungen zu ermöglichen. Dazu zahlreiche Anregungen, Tipps und Hintergrundinformationen.

2 Bewegung – innere und äußere Veränderungen

Welche Art von Fortbewegung ist Ihnen am liebsten: laufen, Rad fahren oder Auto fahren?

Welche Fortbewegungsmittel benutzen Sie in der Stadt/auf dem Land?

Wie erleben Kinder Straßenverkehr?

Kinder bewegen sich häufig ganz anders als Erwachsene: Wann? Wo?

Warum ist viel körperliche Bewegung gerade für Kinder so wichtig?

Was macht Kindern Lust auf Bewegung?

Bewegung erfordert Kraft. Bewirkt Kraft Bewegung?

Welche physikalischen Phänomene lassen sich auf die Wirkung von Kräften zurückführen?

Wie ist eine Kraft mit physikalischen Begriffen zu beschreiben?

Was ist Motorik? Was ist Psychomotorik?

Was hat Bewegung mit Beweglichkeit zu tun?

Und was hat Bewegung mit Umweg, Ausweg, Fantasie zu tun?

Was geben wir Kindern mit auf ihren Weg?

Sammlung sonderbarer Objekte

Nr. 2

Was löst die Betrachtung in Ihnen aus? Erinnerungen, Vermutungen, Wiedererkennen?

Was könnte das sein?

Welche Bedeutung, welchen Nutzen könnte es haben?

(Auflösung im Anhang, S. 429)

**Ein Weg bietet immer beides: Hilfestellung und Festlegung.
Zum Glück ist Bewegung nicht nur an Wegen orientiert.**

Die individuellen körperlichen Bewegungsmöglichkeiten sind Grundlage unserer gesamten Entwicklung. Sie tragen nicht nur entscheidend dazu bei, unsere Umwelt erkunden und erfahren zu können, sondern helfen auch bei der Aufrechterhaltung unserer **Gesundheit**. Das Zusammenspiel von **Wahrnehmung** und **Bewegung** hat offenbar starke Effekte auf die Entwicklung unseres Gehirns, insbesondere auf die Entwicklung der **Kognitionsfähigkeiten** – ein Zusammenhang, mit dem sich die Neurowissenschaften seit einigen Jahren verstärkt befassen und bei dem es noch viele offene Fragen gibt. Wir wissen aber heute schon, dass körperliche Aktivität im Gehirn zur Bildung neuer Nervenzellen beiträgt, die Verbindungen zwischen den Nervenzellen verstärkt und somit das Gehirn insgesamt leistungsfähiger macht.

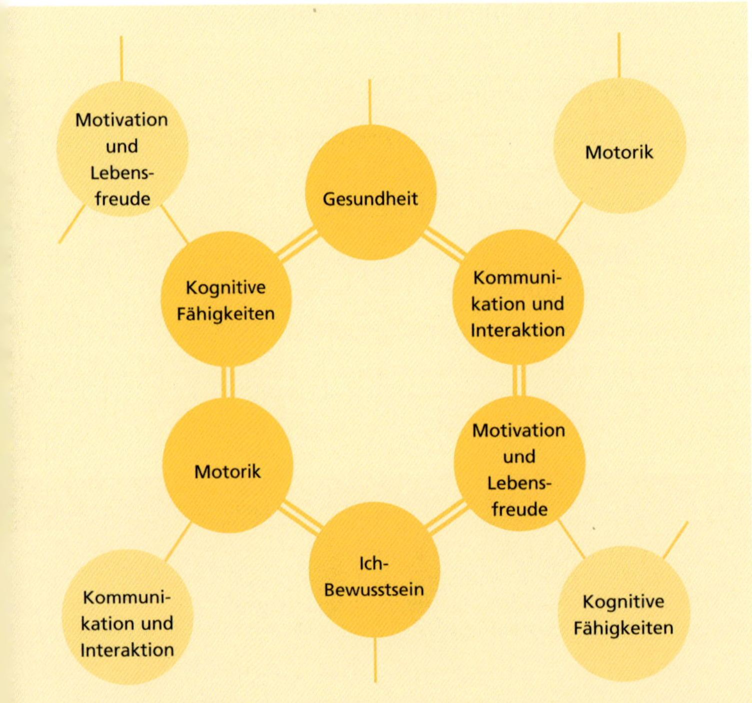

Bewegung: Querverbindungen und Zielbereiche

Über diese Effekte hinaus spielt Bewegung aber auch in der psychischen und sozialen Entwicklung eines Kindes eine sehr wichtige Rolle: Kinder erleben und trainieren in unterschiedlichen Spielen und Aktivitäten ihre Handlungsmöglichkeiten und stärken ihre **Kooperations- und Kommunikationsfähigkeiten**. Ein dabei wachsendes positives Körperbewusstsein führt zu Wohlbefinden und zu einem gesunden **Selbstwertgefühl**.

Vielfältige Erfahrungen, die Kinder bei ihren Aktivitäten machen, leisten auch einen nicht zu unterschätzenden Beitrag in der **Erkenntnis der Umwelt**. Das Erleben von Körper und Masse, Kraft und Bewegung, Geschwindigkeit und Widerstand ermöglicht einen spielerischen Zugang zu elementaren Begriffen und Phänomenen der Physik.

Veränderte Lebens- und Ernährungsgewohnheiten, neue Medien, elektronische Spielformen und die Zunahme an TV- und Videokonsum, aber auch ein geschärfter Blick für gesundheitliche Aspekte haben *Bewegung* und *Bewegungsförderung* in den letzten Jahren zu einem wichtigen Thema in der Pädagogik werden lassen. Trotz der zweifellos berechtigten Sorge über die negativen Auswirkungen kindlicher Bewegungsarmut darf aber nicht übersehen werden, dass Kinder nach wie vor und beinahe überall nach Bewegungsmöglichkeiten suchen. Sie *wollen* sich bewegen, nicht selten mehr und ausdauernder, als es ihrer Umgebung lieb ist. „Eine der kindgerechtesten Möglichkeiten zu einer ausgleichenden Persönlichkeitserziehung ist die der psychomotorischen Handlungserziehung über lustvolle Bewegungs- und Sozialerfahrungen" (Kiphard, 2009, S. 7). Der Zusammenhang zwischen Wahrnehmung und motorischem Handeln und die Auswirkungen dieses Wechselspiels werden bei der sorgfältigen Beobachtung kindlicher Aktivitäten sehr deutlich:

Jede Handlung stellt eine Einwirkung auf die Umwelt dar. Indem das Kind die Umwelt selbst verändert, ist es gezwungen, die neue, veränderte Situation wiederum wahrzunehmen. Dabei müssen sich die kognitiven Fähigkeiten des Auffassens, Auswählens, Erkennens, Vergleichens und Unterscheidens fortlaufend den neuen, situativen Gegebenheiten anpassen.

(Kiphard, 2009, S. 104)

Diese Anforderungen münden letztlich in die Bewältigung sehr komplexer Aufgaben, das sogenannte Problemlöseverhalten.

Motorik = psychologischer Sammelbegriff für alle menschlichen Bewegungsabläufe einschließlich aller individuellen Eigenheiten. Vorsätze zur Ausführung von *Willkürbewegungen* werden von Wahrnehmungsprozessen (z. B. Orientierung, Körperlage und anderen Sinnesreizen) geleitet.

Die Auseinandersetzung mit Fragen der Bewegungserziehung mag ihren Ausgangspunkt in der Wertschätzung von Bewegungsspielen und Sport oder in der Diagnose motorischer Defizite einzelner Kinder haben, aber sie kann weit darüber hinausführen. Es ist nicht zu hoch gegriffen, im Begriff *Bewegung* einen pädagogischen Schlüsselbegriff zu sehen.

Wer ist genügend schwindelfrei? – Der Steg, hoch über dem Waldboden eingerichtet, wurde zwar stabil gebaut, fängt beim Begehen dann aber deutlich zu schwingen an.

In diesem Kapitel wird versucht, den wichtigsten Aspekten von Bewegung Rechnung zu tragen. Auch hier wollen wir den Schwerpunkt auf jene Fragen legen, die für die praktische Natur- und Umweltpädagogik von besonderem Interesse sind. Es geht um folgende Einzelthemen:

2.1 Kraft unseres Körpers – Lust auf Bewegung

2.2 Bewegung verändert alles: zum Wandel von Bedeutungen und Bewertungen

2.3 Kräfte und ihre Wirkungen

2.4 Naturerkundung: Standflächen und Ausgangspunkte

Wenn hier also medizinische, psychologische, pädagogische und naturwissenschaftliche Aspekte zusammengeführt werden, so deshalb, weil Querverbindungen, Assoziationen und Vernetzungen gerade in der Praxis besonders wichtig und hilfreich sind: Kinder erleben beispielsweise beim Spiel mit Brettern die Grenzen ihrer körperlichen Kraft und erfahren gleichzeitig etwas über physikalische Phänomene wie Reibung oder Schwerkraft, und sie trainieren dabei ihre Muskeln, ihren Gleichgewichtssinn, ihre Kommunikationsfähigkeiten. Eine aufmerksame, gelassene und körperlich aktive Verfassung kann dabei als wesentliche Voraussetzung für Belastbarkeit, Gesundheit und geistige Beweglichkeit angesehen werden. Diese Zusammenhänge und Wechselwirkungen zu erkennen ist für jede pädagogische Begleitung ebenso wertvoll wie unerlässlich.

2.1 Kraft unseres Körpers – Lust auf Bewegung

➲ *Zum Einstieg in dieses Thema finden Sie im Arbeitsheft eine Reihe von Aufgaben.*

Es macht Kindern Spaß und stärkt ihr Selbstvertrauen, die eigene Kraft und Geschicklichkeit erproben zu können – gerade auch in schwierigen Situationen.

Die Erkundung des eigenen Körpers ist für Kinder häufig sehr spannend und kann auch einen wichtigen Ansatzpunkt für Gespräche über körperliche Aktivitäten und Gesundheit darstellen. Ergänzung finden diese Gespräche in bestimmten Partnerübungen und Spielen wie etwa dem Zeichnen der Körperumrisse eines Kindes, das auf einer großen Papierbahn liegt, oder dem Anfertigen von Fuß- und Handabdrücken in Sand, Ton, Gips. Dabei geht es nicht um die Diagnose oder gar Therapie von krankhaften Veränderungen, sondern um ein tiefes und nachhaltiges Bewusstsein für den eigenen Körper.

Zahlreiche Spiele mit ganz bestimmten Regeln sind im Grunde **Bewegungsspiele**. Je nach Umgebung und Gelände, Gruppengröße und Spielverlauf können die Anforderungen an Körperkraft und Ausdauer höchst unterschiedlich sein.

➲ *Zur Vertiefung dieses Themas finden Sie im Arbeitsheft eine Projektanregung.*

Eine kleine Auflistung solcher Spiele, vorwiegend unter dem Gesichtspunkt von Bewegungsabläufen erstellt, verdeutlicht die Vielfalt an Ansätzen und Variationsmöglichkeiten (vgl. Finkenzeller/Kuhn-Schmelz/Wehfritz, 2009). Zudem lässt sich zu jeder Gruppe selbstverständlich eine große Zahl einzelner Spielideen finden und entwickeln:

- Hüpfspiele
- Wurfspiele
- Fangspiele
- Laufspiele
- Wasserspiele
- Singspiele
- Kreisspiele
- Geländespiele
- Murmelspiele
- Sandspiele
- Mannschaftsspiele
- Entspannungsspiele

Diese Aufstellung macht auch klar, warum es dafür kein einfaches Ordnungsschema geben kann: Eine Gliederung nach Alter der Kinder und/oder Schwierigkeitsgraden, Materialbedarf oder bestimmten pädagogischen Zielsetzungen führt zu jeweils ganz anderen Zusammenstellungen. Gerade deshalb sollte sich jede Einrichtung – ob Kinderkrippe, Kindergarten oder Hort – darum bemühen, eine eigene Sammlung von Bewegungsspielen zu erstellen, die die von dieser Einrichtung betreuten Kinder und das zur Verfügung stehende Gelände und andere Voraussetzungen in besonderer Weise berücksichtigt. In zahlreichen *Spielesammlungen* in Buchform, auf CD oder im Internet gibt es dazu jede Menge Anregungen. Dazu ein Beispiel aus dem „Arbeitsbuch Spiel" von Peter Thiesen:

ab 4

6–20

kurz

Rasende Schildkröten

Für dieses ungewöhnliche Wettrennen benötigen wir zwei kleine Wäschekörbe. Aus ihnen lassen sich im Handumdrehen Schildkröten zaubern. Die Kinder krabbeln auf allen vieren, den Korb wie einen Panzer auf dem Rücken. Jetzt sind Geschick und Schnelligkeit gefragt. Welcher Schildkröte gelingt es, eine mit Dosen markierte Slalomstrecke abzukrabbeln, ohne den Panzer zu verlieren?

Förderbereich: Bewegen, Motorik, Geschicklichkeit, Reaktionsfähigkeit, Schnelligkeit

Material: Zwei kleine Wäschekörbe, Konservendosen

(Thiesen, 2009, S. 141)

Kinder wollen draußen sein

Gerade der Aufenthalt im Freien, am besten in einem abwechslungsreich strukturierten Gelände, kann Kindern eine Fülle an **Bewegungsmöglichkeiten** mit *unterschiedlichsten Anforderungen* und *Schwierigkeitsgraden bieten* und ist zudem verbunden mit allen Besonderheiten von Jahreszeit und Witterung. Wer mit Kindern in einem weitläufigen Park-, Wald- oder Wiesengelände unterwegs ist, kann immer wieder beobachten, wie das Gelände selbst zum Angebot wird. Kinder entdecken ständig neue Herausforderungen, und es wird deutlich, wie gerne sie ihre Körperenergie auch spüren und Erfolge bei den verschiedenen Anstrengungen sehen wollen. Dazu gehören natürlich auch die vielen Erprobungen des Gleichgewichtssinns, für die Kinder im Gelände ganz nebenbei genügend Anlässe finden: über Steinkanten und Baumstämme balancieren, sich auf einen besonders schmalen Sockel oder Absatz stellen, einen steilen Abhang erklettern und vieles mehr. „Bewegung ist elementares kindliches Bedürfnis. Freies, auch unwegsames Gelände ist ein Trainingsfeld zur Wahrnehmung der Möglichkeiten und Fähigkeiten des eigenen Körpers" (Prokop, 2000, S. 199). Man kann aus dieser Aussage wichtige pädagogische Zielsetzungen ableiten, allerdings stößt die Umsetzung solcher Ziele in der Praxis rasch an Grenzen: In sehr vielen Fällen bieten weder die familiäre Wohnsituation noch unmittelbares Wohnumfeld (einer der wichtigsten *Aktionsräume* von Kindern) genügend Anreize und Gelegenheiten für solche körperlich herausfordernden Betätigungen.

Über Steine in einem Bachbett zu balancieren erfordert neben einer gewissen Geschicklichkeit auch Mut – und gelegentlich eine kleine Hilfestellung. Aber es ist eben auch eine ganz besondere Herausforderung.

Die Besteigung eines steilen Kieshanges kostet viel Kraft, denn je nach Übung brauchen jüngere Kinder nicht selten zwei bis drei Schritte, um einen voranzukommen.

Risiko oder nur Unannehmlichkeit?

Bei Ausflügen, Erkundungswanderungen, „Waldtagen" oder ähnlichen Unternehmungen geht es auch immer wieder um die Frage, wie eine bestimmte Situation hinsichtlich ihrer Risiken für die Kinder einzustufen ist. Ergänzend zu den bereits in Kapitel 1, S. 44 ff., genannten Aspekten soll im Folgenden der Versuch gemacht werden, zwischen wirklich gefährlichen und lediglich unangenehmen Situationen zu unterscheiden:

1. **Konkrete Risiken und Gefährdungen**, die im Einzelfall rechtzeitig zu erkennen und unbedingt zu vermeiden sind:
   - Wegverläufe an Straßen und Straßenquerungen
   - Aufenthalt in windbruchgefährdeten Wäldern bei heftigem Wind bzw. Sturm
   - Aufenthalt an abbruchgefährdeten Geländeteilen, Überhängen u. Ä.
   - Aufenthalt auf verbotenem bzw. nicht ausreichend gesichertem Gelände (z. B. Baustellen, Betriebsgelände, Verkehrsflächen)
   - Gefahr des Ertrinkens, besonders bei Kindern, die (noch) nicht schwimmen können; dazu gehört auch der Aufenthalt auf nicht ausreichend tragfähiger Eisdecke auf einem Gewässer
   - Unmittelbare (!) Nähe zu Nestern von Wespen, Hornissen sowie Bienenstöcken
   - Sonnenbrand bzw. zu starke UV-Strahlung
2. **Unannehmlichkeiten**, die – abgesehen von ganz bestimmten Ausnahmesituationen (Lernerfahrungen!) – besser vermieden werden:
   - Gewitter, Schlagregen, sehr starke Winde
   - Nasswerden ohne Möglichkeit zum Trocknen bzw. Kleiderwechsel
3. **Problemsituationen**, die *nicht* um jeden Preis vermieden werden sollen, die aber zu ihrer Bewältigung Wissen und Informiertheit sowie ein bestimmtes Engagement erfordern:
   - Kontakt bzw. Beschäftigung mit Giftpflanzen
   - Aufenthalt auf unwegsamem Brachland, morastigem oder felsigem Gelände
   - Aufenthalt im Bereich (allgemein zugänglicher) Ruinen und vergleichbarer Baukörper
4. **Allgemeine Risiken**, die beim Aufenthalt im Freien generell nicht oder kaum vermeidbar sind und zu deren Bewältigung ein gewisses Grundwissen unumgänglich ist einschließlich Hinzuziehung entsprechender ärztlicher Hilfeleistungen, falls erforderlich
   - Frei laufende Hunde
   - Zecken (Zeckenbisse)
   - Stiche durch Mücken, Wespen, Bienen oder Hornissen
   - Stiche und Kratzer durch stachelige oder dornige Pflanzen
   - Platzwunden und Abschürfungen
   - Prellungen und Knochenbrüche

Bewusst gewähltes Risiko: Das „Spinnennetz", das aus starken Tauen zwischen Bäumen gespannt wird, ermöglicht nicht nur Klettern, Hangeln, Schaukeln oder Wettkampfspiele, sondern erfordert auch die Auseinandersetzung mit verschiedenen mathematischen und physikalischen Dimensionen wie Maße, Zugkräfte, Gewicht, Dehnung etc.

Sicherlich wird diese Risikoeinschätzung im einen oder anderen Fall variieren und selbstverständlich kann eine solche Gliederung nur zur groben Orientierung dienen. Aber einerseits beruhen diese Einstufungen auf vielen praktischen Erfahrungen und Erfahrungsberichten, andererseits ist eine solche Unterscheidung gerade für die praktische Umweltpädagogik hilfreich. So zeigt sich in Gesprächen mit besorgten Eltern etwa immer wieder, wie wichtig es ist, vagen Befürchtungen oder massiven Ängsten mit verständnisvoller, aber auch intensiver und sachlicher Information zu begegnen. Häufig genannte Befürchtungen, wie z. B. die Vergiftungsgefahr durch Pflanzen oder durch Zecken mit Krankheitserregern infiziert zu werden, lassen sich durch fundierte Argumente meist entkräften oder wenigstens auf ein vernünftiges Niveau reduzieren. Die Risiken sollen dabei nicht geleugnet werden, aber sie sind in Beziehung zu setzen mit den zahlreichen Gefährdungen und Konfliktsituationen, denen wir alle ständig ausgesetzt sind und deren Gefährdungspotenzial teilweise weitaus höher liegt. Spezielle Hinweise zu bestimmten Einzelrisiken wie UV-Strahlung, Pflanzen oder Tiere erhalten Sie in späteren Kapiteln, insbesondere in den Kapiteln 4, 5 und 9.

Aufgaben:

Vergleichen Sie die in Kapitel 1, S. 45, genannten Befürchtungen mit der oben genannten Gliederung nach „Risikostufen":

1. In welchen Bereichen können Sie den genannten Einstufungen zustimmen, wo nicht? Warum? Warum nicht?
2. Überlegen Sie im Rahmen einer Arbeitsgruppe, wie ein bestimmtes, Ihnen bekanntes Gebiet, in dem Sie mit Kindern Ausflüge durchführen (wollen), hinsichtlich dieser Risiken zu beurteilen ist. Notieren Sie Ihre Ergebnisse.

Im Gelände verbindet sich das Vergnügen an der Bewegung selbst mit der Notwendigkeit, eine bestimmte Distanz zurückzulegen, ein übergeordnetes und vielleicht sogar selbst gestecktes Ziel zu erreichen – weitere Aspekte, die den besonderen Wert eines Ausflugs, einer Rallye oder einer Exkursion mit Kindern ausmachen (vgl. S. 71 ff.). Mindestens sollte aber das Außengelände einer Einrichtung Lust auf Bewegung machen und dazu möglichst viele Anregungen bieten (vgl. Kapitel 5 und 7).

2.2 Bewegung verändert alles: zum Wandel von Bedeutungen und Bewertungen

Es ist nicht sicher, ob schon die zunehmende Festlegung und Normierung der kindlichen Lebenswelt die Bewegungsmöglichkeiten einschränkt – aber es liegt nahe und lässt sich mit unterschiedlichen Beobachtungen und Indizien erhärten. Unstrittig ist hingegen der Einfluss anderer Faktoren der **heutigen Lebensweise** auf das Bewegungsverhalten der Kinder: zunehmender (Medien-) Konsum, elektronische Spielmöglichkeiten, Technisierung, Aspekte der Wohn- und Verkehrssituation. Beobachtungen und Messungen von Umfang und Intensität des Bewegungsverhaltens von Kindern führen jedenfalls zu unmissverständlichen Ergebnissen: Da zeigt sich einerseits eine starke Abnahme der Zeit, die Kinder mit Bewegungsspielen und anderen körperlichen Aktivitäten verbringen, andererseits ein dramatischer Anstieg der Kinder mit motorischen Defiziten.

Wichtig ist in diesem Zusammenhang auch der Hinweis auf eine Besonderheit des kindlichen Organismus und diesbezügliche Unterschiede zum Erwachsenen:

> Während für den Erwachsenen zum Erhalt der körperlichen Leistungsfähigkeit eine zwei- bis dreimalige körperliche Belastung von ca. 45–60 Min. in der Woche durchaus als ausreichend angesehen werden kann, benötigen Kinder zum Aufbau ihrer organischen Funktionen eine tägliche Belastungseinheit von mindestens zwei bis drei Stunden.
>
> *(Breithecker, 2010)*

Von besonders großer Bedeutung sind Bewegungsmöglichkeiten für Schulkinder. Die „sitzende Lebensweise“ fällt ihnen (zum Glück) meist noch schwer, und gerade in diesem Alter sind ausgleichende Betätigungen außerordentlich wichtig. Für Hortkinder gibt es fast überall noch zu wenig Angebote, sich auszutoben. In vielen Fällen beschränkt sich ihre Aktivität auf Fußballspielen – was allerdings keineswegs für alle Jungen und nur für wenige Mädchen attraktiv ist.

Entwicklungsstufen und Betrachtungsweisen

Das Entwicklungsgeschehen im Bereich der Motorik weist nicht nur große interindividuelle Unterschiede auf, sondern erfordert je nach äußeren Gegebenheiten und pädagogischen Zielsetzungen häufig auch verschiedene Zugänge und Betrachtungsweisen. Das gilt insbesondere bei motorischen und sensorischen Behinderungen, die nicht selten auch mit kognitiven Schwächen verbunden sind. Zwischen Körperbehinderungen, kognitiven Schwächen und emotional-sozialen Behinderungen bestehen Wechselbeziehungen wie z. B. in den Fällen *psychomotorischer Ungeschicklichkeit*, in denen zwischen Ursache und Wirkung kaum unterschieden werden kann:

> So mögen einerseits psychische Ängste primär vorhanden sein, die sich hemmend und blockierend auf die motorische Umwelteroberung auswirken. Es kann aber auch sein, dass ein solches Kind primär motorisch ungeschickt ist und dass sich die Hemmungen erst aufgrund zunehmender negativer Bewegungserfahrungen eingestellt haben.
>
> *(Kiphard, 2009, S. 21)*

Für die Praxis ist es hilfreich, den vielgestaltigen Komplex menschlicher Bewegungsformen einschließlich ihrer Entwicklungen und Auswirkungen wenigstens grob zu gliedern. Kiphard (2009) schlägt dazu folgende Unterscheidung vor:

Neuromotorik →	Sensomotorik →	Psychomotorik →	Soziomotorik
♦ Reflexe ♦ Koordination	♦ Wahrnehmen ♦ Reagieren	♦ Gefühlserleben ♦ Kognition	♦ Sozialwahrnehmung ♦ Kommunikation
(Säuglingsalter)	(Kleinkindalter)	(Vorschulalter)	(Grundschulalter)

Die Betrachtungen auf der Makroebene müssen individuelle Besonderheiten natürlich ignorieren. Der Sinn der Gliederung liegt vor allem darin, auf prinzipielle Entwicklungslinien und deren Abfolge hinzuweisen und damit Orientierungshilfe zu geben. So stellt etwa eine Förderung der Wahrnehmungsfähigkeit im Kleinkindalter die Basis für ein besseres Verständnis der Umwelt dar und hilft, Handlungsspielräume und Ausdrucksmöglichkeiten des Kindes zu erweitern. Dies wiederum stellt eine entscheidende Voraussetzung für die Entwicklung von Sozialkontakten dar.

Zur genaueren Überprüfung der individuellen Entwicklung eines Kindes gibt es mittlerweile verschiedene Verfahren. Zu empfehlen sind insbesondere jene, die nach einzelnen Funktionsbereichen wie Bewegungsentwicklung, optischer und akustischer Wahrnehmung, Sprachentwicklung, feinmotorische Geschicklichkeit etc. unterscheiden (vgl. Kiphard, 2006). Die Möglichkeiten und Ausdrucksformen kindlichen Bewegungsverhaltens haben sich in den zurückliegenden Jahrzehnten teilweise einschneidend verändert. In zahlreichen Erhebungen wird bestätigt, wie sehr bereits bei Kindern der Anteil freien Bewegens zugunsten sitzender Tätigkeiten abgenommen hat. Insbesondere der zunehmend lange tägliche Fernsehkonsum und die Allgegenwart elektronischer Spielmöglichkeiten in Verbindung mit falscher Ernährung führen bei immer mehr Kindern zu Übergewicht und Defiziten in der **psychomotorischen Koordinationsfähigkeit**. Der Anteil der Kinder, die durch ein besonders hohes Maß körperlicher Inaktivität auffallen, wird in Deutschland seit Jahren auf ein Viertel bis ein Drittel geschätzt.

Diesen Entwicklungen tritt die Pädagogik heute mit verstärkten Bemühungen entgegen, Kindern möglichst frühzeitig Bewegungs- und Sportangebote zu machen. In Kindergärten oder Horten finden wir heute zahlreiche und höchst unterschiedliche Anregungen und Angebote zur Bewegungsförderung: Spiele mit und ohne Hilfsmittel, Tanz und Musik, Bau von „Balancierbäumen“ und „Bewegungsbaustellen“, aber natürlich auch Gymnastik- und Turnstunden bis hin zu Versuchen mit Kampfsportarten.

Diese Entwicklung ist trotz wichtiger positiver Impulse nicht ganz unproblematisch. Abgesehen davon, dass die allermeisten Angebote in Innenräumen stattfinden, steht auch zu befürchten, dass Kindern damit zu viel von ihrer eigenen Spontaneität und Kreativität genommen wird. Bewegung sollte nicht zu eng auf eine rein körperliche Komponente bezogen werden: **Bewegung** ist das „Tor zum Lernen“ (Hannaford, 2013).

> **Psychomotorik** = eine junge, facettenreiche Disziplin mit starken Verbindungen zu Medizin und Pädagogik, für die physische *und* psychische Bewegung, Beweglichkeit und „Bewegungsbildung“ zu zentralen Begriffen wurden. Verbindungen auch zu Erlebnis-, Musik- und Sportpädagogik. Präventive und therapeutische Aktivitäten im Vorschul- und Schulbereich. Spezielle Richtungen und Ausbildungswege: Motopädie, Mototherapie.

Warum wird der Aufenthalt im freien Gelände dabei so oft vernachlässigt? Straßenbau und Siedlungsdichte haben zwar vielerorts dazu geführt, dass wertvolle Bewegungs- und Betätigungsmöglichkeiten in der freien Natur verschwunden sind oder mindestens stark eingeschränkt wurden, dennoch kann die Suche nach geeigneten Routen und Plätzen im Umkreis des Kindergartens oder Horts auch zu positiven Überraschungen führen.

Nicht mehr als ein kleines Stück Brachfläche im Siedlungsgebiet, Pfützen nach der Schneeschmelze, Pflastersteine und Bretter: eine Bewegungsbaustelle mit hohem Erlebniswert.

Der Aufenthalt im Gelände, eine Wanderung oder ein Ausflug mit Kindern macht auch in einer anderen, hintergründigen Weise auf *Wege* aufmerksam: der **Weg** als Beschränkung der Möglichkeiten, als Zwang. Wege geben stets etwas vor: eine Richtung, einen Verlauf, ein Ziel. Dieses Einschränkende und Begrenzende mag auch der Grund für die metaphorische Bedeutung des Begriffs sein: „Weg" als (Denk-) Möglichkeit und Entscheidungshilfe wie etwa die Suche nach einem *Ausweg*. Dabei tritt die Doppelgestalt des Begriffs immer wieder deutlich hervor: Der Weg, den jemand beschreitet, legt den Betreffenden einerseits fest und engt seinen Bewegungsspielraum ein, andererseits dient er als Führung und Kontur in einer vielleicht unübersichtlichen oder unsicheren Umgebung.

Kinder sehr unterschiedlichen Alters spiegeln diese Ambivalenz auf eine eindrucksvolle Weise: Während etwa Wege in einem Garten oder Park, besonders wenn sie gerade und regelmäßig angelegt wurden, geradezu zum Verlassen und Querfeldeinlaufen aufzufordern scheinen, kann man dieselben Kinder dabei beobachten, wie sie sich im Unterholz eines Waldes oder im hohen Gras eines älteren Brachlandes selbst Wege anlegen und – bei regelmäßiger Benutzung – sogar pflegen. Ohne besondere Absichten und Ziele geschieht hier gleichsam nebenbei etwas, das für die Entwicklung der Kinder von philosophischer Tragweite ist: Kinder müssen stets die vorgegebenen Wege verlassen, um ihre eigenen zu finden.

Das ist nichts Neues und dennoch eine notwendige Feststellung. Angesichts einer starken Vereinnahmung von Kindern durch die Erwartungen einer teilweise extrem leistungsorientierten Gesellschaft ist zu befürchten, dass kindliche Bedürfnisse gleich in zweifacher Weise unterdrückt werden: Kinder sollen – um im Bild zu bleiben – gefälligst auf den vorgegebenen Wegen bleiben, und es wird ihnen auf sehr unterschiedliche Weise schwer gemacht, ihre eigenen Wege zu bauen. Während das eine oft mit der Überforderung der Kinder einhergeht, indem von ihnen etwa frühzeitig das Erreichen bester Schulnoten verlangt wird, zeigt sich in vielen anderen Familien eine zunehmende Vernachlässigung der Kinder, die sich dann verstärkt im (elektronischen) Spielekonsum äußert. Die gezielte und massive Werbung der jeweiligen Anbieter tut ein Übriges und erreicht diese Kinder und Jugendlichen besonders leicht. Zurückhaltung und Einschränkungen bei der Nutzung solcher Angebote sind daher sicherlich unumgänglich. Dabei sollten wir nicht übersehen, dass Vorgaben und Einschränkungen auch eine wichtige Orientierungshilfe sein können. Ein vorgeschriebener Weg, der Kinder zu Übertretungen reizt, besitzt seinen Wert eben auch darin, übertreten werden zu können. Bewegung schließt auch Umwege ein.

Veränderungen und Entwicklungen betreffen auch die Art und Weise, wie **Kindheit heute** problematisiert und untersucht wird. War ein Kind nach der allgemein vorherrschenden Auffassung bis in das 20. Jahrhundert hinein nichts anderes als ein kleiner Erwachsener (vgl. Ariès, 2011), so führte die *Entdeckung der Kindheit als eigenes Lebensalter* zu völlig neuen Einschätzungen, Bewertungen und Umgangsformen. Mittlerweile hat die Aufmerksamkeit gegenüber allem, was die kindliche Entwicklung betrifft, nicht nur in Medizin, Psychologie und Pädagogik ein riesiges Ausmaß erreicht. „Kinder sind unsere Zukunft", heißt es heute, und die Kindheit als ganz besondere Lebensspanne wird von Politik und Wirtschaft, Wissenschaft und Kultur thematisiert, begutachtet, umworben.

Eine defizitorientierte Diagnose von Kindheit heute muss dabei auch das Ergebnis jener gesellschaftlichen Veränderungen berücksichtigen, die unter dem Begriff der **Mobilität** zusammengefasst werden können (einschließlich verschiedener Aspekte und Auswirkungen auf die Lebens- und Arbeitswelt wie beschleunigte technologische Entwicklungen, Effizienzsteigerungen, Stress) (vgl. Bastian, 2000). Außer den negativen Folgen einer allgemein gestiegenen Mobilität beinhalten die gesellschaftlichen Veränderungen auch weitreichende Eingriffe in unsere Umwelt. Dabei sind Kinder bereits vor ihrer Geburt den negativen Auswirkungen dieser Entwicklung in besonderer Weise ausgesetzt:

- Der Fötus reagiert hochsensibel auf Umweltschadstoffe wie Tabakrauch, Blei oder Agrochemikalien.
- Kinder sind aufgrund ihrer Wachstumsprozesse höheren toxikologischen Belastungen aus Nahrung oder Atemluft ausgesetzt. In besonders dramatischer Weise wirkt sich dabei zudem die Schadstoffanreicherung der unteren Luftschichten an verkehrsreichen Straßen aus – in jener Höhe, die vor allem der Körpergröße von Kindern entspricht.
- Der Alltag von Kindern wird in erster Linie von Erwachsenen bestimmt, wobei diese Abhängigkeit nicht selten auch Abhängigkeit von Zeitdruck und Stress dieser Erwachsenen bedeutet.
- Die vor einem Kind liegende potenzielle Lebenszeit führt mit zunehmendem Alter zu einem geschärften Bewusstsein für Umweltrisiken und Perspektiven des Umweltschutzes. Lähmende, mutlos machende Angst vor künftigen Negativszenarien sind daher bei Kindern ebenso anzutreffen wie ein besonderes Engagement für den Erhalt *ihrer* Umwelt.

Diese und andere Aspekte sind heute wichtige Ansatzpunkte in den Bemühungen um die Verbesserung kindlicher Lebenswelten und werden inzwischen von zahlreichen Behörden und Nichtregierungsorganisationen unterstützt (vgl. Kinder Umwelt Gesundheit, 2004).

> **Mobilität** = eig. *das in Bewegung Gesetzte*; Sammelbegriff für das Ergebnis aller Anstrengungen, „die Verfügbarkeit über Zeit und Raum beständig zu optimieren" (Bastian, 2000, S. 126).

➲ *Zur Vertiefung dieses Themas finden Sie im Arbeitsheft eine Reihe von Aufgaben.*

2.3 Kräfte und ihre Wirkungen

Konstruktionen aus Holz, Stein oder anderen Materialien sowie viele einfache Versuche und Spiele mit Alltagsdingen sind für Kinder nicht nur deshalb spannend und unterhaltsam, weil sie etwas Eigenes bauen oder ausprobieren können. Die praktische Betätigung führt auch zu zahlreichen Erkenntnissen über physikalische Phänomene und Gesetzmäßigkeiten. Am Beispiel von **Kräften** und **Kraftwirkungen** lässt sich das besonders gut verdeutlichen: Die Erfahrung von Eigenschaften des eigenen Körpers wie Größe und Gewicht führt rasch zu Vergleichen mit der Dingwelt. Auch dort geht es um Größe und Gewicht, und es ist dann nur noch ein kleiner Schritt zu den physikalischen Konzepten von Masse, Schwerkraft oder Auftriebskraft. Die Tatsache, dass eine Kraft nicht direkt sichtbar ist, sondern nur an ihren Wirkungen erkannt und beurteilt werden kann, macht das Ganze eigentlich erst richtig interessant. Erdbeben stellen eine besondere Wirkung bestimmter natürlicher Kräfte dar. Ihr Auftreten reicht von kaum oder gar nicht wahrnehmbaren Bodenwellen bis hin zu heftigen Erschütterungen mit verheerenden Folgen. Fragen nach Ursachen, Ablauf und Folgen eines solchen Naturphänomens sind auch für Kinder sehr spannend.

Aufgaben:

Diskutieren Sie mit einer Gruppe von Kindern das Thema „Kraft und Bewegung" und versuchen Sie, dabei herauszufinden, welche Vorstellungen und Beispiele diese Kinder entwickeln. Zum Einstieg bieten sich vielleicht folgende Fragestellungen an:

1. Was ist das eigentlich: Kraft?
2. Wo kommen Kräfte her?
3. Wie kann man Kräfte steuern?

Bewegte Körper

Selbstverständlich sollte gerade über physikalische Fragen mit Kindern nicht bloß diskutiert, sondern vor allem auch praktisch damit gearbeitet werden können. Aufgrund des meist einfachen Aufbaus vieler Versuchsanordnungen, der guten Verfügbarkeit entsprechender Materialien sowie einer meist unmittelbaren Einsichtigkeit von Abläufen und Ergebnissen bietet sich für die Arbeit mit Kindern die **klassische Mechanik** in besonderer Weise an.

Mechanik = jener Bereich der Physik, der sich mit der Bewegung von Körpern aufgrund der Einwirkung von Kräften befasst. Beispiele: freier Fall von Objekten, Bewegungen von Kreiseln, Hebeln oder Flaschenzügen. Allgemein wird darunter auch die Theorie und Praxis der Konstruktion von Maschinen verstanden einschließlich der Untersuchung ihrer Funktionsweisen und Wirkungsgrade. Diese auch „klassische oder Newtonsche Mechanik" genannte Lehre funktioniert allerdings nur im makrophysikalischen Bereich. Im Bereich der atomaren Größenordnungen gilt seit der Konzeption der Relativitätstheorie die Quantenmechanik.

Ein Flaschenzug, wie hier in einer Pergola im Garten einer Kinderkrippe untergebracht, fasziniert Kinder vom ersten Moment an.

Da mit diesem Gerät auch ziemlich schwere Dinge – und sogar andere Kinder – hochgezogen werden können, dürfen die Kinder den Flaschenzug allerdings nur unter Aufsicht benutzen.

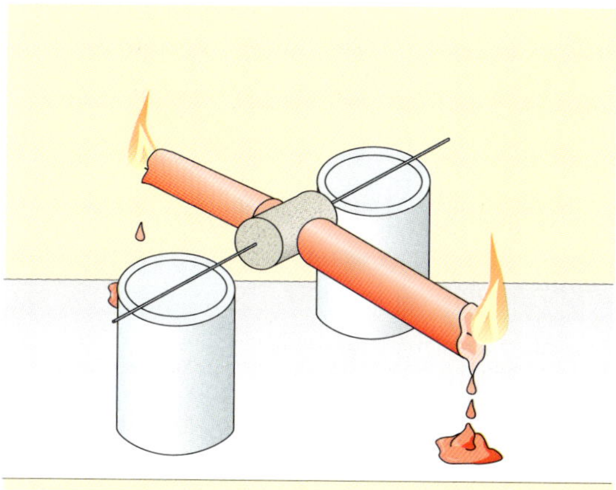

Ein einfaches Experiment mit den Wirkungen von ***Schwerkraft*** *und Hebeln können Sie mit zwei gleich schweren Kerzen durchführen, die mithilfe eines durch einen Korken getriebenen Metallstiftes in eine Gleichgewichtslage gebracht werden (s. Skizze). Zünden Sie dann die beiden Kerzen an: Was lässt sich nun beobachten? Und wenn Sie nach Erklärungen suchen: Was hat das mit Bewegung zu tun?*

In verschiedenen Sachbüchern zu Physik (z. B. Fisher, 2007; Melenk, 1998; Raab/Schwartze/Wittemann, 2004) finden sich Beschreibungen, Anleitungen und Erklärungen zu einfachen physikalischen Versuchen, bei denen es häufig um Mechanik oder um das Verhalten von Flüssigkeiten und Gasen (Luft) unter bestimmten Druck- oder Strömungsbedingungen geht. Es handelt sich in vielen Fällen um Versuche, mit deren Hilfe auch jüngeren Kindern physikalische Phänomene anschaulich und anregend vermittelt werden können. Bei der Durchführung mit Kindern sollte es aber keinesfalls bloß um die Demonstration eines bestimmten Effekts und die Überlegenheit des eigenen Wissens der Erzieherin gehen. Wichtiger erscheint, diese Versuche als Ausgangspunkt für eigene, neue Fragen zu nutzen und die Kinder damit zu selbstständigen weiteren Versuchen mit diesen oder ähnlichen Materialien anzuregen.

Einige Beispiele dazu:

- *Luft wiegen: Ein gefüllter Luftballon ist schwerer als ein nicht aufgeblasener. Luft ist also nicht nichts.*
- *Eine leere Konservendose schwimmt an die Wasseroberfläche, wenn sie unter Wasser gehalten wird. Das funktioniert auch, wenn sich an der Unterseite der Dose ein großes Loch befindet.*
- *Wie funktioniert ein Blasebalg? Luft zusammenzupressen erfordert viel Kraft – und die sich ausdehnende, ausströmende Luft lässt sich nutzen, um anderes zu bewegen.*
- *Wie können Windräder gebaut werden, die sich auch bei geringen Luftbewegungen gut drehen? Lässt sich die Drehung des Windrades als Antriebsquelle nutzen?*
- *Papierflieger unterscheiden sich in ihren Flugeigenschaften mitunter beträchtlich. Welche Bauformen kennen Sie? Können Sie einen wirklich guten Flieger falten? Und übrigens: Warum fliegt ein Papierflieger überhaupt – wenn er fliegt?*
- *Ein schwerer, in einem Netz von der Decke hängender Ball wird als Pendel benutzt. Ein (mutiges!) Kind steht dabei so, dass sein Kinn bei der ersten Pendelschwingung beinahe berührt wird. Das Kind soll auch unbewegt so stehen bleiben. Was hat die Pendelbewegung mit der Luft zu tun?*
- *Ein leerer, möglichst stabiler Blechkanister wird mit sehr heißem Wasser ausgespült, anschließend fest verschlossen und auf eine ebene Fläche (Tisch) gestellt. Wenige Sekunden später bekommt der Kanister eine Art Eigenleben: Er kracht und bewegt sich, wackelt und fällt vielleicht sogar um. Was passiert da? (Besonders eindrucksvoll, wenn der Kanister so stabil gebaut ist, dass ein Kind ihn nicht oder nur schwer verbeulen könnte!)*
- *Wie funktioniert ein Katapult? Was braucht man alles für den Bau eines Katapults? Können Sie ein kleines, funktionsfähiges Katapult ohne Bauplan oder ähnliche Informationen bauen?*
- *Gewichtskraft und Auftriebskraft: Warum schwimmt ein Schiff? Welche Formen kann ein Schiff haben, um damit Lasten zu transportieren? Wann und warum geht ein Schiff unter? Und für Fortgeschrittene: Warum schwimmt ein U-Boot?*

⊃ ***Zur Vertiefung dieses Themas finden Sie im Arbeitsheft eine Projektanregung.***

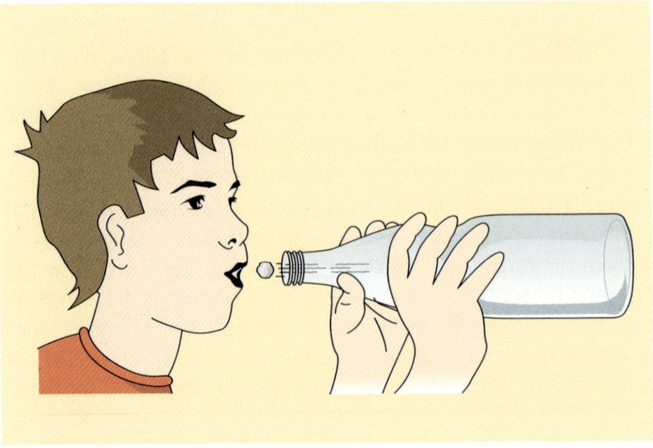

Der Versuch, eine kleine Papierkugel in eine Flasche zu blasen, ist so verblüffend, dass sich der (vorhersehbare) Ausgang des Experiments gut für eine kleine Wette eignet: Legen Sie die Papierkugel auf den Rand der Flaschenöffnung und versuchen Sie dann, die Kugel in die waagrecht gehaltene Flasche hineinzublasen. – Warum gelingt es Ihnen nicht? Können Sie sich das Ergebnis erklären?

Wasserwege und Kugelbahnen

Fließendes Wasser und rollende Kugeln oder Bälle haben miteinander mindestens zwei Dinge gemeinsam: Beide gehorchen den Gesetzen der Schwerkraft, und beide haben auf Kinder (und nicht nur auf sie) eine beinahe unwiderstehliche Anziehungskraft.

Die Thematik des **Wasserkreislaufs** im Naturhaushalt ist dabei in theoretischer wie in praktischer Annäherung interessant: Bilder und Geschichten vom Weg des Wassers lassen Kinder teilnehmen an einer „Reise mit dem Wasser" in der die Fantasie und das erste naturkundliche Wissen der Kinder angesprochen werden. Es geht um die Gestalt von Quellen, um Höhlen und Sickerwasser, Bäche, Flüsse, Ströme, es geht um Brunnen und Wasserkraftwerke, Stauseen und Wasserfälle, Badeseen, Wolken und Regengüsse, vielleicht auch um das Zähneputzen und Urinieren. Kreislaufprozesse beziehungsweise Vorgänge, die auf regelhaften Wiederholungen basieren, bieten für die umweltpädagogische Arbeit wichtige Ansatzmöglichkeiten. Solche Prozesse finden wir in Stoffkreisläufen aller Art überall in der Natur. Ihr Verständnis gehört zur Basis jeden ökologischen Bewusstseins (vgl. Fthenakis/Oberhuemer, 2007; Kapitel 11).

Eine „Miniwelt" kann der Veranschaulichung eines kleinen ***Wasserkreislaufs*** *dienen. Dazu wird eine Glas-Käseglocke benötigt, die so auf einen Glas- oder Porzellanteller gesetzt wird, dass sie am Rand möglichst gut abschließt. Auf die Tellerfläche kommen nun verschiedene Materialien wie Erde, Kies, Sand sowie ein paar kleine Pflänzchen. Das Ganze wird dann vorsichtig mit etwas Wasser befeuchtet, mit der Käseglocke verschlossen und an einen hellen Fensterplatz gestellt. Bei einer gut eingestellten „Miniwelt" (richtiger Wassergehalt!) führt der Wechsel von Tag- und Nachttemperatur zu Kondenswasserbildung in den frühen Morgenstunden und einem Verdunsten der Wassertröpfchen im Lauf des Vormittags. Kann man diesen Wechsel beobachten, empfiehlt es sich sogar, den Rand der Käseglocke nun mit Knete, Ton oder ähnlichem Material abzudichten, um einen wirklich geschlossenen Wasserkreislauf zu erhalten.*

In den darauffolgenden Tagen und Wochen können sich allerlei Überraschungen zeigen: Plötzlich wachsen bestimmte Pflanzen aus Samen, von deren Existenz man vorher nichts ahnte, manchmal tauchen sogar kleine Pilze auf, und nicht selten fliegen eines Tages kleine Mücken durch diese Miniwelt – Tiere, die sich z. B. aus Eiern im eingebrachten Bodenmaterial auf unscheinbare Weise weiterentwickelt haben.

Die **Wege des Wassers** führen auch oft in die Tiefe. In einer Zeit, in der Technik und Wirtschaftlichkeit unser Leben bestimmen, denken wir da ganz nüchtern an Grundwasser und Trinkwassergewinnung, unterirdische Wasserleitungen und natürlich auch an Kanalisation. Zum Wasser gehört auch die Verschmutzung des Wassers. Das Denken der Kinder reicht aber oft noch in jene Welt der Mythen und Vorstellungen, die heute sonst bestenfalls noch für Schriftsteller und Künstler zugänglich scheint. Ein Beispiel für die suggestive Kraft eines Bildes einer unterirdischen Welt ist eine Grafik des österreichischen Künstlers Peter Pongratz, der eine albtraumhafte Unterwelt von Wasserreservoirs zeigt, von der diejenigen, die aus dem Ziehbrunnen Wasser schöpfen, nichts ahnen (Ekelhafter Brunnen im Gebiet der Lao, Radierung, 1970, in: Pongratz, o. J., S. 95).

Mit Bildern und Informationen einer gefährdeten oder zerstörten Umwelt sollte jede verantwortungsvolle Umweltpädagogik sehr vorsichtig umgehen, denn zum einen sind gerade Kinder diejenigen, die an einer gegebenen Umweltverschmutzung in aller Regel völlig unbeteiligt sind, zum anderen bewirkt eine „Katastrophenpädagogik" häufig das Gegenteil von dem, was sie bezweckt. Dennoch gehört auch die Thematisierung von Umweltschäden und Zukunftsrisiken zu jeder ernsthaften Auseinandersetzung mit unserer Umwelt. Entscheidend sind dabei das Alter der Kinder bzw. die Berücksichtigung der jeweiligen Aufnahme- und Verständnismöglichkeiten sowie das Aufzeigen von Alternativen und konkreten Handlungsansätzen. Kinder erleben immer auch eine nicht heile Umwelt und sie denken darüber nach, und damit muss sich Umweltpädagogik auseinandersetzen (vgl. insbesondere Kapitel 5, S. 180 f.; Kapitel 11, S. 369 ff. und 374 ff.).

Gefälle, das Wasser zum Fließen bringt, lässt meist auch eine Kugel rollen. Der Bau einer Murmelbahn oder gar einer „Murmelbahnmaschine" (Schotte u. a., 2005, S. 23) ist nicht nur ein eventuell aufwendiges Vorhaben, sondern ermöglicht in exemplarischer Weise das Erfinden und Erproben zahlreicher technischer Finessen. Grundsätzlich gilt: Je mehr unterschiedliche Möglichkeiten der Materialverwendung, Bahnführung und Zusatzfunktionen in so einer Konstruktion untergebracht werden können, desto interessanter ist der Bau wie auch später das Spiel mit dem fertigen Werk.

Die Wirkung der Schwerkraft übt auf Kinder eine große Faszination aus.

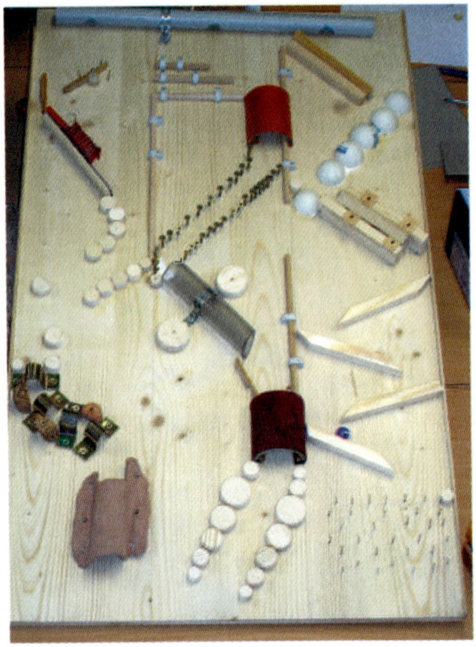

Ein eher einfaches Modell einer Murmelbahn, das im Rahmen einer Schwerpunktfortbildung für Erzieherinnen entstand und zum Vorbild weiterer, raffinierter Konstruktionen werden sollte.

2.4 Naturerkundung: Standflächen und Ausgangspunkte

Zur Auseinandersetzung mit *Bewegung* gehört – vor allem, wenn es sich um Wanderungen und Exkursionen handelt – auch das Interesse für das Gelände, in dem wir uns bewegen. Naturerkundungen können für Kinder besonders spannend sein, wenn einmal nicht nur das, was sich *auf* der Erdoberfläche befindet, sondern auch das *Darunterliegende* zum Thema gemacht wird: der Standort als Ausgangspunkt für eine Reise in die Tiefe.

Erforschung des Bodens

Das, was wir einfach als „Boden" bezeichnen, lässt sich im Einzelnen gar nicht so leicht beschreiben und führt rasch zu einer enormen Vielfalt an Fragen und Entdeckungen, Problemen und unerwarteten Einzelheiten. Für Kinder kann dieses Thema ungeheuer spannend sein: Denken wir nur an die Begeisterung, mit der Kinder tiefe Löcher buddeln wollen, nach vergrabenen Kostbarkeiten suchen oder einfach wissen wollen, was unter dem Sichtbaren verborgen liegt.

> **Boden** (*in der Ökologie*) = komplexes System aus festen, flüssigen und gasförmigen Bestandteilen, teils mineralisch, teils organisch (tot oder lebend). Meist ist damit vor allem die oberste, manchmal einige Meter mächtige Schicht gemeint, die über dem unverwitterten Gestein liegt, im Grunde wird damit aber auch der gesamte Teil der vom Menschen genutzten Erdkruste bezeichnet („Bodenschätze").

Die Grundlage jeden ökologischen Verständnisses von **Boden** ist die Tatsache, dass es sich stets um ein dynamisches System handelt: Ein Boden ist immer das Ergebnis früherer Vorgänge (Verwitterungsprozesse, Vegetationsentwicklung, Art und Zusammensetzung der Bodenfauna, menschliche Tätigkeiten), und gleichzeitig ist er Ausgangspunkt für kommende Entwicklungen, die als möglich oder wahrscheinlich angesehen werden können. Die jeweiligen Prozesse können manchmal relativ rasch ablaufen, katastrophenartig etwa im Fall eines Erdrutsches. Meist handelt es sich aber um ziemlich langsame Entwicklungen, deren Auswirkungen sich oft erst viel später zeigen.

Der Abtrag von Bodenmaterial, die **Erosion**, spielt bei sehr vielen Bodenentwicklungen eine besonders wichtige Rolle. Vor allem Feinteilchen werden durch die Kraft des Wassers oder des Windes mitgerissen und verlagert. In Senken und Rinnen reichert sich dieses meist nährstoffreichere Material wieder an und führt so zur Entstehung von tiefgründigen und fruchtbaren Böden – bei gleichzeitiger „Verarmung" höher gelegener Areale.

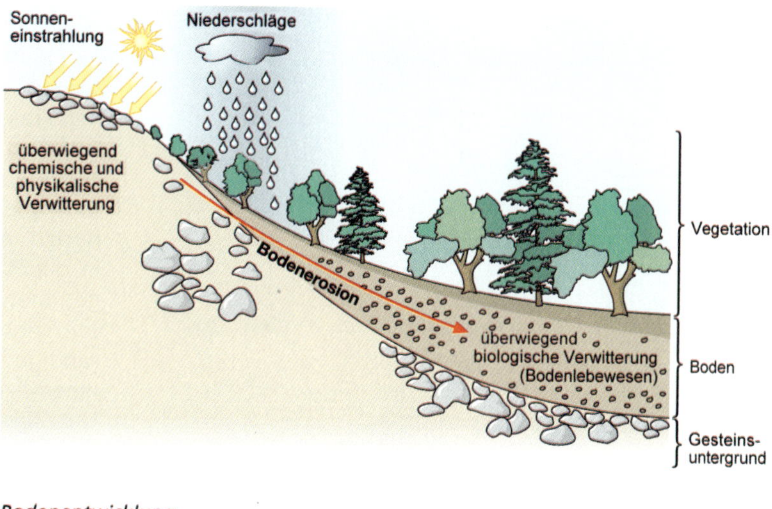

Bodenentwicklung

Die den Gesetzen der Schwerkraft gehorchenden Erosionsprozesse können ganze Landschaften bewegen, sie zählen zu den einflussreichsten Ereignissen der Bodenbildung und Landschaftsentstehung. Da durch die Erosion insbesondere der ökologisch wertvollste Anteil des Bodens verringert oder ganz abgetragen wird, sind vor allem die Auswirkungen auf die Ertragsfähigkeit eines Bodens mitunter sehr groß (vgl. Scheffer/Schachtschabel, 2010).

Erosion (*in der Bodenkunde*) = Abtrag und Verfrachtung von Bodenmaterial, wobei vor allem vegetationsfreie und geneigte Hanglagen besonders stark betroffen sein können; je nach „Transportmittel" unterscheidet man zwischen Wasser- und Winderosion; die Menge des Bodenabtrags ist abhängig von: Niederschlagsmenge oder Windstärke, Bodeneigenschaften, Hanglänge und Hangneigung, Art des Bewuchses bzw. der Bewirtschaftung, Bodenschutzmaßnahmen.

➲ ***Zur Vertiefung dieses Themas finden Sie im Arbeitsheft eine Reihe von Aufgaben.***

Erosionsprozesse zeigen sich erst einmal an der Oberfläche eines Geländes. Um das zu erkennen, was sich in der Tiefe eines Bodens verändert, ist es erforderlich, dass wir uns mit dem Material eines bestimmten Bodens im Einzelnen beschäftigen. Je nach **Bodenart** können wir rasch eine einfache Bestimmung vornehmen, eine **Schlämmanalyse**:

Aus einer bestimmten Erde, die untersucht werden soll, werden zunächst alle Bestandteile, die größer als 2 mm im Durchmesser sind, herausgesiebt. Die so erhaltene Feinerde füllt man in ein hohes Glasgefäß bis etwa knapp einem Drittel der Höhe. Anschließend wird das Gefäß mit Wasser aufgefüllt und kräftig gerührt, bis sich eine gleichmäßig gefärbte „Schlammsuppe" zeigt. Sobald man zu rühren aufhört, setzen sich die Bodenbestandteile am Grund des Glases ab und zwar in folgender Reihenfolge:

- In den ersten fünf Sekunden: Sand (Teilchengröße: 0,063 mm–2 mm)
- Bis nach rund 50 Minuten: Schluff (Teilchengröße: 0,002 mm– 0,063 mm)
- Bis nach rund acht Stunden: Ton (Teilchengröße: kleiner als 0,002 mm)

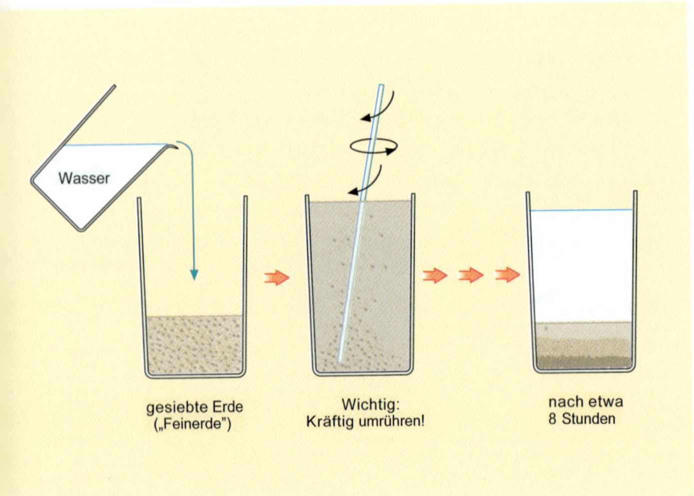

Schlämmanalyse

Nach dieser Zeit sollte das Wasser oberhalb der abgesetzten Bodenteilchen (Sedimente) wieder ziemlich klar sein, und je nach untersuchtem Material lassen sich jetzt meist deutlich die einzelnen Fraktionen erkennen. Sind die drei Fraktionen zu ungefähr gleichen Teilen vertreten (Höhe der jeweiligen Schicht), so handelt es sich meist um einen Lehmboden, der für das Pflanzenwachstum in der Regel die besten Voraussetzungen bietet. Bei einem höheren Sandanteil spricht man demnach von einem sandigen, bei höherem Tonanteil von einem tonigen Boden. Die vor der Untersuchung herausgesiebten größeren Bodenbestandteile machen übrigens das sogenannte Bodenskelett aus.

Beim Graben entdecken die Kinder eine große Anzahl verschiedener Bodentiere. Eine gute Lupe hilft auch bei den größeren Tieren wie Engerlingen, Würmern und Schnecken, um deren Körperbau im Detail zu erkennen.

Die Bodenart nach dieser einfachen Methode zu bestimmen ist für Kinder anregend und kann als Einstieg in das Thema Bodenkunde dienen. Je nach Interesse und Möglichkeiten lassen sich daran viele weitere Fragen und Untersuchungen anknüpfen, so etwa zum Aufbau von Böden zwischen Untergrundgestein und Oberfläche, Vorkommen von Bodenlebewesen, Fruchtbarkeit, Schutz des Bodens vor Verunreinigungen etc.

Eine Unternehmung zur Erforschung des Bodens legt nahe, **Einzel- oder Gruppenaufträge** zu formulieren. Man könnte dabei Arbeitsschwerpunkte verteilen, sodass am Schluss die Zusammenfassung der Einzelergebnisse zu einem gemeinsamen Ergebnis führt. Zum Beispiel untersucht eine Gruppe die Bodenart, eine andere versucht, die im Boden gefundenen Tiere zu zählen und zu bestimmen, und eine dritte Gruppe setzt sich mit den Pflanzen auseinander, die auf diesem Boden gedeihen.

➲ *Zur Vertiefung dieses Themas finden Sie im Arbeitsheft eine Projektanregung.*

Eine Erforschung des Bodens mit Kindern erfordert weder, dass Sie spezielles bodenkundliches Wissen besitzen, noch, dass Sie Kinder zu einem solchen Expertentum führen. Es geht vor allem darum, dass das, was man mit Kindern macht, authentisch vermittelt werden sollte, und das gelingt immer dann am besten, wenn man in einer bestimmten Sache eigene, ganz persönliche Erfahrungen gesammelt hat. Wer selbst einmal eine bestimmte Schwierigkeit überwunden oder ein bestimmtes Problem gelöst hat, weiß besser, was er anderen zumuten kann – und was für ein Kind besonders wichtig sein könnte.

Aufgaben:

Überlegen Sie für sich selbst und diskutieren Sie dann in einer Arbeitsgruppe, welche Art der Aufgabenstellung Ihnen sinnvoller erscheint – und warum Sie das so sehen:

1. Mehrere Gruppen arbeiten parallel an der Lösung eines vergleichbaren Problems, die Ergebnisse der einzelnen Gruppenarbeiten werden jeweils für sich bewertet und mit den Ergebnissen der anderen Gruppen ggf. verglichen, oder:
2. Mehrere Gruppen erfüllen Teilaufträge, die dann vorgestellt und diskutiert werden und so zu einem gesuchten Gesamtergebnis führen.

Asseln	200
Ameisen	400
Spinnen	700
Käfer und Käferlarven	900
Zweiflüglerlarven	900
Vielfüßer	1.800
Regenwürmer	2.000
Wenigborster	20.000
Springschwänze	40.000
Milben	120.000
Fadenwürmer (Nematoden)	9.000.000

Der blauschwarz schillernde Mistkäfer (Geotrupes spp.) gehört zu den größeren und häufig vorkommenden Bewohnern der oberen Bodenschichten.

Auf die Vielfalt und Anzahl der **Kleinlebewesen im Boden** soll hier nur hingewiesen werden. Beeindruckend sind jedenfalls die Schätzungen über den Reichtum an Bodenlebewesen in einem europäischen Wiesenboden. Auf 1 m^2 Fläche sollen bis zu einer Tiefe von 30 cm eine ungeheuer große Zahl an Organismen leben (vgl. Gleich u. a., 2002).

Hinzu kommen noch Millionen von Bakterien, Pilzen, Algen – und natürlich auch ein paar größere Tiere wie Mäuse oder Maulwürfe. Allerdings brauchen diese Tiere etwas mehr Raum, und so wird man natürlich nicht auf jedem Quadratmeter einen Maulwurf finden. Die Bodenorganismen sind die treibenden Kräfte für den Prozess der Umwandlung der organischen Substanz, um diese wieder als Nährstoffe verfügbar zu machen. Durch diese Nahrungskette wandert auch der Kohlenstoff, und sein Weg durch den Boden dauert umso länger, je mehr Mikroorganismen in einem Boden leben. Das ist auch für unser Klima wichtig, denn je länger der Kohlenstoff im Boden bleibt, bevor er wieder als Kohlendioxid in die Atmosphäre gelangt, desto besser ist das für unser Klima. Darüber hinaus hängt auch die Vielfalt (Biodiversität) der höheren Pflanzen und Tiere von der Vielfalt der Bodenorganismen ab. Denn nur wenn ausreichend Kleinlebewesen vorhanden sind, die aus abgestorbenen Pflanzen die Nährstoffe wieder herausholen, bietet der Boden genug Nahrung für neue Pflanzen und Tiere. Weitere Details zu Tieren und insbesondere zu praktischen Möglichkeiten, Kindern die Welt der im Boden lebenden Kleinlebewesen näherzubringen, finden Sie in Kapitel 9 und 11.

Eine Rallye als Training für Körper und Geist

Unter den zahlreichen unterschiedlichen Methoden, wie Kinder in spielerischer und aktiver Weise an Natur und Umwelt herangeführt werden können, kann die Durchführung einer „Rallye" sicherlich als besonders interessant gelten. Kinder lieben diese Form des Wettstreits, und ein Rallyekonzept, das originelle Aufgaben und überraschende Elemente bereithält, kann zwar in der Vorbereitung etwas aufwendig sein, wird sich letztlich aber in vieler Hinsicht lohnen.

➲ ***Zur Vertiefung dieses Themas finden Sie im Arbeitsheft eine Projektanregung.***

„Baut aus selbst gesammelten Materialien ein kleines Boot, das einen Apfel befördern kann. Bis zu sieben Punkte könnt ihr für die Bauweise und Gestaltung des Bootes erhalten, je drei weitere Punkte gibt es, wenn es eurem Boot gelingt, mit dem Apfel gut durch alle drei Tore zu kommen, die im Bach markiert sind."

Auch wenn bei einer Rallye Bewegung, Geschicklichkeit und Reaktionsvermögen wohl immer eine besonders wichtige Rolle spielen, sollten auch andere Kompetenzen und Fähigkeiten angesprochen werden: Geschicklichkeitsaufgaben wechseln mit Fragen zu naturkundlichem Grundwissen, Rateaufgaben mit solchen zu handwerklichem Geschick und Erfindungsgeist. Kinder, die körperlich weniger gewandt oder ausdauernd sind, werden vielleicht froh sein, sich mit gestalterischen Forderungen oder einem einfacheren Such- und Sammelauftrag beschäftigen zu können – und auch damit zum Punkte-Gesamtergebnis ihren Beitrag leisten. In jedem Fall wirkt eine kluge Mischung an Aufgaben und Schwierigkeitsgraden auch ausgleichend auf die Wettkampfsituation insgesamt.

Da gerade eine **Umwelt-** oder **Öko-Rallye** auf die örtlichen Gegebenheiten ebenso wie auf jahreszeitliche Bedingungen wohl in besonderer Weise Rücksicht nehmen will, steht eine vorbereitende Geländeerkundung an erster Stelle. Dabei geht es nicht bloß um allgemeine Orientierung, sondern bereits um eine mehr oder weniger genaue Einschätzung der Lösbarkeit einzelner Aufgaben. Vermutlich kommen dann auch noch etliche spontane Ideen hinzu, die eben genau hier möglich und spannend sind. Notieren Sie sich bei dieser Begehung wichtige Besonderheiten, ermitteln Sie einzelne Gehzeiten und überlegen Sie sich markante Orientierungspunkte im Gelände, die zur Einführung und Betreuung der Teilnehmergruppen wichtig sein können.

Die meiste Vorbereitungszeit entfällt auf das Zusammenstellen der Rallyeaufgaben selbst, ihre Formulierung und Darstellung: Sie können die einzelnen Aufgaben auf Karten schreiben und diese – zusammen mit anderen Materialien und Hilfsmitteln – an die Gruppen aushändigen oder aber alle Aufgaben an einer zentralen Stelle in Plakat- oder Wandzeitungsform aushängen. Eine dritte und sehr brauchbare Möglichkeit sind Arbeitsblätter, auf denen – soweit nötig und sinnvoll – auch Platz ist für die Ergebnisse und ihre spätere Bewertung.

Die Gesamtzahl an Aufgaben sollte bei etwa zehn bis 15 liegen. Bei zu vielen Aufgaben verlieren alle Beteiligten leicht mal den Überblick; eine zu geringe Zahl vermindert die Spannung und macht unter Umständen die Bewertung der Aufgaben problematisch, da Einzelergebnissen damit mehr Gewicht zukommt. Zuletzt gehört zur Vorbereitung, alle Hilfsmittel und Materialien zusammenzustellen, die während der Rallye für bestimmte Situationen oder zur Siegerehrung (Urkunden o. Ä.) benötigt werden.

Ein guter Start und eine möglichst harmonische Durchführung sind für eine gelungene Rallye mindestens so wichtig wie der Abschluss und die Siegerehrung. Es wirkt sich im Allgemeinen positiv aus, wenn alle Gruppen für die Bearbeitung und Lösung der Aufgaben gleich viel Zeit haben. Das macht die Veranstaltung weniger hektisch und vermindert den bei vielen Wettkämpfen zu starken Leistungsdruck. Allerdings sollten Sie bei der Einführung schon hervorheben, dass die Bewertung der Ergebnisse von ihrer Qualität abhängt. Schließlich lebt jede Rallye wesentlich auch von der Spannung zwischen Mühe und Erfolg. Die Betonung liegt aber bei Aspekten wie Einfallsreichtum, Sorgfalt, Detailgenauigkeit, Teamfähigkeit und Hilfsbereitschaft.

Fünf **Rallyegrundregeln**

1. Eine gründliche Vorbereitung ist absolut notwendig. Versuchen Sie unbedingt, möglichst viele Eventualitäten bereits im Vorfeld zu bedenken und zu berücksichtigen – die Sache bleibt noch spannend genug.
2. Aufgabenstellungen und Erklärungen müssen klar und nachvollziehbar sein. Streitereien und Beschwerden machen jeden Spaß zunichte und entwerten eine Rallye unter Umständen noch hinterher.
3. Das Bemühen der Veranstalter um eine faire Behandlung aller Teilnehmer und der von ihnen erzielten (Zwischen-)Ergebnisse soll stets deutlich werden. Im Zweifelsfall reagieren Sie besser großzügig und souverän als regelgerecht.
4. Überraschende Situationen und Entwicklungen während des Ablaufs einer Rallye erfordern Flexibilität – und Humor: Vergessen Sie auch bei Stress und Anspannung nicht, dass es sich „nur" um eine Rallye handelt (und sagen Sie das auch den Kindern!).
5. Auswertung und Bekanntgabe der Ergebnisse stellen fast immer den Höhepunkt der Veranstaltung dar: ein Moment, der zelebriert und ausreichend hervorgehoben werden sollte.

Wegen des relativ hohen Zeit- (und eventuell auch Material-)Aufwands wird eine Rallye wohl nur gelegentlich durchgeführt: bei einem besonderen Fest oder zum Abschluss des Kindergartenjahres, als Höhepunkt einer Woche im Ferienlager oder als Ergänzung und Abrundung einer bestimmten thematischen Arbeit mit den Kindern. Außerdem könnte eine Rallye auch gut als Eltern-Kind-Veranstaltung organisiert werden, z. B. als ganz besonderes Ereignis bei einem Sommerfest.

Die Suche nach geeigneten Aufgaben für eine Rallye erfordert Spürsinn, Fantasie und Einfühlungsvermögen. Um eine gute Mischung an unterschiedlichen Aufgabenstellungen zu erhalten, kann man z. B. bestimmte Fragen und Aufgaben aus Naturkundebüchern entnehmen. In Spielesammlungen findet man hingegen viele brauchbare Wettkampfspiele, die eine Rallye in sportlicher Hinsicht anreichern können. Trotz des Aufwands, den eine Rallye natürlich erfordert, sollte man gelegentlich diese Mühe auf sich nehmen, denn

es gibt kaum etwas anderes, bei dem Erlebniswert und nachhaltig wirkende Lern- und Trainingssituationen so nah beieinanderliegen.

➲ *Zur Vertiefung dieses Themas finden Sie im Arbeitsheft eine Projektanregung.*

Erlebnispädagogik

Im Vergleich zu früher üblichen, stark kognitiv ausgerichteten Inhalten und Methoden der Umweltpädagogik wird heute sehr viel Wert auf emotionale und atmosphärische Aspekte sowie *Eigenverantwortung* und *Handlungsorientierung* gelegt. Es geht vordringlich darum, Kindern Natur und Umwelt möglichst unmittelbar und emotional berührend erfahrbar zu machen. Zwar strebte man bereits in früheren Jahren an, über Konzepte wie beispielsweise die „Erkundungswanderung" (Knirsch, 1979) oder „Projektarbeit im Schullandheim" (Verband Deutscher Schullandheime, 1996) Kindern und Jugendlichen mehr unmittelbare Naturbegegnung zu ermöglichen, aber diese Konzepte erscheinen heute trotz vieler guter Praxisbeispiele teilweise zu theorielastig.

Die mittlerweile weitverbreitete **Erlebnispädagogik** setzt genau an diesem Punkt an: Nicht dass auf theoretische Fundierung generell verzichtet würde, aber die Auseinandersetzung mit Theorie findet im Hintergrund statt, in der pädagogischen Vorbereitungsarbeit. Die Teilnehmer an erlebnispädagogischen Programmen – Kinder wie Erwachsene – sehen sich hingegen vor allem mit (vorbereiteten) Situationen konfrontiert, die von ihnen Aufmerksamkeit, Kreativität, Hilfsbereitschaft und Verantwortungsbewusstsein verlangen.

> **Erlebnispädagogik** = reformpädagogisch und ganzheitlich orientiertes pädagogisches Konzept. Prinzipien: Handlungsorientierung, Ganzheitlichkeit, Lernen in Situationen mit Ernstcharakter, Gruppenorientierung, Erlebnischarakter, Freiwilligkeit, pädagogisches Arrangement inklusive Wissenstransfer und Reflexion (vgl. http://de.wikipedia.org/wiki/Erlebnispädagogik, 2013).

Die in der Erlebnispädagogik geforderte *persönliche* Auseinandersetzung mit einer bestimmten Situation kann und soll in bestimmten Bereichen durchaus zu individuellen **Grenzerfahrungen** führen. Das erfordert von der pädagogischen Leitung ein hohes Maß an Einfühlungsvermögen und Wissen um die *eigenen* Grenzen. Nicht zuletzt deshalb sollten erlebnispädagogische Veranstaltungen besonders sorgfältig vorbereitet und begleitet werden. Außerdem besteht immer die Gefahr, dass allzu effektvolle Abenteuer-Inszenierungen hinsichtlich der pädagogischen Ziele lediglich einen „Strohfeuereffekt" bewirken, und das würde letztlich auch diesem pädagogisch wichtigen und wertvollen Ansatz schaden.

Aufgaben:

Versuchen Sie, ohne Hilfsmittel in Stichworten bzw. kurzen Ausführungen folgende Fragen zu beantworten:

1. Welche charakterlichen Eigenschaften sollte eine Person besitzen, die erlebnispädagogisch arbeiten möchte?
2. Welche Sachkompetenz sollte dabei vorhanden sein?
3. Welche erlebnispädagogischen Aktivitäten können bzw. könnten Sie persönlich Kindern anbieten?

Innerhalb der sogenannten Erlebnispädagogik gibt es eine Vielzahl von Arbeitsansätzen und Methoden. Mehrere Vereine wie der Deutsche Alpenverein bis hin zum Bundesverband Erlebnispädagogik bieten Kurse und Seminare zu dieser speziellen Form der Pädagogik an. Eine gute Einführung findet sich im „Praxisbuch Sozialpädagogik" (Zimmermann-Kogel/Kühne, 2005).

Zur Bewegung gehört auch, dass man sich ausruhen, für sich sein und genießen kann.

Literaturtipps

- Greisenegger, Ingrid/Katzmann, Werner/Pitter, Klaus: Umweltspürnasen. Aktivbuch Boden, Wien/München/Zürich: Orac, 1991 – Dieses „Aktivbuch" wendet sich an Kinder ab etwa sieben Jahren. Es widmet sich nicht nur vielen praktischen Versuchen rund um Erde, Sand und Kompost, sondern bietet auch eine Fundgrube für zahlreiche andere verwandte Themen wie Verwitterungsprozesse, Bodenlebewesen, Pflanzenwachstum oder Bodenschutz. Lebendig, anschaulich und kindgerecht.
- Kiphard, Ernst J.: Motopädagogik, Dortmund: verlag modernes lernen, 2009 – Eine umfassende Darstellung der noch relativ jungen Fachrichtung mit zahlreichen und hervorragenden Beispielen für die Praxis der Bewegungsförderung bei Kindern.
- Raab, Renate/Schwartze, Klaus/Wittemann, Gerti: Naturwissenschaften – ganz einfach. Band 2: Physik. Licht, Schall, Kraft, Troisdorf: Bildungsverlag Eins, 2004 – Skizzen und Fotos aus Alltagssituationen und -gegenständen illustrieren eine übersichtliche und leicht verständliche Darstellung physikalischer Grundprobleme.
- Rietschel, Siegfried: Insekten, München: BLV, 2012 – Ein handliches Bestimmungsbuch, mit dem eine große Zahl heimischer Insekten anhand gelungener Detailfotos rasch bestimmt werden kann.
- Thiesen, Peter: Arbeitsbuch Spiel. Für die Praxis in Kindergarten, Hort, Heim und Kindergruppe, Troisdorf: Bildungsverlag Eins, 2009 – Übersichtliche und hilfreiche Zusammenstellung von 420 Spielideen, geordnet nach Bereichen wie z. B. Spiele zum Kennenlernen, Sprachspiele, Reaktionsspiele, Bewegungsspiele.

3 Orientierung – zählen, messen, kartieren

Was können Zahlen bedeuten?

Gibt es besondere Zahlen? Und wenn ja, welche?

Wie gehen Kinder mit Zahlen um? Wie spielen sie damit?

Was macht eine Zahl zur Größe?

Wie genau nehmen Sie es mit Maßen?

Und wie genau nehmen Sie es mit dem Messen der Zeit?

Welche Form hat Zeit für Sie? Für Kinder? Für andere Erwachsene?

Worin besteht das Geheimnis jeder richtigen Mischung?

Können Sie gut Karten lesen? Wenn nicht, warum nicht?

Zeichnen Sie gelegentlich selbst Kartenskizzen zur Orientierung?

Welche Seite eines Baumes ist häufig bemoost? Und warum?

Orientieren Sie sich gerne an Piktogrammen?

Wann kann es schön sein, die Orientierung zu verlieren? Für wen? Warum?

Sammlung sonderbarer Objekte

Nr. 3

Was löst die Betrachtung in Ihnen aus? Erinnerungen, Vermutungen, Wiedererkennen?

Was könnte das sein?

Welche Bedeutung, welchen Nutzen könnte es haben?

(Auflösung im Anhang, S. 429)

Wegweiser, Zeitmesser, Pläne –
Ihre Gültigkeit bleibt stets begrenzt, selbst dort, wo sie unverzichtbar erscheinen.

Der Begriff **Orientierung** ist zunächst eine sehr allgemeine Bezeichnung, die in ganz unterschiedlichen Bereichen des Lebens zur Anwendung kommt und sich dementsprechend auch auf sehr verschiedene Dinge beziehen kann: auf die Ausrichtung des Denkens, Verhaltens oder Handelns eines Menschen oder einer ganzen Gesellschaft ebenso wie auf technische Einstellungen und Abläufe an bestimmten Maschinen. Für uns ist der Begriff vor allem in zweierlei Hinsicht von besonderem Interesse: Zum einen geht es um Orientierung an Interessen, Werten oder Vorbildern – gewissermaßen eine geistig-seelische, persönliche Orientierung – und zum anderen um Orientierung an Zeit, Raum oder bestimmten, zu beobachtenden Phänomenen in unserer Umwelt – sozusagen ein eher technischer Aspekt von Orientierung.

Während der erste dieser beiden Aspekte gerade in der Auseinandersetzung mit Natur- und Umweltpädagogik von ganz grundsätzlicher Bedeutung ist und demnach auch bei vielen Einzelthemen der folgenden Kapitel gleichsam mitgedacht werden sollte, ist der zweite Aspekt konkreter zu fassen. Das bedeutet allerdings nicht, dass es sich dabei lediglich um wenige Sachverhalte oder gar weniger wichtige Dinge handeln würde. Im Gegenteil: Zahlen und Zahlenverhältnisse, Proportionen und Vergleiche, Maßsysteme und Einheiten bis hin zu Fragen der Orientierung und Orientierungstechnik werden uns hier beschäftigen. Um das Ganze nicht nur überschaubar zu halten, sondern vor allem die für die umweltpädagogische Arbeit besonders relevanten Bereiche in den Vordergrund zu rücken, ist dieses Kapitel folgendermaßen aufgebaut:

3.1 Ziffern, Zahlen und Symbole – überall Mathematik?
3.2 Messen: herausfinden, prüfen, ordnen
3.3 „Die Dosis macht das Gift" – Zahlen in der Chemie
3.4 Zeit, dieses sonderbare Ding
3.5 Karten und Wegweiser
3.6 Grenzen überschreiten – die Welt erkunden

Wie auch in anderen Kapiteln stehen zu diesen Einzelthemen theoretische Ausführungen neben Praxisbeispielen, Aufgaben neben Hinweisen auf weiterführende Literatur. Mehr noch als sonst können in diesem Kapitel bestimmte Inhalte nur angerissen werden, auch wenn sie in der Annäherung an Natur und Umwelt für Kinder manchmal von besonderem Wert sind: Wer mit Kindern mehr über Zahlenverhältnisse in der Natur, biologische Zyklen oder Uhren, Landkarten oder Stoffverhältnisse in der Chemie arbeiten will, findet mühelos eine große Fülle an Informationen und Ideen. In dieser Hinsicht verstehen sich die folgenden Beispiele auch als Anregung für eigene Vorhaben und Projekte mit Kindern.

3.1 Ziffern, Zahlen und Symbole – überall Mathematik?

Zahlen und Mengenvorstellungen begleiten uns in einem Maß, das den wenigsten von uns bewusst ist. Der **Zahlensinn** als Fähigkeit zur Unterscheidung unterschiedlich großer Mengen kann sogar als angeboren bezeichnet werden (vgl. Devlin, 2003), und so, wie sich aus dem Bedürfnis oder der Notwendigkeit, Mengen zu unterscheiden, wahrscheinlich schon in der Jungsteinzeit das System der Grund- oder Kardinalzahlen (1, 2, 3, 4 etc.)

entwickelte, bildet sich während der kindlichen Entwicklung nach und nach auch eine **numerische Kompetenz**: Wir können zählen, beliebig weit sogar, denn es gibt keine größte natürliche Zahl. Verknüpft mit einem Verständnis für Regeln (wenn man zu einer bestimmten Zahl „1" dazuzählt, erhält man die nächstgrößere natürliche Zahl) und **algorithmischen Fähigkeiten**, sind bereits die Hauptvoraussetzungen für *Arithmetik* („Rechenkunst") gegeben.

Aufgaben:

Der Umgang mit Zahlen wird bei Kindern meist allzu rasch einem Schulfach, der Mathematik, zugeschlagen. Dabei zeigt die Beobachtung von Kindern immer wieder, wie viele (Spiel-)Situationen im Alltag oder draußen im Gelände ganz unmittelbar mit Arithmetik zu tun haben und von Kindern auch mit Lust und großem Interesse als Herausforderung aufgegriffen werden.

1. Erinnern Sie sich an Situationen während eines Ausflugs oder bei Spielen im Garten, in denen Kinder von sich aus zählen und rechnen? Was genau konnten Sie dabei beobachten?
2. Was regt Ihrer Meinung nach Kinder zum Zählen oder Rechnen an?
3. Suchen Sie – ggf. in unterschiedlichen Büchern oder Spielesammlungen – nach drei bis fünf Abzählreimen für Kinder und notieren Sie diese. Finden Sie einen besonders schönen oder lustigen Reim?
4. Kennen Sie ein Spiel, in dessen Ablauf das Zählen und Rechnen von herausragender Bedeutung sind? Welches?

Aus den *Kardinalzahlen* entwickelten sich die Ordnungs- oder *Ordinalzahlen*, jene Zahlen also, die wir stets brauchen, wenn wir etwas in eine Reihen- oder Rangfolge bringen wollen: der Erste, der Zweite usw. Damit findet eine zunehmende Abstraktionsleistung statt, denn auf diese Weise wird auch zwischen Ursache und Wirkung unterschieden: Es werden sogenannte Kausalketten von Tatsachen oder Ereignissen konstruiert, und letztlich ist die Fähigkeit, solche Bezüge herstellen zu können, ein wesentlicher Bestandteil logischen Denkvermögens überhaupt.

Ergänzt man nun diese Kompetenzen durch ein räumliches Vorstellungsvermögen, so hat man damit bereits die wesentlichen Anforderungen eines mathematischen Denkens erfasst.

Vom Zusammenlegen zum Sortieren, zum Zählen, zum Vergleichen, zum Legen von Mustern: Die Übergänge sind meist fließend.

Wie sehr beispielsweise die **Umweltwahrnehmung** des Menschen sein mathematisches Denken bestimmt, zeigt besonders deutlich die Geschichte der Festlegung der Gradeinteilung des Kreises: Die Tatsache, dass die Sonne auf ihrer Himmelsbahn nach etwa 360 Tagen wieder ungefähr denselben Punkt am Horizont erreicht, brachte die Babylonier darauf, den Kreis in 360 Grad zu teilen, und da sie ein Zahlensystem mit der Grundzahl

60 hatten, unterteilten sie jeden Grad in 60 Minuten und diese wiederum in je 60 Sekunden. Bis heute gilt diese Einteilung, und wir rechnen sowohl bei Winkelangaben als auch in unserer Zeitmessung nach diesem System (vgl. Blum, 1999).

Mathematische Konzepte für Kinder

Die intensive Auseinandersetzung mit der Frage, wie Kinder mit mathematischen Sachverhalten umgehen, und die zunehmend verbreitete Einsicht, in welchem Umfang und in welcher Reichweite Mathematik unser Leben bestimmt, haben dazu geführt, dass Kinder heute ganz anders als noch vor wenigen Jahren an Mathematik herangeführt werden. So gibt es besonders für die Zahlenkunde (Arithmetik) viele Anregungen, die unterschiedlichen **Verwendungsarten von Zahlen** mit Kindern auf spielerische Weise zu erkunden (vgl. Fthenakis, 2012, S. 269):

- Wie viele Dinge befinden sich an einem bestimmten Ort? Können wir sie zählen? Oder nur schätzen? Wie genau lässt sich eine Anzahl ermitteln? (kardinaler Aspekt der Zahl)
- Der Wievielte ist der Letzte? Welches Spiel steht im Beliebtheitsvergleich an zweiter Stelle? (ordinaler Aspekt der Zahl)
- Wie können wir die Länge eines Weges messen? Wie lässt sich ein regelmäßiges Fünfeck konstruieren? Welche Eigenschaften haben die platonischen Körper? (geometrischer Aspekt der Zahl)
- Wie schwer ist ein bestimmter Stein? Wie viel hat diese oder jene Sache gekostet? (Maßzahlaspekt der Zahl)
- Was verrät uns die Zahl 41635? Eine Geheimnummer? Und welche? Oder eine Telefonnummer, ein Autokennzeichen oder eine andere Registriernummer? (Codierungsaspekt der Zahl)
- Die wievielte Fee hat im Märchen „Dornröschen" das Unglück gebracht? Was ist deine Glückszahl? (narrativer Aspekt der Zahl)

Das Sortieren der Erbsen nach einer selbst gewählten Ordnung und mithilfe einer Pinzette erfordert Zeit und Geschick, macht Kindern aber großen Spaß.

Wenn wir uns in unserem Alltag auf die Suche nach mathematischen Phänomenen machen, finden wir rasch zahlreiche Beispiele und Anwendungsmöglichkeiten. Eine Ordnung dieser Beispiele nach Anlässen hilft uns nicht nur bei der weiteren Suche, sondern gibt auch wertvolle Hinweise auf die dahinterstehenden mathematischen Konzepte und Operationen. Gleichzeitig können wir diese Aufstellung als **mathematische Teilkonzepte** dafür begreifen, wie bei Kindern das Verständnis für Mathematik unterstützt und gefördert werden kann.

1. Erfassen von und Umgang mit Ziffern und Zahlen, Umgang mit Zahlen im Alltag, Gebrauch von Zahlwörtern und -zeichen
2. Erkennen der „Mächtigkeit" von Mengen und Gegenständen, Umgang mit Begriffen wie lang, kurz, gerade, schräg, schief, dick etc.
3. Wahrnehmen und Vergleichen von Objekten und Materialien, Sortieren nach „berechenbaren" Kriterien wie Form, Größe, Gewicht
4. Beurteilen und Klassifizieren von Formen und Objekten nach der äußeren Gestalt, zunehmend genaueres Unterscheiden der Merkmale geometrischer Figuren: Kreis, Quadrat, Dreieck, Würfel, Säule, Kugel etc.
5. Erkennen und Benennen von Raum- und Lagebeziehungen sowie erster Umgang mit geometrischen Grundbegriffen: Abstand/Entfernung, Anordnung, Ausrichtung, Spiegelung
6. Suchen, Finden und Herstellen von Figuren, Mustern und Rhythmen wie Kachelungen (Parkettierungen) oder regelhafte Ornamente mit unterschiedlichen (Natur-)Materialien bis hin zur Entwicklung musikalischer Rhythmen
7. Wahrnehmen und Erfahren zeitlicher Abläufe, Veränderungen und Entwicklungen, erste Schritte zur Erfassung von Dauer und der Möglichkeiten, Zeit zu messen

Die Erkenntnis, dass Lernen ein aktiver Prozess ist, relativiert die Rolle der lehrenden Person: Im Vordergrund steht nicht die reine Stoffvermittlung, sondern die Organisation der Lernaktivitäten der Kinder. Das bedeutet:

- Kinder sollten möglichst viele Gelegenheiten zum selbsttätigen Lernen erhalten.
- Kinder sollten zum Beobachten, Fragen, Vermuten aufgefordert werden.
- Kinder sollten an Fragen und Problemstellungen eigene Lösungsansätze entwickeln dürfen.
- Kindern sollte Hilfe vor allem als Hilfe zum Selbstfinden angeboten werden.

Die **Mathematik** als Königsdisziplin ist hier von ganz besonderer Bedeutung, denn sie fördert ein Denken in Strukturen, die in allen Bereichen unseres Lebens als mindestens grundlegend anzusehen sind: „Zu den Überlebenstechniken von heute und morgen gehören insbesondere auch ein allgemeines Verständnis von Mathematik und die Fähigkeit, sich bestimmte mathematische Techniken anzueignen, wenn es erforderlich wird" (Devlin, 2003, S. 325).

Ziffern oder Zahlen auf Steine zu malen, die dann als Wegmarken, Spielsteine oder als Sonnenuhrmarkierungen genutzt werden können, ist nur eine von vielen Möglichkeiten, wie Zahlen für Kinder be-greifbar *werden.*

Zahlenspiele

Anschaulichkeit erleichtert die Vermittlung abstrakter, mathematischer Konzepte. Aus diesem Grund bietet es sich in der Arbeit mit Kindern auch immer wieder an, auf deren Alltagserfahrungen und

Spielsituationen zurückzugreifen. Der Umgang mit Fundstücken, Messwertanzeigen oder Schildern kann ebenso dazu beitragen wie eine handwerklich orientierte Arbeit, bei der Dominosteine, Spielwürfel o. Ä. selbst hergestellt werden.

Der Umgang mit Zahlen macht vielen Kindern Spaß, und es erscheint vor allem wichtig, sie in ihrer Neugier und ihrem Interesse auch hier zu unterstützen. Dazu gibt es inzwischen etliche empfehlenswerte Bücher, die nicht nur inhaltlich überzeugen, sondern mitunter auch abstrakte Konzepte wie das Besondere der **Primzahlen** oder Eigenschaften **geometrischer Körper** anschaulich und lebendig vermitteln. „Der Zahlenteufel" (Enzensberger, 1999) ist eines dieser Bücher, die Kindern wie Erwachsenen richtig Lust auf Mathematik machen. Andere wie z. B. jene aus der Reihe „Tausendundeins – Mein Mathematikbuch" (Senftleben, 2001) bieten vor allem kindgerecht illustrierte Rechenbeispiele zum Üben. Im Zahlenheft geht es „nur" um die Zahlen von 1 bis 10 – dennoch genug Stoff für etliche erstaunliche Entdeckungen und Querverbindungen zwischen Mathematik und Sprache, Natur, Kultur und anderem mehr (vgl. Österreicher, 2008).

Fibonacci-Zahlen = berühmte Zahlenreihe, die von Leonardo di Pisa (ca. 1170–1240), der auch Fibonacci genannt wurde, entdeckt und nach ihm benannt wurde. Die Reihe ergibt sich dadurch, dass jede folgende Zahl die Summe der beiden vorangehenden ist: 1, 1, 2, 3, 5, 8 usw. Leonardo machte die arabische Mathematik in Europa bekannt und gilt als der erste große Mathematiker des Abendlandes.

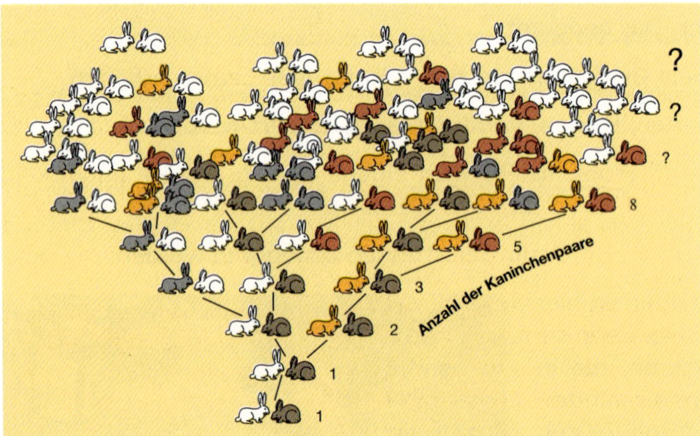

Wenn ein (unsterbliches) Kaninchenpaar jeden Monat zwei Junge hat, also wiederum ein Paar, und dieses Paar vom zweiten Monat an beginnt, sich ebenfalls fortzupflanzen – wo soll das hinführen?

Die sogenannte **Fibonacci-Reihe** ist nicht zuletzt deshalb so interessant, weil diese Zahlenfolge häufige und weitverbreitete natürliche Ordnungsmuster widerspiegelt (vgl. Kapitel 12, S. 409).

Einen ganz anderen Zugang zur „Welt der Zahlen" eröffnen bestimmte Gruppenspiele für drinnen und draußen, wie sie z. B. im bereits genannten „Arbeitsbuch Spiel" von Peter Thiesen (2009) zu finden sind: Spiele, die vor allem in ihren Anforderungen an Konzentration und Unterscheidungsvermögen nicht zu unterschätzen sind:

Das verbotene Einmaleins

Bevor man mit dem Spiel beginnt, muss ein bestimmtes Einmaleins ausgewählt werden, das „verbotene Einmaleins", z. B. das Siebener-Einmaleins. Nun werden die natürlichen Zahlen laut nacheinander von den Spielern (oder auch einem einzelnen Spieler) aufgesagt. Die Sieben und alle anderen Zahlen, die mit ihr in Zusammenhang stehen (sieben, 14, 17, 21, 27 usw.) dürfen nicht ausgesprochen werden. Ersatzweise sagt man dafür „stopp" oder einigt sich auf ein Fantasiewort.

Förderbereich: Konzentration; Zahlen; Unterscheiden

(Thiesen, 2009, S. 180)

ab 8

10–20

mittel

Zeichen und Bedeutungen

1	I	10	X
2	II	20	XX
3	III	30	XXX
4	IV	90	XC
5	V	100	C
6	VI	500	D
7	VII	600	DC
8	VIII	1000	M

Die Zähl- und Rechenmethode, nach der z. B. immer fünf oder zehn Stück einer bestimmten Sache zusammengelegt werden (vgl. Bild auf S. 81), ist uralt: Wir finden dieses **additive Zahlensystem** bei den alten Ägyptern und Römern, wobei die römischen Zahlen uns auch heute noch immer wieder begegnen.

Während in additiven Zahlensystemen bei größeren Zahlen mehr und mehr Zeichen aneinandergereiht werden müssen, beruht die Besonderheit unseres Zahlensystems (dezimales Positionssystem oder einfach **Dezimalsystem**) darauf, dass der Wert bzw. die Größe einer Zahl davon abhängt, wie viele Stellen sie hat und an welcher Stelle die einzelnen Ziffern stehen: 3.617 ist etwas anderes als 1.673, und vier Ziffern genügen, um die Zahl 3.617 auszudrücken, die römische Schreibweise braucht da viel mehr Zeichen: MMMDCXVII.

Zahlen haben nicht nur ihren Nutzen zum Zählen und Rechnen. Vielen von ihnen wird auch eine ganz besondere Bedeutung zugeschrieben. **Zahlensymbolik** findet sich in allen Kulturen, auch wenn ein und dieselbe Zahl durchaus unterschiedliche Bedeutungen erhielt:

Die Eins galt als das Unteilbare, die Schöpfung, als das irdische Abbild der Macht, dargestellt durch die einfache Linie im Stab, im Zepter. Die Zwei stellte das zerteilte irdische Sein dar, das ein Zeichen der Polarität ist. Die Drei begegnet uns in dem dreimaligen Besprechen, dreimal dürfen Sie raten, aller guten Dinge sind drei usw.

(Trapp, 1998, S. 182 f.)

(vgl. Biedermann, 2004, S. 156)

Die Zahl als Zeichen und Symbol steht auch jenen Abbildungen nahe, mit denen eine bestimmte, oft komplexe Aussage auf ein einfaches Bild reduziert wird. Dazu gehören Darstellungen einer Zahl durch geometrische Formen, Wappen und Embleme, magische, alchemistische und astrologische Zeichen, pflanzliche Symbole, religiöse Zeichen, Berufs- und Standeszeichen, Kartensymbole, Autokennzeichen bis hin zu Signalen, Warnzeichen und anderen Symbolen als Wegweiser in nahezu allen Bereichen unseres Lebens.

Die Blüte mit den fünf Kronblättern (z. B. Kirschblüte) hat viele Bedeutungen: Sie symbolisiert Glück, die fünf Sinne, fünf moralische Eigenschaften, fünf reine Dinge und vieles andere mehr.

Piktogramm = einfache grafische Darstellung einer bestimmten Information. Häufig regional, national oder international genormt. Beispiele: *Totenkopf-Zeichen* für „Gift", *U* für „U-Bahn", *schwimmende Figur* für „Badestrand".

➲ ***Zur Vertiefung dieses Themas finden Sie im Arbeitsheft eine Reihe von Aufgaben und eine Projektanregung.***

3.2 Messen: herausfinden, prüfen, ordnen

Wenn Kinder etwas Neues entdecken oder ihnen an einer Sache eine Besonderheit auffällt, kommt es häufig zu Fragen nach messbaren Eigenschaften: Wie schwer ist das? Wie groß? Wie schnell? Das Messen und Vergleichen von Messbarem fasziniert viele Kinder sehr. Diese Neugier ist ein wichtiger Ansatzpunkt dafür, Kindern das, was sie wissen wollen, in einer Weise deutlich zu machen, dass sie einerseits Hintergrundinformationen für die weitere Auseinandersetzung mit der betreffenden Sache erhalten, andererseits aber in ihrem eigenen Fragen und Forschen nicht eingeschränkt werden. Nicht alles, was es gibt und was man wissen möchte, kann man sofort verstehen, aber es kann sich lohnen, sich weiter und vielleicht sogar intensiver damit auseinanderzusetzen.

Beim Messen, also dem Ermitteln von Größen und Maßen, können Kinder eine für viele Bereiche sehr wichtige Erfahrung machen: Mit Zahlen kann man (fast) alles machen, aber wenn wir einen Bezug zur gegenständlichen Welt herstellen wollen, brauchen wir eine Bezeichnung für das, womit wir uns befassen.

Erst die Verbindung einer **Maßzahl** mit einer bestimmten **Einheit** ermöglicht uns eine konkrete Aussage: ein Messergebnis oder auch eine Schätzung.

*Ein Kind hat gehört, dass man viel trinken soll, und möchte verstehen, was das genau heißt. Wie viel ist **viel**? Vielleicht hat dieses Kind schon eine Vorstellung, wie viel ein Liter ist, aber vermutlich ist ein Alltagsmaß wie z. B. das Fassungsvermögen einer Tasse oder eines Bechers nachvollziehbarer. Die Wahl des Gefäßes wird sich nach den Erfahrungen des Kindes richten, die Beantwortung insgesamt steht aber bereits für den Zusammenhang von Maßzahl und Einheit: „sechs **solche** Tassen pro Tag" oder „fünfmal dieses Glas, bis zum Rand gefüllt" – die Zahl als **Maßzahl** und die Tasse oder das Glas als **Einheit**. Von hier ist es nur ein kleiner Schritt zum Vergleichen und Umrechnen von Einheiten: „Wenn ich diese sechs vollen Tassen zusammenschütte, habe ich einen Liter."*

„Birnen oder Äpfel"

Nicht immer ist klar, was mit einer bestimmten Zahl gemeint ist: Eine einzelne Zahl kann alles bedeuten. Aus diesem Grund ist es wichtig, bereits Kindern zu vermitteln, dass die unbenannte, absolute oder abstrakte Zahl in der Welt der Dinge und Eigenschaften immer einen „Partner" braucht: die Einheit.

Volumina werden in der Regel nach dem metrischen System gemessen, wobei wir uns in einer Erklärung auch gut auf Längeneinheiten beziehen können:

10 cm (zehnmal die Breite eines Kinderfingers) mal 10 cm (wieder zehnmal die Breite eines Kinderfingers, diesmal quer dazu gelegt) mal 10 cm (die zehn Kinderfingerbreiten nach oben aneinandergelegt) gibt einen Würfel von 1.000 cm³ oder 1 dm³. Dieser Würfel entspricht als ***Raummaß*** *dem* ***Hohlmaß*** *von 1 l, eine für den Alltag sehr wichtige Umrechnungsmöglichkeit.*

Wir sollten uns gelegentlich bewusst machen, welche Bedeutung **Maße** und **Einheiten** für unseren Alltag haben. Wir brauchen nicht besonders weit in die Vergangenheit zu gehen, um uns in einer Zeit zu finden, in der zwar das Gewicht von Äpfeln und Birnen auf die gleiche Weise bestimmt wurde, sonst aber eine ungeheuer große Zahl verschiedener Einheiten und Messmethoden nebeneinander herrschten und einen exakten Vergleich in vielen Fällen nahezu unmöglich machten. In der ersten Hälfte des 19. Jahrhunderts hatte z. B. jede größere Stadt in Europa noch ihre ganz eigenen Volumen- und Gewichtsmaße. Dazu einige Beispiele und die Umrechnung in unser heutiges Litermaß (vgl. Trapp, 1998):

Eine Vielzahl verschiedener Gefäße regt immer wieder dazu an, die unterschiedlichen Volumina auszuprobieren und zu vergleichen.

Stadt oder Staat	Trockene Stoffe		Flüssigkeiten	
	Damalige Maßeinheit	in Liter	Damalige Maßeinheit	in Liter
Bayern, Kgr.	Metze	37,06	Maßkanne	1,069
Bremen	Scheffel	74,97	Quart	0,943
Dresden	Scheffel	103,90	Dresdner Kanne	0,936
Düsseldorf	Malter	165,83	Weinmaß	1,268
Erfurt	Malter	715,36	Biermaß	1,023
Frankfurt/M.	Malter	114,73	Altmaß	1,793
Hannover	Himten	31,17	Quartier	0,980
Kassel	Viertel	160,48	Maß	1,950
Leipzig	Scheffel	103,90	Schenkkanne	1,204
Nürnberg	Kornsümmer	19,88	Schenkmaß	1,078
Regensburg	Schaff	586,52	Köpfel	0,833

➲ ***Zur Vertiefung dieses Themas finden Sie im Arbeitsheft eine Reihe von Aufgaben.***

Kinder erfinden auch gerne ihre eigenen Maße, und nicht immer ist es nötig oder sinnvoll, diese in ein *offizielles* Maß umzurechnen. Die Einheiten, die Kinder im Spiel entwickeln, sind mitunter interessante und wichtige Beispiele für die Art, wie Kinder ihre Hypothesen überprüfen:

Als es zu hageln begann, waren einige Kinder wild entschlossen herauszufinden, wie viele Hagelkörner sie sammeln könnten und ob es überall im Garten gleich stark hageln würde. Die Töpfe waren schneller aufgestellt, als die Erwachsenen reagieren konnten.

Im „Arbeitsbuch Spiel“ (Thiesen, 2009, S. 185) findet sich auch die Anleitung zu einem kleinen, aber für Kinder spannenden Spiel, bei dem es ausschließlich um das *Gewicht* von Dingen geht:

	ab 5
	1–8
	kurz

Leichter oder schwerer?

Gegenstände lassen sich auch in der Hand abwägen. Ebenso können beim Umgang mit der Spielwaage oder der Haushaltswaage Vergleiche und Gewichtsbezeichnungen deutlich gemacht werden.

Förderbereich: Erkennen von Gewichtsunterschieden, Vergleichen, Wissenserweiterung

Material: Beliebige Gegenstände, Spielzeug- oder Küchenwaage

Spielerische Versuche, das Gewicht von Dingen zu bestimmen, lassen sich auch gut mit der Frage nach der **Schwimmfähigkeit** von Stoffen verbinden.

Eine Sammlung verschiedener Materialien, von einfachen Naturmaterialien wie Zapfen oder Steinen bis hin zu Kunststoffen wie Schaumstoffresten, Styropor oder Hartgummiteilen, werden nacheinander in eine große Wanne mit Wasser gesetzt – nicht ohne vorher mit den Kindern überlegt zu haben, was davon schwimmen könnte und was nicht. Schwierig, aber natürlich besonders spannend wird es, wenn sich in der Sammlung Dinge befinden, die gleichsam „unentschlossen“ sind, ob sie schwimmen oder untergehen sollen: ein Stück durchnässtes Holz, ein bestimmter Bimsstein oder ein poröser Kunststoff, der sich langsam mit Wasser vollsaugt und dann langsam zu Boden sinkt.

Aufgaben:

Die Schwimmfähigkeit von Stoffen zu erklären erfordert den Bezug zu physikalischen Grundbegriffen wie Masse, Dichte, Form:

1. Sammeln Sie gemeinsam mit Kindern 15 verschiedene Gegenstände, wobei sich alle Beteiligten vor dem praktischen Versuch einig sein sollten, welche Dinge schwimmen und welche untergehen würden.
2. Warum kann auch ein mit Lkw voll beladenes Fährschiff schwimmen?
3. Wovon hängt es ab, wie tief ein schwimmender Gegenstand im Wasser liegt?
4. Kann man das Gewicht eines einzelnen Fingers bestimmen, wenn man ihn in ein Glas mit Wasser taucht, das auf einer Waage steht (s. Bild)? Machen Sie mit Kindern diesen Versuch und diskutieren Sie das Ergebnis.

Eine Frage, die auch von Erwachsenen nicht immer schnell beantwortet werden kann, ist für Kinder naturgemäß besonders interessant: Wie schwer ist die Luft? Noch grundsätzlicher: Hat Luft eigentlich auch ein Gewicht?

➲ *Zur Vertiefung dieses Themas finden Sie im Arbeitsheft eine Projektanregung.*

Messen erfordert Präzision

Etwas zu messen, ohne zugleich auf Genauigkeit achten zu wollen, wäre ein Widerspruch in sich. Nicht umsonst ist die Waage ein Sinnbild für Genauigkeit, ja sogar für Gerechtigkeit. Das mittels einer Waage gemessene *Gewicht* ist in der Regel ein Vergleich der **Masse** eines Körpers mit einer anderen, genormten Masse. Die Masse ist dabei eine Eigenschaft, die für jeden Körper unabhängig von seinem Aufenthaltsort gilt. Die Masse eines bestimmten Körpers ist beispielsweise auf der Erde genauso groß wie auf dem Mond. Das Maß für die Masse, das Kilogramm, ist eine der Basiseinheiten unseres Maßsystems.

Das **Gewicht** eines Körpers ist im Grunde aber die Bezeichnung für jene Kraft, mit der ein Körper der Schwerkraft unterliegt. Da diese Anziehungskraft mit zunehmender Entfernung zweier Körper voneinander abnimmt bzw. bei Annäherung zunimmt, hängt das Gewicht eines Körpers auf der Erde auch von dessen Entfernung zum Erdmittelpunkt ab.

Eine alte Küchenwaage ist für Kinder vor allem deshalb so wertvoll, weil ihre Funktionsweise auch von außen gut zu erkennen ist und Experimente mit ganz unterschiedlichen Dingen und Wägestücken („Gewichte") ermöglicht.

Da die Unterschiede zwischen den gemessenen Werten unter den üblichen Bedingungen allerdings sehr klein sind, sprechen wir im Alltag meist vom Gewicht eines Körpers – auch wenn wir dabei die Einheit der Masse verwenden.

Internationales Maßsystem SI („Système International d'Unités") = weltweit geltende, moderne Form des metrischen Systems, in Deutschland seit 1969 gesetzlich geregelt. Sieben Basiseinheiten: Meter (m), Kilogramm (kg), Sekunde (s), Ampère (A), Kelvin (K), Mol (mol) und Candela (cd) sowie abgeleitete und ergänzende Einheiten.

Nicht immer wird es darum gehen, das *Gewicht* eines Körpers exakt zu bestimmen. Die Vorstufe des Messens besteht meist im *Schätzen, Abwägen*. Viele Experimente und Spiele von Kindern beinhalten in der einen oder anderen Form den Umgang mit schwereren oder leichteren Körpern und zeigen die Wirkung von Kräften z. B. über Hebeleffekte, die Nutzung von Rollen oder Rampen („schiefe Ebene", vgl. Flaschenzug und „Kerzenschaukel" in Kapitel 2, S. 67).

Einheiten der Masse:
Was kann man sich darunter vorstellen?

1 mg
(Milligramm)
winziges
Sandkorn

1 g
(Gramm)
halber Cent

1 kg
(Kilogramm)
große Milchflasche

1 t
(Tonne)
Pkw

(vgl. Schneider, 2000, S. 21)

Aufgaben:

Erstellen Sie nach dem folgenden Beispiel eine Liste von weiteren sieben einfachen physikalischen Experimenten, bei denen Kindern die Wirkung von Kräften in der Natur deutlich werden kann.

1. „Transportfrage": Vergleich des benötigten Kraftaufwandes zum Transport eines bestimmten Gegenstandes bei 1. direktem Heben und Tragen, 2. Schieben auf einer „schiefen Ebene" und 3. Nutzung von Rollen
2. „Lastkahn": Bau eines Holzschiffchens, das die Last von 1 kg tragen kann
3. „Kugeln": Vergleich der Rollgeschwindigkeiten von unterschiedlich großen (!) Kugeln auf einer Kugelbahn oder Rampe

   (Hinweis: Je nach Alter der betreffenden Kinder sind unter Umständen anspruchsvollere Beispiele zu suchen, wobei das Vergleichen hier wichtiger erscheint als das Messen der jeweiligen Kräfte.)

Eichung = Prüfung und (amtliche) Freigabe eines Messgerätes zur Ermittlung eines bestimmten Messwertes. In Deutschland regelt das Gesetz über das Mess- und Eichwesen (Eichgesetz) den Einsatz zahlreicher Messgeräte und -verfahren: Geschäftsverkehr, Zoll- und Steuerämter, Straßenverkehr, Medizin, Umweltschutz. Außerhalb des gesetzlichen Einsatzbereiches wird *Eichung* auch als Zuordnung von Messwerten im Vergleich mit einem als *Normalwert* bestimmten Wert verstanden.

Physikalische Größen wie Strecken, Flächen und Volumina, Masse und Gewicht bieten sich – neben Temperatur (vgl. Kapitel 6, S. 198 f.) – vielleicht am besten zum Vergleichen und Messen an. In der Optik oder Akustik sind hingegen die Zusammenhänge zwischen Phänomen und Messung meist komplizierter, sodass es sinnvoller sein dürfte, sich hier auf einen allgemeineren Zugang zu beschränken und die Phänomene an sich aufzugreifen.

An einem konkreten Beispiel lässt sich zeigen, wie naturwissenschaftliche Fragestellungen in die umweltpädagogische Arbeit einfließen können. Es geht um den **Baum**, allerdings wollen wir uns hier nicht mit biologischen oder kulturellen Fragen befassen, sondern uns einem bestimmten Baum „messtechnisch" nähern.

Die Untersuchung von Größe, Form und Alter eines Baumes lässt sich auch mit einfachen Mitteln durchführen:

*Der **Umfang** eines Baumes wird üblicherweise in 1 m Stammhöhe gemessen: vielleicht durch Umarmen des Baumes und anschließendem Nachmessen der Armlängen oder gleich mit einem Maßband. So könnte eine kräftige Fichte etwa einen Stammumfang von 80 cm haben.*

Mit einer *Faustformel* lässt sich aus dem Umfang des Baumes sogar näherungsweise sein **Alter** bestimmen: Umfang in Zentimeter geteilt durch 2,5. In unserem Fall kommen wir auf ein Alter von etwa 32 Jahren. Selbstverständlich spielen zahlreiche Faktoren für das Wachstum eine wichtige Rolle, aber wir haben schon mal einen Richtwert. Falls wir es bereits mit einem gefällten Baum zu tun haben, können wir natürlich auch die *Jahresringe* auszählen. Eine Analyse der Jahresringe eines Baumes verrät viel mehr als nur das Alter. Mithilfe der **Dendrochronologie** lassen sich je nach Aussehen und Beschaffenheit der Ringe auch Rückschlüsse auf bestimmte Umweltbedingungen und den Ernährungszustand des Baumes zu einer bestimmten Zeit seines Wachstums ziehen.

Dendrochronologie = wissenschaftliche Methode der Altersbestimmung von Bäumen, wobei die Interpretation der Jahresringe eines Baumes zur Datierung bestimmter historischer Umweltbedingungen bis hin zu Klimaanalysen herangezogen werden kann. Wichtig insbesondere für die Archäologie und Kunstgeschichte.

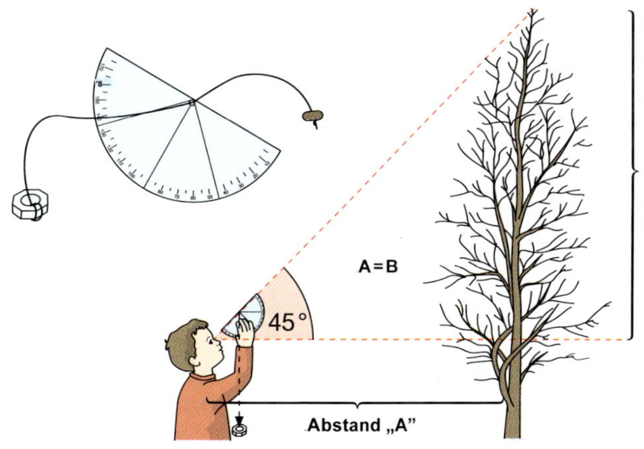

Die Bestimmung der **Baumhöhe** ermöglicht ein kleines, selbst gebautes Winkelmessgerät (s. Skizze S. 91). Man nutzt dabei den mathematischen Zusammenhang, der in einem rechtwinkeligen, gleichschenkeligen Dreieck gegeben ist. Wenn man die Spitze des Baumes entlang der Kante des Winkelmessers so anpeilt, dass der mit einem kleinen Gewicht beschwerte Faden genau auf einer der beiden 45°-Linien liegt, ist der waagerechte Abstand zwischen Beobachter und Baumstamm (in Augenhöhe!) so groß wie die Baumhöhe zwischen Augenhöhe des Betrachters und Wipfel des Baumes. Man kann also die Entfernung zum Baum z. B. mit Schritten abmessen und braucht dann nur noch seine Körpergröße hinzuzählen.

3.3 „Die Dosis macht das Gift" – Zahlen in der Chemie

Es mag anfangs vielleicht überraschen, **Chemie** mit *Orientierung* in Verbindung zu bringen. Allerdings lassen sich dafür mindestens zwei Gründe anführen: Zum einen ist es gerade die Chemie, die stets *auf der Suche nach der richtigen Zusammensetzung von Stoffen* ist und sich *an der richtigen Reihenfolge von Einzelschritten orientieren* muss, wenn sie ein bestimmtes Ergebnis erzielen will. Zum anderen steht die Auseinandersetzung mit der Chemie heute für Kinder wie Erwachsene mehr denn je für eine bewusste Hinwendung zu Fragen unserer Zeit. Chemie ist aus unserem Alltag nicht nur nicht wegzudenken, sondern in ihr liegen auch ganz entscheidende Aspekte künftiger Entwicklungen: Erforschung, Planung und Fertigung von Produkten für alle Lebensbereiche, biologische, medizinische und pharmakologische Aufgaben bis hin zur Beteiligung an umwelttechnischen Maßnahmen mit der Überwachung von Lebensräumen mithilfe chemisch-diagnostischer Verfahren.

Umweltpädagogik hat daher die Aufgabe, Kinder auch mit dieser Disziplin mindestens ein wenig bekannt zu machen, und angesichts des großen Interesses, das viele Kinder für chemische Versuche aufbringen, fällt das im Grunde nicht sehr schwer. Vielleicht ist es tatsächlich sogar leichter, mit Kindern *Chemie* zu betreiben als *Biologie* – immerhin erfordern chemische Versuche wesentlich weniger Zeit als biologische Beobachtungen und Experimente.

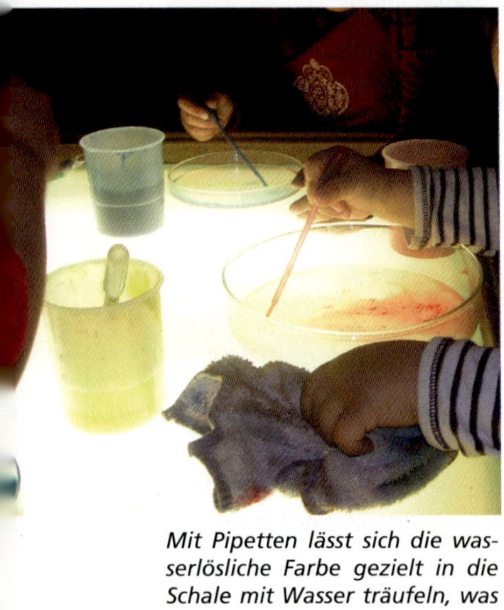

Mit Pipetten lässt sich die wasserlösliche Farbe gezielt in die Schale mit Wasser träufeln, was zu sehr eigenartigen und faszinierenden Verteilungsmustern führen kann.

Es kommt hinzu, dass zahlreiche Vorgänge des täglichen Lebens nicht nur mit physikalischen, sondern auch mit chemischen Prozessen zu tun haben. Mins Minssen beschreibt, wie afrikanische Kinder mit Wasser spielen: „Die Kinder beobachten Strömungen, Schweben, Sinken und Schwimmen von Stoffen in Wasser, Auflösungen und Schlierenbildung von Farben, Spiegelungen und Ringe, Bewegungen von Blasen" (Minssen, 1989, S. 96). Gerade bei Versuchen, verschiedene Stoffe in Wasser zu lösen, liegen physikalisch und chemisch zu deutende Phänomene nahe beieinander, machen Kinder immer wieder neugierig auf Ergebnisse, Reaktionen und Begründungen.

Die **Löslichkeit** von Stoffen wie Salz oder Zucker in Wasser wird auch durch die Temperatur beeinflusst. Versuche mit unterschiedlich leicht löslichen Substanzen lassen sich vielfach variieren und stellen für Kinder nahezu jeden Alters ein interessantes Experimentierfeld dar.

Spannend kann dabei auch sein, die Rückstände verschiedener Lösungen zu überprüfen und miteinander zu vergleichen, nachdem das Wasser völlig verdunstet ist. Das lässt sich entweder durch Erhitzen in einem feuerfesten Gefäß auf einem kleinen Stövchen (mit einer Kerze) oder – an einem heißen Tag – durch einfaches Stehenlassen leicht bewerkstelligen (vgl. Reidelhuber, 2000, S. 78).

Neben der Löslichkeit lassen sich manchmal auch ganz andere Dinge beobachten: **Farbänderungen** wie etwa unter dem Einfluss von Säuren.

Häufig übersehen wir, dass das, was in der Küche passiert, reinste Chemie ist (vgl. Kapitel 10, S. 321 ff.). Wer sich mit den chemischen Aspekten von Kochen, Braten und Backen, Salatsauce und Marmeladenherstellung beschäftigt, kann Erstaunliches herausfinden – oder einfach besser verstehen lernen, was sich da auf der Ebene der Stoffe und Stoffgemische ereignet. Ein schönes und auch für Kinder gut nachvollziehbares Beispiel nennt Gisela Lück (2008, S. 71 ff.):

Die kleine, angeschnittene Tintenpatrone, vorsichtig in ein mit Wasser gefülltes Gefäß gelegt, scheint etwas zum Leben zu erwecken: Plötzlich ziehen wunderschöne, blaue Spuren durch das klare Wasser.

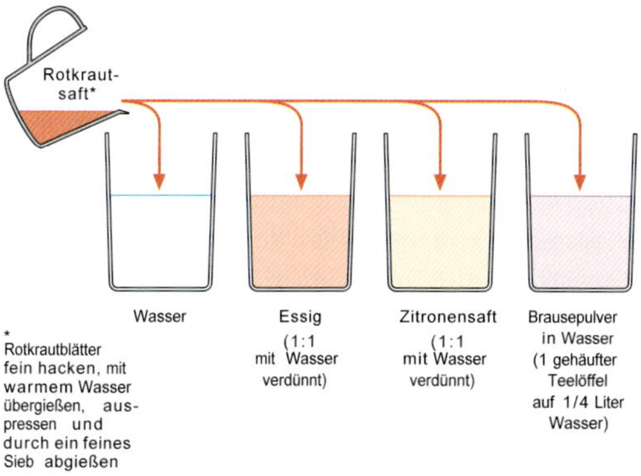

Die Frage nach der Ursache für die Farbe der Möhre kann mit dem Hinweis auf das in dieser Pflanze enthaltene Beta-Carotin beantwortet werden. Spannender – und hinsichtlich der Auswirkungen verständlicher – ist es, wenn man eine Möhre reibt und die Hälfte der so zerkleinerten Wurzel in ein Glas mit Wasser, die andere Hälfte in ein Glas mit farblosem Öl gibt. Was kann man beobachten? Im Wasser tut sich wenig, die Möhrenteilchen sinken zu Boden und das Wasser bleibt ziemlich klar. Das Öl hingegen färbt sich gelb: der Beweis, dass der gelbe Farbstoff der Möhre, das Beta-Carotin, in Fett löslich ist. Diese Tatsache erklärt auch, warum wir Möhren immer mit etwas Fett oder Öl zu uns nehmen sollten: Nur so können wir Beta-Carotin, einen wertvollen Inhaltsstoff der Pflanze, nutzen.

Ein anderes Beispiel für die Chemie der Küche: Backen mit Hefe – eine mitunter spannende Sache.

Dosierung und Konzentration

Dies sind Schlüsselbegriffe der Chemie. Das richtige Verhältnis verschiedener Zutaten zueinander bestimmt wesentlich Ablauf und Ergebnis chemischer Reaktionen. Zwar gibt es innerhalb bestimmter Grenzen meist einen bestimmten Spielraum, in dem ein Mehr oder Weniger zu keinen sichtbaren Veränderungen führt (*Pufferung*), aber auch in diesen Fällen ist ein Wissen über die entsprechenden **Mengenverhältnisse** von Bedeutung.

In besonderer Weise spielt die Konzentration in Fragen der Giftigkeit einer Substanz eine Rolle. Der von Hippokrates geprägte Satz „Die Dosis macht das Gift" weist auf eindringliche Weise darauf hin, dass *jede* Substanz ab einer bestimmten Menge bzw. Konzentration (im Körper) giftig wirken kann. Diese Einsicht zählt nicht nur zu den wichtigsten Prinzipien in Medizin und Ernährungslehre, sondern gehört auch zu den elementaren Bedingungen eines Verständnisses für ökologische Wechselwirkungen aller Art.

In Deutschland allein werden jährlich rund 30.000 Tonnen Pflanzenschutzmittel eingesetzt, bei denen es sich in vielen Fällen um starke Gifte handelt. Ein Teil davon gelangt auch in unsere Nahrung. Dabei muss zwischen Rückständen in den Früchten und solchen, die sich auf der Schale befinden, unterschieden werden. Letztere werden häufig als Schutz vor Schimmelpilzen und Vorratsschädlingen eingesetzt. Aus diesem Grund ist die regelmäßige Kontrolle bezüglich der Einhaltung der jeweiligen Grenzwerte enorm wichtig. Produkte aus dem ökologischen Anbau können zwar aufgrund der allgemeinen Umweltbelastung nicht völlig frei von Giften sein, sind nach den Erhebungen der letzten Jahre aber deutlich weniger belastet. Bezüglich der wichtigsten Fragen dazu stellen vor allem die Verbraucherzentralen eine gute und aktuelle Informationsquelle dar (vgl. www.verbraucherzentrale.de).

> **Konzentration** (*in der Chemie*) = Menge eines bestimmten Stoffes in einem Gesamtgemisch. Je nach Bedarf angegeben als Masse pro Volumen (z. B. Gramm pro Liter g/l), Volumen pro Volumeneinheit (z. B. ml/100 ml in % als Volumenprozent), Masse pro Masseneinheit (z. B. g/100 g in % als Gewichtsprozent) oder Mol pro Volumen (Molarität; die für die Chemie wichtige SI-Basiseinheit Mol bezeichnet eine festgelegte Anzahl von Teilchen eines Stoffes, wobei das eingenommene Volumen von der Substanz abhängig ist). In der Meteorologie z. B. auch zur Angabe der relativen Luftfeuchtigkeit.

➲ ***Zur Vertiefung dieses Themas finden Sie im Arbeitsheft eine Projektanregung.***

Einrichtung eines Kinderlabors

Die Durchführung chemischer wie auch bestimmter physikalischer Versuche erfordert eine gewisse Ausstattung an Geräten und Hilfsmitteln. Je nach eigenem Interesse, Alter der Kinder, verfügbarem Platz etc. wird jede Zusammenstellung hier etwas anders ausfallen. Das ist vielleicht gut so: Ein **Kinderlabor** braucht keine normierte Ausstattung, sondern sollte im Gegenteil originell und eigenständig sein.

Die folgende Liste stellt also nicht mehr als eine Sammlung allgemein bekannter Gegenstände dar – als Anregung für eine eigene detaillierte Aufstellung:

Behälter und Gefäße	Kübel, Eimer, Schüsseln, Wannen Kanister, kleine Fässer Dosen aller Art (Glas-)Fläschchen Schatullen, Schmuckkästchen Sortimentskästen
Aus der Küche	Kannen, Krüge Messbecher Siebe aller Art Trichter Mörser, (Kaffee-)Mühlen Passierholz Zentrifugen, Salatschleuder (Stroh-)Halme, Pipetten Verschiedene Waagen
Aus der Werkzeugkiste	Hand-Schleifpapiere, Feilen, Raspeln Hämmer und Zangen Sägen Wasserwaagen Flaschenzug Handbohrer, Drillbohrer

Diverse Haushaltsgegenstände	Scheren Bürsten aller Art (Hand-)Spiegel, Spiegelfliesen Holzlöffel und -spatel Taschenlampen, Leuchten Magnete Luftpumpe, Blasebalg Waschbrett (Hand-)Schaufeln
Technische Hilfsmittel	Schnüre, Seile, Taue, Ketten Schläuche und Rohre aller Art Spritzen, Spritztüllen Pumpball Saugfallen Kescher Plexiglasscheiben Förderwagen Rollen-Förderbänder Karabiner, Haken
Optische Geräte	Lupen aller Art Prismen (Zerr-)Spiegel Kaleidoskope Binokular

Bei der Durchführung chemischer Versuche mit Kindern sollten insbesondere folgende Aspekte Berücksichtigung finden (vgl. Lück, 2008, S. 21 ff.):

- Alle verwendeten Stoffe sind ungiftig und können nach den Versuchen auch problemlos entsorgt werden.
- Alle Ausgangsstoffe sollten preiswert und überall erhältlich sein.
- Erfolgserlebnisse sollten den Spaß am Experimentieren garantieren, Versuche sollten gelingen können.
- Verzicht auf „Zauberei", d. h., die Ergebnisse sollten naturwissenschaftlich, wenn natürlich auch dem Alter bzw. Auffassungsvermögen der Kinder entsprechend gedeutet werden können.
- Die Durchführung der Versuche sollte nicht zu viel Zeit erfordern.
- Aufeinander aufbauende Versuche sind sinnvoll, da dadurch Zusammenhänge besser verstanden und behalten werden.

Laborbedarf für Kinder: robust, preiswert (oder kostenlos), anregend und vielseitig nutzbar.

3.4 Zeit, dieses sonderbare Ding

Heute können wir uns ein Leben ohne eine geordnete Zeitrechnung nicht vorstellen. Uhr und Kalender gehören zu unserem Leben, die Angabe von Datum und Uhrzeit erscheint als das Einfachste von der Welt. Dabei wird häufig übersehen, wie lang und schwierig der Weg war, der zur Präzision unserer heutigen Zeitmessung führte. Dabei können wir davon ausgehen, dass Menschen bereits in frühester Zeit ein starkes Bedürfnis hatten, zeitliche Abläufe zu ordnen und zu planen. Die natürliche Einheit des Tages war vermutlich der erste Schritt zur Erstellung eines Kalenders, und zwar des **Mondkalenders**, wie ihn viele Völker hatten: Sieben Tage ergeben etwa ein Viertel eines Mondmonats, wobei die Schwierigkeit auftaucht, dass das Mondjahr sich nicht mit dem Sonnenjahr in Übereinstimmung bringen lässt. Es gibt jedes Jahr eine Differenz von zehn bis zwölf Tagen. Das Sonnenjahr hingegen ermöglicht eine Festlegung von Jahreszeiten auf der Basis von Tagen und Monaten, sodass sich der **Sonnenkalender** ausgehend von seiner Bedeutung für die Landwirtschaft letztlich allgemein durchsetzte, nach der letzten großen Kalenderreform unter Papst Gregor XIII. im Jahr 1582 als sogenannter gregorianischer Kalender. Mondkalender spielen heute fast nur noch in bestimmten Religionen eine Rolle.

Gregorianischer Kalender = in nahezu allen Ländern der Welt geltender Kalender, der 1582 begründet wurde und aus dem julianischen Kalender hervorging. Schalttage lösen nun das Problem, dass es zwischen der Dauer eines Tages und der des astronomisch vorgegebenen Sonnenjahres (365 Tage, 5 Stunden, 48 Minuten und 46 Sekunden) keine einfache Möglichkeit der Umrechnung gibt.

Aufgaben:

Auch wenn wir unser Leben heute häufig unabhängig von jahreszeitlichen Veränderungen und Zyklen gestalten und unsere Aktivitäten in vielen Fällen längst unabhängig vom Tageslicht geworden sind, so bleiben wir dennoch in natürliche Rhythmen eingebunden. Beantworten Sie folgende Fragen zuerst für sich und schriftlich in Stichworten und diskutieren Sie Ihre Antworten dann mit Kolleginnen:

1. Welche zeitlichen Rhythmen – natürlich oder künstlich – bestimmen Ihr Leben?
2. Welche natürlichen, jahreszeitlichen Zyklen sind für Sie besonders auffällig?
3. Können Sie jeweils ein Beispiel für Veränderungen an einer Pflanze, an einem Tier und an einer Landschaft nennen, die einen Wachstums- oder Alterungsprozess zeigen, den Sie über mehrere Stufen hinweg genau verfolgt haben?
4. Welchen natürlichen Rhythmus halten Sie für so wichtig, dass Sie ihn Kindern gerne nahebringen würden, und wie könnte das am besten geschehen?

Sonnen-, Kerzen-, Wasser- und Sanduhren

Unsere Unterteilung des Tages in Stunden geht auf die Völker des Vorderen Orients zurück. Ägypter und Sumerer (um 3000 v. Chr.), später auch Griechen und Römer unterteilten den Tag in eine Tag- und eine Nachthälfte von jeweils zwölf Stunden. Zur Messung verwendete man **Sonnenuhren**, orientierte sich also an der Länge des Schattens eines Stabes. Diese Uhren waren – abgesehen davon, dass sie auf die Sonnenstrahlung angewiesen sind – natürlich nicht sehr genau. Wasser- und Sanduhren hingegen, die in Ägypten und Mesopotamien um etwa 2000 v. Chr. auftauchten, konnten bereits Minuten anzeigen.

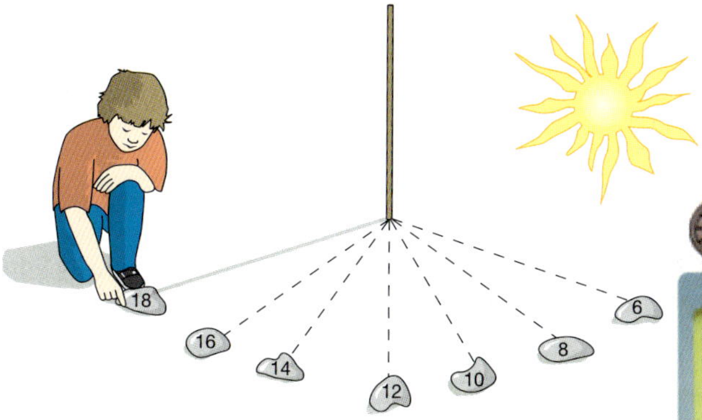

Die einfachste Form einer Sonnenuhr: ein Stab im Boden und ein paar Steine zur Markierung – zur Eichung ist allerdings eine Armbanduhr ganz hilfreich.

Eine ganz einfache, lustige Form der Zeitmessung funktioniert auch, wenn keine Sonne scheint: die **Kerzenuhr**.

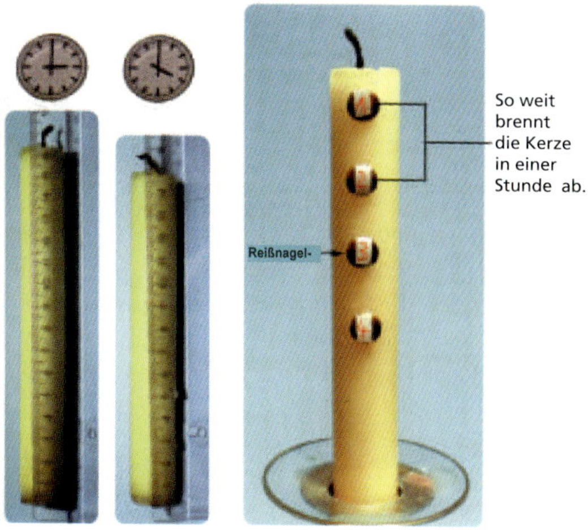

(vgl. Raith/Schubel, 2003, S. 67)

➲ ***Zur Vertiefung dieses Themas finden Sie im Arbeitsheft eine Projektanregung.***

Auch **Wasser- und Sanduhren** lassen sich gut mit Kindern bauen und vermitteln nicht nur ein intensives Gefühl für das immer wieder rätselhafte Phänomen Zeit, sondern ermöglichen auch ein vielfach interessantes Planen und Arbeiten in der Gemeinschaft mit anderen. Gerade das hier meist nicht genau Vorhersagbare des angestrebten Ergebnisses, überraschende Wendungen und Entwicklungen sowie die Bewältigung verschiedener kleinerer oder größerer Hürden machen solche Vorhaben für alle Beteiligten spannend und lehrreich. Selbstverständlich wird man bei der Auswahl eines solchen Projektes auf das Alter der Kinder und andere Rahmenbedingungen Rücksicht nehmen, aber wichtiger als irgendeine technisch perfekte Lösung sind die Ideen, die bei solchen Vorhaben auftauchen, und die Lust, selbst etwas zu konstruieren und zu bauen – bei Kindern jeden Alters. Bauanleitungen für einfache Wasser- oder Sanduhren finden sich in etlichen Sachbüchern, z. B. in „Erstaunliche Experimente – Spielerisch Wissen entdecken" (Aulas, 2010).

Die Zeiten ändern sich

Wenn wir diese uralten Techniken der Zeitmessung mit Möglichkeiten unserer Gegenwart vergleichen, so wird gerade hinsichtlich der heute erreichten und geforderten Präzision in der Zeitmessung deutlich, dass es um noch mehr als die erstaunliche Kunstfertigkeit beim Bau von Uhren geht.

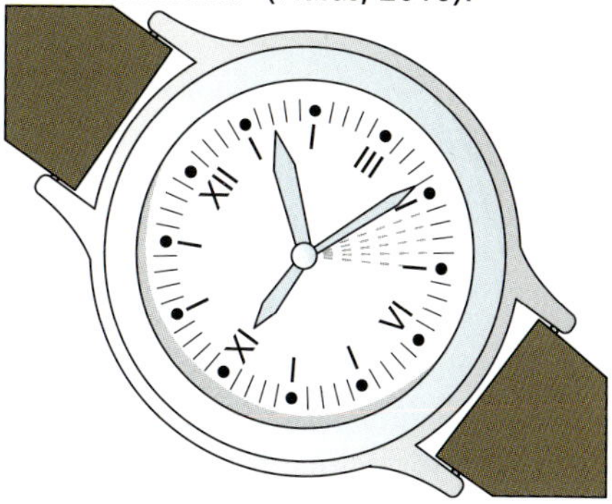

Abbildung eines Fünf-Sekunden-Abschnittes auf einer Armbanduhr

War die *Zeit* insbesondere für die Menschen vieler früher Kulturen etwas Heiliges und noch Teil einer göttlichen Weltordnung, so stehen wir heute einer **Verwissenschaftlichung der Zeit** gegenüber. Die Definition der Sekunde ist dafür ein gutes Beispiel: Ausgehend von der symbolischen Zahl 60 bei den Babyloniern wurde diese Einheit der Zeit im Rahmen des Internationalen Maßsystems SI als eine der sieben *Basiseinheiten* so definiert, dass eine größtmögliche Annäherung an die astronomischen Erkenntnisse gegeben ist. Die äußerst genau messende Cäsium-Atomuhr CS2, gebaut von der Physikalisch-Technischen Bundesanstalt Braunschweig, liefert heute eine *koordinierte Weltzeit* an alle Funkuhren und damit auch an alle anderen Uhrwerke und Zeitsignale.

Mit den wissenschaftlichen Erkenntnissen insbesondere der letzten Jahrhunderte hat sich auch der Blick der Menschen auf zeitliche Abläufe im Alltag und die Gestaltung von Arbeit und Umwelt in enormem Ausmaß verändert.

Aufgaben:

Der objektiv messbaren Zeit steht eine subjektiv erfahrbare Zeit gegenüber. Auch und vielleicht ganz besonders in der Arbeit mit Kindern spielt die Vielfalt subjektiven Zeiterlebens eine große Rolle.

1. Sammeln Sie Beispiele aus Ihrer eigenen Erfahrung, wann für Sie persönlich die Zeit langsamer und wann sie schneller zu verstreichen scheint. Was ist Ihnen lieber?
2. Vergleichen Sie Menschen in Ihrem Umfeld hinsichtlich ihres Umgangs mit Zeit und notieren Sie Ihre Beobachtungen. Stichworte dazu könnten z. B. sein: Ruhe, Nervosität, Pünktlichkeit, Zeitgefühl, Planungseifer, Gleichgültigkeit.
3. Wie gehen Kinder mit der Zeit um? Sprechen Sie mit einem oder mehreren Kindern (Vorschulalter oder Grundschule) einmal „in aller Ruhe" über Zeit. Was ist diesen Kindern wichtig? Wie stellen sie sich Zeit vor?

Die beiden **Betrachtungsmöglichkeiten von Zeit** als objektiv messbares Phänomen oder als subjektiv erfahrbare Zeit spiegelt sich auch im pädagogischen Alltag wider: Einerseits geht es darum, Kindern im Sinn einer wichtigen Kulturtechnik den Umgang mit zeitlichen Strukturen nahezubringen (Uhrzeiten und sich nach einer bestimmten Zeit richten lernen, Zeitbedarf für bestimmte Handlungen abschätzen können u. Ä.), andererseits erfordert gerade die pädagogische Arbeit vielfach ein anderes Zeitbewusstsein (sich füreinander Zeit nehmen, in schwierigen Situationen mit Gelassenheit und Geduld reagieren können).

Einen ganz besonderen Blick auf die Zeit ermöglicht immer wieder ein Vergleich *natürlicher* Prozesse mit jenen, die von Menschen geplant werden. Kennzeichnend für natürliche Prozesse ist meist, dass es sich um Wachstums- oder Umwandlungsprozesse mit einer jeweils charakteristischen Geschwindigkeit handelt; Verlangsamung oder Beschleunigung findet nur in einem relativ eng begrenzten Rahmen statt: Pflanzenwuchs und Umwandlung organischer Substanz in Humus, aber auch menschliche Wachstums-, Entwicklungs- und Lernprozesse. Andere menschliche Aktivitäten hingegen zeichnen sich oft durch starke Schwankungen im zeitlichen Gefüge aus: Bauvorhaben oder andere Pläne, die unter großem (wirtschaftlichem) Druck vorangetrieben werden, Termine und Fristen, aber auch das „Einfrieren" bestimmter Dinge, indem sie konserviert oder musealisiert werden.

Zeit ist also wohl immer beides: das unerbittliche Voranschreiten in einem unabänderlichen Rhythmus und das Wechselspiel innerer, individueller Rhythmen und Zeitempfindungen. „Die Moderne wäre längst unerträglich geworden, wenn es nur den Trend zur Beschleunigung und nicht auch Gegenkräfte zum Wiedergewinn von Ruhe gäbe" (Radkau, 1999, S. 27). Gerade Letzteres sollte in der Arbeit mit Kindern nicht zu kurz kommen, denn darin liegt auch ein wichtiger Zugang zu einer **Ökologisierung der Zeit**:

Das Verständnis für die Stellung des Menschen in der Welt einschließlich seiner kulturellen Errungenschaften (Kunst, Wirtschaft, Forschung, Technik) wird von unserem Zeitverständnis entscheidend geprägt. Besonders spannend ist dabei die Perspektive beim Blick auf historische Veränderungen im Verhältnis des Menschen zu der ihn umgebenden Natur (vgl. Kapitel 11, S. 353 ff.).

3.5 Karten und Wegweiser

Der Umgang mit Landkarten, Stadtplänen oder verschiedenen Lageskizzen macht Kindern meist großes Vergnügen und macht sie neugierig, was sich hinter den merkwürdigen Zeichen und Strukturen verbirgt. Meist kennen Kinder vom Sehen bereits alle möglichen Arten von Karten und Plänen. Es liegt also nahe, sich damit einmal ausführlicher zu beschäftigen: Es ist ein besonders lohnendes Thema für die Natur- und Umweltpädagogik.

➲ ***Zur Vertiefung dieses Themas finden Sie im Arbeitsheft eine Projektanregung.***

Die große Weltkarte mit ihren anschaulichen, kindgerechten Symbolen regt die Fantasie der Kinder an und führt zu zahlreichen, nicht selten sehr komplexen Fragen.

Eine einfache Möglichkeit zur Orientierung stellen **Wegweiser** wie Schilder oder andere Markierungen an Bäumen oder Steinen dar. Aber auch der Umgang mit diesen will gelernt sein – z. B. im Rahmen eines kleinen Orientierungsspiels, das der Autor gemeinsam mit Erzieherinnen und Erziehern vor einiger Zeit mit einer Kindergruppe durchführte.

Wir markierten eine etwa 2 km lange Strecke quer durch ein teilweise unwegsames Wald- und Kiesgrubengelände mit blauen Stoffbändern und forderten eine Gruppe von Kindern auf, anhand dieser Zeichen ein bestimmtes Ziel zu erreichen: eine dafür vorbereitete Asthütte mit „gedecktem Tisch" – eine einfache, aber höchst spannende Angelegenheit, denn nicht immer war der „blaue Weg" gleichermaßen gut zu finden.

Nicht immer waren die blauen Markierungen so deutlich zu sehen wie hier ...

Kartografie mit Kindern

Kinder entwickeln schon sehr früh ein lebhaftes Interesse an Landkarten, an Skizzen von Wegen und Orten. Wie in vielen anderen Bereichen leitet sie auch hier die Neugier und Lust, etwas zu entdecken und zu verstehen, das unzweifelhaft zur Welt der Erwachsenen gehört und offenbar ein ganz besonderes Werkzeug darstellt. Kindern solche Entdeckungen zu ermöglichen, ja sie darin gezielt zu unterstützen ist das Ziel einer Pädagogik, die insbesondere auch naturwissenschaftliche Grundlagen schaffen will.

Karten führen immer über den gezeichneten Rand hinaus

Die Auseinandersetzung mit Karten schon im Vorschulalter kann als Erwerb einer Schlüsselkompetenz bezeichnet werden. Es geht um nicht weniger als die Fähigkeit, das *Wesentliche* einer bestimmten Sache zu erkennen und für sich selbst nutzbar zu machen:

- Allgemeine Anforderungen: Unterscheiden, Auswählen, Überprüfen von Informationen, häufig in mehreren und zu wiederholenden Schritten
- Individueller Zugang, Motivation und Vorwissen: Was weiß ich schon? Woran kann ich mich erinnern? Wie ist dieses oder jenes einzuordnen?
- Vorstellungskraft: Fantasie und Kreativität braucht man auch beim Kartenlesen, denn es geht hier um Übersetzungsprozesse vom sinnlich Wahrnehmbaren ins Abstrakte – und umgekehrt. Dabei unerlässlich: Erfassen von enormen Größenunterschieden (Konzentration also auch hier).

Hinzu kommen beim eigenen Erstellen von Karten:

- Technische und persönliche Fragen: Was kann ich überhaupt auf einem Blatt Papier abbilden? Was will ich zeigen, was ist mir wichtig? Wie gehe ich dabei mit den natürlichen Größen und Größenverhältnissen um? Wie viele Einzelheiten müssen mindestens berücksichtigt werden, um ein brauchbares (verständliches) Kartenbild zu ergeben – und wann gefährdet ein Zuviel an Genauigkeit die Lesbarkeit einer Karte insgesamt?
- Organisatorische Fragen: Welche Mittel stehen mir zur Verfügung, wie viel Zeit?
- Selbstkritik und Reflexion: Wie gut kenne ich das betreffende Gelände bzw. wie gut kann ich es überhaupt erfassen?
- Perspektivische Überlegungen: Welche Ziele verfolge ich beim Erfassen und Zeichnen der Strukturen und wofür könnte ich meine Karte später einsetzen? Genauer vielleicht: Interessiert mich ein praktischer Zweck wie z. B. das Festhalten von Details für eine spätere Kontrolle von Veränderungen oder mag ich die Vielfalt und Originalität grafischer Zeichen, Muster und Formen – die Landkarte als Kunstwerk, als fantastischer Raum?

Aufgaben:

Alle diese und andere Fragen spielen auch eine Rolle, wenn wir uns gemeinsam mit Kindern an diese Thematik annähern:

1. Kennen Sie Projektbeispiele, in denen Kinder mit Kartenmaterial arbeiten? Welche? Fragen Sie – wenn möglich – nach Erfahrungsberichten und Ergebnissen.
2. Wie können Kinder (eines bestimmten Alters) mit Karten vertraut gemacht werden? Stellen Sie Kartenmaterial zusammen, das Sie für geeignet halten, und diskutieren Sie Ihre Auswahl mit Kolleginnen.
3. Wie sollte mit der häufig geäußerten Befürchtung, Mädchen hätten bei Orientierungsaufgaben größere Schwierigkeiten zu überwinden als Jungen, umgegangen werden?
4. Welche organisatorischen Rahmenbedingungen sollten für ein Kartierungsprojekt mit Kindern erfüllt sein?
5. Worin könnten die Ergebnisse eines solchen Projektes bestehen, und wie ließen sie sich darstellen (Dokumentation, Elterninformation)?

Neben zahlreichen organisatorischen Aspekten (verfügbare Zeit, Alter und Anzahl der teilnehmenden Kinder, Art und Intensität der Vorbereitung der Betreuerinnen) und eher technischen Fragen (Materialwahl, Einführung und Hilfestellung beim Kartieren, Verwendbarkeit und Verwendung der Ergebnisse) hat die **Kartografie** auch einen Aspekt, den man den „verwandelnden“ nennen könnte. Dieser Aspekt ist weit weniger gut fassbar als die anderen, aber mindestens so entscheidend für das, was beim Kartieren passiert: Wir wenden uns ganz bewusst dem Einzelnen zu, sehen und unterscheiden zwischen Häufigem und Besonderem, vergleichen und interpretieren, suchen nach Begriffen und Erklärungen, nach Verbindungslinien und Zusammenhängen. Wir verwandeln nicht nur die Eindrücke unserer Wahrnehmung und übersetzen sie in eine Zeichensprache, sondern verwandeln den flüchtigen Moment der Wahrnehmung in etwas Dauerhaftes. Aber mehr noch: Dieser Prozess des Kartografierens ist nur im engeren Sinn ein Zeichnen von Karten, er verändert auch die Qualität unserer Wahrnehmungen und unsere Wahrnehmungsfähigkeit insgesamt. Wer gelernt hat, Karten selbst zu zeichnen, hat eben auch seine Aufmerksamkeit geschärft, wird mehr auf Details achten und sich weniger entgehen lassen – eine unzweifelhaft sehr wertvolle Fähigkeit.

Karten sind Weltbilder

Seit grauer Vorzeit existieren Karten, mit deren Hilfe Menschen ihren Weg suchen und sich orientieren. Wir wissen nicht, wie diese ersten Aufzeichnungen aussahen und was sie zeigten, sie sind längst verloren gegangen. Vermutlich enthielten sie Hinweise auf Berge und Küsten, Wasserstellen und günstige Wege, vielleicht auch Warnungen vor Winden und gefährlichen Orten. Verglichen mit der Exaktheit heutiger Vermessungstechnik waren diese Karten allerdings sehr ungenau; sie waren als rares Gut nur wenigen Menschen zugänglich, ihre Herstellung schwierig und kostspielig. Zudem wurden sie meist sorgfältig gehütet: Die Kartografie war Staatsgeheimnis. Immerhin versprachen die darin gesammelten Informationen Macht und Reichtum, Einfluss und Vorherrschaft – interessant für Händler und Kaufleute, Feldherren und Herrscher –, und das hatte zweierlei Wert: einmal zur Bestätigung und Absicherung des Erreichten, Eroberten, einmal als Versprechen auf Neuland und Gewinn.

Heute sind Karten ein weitverbreitetes Hilfsmittel in allen Bereichen unseres Lebens, auch wenn sie oft aufgrund hoher Spezialisierung nur noch von den Fachleuten des jeweiligen Gebietes verstanden und genutzt werden können. Aber der komplizierteste Schaltplan eines elektronischen Bausteins, der vertrackteste Entwässerungsplan oder die verwirrendste Darstellung geologischer Elemente und Überlagerungen in der Tiefe eines Gebirgsstocks haben ihren Reiz in ihrer Mittlerstellung zwischen einer sinnlich erfahrbaren Welt und einem abstrakten Abbild unseres Gehirns: „Die Karte verschmilzt Wissen und Erfahrung: den Raum und die Auffassung vom Raum, die Welt und das Bild der Welt“ (Matvejevic, 1993, S. 141). Vermutlich ist das auch die tiefere Ursache, weshalb Menschen jeden Alters immer wieder fasziniert sind von Kartendarstellungen aller Art. Rätselhafte Eintragungen vergrößern diesen Reiz und bieten (nicht nur Kindern!) Gelegenheit zu langen Erörterungen über die Bedeutung des Dargestellten.

Oberer Teil der berühmten, zwischen 1230 und 1250 entstandenen Ebstorfer Weltkarte – mit ca. 3,6 m Durchmesser und einer Fläche von über 10 m² die größte Weltkarte des Mittelalters

Schon unter den ersten Zeichnungen, die Kinder anfertigen, befinden sich „Karten", mit deren Hilfe sie das, was ihnen wichtig ist, in den Vordergrund rücken, vergrößern und betonen. Ihr Zugang zu Karten gleicht damit in gewisser Hinsicht der mittelalterlichen Betrachtungsweise. Kinder illustrieren eigene Karten gerne mit zusätzlichen Hinweisen auf Vorstellungen und Erwartungen, die über die feststellbare Wirklichkeit hinausweisen – in der Absicht ähnlich jenen prächtigen Land- und Seekarten früherer Jahrhunderte.

Eine Möglichkeit der Hilfestellung, die Kinder in ihrer Wahrnehmung und Fantasie nicht allzu sehr einschränkt, sie aber gleichzeitig beim Erfassen und Einzeichnen von Einzelheiten auf einer Karte unterstützt, ist die Wahl von Schwerpunkten, auf die die Aufmerksamkeit gelenkt werden soll. So können etwa für eine Karte zur **Stadtökologie** aus vielen Kategorien einige wenige ausgewählt werden (für die dann unter Umständen auch gemeinsame Symbole erfunden werden):

- Seltsame Häuser (rot, verschnörkelt, geheimnisvoll)
- Günstige Treffpunkte (für wen wohl?)
- Briefkästen (dicke, besonders eigenartig geformte)
- Versteckmöglichkeiten (für Kinder und Igel)
- Sehr alte Bäume (und wie viele Kinder es braucht, um den Stamm zu umfassen)
- Kletterbäume (Ahorn oder Linde oder was?)
- Tiere aus Stein (grau, schwarz, mit Beinen oder ohne)
- Spielstraßen (wie lang, wie breit – wofür genau?)
- Heimliche Wege (in der Karte natürlich höchstens angedeutet)
- Mountainbike-Strecken (Bewertung ihrer Beliebtheit, ihres Schwierigkeitsgrades)

- Besondere Gullydeckel (Aufschriften bzw. Prägungen, Zeichen und Symbole)
- Interessante Innenhöfe (zugänglich? Bekanntschaft mit Bewohnern?)
- Aussichtspunkte (eine gute Gelegenheit für Fotos – als Einfassung der Karte)
- Flohmärkte (und was da vor allem angeboten wird)
- Graffitiwände (und ein Zeichen für die eigene Karte abgucken)
- Kioske (Lutscher-Preisvergleich, aber auch: Wie viele Smileys kriegt der Betreiber?)
- Tolle Spielplätze (ganz klar ein fetter Karteneintrag)
- Gute Verstecke (diesmal nur für Kinder, ohne Igel)
- Rodelhänge (mehr was für die Winterkarte)
- Springbrunnen (Ansicht von vorne, von der Seite – wie wäre es mit einer Skizze?)
- Trinkbrunnen (selbstverständlich etwas Besonderes, Wichtiges)
- Tümpel (seine Größe, seine Bewohner, seine Besucher)
- Denkmäler (Wer? Wie alt? Wofür? Wann?)

Pläne sind Wünsche

Eine alte Technik der Kartierung ist das sogenannte **Itinerar**. Auf diesen meist länglichen Karten finden sich keine flächigen Darstellungen eines bestimmten Gebietes, sondern ausschließlich jene Auffälligkeiten, die einen bestimmten Weg kennzeichnen. Aufgrund der guten Nachvollziehbarkeit der Informationen eignet sich dieser Kartentyp besonders für die Arbeit mit Kindern, wie der Autor mit einer Gruppe von Kindern im Alter zwischen etwa zwei und fünf Jahren feststellen konnte:

Eine bestimmte, gut 2 km lange Wegstrecke, die an diesem Tag mit den Kindern kartiert werden sollte, teilten wir in Abschnitte auf, für die jeweils ein schmaler Papierstreifen vorgesehen war. Damit gab es für die Kinder, die den gesamten Weg bereits von früher gut kannten, überschaubare Bereiche. Für jeden Wegabschnitt vereinbarten wir Beginn und Ende, und die Kinder trugen zunächst diesen Abschnitt als langen Pfeil in ihr Itinerar ein. Anschließend konnten die Kinder – an vielen kleinen Haltepunkten – alle ihnen wichtig oder interessant erscheinenden Beobachtungen eintragen: abzweigende andere Wege, ein Brunnen, eine Unterführung, eine kleine Mauer zum Balancieren, markante Bäume oder eine Allee, eine große Ampelkreuzung, die Niederlassung eines Großkonzerns mit einem ausgedehnten Pkw-Parkplatz und Fahrradunterständen, einzelne besonders auffällige Blütenstauden, Straßenlaternen, ein kleiner Spielplatz oder die Einsatzzentrale der örtlichen Feuerwehr. Insgesamt entstanden bei diesem Tagesprojekt – je nach Alter, Lust und Ausdauer der beteiligten Kinder – bis zu acht Teilwegpläne, aneinandergelegt mit einer Gesamtlänge von beinahe 3 m.

Die Wahrnehmungen und Zielsetzungen waren höchst unterschiedlich, abhängig natürlich vom Wissen und den Interessen der Kinder, ihren Vorstellungen und Wünschen. Das zeigte sich nicht nur in der Auswahl der dargestellten Details, sondern auch in ihrer Ausgestaltung (Akzentuierung, Formgebung, Farbwahl). Wichtig ist daher auch, die Ergebnisse mit den Kindern sorgfältig zu begutachten und zu diskutieren – nicht zuletzt, um die Kinder, mit denen man arbeitet, besser kennen und verstehen zu lernen.

> **Itinerar** = Kartentyp aus römischer Zeit, dessen Informationen sich ausschließlich auf einen bestimmten Weg (lat. iter, itineris = Gehen, Weg, Gang, Reise, Fahrt) und seine Besonderheiten wie markante Orientierungspunkte, gefährliche Orte und schwierige Passagen beziehen. Im Mittelalter als Gebrauchskarten weitverbreitet und meist auf Tagesreisen bezogen.

Itinerare von Kindern sind nicht weniger individuell als ihre früheren Vorbilder – und machen Lust auf genaues Beobachten.

Die raffinierte Technik des *Itinerars* verschafft einen denkbar einfachen Zugang zu den Erfahrungen von Raum und Distanz, Weg und Orientierung. Es handelt sich gewissermaßen um einen Zwischenschritt auf dem Weg von der unmittelbaren Wahrnehmung der Umwelt hin zur komplexen und bereits stark abstrahierenden Vorstellung von der Welt, wie sie uns auf umfangreichen topografischen Karten (Stadtplänen, Wanderkarten, Landkarten etc.) begegnet.

Andere Möglichkeiten der Kartierung mit Kindern gehen von vorhandenen Karten aus. So kann man z. B. Stadtteilpläne oder Landkarten stark vergrößern und so kopieren, dass die dargestellten Strukturen nur noch schwach erkennbar sind und sich damit gut übermalen lassen. Ausgehend von dieser Idee erprobte der Autor mit denselben Kindern, mit denen er einige Wochen zuvor Itinerare angefertigt hatte, die Erweiterung des Wegkonzepts hin zur **Darstellung der Fläche**.

Wir wählten denselben Weg, den die Kinder bereits in ihren Itineraren dargestellt hatten. Allerdings gingen wir diesmal von einem stark vergrößerten Stadtplan aus und unterteilten unseren Weg in zwölf Abschnitte. Jedes Teilstück wurde – zusammen mit seiner unmittelbaren Umgebung – als ungefähr DIN-A4 großes, puzzleartiges Stück in der Weise aus der vergrößerten Karte ausgeschnitten, dass alle zwölf Teile aneinandergelegt eine raupenförmige Gestalt ergaben: unsere „Wegraupe", die nicht nur den Weg selbst, sondern eben auch die benachbarten Flächen mit Gebäuden, Grünland und anderen Nutzungsarten zeigten. Auf diese Weise erhielten wir Planausschnitte, die sich auf eine reale Fläche von

Bevor die Kinder beginnen, ihre Puzzleteile zu bearbeiten, wird auf einem großen Übersichtsplan gemeinsam der Streckenverlauf besprochen.

Das Bearbeiten der insgesamt zwölf Teile der „Wegraupe" war zwar aufwendig, aber auch die jüngeren Kinder ließen es sich nicht nehmen, bis zuletzt mitzumachen.

ungefähr 250 m Durchmesser bezogen. Die meisten zur Orientierung wichtigen Strukturen wie Straßenkreuzungen oder verschiedene Bauten waren gut zu erkennen, dennoch ermöglichten die blassen Kopien sehr gut ein Überzeichnen und Übermalen. Da wir die bearbeiteten Puzzlestücke von Anfang an zusätzlich als länger und mehrfach nutzbares Spielmaterial planten, wurden sie auf Karton geklebt.

Das Bearbeiten der Puzzlestücke gestaltete sich als interessante Sache: Die von einem einzelnen Kind gestalteten Stücke wiesen eine meist gut erkennbare stilistische Homogenität auf; durch die Austauschbarkeit der Puzzlestücke konnten wir aber ganz bunt gemischte „Raupen" legen, was für alle sehr spannend und amüsant wurde.

Die hier geschilderten Kartierungsprojekte zeigen deutlich, dass diese Thematik gerade für die Natur- und Umweltpädagogik hervorragend geeignet ist. Die Art und Weise, wie Kinder sich mit Karten auseinandersetzen, führt nicht nur zu wichtigen Detailbeobachtungen, sondern auch rasch zu zahllosen Fragen, die über das Dargestellte weit hinausgehen und die Fantasie beflügeln. Kinder nähern sich damit der Welt von einer spielerischen Seite, deren unerreichbares Ziel im Grunde darin besteht, eine unfassbar vielfältige Wirklichkeit in den Abmessungen eines Papierbogens zu beschreiben. Distanz und Nähe, Fläche und Raum, Genauigkeit und Interpretation, Gesamtheit und Details sind auch für die Kartografie mit Kindern wesentliche Stichworte.

Eine besondere Stellung innerhalb des riesigen Themenkomplexes rund um Orientierung und Kartierung nehmen *Labyrinthe* und *Irrgärten* ein, sowohl gebaute als auch „nur" gezeichnete oder geplante (vgl. Kapitel 12, S. 401 ff.).

Orientierungshilfe gesucht

Stellvertretend für viele, teilweise komplizierte Hilfsmittel, die Menschen sich im Lauf ihrer Geschichte zur besseren Orientierung ausgedacht haben – von Eselsbrücken bis hin zu Navigationssystemen –, sollen hier drei, sehr ungleiche, genannt werden: der Spiegel, die Legende und der Kompass.

Ein **Spiegel** kann in mehrfacher Hinsicht der Orientierung dienen, nicht selten auch ganz einfach als Rückspiegel: Orientierung hat mit Geschicklichkeit zu tun, auch wenn wir das meist auf Wissen, Findigkeit und gedankliche Flexibilität beziehen. Eine kleine, spielerische Übung verbindet diese Anforderungen mit einer vierten – der körperlichen Gewandtheit:

Auf einer Terrasse, auf Asphalt oder auch auf dem Rasen wird ein Weg angelegt: eine etwa 40 bis 60 cm breite Bahn, die mit Kreidestrichen, Kieselsteinen oder ausgelegten Schnurstücken seitlich begrenzt ist, je nach Schwierigkeitsgrad kürzer oder länger, eher gerade oder stark geschwungen, vielleicht sogar raffiniert geschlängelt. An einem Ende des Weges beginnt nun ein Kind nach dem anderen, diesen Weg rückwärts gehend zu bewältigen; die einzige Hilfe ist ein kleiner Handspiegel. Umdrehen ist dabei natürlich nicht erlaubt!

Eine **Kartenlegende** ist ein Hilfsmittel ganz anderer Art: Es dient der Orientierung *innerhalb* einer Orientierungshilfe: Schon bei den verschiedenen Arten von Landkarten findet man die unterschiedlichsten Signaturen, Schraffuren und Kürzel, und rechnet man Spezialkarten zu Böden, Vegetation, Wasserwirtschaft oder Siedlungsstrukturen hinzu, ergibt sich eine riesige Zahl an Zeichen, die erst einmal entschlüsselt werden wollen. Das ähnelt ein wenig dem Erlernen einer fremden Sprache, auch wenn der Wortschatz hier viel kleiner ist und sich innerhalb der betreffenden Abbildung viel stärker wiederholt. Aber am Anfang jeden Kartenlesens steht diese Sammlung der verwendeten Symbole und Zeichen: die Legende. Erst ihr Verständnis erschließt den Sinn und die Aussagekraft einer

Karte. Hat man diese notwendige Vorarbeit erst einmal geleistet, ist es faszinierend und anregend zugleich, festzustellen, wie komplex und facettenreich ein bestimmtes Gebiet mithilfe relativ weniger Signaturen dargestellt werden kann und wie viele Fragen in wenigen Quadratzentimetern beantwortet werden.

➲ *Zur Vertiefung dieses Themas finden Sie im Arbeitsheft eine Projektanregung.*

Die Annäherung an geografisches und anderes Kartenmaterial kann nicht auf die Auseinandersetzung mit Kartenlegenden verzichten. Das eigene Erfinden und Gestalten von geeigneten Symbolen kann als wichtige Vorstufe zu anderen, anspruchsvolleren Formen der Abstraktion gesehen werden.

Der **Kompass** ist eines der klassischen Hilfsmittel der Orientierung und darf schon aus diesem Grund hier nicht unerwähnt bleiben. Kinder lieben den Umgang mit einem Kompass nicht nur aufgrund seines geheimnisvollen Wirkprinzips, sondern wohl auch deshalb, weil er ihnen die Möglichkeit zu einer *ernsthaften* Auseinandersetzung mit Problemen bietet, die eindeutig der Erwachsenenwelt zuzuordnen sind. Der *Magnetismus* als jene Kraft, der der Kompass seine Anzeigemöglichkeit verdankt, stellt ein für Kinder besonders spannendes Naturphänomen dar. Es lohnt sich, damit ausführlich zu experimentieren. Viele gute Anregungen gibt beispielsweise „Die Magnet-Werkstatt“ (Schmeiler/Schröder, 2004).

> **Magnetismus, Elektromagnetismus** = Eigenschaft eines Magneten, magnetische Stoffe wie Eisen, Nickel und Kobalt innerhalb des **magnetischen Feldes** anzuziehen. Im Körper eingelagertes Magnetit gilt als eine mögliche Erklärung für biogenes Orientierungsverhalten (Wanderung von Zugvögeln). In der Physik wird diese Naturkraft als „langreichweitige Kraft“ bezeichnet. Elektromagnetismus: Um jeden stromdurchflossenen Leiter bildet sich ein Magnetfeld, dessen Ursache die bewegte Ladung (Strom) darstellt, wie umgekehrt ein Magnetfeld auch Stromfluss verursacht.

Im Zusammenhang mit der Benutzung von Karten ist wichtig, Kindern die Verbindung von Karte und Kompass zu vermitteln: Karten sind in der Regel *genordet*, d. h., der obere Kartenrand weist nach Norden. Werden Karten und Kompass im Gelände gemeinsam eingesetzt, richtet man die Karte mithilfe des Kompasses grundsätzlich am besten so aus, dass die Nordung der Karte und die nach Norden zeigende Kompassnadel in dieselbe Richtung zeigen.

Aufgaben:

Die Frage nach der Himmelsrichtung stellt nicht nur Kinder immer wieder vor gewisse Probleme; in unserem Alltag ist es in der Regel nicht mehr zwingend erforderlich, zu wissen, wo genau Norden oder Süden liegen. Dennoch zählt die Orientierungsmöglichkeit nach den Himmelsrichtungen nach wie vor zu den ganz elementaren Kenntnissen, die Kinder erwerben sollten. Beantworten Sie die folgenden Fragen, indem Sie ggf. einschlägige Sachbücher und Nachschlagewerke nutzen:

1. In welchen Kinderspielen, Liedern oder Gedichten spielen die Himmelsrichtungen eine Rolle?
2. Wie kann man mithilfe natürlicher Phänomene die Himmelsrichtung im Gelände auch ohne Kompass annähernd bestimmen?
3. Was ist eine Windrose und wo findet man sie?

3.6 Grenzen überschreiten – die Welt erkunden

Kinder erfahren über verschiedene Medien nicht nur sehr früh von anderen Ländern und Kulturen, sondern in vielen Kindertagesstätten treffen heute Kinder aus ganz unterschiedlichen Herkunftsländern aufeinander. Abgesehen davon, dass sich allein daraus schon viele Anregungen und Erfordernisse für die unmittelbare pädagogische Arbeit ergeben, ist das gerade auch aus umweltpädagogischer Perspektive von zunehmend großer Bedeutung.

Vom Begriff des **Globus** als einem verkleinerten, kugelförmigen Modell der Erde leitet sich der Begriff der **Globalisierung** ab. In diesem Prozess, der sich in den letzten Jahrzehnten enorm beschleunigt hat, werden die Kontakte und Verbindungen zu Menschen zahlreicher anderer Länder immer enger: sprachlich und kulturell, technisch und wirtschaftlich, aber auch hinsichtlich globaler Prozesse wie Klimaveränderung und Ressourcenverknappung (vgl. Kapitel 11.5).

Bevor wir mit Kindern über bestimmte Teilaspekte der Globalisierung sprechen können, sollten wir stets den Akzent auf geografische Fragen legen: Welche Länder kennst du? Was weißt du über diese Länder? Wie sieht es dort aus? Wie leben die Menschen dort? Es erscheint sehr wichtig, solche Fragen mit den Kindern ausführlich zu erörtern, denn die Bilder, die insbesondere in der Werbung von anderen Ländern und Kulturen gezeichnet werden, vermitteln häufig eine relativ schmale Sicht auf die realen Gegebenheiten. Selbstverständlich hängen Art und Intensität solcher Gespräche vom Alter und Interesse der Kinder ab. Aber gerade fremde und meist auch ferne Länder faszinieren bereits junge Kinder sehr.

Flaggen

Nationalflaggen stellen oft die einfachste Möglichkeit dar, andere Länder in anschaulicher Weise zu thematisieren. Die vielfach große Bekanntheit und allgemeine Verbreitung der jeweiligen Flagge helfen auch dabei, wenn Sie mit Kindern die eine oder andere Flagge kopieren – sei es auf Papier oder Stoff –, um so beispielsweise jene Länder zu repräsentieren, aus denen die beteiligten Kinder stammen. Selbstverständlich sind auch andere Auswahlkriterien denkbar: Flaggen, die ein Tiersymbol zeigen, Flaggen

Nauru

An der Fahne von Nauru kann man gleich erkennen, wo das Land liegt: nahe am Äquator. Der gelbe Strich in der Mitte symbolisiert die gedachte Linie, die die Erde in zwei Halbkugeln teilt.
Der weiße Stern mit zwölf Strahlen steht für die zwölf Eingeborenenstämme, aus denen die Bevölkerung besteht. Die Menschen leben hauptsächlich auf einem schmalen Küstenstreifen, der rings um die Insel praktisch eine einzige Stadt bildet.
John Fearn hat Nauru 1798 entdeckt und nannte das Atoll *Pleasant Island* (»Angenehme Insel«).
Lange Zeit war Nauru ein irdisches Paradies mit üppiger Vegetation. Leider sieht es heute anders aus. Durch den Abbau der reichen Bestände an Phosphor (ein Salz) haben die Menschen die idyllische Natur ausgebeutet und in eine öde Mondlandschaft verwandelt.

Kontinent: Ozeanien
Hauptstadt: Yaren
Währung: Australischer Dollar
Amtssprachen: Nauruisch, Englisc[h]
Fläche: 21 Quadratkilometer
Höchster Berg: 63 Meter

Nauru besteht aus Korallenriffen und ist von einer Lagune mit seichtem Wasser umgeben. Eine solche Insel nennt man auch Atoll.

(Bednar, Länder und ihre Flaggen, 2009)
Bei vielen Flaggen lassen sich grafische Details und Farben gut erklären.

mit gleichen, aber unterschiedlich angeordneten Farben, und natürlich auch besonders attraktiv erscheinende Flaggen, die die Kinder aus einem Flaggenatlas ausgewählt haben.

Flagge = meist rechteckige Fläche mit bestimmten Zeichen und Farben, die für einen Staat (Nationalflagge) oder eine bestimmte Organisation stehen. Häufig verwendete Symbole sind bestimmte (traditionelle) Farbmuster, Kreuze und Wappen, Pflanzen und Tiere sowie religiöse und politische Symbole.

Das Bemalen oder Bedrucken von Stoffen ist aufwendiger als die Herstellung von Papierfähnchen. Aber sie sind haltbarer und damit wertvoller.

Diese Flaggensammlung zeigt die Herkunft der beteiligten Kinder.

„Mensch ärgere dich nicht" – hier auf ganze Länder bezogen ...

Aus kleinen, auch im Handel erhältlichen Fähnchen und Flaschenkorken lassen sich **Spielfiguren für Länderturniere** herstellen. Diese Figuren können natürlich auch ganz anders Verwendung finden, denn im Grunde geht es dabei um nichts weniger als eine Wiederbelebung der alten Idee, Spielmaterialien nach Möglichkeit selbst herzustellen.

Nicht selten verraten die Flaggen eines Landes viel über seine Geschichte, eine für dieses Land wichtige Religion, und manchmal zeigt eine bestimmte Struktur sogar, wo sich dieses Land befindet. Im Buch „Länder und ihre Flaggen" (Bednar, 2009) finden Sie eine wunderschöne Sammlung von 193 Nationalflaggen mit spannenden Informationen über die jeweiligen Staaten. Die Länder sind nach Kontinenten und bestimmten Gemeinsamkeiten ihrer Flaggen geordnet. Das verdeutlicht ganz nebenbei und ohne umfangreiche Erklärungen interessante geografische, politische und historische Beziehungen.

➲ *Zur Vertiefung dieses Themas finden Sie im Arbeitsheft eine Reihe von Aufgaben.*

Länder, Regionen, Landschaften

Länder-Puzzlespiele sind immer beides: Spielmittel und Lernhilfe. Für jüngere Kinder besonders empfehlenswert sind solche Puzzles, bei denen jedes Puzzleteil ein Land darstellt. Dadurch werden Größe und Umriss eines Landes im Vergleich zu den Nachbarländern besser nachvollziehbar. Kinder, die sich mit solchen Spielen häufig befassen, erlangen rasch große Sicherheit in der geografischen Zuordnung der jeweiligen Länder – was das Vergnügen an diesem Spiel nicht verringert, im Gegenteil: Wenn ein Kind bereits weiß, dass Rumänien neben Ungarn liegt, teilt es sein Wissen gerne anderen Kindern mit und freut sich, in dieser Angelegenheit „Experte" zu sein.

Während die Vorderseite aller **Euro-Münzen** einheitlich den Wert der jeweiligen Münze zeigt, finden sich auf der Rückseite je nach Mitgliedsstaat der Währungsunion unterschiedliche Darstellungen. Diese Motive wurden von den betreffenden Staaten selbst vorgegeben und können – den Flaggen vergleichbar – als nationale Identifikationssymbole angesehen werden. Auf der nationalen Seite der deutschen Euro-Münzen gibt es – je nach Münzwert – drei verschiedene Symbole (Zweig einer Eiche, Brandenburger Tor, Bundesadler). Seit 2006 werden in Deutschland zusätzlich 2-Euro-Gedenkmünzen mit weiteren Motiven geprägt. Statt Flaggen können diesen Ländern auch die unterschiedlichen Euro-Münzen zugeordnet werden.

Europa als Puzzlespiel: Auch die Rückseiten der Euro-Münzen symbolisieren die Länder Europas.

Um nationale Unterschiede stärker auf die Natur beziehungsweise Naturräume und regionale Unterschiede zu beziehen, bietet es sich an, die **spezifische Tier- und Pflanzenwelt** zu thematisieren. Je nach Breitengrad und Klima, geomorphologischen Gegebenheiten und kulturhistorischen Prägungen, finden wir in unterschiedlichen Ländern und Regionen auch eine ganz eigene Pflanzen- und Tierwelt. Zunächst interessieren sich Kinder besonders für größere Wildtiere wie Tiger, Elefanten oder Krokodile, aber wirklich spannend wird es oft erst, wenn es um Tiere geht, die zwar nur in einem ganz bestimmten Gebiet leben und vielleicht für dieses Land sogar als typisch gelten, andererseits aber eher unscheinbar und rätselhaft sind. Zu diesen Tieren könnte man den **Kiwi** (Apteryx spp.) zählen, einen flugunfähigen und nachtaktiven Vogel, der nur auf Neuseeland vorkommt und dort zum National- und Wappentier erklärt wurde. Der **Manul** (Otocolobus manul) wiederum ist weit weniger bekannt, auch wenn diese beeindruckende Wildkatzenart ein typischer Bewohner der felsigen Steppen und Gebirge Zentralasiens ist. In Afghanistan, Turkmenistan, Usbekistan, Kasachstan, Kirgisistan, Tadschikistan und einigen anderen angrenzenden Ländern ist er trotz mancher Gefährdungen immer noch weitverbreitet.

Eine Stoff-Weltkarte hat den großen Vorteil, dass man sie nahezu überall ausbreiten kann – und wenn es im Flur ist.

Eine große **Stoff-Weltkarte** und Figuren bestimmter Wildtiere sind eine gute Möglichkeit, Kindern die Wildtiere verschiedener Länder und Naturräume nahezubringen. Den Kindern steht damit eine „begehbare Welt" zur Verfügung, womit sich natürlich bald weitere Fragen stellen: Wandern diese Tiere nicht von einem Land in das nächste? Warum nicht? Und woher kommen dann die Tiere im Zoo? Ist das Leben im Zoo besser? Warum sperrt man sie dann aber ein? Können wir auch einen Manul haben? Warum nicht?

Der Manul ist die Wildkatze Zentralasiens. Tagsüber schläft der Einzelgänger in Steinhöhlen, nachts jagt er nach Katzenart Steinhühner, Mäuse und Pfeifhasen.

Im Gegensatz zur Tier- und Pflanzenwelt sowie den teilweise sehr charakteristischen Landschaften mancher Länder sind die **nationalen Hauptstädte** für Kinder meist weniger interessant. Erst ältere Kinder interessieren sich dafür, und auch dann am ehesten für die allgemein bekannteren Städte wie Rom, London, Paris oder Tokio.

Spannender sind da schon die unterschiedlichen **Lebensgewohnheiten der Menschen anderer Länder**. Was dort am liebsten gegessen wird, wie die Häuser aussehen, wie Kinder dort leben (vgl. Floto-Stammen/Kretzmann, 2008). Zu solchen und ähnlichen Themen gibt es in verschiedenen Museen immer wieder Ausstellungen, die auch für Kinder sehr interessant sind. Dabei kann es sich sowohl um Artefakte (Kunst- oder Gebrauchsgegenstände) bestimmter Kulturen handeln als auch um stärker gegenwartsbezogene Ausstellungen über unterschiedliche Lebenswelten und Formen der Alltagskultur.

Auch wenn sich diese Ausstellung offenkundig in erster Linie an Erwachsene richtet – die Kinder sind von den kurzen Dokumentarfilmen über das Leben in verschiedenen Städten beeindruckt und fasziniert.

Auch Bücher wie das Bilderbuch „Julies Einschlafbuch“ (Wiederhold/Sobat, 2007) machen Kinder mit dem Leben in anderen Ländern vertraut. Hier erzählt eine Mutter ihrem Kind jeden Abend eine Geschichte von irgendeinem Land und einem Kind, das dort lebt, und wie dieses Kind schläft, wie sein Zimmer, sein Bett, sein Zuhause aussieht. Julie beginnt so mit ihrer Mutter eine Reise durch die Welt. Dabei lernt sie Fatima und ihr Schlafzelt in der Wüste kennen, Shu Hi und sein Baumhaus im Dschungel, Xuxa und ihren Iglu, aber auch Pablo, der nichts als eine alte Mülltonne als Bett hat, und Riza, dessen Zuhause eine Hängematte mitten im Wald ist.

Die Sprachen der Welt

Wesentlich zur Auseinandersetzung mit anderen Ländern und Kulturen gehören die unterschiedlichen **Sprachen und Dialekte**. In zahlreichen Kindertagesstätten treffen heute Kinder aus fünf, sechs oder noch weit mehr verschiedenen Ländern aufeinander, und die meisten von ihnen wachsen mindestens zweisprachig auf. Diese **frühe Mehrsprachigkeit** wird von den Kindern nicht nur erstaunlich gut bewältigt, sondern sie stellt vielfach auch ein wichtiges Vermittlungs- und Bindeglied zwischen verschiedenen Kulturen dar. Nicht selten fungieren junge Kinder sogar als Dolmetscher zwischen ihren Eltern und pädagogischen Fachkräften, was durchaus auch positive Aspekte hat.

Abgesehen davon, dass der Prozess der Sprachentwicklung beim Kind generell ein vielschichtiger und komplexer Vorgang ist und hier nicht weiter vertieft werden kann, bleibt doch festzuhalten, dass in der Beschäftigung mit anderen Sprachen für die betreffenden Kinder nicht nur eine zusätzliche Herausforderung, sondern vor allem eine besondere Chance liegt. **Sprache als Werkzeug und Ausdrucksmittel** basiert zum einen auf einem gewissen Wortschatz, zum anderen auf der Fähigkeit zum Austausch von Gefühlen, Gedanken, Überlegungen. Mehrsprachigkeit erweitert diese Möglichkeiten enorm, sie vergrößert nicht nur den Wortschatz der Kinder, sondern hilft ihnen – was noch viel wichtiger ist –, Sprache insgesamt besser zu verstehen, Kenntnisse und Erkenntnisse von einer Sprache in eine andere zu transferieren sowie neue Begriffe und intellektuelle Fähigkeiten zu erwerben.

Aufgaben:

Der Vergleich, wie etwas in verschiedenen Sprachen genannt wird, ist für Kinder vor allem dann interessant, wenn es um etwas geht, was ihnen wichtig und gut verständlich ist. Bei der Auswahl der Sprachen, die hier miteinander verglichen werden sollen, sind natürlich die Muttersprachen der beteiligten Kinder zu bevorzugen. Darüber hinaus ist es sinnvoll, Sprachen von Ländern zu wählen, die den Kindern als Urlaubsland oder in anderen Zusammenhängen gut bekannt sind.

1. Wählen Sie nach den genannten Kriterien etwa sieben oder acht Sprachen aus.
2. Finden Sie heraus, wie die folgenden Begriffe in diese Sprachen übersetzt werden können und notieren Sie diese Vokabeln:
   – Wasser
   – Baum
   – Mond
3. Je nach Auswahl der Sprachen lassen sich eventuell bemerkenswerte Entsprechungen und Übereinstimmungen in Wortstamm, Aussprache etc. finden. Was können Sie dabei herausfinden? Welche Gemeinsamkeiten entdecken Sie?

Sprache ist als „psychisches Werkzeug" anzusehen, dessen Gebrauch und Nutzung eng an soziale und kommunikative Gelegenheiten gebunden ist. **Aufmerksamkeit, Einfühlungsvermögen und kommunikative Fähigkeiten** sind gerade hinsichtlich der frühen Sprachförderung Schlüsselqualifikationen für pädagogische Fachkräfte.

Da es bei einer Sprache immer auch um das Gesprochene, das heißt um die jeweilige Aussprache geht, ist es gut, wenn Kinder auch davon eine Vorstellung erhalten. Wenn in einer Kindertageseinrichtung beispielsweise Kinder sind, deren Eltern aus so verschiedenen Ländern wie Kamerun, Ukraine, Tschechien, Kanada, Polen, Kroatien, USA und natürlich Deutschland stammen, kann man die Eltern um eine Aufnahme eines kurzen Textes oder Liedes in ihrer **Landessprache** bitten. Eine kleine Sammlung solcher **Hörbeispiele** zeigt auf nachvollziehbare Weise Unterschiede und Gemeinsamkeiten in Lauten und Sprachmelodien und macht Lust auf eigene Vergleiche und die Aneignung fremder Begriffe.

In der Raumstation

Die Natur- und Umweltpädagogik kann nicht nur auf besonders überzeugende Weise zeigen, wie eng verschiedene Wissensgebiete und Disziplinen miteinander verflochten sind, sondern auch, dass das **Verhältnis Mensch/Natur** ein grenzüberschreitendes Thema darstellt. Selbstverständlich gibt es große kulturelle Unterschiede, wie Menschen mit ihrer

Umwelt umgehen, was ihnen wichtig und manchmal sogar heilig ist, und in welcher Weise sie ihren Lebensraum gestalten und beeinflussen. Dennoch ist uns heute mehr als jemals zuvor bewusst, dass verschiedene **großräumige und globale Entwicklungen** letztlich alle Menschen auf diesem Planeten betreffen. Eine verschwenderische oder nachhaltige Nutzung von Rohstoffen, Klimaveränderungen und damit verbundene wirtschaftliche und gesellschaftliche Auswirkungen oder die Frage nach Aufrechterhaltung der Artenvielfalt (Biodiversität) sind für uns alle von zunehmender Bedeutung – ungeachtet aller politischen und kulturellen Unterschiede.

Kulturhistorisch betrachtet ist dieses Bewusstsein, gemeinsam auf einem Planeten mit endlichen Ressourcen zu leben, noch ziemlich jung. Das hat nicht zuletzt auch mit den wissenschaftlichen Forschungen und Entdeckungen im 20. Jahrhundert zu tun. Vielleicht hat tatsächlich nichts unser Bild von der Erde so geprägt wie der Blick der ersten Astronauten vom Weltraum aus auf den Blauen Planeten.

Einige Kinder haben sich eine Raumstation gebaut, in der sie komplizierte Experimente durchführen. Blicken sie aus dem Kontrollraum, sehen sie die Erde vor sich.

Für Kindertagesstätten stellt die Auseinandersetzung mit der Astronomie sicherlich eher eine Ausnahme dar, aber wenn Kinder selbst ein entsprechendes Interesse zeigen, ist es nur konsequent, sie darin zu unterstützen. Im Übrigen lässt sich besonders die Natur- und Umweltkunde schon lange nicht mehr von globalen Entwicklungen trennen. Auch der Umgang des Menschen mit der Natur einschließlich aller möglichen Aspekte des Umweltschutzes steht in engem Zusammenhang mit länderübergreifenden Forschungs- und Arbeitsprogrammen, satellitengestützten und vielfach miteinander vernetzten Informationssystemen.

Literaturtipps

- Enzensberger, Hans M.: Der Zahlenteufel, München: dtv, 1999 – Ein Buch, das nicht nur Kindern Lust auf Mathematik macht: Einfache bis erstaunlich und rätselhaft erscheinende Zusammenhänge im Zahlenreich werden spielerisch vermittelt.
- Lightman, Alan: Und immer wieder die Zeit. Einstein's Dreams, übers. v. Friedrich Griese, München: Droemer Knaur, 2004 – Der Astrophysiker Lightman erzählt in unglaublich spannenden Geschichten, wie es vielleicht wäre, wenn die Zeit jeweils ganz anderen Gesetzmäßigkeiten als den uns bekannten gehorchen würde.
- Lück, Gisela: Leichte Experimente für Eltern und Kinder, Freiburg i. Br.: Herder, 2008 – Zusammenstellung einfacher, vorwiegend chemischer Experimente mit bestimmten Lebensmitteln, Wasser und Luft. Gut erklärt und leicht nachzumachen.
- Senftleben, Hans-Günter: Tausendundeins. Mein Mathematikbuch 1, Regensburg: Wolf, 2001 – Eine bunte, ansprechend illustrierte Sammlung von Zähl-, Rechen- und Denkaufgaben für Kinder im ersten Schuljahr. Mit Arbeitsheft und Kopiervorlagen als Begleitmaterial.
- Wiederhold, Doris/Sobat, Vera: Julies Einschlafbuch, München: Ars Edition, 2007 – Ein wunderschönes Bilderbuch mit Geschichten von Kindern in ganz unterschiedlichen Ländern und ihren Lebensumständen.

4 Wetter – Alltagsgeschehen und spannende Phänomene

Was ist der Unterschied zwischen *Klima* und *Wetter*?

Was ist ein *Mikroklima* und worin kann seine besondere Bedeutung für uns liegen?

Können Sie mithilfe eigener Beobachtungen eine Wettervorhersage machen?

Welche *Bauernregeln* kennen Sie? Und was halten Sie davon?

Haben Sie eine Lieblingsjahreszeit? Welche und warum?

Welche Bedeutung kann der Wechsel der Jahreszeiten für Kinder haben?

Welche Rolle spielt das Wasser beim Wettergeschehen?

Worin unterscheiden sich die Aggregatszustände des Wassers?

Wie entsteht ein Regenbogen und was hat er mit dem Standort des Beobachters zu tun?

Was versteht man unter einem „Halo"?

Was machen Wettergeschehen und Himmelserscheinungen für Kinder interessant?

Kennen Sie optische Täuschungen bei der Wetterbeobachtung? Welche?

Spüren Sie selbst Effekte des sogenannten *Biowetters*?

Sammlung sonderbarer Objekte

Nr. 4

Was löst die Betrachtung in Ihnen aus? Erinnerungen, Vermutungen, Wiedererkennen?

Was könnte das sein?

Welche Bedeutung, welchen Nutzen könnte es haben?

(Auflösung im Anhang, S. 429)

**Seit Urzeiten reden die Menschen vom Wetter.
Aus gutem Grund: Das Wettergeschehen bestimmt unser Leben nach wie vor.**

Das Gespräch über das **Wetter** gehört in ganz unterschiedlichen gesellschaftlichen Situationen zu den wichtigsten Themen. Was dabei wirklich erstaunlich ist: Konkretes Wissen über das Wettergeschehen, seine Bedingungen und Auswirkungen besitzen nur recht wenige Menschen. Das weithin verbreitete Wissensdefizit einschließlich seiner Fehlurteile scheint Gespräche über das Wetter aber sogar zu begünstigen. Fragen der subjektiven Wahrnehmung und des Erinnerungsvermögens spielen dabei eine ganz besondere Rolle. Die Tatsache, dass **Meteorologen** immer wieder auf die enorme Komplexität des Wettergeschehens und die vielfältigen Schwierigkeiten bei der Erstellung von Prognosen bis hin zu Klimamodellen hinweisen, hat auf die Bildung fester Meinungen und Gewissheiten in der Öffentlichkeit einen eher geringen Einfluss.

Angesichts der Bedeutung, die das Thema vor allem auch für die Umweltbildung besitzt, werden in diesem Kapitel wenigstens einige besonders wichtige Aspekte herausgegriffen und behandelt:

4.1 Klima und Wetter – Grundwissen zu häufig gestellten Fragen

4.2 Jahreszeiten und andere natürliche Rhythmen

4.3 Wasser – Treibstoff des Wettergeschehens

4.4 Strahlung und Licht – Gewissheit und Täuschung

4.5 Biowetter: Gesundheit ist auch vom Wetter abhängig

Die Auswahl und Reihung der Einzelthemen folgen wieder einem roten Faden, ähnlich wie in anderen Kapiteln. Selbstverständlich lassen sich unter einem anderen Blickwinkel oder einer anderen pädagogischen Zielsetzung auch ganz andere Verknüpfungen und Themenfolgen erstellen. Für ein bestimmtes, an einer Jahreszeit orientiertes Projekt mit Kindern kann es sehr sinnvoll sein, Versuche, Spiele und Beispiele aus verschiedenen Kapiteln miteinander zu verknüpfen.

Ein „Fest der Schneekönigin" nimmt neben gestalterischen Aspekten vielleicht nicht nur Bezug auf Winter, Schnee und Kälte, sondern auch auf das Leben der Wildtiere in dieser Jahreszeit, auf Tageslänge und Vegetationsruhe, kulturelle Traditionen und Zeichen des Brauchtums und damit eventuell auch auf Fragen der Projektarbeit mit Beteiligung von Eltern und anderen Personen außerhalb der Einrichtung (Expertenwissen).

Das „Fest der Schneekönigin" ist für die Kinder natürlich auch eine hervorragende Gelegenheit, sich zu kostümieren und sich als „Schneeflocken" und „Eiskristalle" in einer ganz neuen Rolle zu bewegen.

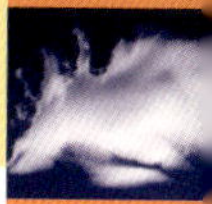

4.1 Klima und Wetter – Grundwissen zu häufig gestellten Fragen

Während mit dem Begriff **Klima** großräumig geltende meteorologische Bedingungen beschrieben werden (*Klimazonen*), beziehen sich Angaben zum **Wetter** (Wetterlage, Witterung) immer auf ein regional begrenztes Gebiet zu einer bestimmten Zeit. Dieser Unterschied ist vor allem deshalb wichtig, weil klimatische Rahmenbedingungen stets die Bandbreite der konkret auftretenden Wetterverhältnisse bestimmen.

Ein weiteres wichtiges Unterscheidungsmerkmal betrifft die Veränderbarkeit meteorologisch relevanter Größen: Ein bestimmtes Klima ist z. B. durch ganz bestimmte Temperatur- oder Feuchteverhältnisse gekennzeichnet, die sich in der Regel nur in größeren Zeiträumen und relativ langsam verändern (globale Erwärmung als klimatische Veränderungen!). Ein bestimmtes Wetter hingegen kann umschlagen, ein Wettergeschehen ist meist kurzfristig und kann sich – innerhalb bestimmter Grenzen – rasch ändern.

Der Begriff *Klima* wird allerdings auch im Zusammenhang mit durchaus kleinräumigen, aber genau umrissenen Situationen verwendet: Ein **Waldklima** vermittelt uns Eigenschaften, die selbstverständlich zwar vom überregionalen Klima (*Großraumklima*) sowie vom örtlichen Wettergeschehen beeinflusst werden, aber eben auch etwas Beständiges, nur für sich Geltendes aufweisen: Geringere Temperaturgegensätze, kaum Wind sowie eine meist höhere Luftfeuchtigkeit als in der Umgebung kennzeichnen stets bereits einen kleinen Baum- oder Waldbestand (*Bestandsklima*).

> **Kleinklima** (*Mikroklima*) = Bezeichnung für einen kleinen, gut umrissenen Bereich in der Ausdehnung von etwa 1 bis 100 m Durchmesser, für den ganz spezifische meteorologische Bedingungen gelten, z. B. Terrasse, Waldlichtung, Schlucht, Hausfassade. Während etwa in der Umgebung weithin keine Weinrebe gedeihen würde, kann diese wärmeliebende Pflanze an einer geschützten Ecke am Haus oder Innenhof mühelos kultiviert werden.

➲ ***Zur Vertiefung dieses Themas finden Sie im Arbeitsheft eine Reihe von Aufgaben.***

In der pädagogischen Arbeit spielt die Auseinandersetzung mit dem Wetter meist eine nur untergeordnete Rolle, und es geht meist nur darum, sich angemessen zu kleiden, auf ausreichend Sonnenschutz zu achten oder bei Regen rechtzeitig ins Trockene zu kommen. Zu wenig Berücksichtigung findet dabei der Aspekt, dass Kinder das Wetter selbst häufig bereits als Angebot sehen:

Regen z. B. hat für Kinder oft etwas ungeheuer Faszinierendes, Anregendes: Tropfengeräusche, Pfützenspiele, neue Rutschgelegenheiten oder plötzlich leuchtende Steine. Als spannend wird auch der leise Beginn eines Regens erlebt oder das – bei einem Gewitterregen – plötzlich einsetzende schwere Prasseln, vielleicht sogar mit einem Hagelschauer verbunden (vgl. Kapitel 3, S. 88). Der später manchmal zu entdeckende Regenbogen ist ohnehin ein Erlebnis für sich (vgl. S. 142 ff.). Die bewusste Wahrnehmung eines Wettergeschehens ist als Voraussetzung für eine intensivere Beschäftigung mit Fragen der Meteorologie jedenfalls unverzichtbar.

Unsere Atmosphäre

Die **Luft** ist jenes Medium, das wie kein anderes die Atmosphäre charakterisiert. Unsichtbar – es sei denn, es handelt sich um stärker verschmutzte Luftschichten – und dennoch überall gegenwärtig, ja lebensnotwendig ist die Luft, die wir atmen, ein Gasgemisch mit den Hauptbestandteilen Stickstoff (78 %), Sauerstoff (21 %), Argon (0,9 %) sowie Kohlendioxid, Schwefeldioxid und Ozon als *Spurengase* mit teilweise erheblicher Bedeutung (zusammen rund 0,1 %).

> **Atmosphäre** (*in den Geowissenschaften*) = allgemein: Gashülle eines Gestirns; im Besonderen: Gas- oder Lufthülle der Erde, wobei verschiedene, gut gegeneinander abgrenzbare Schichten unterschieden werden. Der unterste Teil der Atmosphäre wird auch zur Biosphäre gerechnet.

Während Pflanzen über die **Fotosynthese** (vgl. Kapitel 5) verschiedene organische Stoffe erzeugen und Sauerstoff an die Umwelt abgeben, wird durch die **Atmung** von Organismen Sauerstoff verbraucht und Kohlendioxid ausgeschieden. Atmung als Verbrennungsprozess stellt damit das Gegenstück zur Assimilationsleistung der Pflanzen dar.

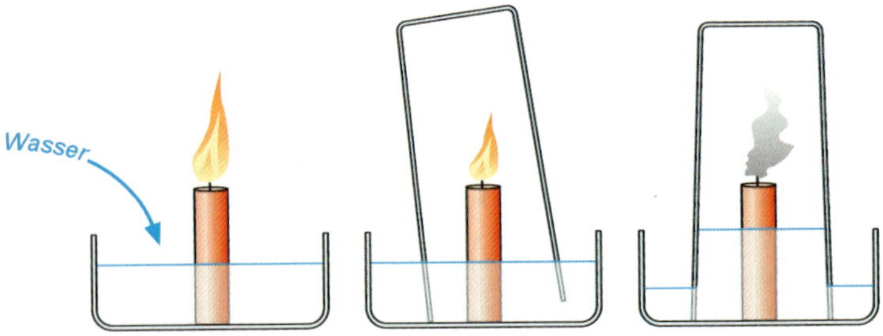

Die brennende Kerze steht in einer Schale mit Wasser. | Ein hohes Glas wird über die Kerze gestülpt, die noch kurz brennt, dann ... | ... erlischt, während der Wasserspiegel im Innern des hohen Glases rasch und deutlich ansteigt.

Mit einem einfachen Versuch lässt sich nicht nur zeigen, dass bei einer Verbrennung Sauerstoff verbraucht wird, sondern auch, dass dieses Gas eine bestimmte Ausdehnung hat. Durch die Verbrennung reagiert nämlich der in der Kerze vorhandene Kohlenstoff – unser Brennstoff – mit Sauerstoff und es entsteht Kohlendioxid. Dieses Gas ist aber in Wasser löslich, und so steigt der Wasserspiegel innerhalb des Gefäßes an, während die Kerze aufgrund des Sauerstoffmangels erlischt.

Aufgaben:

Die Tatsache, dass Luft unsichtbar ist, macht es schwieriger, Kinder mit diesem „Element" vertraut zu machen. Dennoch gibt es einige gute Möglichkeiten, das Wesen der Luft zu verdeutlichen. Überlegen Sie, in welcher Weise sich die folgenden Vorschläge praktisch nutzen lassen können:

1. Wo gibt es überall Luft? Wo nicht? Woran kann man das Vorhandensein von Luft erkennen?
2. Luft braucht Platz. Eine leere Dose, unter Wasser getaucht, kann sich nur unter ganz bestimmten Umständen mit Wasser füllen, oder?
3. Wie lässt sich Luft zusammenpressen? Welche (erwünschten oder unerwünschten) Wirkungen lassen sich beim Entweichen von komprimierter Luft beobachten?
4. Ein Feuer benötigt eine ausreichende Sauerstoffzufuhr. Was bedeutet das für ein Lagerfeuer oder einen Ofen? Wie lässt sich der Sauerstoffbedarf sinnlich nachvollziehbar, also sichtbar machen?

Das Wissen um den Aufbau der Erdatmosphäre ist nicht nur zum Verständnis von Wolken und anderen Wettererscheinungen von Bedeutung, sondern es hilft auch, die Fragen nach dem gefährlichen **Ozonabbau** (in der oberen Stratosphäre) und einer nicht minder bedenklichen **Ozonanreicherung** (in der unteren Troposphäre) besser einzuordnen und zu verstehen.

> **Ozon** = chemische Verbindung von drei Sauerstoffatomen („normaler", molekularer Sauerstoff ist zweiatomig). Durch Reaktion von molekularem Sauerstoff (O_2) mit einzelnen Sauerstoffatomen entsteht das chemisch sehr reaktive Ozon (O_3). Dieses Gas, das Menschen, Pflanzen und viele Materialien schädigen kann, bietet einerseits in großen Höhen einen wirksamen Schutz vor der UV-Strahlung der Sonne, stellt andererseits in bodennahen Luftschichten aber einen gefährlichen Bestandteil des sogenannten Sommersmogs dar, der vor allem durch den Kfz-Verkehr und die Industrie verursacht wird.

Wind und Wolken

So wenig fassbar die Luft als solche ist, so sehr ist bewegte Luft, der **Wind**, sinnlich wahrnehmbar: angenehm oder ärgerlich, heftig oder leise säuselnd, als laues Lüftchen oder gar unheimlicher Sturm. Das oft genug überraschende und rätselhafte Auftreten von Winden hat die Menschen immer schon beschäftigt. In der Geschichte vieler Völker finden wir Berichte von Winden und ihren Wirkungen, ihrer Unverlässlichkeit und undurchschaubaren „Absichten". Für die Menschen dieser Zeit waren es eben „nicht bloße Luftbewegungen, sondern übernatürliche Manifestationen, die Absichten der Götter darstellen" (Biedermann, 2004, S. 486). Vor allem in jenen Ländern, in denen Wüsten und vegetationsarme Gebiete vorherrschen, entstanden zahlreiche Charakterisierungen und Benennungen wie z. B.:

- **Schirokko**: ein heißer und trockener Wind aus südlichen und südöstlichen Richtungen, der oft Saharastaub mit sich führt und erst über dem Mittelmeer Feuchtigkeit aufnimmt
- **Buran**: ein sehr starker Nordoststurm in den Steppen und Wüsten Westsibiriens und Kasachstans, im Sommer als heißer Sandsturm, im Winter als eisiger Schneesturm

(vgl. Sönning/Keidel, 2012, S. 27)

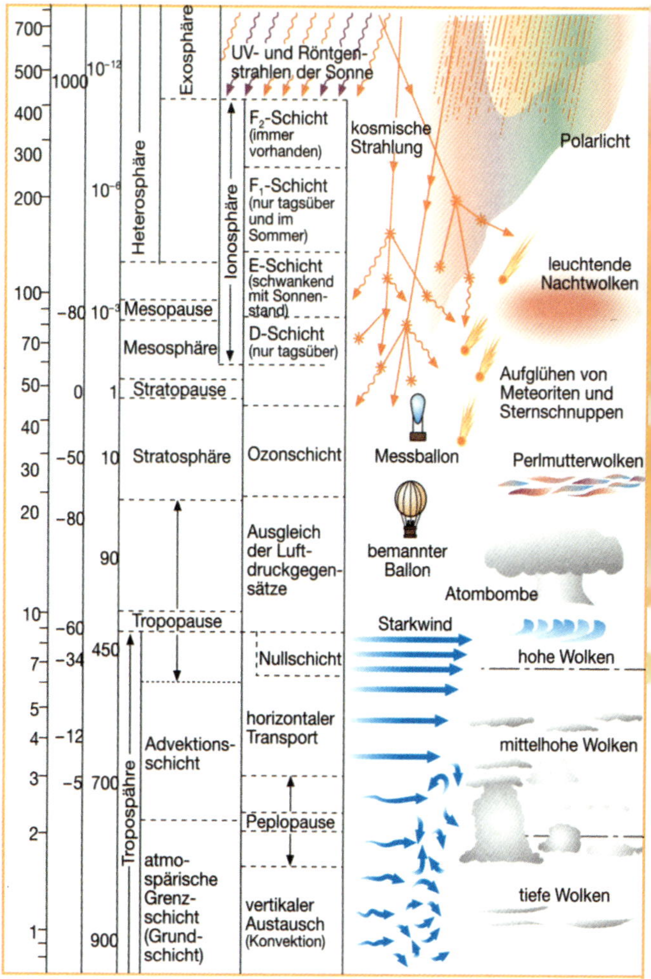

Aber auch bei uns gibt es Winde, die ganz bestimmte Eigenheiten haben:

- **Böhmwind**: ein besonderer Fallwind in Ostbayern, im Erzgebirge oder im Vogtland; angenehm frisch im Sommer, aber unheimlich und äußerst heftig im Winter, indem er in kürzester Zeit starke Schneeverwehungen bewirkt
- **Föhn**: einer der vielen Fallwinde, die aufgrund einer ganz bestimmten atmosphärischen Störung auf der ganzen Welt in bestimmten Gebieten auftreten und dementsprechend auch verschiedene lokale Namen tragen; als warmer Fallwind vor allem auf der Alpennordseite; bei nicht wenigen Menschen die gefürchtete „Föhnkrankheit" auslösend: Kopfschmerzen, Übelkeit, starke Nervosität und Gereiztheit bis hin zu Herz- und Kreislaufproblemen

Was ist aber nun ein Wind? Wie entstehen Winde? Oder wie Kinder gelegentlich fragen: „Woher kommt der Wind eigentlich?"

Die „Föhnfische" (Altocumulus lenticularis) sind als Wolkenform für den Föhn sehr typisch. Von Süden aufziehend stehen sie parallel zu den Bergketten und versprechen dort trockenes und klares Wetter. Hier sind sie im Norden aber bereits von einer gleichmäßig dichten Wolkendecke begrenzt, die den baldigen „Föhnzusammenbruch" ankündigt.

Grundsätzlich sind Winde immer die Antwort auf **Druckunterschiede** in der Atmosphäre. Diese wiederum entstehen dadurch, dass Luft, die sich erwärmt, ausdehnt, damit leichter wird, aufsteigt und so anderen Luftmassen Platz macht, die in dieses Gebiet niedriger gewordenen Luftdrucks nachströmen. Mit anderen Worten: Dort, wo ein freier Raum entsteht, werden immer Elemente von außen hineindrängen. In der Sprache der Meteorologen: Der Wind weht stets vom Hoch zum Tief, also von Gebieten höheren Luftdrucks zu jenen niedrigeren Luftdrucks. Wenn also die Erwärmung der Luft den Anstoß für die Bewegung gibt, so steht damit auch die Ursache fest: Es ist die Sonneneinstrahlung, die – abhängig von Breitengrad, Jahreszeit, Tageszeit, Geländeform, Vegetationsdecke oder auch Schneelage – eine unterschiedliche Erwärmung des Bodens und der bodennahen Luftschichten bewirkt und damit die Luftmassen in Bewegung bringt.

Auf diese Weise entstehen auch die globalen Windsysteme wie zum Beispiel die Passatwinde: Die starke Erwärmung der Erde in Äquatornähe bewirkt, dass die dortigen Luftschichten aufsteigen und sich ausbreiten. Nördlich und südlich des Äquators sinken sie wieder ab, wobei sie beim Zurückströmen Richtung Äquator durch die Erdrotation abgelenkt werden.

Übrigens: Die heute allgemein übliche Bezeichnung der Winde nach Himmelsrichtungen bezieht sich stets auf die Richtung, aus der der betreffende Wind weht: Ein Westwind ist ein Wind, der *von* Westen kommt.

1806 hat ein britischer Marineadmiral, Sir Francis Beaufort, eine Skala zur Messung der **Windstärke** entwickelt, die nach wie vor Gültigkeit hat – auch wenn die Windstärken mittlerweile häufig in Kilometern pro Stunde oder anderen Einheiten angegeben werden. Die Beaufort'sche Skala ist aber anschaulicher als eine reine Zahlenreihe, da sie sich auf allgemein beobachtbare Phänomene stützt (vgl. Huler, 2009). Die zwölf Stufen der Skala beziehen sich auf jene Wirkungen eines Windes, die bei einer Standardhöhe von 10 m über einem freien, flachen Gelände festgestellt werden können:

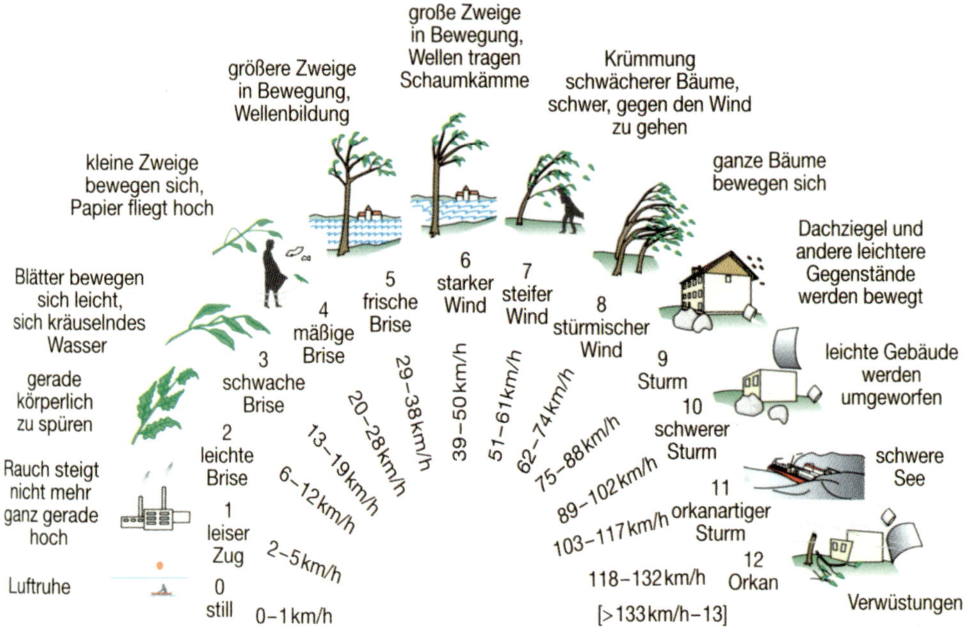

Für Kinder ist der Wind natürlich dort am interessantesten, wo etwas passiert, wo die Kraft des Windes beobachtet und vielleicht sogar genutzt werden kann. Abgesehen von Papierfliegern, die genau genommen bei Windstille am besten fliegen (gute und originelle Bauanleitungen auf der deutschsprachigen Internetseite www.uh06.de), sind Windräder hier besonders interessant.

➲ ***Zur Vertiefung dieses Themas finden Sie im Arbeitsheft eine Projektanregung.***

Die Tatsache, dass einzelne Winde auch ganz bestimmten Himmelsrichtungen zuzuordnen sind, hat insbesondere im Gebiet der romanischen Seefahrt dazu geführt, dass auf Kompassdarstellungen auch die jeweiligen Winde eingetragen wurden: Tramontana (N), Greco (NO), Levante (O), Schirokko (SO), Ostro (S), Libecco (SW), Ponente (W), Maestro (NW). Es handelt sich um jene Winde, die in den nördlichen Mittelmeerländern bekannt und vor allem für die Seefahrt wichtig waren. Diese **Windrosen** finden sich auf vielen mittelalterlichen Karten – nicht selten mit kindlichen Gesichtern verziert, die jeweils einen Wind in die ihm zugewiesene Richtung blasen.

Ein anschauliches Modell einer **Windhose** *lässt sich mithilfe einer kleinen, selbst gebauten Vorrichtung zeigen: Ein etwa 20 bis 30 cm langer, starker Kupferdraht wird mit dem einen Ende an einen sehr kleinen Elektromotor gelötet, an das andere Ende lötet man ein kleines, rechteckiges Metallplättchen von etwa 10 mm x 25 mm. Anschließend taucht man dieses Plättchen senkrecht in ein hohes, mit Wasser gefülltes Glas. Am Grund des Glases sollte sich etwas Sand befinden, an der Oberfläche schwimmen kleine Holzstückchen. Sobald man nun den Elektromotor einschaltet, bildet sich im Wasser ein Wirbel, durch den die auf der Wasseroberfläche schwimmenden Teile nach unten und die Sandkörner nach oben gerissen werden – vergleichbar der Wirkung einer Windhose (vgl. Kikoin, 1991).*

Die in etwa 8 bis 10 km Höhe entstehenden Cirruswolken zählen zu den höchsten Wolken und bestehen nur aus Eiskristallen. Tauchen diese wie mit Haken versehenen „Federwolken" in zunehmender Zahl aus Südwesten auf, bedeutet das eine Wetterverschlechterung in 24 bis 48 Stunden.

Im Freien lassen sich Luftbewegungen sehr gut über die Beobachtung von Wolken und ihren Bewegungen und Formänderungen erkennen. Abgesehen davon, dass solche Beobachtungen von uns allen immer wieder zur Einschätzung der Wetterlage genutzt werden, sind vor allem Cumulus-Wolken besonders gut für eine kleine Serienbeobachtung geeignet:

Die Cumulus- oder Haufenwolken (vgl. S. 115, Objekt 4: ein „Wolkentier") sind meist scharf begrenzte, einzelne Wolken, die häufig scheinbar unbewegt am blauen Sommerhimmel zu stehen scheinen, bei genauerem Hinsehen aber überraschend deutliche Formänderungen aufweisen. Mittels einfacher Umrisszeichnungen, die in festgelegten Abständen angefertigt werden, können Kinder die Veränderungen einer selbst ausgewählten kleinen Cumulus-Wolke gut nachvollziehen und festhalten. Am besten wird dazu vereinbart, dass alle teilnehmenden Kinder auf ein akustisches Signal hin sofort und für lediglich zehn Sekunden **ihre** *Wolke suchen und sie sich genau anschauen, dann – ohne weiter nach oben zu blicken – aus der Erinnerung diese Wolke skizzieren und ausmalen. Das sollte in etwa fünf Minuten geschehen. Die nächste Phase, die wieder mit dem akustischen Signal eingeleitet wird, führt zu einer weiteren Skizze auf einem neuen (und entsprechend nummerierten) Blatt Papier. Die Aneinanderreihung der Bilder nach Abschluss dieses Experiments führt nicht selten zu verblüffenden Ergebnissen, bei etwas Fantasie vielleicht sogar zur Entwicklung einer kleinen „Wolken-Story".*

Wettermessung

Wetterkunde ist für Kinder nicht nur ein interessantes Wissensgebiet, sondern es geht dabei auch um Aspekte, die für die Umweltpädagogik von grundsätzlicher Bedeutung sind:

- Anleitung zu einer bewussten und sorgfältigen Wahrnehmung natürlicher Phänomene (Erkennen und Differenzieren)
- Vermittlung der Erkenntnis, dass und auf welche Weise Wetter- und Klimaerscheinungen mittels naturwissenschaftlicher Methoden erfassbar und messbar sind (Umgang mit bestimmten Messinstrumenten, Wetterprognose)
- Verbindung beobachteter Naturerscheinungen mit menschlichen Aktivitäten und Reaktionen (Erkennen und Interpretieren von Auswirkungen und Wechselwirkungen, Verhältnis Mensch/Natur hinsichtlich aktueller Problemstellungen wie Schutz der Ozonsphäre und Klimaveränderungen)

Bereits die Verwendung einfacher **Messgeräte** wie Thermometer, Barometer oder Regenmesser stellt eine Verbindung zwischen einem handlungsorientierten, instrumentellen Bereich und kognitiven Anforderungen dar. Die für solche Vorhaben wichtige Kontinuität führt darüber hinaus zum Verständnis für die zeitliche Dimension von Beobachtung, Messung und Auswertung.

Für ein Wetterprojekt mit Kindern bieten sich vor allem folgende, relativ einfache und kostengünstige Messgeräte an, die – wie im Fall eines Regen- oder Windmessers – als einfache mechanische Modelle sogar gemeinsam gebaut werden können:

Einfache Geräte zur Messung von:

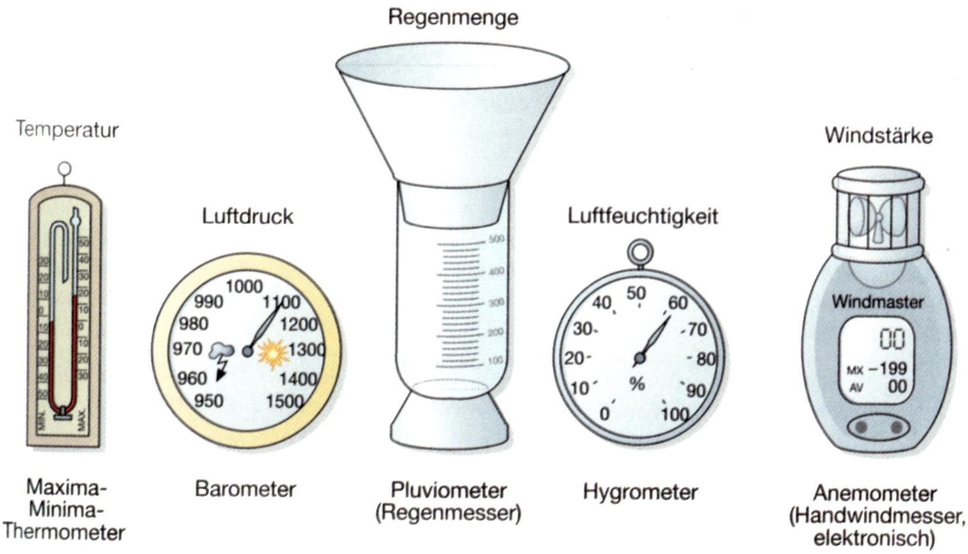

Die Messung der **Luftfeuchtigkeit** ist für jede Wettervorhersage besonders wichtig. Eine ganz einfache Methode nutzt die Tatsache, dass ein Haar sich bei feuchterer Luft ausdehnt (und damit möglicherweise Regen ankündigt), während es sich bei trockener Witterung etwas zusammenzieht.

Die Entstehung von Nebel lässt sich mit ganz bestimmten meteorologischen Gegebenheiten gut erklären: Der Wasserdampfgehalt der Luft muss so groß sein, dass sich bei einer Abkühlung der Luft Nebeltröpfchen bilden. Dennoch: Nebel bleibt auch etwas Geheimnisvolles, Unheimliches.

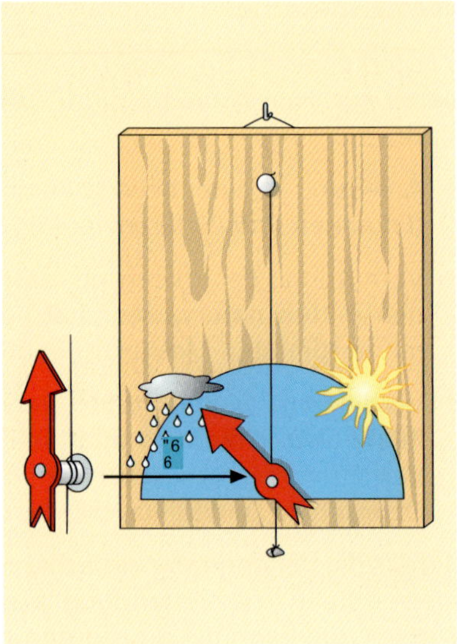

Haarhygrometer

➲ ***Zur Vertiefung dieses Themas finden Sie im Arbeitsheft eine Projektanregung.***

Es gibt zahlreiche andere einfache Möglichkeiten der Messung meteorologischer Daten. So lässt sich beispielsweise die Luftfeuchtigkeit auch mithilfe eines reifen, aber nicht zu alten Zapfens bestimmen: Öffnen sich die Samenschuppen, ist die Luft trockener, Regen ist nicht zu erwarten.

➲ ***Zur Vertiefung dieses Themas finden Sie im Arbeitsheft eine Reihe von Aufgaben.***

Die Messung der **Lufttemperatur**, die bei uns nach Grad Celsius erfolgt, ist wohl die häufigste und bekannteste Methode, eine wichtige Eigenschaft des Wetters zu bestimmen. Dabei ist eine solche Messung letztlich nichts anderes, als verschiedene, teilweise auch gut zu beobachtende natürliche Phänomene in Zahlenwerte zu fassen und damit vergleichbarer zu machen. Ein Beispiel, Temperaturunterschiede in der Natur zu erkennen und zu beobachten, ist das Verhalten wechselwarmer Tiere wie Amphibien und Reptilien.

> **Wechselwarme Tiere** = Tiere, deren Körpertemperatur entscheidend von der Umgebungstemperatur bestimmt wird. So benötigt z. B. unsere heimische Zauneidechse ein morgendliches Sonnenbad, um ihre Körpertemperatur zu erhöhen. Erst dann ist sie für die Nahrungssuche genügend aktiv und beweglich. Bei niedrigen Temperaturen tritt eine reversible (rückgängig zu machende) Kältestarre ein, in der diese Tiere in frostfreien Verstecken auch überwintern.

Trotz aller Faszination, die auch für Kinder vom Vergleich meteorologischer Daten und Messwerte ausgehen kann, bietet vor allem die unmittelbare und bewusste Wahrnehmung von Wettererscheinungen immer wieder starke Impulse zur Auseinandersetzung mit der Natur. Viel öfter, als Erwachsenen bewusst wird, stellt eben das Wetter an sich für Kinder bereits ein spannendes Programm dar: Wind und Regen, Schneefall oder Nebel sind in vielen Situationen Auslöser für erstauntes Fragen und eine intensive Beschäftigung mit den Ursachen und Folgen dieser Erscheinungen. Das Gespräch mit den Kindern über das (gemeinsam) Erlebte fördert auch hier Neugier, Wissbegierde und Verständnis für wichtige Zusammenhänge.

Wer kennt das nicht: die Faszination, die frisch gefallener Schnee auf Kinder hat!

Aufgaben:

Versuchen Sie, sich an einige Wetterphänomene, die Sie selbst erlebt haben, möglichst detailgenau zu erinnern, und beschreiben Sie das betreffende Ereignis in einer kurzen schriftlichen Notiz, die für Kinder verständlich und unterhaltsam ist:

1. Ein besonders starker Gewitterregen
2. Eine unerträglich erscheinende Hitze
3. Ein unerwartet dichter Nebel oder ein sehr dichtes Schneetreiben
4. Ein Hagelschauer
5. Eine rundum angenehme, fröhlich machende Wetterstimmung

4.2 Jahreszeiten und andere natürliche Rhythmen

Zu den elementaren Themen jeder Natur- und Umweltbildung gehören die Jahreszeiten und ihr Wechsel als der Rhythmus, der das Jahr gliedert. Vor allem für Kinder, die in Städten aufwachsen, ist die Beschäftigung mit jahreszeitlich bestimmten Naturphänomenen als Ausgleich und Ergänzung zu ihrer sonstigen Umgebung wichtig, die von einer gewissen Natur-Ferne geprägt ist.

Aufgaben:

Beschreiben Sie unter Zuhilfenahme von Fachliteratur und anderer Informationsquellen wichtige Entwicklungs- und Veränderungsprozesse im Lauf eines Jahres für:

1. eine Huflattichpflanze,
2. eine Erdkröte,
3. einen Badesee.

Die im Herbst überall anfallenden Mengen an buntem Laub machen Kindern immer wieder ein besonderes Vergnügen. Das Bad im Falllaub gehört zum Herbst wie das Sammeln von Kastanien.

Die Entwicklung von Pflanzen und Tieren steht in engem Zusammenhang mit der im Lauf des Jahres wechselnden Tageslänge, den unterschiedlichen Temperaturverläufen von Tag und Nacht oder der Art, Menge und Verteilung der Niederschläge das Jahr über. Dabei stellt die Unterteilung eines Jahres in Frühjahr, Sommer, Herbst und Winter eine zwar wichtige und kulturell bedeutsame Gliederung dar, doch die natürlichen Prozesse von Wachstum und Veränderung sind stets stark miteinander verzahnt und die Übergänge natürlich fließend. Unabhängig davon bieten die Jahreszeiten aber gerade für Kinder ein inneres Gerüst zum besseren Verständnis zahlreicher Inhalte, von biologischen und ökologischen bis hin zu kulturellen Zusammenhängen.

Nicht vergessen werden darf auch, dass ein bewusstes Wahrnehmen der **Besonderheiten einer Jahreszeit** nicht nur für Kinder oft zu einem herausragenden Erlebnis werden kann. Vielfach sind solche Erfahrungen prägend für das ganze Leben, und noch viele Jahre später werden die Sensationen eines heißen Hochsommertages oder einer klirrend kalten Nacht im Landschulheim in der Erinnerung lebendig.

Die bunte **Herbstfärbung der Blätter** umfasst eine große Palette warmer Farbtöne von verschiedenen Gelb- und Orangenoten bis hin zu dunklem Rot und Braun. Abhängig von der Pflanzenart, aber auch von Standort und meteorologischen Bedingungen wie etwa der Ausprägung des Gegensatzes von Tag- und Nachttemperaturen im Spätsommer und Herbst, fallen die Farbtöne leuchtender oder gedeckter aus. Die gemeinsame Ursache für die Verfärbung der Blätter liegt darin, dass die Pflanzen den energiereichen grünen Blattfarbstoff, das *Chlorophyll*, aus dem Blattgewebe zurückziehen und gleichsam als Vorrat für das kommende Jahr einlagern. Die weniger energiereichen gelben *Carotinoide* sowie die bei den meisten Pflanzen vorwiegend erst im Herbst gebildeten roten *Anthocyane* bleiben zurück und lassen die Blätter nun gelb, braun oder rot erscheinen.

Mit einem einfachen chemischen Experiment lässt sich beurteilen, inwieweit die Farbe eines Herbstblattes von gelben oder roten Farbstoffen oder einer Mischung von beiden bestimmt ist. Dazu schneidet man ein Blatt in feine Streifen und legt diese in eine kleine Schale mit 70-prozentigem Alkohol. Dadurch werden die Farbstoffe aus dem Pflanzengewebe herausgelöst, und der Alkohol färbt sich entsprechend. Anschließend gießt man diese Flüssigkeit in ein Reagenzglas und füllt eine kleine Menge verdünntes Benzin hinzu (Benzin im Verhältnis 1:1 mit Wasser verdünnt). Das Alkohol-Benzin-Wasser-Gemisch wird nun kräftig geschüttelt und dann eine Weile stehen gelassen, bis sich die unterschiedlich schweren Substanzen voneinander getrennt haben: Das leichtere Benzin befindet sich nun zusammen mit den darin gelösten gelben Farbstoffen im oberen Teil des Reagenzglases (Carotinoide sind nur in organischen Lösungsmitteln löslich), der schwerere Wasserbereich enthält die roten Farbstoffe (Anthocyane sind wasserlöslich).

Vegetations- und Aktivitätszyklen

Ein jedes Jahr gut zu beobachtendes Beispiel für den Wechsel der Lebensbedingungen als Kennzeichen zur Abgrenzung von Jahreszeiten untereinander bieten die sogenannten Frühjahrsblüher wie Schneeglöckchen, Blausternchen oder Krokusse. Viele von ihnen sind als **Geophyten** auf Standorte angewiesen, wo sich der Boden bereits im zeitigen Frühjahr rasch und gut erwärmen kann. Dann treiben diese Zwiebel- oder Knollenpflanzen, aber auch Stauden mit einem verzweigten Wurzelstock (*Rhizom*) wie Schlüsselblumen oder Leberblümchen aus, kommen in kurzer Zeit zum Blühen – und scheinen bereits wenige Wochen darauf wieder verschwunden. Dieser auffällige Vegetationszyklus passt auch gut zum Austrieb jener Gehölze, unter denen oder in deren Nähe diese kleinen Frühjahrsblüher häufig zu finden sind: Sobald die betreffenden Laubbäume oder Sträucher austreiben, verringert sich am Boden das Lichtangebot, und in der Konkurrenz um Wasser und Nährstoffe im Boden sind die viel tiefer wurzelnden Gehölze nun bis etwa Spätsommer im Vorteil. Diese Zeit der oberflächlich trockeneren Böden nutzen die kleinen Frühjahrsblüher für eine Ruhezeit, in der nach dem Welken und Absterben der Blätter die Zwiebeln oder Knollen ausreifen, um erst im Lauf des darauffolgenden Herbstes und Winters wieder Wasser aufzunehmen. Mit dem Austrieb im neuen Jahr schließt sich der Kreis wieder.

Frühjahrsblüher

Die folgenden Pflanzengattungen umfassen mehrere Arten, die teilweise aus dem südeuropäischen Raum stammen. Darüber hinaus gibt es jeweils eine große Anzahl an Züchtungen (Sorten), die zum Teil einen eher naturnahen Charakter haben (Auslesen aus Wildbeständen) oder züchterisch stärker bearbeitet wurden (z. B. großblütige Tulpen, Narzissen, Krokusse etc.).

Alpenveilchen (Cyclamen)
Apollo-Zwerghyazinthe (Puschkinia)
Blausternchen (Scilla)
Christrose (Helleborus)
Krokus (Crocus)
Märzenbecher (Leucojum)
Narzisse (Narcissus)
Schlüsselblume und Primel (Primula)
Schneeglanz (Chionodoxa)
Schneeglöckchen (Galanthus)
Traubenhyazinthe (Muscari)
Tulpe (Tulipa)
Veilchen (Viola)
Windröschen (Anemone)
Winterling (Eranthis)
Zierlauch (Allium)

Geophyten = Pflanzen, die mithilfe besonderer Speicherorgane wie Knollen oder Zwiebeln längere Zeiten im Boden überdauern können. Die „Sommerruhe" in den relativ trockenen Böden ist Teil dieser Überlebensstrategie: Bei zu großer Feuchtigkeit kommt es zu Fäulnis und Absterben der betreffenden Pflanzen. Wichtige Vertreter: Krokus, Blausternchen, Traubenhyazinthe, Tulpe, Narzisse, Schneeglöckchen, Märzenbecher.

Entscheidend für die Eigenschaften unserer Jahreszeiten ist der **Sonnenstand**. Aus diesem Grund sollte ein „Jahreszeiten-Projekt" immer auch diesen Aspekt thematisieren. So lassen sich beispielsweise an einer bestimmten, gut beobachtbaren Stelle Markierungen anbringen, welchen Schatten ein Stab zu unterschiedlichen Jahreszeiten wirft (vgl. Sonnenuhr, S. 97), oder man sucht gemeinsam mit den Kindern, wie sich der Sonnenstand im Lauf eines Jahres – von einem festgelegten Ort aus beobachtet – verändert: Punkte des Sonnenaufgangs oder Sonnenuntergangs am Horizont.

Die Weiße Pestwurz, Petasites albus, gehört im Frühjahr zu den häufigsten und auffälligsten Wildpflanzen an Wald- und Wegrändern. Nach der Blüte wachsen ihre Blätter zu beachtlicher Größe heran.

In der **Tierwelt** spielen die jahreszeitlichen Veränderungen eine nicht minder wichtige Rolle. Wie bereits am Beispiel des Temperatureinflusses auf wechselwarme Tiere beschrieben, werden Verhaltensweisen wie der Wechsel von Aktivität (Nahrungssuche, Paarung, Fortpflanzung) und Ruhe (Kältestarre, Winterschlaf etc.) auch wesentlich von meteorologischen Voraussetzungen bestimmt. Das zu wissen und zu verstehen ist auch eine wichtige Voraussetzung, wenn man bestimmte Wildtiere auffinden und beobachten möchte (vgl. Kapitel 9, S. 283 ff.).

Der Feuersalamander, Salamandra salamandra, ist wunderschön und auffällig, aber man sollte ihn besser nicht anfassen: Seine Hautdrüsen scheiden ein giftiges Sekret aus.

Der Feuersalamander kommt zwar in beinahe ganz Mittel- und Südeuropa vor und soll sogar recht gesellig sein, aber ihn zu entdecken ist nicht gerade alltäglich: Zum einen bevorzugt er Feuchtigkeit und ist hauptsächlich bei Regenwetter aktiv, zum anderen hält er sich überwiegend im Gestrüpp von dichtem Pflanzenwuchs an Gräben und Bachläufen, zwischen Baumwurzeln und unter Steinen auf. Er macht Jagd auf Würmer, Nacktschnecken und Käfer. Die Suche nach einem Feuersalamander lohnt sich nur im Sommer – etwa zwischen Mai und September –, ist für Kinder aber ein spannendes Unternehmen: Dieses Tier aufzuspüren gelingt nur mit großer Aufmerksamkeit, Vorsicht und – Glück.

Naturkundliche Exkursionen sind besonders sorgfältig auf jahreszeitliche Entwicklungen auszurichten. So bieten sich für bestimmte Monate z. B. folgende Themen oder Ziele an (vgl. Flindt, 2005):

Januar	Vögel an Futterstellen, Tierspuren auf Feldern und im Wald
März	Frühjahrsblüher in Laubwäldern, Krötenwanderungen
April	Streuobstwiesen und Obstbaumblüte, Kleinlebewesen in Gewässern
Juni	Getreideanbau und Getreidearten, Leben im Wattenmeer
Juli	Pflanzen und Tiere im Bergland, Blumenwiesen, Insekten
September	Pilze, Wildfrüchte an Waldrändern und Hecken
Oktober	Laubfärbung und Verrottungsprozesse, Wintervorräte von Tieren
November	Gräser und Samenstände, Früchte und Samen, Baumschnitt
Dezember	Wildtiere im Winter, Knospen von Gehölzen

Bauernregeln bilden eine ganz eigene Annäherung an jahreszeitliche Bedingungen, Möglichkeiten und Erwartungen. In ihnen stecken oft nicht nur uralte Erfahrungen, Ergebnis gründlicher Beobachtungen und intensiven Erfahrungsaustausches, sondern ihre Form ist nicht selten auch von Wortwitz und Treffsicherheit bestimmt:

Kommt der Frost im Januar nicht,
zeigt im März er sein Gesicht.

Wenn's im Februar nicht schneit,
schneit es in der Osterzeit.

Der April tut,
was er will.

Treibt die Eiche vor der Esche,
gibt's im Sommer große Wäsche.

Treibt die Esche vor der Eiche,
gibt's im Sommer große Bleiche.

Ist der Siebenschläfer (27. Juni) nass,
regnet's ohne Unterlass.

Wenn im September viele Spinnen kriechen,
sie den nahen Winter riechen.

Blühen im November die Bäume aufs Neu,
währet der Winter bis zum Mai.

Ist es grün zur Weihnachtsfeier,
fällt der Schnee auf Ostereier.

(Volkstümliche Überlieferungen)

Sonne, Licht und Wärme

Die entscheidende Energiequelle für alle klimatischen Voraussetzungen bis hin zu allen Aspekten unseres Wettergeschehens ist die Sonne, wo durch Kernfusion jene Energie freigesetzt wird, die als elektromagnetische Strahlung in nahezu gleichmäßiger Intensität auch zur Erde gelangt. Zwar wird ein bestimmter Teil dieser Energie in der Atmosphäre absorbiert und bereits dort in Wärme umgewandelt, ein anderer Teil in das Weltall reflektiert. Doch im Mittel gelangen noch etwa drei Viertel der in der Erdatmosphäre ankommenden Strahlungsmenge auf die Erdoberfläche. Dort nutzen auf dem Weg der **Fotosynthese** vor allem Pflanzen diese Energie (vgl. Kapitel 5, S. 151 f.). Auch alle Tiere leben direkt (als Pflanzenfresser) oder indirekt (als Fleischfresser) von der Sonnenenergie.

Die auf der Erdoberfläche auftreffende Energiemenge entspricht dem rund 10.000-Fachen des globalen Primärenergiebedarfs (weltweiter Energiebedarf einschließlich der Energiemenge, die auf dem Weg von der Energiequelle bis zur konkreten Nutzung aus technischen Gründen „verloren geht") und übertrifft damit auch alle auf der Welt verfügbaren Energiereserven. Dabei unterscheiden sich vor allem aufgrund des Einfallswinkels der Strahlung die Energiemengen von Region zu Region sehr stark: Während diese Menge in Mitteleuropa im Jahr etwa 1.000 kWh/m^2 beträgt, sind es in der Sahara etwa 2.350 kWh/m^2 (vgl. http://de.wikipedia.org/wiki/Sonnenenergie: 2013).

Dieser enorme Unterschied erklärt auch die Überlegung, vor allem in strahlungsintensiven Zonen der Erde Sonnenenergie zu gewinnen und dann mittels geeigneter Energieträger (Wasserstoff) in nördlicher gelegene Länder und Gebiete mit hohem Energiebedarf zu bringen. Das Hauptproblem besteht aber darin, dass **Sonnenenergie** keine stabile Größe darstellt, sondern aufgrund des Tag-Nacht-Wechsels und einer in unseren Breiten mitunter stark wechselnden Bewölkung großen Schwankungen unterliegt. Eine Speicherung der Strahlungsenergie ist daher unumgänglich – die hauptsächliche Schwierigkeit bei der Nutzung der Sonnenenergie, der Solartechnologie.

Dennoch bietet die Sonnenenergie – als *Fotovoltaikanlage* oder über *Kollektoren* – eine Reihe wichtiger Vorteile gegenüber den klassischen Energiequellen:

- Es handelt sich um eine regenerative Energiequelle (d. h. kein Verbrauch endlicher Ressourcen wie Erdöl oder Kohle).
- Die Verfügbarkeit dieser Energiequelle ist praktisch unbegrenzt.
- Bei Strom- oder Wärmeerzeugung werden keine klimaschädlichen Treibhausgase frei.
- Im Vergleich zu atomaren Energieträgern bestehen deutlich geringere Sicherheitsprobleme und Risiken, und es lassen sich relativ leicht auch dezentrale Einrichtungen zur Nutzung dieser Energiequelle errichten.

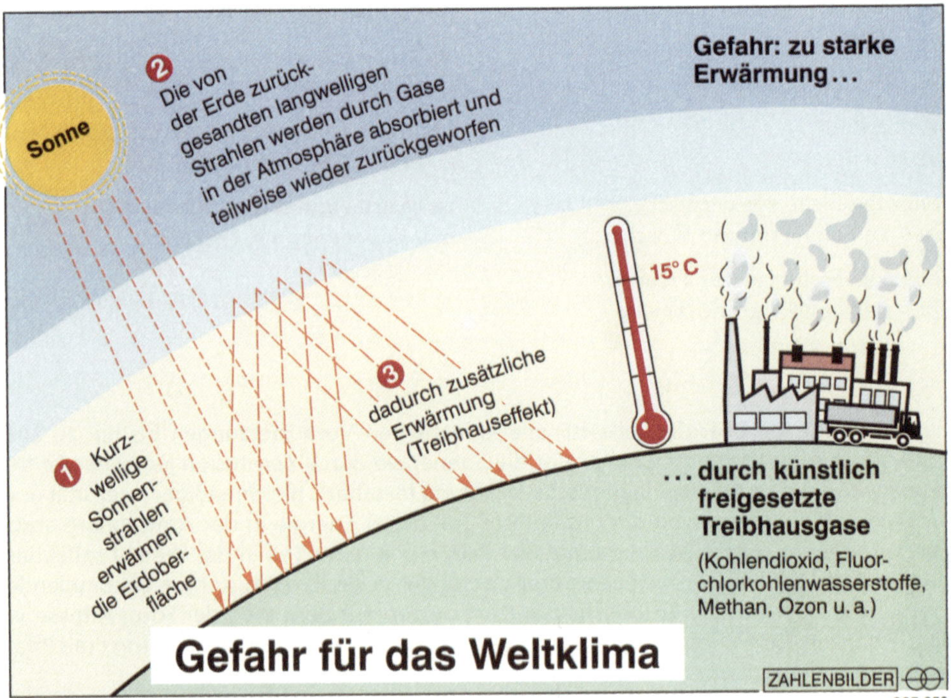

Letztlich kann auch die Nutzung von Biomasse durch *Biogasanlagen*, eine ebenfalls regenerative Energiequelle, als eine Nutzung der Sonnenenergie gesehen werden: Biomasse ist so gesehen ein Speichermedium für Sonnenenergie. Dies trifft natürlich auch für fossile Brennstoffe wie Erdöl, Erdgas oder Kohle zu. Allerdings besteht der wichtige Unterschied hier darin, dass es sich dabei um Ressourcen handelt, deren Verbrennung keine entsprechende

Neubildung gegenübersteht. Zudem werden bei dieser Verbrennung große Mengen Kohlendioxid (CO_2) freigesetzt. Der mengenmäßige Anstieg dieses natürlichen Gases in der Atmosphäre ist eine der Hauptursachen für **Treibhauseffekt** und **Klimawandel**.

Die vom Menschen verursachte (*anthropogene*) **Erderwärmung** gilt unter Wissenschaftlern aller Nationen mittlerweile als unbestreitbar. Dabei geht die Mehrzahl der Forscher derzeit von einem Anstieg der globalen Jahresmitteltemperaturen zwischen 1,1 und 6,4 °C innerhalb dieses Jahrhunderts aus. Der Klimaforscher Hans Joachim Schellnhuber vom renommierten Potsdamer Klimaforschungsinstitut, der bereits im Jahr 2005 darauf hingewiesen hatte, dass ein Temperaturanstieg um 1,5 Grad unabwendbar geworden sei, sieht heute eine noch größere Bedrohung: „Die Vier-Grad-Welt ist dermaßen abschreckend, dass wir alles daransetzen sollten, den Temperaturanstieg auf zwei Grad zu begrenzen. Selbst dann läge die Erwärmung noch jenseits des Erfahrungsbereichs unserer Zivilisation, und hierauf müssen wir uns in der Tat vorbereiten, Stichwort Anpassung. Aber es gilt immer noch in erster Linie Emissionen zu vermeiden. Vermeiden, vermeiden, vermeiden!" (Schellnhuber, in: Die ZEIT Nr. 48/2012)

> **Treibhauseffekt** = Bezeichnung für einen mittlerweile unstrittigen Prozess der globalen, wesentlich auch vom Menschen verursachten Erwärmung der Atmosphäre und die durch den entsprechenden Klimawandel verursachten Veränderungen der Lebensbedingungen auf der Erde. Der vom Menschen verursachte bzw. verstärkte Effekt (anthropogen) geht vor allem auf die Freisetzung (Emission) von fünf Gasen zurück: Kohlendioxid, Methan, Fluorchlorkohlenwasserstoffe, Distickstoffoxid und Ozon. Diese Gase, die unterschiedlich lange in der Atmosphäre verbleiben, stören den Wärmehaushalt der Atmosphäre, indem sie die notwendige Rückstrahlung von Wärme in das Weltall verringern.

In der Umweltpädagogik geht es neben der Vermittlung konkreten Wissens um Fakten und Zusammenhänge vor allem auch um unmittelbare und persönlich berührende Erfahrungen mit einem bestimmten Thema. Ein spielerischer und experimenteller Zugang zu Wärme ist auch die Basis für die Annäherung an das umfassende und komplexe Gebiet von Energie, Wärmelehre und Umwelttechnik.

➲ *Zur Vertiefung dieses Themas finden Sie im Arbeitsheft eine Reihe von Aufgaben.*

Ein besonders schönes Beispiel für die Bedeutung, die die Sonne auch im symbolischen Sinn für uns hat, gibt Leo Lionni in seinem 1967 erschienenen Kinderbuchklassiker „Frederick" (2010): Der Mäuserich Frederick, der seine Familie beim Sammeln der Vorräte für den Winter anscheinend so gar nicht unterstützen mag und gelegentlich bloß erklärt, er sammle Wörter oder einfach Sonnenstrahlen, macht im langen, dunklen und kalten Winter den anderen Mäusen auf eine berührende Weise klar, dass es neben dem Futter noch etwas anderes Wichtiges gibt: Mit seinen Erzählungen bringt Frederick die Sonne in Erinnerung,

Wie keine andere Pflanze gilt die Sonnenblume, Helianthus annuus, bei uns als Symbol für Sonne, Licht und Wärme.

und er versteht es, seinen Artgenossen wieder Mut und Hoffnung zu vermitteln. Etliche Geschichten, Gedichte und Lieder zum Thema „Energie am Beispiel der Sonne" finden sich auch im Projektbuch „Umweltbildung" (Reidelhuber, 2000), in dem Texte und Beispiele verschiedener Autoren zu einzelnen Schwerpunktthemen der Umweltbildung zu finden sind.

Neben Sonnenstand, Tageslänge oder geografischen Gegebenheiten spielt bei der Erwärmung und Abkühlung der Erde insbesondere die sogenannte **Konvektion** eine entscheidende Rolle: Die durch **Strahlung** erwärmte Erdoberfläche gibt an einer extrem dünnen Grenzschicht Wärme an die untersten Luftschichten ab. Dadurch entstehen einerseits Luftströmungen (Winde), andererseits wird dieser Prozess wiederum von Winden beeinflusst (vgl. S. 119 ff.). Da dieser Wärmeübergang grundsätzlich bewegliche Teilchen (Luftmoleküle) voraussetzt, kann dies nur in Gasen oder Flüssigkeiten stattfinden.

> **Konvektion** = Mechanismus, bei dem durch bewegliche Teilchen ein Energietransport stattfindet. Im Wesentlichen handelt es sich um unablässige Wärmebewegung, die dadurch zustande kommt, dass sich Gase oder Flüssigkeiten bei Erwärmung ausdehnen, ihre *Dichte* abnimmt und dadurch solche Bereiche nach oben steigen, während Bereiche höherer Dichte absinken. Beispiele: Wärmeübergang von der Erdoberfläche in die Atmosphäre, Kochvorgänge wie Erhitzen einer Suppe, Bewegung heißer Gesteinsmassen im Erdinneren. Neben Wärmeleitung (in festen Körpern) und Wärmestrahlung stellt Konvektion die dritte Möglichkeit einer Wärmeübertragung dar.

Das Verständnis der jeweiligen physikalischen Zusammenhänge ist nicht unwichtig, wenn man mit Kindern bestimmte Versuche und Experimente durchführt. Auch wenn es in vielen Fällen nicht erforderlich sein mag, die erzielten Beobachtungen und Effekte ausführlich zu erklären, stellt das eigene physikalische Verständnis eine wichtige Voraussetzung dar, Kinder auf das Wesentliche, Besondere oder *Frag-würdige* der erzielten Ergebnisse aufmerksam machen zu können.

Aufgaben:

Eine Kerze wird so in ein Glas mit Wasser gestellt und falls nötig am Boden fixiert, dass der Wasserspiegel fast bis zum Kerzenrand reicht. Nun zündet man die Kerze an und lässt sie so lange wie möglich brennen.

1. Was können Sie beobachten und wodurch kann man das Geschehen erklären?
2. Wie lange brennt die Kerze?
3. Können Sie während des Versuchs eine Erwärmung des Wassers feststellen (messen)?

Die Arbeit mit **Solarzellen** ist eine zwar etwas aufwendigere, aber interessante Möglichkeit, sich mit dem Thema *Energie* zu beschäftigen. Je nach Alter und Geschicklichkeit, Interesse und Vorwissen der Kinder lässt sich eine große Zahl höchst unterschiedlicher Versuche, Spiele und Bauvorhaben entwickeln. Das dafür erforderliche Material ist nicht allzu kostspielig und muss auch keineswegs immer gekauft werden: Verschiedene kleine Dinge unterschiedlicher Herkunft und Beschaffenheit, Gefundenes und Gesammeltes, können häufig gut in die entsprechenden Konstruktionen eingebaut werden,

Zwei kleine Elektromotoren, zwei Solarzellen, Verbindungskabel und etwas Draht: ein Hubschrauber, oder?

machen sie „lebendig" und interessant und tragen vielleicht sogar in besonderer Weise zur Funktion des solarbetriebenen „Wunderwerks" bei.

So wie die Nutzung der Sonnenenergie über Fotovoltaik, also die Stromerzeugung mithilfe des Lichtes, kann auch der Einsatz der Windenergie gut in spielerischer Form erprobt werden. Zahlreiche Anleitungen und Tipps finden Sie in verschiedenen Büchern: „Das große Solar- und Windenergie Werkbuch" (2011) von Bo Hanus und Ulrich Stempel ist hier besonders zu empfehlen.

4.3 Wasser – Treibstoff des Wettergeschehens

Das **Wasser** als beinahe überall vorhandene Substanz erscheint uns als weitgehend selbstverständliche Sache. Die chemische Zusammensetzung eines Wassermoleküls könnte jedenfalls kaum einfacher sein: zwei Wasserstoffatome, die sich mit einem Sauerstoffatom zu H_2O verbinden.

Und dennoch: Je sorgfältiger man die Eigenschaften dieses Stoffes untersucht und je mehr man über seine Rolle in vielfältigen natürlichen und künstlichen Prozessen herausfinden kann, desto bemerkenswerter und rätselhafter wird dieses „Element". Nicht zuletzt führen seine besonderen Eigenschaften schon im **Wettergeschehen** zu ganz unterschiedlichen Phänomenen wie Regen, Nebel, Regenbogen, Tau, Hagel, Schnee, Reif, Eis, Dunst und Wolken aller Art. Hinzu kommt seine oftmals überraschende Rolle, die es in biologischen und biochemischen Systemen spielt.

Im winterlichen Laubwald bedeckt der Schnee jede noch so kleine Fläche, und wenn es ein richtiges Schneetreiben gibt, verschwinden sogar die Baumstämme im Weiß.

Schon wenn eine einzige dieser Besonderheiten des Wassers fehlen würde, wäre ein Leben, wie wir es kennen, nicht mehr möglich. Denken wir etwa an die Tatsache, dass Wasser der einzige weit verbreitete Stoff ist, der in dem Temperaturbereich, in dem Leben möglich ist, in allen drei Aggregatzuständen, also fest, flüssig und gasförmig, vorkommt.

(Wittmann, 2000, S. 74)

Aufgaben:

Beschreiben Sie vor dem Weiterlesen so genau wie möglich die Ihnen bekannten Eigenschaften der verschiedenen Aggregatzustände des Wassers. Gehen Sie dabei vor allem auf folgende Fragen ein:

1. Welche meteorologischen Voraussetzungen führen zu Regen, Schnee, Hagel?
2. Wann und warum kann eine mit Wasser gefüllte und gefrorene Flasche platzen?
3. Bei welcher Temperatur kocht das Wasser? Gilt das überall?

Eis und Schnee

Die unterschiedlichen Erscheinungsformen und Besonderheiten des Wassers lassen sich besser nachvollziehen, wenn man einige chemische und physikalische Eigenschaften näher betrachtet:

Schmelzpunkt	0 °C
Siedepunkt	100 °C
Spezifisches Gewicht Wasser bei 0 °C	0,999868 kg/l
Spezifisches Gewicht Eis bei 0 °C	0,9168 kg/l
Spezifisches Gewicht Wasser bei 4 °C	1,0 kg/l

Bei diesen Angaben fällt auf, dass das **spezifische Gewicht** des Wassers bei 0 °C kleiner ist als bei 4 °C. Das bedeutet, dass eine bestimmte Menge Wasser bei einer Abkühlung unter 4 °C offenbar leichter wird. Als Eis hat dieselbe Menge Wasser sogar ein nochmals verringertes spezifisches Gewicht.

Spezifisches Gewicht = Dichte eines bestimmten Materials als Verhältnis seiner Masse zu seinem Volumen, d. h. jenes Gewicht, das für dieses Material (gleichmäßiges Material) unabhängig von seiner Größe oder Form charakteristisch ist. Allerdings ist das spezifische Gewicht temperaturabhängig: Bei Ausdehnung des Materials (z. B. bei Erwärmung) verringert sich das spezifische Gewicht etwas, bei einer Volumenverringerung wird es größer.

(vgl. Raith/Schubel, 2003, S. 85)

Ein einfaches Experiment kann diese Besonderheit veranschaulichen, und wir verstehen besser, welche große Bedeutung diese Eigenschaft des Wassers für das Leben hat:

Ein bis zur Hälfte mit Wasser gefülltes Glas wird über Nacht in den Gefrierschrank gestellt. Zuvor markiert man an der Außenseite des Glases mit einem Stift den Wasserspiegel. Am nächsten Morgen kann man erkennen, dass dieselbe Menge Wasser plötzlich mehr Raum einnimmt: Eis hat ein größeres Volumen als flüssiges Wasser, und damit muss das spezifische Gewicht von Eis auch geringer als das von Wasser sein.

Die Merkwürdigkeit dieser Eigenschaft fällt vor allem im Vergleich mit anderen Stoffen auf: Fast alle Körper verringern bei einer Abkühlung ihr Volumen, sie ziehen sich zusammen. Das Wasser hingegen beginnt, sich unterhalb von 4 °C wieder auszudehnen, bis zu seiner Erstarrung zu Eis.

Kinder experimenteren gerne mit Schnee. Sie beobachten geduldig, wie er im warmen Raum schmilzt – und versuchen herauszufinden, wie er schmeckt ...

Die Tatsache, dass Eis ein geringeres *spezifisches Gewicht* als flüssiges Wasser hat, also leichter als Wasser ist, erklärt auch, weshalb Eis schwimmt – eine beispielsweise für das Leben in Bächen, Tümpeln oder Seen enorm wichtige Eigenschaft. Dadurch, dass gefrorenes Wasser nicht absinkt, sondern bei entsprechender Abkühlung ein Gewässer von der Oberfläche her zufriert, bleibt das Wasser in tiefer liegenden Bereichen flüssig und bietet Lebewesen dort Schutz vor zu tiefen Temperaturen.

Dichteanomalie des Wassers = die im Vergleich zu anderen Stoffen höchst ungewöhnliche und biologisch wichtige Eigenschaft des Wassers, sich in einem bestimmten Bereich der Abkühlung nicht weiter zusammenzuziehen, sondern sich wieder auszudehnen. Geringstes Volumen bzw. größtes spezifisches Gewicht bei einer Temperatur von 4 °C.

Aufgaben:

Bei einem anderen Experiment mit Eis geht man den umgekehrten Weg: Ein Eisblock oder viele Eiswürfel werden in einem Glas mit Wasser geschmolzen. Auch hier markiert man außen am Glas zu Beginn des Versuchs den Wasserspiegel.

1. Können Sie ermitteln, welcher Anteil des Eises sich oberhalb des Wasserspiegels befindet?
2. Wie verhält es sich mit dem Wasserspiegel, nachdem das Eis völlig geschmolzen ist? Wie lässt sich das erklären?

Eine vielfach variierbare Spielidee für Aktivitäten im und mit Schnee stellt Peter Thiesen im „Arbeitsbuch Spiel" (2009, S. 236) vor:

Schneespiele

ab 3	
2–20	
lang	

Frischer Schnee lädt Kinder immer wieder zum intensiven Spielen und Bauen ein. Im Nu entstehen auf dem Freigelände des Kindergartens, im Park oder auf einer Wiese Schneemänner, Fantasiefiguren oder eine Eskimohütte. Ausgestattet mit warmer Kleidung, trockenem Schuhwerk und wasserdichten Handschuhen werden Körper, Berge und Burgen geformt. Eiszapfen, verdorrte Zweige und Steine (ver-)zieren die Schneegebilde. Im hohen Schnee oder auf einer glatten Rutschbahn macht eine Variante des sommerlichen Kartoffellaufens besonderen Spaß. Jedes Kind hat einen

Im Schnee lässt sich wunderbar spielen, man kann aber auch eine Menge mit ihm anfangen. Zum Beispiel lässt er sich einschaufeln, transportieren und – in einem kleinen, nahe gelegenen und noch nicht zugefrorenen Bach zum Schmelzen bringen.

Löffel in der Hand. Auf dem Löffel liegt ein Schneeball. Nun kommt es darauf an, so schnell wie möglich vom Start zum Ziel zu laufen, ohne dass der Schneeball herunterfällt. Auf einer möglichst breiten Rodelbahn bauen wir zusammen mit den Kindern Hindernisse aus großen Schneebällen, Fähnchen und Plastikeimern auf. Diese sollen bei der Abfahrt passiert werden. Ein Rodler, der keines der Hindernisse mit seinem Schlitten berührt, ist Sieger.

Förderbereich:
Fantasie, Geschicklichkeit, Motorik, Bewegungssicherheit, Spaß und Spannung

Eine besondere Form gefrorenen Wassers stellen **Graupel- und Hagelkörner** dar. Sie bilden sich unter bestimmten meteorologischen Verhältnissen bei etwa – 10 °C in einer aufwärts und kälter werdenden feuchten Luftmasse aus „Eisembryos“. Durch Turbulenzen werden diese Eisteilchen auf- und abbewegt, wobei sie größer und größer werden. Wenn man ein Hagelkorn in der Mitte durchtrennt, lassen sich die Wachstumsschichten deutlich erkennen.

Ein besonders schönes Beispiel für die Bildung beinahe kugeliger Wassertropfen bieten die Blätter des Frauenmantels, Alchemilla.

Wasser – mehr als bloß H_2O

Eine der faszinierendsten Eigenschaften des Wassers, die sich vor allem beim konzentrierten Blick auf Details gut beobachten lässt, ist die Oberflächenspannung. Sie beruht darauf, dass sich die Wassermoleküle aufgrund der Anordnung ihrer Atome gegenseitig anziehen. Alle jene Wassermoleküle, die sich nun an der Oberfläche eines Tropfens oder einer anderen Ansammlung von Wasser befinden, werden vom Rest der Flüssigkeit auf diese Weise festgehalten (vgl. Kapitel 11, S. 374 ff.).

➲ ***Zur Vertiefung dieses Themas finden Sie im Arbeitsheft eine Reihe von Aufgaben.***

Die Untersuchung der Oberflächenspannung führt zu interessanten Ergebnissen: Vergleicht man etwa die Tropfen auf einem Blatt, so stellt man fest, dass sie unterschiedlich groß sind. Die kleineren Tropfen nähern sich dabei stärker der Kugelform, während die größeren abgeplattet erscheinen. Die Erklärung für dieses Phänomen liegt darin, dass hier stets zwei Kräfte gegeneinanderwirken: die **Schwerkraft** (das Gewicht der Tropfen) und die Oberflächenspannung als **Druck** (eine in das Tropfeninnere gerichtete Kraft). Wenn die Tropfen größer werden, überwiegt die Schwerkraft, und die Tropfen können ihre Kugelform nicht mehr halten und werden flacher.

Der im Vergleich größere Flüssigkeitsdruck der kleineren Tropfen bewirkt auch das Zusammenfließen von zwei Tropfen, die miteinander in Berührung kommen: Wir können dabei gut sehen, wie der kleinere Tropfen vom größeren „verschluckt" wird; die Kraft wirkt vom kleinen in Richtung des großen Tropfens. Machen Sie diesen Versuch! Die Beobachtung, dass eine kleine Wassermenge in eine größere hineindrängt, lässt sich auf noch deutlichere Weise mithilfe von Luftballons zeigen, denn die Gesetzmäßigkeiten des Druckausgleichs gelten auch für Gase (vgl. Wittmann, 2000):

Zwei kleine, aber unterschiedlich stark aufgeblasene Luftballons werden mit einem Röhrchen miteinander verbunden. Sobald ein freier Gasaustausch möglich ist, sieht man, wie der kleinere Ballon den größeren weiter aufbläst.

➲ ***Zur Vertiefung dieses Themas finden Sie im Arbeitsheft eine Projektanregung.***

Davon, dass Wasser an sich viele merkwürdige Eigenschaften hat, war schon die Rede. Hinzu kommt, dass natürliches Wasser – von hochreinem, destilliertem Wasser einmal abgesehen – stets sehr viel mehr Bestandteile enthält, als man sehen, riechen oder schmecken kann:

- Kationen wie Natrium Na^+, Kalium K^+, Ammonium NH_4^+, Magnesium Mg^+, Calcium Ca^+, Strontium Sr^+, Aluminium Al^+, Eisen Fe^+, Mangan Mn^+, Kupfer Cu^+, Zink Zn^+, Blei Pb^+ und andere mehr
- Anionen wie Hydrogencarbonat HCO_3^-, Karbonat CO_3^-, Silikat SiO_3^-, Nitrit NO_2^-, Nitrat NO_3^-, Phosphat PO_4^-, Sulfat SO_4^-, Sulfid S^-, Fluorid F^-, Chlorid Cl^- und andere mehr
- Gelöste Gase wie Sauerstoff O_2, Stickstoff N_2, Kohlensäure H_2CO_3 und andere mehr

In Pfützen spielen zu dürfen, gehört zu den schönsten und wichtigsten Erfahrungen kleiner Kinder – auch wenn das betreffende Wasser natürlich keineswegs hygienisch einwandfrei sein kann.

- Diverse anorganische und organische Trübstoffe
- Viele verschiedene gelöste organische Stoffe
- Zahlreiche, verschiedene Mikroorganismen

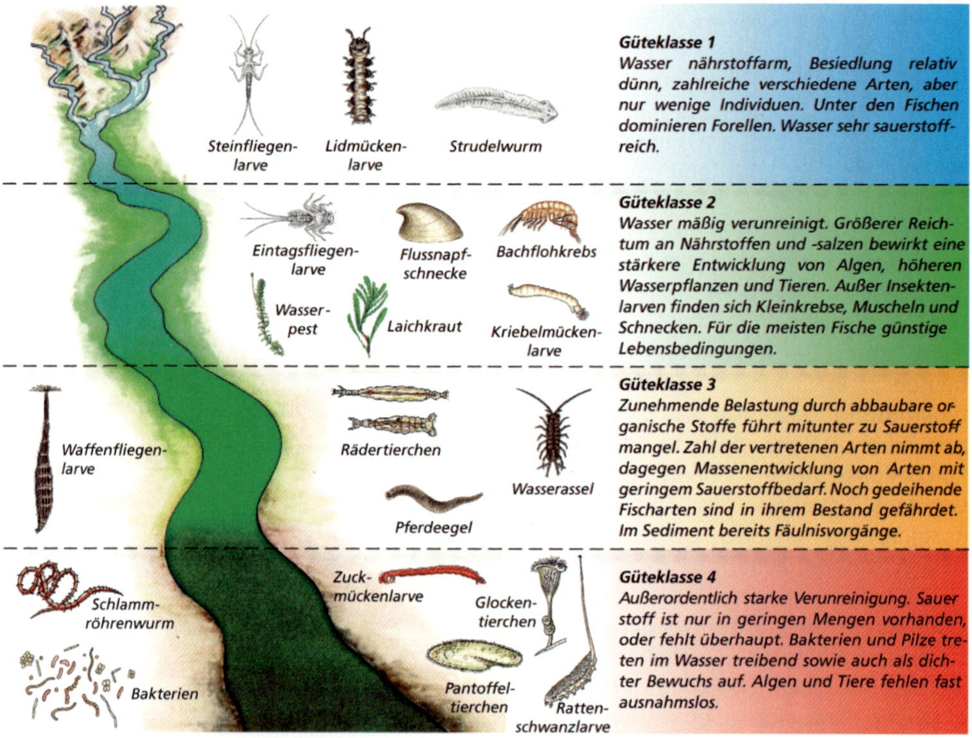

(http://94.247.146.63/bglh/vomleben2/kap7/111-2_Gewaesserguete.jpg)

Die Wasserqualität eines Fließgewässers ist stark standortabhängig. Sie hängt vor allem davon ab, welcher Abschnitt des Gewässers untersucht wird.

Selbstverständlich sind darunter auch Stoffe, die – jedenfalls ab einer bestimmten Konzentration – als gesundheitsbedenklich oder sogar giftig gelten müssen. **Trinkwasser** unterliegt daher ganz besonders strengen Qualitätsanforderungen, deren Überprüfung auch regelmäßig zu erfolgen hat.

Im Sinn einer Faustregel kann man sagen, dass ein bestimmtes Wasser – um nicht von vorneherein als verunreinigt eingestuft werden zu müssen – wenigstens drei sinnlich wahrnehmbare Eigenschaften aufweisen sollte: farblos (klar), geruchsfrei, geschmacklos. Es versteht sich von selbst, dass eine solche Diagnose nicht ausreicht, um ein Wasser als Trinkwasser zu qualifizieren, aber über diese sensorische Beurteilung kann gerade Kindern ein Gefühl für wesentliche Eigenschaften unseres Lebensmittels Nummer eins vermittelt werden (vgl. Kapitel 10, S. 313 f.).

Für unsere Versorgung mit Trink-, Brauch- und Betriebswasser werden verschiedene Quellen genutzt. Zu unterscheiden ist zwischen Grundwasser und Oberflächenwasser, in vielen Fällen auch sogenanntes Uferfiltrat aus Süßwasser. Die Aufbereitung (Entsalzung) von Meerwasser ist relativ aufwendig und wird im Grunde nur in Gebieten eingesetzt, wo ein natürlicher Mangel an Süßwasser herrscht.

Folgende Daten zum Vorkommen und zur Verwendung von **Wasser** auf unserem Planeten sind besonders interessant:

- Wasser bedeckt etwa drei Viertel der gesamten Erdoberfläche (der Blaue Planet).
- Die gesamte Wassermenge beträgt ca. 1,4 Milliarden km^3. Davon umfassen 92,2 % Salzwasser und das Eis der Pole. Gebirge enthalten weitere 2,2 %. Das Süßwasser der Flüsse, der Seen und des Grundwassers der Kontinente machen 0,6 % der gesamten auf der Erde vorhandenen Wassermenge aus.
- Durch die Einwirkung der Sonnenenergie ist Wasser einem ständigen Kreislauf unterworfen und am Aufbau der Pflanzen- und Tierwelt maßgeblich beteiligt. Der menschliche Körper besteht aus 60 bis 70 % Wasser, manche Gemüse und Früchte zu mehr als 90 %.
- Ein Mensch benötigt täglich etwa 35 g Wasser je Kilogramm Körpergewicht, d. h., ein Erwachsener sollte täglich 2 bis 3 Liter Wasser in Form von (alkoholfreien!) Getränken oder als Bestandteil anderer Nahrungsmittel zu sich nehmen (vgl. Kapitel 10).
- Wasser wird auch dort verbraucht, wo es nicht lebensnotwendig, aber bei unserem Zivilisationsstand unentbehrlich ist, z. B. bei der Körper- und Wohnungspflege. Insgesamt verbraucht jeder Einwohner Deutschlands ca. 130 bis 150 l Wasser pro Tag. Ebenso benötigt die Industrie teilweise sehr große Mengen Wasser.

Der sorgsame und sparsame Umgang mit Wasser sowie dessen Reinhaltung sind zwei der wichtigsten Ziele des Umweltschutzes. Aus diesem Grund spielt dieses Thema auch in der Umweltbildung eine herausragende Rolle. Es ist dabei besonders wichtig, Kindern sowohl das „Element" Wasser mit seinen vielfältigen und interessanten Eigenschaften als auch seine ökologische Bedeutung nahezubringen. Dieser weiterführende Aspekt wird nochmals in Kapitel 11 aufgegriffen und vertieft.

4.4 Strahlung und Licht – Gewissheit und Täuschung

Auch wenn im Zusammenhang mit Sonnenlicht oder Wettererscheinungen wie bestimmten Wolken das **natürliche Licht** selbstverständlich immer schon angesprochen war, wollen wir im Folgenden einige Aspekte des Lichts gesondert herausgreifen. Die bewusste Wahrnehmung von Licht und Schatten, Reflexen und Spiegelungen ist für Kinder jeden Alters interessant und vermittelt häufig ganz nebenbei entscheidende Grundlagen für das Verständnis dessen, was in der Optik zu bedeutenden technischen Umsetzungen führt: von Spiegeln aller Art bis zu Brille, Lupe oder Mikroskop und vielen anderen Dingen mehr.

Himmelsfarben

Die Helligkeits- und Farbabstufungen des Himmels weisen eine enorme Vielfalt auf. Je nach Stand der Sonne (Jahreszeit, Tageszeit), Wettersituation (Bewölkung, Luftfeuchtigkeit) und landschaftlichen Strukturen (Geländestruktur, Thermik, Spiegelungen) hat jede Zeit, jede Situation *ihr* Licht. Meist nehmen wir diese unterschiedlichen Effekte und Stimmungen nicht bewusst wahr, aber manche Eindrücke gewinnen eine ganz bestimmte Wertschätzung: So schwärmen manche Menschen vom mediterranen Licht, vom Licht der Provence oder vom hohen Himmel an der Ostseeküste.

Aufgaben:

Um die Aufmerksamkeit von Kindern auf dieses so wenig greifbare und im Wortsinn wechselhafte Thema zu richten, ihre Aufmerksamkeit zu schärfen und über die sicherlich subjektiv sehr unterschiedlichen Wahrnehmungen ins Gespräch zu kommen, ist es vor allem wichtig, zunächst selbst den Blick auf die Farben des Himmels zu richten:

1. Welches natürliche Licht, welche Farben sehen Sie in diesem Moment, wenn Sie den Himmel betrachten? Versuchen Sie, Ihre Wahrnehmung in Stichworten, aber möglichst genau zu beschreiben.
2. Erinnern Sie sich an eine Situation, in der eine bestimmte Licht- und Farbgebung des Himmels Sie besonders stark beeindruckt hat? Wie war damals Ihr Empfinden: Neugier, Staunen, Erschrecken, Begeisterung?
3. Nutzen Sie die Gelegenheit, in einer bestimmen Wettersituation mit Kindern einmal über das gerade herrschende Licht und seine Farben und Wirkungen zu sprechen. Notieren Sie die Überlegungen, Fragen und Antworten der Kinder.

Ein stark leuchtendes Abendrot ist besonders beeindruckend. Der längere Weg des Sonnenlichts durch die Erdatmosphäre führt zu einer stärkeren Streuung des blauen Lichts und ergibt so, je nach Trübung der Atmosphäre, rötliche oder orange Färbungen.

Dämmerung = über den Sonnenstand definierter Zeitraum im Tag-Nacht-Übergang. Mit dem Sonnenuntergang beginnt die *bürgerliche Dämmerung*. Sie endet, wenn die Sonne in einem Winkel von 6° unter dem Horizont steht. Hier beginnt die *nautische Dämmerung*, die bis zu einem Sonnen-Horizont-Winkel von 12° dauert: Die Horizontlinie ist nun nicht mehr zu erkennen. Mit dem Ende der daran anschließenden *astronomischen Dämmerung* bei einem Winkel von 18° endet der Tag: Bei diesem Sonnenstand ist nun am Himmel kein Reststreulicht mehr zu sehen. Der Begriff „Dämmerung" wird auch im übertragenen Sinn gebraucht: „Götterdämmerung", das Ende der Götter.

Ein faszinierendes Phänomen beschreibt der Physiker Josef Wittmann:

Eine verschneite Landschaft wirkt sehr hell und vor allem ein frisch gefallener Schnee strahlend weiß. Wenn an solchen Tagen über dieser hellen Landschaft graue Schneewolken hängen, kann man sich schon fragen, wie der Schnee, der doch sein Licht vom Himmel erhält, heller als dieser sein kann.
Legen Sie einen Spiegel in den Schnee, und Sie werden verblüfft sein: Die im Spiegel zu sehenden Wolken sind deutlich heller als der Schnee neben dem Spiegel. Die Erklärung ist hier keine rein physikalische, sondern hat mit Wahrnehmungspsychologie zu tun: „Ob etwas hell oder dunkel erscheint, hängt immer vom Kontrast ab. Wir sehen den Schnee z. B. neben einem dunklen Zaun, einer Wand oder einem Gebüsch. Dem gegenüber erscheint er uns in einem strahlenden Weiß. Für die Wolken über uns haben wir eine solche Vergleichsmöglichkeit nicht; sie scheinen grau, weil wir die von der Sonne beschienenen weißen Wolken im Gedächtnis haben" (Wittmann, 2000, S. 142).

Eine kurze, prägnante Einführung in bestimmte Fragen der **Optik** wie die Eigenschaften von Lupen, Linsen oder einer Lochkamera finden Sie in „Naturwissenschaften – ganz einfach" (Raab/Schwartze/Wittemann, 2004). Der Bau eines einfachen Fernrohrs wird gut beschrieben in „Spannendes Wissen über das Weltall" (Couper/Henbest, 2000).

➲ ***Zur Vertiefung dieses Themas finden Sie im Arbeitsheft eine Projektanregung.***

Denkbar einfach, aber wirkungsvoll ist ein Periskop, ein Beobachtungsinstrument, mit dessen Hilfe man um die Ecke schauen kann. Man benötigt dazu lediglich zwei Spiegel, die z. B. in einer Röhre im Winkel von 45° befestigt werden, sowie zwei Öffnungen, die diesen Spiegeln gegenüberliegen. Wenn man dieses Sehrohr senkrecht hält und durch die untere Öffnung auf den unteren Spiegel schaut, kann man – bei exakter Einhaltung des Winkels – über den oberen Spiegel eine Beobachtung machen, ohne selbst gesehen zu werden. Nur der oberste Teil des Periskops ragt über das Versteck hinaus. Eine wichtige Anwendung von Periskopen findet sich in U-Booten, die damit das Geschehen oberhalb der Wasseroberfläche verfolgen können, ohne auftauchen zu müssen.

(vgl. Raith/Schubel, 2003, S. 17)

Das mit dem Beispiel von Wittmann angesprochene Phänomen rätselhafter **optischer Effekte und Täuschungen** ist selbstverständlich auch ein Gebiet, das gerade für Kinder immer wieder spannend und lustig ist. Hier eröffnet sich ein weites Feld an Ideen und Beispielen: In der Sammlung „Optische Spielereien" (Stebler, 1987) werden vor dem Hintergrund der geschichtlichen Entwicklung des optischen Spielzeugs etliche einfache Bauanleitungen angeboten, während „Das verzauberte Auge" (Ernst, 1989) eine Reise durch die Kunstgeschichte unternimmt. Skizzen und Gemälde berühmter und weniger bekannter Künstler werden vorgestellt, die alle eines gemeinsam haben: den Betrachter durch mehrdeutige oder gar unmögliche Objekte zu verwirren.

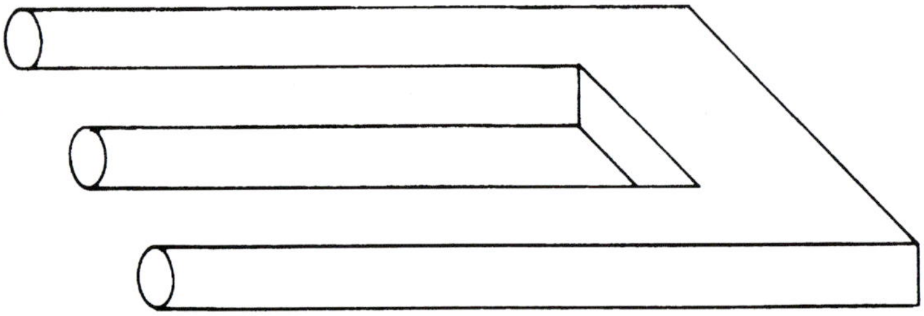

Diese verblüffende Figur nachzuzeichnen, ist gar nicht so einfach, wie es auf den ersten Blick scheinen mag. Es handelt sich um ein sogenanntes unmögliches Objekt, und seine verwirrende Form führt tief hinein in ein Spielen mit Räumlichkeit, Perspektive und Vorstellungsvermögen.

Auch Kaleidoskope, „Schönbildschauer", zählen zu jenen optischen Spielereien, die nicht bloß fertig gekauft, sondern am besten mit Kindern gemeinsam gebaut werden. Anleitungen mit vielfältigen Variationsmöglichkeiten finden sich in zahlreichen Sachbüchern.

Regenbogen, Halo und Nebensonnen

Jene merkwürdige Erscheinung in der Atmosphäre, die wir „Regenbogen" nennen, ist nicht nur in vielen Kulturen ein uraltes Symbol der Verbindung zwischen der Welt der Menschen und der Götter, sondern auch physikalisch höchst bemerkenswert:

> Was ihn besonders rätselhaft macht, ist die Tatsache, dass er in Wirklichkeit gar nicht existiert! Wenn ihn niemand sieht, existiert er nicht; er entsteht erst auf der Netzhaut des Auges und wird vom Auge in die Landschaft projiziert. Jeder Betrachter sieht somit seinen eigenen Regenbogen (...).
>
> *(Wittmann, 2000, S. 129)*

Die Aussage, dass ein Regenbogen nur existiert, wenn er gesehen wird, ist damit zu erklären, dass es sich hierbei um ein rein optisches Phänomen handelt, und optische Wahrnehmungen setzen immer auch eine entsprechende Sinneswahrnehmung beziehungsweise einen Beobachter voraus.

Aufgaben:

Erinnern Sie sich – bevor Sie weiterblättern – an einen Regenbogen, den Sie einmal sehen konnten, und versuchen Sie, aus dieser Erinnerung folgende Fragen möglichst genau zu beantworten:

1. Zu welcher Tageszeit trat dieser Regenbogen auf?
2. In welcher Himmelsrichtung war er zu sehen?
3. Welche Form (Größe, Krümmung) hatte er genau?
4. Wie hoch stand der Bogen am Himmel?
5. Welche Farben hatte er und welche Reihenfolge nahmen sie ein?

Eine wichtige Voraussetzung zum wissenschaftlichen Verständnis des Regenbogens ist die Kenntnis von der Zerlegung des weißen Sonnenlichts in seine **Spektralfarben**. Diese Zerlegung findet in Wassertropfen statt, und zwar so, dass die unterschiedlichen Farben eines Lichtstrahls in verschiedenen Winkeln *gebrochen* werden. Es mag schwer verständlich sein, dass das Sonnenlicht, so wie wir es wahrnehmen, aus verschiedenen Farben bestehen soll, aber gerade die Tatsache, dass man einen einzelnen Lichtstrahl auf diese Weise zerlegen kann, kann das veranschaulichen.

Eine gute Möglichkeit, mit der Zerlegung des Lichts zu experimentieren, ist der Einsatz eines Glasprismas. Am besten gelingen solche Versuche in abgedunkelten Räumen mit einer relativ genau ausgerichteten Lichtquelle: ein Spalt zwischen den vorgezogenen Vorhängen oder eine Schreibtischleuchte. Die Lage der Flächen des Prismas sowie die Winkel, in denen das Licht auf das Glas trifft bzw. aus dem Glas austritt, zeigen, wie stark und wie unterschiedlich die einzelnen Lichtfarben abgelenkt werden. Setzt man ein zweites Prisma hinter das erste, können die Strahlen wieder zusammengeführt werden.

Eine andere Möglichkeit, dem rätselhaften Charakter des Lichts auf die Spur zu kommen, wurde von Isaac Newton (1642–1727) erfunden: eine Farbscheibe, die nach dem Prinzip der **additiven Farbmischung** funktioniert:

Auf einer weißen Scheibe werden sieben Farben („Regenbogenfarben") in einer ganz bestimmten Menge, d. h. in unterschiedlich großen Kreissegmenten, aufgetragen. Bringt man die Scheibe wie einen Kreisel in sehr rasche Drehung, so verschwimmen die Farben und es entsteht bei etwa 200 Umdrehungen pro Minute ein helles Grau (vgl. Melenk/Runge, 1998). Je reiner die aufgetragenen Farben, desto mehr nähert sich dieses Grau dem Weiß. Der Flächenanteil der einzelnen Farben in Winkeln ihrer Kreissegmente beträgt: 55° Gelb, 67° Grün, 68° Mittelblau, 10° Dunkelblau, 76° Violett, 51° Rot und 33° Orange.

Die Erklärung für dieses Phänomen ist nicht ganz einfach, denn sie setzt nicht nur das Wissen von der **Wellennatur des Lichts** voraus, sondern auch, dass wir Newtons Entdeckung nachvollziehen, dass die unterschiedlichen Farben des Lichts auch unterschiedlich stark gebrochen werden. Für die umweltpädagogische Arbeit mag es aber genügen, Kindern mit diesem Versuch nochmals auf eine andere Weise zu vermitteln, dass weißes Licht aus verschiedenen Farben zusammengesetzt ist.

Farbscheibe

Die Antworten auf die oben gestellten Fragen nach der Natur des Regenbogens führen unmittelbar zu den Eigenschaften und physikalischen Erklärungen dieser wunderbaren und keineswegs immer gleich aussehenden optischen Erscheinung in unserer Atmosphäre. Vor allem die Farben, die wir erkennen können, variieren in ihrer Deutlichkeit und Intensität und werden von verschiedenen Personen auch häufig unterschiedlich wahrgenommen.

Als Farben des Regenbogens lassen sich in der Abfolge von innen nach außen meist gut unterscheiden: Violett, Blau, Grün, Gelb, Orange, Rot.

Stets erfordert die Entstehung eines Regenbogens eine ausreichende Menge Wassertropfen, und immer steht diese Erscheinung der Sonne gegenüber, denn die Reflexion der Farben des Lichts erfolgt in den einzelnen Wassertropfen in sehr spitzen Winkeln. Die Intensität der Farben hängt von der Zahl und Größe der Regentropfen ab, und Sonnenstand sowie meteorologische Bedingungen wie Luftfeuchtigkeit erklären, weshalb wir einen Regenbogen fast ausschließlich am späteren Nachmittag oder frühen Abend am östlichen Himmel sehen. Seine Form ist – von wenigen Ausnahmesituationen abgesehen – ein Kreissegment, das höchstens die Größe eines Halbkreises besitzt.

Über diese Eigenschaften und Erklärungen hinaus lassen sich am Beispiel des Regenbogens noch etliche andere optische Phänomene der Atmosphäre untersuchen. Für alle, die sich näher mit dieser Thematik auseinandersetzen wollen, ist ein Werk des Physikers Arthur Zajonc besonders empfehlenswert: „Die gemeinsame Geschichte von Licht und Bewusstsein" (2014). Die überaus lebendige und anschauliche Schilderung, wie die Menschen im Lauf der Jahrhunderte das Licht erforschten und seiner Natur nach und nach näherkamen, ist auch für Laien eine spannende Lektüre und zeigt uns gerade auch den Regenbogen in „neuem Licht".

Ein Phänomen, das mit dem Regenbogen nahe verwandt ist, ist ein **Halo** („Hof"). Darunter versteht man jenen Lichteffekt in Regenbogenfarben, der manchmal als mehr oder weniger großer Ring in einem gewissen Abstand die Sonne umgibt. Allerdings gibt es eine Vielzahl unterschiedlicher Formen, von denen einige wie z. B. **Lichtsäulen** nur sehr selten zu beobachten sind. Häufiger sind sogenannte **Nebensonnen**, Lichtflecken neben der Sonne. Bewirken beim Regenbogen Wassertropfen die Lichtbrechung und -spiegelung, sind es bei den Haloerscheinungen Eiskristalle, wie sie in hohen Schleierwolken (Cirrus-Wolken) auftreten. Auch Kondensstreifen hoch fliegender Flugzeuge können zur Entstehung von Halos führen. Für eine meteorologische Wetterprognose ist ein Halo sehr nützlich: In Verbindung mit einer aufziehenden Cirrus-Bewölkung weist er deutlich auf baldige Wetterverschlechterung hin.

4.5 Biowetter: Gesundheit ist auch vom Wetter abhängig

Der Satz, es gäbe kein schlechtes Wetter, sondern nur unpassende Kleidung, ist zwar sehr plakativ, aber sicherlich nicht falsch: Die Wahl der geeigneten Kleidung ist auf jeden Fall eine Grundvoraussetzung für Wohlbefinden auch unter weniger angenehmen Witterungsbedingungen. Wer unter Kälte, Hitze oder starkem Wind leidet, hat nur noch bedingt Interesse für seine Umgebung, wird auch für bestimmte Schönheiten oder Besonderheiten der Landschaft wenig Aufmerksamkeit aufbringen. Jeder Weg wird dann zu lang und jedes zusätzliche Hindernis als weitere Belastung erlebt. Ein gewisser Mechanismus der Selbstverstärkung sorgt zudem dafür, dass letztlich nur schlechte Laune übrig bleibt. Das gilt für Kinder wie für Erwachsene.

Wenn Kinder häufig draußen sein können, macht ihnen auch Nässe und Kälte nicht viel aus. Im Gegenteil: Sie lernen frühzeitig, mit solchen Witterungssituationen richtig umzugehen, und auch ihr Immunsystem wird dabei gestärkt.

➲ ***Zur Vertiefung dieses Themas finden Sie im Arbeitsheft eine Reihe von Aufgaben.***

Sonnenschutz, Ozonbelastung, Erkältungsgefahr

Eine den Wetterverhältnissen entsprechende Kleidung ist nur ein Aspekt, der für uns hier eine Rolle spielt: Wenn es darum geht, herauszufinden, in welcher Weise das Wetter die menschliche Gesundheit beeinflusst, so sollten auch noch andere Dinge berücksichtigt werden.

> **UV-Strahlung** = ultraviolette Strahlung. Jener kurzwellige, energiereiche Anteil des Sonnenlichts, der innerhalb des elektromagnetischen Spektrums zwischen dem sichtbaren Licht und der Röntgenstrahlung liegt. Unterscheidung zwischen UVA-Strahlen, die tief in die Haut eindringen, häufig Sonnenallergien auslösen und insbesondere die Hautalterung beschleunigen, und UVB-Strahlen, die zwar nur bis in die Oberhaut eindringen, dort aber vor allem den gefährlichen Sonnenbrand verursachen, der gerade bei Kindern als eines der Hauptrisiken gilt, später an Hautkrebs zu erkranken.

Nach verschiedenen wissenschaftlichen Erkenntnissen nehmen **Umweltkrankheiten** mittlerweile ein besorgniserregendes Ausmaß an. So beträgt z. B. die Zahl der jährlich an dem besonders bösartigen Schwarzen Hautkrebs erkrankten Menschen in Deutschland jährlich etwa 100.000, wobei immer häufiger junge Menschen davon betroffen sind (vgl. www.hautkrebsstiftung.de). Detaillierte, regelmäßig aktualisierte Informationen gibt u. a. das Bundesamt für Strahlenschutz heraus (www.bfs.de).

Ebenso wird festgestellt, dass die Zahl der an verschiedenen Allergien leidenden Menschen weiter zunimmt, wobei hier in erster Linie verschiedene belastende Umweltfaktoren zu einer Schwächung des menschlichen Immunsystems führen. Auch wenn der Mechanismus, der zu Allergien führt, vielfach noch längst nicht genügend erforscht ist, kann etwa die sogenannte Pollenallergie durchaus als Reaktion des zuvor bereits durch ganz andere Stoffe und Umweltgegebenheiten belasteten menschlichen Organismus verstanden werden (vgl. Kapitel 10, S. 318). Auch hiervon sind Kinder in steigendem Maß betroffen, da sie in der Gestaltung ihrer Umwelt und dem Schutz ihrer Gesundheit auf die Hilfe der Erwachsenen angewiesen sind. Vielfach wird jedoch missachtet, dass ein kindlicher Körper sensibler und zerbrechlicher ist als der eines Erwachsenen (vgl. WHO, 2004, S. 108).

Das Risiko, sich zu erkälten, wird besonders im Zusammenhang mit dem Aufenthalt von Kindern im Freien häufig und ausgiebig thematisiert. Es liegt aber auf der Hand, dass man gerade solchen Risiken gut begegnen kann. Wichtig scheint vor allem, dass die Kleidung bei feuchten, kühlen Witterungsverhältnissen warm hält und eine Durchnässung verhindert wird. Notfalls sollte trockene Kleidung zum Wechseln zur Verfügung stehen. Das gilt natürlich auch bei Aktivitäten, die zum Schwitzen führen. Erkältungskrankheiten kann man sehr gut vorbeugen, und bei angemessener Kleidung und richtigem Verhalten gibt es keinen Grund, das Draußensein bei Kälte, Regen oder Schneefall grundsätzlich vermeiden zu wollen.

Beim Waldkindergarten gehört das Draußensein bei jedem Wetter untrennbar zum pädagogischen Konzept. Es gibt keinerlei Anzeichen dafür, dass Kinder, die auf diese Weise betreut werden, häufiger erkranken als andere.

Wetterfühligkeit

In Deutschland wurde in den 1950er- und 1960er-Jahren von Meteorologen und Ärzten ein Schema entwickelt, das ein besseres Verständnis für die Einflüsse des Wetters auf den menschlichen Organismus ermöglicht: das **Tölzer Wetterphasenschema** nach H. Ungeheuer und H. Brezowsky:

Die Wetterphasen

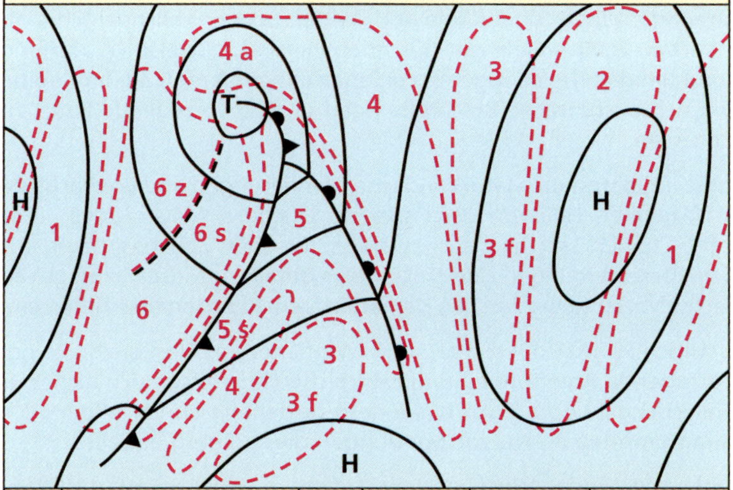

WPh	Bezeichnung	WVG	TFM	Empfindung	Andauer
1	mittleres Schönwetter		kühl → mild trocken	belebend, erfrischend	1–2 Tage
2	gesteigertes Schönwetter		mild → warm trocken	angenehm, behaglich	1–2 Tage und mehr Tage
3	übersteigertes Schönwetter Sonderform: 3 f: Föhn am nördlichen Alpenrand		warm sehr trocken	warm, sehr warm, z. T. belastend	1 Tag
4	aufkommender Wetterumschlag, Sonderform: 4 a: Aufgleiten aus Südost		warm feucht	feuchtwarm, »schwül«	6–18 Stunden 4 a: 2 u. mehr Tage
5	Wetterumschlag Sonderform: 5 s: Südweststurm		warm → feucht	fröstelnd, nasskalt, unbehaglich	1–12 Stunden 5 s: wenige Stunden
6	Wetterberuhigung Sonderformen: 6 z: »aktive Kaltluft« 6 s: Trogorkan		kalt → kühl feucht → trocken	kalt, frisch »rauh«	1 Tag 6 z: 2 und mehr Tage 6 s: wenige Stunden

Die Grafik veranschaulicht die typischen Wetterphasen, die im Umfeld eines Tiefs herrschen und die beim Wandern des Tiefs nacheinander das Wetter bestimmen.

Die verwendeten Abkürzungen bedeuten:

WPh = Wetterphase
WVG = Wettervorgang
TFM = Temperatur-Feuchte-Milieu
= Grundschichtlabilität, darüb Absinken oder Abgleiten
= Absinken
= Abgleiten (stabil)
= stabiles Aufgleiten
= labiles Aufgleiten
= hochreichende Turbulenz
= Kaltfront
= Warmfront

(vgl. Sönning/Keidel, 2012, S. 43)

Was dieses Schema so interessant macht, ist seine Anschaulichkeit und die Tatsache, dass damit in sehr vielen Fällen der Wetterverlauf abgebildet werden kann. Zwar gibt es eine Reihe von Sonderformen und Ausnahmesituationen, und auch eine Wetterprognose ist mit diesem Schema nur sehr eingeschränkt möglich (unterschiedliche Dauer der einzelnen Phasen!), aber die Einflüsse des Wetters auf den menschlichen Organismus (Biowetter) können gerade mit seiner Hilfe besser verstanden werden.

> **Biowetter** = Darstellung der Wetterereignisse hinsichtlich der Auswirkungen auf den menschlichen Organismus. Dazu gehören vor allem Pollenflugvorhersage, Windstärke, Wetterumschwung und Luftdruckänderung, UV- und Ozonmesswerte. Häufige Symptome von Wetterfühligkeit: Kopf- und Narbenschmerzen, Migräne, Nervosität, Aggressivität.

Literaturtipps

- Allaby, Michael: Spannendes Wissen über Klima und Wetter, übers. v. Michael Schmidt, München: Christian Verlag, 2000 – Viele gut beschriebene und teilweise verblüffend einfache Versuche rund um das Thema regen zu eigenen Experimenten an. Im Kapitel „Wolkenatlas“ finden sich ausführliche Beschreibungen und hervorragende Fotos zu verschiedenen Wolkenarten.
- Flindt, Rainer: Ökologie im Jahreslauf. Naturkundliche Wanderungen und Beobachtungen von Januar bis Dezember, Heidelberg/Wiesbaden: Quelle & Meyer, 2005 – Für jeden Monat des Jahres finden sich hier ausgewählte, für diese Zeit besonders gut geeignete Themen. Die Beschreibungen sind trotz vieler Details gut lesbar und gehen insbesondere auf Wechselwirkungen zwischen Klimafaktoren, Pflanzen und Tieren ein.
- Hanus, Bo/Stempel, Ulrich: Das große Solar- und Windenergie Werkbuch, Poing: Franzis, 2011 – Hervorragende Anleitungen und zahlreiche Tipps lassen sich nicht nur für verschiedene spielerische Zwecke nutzen, sondern beziehen sich vor allem auch auf konkrete, im Alltag umsetzbare Nutzanwendungen dieser Energiequellen.
- Huler, Scott: Die Sprache des Windes. Wie ein Admiral aus dem 19. Jahrhundert Wissenschaft in Poesie verwandelte, übers. v. Harald Stadler, Hamburg: mare, 2009.
- Sönning, Walter/Keidel, Claus G.: Wolkenbilder, Wettervorhersage, München: BLV, 2012 – Sehr gute und anschauliche Zusammenstellung wichtiger Wetterelemente, Wolkenbilder und anderer Wettererscheinungen sowie Interpretationshilfen zu Wetterkarten.
- Storch, Hans von/Krauß, Werner: Die Klimafalle, München: Carl Hanser, 2013 – Gut verständliche und lebendige Darstellung meteorologischer Modelle und der politischen und wirtschaftlichen Aspekte des Klimaschutzes.
- Zajonc, Arthur: Die gemeinsame Geschichte von Licht und Bewusstsein, übers. v. Hainer Kober, Stuttgart: Verlag Freies Geistesleben, 2014 – Eine ungewöhnliche, kenntnisreiche wie lebendige Auseinandersetzung mit dem Thema Sehen und der Erforschung des Lichts seit drei Jahrtausenden.

5 Grün – die vielfältige Welt der Pflanzen

Was macht eine Pflanze zur Pflanze?

Was passiert bei der *Fotosynthese*? Wo findet sie überhaupt statt?

Warum sind Pflanzen grün?

Was versteht man unter einem Biotop? Wie viele verschiedene Biotope kennen Sie?

Was haben Sonnentau und Wollgras gemeinsam?

Wo wächst die Buchsbaumblättrige Kreuzblume am liebsten?

Was macht Pflanzen für Kinder interessant?

Warum wollen Kinder Blumen pflücken? Und sollen sie das dürfen?

Haben Sie schon einmal ein *Arboretum* besucht?

Was würden Sie in den „Steckbrief eines Baumes" aufnehmen?

Weshalb sollten in Gärten und Parks vor allem auch heimische Gehölze gepflanzt werden?

Welche Heilpflanzen kennen Sie mit Namen und Anwendungsgebiet?

Welche Pflanzen lassen sich besonders gut als *Baustoff* nutzen?

Sammlung sonderbarer Objekte

Nr. 5

Was löst die Betrachtung in Ihnen aus? Erinnerungen, Vermutungen, Wiedererkennen?

Was könnte das sein?

Welche Bedeutung, welchen Nutzen könnte es haben?

(Auflösung im Anhang, S. 430)

Der Himmel und das Wasser mögen blau sein,
die Sonne gelb und das Feuer rot.
Das Grün aber gehört den Pflanzen.

Obwohl die **Botanik** (Pflanzenkunde) ein wichtiges Teilgebiet der Biologie darstellt und die Grundlagen für weite Bereiche unseres naturkundlichen Wissens liefert, gilt vielen Menschen diese Wissenschaft bestenfalls als Randerscheinung innerhalb der Naturwissenschaften. Eine indirekte Folge dieser Einstufung ist die vergleichsweise geringe Bedeutung, die der Pflanzenkunde innerhalb vieler schulischer Lehrpläne zukommt, und weiterhin die Tatsache, dass immer weniger Kinder konkretes Wissen über die Welt der Pflanzen erwerben. Ein in diesem Zusammenhang häufig genannter Hinweis lautet: Kinder kennen heute mehr Automarken als Namen von Wiesenblumen oder Bäumen, und das, was wir als „freie Natur" bezeichnen, ist auch vielen Erwachsenen immer weniger vertraut: „Natur dient als Kulisse für kindliche Abenteuer oder für Werbung" (Knauer/Brandt, 1995, S. 39).

Ein prägnantes Beispiel für das Wissen von heutigen Kindern über die Herkunft von pflanzlichen Lebensmitteln handelt von einem zehnjährigen Jungen und spielt in einem Hort:

Im Garten sollten Bohnen gepflanzt werden. Das Saatgut hatte ein Erzieher am Vortag gekauft und in die Küche gelegt. Nach der Bodenvorbereitung baten wir den Jungen, die Bohnen zum Aussäen aus der Küche zu holen. Er kam nach zwei Minuten wieder – mit einer Dose grüner Bohnen und einem Dosenöffner in der Hand!

(Knauer/Brandt, 1995, S. 67)

Auf der anderen Seite erfordert aber die wissenschaftliche Erforschung von Inhaltsstoffen von Pflanzen, ihrer Verwandtschaftsbeziehungen oder Möglichkeiten der Pflanzenzüchtung immer komplexeres Wissen. Längst gibt es auch innerhalb der Botanik viele Bereiche, in denen es um ganz spezielle Fragen geht: Genetik, Pflanzenphysiologie, Systematik, Evolutionsforschung, Populationsdynamik, Geobotanik und andere. Dabei hat die Botanik in den letzten Jahren eine Fülle spannender Details über das Leben von Pflanzen erforschen können. Die manchmal unglaublich raffiniert erscheinenden Überlebens- und Ausbreitungsstrategien stehen tierischen Verhaltensweisen kaum nach und geben Forschern nach wie vor viele Rätsel auf (vgl. Arzt, 2011). Der Schwerpunkt der Arbeit liegt dabei natürlich stets auf dem pflanzlichen Leben. Allerdings gibt es zahlreiche Verbindungen zu anderen Wissenschaften wie Chemie, Physik, Geologie, Bodenkunde, Meteorologie, Geografie und ganz besonders auch zur Zoologie. Der „Arbeitsraum" dieser Disziplinen ist nichts weniger als die Biosphäre unseres Planeten.

Biosphäre = jener Bereich unseres Planeten, in dem Organismen leben können: belebte Schichten des Bodens (Untergrund und Bodenoberfläche) einschließlich Höhlen und Gewässer sowie erdnaher Luftraum (Biosphäre im engeren Sinn), ggf. erweitert auf den unteren Teil der Atmosphäre als Flugraum der Vögel (Biosphäre im weiteren Sinn). Die *Biohydrosphäre* meint ausschließlich den Lebensraum der Gewässer, die *Geobiosphäre* jenen der festen Böden.

Aufgaben:

Erinnern Sie sich an Ihre bisherigen schulischen Erfahrungen mit Biologie und Botanik und versuchen Sie, in kurzen Notizen auf folgende Fragen zu antworten:

1. Welchen Anteil (Stundenzahl, Hausaufgaben, Schwierigkeitsgrad von Prüfungen) hatte Botanik in Ihren Unterrichtsfächern? Woran erinnern Sie sich dabei?
2. Gab es in dem Unterricht, den Sie erhielten, eine bestimmte Pflanze, die Ihnen von daher (noch) bekannt ist? Wenn ja, welche? Was wissen Sie (noch) von ihr?
3. Können Sie einen Vergleich ziehen zwischen Ihren eigenen schulischen Erfahrungen mit Botanik und denen, die ein Kind heute macht? Wenn ja, wie fällt dieser Vergleich aus? Was hat sich aus Ihrer Sicht geändert?

Wenn heute in vielen Lebensbereichen die Bedeutung der Ökologie (vgl. Kapitel 11) hervorgehoben wird, setzt ein entsprechendes Verständnis auch biologisches Grundwissen voraus. Einer der zentralen Begriffe, die hier benötigt werden, steht in unmittelbarer Beziehung zum pflanzlichen Leben: Die **Fotosynthese** hat für das Leben auf unserem Planeten – als gegenläufiger Prozess zur Verbrennung (vgl. Kapitel 4, S. 118) – eine enorme Bedeutung und gilt als der wichtigste biochemische Prozess überhaupt. Pflanzen erzeugen so nicht nur jene organischen Stoffe, die sie unmittelbar für sich selbst benötigen, sondern setzen auch Sauerstoff frei, ohne den atmende Organismen nicht existieren könnten. Die daraus erzeugte Biomasse bildet die Grundlage für die Ernährung aller anderen Lebewesen.

> Fotosynthese = biochemischer Prozess der Umwandlung von Kohlendioxid (Assimilation) und Wasser unter Einwirkung des Sonnenlichts in Traubenzucker und Sauerstoff. Der Ablauf findet innerhalb der Pflanzenzellen in den *Chloroplasten* statt. Die entsprechende Leistung einer Pflanze wird als *Fotosynthesevermögen* bezeichnet. Das für die Fotosynthese nutzbare Licht umfasst nur einen Teil des Strahlungsspektrums; es liegt im Wellenlängenbereich zwischen 380 nm (Nanometer) (violettes Licht) und 710 nm (rotes Licht). Pflanzen, die Licht auf diese Weise nutzen können, heißen *fototroph*.

Es ist nicht nur für die Pflanzenwelt, sondern für das Leben auf der Erde insgesamt von größter Bedeutung, dass nur ein kleiner Anteil des Sonnenlichts auf die belebte Erdoberfläche trifft: Während das Spektrum der Sonnenstrahlung ursprünglich einen Wellenlängenbereich von 225–3200 nm umfasst, also vom ultravioletten (UV) bis zum infraroten (IR) Bereich des elektromagnetischen Spektrums reicht, umfasst Licht nur noch den Wellenlängenbereich von ca. 400–700 nm (vgl. Bresinsky, 2008, S. 269). Dabei wird der Anteil der kurzwelligen, energiereicheren und gefährlichen Strahlung mit Wellenlängen unter 320 nm insbesondere von der Ozonschicht in 222 bis 25 km Höhe absorbiert, die langwellige Strahlung durch Wasserdampf stark verringert (vgl. Kapitel 4, S. 119).

Der Anteil des Sonnenlichts, den Pflanzen nutzen können, entspricht also in erstaunlicher Weise dem **Strahlenspektrum**, das ihnen auch tatsächlich zur Verfügung steht, oder anders – im Sinn der Evolutionsbiologie – formuliert: Unsere Pflanzenwelt hat sich so entwickelt, dass sie das verfügbare Sonnenlicht optimal nutzen kann.

Allerdings kann stets nur jene Lichtmenge genutzt werden, die von der Pflanze auch aufgenommen (*absorbiert*) wird. Dies geschieht über *Pigmente*, von denen das **Chlorophyll** die wichtigste Rolle spielt. Jene *Plastiden* (vgl. S. 153 ff.) der Pflanzenzelle, die besonders viel Chlorophyll enthalten, werden *Chloroplasten* genannt. Chlorophyllmoleküle haben die Fähigkeit, Lichtenergie aufzunehmen und auf andere Moleküle zu verteilen. Typisch für Chlorophyll – und im Strahlenspektrum gut erkennbar (vgl. Skizze) – ist, dass dieser Mechanismus in einem bestimmten Farbbereich nur schlecht funktioniert: Das grüne Licht ist für die Pflanzen sehr viel weniger wert als andere Lichtfarben, es wird stärker reflektiert, und so erscheinen uns die Blätter der Pflanzen grün.

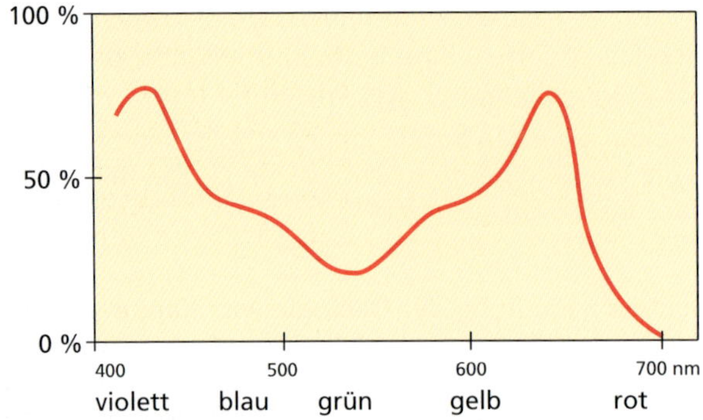

Absorptionskurve von Chlorophyll; dieses absorbiert bis zu 70 % des blauen und roten Lichts, dagegen nur etwa 20 % des grünen Lichts.

(vgl. Wittmann, 2000, S. 55)

Der Riesenporling, Meripilus giganteus, mit seiner bis 50 cm breiten „Hutlandschaft" ist zwar nicht gerade häufig, aber eine kleine Sensation, wenn er plötzlich mitten auf der Wiese auftaucht. Mehr zu Pilzen und ihrer Sonderstellung in der Welt der Pflanzen auf S. 171 f.

Gewisse biologische und botanische Grundkenntnisse sind für die umweltpädagogische Arbeit auch dort wichtig, wo es „nur" um einfache Versuche mit Zimmerpflanzen oder den Bau von Weidenhäusern geht: Neben dem eigenen, besseren Verständnis für die jeweiligen Zusammenhänge und dem entsprechenden persönlichen Gewinn sind es vor allem die Fragen der Kinder, die in vielen Fällen eine möglichst klare, nachvollziehbare Antwort erfordern. Aus diesen Gründen ist auch dieses Kapitel wieder so aufgebaut, dass sowohl wichtige theoretische Aspekte wie auch Hinweise und Empfehlungen für die praktische Natur- und Umweltpädagogik Platz finden. Allerdings ist es aufgrund des Umfangs dieser Thematik auch hier unvermeidlich, dass viele Aspekte nur gestreift werden können oder ganz weggelassen werden müssen.

Es geht nun – nach den ersten Erörterungen – um folgende Einzelthemen:

5.1 Pflanzenzelle und Zellwachstum

5.2 Eigenschaften und Lebensräume von Pflanzen

5.3 Erforschung, Beschreibung und Ordnung von Pflanzen

5.4 Nutzung von Wildpflanzen

5.1 Pflanzenzelle und Zellwachstum

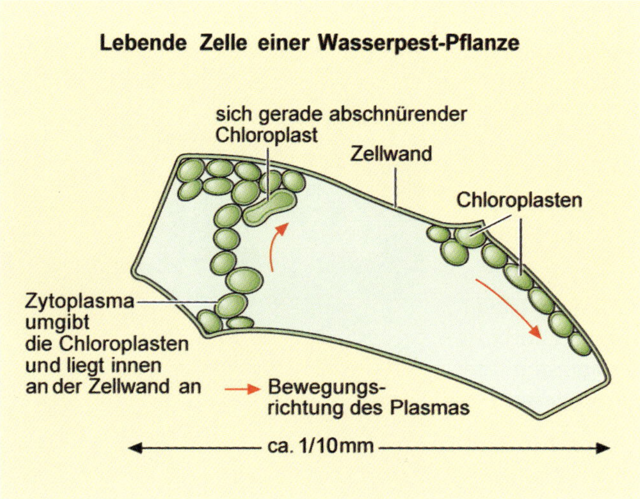

Um den Bau einer Pflanze und ihre Wachstumsprozesse besser verstehen zu können, hilft der Blick auf Details, wie sie mit freiem Auge nicht mehr erkennbar sind. Dazu zählt vor allem die **Pflanzenzelle** als ein besonders wichtiger Baustein des Lebens. Durch ein Mikroskop lässt sich bei etwas Übung gut erkennen, wie unterschiedlich die einzelnen Zellen je nach Aufgabe, Entwicklungsstand oder Pflanzenart **aussehen** können.

Blick durch das Mikroskop

Für Kinder ist der Blick durch ein Mikroskop immer eine besonders spannende Sache. Wenn das Vorhaben aber wirklich erfolgreich sein soll, ist es sinnvoll, zuvor selbst ein wenig zu üben: Das Gerät muss richtig eingestellt sein, und gerade am Anfang ist es auch wichtig, zu wissen, was man eigentlich sieht: Während man bei einer Lupe die vergrößerten Strukturen auch mit bloßem Auge noch gut erkennen kann, ist das beim **Mikroskop**, dessen Vergrößerung oft über dem Hundertfachen liegt, nur noch sehr eingeschränkt möglich. Damit stellt das Mikroskopieren einen deutlichen Wandel der gewohnten Perspektive dar, aber das ist es wohl, was auch Kinder daran fasziniert.

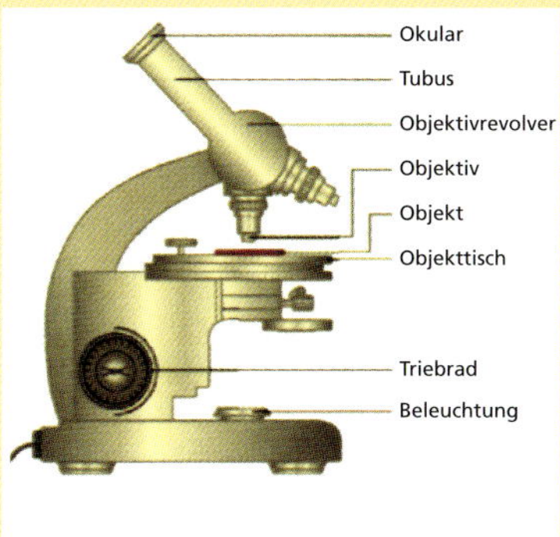

Aufbau eines Lichtmikroskops

Bedienung des Lichtmikroskops

- Stellen Sie zu Beginn des Mikroskopierens die kleinste Vergrößerung ein.
- Legen Sie das Präparat über die Öffnung des Objekttisches.
- Schalten Sie das Mikroskop ein.
- Schauen Sie durch das Okular und stellen Sie durch Drehen des Triebrades die Schärfe ein. Regulieren Sie mit der Blende die Helligkeit und den Kontrast.
- Eine stärkere Vergrößerung erreichen Sie durch Drehen des Objektivrevolvers. Stellen Sie wieder vorsichtig scharf, ohne dass das Objektiv das Objekt berührt.
- Fassen Sie nicht mit den Fingern auf die Linsen von Okular und Objektiv. Säubern Sie diese ggf. mit einem weichen Lappen.

(vgl. Biermann/Kaiser, 2012, S. 32)

Bei einer lebenden Pflanzenzelle lassen sich im Lichtmikroskop einige bestimmte Bestandteile meist besonders gut erkennen, auch wenn sie in Größe, Form und Färbung unterschiedlich ausfallen können:

- Zellwand (aus Zellulose, typisch für Pflanzenzellen; aus Chitin bei den höheren Pilzen)
- Cytoplasma (meist als dünner innerer Wandbelag, bei der lebenden Zelle immer in Bewegung)
- Zellkern (ein häufig auffallender, runder oder linsenförmiger Körper)
- Plastiden (je nach ihrer Funktion unterschiedlich aussehend: grüne Chloroplasten, farblose Leucoplasten, gelb-rote Chromoplasten oder Reservestärke enthaltende Amyloplasten)
- Vakuole (Hohlraum als Speicher für Farbstoffe, Kristalle oder „Abfälle" des Stoffwechsels)

Die Große Brennnessel, Urtica dioica, findet trotz ihrer ökologischen Bedeutung nur bei wenigen Menschen Anerkennung.

Bei jüngeren Kindern verwendet man besser ein Gerät mit einer Vergrößerung im Bereich des 30- bis 45-Fachen: Das Vergrößerte wird auch mit freiem Auge als dasselbe Objekt erkannt.

Meist liegen beim Mikroskopieren auch die Strukturen mehrerer Zellen übereinander: Eine unterschiedliche Deutlichkeit (Tiefenschärfe) hilft dabei, sie zu unterscheiden.

Hervorragend geeignet für die Arbeit mit dem Lichtmikroskop sind z. B. kleine Stücke der Häute einer roten Küchenzwiebel, Wasserpest (vgl. Skizze, S. 153), Möhre (dünne Schnitte durch das Gewebe am Rand einer Möhre zeigen bei etwa 400-facher Vergrößerung Carotinkristalle) oder das Blatt einer Brennnessel (Brennhaare). Sehr gute Beschreibungen unterschiedlicher Versuche mit Objekten aller Art, Pflanzen und Mikroorganismen sowie wichtige Hintergrundinformationen bietet „Das große Kosmos-Buch der Mikroskopie" (Kremer, 2010).

➲ ***Zur Vertiefung dieses Themas finden Sie im Arbeitsheft eine Projektanregung.***

Wachstum und Stoffwechsel

Bereits bei einzelligen Organismen ist das Wachstum ein komplizierter Vorgang, umso mehr bei vielzelligen Lebewesen. Bei diesen geht es darum, dass das Wachstum jeder einzelnen Zelle von der Entwicklung ihrer Nachbarzellen wie des jeweiligen Organismus insgesamt abhängig ist. Grundsätzlich zu unterscheiden ist dabei zwischen einem Wachstum, bei dem die einzelnen Bestandteile der Pflanzenzelle selbst verändert werden (*plasmatisches Wachstum*), und einem Wachstum, bei dem es „nur" um Volumenvergrößerung geht (*Streckungswachstum*).

Das **plasmatische Wachstum** bedeutet Zellteilung, denn die bloße Wasseraufnahme, die ein Kennzeichen des **Streckungswachstums** ist, kann Pflanzenzellen nur wenig größer machen. Der Prozess der Zellteilung hingegen führt zu einer Zunahme der Zahl der Zellen.

Eine Pflanze besitzt dabei Zellbereiche, die für ihr Wachstum von besonders großer Bedeutung sind. Diese sogenannten Vegetations- oder Wachstumspunkte befinden sich vor allem an den Triebspitzen der Pflanze. Verletzt man diese Zone, so kann die Pflanze zumindest dort nicht weiterwachsen. Eine wichtige Anwendung dieses Wissens liegt also darin, Pflanzen in der *richtigen* Weise zurückzuschneiden: Kürzt man z. B. den Trieb eines Johannisbeerstrauchs, so wird die Pflanze höchstens unterhalb der Schnittstelle an *schlafenden Augen* wieder austreiben; an der Schnittstelle selbst (da eine bereits ausgewachsene Zone) kann kein Weiterwachsen erfolgen. Ein Rasen hingegen kann kurz über dem Boden abgeschnitten werden, weil bei den betreffenden Gräsern der Vegetationspunkt sehr weit unten liegt und von daher auch weiteres Wachstum möglich ist.

Pflanzenphysiologie = Wissenschaft von den Lebensvorgängen der Pflanzen und den entsprechenden (bio-)chemischen Grundlagen. Dazu zählen z. B. alle Wachstums- und Reifungsprozesse, Stofftransporte innerhalb der und zwischen den Zellen, Reaktionen auf Umweltreize, aber auch Aspekte der Kommunikation zwischen einzelnen Zellen wie zwischen einzelnen Pflanzen und Tieren (Fraßfeinde, Bestäuber).

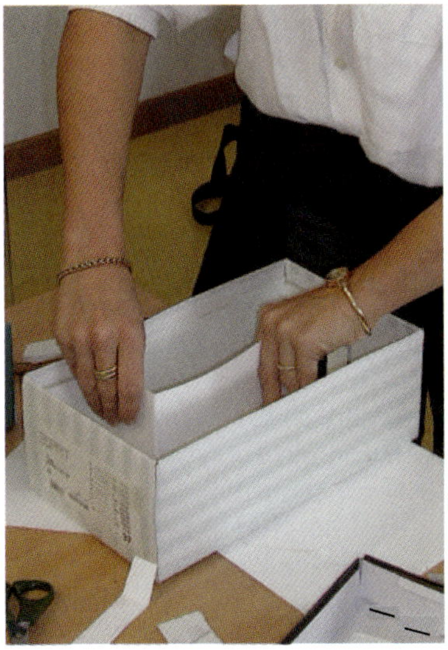

Die Idee eines „Kartoffellabyrinths" ist sehr einfach und lässt dennoch fantasievolle Lösungen zu.

Die Tatsache, dass Pflanzen ihr ganzes Leben hindurch wachsen (wenn auch in sehr unterschiedlicher Geschwindigkeit und gegen Ende ihres Lebens stark verlangsamt), steht auch in enger Beziehung zu ihren Bewegungsmöglichkeiten. Die meisten Pflanzen sind zwar an einem bestimmten Standort fest verwurzelt, aber gerade deshalb benötigen sie eine Strategie, auf Veränderungen in ihrer Umwelt zu reagieren, die ihnen gefährlich werden könnten: Droht ihnen beispielsweise Lichtmangel, verändert sich ihr Wachstum. Besonders gut kann man das am Keimling einer Bohnenpflanze oder Austrieb einer Kartoffel verfolgen:

Legt man z. B. eine keimfähige (!) Kartoffel in eine Schuhschachtel, in die nur durch einen Schlitz etwas Licht fällt, so wird der austreibende Spross stets zum Licht hinwachsen. Das ist vor allem dann spannend, wenn man zwischen der Kartoffel und dem Lichtschlitz einige Kartonwände eingesetzt hat, sodass die Pflanze nicht auf direktem Weg ans Licht findet, sondern erst durch ein kleines „Labyrinth" wachsen muss. Das dauert aber eine Weile, und man muss darauf achten, dass die Kartoffel während dieser Zeit nicht vertrocknet. Am besten legt man sie in ein Schälchen mit Watte, die immer leicht feucht gehalten wird.

Fototropismus = Fähigkeit vieler Pflanzen, sich durch Wachstumsreaktionen mehr Licht verfügbar zu machen. Typisch sind Wachstumskrümmungen bei einseitigem Lichteinfall, wobei die Zellen der Schattenseite ein stärkeres Streckungswachstum zeigen und so die Pflanze insgesamt in eine vorteilhaftere Lage bringen.

Wenn genügend Licht und Platz zur Verfügung stehen, haben Pflanzen ihren arttypischen Eigenschaften entsprechend von der Keimung bis zur Blüte und Samenbildung ein ziemlich regelmäßiges Wachstum. Das ist allerdings nicht die Regel: Pflanzen wachsen im Allgemeinen immer neben und zwischen anderen Pflanzen, und so kommt es rasch zur Ausbildung asymmetrischer Formen, einem stärkeren Wachstum auf der Seite, wo die Bedingungen günstiger sind.

Mit welchen Mitteln kommt Pflanzenwachstum aber überhaupt zustande? Was benötigt eine Pflanze außer Wasser, Licht und Wärme noch?

Die Entdeckung der **Pflanzennährstoffe** ist jüngeren Datums, als man annehmen möchte, auch wenn Menschen schon seit Urzeiten wissen, dass es *bessere* und *schlechtere* Böden gibt, dass manches einer Pflanze guttut, anderes ihr schadet. Aber erst im 19. Jahrhundert kam es durch den Chemiker Justus von Liebig zu einer wissenschaftlichen Untersuchung und Erforschung jener Substanzen, die das Wachstum von Pflanzen beeinflussen. Seine „Agrikulturchemie" (1840) ist die Basis der heute weltweit wichtigen Lehren von Bodenchemie und Pflanzenernährung.

Für die Beobachtung des Pflanzenwachstums bieten sich für Kinder mitunter solche Pflanzen an, die häufig und allgemein bekannt sind.

Das Modell der „Minimumtonne" verdeutlicht von Liebigs Überlegungen auf einprägsame Weise: Derjenige Nährstoff, der – gemessen am jeweiligen Bedarf der Pflanze – zuerst knapp wird, begrenzt entscheidend ihr weiteres Gedeihen; andere Nährstoffe können das keinesfalls wettmachen, selbst wenn sie in sehr viel größerer Menge zur Verfügung stehen. Als Hauptnährstoffe gelten dabei: Stickstoff (N), Phosphor (P), Kalium (K), Magnesium (Mg), Schwefel (S), Calcium (Ca). Darüber hinaus benötigen Pflanzen aber noch zahlreiche andere Nährstoffe, die auch als „Spurennährstoffe" bezeichnet werden, weil sie von den Pflanzen in sehr viel geringeren Mengen aufgenommen werden müssen (vgl. Kapitel 6, S. 193 ff.).

Wenn Pflanzen „hungern", dann kann sich das auf sehr unterschiedliche Weise zeigen: typische Verfärbungen der Blätter oder Blattränder, Kümmerwuchs, geringerer Ansatz an Blüten und schlechtere Fruchtbildung und vieles andere mehr. Bei Gehölzen, die im Lauf der Jahre ein entsprechendes Dickenwachstum zeigen, verraten die bei der Fällung sichtbar werdenden **Jahresringe** viel mehr als bloß das Alter, das der entsprechende Baum erreicht hat. Aus der Enge oder Weite der Ringe lassen sich auch eine ungünstigere Ernährungssituation oder ein länger anhaltender Wassermangel in einem bestimmten Jahr ablesen.

Die Nährstoffe werden bei den allermeisten Pflanzen über die Wurzeln aufgenommen, wobei sie in Wasser gelöst sein müssen. Dieser Transport der Stoffe in den Leitungsbahnen lässt sich mit einem einfachen und interessanten Versuch nachweisen:

*Spalten Sie den Stiel einer Nelke, Margarite oder Dahlie der Länge nach auf und stellen Sie die Schnittblume so in zwei Gläser mit Wasser, dass sich in jedem Glas jeweils eine Hälfte des Blütenstängels befindet. Das Wasser in den beiden Gläsern soll sich in der Farbe gut unterscheiden (Lebensmittelfarbe). Nach wenigen Stunden sieht man eine deutliche Verfärbung von Teilen der Pflanze, weil über die Leitungsbahnen in der Pflanze Wasser nach oben transportiert wurde und bei der Verdunstung durch die Poren an Blüten und Blättern (**Transpiration**) der jeweilige Farbstoff abgelagert wurde.*

Zu den Stoffwechselvorgängen bei Pflanzen lassen sich noch eine Reihe anderer Versuche durchführen:

- Stülpt man über eine Topfpflanze eine durchsichtige Plastiktüte und bindet diese oberhalb des Topfes an der Pflanzenbasis zu, so beschlägt sich die Tüte nach einiger Zeit von innen. Eine gleich große, ebenfalls zugebundene, aber lichtundurchlässige Plastiktüte bleibt hingegen innen trocken. Ähnliches kann man mit einer „Miniwelt" ausprobieren (vgl. S. 173 f.).
- Bei einer Variante dieses Versuchs verwendet man frische Triebe von Petersilie oder anderen Pflanzen, die man in ein Glas mit Wasser stellt. Auf die Wasseroberfläche träufelt man etwas Speiseöl und stülpt anschließend ein großes Einmachglas darüber. In die Sonne gestellt, rinnt an der Innenseite des Einmachglases bald Kondenswasser herab. Da das Öl auf der Wasseroberfläche die direkte Verdunstung verhindert, kann dieses Wasser nur von den Blättern der Petersilie stammen.
- Über einige Triebe einer Wasserpestpflanze (Elodea canadensis) – eine in vielen langsam fließenden Bächen vorkommende Wasserpflanze – wird ein großer Trichter gestülpt, dessen nach oben gerichtete Auslaufstelle über einen Schlauch mit einem Glasröhrchen verbunden wird. Löst man nach einiger Zeit den Schlauch ab und hält sofort ein brennendes Streichholz an die Öffnung des Glasröhrchens, so flammt das Streichholz hell auf: Im Glasröhrchen hat sich nämlich Sauerstoff angereichert, der von der Wasserpest abgegeben wurde.

(vgl. Burnie, 1999, S. 48)

- Wer ein bisschen Geduld aufbringt, kann die Auswirkung von Licht und Dunkelheit auf bestimmte Pflanzen an einer Farbänderung der Blätter feststellen: Wenn manche Zimmerpflanzen mit rot-grünem Blattwerk (z. B. Setcreasea purpurea, eine dankbare Zimmerpflanze aus der Familie der Tradescantiengewächse) eine Weile zu dunkel gestellt werden, vergrünen die Blätter nach und nach – eine Reaktion der Pflanze, die Lichtausbeute durch mehr (grüne) Chloroplasten zu erhöhen (vgl. Rücker, 2012).

Aufgaben:

1. Wenn man weiß, wie es zum Grün der Pflanzen kommt, sieht man vielleicht Farben überhaupt „mit anderen Augen". Bleiben wir aber beim Grün: Versuchen Sie, unter den Pflanzen Ihrer Umgebung möglichst viele gut unterscheidbare Grüntöne zu finden, und fertigen Sie aus den gesammelten Blättern, Trieben oder Früchten eine Collage.
2. Gewinnen Sie aus Blättern verschiedener Pflanzen Presssäfte und vergleichen Sie sie in Ergiebigkeit, Konsistenz und Farbe. Notieren Sie Ihre Ergebnisse mit Angabe der jeweiligen Pflanzennamen.
3. Machen Sie selbst einen „Blütenfärbeversuch", wie oben beschrieben. Womit und wie ließe sich dieses Experiment noch durchführen?
4. Vor allem unter den gängigen Zimmerpflanzen gibt es etliche mit rötlichen oder rotgrünen Blättern. Versuchen Sie herauszufinden (Literatur, Befragung von Floristen), um welche Arten und Sorten es sich dabei handelt und inwieweit die Blattfärbung sich auf die Wahl des optimalen Standortes solcher Pflanzen auswirkt.

Dunkelgrünes im Schnee: Der Hirschzungenfarn, Phyllitis scolopendrium, ist einer unserer wenigen wintergrünen Farne.

Gelb-grün leuchtend: Der Austrieb des Spitzahorns, Acer platanoides, ist ein untrügliches Signal des Frühjahrs.

Fortpflanzung und Evolution

Die Fähigkeit, Nachkommen hervorzubringen, ist eine der zentralen Eigenschaften aller Lebewesen. Ausgehend von der einzelnen Zelle, die sich teilen und ausdifferenzieren sowie ihre Erbinformation weitergeben kann, entwickeln sich die Organismen nach ihrem ganz spezifischen *Bauplan*.

Nahm man bis in das 19. Jahrhundert hinein noch an, mindestens bestimmte Lebewesen entstünden einfach aus toter Materie und Fossilien seien nichts anderes als ein „Aufwachen" am Beginn des Lebens, so wissen wir heute – nur etwa 150 Jahre später nach der Entdeckung von Zellteilung und Vererbungsmechanismen – ungeheuer viel mehr von den Prozessen des Lebens: Die vollständige Entschlüsselung der chemischen Struktur des menschlichen Genoms, wie sie in den letzten Jahren gelang, bedeutet zwar noch kein konkretes Wissen über die Bedeutung der einzelnen DNA-Abschnitte, stellt auf diesem Weg aber einen weiteren spektakulären Schritt dar.

➲ ***Zum Einstieg in dieses Thema finden Sie im Arbeitsheft eine Reihe von Aufgaben.***

Die großen Erfolge in der Erforschung der Bausteine des Lebens in den letzten Jahrzehnten haben mindestens eines sehr deutlich werden lassen: Die Vorgänge in lebenden Organismen lassen sich auf der Ebene der Moleküle und Zellen nahezu ausschließlich mit den Gesetzen von Physik und Chemie erklären. Was unterscheidet dann aber ein Lebewesen von unbelebter Materie? Was ist dann **Leben**? Die Antwort ist schwieriger, als man meinen möchte und führt sozusagen in Grauzonen unseres biologischen Wissens.

Der Biologe Ernst Mayr weist in diesem Zusammenhang darauf hin, dass es bei Lebewesen eine Dualität gebe, die in der unbelebten Welt unbekannt sei: Jeder Organismus besitzt einen *Genotyp* als Gesamtheit der Erbinformationen und einen *Phänotyp*, der das äußere Erscheinungsbild des Lebewesens ausmacht. Diese Zweiteilung hat zu verschiedenen Erklärungsmodellen und Theorien geführt, nach denen sich bestimmte, für Lebewesen typische Phänomene benennen lassen (vgl. Mayr, 2000). Zu den wichtigsten Merkmalen zählen:

- Organismen werden durch genetische Programme gesteuert, die sich ihrerseits evolutionär entwickelt haben und besitzen dadurch selbst die Fähigkeit zu Wachstum und Evolution.
- In Organismen finden wir Moleküle, die in der unbelebten Welt nicht auftauchen (Nucleinsäuren, Eiweißverbindungen, Enzyme, Hormone).
- Organismen besitzen die Fähigkeit zum Stoffwechsel (Energieaustausch).
- Organismen sind komplexe Systeme mit vielfältigen Reaktions- und Regulationsmechanismen, um sich in einem stabilen Gleichgewicht zu halten.

Diejenige wissenschaftliche Theorie, die heute anerkanntermaßen die größte Erklärungskraft für die Entstehung und Ausdifferenzierung des Lebens auf unserem Planeten besitzt, ist die **Evolutionstheorie**, die auf Charles Darwin (1809–1882) zurückgeht. Auch wenn bereits vor seiner Zeit bekannt war, dass Auswahl (Selektion) beispielsweise in der

Pflanzenzüchtung einen bestimmten Wandel von Formen und Eigenschaften ermöglicht, so war er derjenige, „der die Erklärung durch Selektion nicht auf Spezialfälle eingrenzte, sondern bemerkte, dass er damit ein Werkzeug zum Verständnis der ganzen Vielfalt der Natur in Händen hielt" (Fischer, 2003, S. 298).

Die seltene Schuppenwurz, Lathraea squamaria, ist völlig chlorophyllfrei. Als Vollschmarotzer hat diese Pflanze ihre ökologische Nische darin gefunden, dass sie sich ausschließlich über eine Lebensgemeinschaft mit bestimmten Bäumen wie Erlen, Pappeln, Weiden und Buchen ernährt.

Evolution (*in der Biologie*) = umfassende wissenschaftliche, auf Charles Darwin zurückgehende Theorie zur Erklärung der Entwicklung des Lebens und seiner vielfältigen Erscheinungsformen als Naturvorgang. Die Evolutionstheorie fußt auf drei notwendigen Voraussetzungen: Fähigkeit zur Replikation (Erneuerung bzw. Fortpflanzung), Variation (als schwankende „Kopiergenauigkeit") und Selektion (Auswahl). Zu den Grundaussagen der Evolutionstheorie gehört, dass Evolution immer und auf allen Ebenen der belebten Welt vom Molekül bis zum Ökosystem stattfindet.

Eine sehr gute und spannend zu lesende Darstellung der Evolutionstheorie einschließlich konkurrierender Konzepte (Schöpfungsglaube oder *Kreationismus*) gibt Ernst Mayr in seinem letzten Werk „Das ist Evolution" (2005).

5.2 Eigenschaften und Lebensräume von Pflanzen

Kinder stellen immer wieder Fragen, die mit gewissen allgemein-biologischen Grundkenntnissen besser beantwortet werden können: Warum sind Pflanzen grün? Wie groß ist das, was ich unter dem Mikroskop sehe, *in Wirklichkeit*? Gibt es auch Steine, die leben? Bei anderen Fragen geht es häufig um speziellere, gewissermaßen ökologische Themen: Warum gibt es hier so viele Brennnesseln? Was ist ein Moor? Ist die Tollkirsche für Vögel *nicht* giftig? Es sind Fragen, die uns nach *draußen* führen, zur direkten Beobachtung im Gelände.

Biotope und Pflanzengesellschaften

Oft ist es eine einzelne, seltsam erscheinende Pflanze, die ein Kind neugierig macht, und manchmal ist es das überraschende, massenhafte Auftreten einer bestimmten Art. Das können Moose auf dem Gehweg sein, die bunten Blumen einer Sommerwiese oder eine Sammlung kleiner Mauerfarne in den Rissen einer Betonwand. Für solche Erfahrungen brauchen Kinder zunächst einmal nur etwas Zeit und Ruhe.

Die Blüten des Wiesenklees, Trifolium pratense, duften leicht nach Honig, und wenn man daran saugt, schmeckt man ihren Nektar.

Aufgaben:

Die Unterscheidung der verschiedenen, an einem bestimmten Standort wachsenden Pflanzen macht Kindern Spaß, und man kann mit ihnen beispielsweise versuchen, innerhalb eines abgesteckten Areals nach allen, voneinander gut unterscheidbaren Pflanzenarten zu suchen. Bereits eine Fläche von etwa 10 m^2 wird eine verblüffend große Artenzahl ergeben.

1. Welches Areal würden Sie für ein solches Vorhaben auswählen, welche Tageszeit, welche Jahreszeit?
2. Wie würden Sie sich selbst für dieses Projekt vorbereiten?
3. Welche Regeln sollten für die Kinder gelten (allgemeine Vorsichtsmaßnahmen, Naturschutzbestimmungen etc.)?
4. Wie könnte die Auswertung der Funde erfolgen? Wie ließe sich aus dem Sammeln ein gründlicheres Kennenlernen wenigstens einzelner Pflanzen entwickeln?

Die Erforschung der Pflanzen- oder auch Tierwelt eines Gebietes wird sich stets auf einen bestimmten Lebensraum beziehen: auf ein **Biotop**. Entgegen der weitverbreiteten Ansicht, es handle sich bei einem Biotop stets um einen Tümpel oder etwas Ähnliches, steht der Begriff *Biotop* zunächst einmal nur für *Lebensraum*, dessen Eigenschaften und Besonderheiten noch zu definieren sind. Wie viele verschiedene Biotope man an Wegen und Plätzen, in ländlichen Regionen oder Siedlungsgebieten unterscheiden kann, zeigen zahlreiche „Naturführer" wie z. B. „Im Bayerischen Wald. Mit Kindern unterwegs" (Florl, 2005) und „Natur entdecken an der Nordsee" (Quedens, 2010).

Biotop = Lebensraum einer bestimmten Gemeinschaft von Pflanzen und Tieren. Definiert durch Faktoren wie Klima, Boden, Nahrungsangebot und von der Umgebung mehr oder weniger deutlich abgegrenzt. Beispiele: Magerrasen, Hochmoor, Höhle, Trockenmauer, Hecke, Buchenwald, Waldtümpel, Flussufer.

Die seltsam mehrfarbig blühende Buchsblättrige Kreuzblume, Polygala chamaebuxus, liebt sonnige Waldränder oder lichte Kiefernwälder an sehr trockenen, mageren, flachgründigen Standorten. Zusammen mit Moosen, bestimmten Gräsern, gelegentlich Preißelbeere und Schneeheide charakterisiert sie solche wärmeliebenden Pflanzengesellschaften.

Den Blasenfarn, Cystopteris fragilis, hier mit einem Alpenveilchen, findet man in ganz Europa. Zu seinen „Lieblingsbiotopen" gehören feuchte, schattige Mulden und Felsspalten in etwas höher gelegenen Wäldern. Zu den dort vorkommenden „Blasenfarngesellschaften" gehören u. a. auch andere Moose und Farne, Steinbaldrian oder Ruprechts-Storchschnabel.

Die Entdeckung und Erkundung von **Lebensgemeinschaften** (*Biozönosen*) bedeuten zunächst einmal die Berücksichtigung von *abiotischen Faktoren* wie Geländeform, Bodenstruktur, Temperaturunterschiede zwischen Tag und Nacht sowie im Jahresverlauf, Wind oder zeitweise Überflutung bei Hochwasser oder Schneeschmelze. Je nach diesen Voraussetzungen entwickelt sich stets auch eine ganz bestimmte **Pflanzengesellschaft**, die ihrerseits auch wieder einzelne Eigenschaften des jeweiligen Standortes beeinflusst. Diese Wechselwirkungen lassen sich bei einigen naturkundlichen Grundkenntnissen und genauer Beobachtung auch mit Kindern gut erforschen.

Eine Erkundungswanderung kann die Suche nach verschiedenen Biotopen und den Vergleich markanter Eigenschaften zum zentralen Thema haben. So werden Kinder beispielsweise auf die (im Sommer) kühlere, schattige und auch akustisch stark gedämpfte Atmosphäre in einem geschlossenen Fichtenwald aufmerksam und können sie unmittelbar mit der Situation in einer Lichtung vergleichen, wo sich – je nach Wetterlage – die Sonnenwärme fängt und staut oder (im Winter) plötzlich ein kalter Wind spürbar wird. Während sich auf dem etwas federnden, von Nadelstreu bedeckten Waldboden zwischen

den Bäumen nur wenige Blütenpflanzen (Waldsauerklee, Wintergrün, Waldsimse u. a.) halten können, entdeckt man auf einer durch Baumfällungen oder Windbruch entstandenen Lichtung eine viel größere Zahl an Arten, die zudem zu jeder Jahreszeit meist einen völlig anderen Gesamteindruck vermitteln.

Magerrasenbiotope locken wegen ihrer unterschiedlichen Blütenpflanzen zahlreiche Käfer und Schmetterlinge an.

Abiotische Faktoren = verschiedene Wirkungen der unbelebten Natur wie etwa Klima, Wetter, Licht (Sonneneinstrahlung), Landschaft (Gelände), Boden (physikalische und chemische Faktoren), Wasser (Niederschläge und anderes mehr). Zusammen mit den *biotischen Faktoren* (Pflanzen, Tiere, Menschen) bilden sie den Komplex der Umweltfaktoren (*ökologische Faktoren*), die auf einen bestimmten Organismus einwirken.

➲ ***Zur Vertiefung dieses Themas finden Sie im Arbeitsheft eine Projektanregung.***

Biotope als Lebensräume sind *ökologische Einheiten*, mit deren Unterscheidbarkeit sich Kinder gerne auseinandersetzen. Auch dort, wo man aus verschiedenen Gründen nicht besonders tief in die Unterscheidung von meteorologischen Daten, Pflanzengesellschaften oder Auswirkungen auf die Tierwelt einsteigen möchte, ist die Erkundung von Biotopen mit Kindern besonders sinnvoll und lohnend: Gerade die Notwendigkeit, ein bestimmtes Areal als Biotop abzugrenzen, zu definieren und als Lebensraum ganz eigener Qualität hervorzuheben, macht einen meist eher kleinen Naturraum zu *etwas Besonderem*. Dadurch erhalten Kinder gleichsam nebenbei einen ganzheitlichen Zugang zu Lebewesen und deren Bedürfnissen und Entwicklungsmöglichkeiten.

Die natürlich entstandenen, bis etwa zwei Meter tiefen Weiher sind Lebensraum für besonders viele Pflanzen- und Tierarten. Hier zu sehen ist ein ausgedehnter Weiher im Alpenvorland mit einem üppigen Bestand an Sumpfschwertlilien (Iris pseudacorus), der an den Rändern in Flachmoore und Streuwiesen übergeht.

Der „Farbatlas Landschaften und Biotope Deutschlands" (Jedicke/Jedicke, 1999) vermittelt über Aufnahmen typischer Naturräume und sorgfältige Beschreibungen eine hervorragende Darstellung dieser Thematik und kann sehr gut als Nachschlagewerk benutzt werden.

In der Fachliteratur werden in diversen Gliederungssystemen teilweise weit über 100 Biotope unterschieden, was in unserem Zusammenhang selbstverständlich wenig sinnvoll wäre. Wichtiger als eine klassifikatorisch anspruchsvolle Auflistung ist für die Arbeit mit Kindern auch hier die Wahrnehmung von Gemeinsamkeiten und Unterschieden zwischen

Nicht selten finden sich in Lohwäldern auch große Bestände an Bärlauch, Allium ursinum, der im Frühjahr schon aus einiger Entfernung zu riechen ist. Da der (giftige) Aronstab ähnliche Standortvorlieben hat, ist beim Sammeln der ähnlich aussehenden Bärlauchblätter in solchen Gebieten besondere Vorsicht nötig.

verschiedenen Organismen und ihren Lebensbedingungen, wobei die Pflanzenwelt stets als Voraussetzung für die Entwicklung der Tierwelt bis hin zu den menschlichen Lebensmöglichkeiten begriffen werden sollte.

Pflanzensoziologie = Vegetationskunde, die davon ausgeht, dass Pflanzen nicht für sich allein und isoliert wachsen, sondern meist in einer bestimmten Nachbarschaft zu anderen stehen. Pflanzen, die etwa in einem bestimmten *Biotop* mit einer gewissen Regelmäßigkeit zu finden sind, werden als *Assoziation* beschrieben: der Aronstab-Eichen-Hainbuchenwald als typische Pflanzengesellschaft eines „Lohwaldes".

Ein faszinierendes Waldbiotop stellt mancherorts der „Lohwald" dar: Die früher verbreitete Nutzung der Eichen (*Eichenlohe* zum Gerben von Leder, Eicheln für die *Waldmast* von Schweinen) hat zu einem eher lichten, von menschlichen Aktivitäten in typischer Weise geprägten Waldtyp geführt (vgl. Kapitel 11). Scharbockskraut, Gold-Hahnenfuß, Großes Hexenkraut, Goldnessel, Flattergras, Waldveilchen, Sternmiere, Vielblütige Weißwurz, Buschwindröschen und Moose (vgl. Runge, 1994). Dieser „Wald vornehmlich aus Eichen und Hainbuchen (...) auf lehmigen oder mergeligen Böden in ebener Lage oder auf schwach geneigten Hängen im Tief- und Hügelland" (Runge, 1994, S. 281) beherbergt oft eine wertvolle Krautschicht aus Buschwindröschen, Waldveilchen, Primeln, Lungenkraut, Aronstab, Goldnessel und anderen. Dieser Waldtyp ist heute oft nur noch kleinräumig zu finden, aber sowohl aus vegetationsökologischen als auch kulturhistorischen Gründen (Ortsnamen wie Lohhof oder Eschenlohe) auch für Kinder ein besonders interessantes Phänomen.

In Auwäldern und Senken finden sich besonders häufig Tümpel, deren Kennzeichen ist dass sie immer wieder austrocknen. An solche Lebensbedingungen haben sich vor allem Amphibien und bestimmte andere Kleintiere hervorragend angepasst (vgl. Kapitel 9).

Eine Exkursion an einen Waldtümpel muss besonders gut geplant sein: Hat man Pech, ist er gerade ausgetrocknet und man steht vor einer Mulde mit zähem Schlamm.

Parks, Gärten und „Begleitgrün"

Biotope anderer Art findet man in Siedlungs- und Gewerbegebieten. Hier handelt es sich um Lebensräume, die vom Menschen stark beeinflusst oder künstlich geschaffen wurden: verschiedene Bereiche eines Parks, „Straßenbegleitgrün", „Abstandsgrün" (zwischen Häusern und Verkehrswegen), Bepflanzung von Lärmschutzwällen, Materiallagerplätze, aber auch Gärten, die ihrerseits sehr unterschiedliche Lebensbedingungen bieten, bis hin zu „Miniaturen" wie einzelne Mauer- und Pflasterfugenbiotope.

Da es sich für die umweltpädagogische Praxis vielerorts anbietet, mit Kindern in Parks zu gehen, stellt sich natürlich die Frage nach den Möglichkeiten, die sich dort bieten. Aufgrund der Tatsache, dass Parks nach bestimmten Plänen angelegt wurden und ihre Entwicklung und Pflege von entsprechenden Konzepten bestimmt werden, fehlen meist *naturwüchsige* Bereiche. Dennoch lässt sich auch hier – von Park zu Park unterschiedlich – eine Reihe von Entdeckungen machen, beispielsweise bei der oft großen Vielfalt an heimischen und fremdländischen Gehölzen.

In vielen Parks findet man die Gehölze entweder einzeln stehend oder in Gruppen. Es ist hier vergleichsweise schwierig, verschiedene Biotope voneinander abzugrenzen, auch wenn beispielsweise eine Gruppe von Rosskastanienbäumen völlig andere Voraussetzungen bietet als ein Heckengebüsch, eine Strauchrosensammlung oder ein einzeln stehender großer Baum mit weit herabhängenden Ästen und Zweigen.

Für die umweltpädagogische Arbeit ist es hier meist besser, die einzelnen Gehölze und ihre Besonderheiten zu thematisieren, etwa über „Steckbriefe von Bäumen und Sträuchern", wobei neben artspezifischen Merkmalen und Besonderheiten eines Gehölzes auch die natürlichen Standortvorlieben zur Sprache kommen. Solche Steckbriefe sind für Kinder eine spannende Herausforderung: Sollen sie doch – im Sinn einer kleinen Rallye und ggf. in mehreren, miteinander konkurrierenden Gruppen – möglichst viele der ausgewählten Bäume oder Sträucher finden und erkennen und zum Beweis für ihren Erfolg ein Blatt, eine Blüte, eine Frucht oder einen Zweig mitbringen. Insgesamt hat es sich bewährt, bei solchen Suchspielen nicht mehr als etwa zehn Steckbriefe einzusetzen, wobei die ausgewählten Gehölze im Suchgebiet selbstverständlich vorkommen sollten.

Steckbrief einer Waldkiefer, Pinus sylvestris.

Auf „vergessenen" Grundstücken stellt sich rasch eine „Pioniergesellschaft" aus Weiden, Erlen, Hartriegel, Holunder und zahlreichen Wildkräutern und Gräsern ein – ein immer wieder interessantes Übergangsbiotop, das auch im Winter zu vielen Aktivitäten Anregungen gibt.

Aus organisatorischen Gründen kann man sich mit Kindern in Parks und anderen größeren Grünanlagen meist besser aufhalten als auf kleinräumigen Brachflächen an Straßen oder im Siedlungsgebiet, wo zudem Hunde als *Hauptnutzer* eine problematische Rolle spielen. Dennoch sollten diese *ökologischen Nischen* nicht außer Acht gelassen werden, denn im Einzelfall ergeben sich gerade in solchen Bereichen für Kinder wunderbar abenteuerliche Gelegenheiten, und selbstverständlich lohnt sich dort, wo es möglich ist, auch ein Ausflug in Kleingartenanlagen oder andere Privatgärten.

Invasive Pflanzen

Noch nie sind so viele gebietsfremde Pflanzen- und Tierarten zu uns gelangt wie heute. Welche Rolle diese Arten in der heimischen Flora und Fauna spielen und in welchem Umfang sie zu Problempflanzen werden können, ist auch unter Fachleuten nicht eindeutig geklärt. Wanderbewegungen von Pflanzen und Tieren sind zunächst etwas völlig Natürliches, aber durch den Menschen und insbesondere den weltweiten Warenverkehr hat sich dieser **Migrationsprozess** (vgl. Kapitel 6.1, S. 188 ff. und Kapitel 9.1, S. 282) enorm beschleunigt. Dabei gilt bereits die Entdeckung Amerikas 1492 als besonders einschneidendes Datum: Alle danach eingeführten Pflanzen- und Tierarten werden als „Neulebewesen“ (Neobiota) bezeichnet. Dauerhaft können sich bei uns allerdings nur jene Arten entwickeln, die mit den hierzulande herrschenden Klima- und Lebensbedingungen gut zurechtkommen. Dann kann es aber durchaus sein, dass sie sich so stark vermehren und ausbreiten, dass sie für die heimischen Arten zu einer starken Konkurrenz werden.

Pflanzen- und Tierarten, bei denen eine solche Entwicklung beobachtet wird, werden als **invasive Arten** bezeichnet. Je nach Naturschutzkonzept wird dieser Begriff aber unterschiedlich eng oder weit gefasst. Außerdem hat sich die Bewertung mancher fremdländischer Arten im Lauf der Zeit verändert. So wurde der **Riesenbärenklau** (Heracleum mantegazzianum, vgl. S. 169) ursprünglich als Zierpflanze in europäische Gärten und botanische Anlagen geholt. Als er zunehmend rasch verwilderte, erkannte man seine gesundheitlichen Gefahren, aber da konnte seine weitere Ausbreitung in Mitteleuropa längst nicht mehr verhindert werden (vgl. www.floraweb.de/pflanzenarten/neophyten.html).

Invasive Pflanzen- und Tierarten = Arten, die im jeweiligen Gebiet natürlicherweise nicht vorkommen und sich nach ihrer gezielten Einbürgerung oder ihrer unbeabsichtigten Ausbreitung als problematisch herausstellen. In Deutschland gehören dazu Riesenbärenklau, Japanischer Staudenknöterich, Kanadische Goldrute, Beifußblättriges Traubenkraut (Ambrosia) sowie Chinesische Wollhandkrabbe, Waschbär, Grauhörnchen, Amerikanischer Biber etc.

Die Riesen-Goldrute (Solidago gigantea) hat in Deutschland in den letzten Jahrzehnten immer größere Areale erobert und verdrängt dabei massiv andere Blütenpflanzen. Für die heimische Tierwelt bietet sie kaum Nahrung und gilt vor allem auch deshalb als invasive Pflanze.

Zahlreiche ähnliche Beispiele betreffen die Tierwelt, wobei hier ebenso wie bei den Pflanzen die Anzahl der unbeabsichtigt eingeschleppten Arten weit höher liegt als jene, die gezielt eingeführt wurden. Zu Letzteren gehören sowohl größere Tiere wie der aus Nordamerika stammende **Waschbär** (Procyon lotor), der sich in Europa seit Mitte des 20. Jahrhunderts ausbreitet, als auch Insekten wie der **Asiatische Marienkäfer** (Harmonia axyridis). Dieser Käfer wurde zum Zweck der biologischen Schädlingsbekämpfung eingesetzt, weil er Tag für Tag große Mengen von Blattläusen vertilgt. Mittlerweile lebt diese Käferart aber längst auch außerhalb gärtnerischer Kulturen, und es wird befürchtet, dass ihre rasche Ausbreitung auf Kosten der heimischen Marienkäferarten geht.

Für den Bereich der invasiven Pflanzen hat der Botaniker Wolfgang Kunik die sogenannte **Zehnerregel** aufgestellt: Von 100 fremdländischen Arten sind höchstens zehn in der Lage, sich selbstständig auszubreiten. Von diesen entwickelt sich wiederum eine Pflanze, also ein Zehntel, zu einer Problempflanze wie etwa Riesenbärenklau oder Staudenknöterich. Manche Fachleute setzen allerdings den Anteil der problematisch werdenden Arten auch deutlich höher an.

Insgesamt gilt die Ausbreitung gebietsfremder Pflanzen- und Tierarten weltweit als einer der Hauptfaktoren für den **Verlust von Artenvielfalt** (vgl. Kapitel 11, S. 345 ff.). Aus diesem Grund sind Vorschriften wie die Bundesartenschutzverordnung und das 1992 in Rio beschlossene internationale Biodiversitätsabkommen von großer Bedeutung, wenn auch die praktische Durchsetzung solcher Gesetze und Vereinbarungen nach wie vor äußerst schwierig ist.

Darüber hinaus gibt es unter Fachleuten eine anhaltende Diskussion, welches Bild von der Natur diesen und ähnlichen Entscheidungen zugrunde liegt. Der Evolutionsbiologe Josef Reichholf warnt, sich zu sehr gegen die Veränderlichkeit von Naturräumen und Artenspektrum stellen zu wollen. Seiner Ansicht nach sind viele Bemühungen des institutionellen Natur- und Artenschutzes einem bestimmten romantischen Naturbild verhaftet:

> Gehört es nicht zur Natur der Natur, dass sie dynamisch auf Veränderungen reagiert und nicht auf alten Positionen beharrt, wenn sich neue Bedingungen eingestellt haben?
>
> *(Reichholf, 2008, S. 145)*

5.3 Erforschung, Beschreibung und Ordnung von Pflanzen

Die Beschreibung von Pflanzengesellschaften ist nur *eine*, wenn auch eine besonders gut zugängliche Möglichkeit, die Vielfalt der Pflanzenwelt zu erfassen. Ganz andere Zuordnungen zu Gruppen – und damit eine andere Ordnung (vgl. Kapitel 12, S. 404 ff.) – findet man, wenn man beispielsweise die *Wirkung* bestimmter Inhaltsstoffe von Pflanzen miteinander vergleicht. So kommt man etwa zu bestimmten Kategorien wie **Nutzpflanzen** oder **Giftpflanzen**, bei genauerer Betrachtung zu spezielleren Gruppen wie *Heilpflanzen, Gewürzkräuter* oder *Duftpflanzen*.

Giftpflanzen – überall?

Aus naheliegenden Gründen spielen in der Natur- und Umweltpädagogik die Giftpflanzen eine besonders prominente Rolle. Selten zeigt sich so deutlich wie hier, dass vor allem Unwissenheit zu starken Verunsicherungen führt: Auch wenn bestimmte Risiken unbestreitbar sind, so ist die Angst vor Giftpflanzen bei vielen Menschen weit höher als das konkrete Vergiftungsrisiko (vgl. Kapitel 1, S. 45 ff.).

Aufgaben:

Prüfen Sie Ihr Wissen über Giftpflanzen, indem Sie – zunächst ohne fremde Hilfe – versuchen, die folgenden Fragen zu beantworten:

1. Welche Giftpflanzen sind Ihnen so gut bekannt, dass Sie sie im Gelände ohne Zweifel erkennen können?
2. Wie schätzen Sie den Grad der Giftigkeit dieser Pflanzen ein?
3. Warum stellen giftige Pflanzen wie Tulpen, Thujen oder Schwalbenwurz gerade für Kinder so gut wie keine Vergiftungsgefahr dar?
4. Worin liegt der Unterschied zwischen akuter und chronischer Vergiftung?

So verbreitet der Begriff **Giftpflanze** auch ist, so schwierig ist es zu bestimmen, welche Pflanzen nun eigentlich dazuzurechnen sind. Verschiedenen Schätzungen zufolge kommen Stoffe, die in irgendeiner Form auf Organismen giftig wirken, in mindestens 1.000 verschiedenen Pflanzenarten vor (vgl. Frohne/Pfänder, 2005), wenn auch die Zahl der Pflanzen, die nachweislich Vergiftungen bei Menschen oder Tieren auslösen, weit geringer ist.

Vor allem dann, wenn man mit Kindern im freien Gelände unterwegs ist, sollte man die in diesem Gebiet wild wachsenden, besonders giftigen Pflanzen kennen. Es ist die beste Vorsichtsmaßnahme gegen das Risiko von Pflanzenvergiftungen, wenn Kinder diese Pflanzen am Wildstandort oder im Garten unmittelbar kennenlernen können.

Der Seidelbast, Daphne mezereum, besitzt zwar wunderbar duftende Blüten, enthält aber vor allem in seinen leuchtend roten, kugeligen Früchten stark giftige Substanzen.

Die Tollkirsche, Atropa belladonna, ist in vielen Wäldern zu finden. Die Giftigkeit ihrer Früchte – tiefdunkelviolette Beeren – sollte nicht unterschätzt werden.

Auch das Pfaffenhütchen, Euonymus europaeus, zählt vor allem wegen seiner auffälligen, aber giftigen Früchte zu den wichtigsten Giftpflanzen.

Die stark giftige Stechpalme, Ilex aquifolium, ist wild wachsend nur in wenigen Gebieten zu finden, wird aber auch gerne als Ziergehölz gepflanzt.

Fototoxie = „Giftigkeit" bestimmter Stoffe, die erst durch die Einwirkung des Sonnenlichts zustande kommt. Typisch fototoxische Reaktionen sind Hautrötung und Juckreiz bei Berührung dieser Stoffe, aber auch erhöhte Lichtempfindlichkeit der Haut insgesamt bei Einnahme bestimmter Medikamente.

Der Riesenbärenklau, Heracleum mantegazzianum, kann bei Berührung starke Hautschädigungen verursachen. Vor allem tagsüber sollte der Pflanzensaft niemals mit der Haut in Berührung kommen: Die Pflanze löst eine fototoxische Reaktion aus.

Hinsichtlich des Risikos von Pflanzenvergiftungen und einer ggf. erforderlichen Abwehr von Schädigungen ist es wichtig, den Ablauf einer möglichen Vergiftung näher zu betrachten: Die Aufnahme von Pflanzenteilen (**Ingestion**) führt dann zu Vergiftungssymptomen (**Intoxikation**), wenn dem Körper damit eine bestimmte Menge an giftiger Substanz zugeführt wird. Aufgrund des geringeren Körpergewichtes ist grundsätzlich zu bedenken, dass die toxische Dosis einer stark wirksamen Substanz bei Kindern geringer ist als bei Erwachsenen.

Vorgehensweise bei Ingestionen

Nur bei wenigen Pflanzen (z.B. Tollkirsche, Eisenhut, Seidelbast, Stechpalme) ist eine ernsthafte Gesundheitsgefährdung zu erwarten. In jedem Fall sollte aber versucht werden, folgende Fragen zu beantworten und einen Arzt hinzuzuziehen:

- Von welcher Pflanze hat das Kind gegessen? Welchen Teil der Pflanze und wie viel? (Am besten stellt man Teile der betreffenden Pflanze sicher.)
- Wie viel Zeit ist seit der Aufnahme vergangen?
- Hat bereits ein Erbrechen stattgefunden?
- Wie alt ist das Kind (wichtig vor allem bei telefonischer Beratung)?
- Bei Vergiftungssymptomen stets auch an andere Ursachen denken: Lebensmittel, Chemikalien?
- Falls kein Arzt erreichbar ist, sollte Erbrechen herbeigeführt oder Medizinalkohle verabreicht werden, um Giftstoffe im Körper zu binden.

Der gemeinsame Besuch eines Giftpflanzengartens, wie hier in München, ist für Kinder eine überaus spannende und lehrreiche Unternehmung.

Schwerwiegende Vergiftungen sind – mit Ausnahme von Pilzvergiftungen – nur bei einer sehr kleinen Gruppe von Pflanzen zu erwarten. Zudem zeigen einschlägige Statistiken toxikologischer Institute, dass Pflanzenvergiftungen eher selten sind und so gut wie nie schwer oder gar tödlich enden.

Nähere Informationen über Giftpflanzen und ihr Vorkommen, Pflanzengifte und ihre Wirkungen, finden Sie insbesondere in vielen Büchern über Heilpflanzen und Arzneidrogen. Denn Heilwirkung und Giftwirkung liegen häufig nahe beieinander, und viele sogenannte Heilkräuter werden bei Überdosierung zu Giftpflanzen (vgl. Boomgaarden, 2010; Kremer, 2003). Eine Liste wichtiger Giftpflanzen mit Detailinformationen zur Giftigkeit einzelner Pflanzenteile finden Sie beispielsweise auch in „Biologie und Gesundheitserziehung für die sozialpädagogische Ausbildung“ (Nugel, 2012, S. 181 ff.).

➲ ***Zur Vertiefung dieses Themas finden Sie im Arbeitsheft eine Projektanregung.***

Verwandtschaftsverhältnisse und Entwicklungslinien

Geht es bei der Frage nach der *Toxizität* von Pflanzen ganz grundsätzlich um die Wirkung von Inhaltsstoffen auf den Menschen, so lässt die Erforschung dieser Inhaltsstoffe hinsichtlich ihrer *chemischen Verwandtschaft* eine weitergehende Beurteilung zu: Besitzen

bestimmte Pflanzen – ungeachtet ihres äußeren Erscheinungsbildes! – ähnliche oder gleiche Inhaltsstoffe, so liegt die Vermutung nahe, dass diese Pflanzen auch miteinander verwandt sind.

Abgesehen von den aufwendigen Untersuchungen der Inhaltsstoffe einer Pflanze verraten vor allem Blüten, Samenstände und Früchte bzw. Samen viel von der Zugehörigkeit einer **Pflanzenart** zu einer bestimmten **Gattung** oder **Familie**, während die Ähnlichkeit von Blattformen häufig täuscht, wie man immer wieder feststellen kann:

*Zur wirtschaftlich wichtigen Familie der Nachtschattengewächse (Solanaceae), einer großen Familie der **Decksamer**, gehören so unterschiedliche Pflanzen wie Kartoffel, Tomate, Aubergine, Paprika, Tabak, Tollkirsche, Bilsenkraut, Bittersüßer Nachtschatten und viele andere. Ihnen allen gemeinsam ist – neben einzelnen (giftigen) Alkaloiden in mehr oder weniger großer Konzentration – eine ganz bestimmte Blütenform und Beeren- oder Kapselfrüchte. Die Blätter hingegen können sowohl ungeteilt (Tollkirsche) als auch gefiedert (Tomate) sein. Die in den Nachtschattengewächsen generell vorkommenden giftigen Alkaloide sind in unseren Tomaten aufgrund einer entsprechenden Züchtung nicht mehr enthalten, bei der Kartoffel ist allerdings nach wie vor darauf zu achten, dass keine sich grün verfärbten Knollen zum Verzehr kommen: Sie enthalten Alkaloide, die sich erst unter Lichteinwirkung bilden konnten.*

Das erste, entscheidende Kriterium für eine Klassifizierung von Lebewesen besteht in der Frage, ob ein **Zellkern** vorhanden ist. Bei den *Bakterien* und *Blaualgen* fehlt dieser, während er andererseits in allen anderen *Algen* sowie *Pflanzen* und *Tieren* zu finden ist. Die Organismen, deren Zellen einen Zellkern besitzen, werden in **Reiche** gegliedert, wobei vereinfachend meist zwischen Pflanzen- und Tierreich (mit diversen *Unterreichen* bis hin zu Familien, Gattungen und Arten) unterschieden wird. Die *systematische Arbeit der Biologie*, durch die Untersuchung äußerer Merkmale (Morphologie) sowie Berücksichtigung chemischer, genetischer und physiologischer Daten den Stammbaum der Entwicklungsgeschichte des Lebens präzisieren und besser verstehen zu können, ist allerdings noch längst nicht abgeschlossen.

Binäre Nomenklatur = wissenschaftliches System der Benennung von Tier- und Pflanzenarten, das von Carl von Linné 1753 begründet wurde: Jeder Name eines Tieres oder einer Pflanze besteht demnach 1. aus dem Namen der *Gattung* und 2. dem der *Art*, wobei eine Gattung stets die miteinander nahe verwandten Arten einschließt. Beispiel: Salvia pratensis (Wiesensalbei), Salvia officinalis (Echter Salbei) etc.

➲ ***Zur Vertiefung dieses Themas finden Sie im Arbeitsheft eine Reihe von Aufgaben.***

Rätselhaftes Reich der Pilze

Der Schopftintling, Coprinus comatus, gehört zu den Saprophyten. Alle Tintlinge verfärben sich bald vom Hutrand aus und zerfließen dann zu einer schwärzlichen Masse.

Um Missverständnisse zu vermeiden, ist hier eine kleine Begriffsklärung sehr wichtig: Das, was wir meist als **Pilz** bezeichnen, ist nicht mehr als der **Fruchtkörper** eines sogenannten *Ständerpilzes*. Ständerpilze stellen eine zwar große, aber eben nur *eine Gruppe* der Pilze dar. Zu diesem *Reich* zählen auch zahlreiche Organismen, die mit freiem Auge gar nicht zu sehen sind (*niedere Pilze*), aber auch jene Pilze, die in einer ganz merkwürdigen Lebensgemeinschaft mit bestimmten Algen die *Doppelorganismen der Flechten* bilden.

Wurden früher die Pilze generell zu den Pflanzen gezählt, so werden sie heute mindestens als Lebewesen eines eigenen Unterreiches gesehen, für manche Biologen stellen sie sogar ein ganz eigenes Reich dar. Der Grund liegt darin, dass Pilze sich in ganz erheblicher Weise von den anderen Pflanzen unterscheiden: Sie besitzen kein Chlorophyll und sind daher auf andere Lebewesen angewiesen, das heißt, dass sie entweder als *Saprophyten* oder Fäulnisbewohner von fertigen organischen Substanzen in ihrer Umgebung leben oder als *Parasiten* andere lebende Organismen angreifen. Das Geflecht der **Hyphen**, das sogenannte **Myzel**, mit denen *höhere Pilze* etwa Wasser und Nährstoffe aufnehmen, darf nicht mit *Wurzeln* verwechselt werden: Das Myzel *ist* der Pilz, und nur gelegentlich und unter geeigneten Umständen erscheinen auffälligere Fruchtkörper (vgl. Kapitel 10, S. 325 ff.).

Der Zunderschwamm, Fomes fomentarius, ist ein parasitisch lebender Porling, der vor allem auf Buchen wächst (vgl. Riesenporling, S. 152).

Die Farbe des **Sporenpulvers** (Weiß, Gelb, Braun oder Schwarz) ist bei der Bestimmung von Ständerpilzen häufig ein gutes Unterscheidungsmerkmal. Dazu legt man einen Pilzhut über Nacht auf ein Stück Pappe: weißes Papier bei dunklem Sporenpulver und schwarzes bei hellem Sporenpulver. Hebt man am nächsten Tag den Hut vorsichtig ab, so

Der Ahornrunzelschorf oder die Teerfleckenkrankheit beim Ahorn tritt meist im Spätsommer auf und wird durch einen niederen Pilz verursacht: Rhytisma acerina.

sollten die mittlerweile herausgefallenen Sporen in einem hellen oder dunklen Muster gut zu sehen sein. Mit Sprühkleber lassen sich solche Sporenbilder gut fixieren. Pilze sind Organismen mit einer sehr großen Vielfalt an Lebensweisen und Formen, die in vielen Fällen noch als weitgehend unerforscht gelten. Zwar ist ihre Bedeutung in der Lebensgemeinschaft mit Bäumen oder Sträuchern (*Symbiose*) unumstritten sehr groß, über Details dieser Wechselwirkungen gibt es aber immer noch viele offene Fragen: „Bei Pilzen scheint vieles möglich zu sein, gehören sie doch zu den seltsamsten Lebewesen der Erde, die – ähnlich wie Bakterien – eine immens wichtige Rolle in den verschiedensten Lebensgemeinschaften spielen" (Burnie, 1999, S. 65). Da Pilze auch für Kinder besonders interessant sind, sollte vor allem bei Ausflügen im Sommer und Herbst immer ein entsprechendes Bestimmungsbuch zur Hand sein, z. B. der „Pilzführer" von Ewald Gerhardt (2010).

Farne, Moose, Flechten

Sporenpflanzen wie Farne und Moose wachsen meist sehr langsam. Die zahlreichen Arten lassen sich oft nur schwer bestimmen, und da auch ihre Vermehrung relativ kompliziert ist, scheinen diese Pflanzen für eine umweltpädagogische Arbeit mit Kindern nicht besonders interessant zu sein. Wer Kinder dennoch an diese an ganz bestimmte Umweltbedingungen angepassten Organismen heranführen möchte, kann das einmal mit einem Minigewächshaus probieren. Nur sollte man dazu unbedingt vorher mit einem entsprechenden Modell selbst einige Erfahrungen sammeln.

➲ ***Zur Vertiefung dieses Themas finden Sie im Arbeitsheft eine Projektanregung.***

Zwar ist es sinnvoll, auch hier mit einem entsprechenden Bestimmungsbuch (z.B. Jahns, 1995) zu arbeiten, allerdings wird man aufgrund der Schwierigkeiten in den meisten Fällen nur eine eher grobe Bestimmung der Familienzugehörigkeit u. Ä. erreichen.

Eine für Moos besonders charakteristische Eigenart besteht darin, für eine gewisse Zeit auch extreme Trockenheit zu überdauern, bei Regen aber große Mengen Wasser aufnehmen zu können. Mit einem einfachen Versuch lässt sich das gut zeigen:

Zunächst sammelt man etwas Moos und lässt es einige Tage ausgebreitet trocknen. Dann legt man das Moos in eine Schale, gießt langsam Wasser darüber und wartet, bis die Aufnahmefähigkeit des Mooses erschöpft ist. Hat man zuvor das Gewicht des trockenen Mooses ermittelt, sollte man das Moos nun nochmals wiegen: Der Unterschied dürfte bemerkenswert sein.

Blütenpflanzen

Die Formenvielfalt der Blütenpflanzen sollte nicht darüber hinwegtäuschen, dass alle diese Pflanzen denselben Bauplan aufweisen: **Wurzel**, **Sprossachse** (mit der Blütenbildung, die nach einer gewissen Zeitspanne dort oder an Seitenästen erfolgt) und **Blätter**. Auch dort, wo sich die Gestalt einer Pflanze im Lauf ihrer Entwicklung stark verändert, findet man diese grundsätzliche Gliederung mindestens noch in ihrer Keimphase (vgl. Seybold/Fitschen/Schmeil, 2011).

Obwohl bei zahlreichen Blütenpflanzen Blattformen, Wuchs oder andere Eigenschaften ungeheuer faszinierend sein können, sind es doch meist die **Blüten**, die nicht nur die Insekten, sondern auch uns Menschen auf Pflanzen aufmerksam machen. Auch aus diesem Grund sind viele Bestimmungsbücher auf die Untersuchung und Unterscheidung von Blütenmerkmalen ausgerichtet. Für die Arbeit mit Kindern sind dabei solche Bücher zu empfehlen, in denen über Fotos oder Zeichnungen eine Bestimmung nach Blühfarben möglich ist (z.B. Spohn/Aichele, 2010). Wer es genauer wissen will, benötigt ein spezielles botanisches Bestimmungsbuch, dessen Gebrauch allerdings etwas Einarbeitung und Übung erfordert, z.B. die „Flora von Deutschland und angrenzender Länder" (vgl. Seybold/Fitschen/Schmeil, 2011).

Die kleinen, herzförmigen Blüten des Zittergrases, Briza media, hängen an langen, geschlängelten Seitenästen der Sprossachse.

Die Aneignung und Anwendung **botanischer Fachbegriffe** mögen anfangs etwas mühsam erscheinen, aber ein gewisses Grundvokabular hilft auch hier, sich in der Vielfalt der Pflanzenwelt relativ rasch zurechtzufinden. Hilfreich ist es auch, die Hauptmerkmale jener Pflanzenfamilien zu kennen, die bei uns mit besonders vielen Gattungen und Arten vertreten sind. Dabei spielen die Blüten als Vermehrungsorgane stets die Hauptrolle.

Der Frauenschuh, Cypripedium calceolus, eine unserer wild wachsenden Orchideen, besitzt nicht grundlos auffallend große Blüten: Die Pflanze gehört zu den Fallenblumen, die Insekten nur zur Bestäubung anlocken, ohne ihnen Nahrung zu bieten.

Unterscheidungsmerkmal Blüte bei 5 Familien					
	Korbblütler	Kreuzblütler	Doldenblütler	Lippenblütler	Schmetterlingsblütler
Bau der Blüte (Blütenblätter)	 Blütenblätter im Körbchen angeordnet	 Die 4 Blütenblätter sind kreuzförmig angeordnet.	 Alle Blüten gehen von einem Punkt aus.	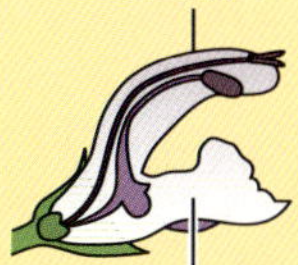	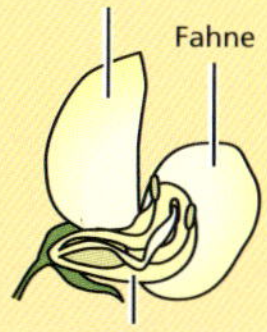

(vgl. Nugel, 2012, S. 169)

Aufgaben:

1. Finden Sie stellvertretend zu jeder der fünf Pflanzenfamilien eine wild wachsende Art, an der Sie die abgebildeten Merkmale gut erkennen können.
2. Bestimmen Sie mit einem Bestimmungsbuch Ihrer Wahl die jeweiligen Arten.
3. Notieren Sie zu jeder der fünf Pflanzen einige ökologische Detailinformationen wie Datum des Fundes (Jahreszeit), Standort und Standortmerkmale (Biotop), Häufigkeit.

Ein (botanisches) „Kartenspiel"

Eine Sammlung eigener Beobachtungen und Erfahrungen im Zusammenhang mit der Erkundung der Pflanzenwelt, vielleicht als eine Art Tagebuch oder eine kleine Sammlung selbst angefertigter Bestimmungskarten, ist für die Arbeit mit Kindern besonders wertvoll: Notizen mit kleinen Skizzen und/oder Fotos zu bestimmten Pflanzen, aber auch anderen Fragen, die bei Naturerkundungen mit Kindern häufig auftauchen und ihr Interesse wecken. Wenn Sie sich dazu Stichpunkte und kleine, anschauliche Skizzen auf handlichen Kartonkarten anfertigen – ggf. aus einem Buch oder einer anderen Vorlage übernommen –, bringt das eine Reihe verschiedener Vorteile:

- Statt eines oder mehrerer, meist eher umfangreicher Bücher, steht Ihnen eine sehr kompakte, persönliche und entsprechend zutreffende Nachschlage- und Bestimmungsunterlage zur Verfügung.

Die Fotos einzelner Wiesenblumen im Garten der Kinderkrippe, auf Karton aufgezogen und zum Schutz mit Klarsichtfolie laminiert, regen zum Nachschauen und Vergleichen an.

- Dadurch, dass Sie Themen und Inhalte der Karten selbst ausgewählt, gezeichnet und geschrieben haben, haben Sie sich bereits sehr intensiv mit der Materie auseinandergesetzt und Hintergrundwissen erworben.
- Nicht zuletzt steht Ihnen mit diesen Karten ein besonders für Kinder hervorragendes Anschauungs- und Vergleichsmaterial zur Verfügung, das auch in spielerischer Weise zum Vergleichen von Wirklichkeit und Abbildung auffordert – und den Weg frei macht zur Beschäftigung mit Bestimmungs- und anderen Sachbüchern.

Thematisch können sich solche Karten natürlich auf sehr unterschiedliche Gebiete beziehen – oder eine eigene Mischung daraus bilden: Wiesenblumen, Pilze, Wildfrüchte, Sumpfpflanzen, Spinnenarten, Gehäuseschnecken, Getreidearten, Knospen von Bäumen und Sträuchern, typische Wuchsformen von Bäumen, Borkenkäfer-Fraßbilder und vieles andere mehr.

Gesucht: Methodenvielfalt

Eine attraktive Möglichkeit zur Veranschaulichung besteht darin, bestimmte Beobachtungen und Erfahrungen chronologisch im Stil eines großen Wandkalenders festzuhalten. Anregungen zu einer Sammlung von Daten und Hinweisen, die sich auf jahreszeitlich interessante Naturphänomene beziehen, finden Sie etwa in „Biologie und Gesundheitserziehung für die sozialpädagogische Ausbildung" von Sabine Nugel (2012, S. 163–176) oder ausführlicher in „Ökologie im Jahreslauf. Naturkundliche Wanderungen und Beobachtungen von Januar bis Dezember" von Rainer Flindt (2005).

Einfache Verfahren ermöglichen die Darstellung von Blattformen und -strukturen von Pflanzen – Techniken, die Kinder gerne anwenden und die zu beachtlichen Resultaten führen können:

- Ein Pflanzenblatt wird auf einen glatten Karton gelegt und mit einem nicht zu dicken Blatt Zeichenpapier bedeckt. Mit einem mittelharten oder weichen Bleistift reibt man dann vorsichtig über das Zeichenpapier, immer in dieselbe Richtung streichend, bis sich nach und nach Umrisse und *Struktur des Pflanzenblattes* abzeichnen.
- Mit einem harten Pinsel oder einer Bürste verteilt man gleichmäßig etwas Schuhcreme auf der Rückseite eines Pflanzenblattes und legt das Blatt mit der bestrichenen Seite nach unten auf ein weißes Papier. Nachdem man ein weiteres Blatt Papier darübergelegt hat, streicht man vorsichtig, aber fest über die Fläche und nimmt zuletzt das oberste Blatt Papier sowie das Pflanzenblatt (am Stiel anfassend) vorsichtig ab: Mit etwas Glück hat man einen Blattdruck erzielt, der auch die *Nervatur der Blattunterseite* deutlich zeigt.
- Auch die Struktur der Oberfläche eines Baumstammes lässt sich durch solche Verfahren abnehmen: Am besten bringt man zunächst mittels zwei Schnüren ein (mittelstarkes) Zeichenpapier wie eine Manschette am Baumstamm an. Mit Wachskreiden reibt man dann vorsichtig und gleichmäßig so lange über das Papier, bis sich die Struktur der darunterliegenden *Borke* deutlich abzeichnet.

Gemeine Fichte, Picea abies

Schwarzkiefer, Pinus nigra

Vogel- oder Wildkirsche, Prunus avium

Eine umfassende Zusammenstellung von Baumrinden aller Art in ausgezeichneten Fotografien bietet das Buch „Rinde. Die Wunderwelt der Bäume entdecken" (Pollet, 2012), das Ergebnis einer zehnjährigen Arbeit (vgl. Kapitel 6, S. 214 ff.).

Aufgaben:

Je vielfältiger und abwechslungsreicher die Möglichkeiten sind, Pflanzen kennenzulernen, desto besser merkt man sich auch Details. Die genannten Methoden sollten daher variiert, erweitert und ergänzt werden.

1. Welche anderen Techniken kennen Sie, mit deren Hilfe Pflanzen von Kindern charakterisiert und dokumentiert werden können?
2. Erstellen Sie eine Liste von Methoden, die für Kinder geeignet sein könnten, Pflanzen kennenzulernen und/oder ihre Pflanzenkenntnis zu vertiefen. Machen Sie dazu jeweils auch Angaben über Voraussetzungen und Bedingungen wie Altersstufe und Fähigkeiten der Kinder bzw. die für eine Durchführung erforderlichen Rahmenbedingungen.
3. Welche Methode finden Sie persönlich am überzeugendsten und warum?

5.4 Nutzung von Wildpflanzen

In diesem Abschnitt geht es um bestimmte Aspekte der Nutzung von Pflanzen, die als sogenannte **Wildpflanzen** mehr oder weniger verbreitet sind und wenigstens im Allgemeinen keiner besonderen Auslese, Züchtung oder Kultivierung unterliegen. Die Grenzen sind dabei fließend, denn die Gehölze, deren Blätter sich beispielsweise zum Färben von Textilien eignen, sind natürlich in Wäldern oder Hecken ebenso zu finden wie in Gärten, und so manches „Wildkraut", das zur Zubereitung von Frühlingssalaten dient, wird heute von Gärtnern kultiviert, um dann in entsprechender Menge, Qualität und Sortierung vermarktet zu werden.

Die Blüten des Holunders, Sambucus nigra, lassen sich gleich in mehrfacher Weise nutzen: als duftendes Spielmaterial, für Kräutertee und Sirup oder zum Backen von Holunderküchlein.

Der Grund, weshalb hier Aspekte der Nutzung von Pflanzen mit denen des Wildwuchses und des Unkultivierten zusammengebracht werden, hat mit dem besonderen Zugang von Kindern zur Pflanzenwelt zu tun; es geht um *pädagogische Fragestellungen*: Wie bereits angesprochen wurde (vgl. Kapitel 1, insbesondere S. 21), suchen und benötigen Kinder für ihre Entwicklung ganz wesentlich eine „ungeordnete" Natur, die wenigstens noch in Teilen frei von Planung und Nützlichkeitserwägungen der Erwachsenenwelt geblieben ist und Raum für eigene Fantasien, Versuche und Konstruktionen lässt. Wildpflanzen sind ein wichtiger Teil solcher Naturräume, ihr nicht selten unvorhersehbares Wachstum (Wuchern) und die Vielfalt im Kleinen geben einem bestimmten Areal rasch etwas Unverwechselbares, Besonderes und Wertvolles.

Eine solche „Wildnis" wird von Kindern aber zunächst nicht als *ökologisch* wertvolles, möglicherweise schützenswertes Biotop angesehen, sondern ihnen geht es natürlich um ihre eigenen Interessen und um die Eroberung dieses unbekannten Landes. „Es gibt eine Reihe von Hinweisen, dass Kinder an Pflanzen vor allem pragmatische und nützlichkeitsorientierte Aspekte interessieren" (Gebhard, 2009, S. 206).

Im Folgenden werden drei Bereiche eines solchen Interesses herausgegriffen, wobei der vielleicht häufigste Gebrauch, den Kinder von Wildpflanzen und Pflanzenteilen machen, gesondert und ausführlich im Kapitel 7 behandelt wird: der Bau von Pflanzenhäusern, Tipis, Weideniglus und anderem mehr.

Die roten Früchte des Traubenholunders werden auch zur Herstellung von Saft und Gelee verwendet.

Aufgaben:

Vergleichen Sie eigene Erfahrungen mit Wildpflanzen, die Sie seit Ihrer Kindheit gemacht haben, mit dem, was Sie heute bei Kindern beobachten können.

1. In welcher Weise haben Sie selbst bereits Wildpflanzen für bestimmte Zwecke genutzt?
2. Hatten oder haben Sie eine Lieblingswildpflanze? Welche? Lässt sie sich auch als Nutzpflanze verwenden?
3. Welche Art der Verwendung von Wildpflanzen konnten Sie in den letzten Monaten bei spielenden Kindern beobachten?

Wildpflanzenküche

Gerade für Kinder hat das Sammeln von essbaren Wildpflanzen und -früchten nach wie vor etwas Abenteuerliches. Das Sammeln von Beeren, Teekräutern oder Pilzen erinnert an Zeiten, in denen das hierzulande auch von vielen Erwachsenen praktiziert wurde. Heute ist dieses Vergnügen aufgrund verschiedener Umweltbelastungen (Schadstoffe auf und in den Pflanzen an verkehrsnahen Arealen) und bestimmter anderer Erkenntnisse und Befürchtungen (z. B. Fuchsbandwurm, vgl. Kapitel 9, S. 305 f.) nur noch mit deutlichen Einschränkungen zu empfehlen:

- Vor jeder Sammeltätigkeit steht die Pflanzenkenntnis: Gesammelt werden ausschließlich gut bekannte Pflanzen bzw. Pflanzenteile. Beim Sammeln mit Kindern sollte zu Beginn besprochen werden, woran man die gesuchten Pflanzen erkennt. Zudem könnte man anfangs ein kurzes Probesammeln durchführen.
- Grundsätzlich sollte nur abseits von Straßen und Ackerland gesammelt werden (Gefahr der Verunreinigung durch Luftschadstoffe oder Spritzmittel).
- Bodennah wachsende Wildfrüchte wie Walderdbeeren oder Heidelbeeren sollten ggf. nur für die Zubereitung von Marmelade oder Saft gesammelt werden: Auch wenn die Erkenntnisse über Gefährdungen durch den Fuchsbandwurm derzeit noch nicht ausreichend scheinen, sollten unnötige Risiken hier vermieden werden.
- Das *richtige* Sammeln erfordert zudem, die gesammelten Pflanzen möglichst in luftdurchlässigen Behältnissen (Stoffbeutel o. Ä.) zu transportieren und entweder rasch zum Trocknen zu bringen (Kräuterkonservierung für Teezubereitungen) oder bis zur zeitnahen Verwendung in der Küche kühl und luftig zu lagern.

Aus den Blüten des Mädesüß, Filipendula ulmaria, lässt sich ein nach Honig duftender, wohlschmeckender Kräutertee bereiten.

Zur Vertiefung dieses Themas finden Sie im Arbeitsheft eine Reihe von Aufgaben.

Hilfen zur Bestimmung von Wildkräutern, gute Hinweise und Tipps zum Sammeln und zur Verwendung geben viele einschlägige Bücher. Empfehlenswert sind hier beispielsweise „Das große Buch der Heilpflanzen" von Mannfried Pahlow (2013) und „Heilpflanzen" von Bruno Kremer (2003).

Hier folgen einige empfehlenswerte Rezeptvorschläge für eine Wildpflanzenküche – nicht nur für Kinder:

Die vollreifen, dunkelroten Früchte der Kornelkirsche, Cornus mas, haben ein interessantes, süß-säuerliches Aroma.

Frühlingssalat
Für Salate kommen etliche Wildpflanzen infrage: Gänseblümchen, Gundelrebe, Brunnenkresse, Knoblauchsrauke, Quendel, Dost, Vogelmiere, Ackersenf, Bärlauch, Löwenzahn (junge Blätter), Spitz- und Breitwegerich, Giersch, Brennnessel, Beifuß, Walderdbeere, Johannisbeere, Sauerampfer, Sauerklee, Barbarakraut, Schafgarbe. Für die Zubereitung die frischen (!) Pflanzenteile waschen und hacken, eventuell mit gehackten Nüssen vermischen. Als Salatsauce eine/einige zerdrückte Pellkartoffeln, etwas Zitronensaft/Essig, Öl und Salz miteinander verrühren. Mit hart gekochten Eiern und Blüten von Borretsch, Kapuzinerkresse, Gänseblümchen u. Ä. kann der Salat noch angereichert und etwas verziert werden.

Wiesenpflanzenbutterbrot
Verschiedene frische, klein gehackte Kräuter wie Kerbel, Gänseblümchen, Blätter der Wilden Möhre, junge Löwenzahn- und Schafgarbenblätter, aber auch Petersilie, Schnittlauch, Dill auf einen flachen Teller streuen, dann die mit Butter bestrichenen Brotscheiben mit der Butterseite so fest auf die Kräutermischung drücken, dass die Butterseite möglichst grün wird.

Mehr zu dieser Thematik und insbesondere zu den Inhaltsstoffen von Pflanzen finden Sie in Kapitel 10.

Handwerkliches

Die Nutzung von Pflanzen für handwerkliche oder technische Zwecke ist ein anderer Bereich, der für Kinder besonders spannend sein kann. Dazu gehören beispielsweise Verfahren wie die *Herstellung von Papier* aus Gräsern, verschiedene *Flechtarbeiten* mit Weidenruten oder das *Färben von Textilien* mit Pflanzenextrakten. Besonders wichtig sind dabei die Verwendung von Pflanzen als Baustoffe (vgl. Zeh, 2007) in der **Ingenieurbiologie** (vgl. Glossar S. 434) oder sogenannte **Wurzelraumkläranlagen**, bei denen bestimmte

Pflanzenarten zur Reinigung/Filterung von Abwässern gepflanzt werden: Mit dem durch den betreffenden Wurzelraum sickernden Wasser werden von den Pflanzen auch bestimmte Schadstoffe aufgenommen und so aus dem Grundwasser entfernt.

Eine Pflanzenkläranlage lässt sich auch im Modellmaßstab bauen und stellt für Kinder eine interessante Aufgabe dar, bei der das Funktionsprinzip solcher Anlagen ganz konkret und praktisch erfahren werden kann (vgl. Österreicher, 2009, S. 117 ff.).

Verschiedene Sumpfpflanzen werden zunächst einige Monate lang in einem großen Kübel oder einer Wanne herangezogen, bis sie das Erdreich gut durchwurzelt haben. Das erreicht man, wenn der Ablaufschlauch anfangs im oberen Bereich des Gefäßes befestigt wird, sodass die Pflanzen beinahe vollständig im Wasser stehen (vgl. Skizze). Im Lauf der Folgemonate wird der Schlauch nach und nach tiefer gesetzt: Der Wasserstand soll dann etwa auf halber Höhe des Gefäßes liegen. Zuletzt wird der Schlauch einfach flach neben das Gefäß gelegt, damit die Pflanzenwurzeln angeregt werden, auf der Suche nach Wasser auch im unteren Teil des Erdkörpers kräftig zu wachsen. Vor allem in dieser letzten Phase sind die Pflanzen täglich und ausreichend zu gießen.

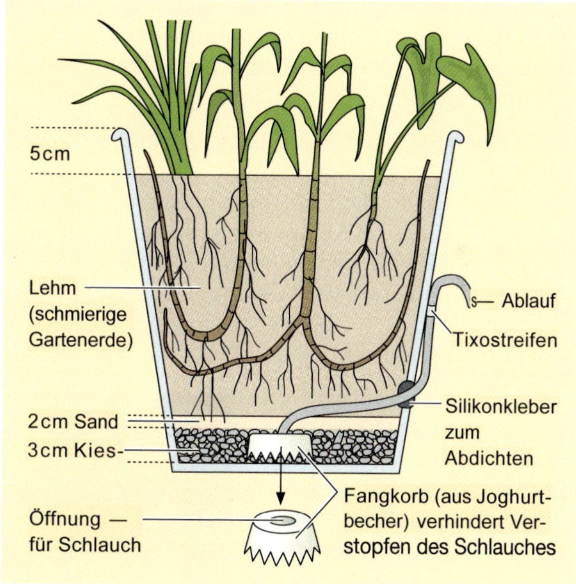

(vgl. Greisenegger/Farasin/Pitter, 2002)

*Zur Inbetriebnahme der Minianlage wird der Ablaufschlauch wieder höher gelegt und im oberen Drittel der Gefäßwand befestigt. Mit Geschirrspülwasser, aber auch Urin oder einer selbst gemischten Schlammbrühe, kann die Anlage nun getestet werden. Vergessen Sie dabei nicht, dass es sich um eine **Modell**anlage handelt, die nur relativ kleine Mengen Abwasser reinigen kann. Außerdem besitzt das so gereinigte Wasser keinesfalls Trinkwasserqualität. Der Vergleich mit ungefiltertem Wasser über Geruch, Aussehen, ph-Wert- oder Nitratmessung sollte aber sehr deutlich ausfallen.*

Pflanzen, die für eine Minikläranlage besonders gut geeignet sind:

- Igelkolben, Sparganium erectum oder Sparganium minimum
- Schilfrohr, Phragmites australis
- Seebinse, Schoenoplectus lacustris
- Sumpfschwertlilie, Iris pseudacorus
- Rohrkolben, Typha laxmannii, u. a. Arten
- Froschlöffel, Alisma plantago-aquatica
- Wasserminze, Mentha aquatica
- Schwanenblume, Butomus umbellatus

Das **Färben mit Pflanzenextrakten** erfordert ein paar chemische Grundkenntnisse und jene Erfahrung, die sich durch eigenes Ausprobieren einstellt. Grundsätzlich ist es wichtig zu wissen, dass bei Weitem nicht alle sogenannten *Pflanzenfarben* gleichermaßen eingesetzt werden können: Die meisten dieser Farben lassen sich nur mithilfe einer *Beize* (bestimmte Metallsalze wie Alaun oder Eisensulfat), die mit dem Gewebe chemisch reagiert, auf den Textilfasern fixieren. Nur wenige Pflanzen bzw. Pflanzenteile, Flechten oder Walnussblätter können aufgrund ihres natürlichen Gehalts an Gerbstoffen ohne solche Hilfsmittel benutzt werden.

Wenn Sie sich an das Färben von Textilien mithilfe der teilweise giftigen Beizen unter Berücksichtigung der notwendigen Vorsichtsmaßnahmen heranwagen möchten, können Sie viele verschiedene Pflanzen zum Färben verwenden: So lassen sich Blätter, Blüten, Früchte oder Rinde von Birke, Brombeere, Adlerfarn, Liguster, Heidekraut, Kiefer, Eiche, Jakobs-Greiskraut, Bingelkraut oder Holunder nutzen, wobei meist warme, eher sanfte Farbtöne erzielt werden: Gelb, Ocker, Orange, Braun, Gelbgrün, seltener Lila und Blaugrün und Rot.

Da eine genaue Darstellung entsprechender Möglichkeiten und Techniken den Rahmen dieses Buches übersteigen würde, sei dazu auf einschlägige Literatur verwiesen. Grundlagenwissen und nützliche Tipps für die Praxis finden sich beispielsweise in „Färben mit Pflanzen" (Jörke, 2005). Zur Herstellung von Naturfarben zum Malen können auch Erde und andere Materialien verwendet werden. Das erfordert ein wenig Spürsinn und macht Kindern großen Spaß (vgl. Österreicher, 2009, S. 114 ff.).

Naturkunst – LandArt

Die in den letzten Jahren von unterschiedlichen Künstlern in ihren Werken vorgestellten Konzepte, mit vorwiegend natürlichen Materialien und häufig im freien Gelände zu arbeiten, bieten auch wertvolle Anregungen für die umweltpädagogische Arbeit mit Kindern: Zum einen betont diese Kunstrichtung das organisch Wachsende und Vergängliche in der Natur, zum anderen wird großer Wert darauf gelegt, Naturmaterialien oder die Umwelt schonende Materialien und Techniken einzusetzen – auch wenn die so entstandenen Kunstobjekte und Installationen dadurch zwangsläufig oft sehr vergänglich sind.

Ein entscheidender Grund für die Vergänglichkeit dieser Kunst ist, dass in vielen Fällen Pflanzen und Pflanzenteile verwendet werden und ein Festhalten des Ergebnisses nur durch eine entsprechende Fotodokumentation möglich ist. Für Kinder schmälert das aber weder das Vergnügen noch die Wirkung, und außerdem bietet die Fotografie weitere Gestaltungsmöglichkeiten. In der Broschüre „Landart für Kinder" (Güthler/Lacher/Homm, 2005) erhalten Sie zahlreiche weitere Anregungen.

Als Grundregeln einer LandArt für Kinder könnten gelten:

- Das Kunstobjekt soll zur Landschaft bzw. Umgebung passen.
- Das Kunstobjekt soll auf das Gelände, die Pflanzen und Tiere Rücksicht nehmen.
- Beim Bau des Kunstwerks wird auf Kunststoffe aller Art generell verzichtet.

Auch ein Mandala aus selbst gesammelten Pflanzenteilen, Sand, Kies und/oder anderen Naturmaterialien stellt ein Kunstobjekt dar, selbst wenn diese meist kreisförmigen Strukturen vor allem auf religiösen Wurzeln (insbesondere: Buddhismus, Hinduismus) basieren. Für Kinder geht es hier aber um ein Spiel mit Formen und Farben, Unterschieden und Gemeinsamkeiten, Einzelnem und Vielfachem, und jedes Mal wird so ein Mandala wieder ganz anders aussehen.

Die Kreisform entsteht mit einer uralten Technik: Zwei Stöcke und ein Stück Schnur ergeben einen brauchbaren Zirkel.

Die Details eines Mandalas entwickeln sich beim Bauen, hängen von den gefundenen Materialien ab und nicht zuletzt von den Vereinbarungen, die die Kinder untereinander treffen.

Literaturtipps

- Gerhardt, Ewald: Der große BLV Pilzführer für unterwegs, München: BLV, 2010 – Trotz des beachtlichen Umfangs (718 Seiten, Beschreibung von über 1.200 Arten) ist dieses Bestimmungsbuch sehr zu empfehlen: Pilze faszinieren Kinder immer wieder und führen zu vielen Fragen. Mit diesem Buch gelingt auch Laien eine wenigstens annähernde Bestimmung.
- Güthler, Andreas/Lacher, Kathrin/Homm, Hariett: Naturwerkstatt Landart. Ideen für kleine und große Naturkünstler. Fantastische Kunstwerke in und mit der Natur, Aarau: AT Verlag, 2005 – Zahlreiche Beispiele, Anregungen und Tipps für Landartprojekte mit Kindern, Jugendlichen und Erwachsenen.
- Kremer, Bruno P.: Steinbachs Naturführer Bäume & Sträucher, Stuttgart: Franckh-Kosmos, 2010 – Ein handliches Bestimmungsbuch für heimische und einige wichtige fremdländische Gehölze, das vor allem für Exkursionen und ähnliche Unternehmungen mit Kindern gut geeignet ist. Die Darstellung der Bäume (Fotos und Skizzen) berücksichtigt neben den botanischen Informationen auch viele hilfreiche und interessante andere Details.
- Reisigl, Herbert/Keller, Richard: Lebensraum Bergwald. Alpenpflanzen in Bergwald, Baumgrenze und Zwergstrauchheide. Vegetationsökologische Informationen für Studien, Exkursionen und Wanderungen, Stuttgart/New York: Gustav Fischer, 1999 – Dieses sorgfältig erstellte Buch ist ein Glücksfall: Zahlreiche Pflanzen werden nicht nur in hervorragenden Detailfotos und Skizzen vorgestellt, sondern es werden vor allem auch die vielfältigen Wechselbeziehungen in ihrem Lebensraum lebendig vermittelt – ein anregendes Beispiel auch für die Auseinandersetzung mit anderen Naturräumen.
- Spohn, Margot/Aichele, Dietmar: Was blüht denn da?, Stuttgart: Franckh-Kosmos, 2010 – In diesem längst klassisch gewordenen Bestimmungsbuch sind alle verbreiteten Blütenpflanzen Mitteleuropas zu finden. Die Pflanzen sind nach Blühfarben geordnet, was für botanisch weniger kundige Nutzer eine große Hilfe darstellt. Damit kann dieses Buch auch gut mit und von Kindern verwendet werden.
- Wagner, Richard: Naturspielräume gestalten und erleben, Münster: Ökotopia, 2001 – Es geht hier vor allem um Weiden als Baustoff: Ideen, Planungshilfen und Anleitungen für den Bau von Tipis, Zäunen und einfachen Weiden-Lehm-Häusern.

6 Wachstum und Entwicklung – Gärtnern mit Kindern

Lieben Sie Gartenarbeit?

Haben Sie schon einmal selbst Pflanzen vermehrt?

Was wissen Sie über *Knöllchenbakterien*?

Wissen Sie, wie man Komposterde bereitet?

Kennen Sie eine Hackfrucht?

Was kann Gärtnern mit psychischen Prozessen zu tun haben? Sehen Sie eine Verbindung zwischen der persönlichen Entwicklung von Kindern und gärtnerischen Aktivitäten?

Warum ist das *Brutblatt* für Kinder eine besonders faszinierende Zimmerpflanze?

Welche Art von Gartenarbeit lieben die Kinder, die Sie kennen?

Was bedeutet Ihnen ein Baum? Denken Sie dabei an einen bestimmten Baum?

Erkennen Sie einen Baum an seiner Rinde (*Borke*)?

Wie sollte Ihre Lieblingshecke aussehen? Warum gerade so?

Sammlung sonderbarer Objekte

Nr. 6

Was löst die Betrachtung in Ihnen aus? Erinnerungen, Vermutungen, Wiedererkennen?

Was könnte das sein?

Welche Bedeutung, welchen Nutzen könnte es haben?

(Auflösung im Anhang, S. 430)

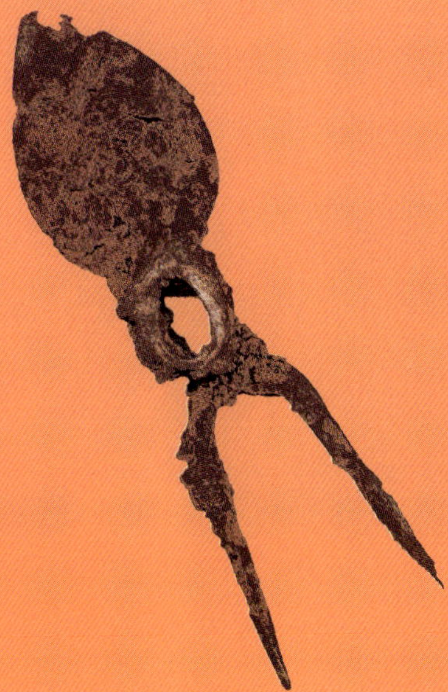

Wachstum und Entwicklung brauchen Zeit, und das heißt immer auch: warten können. Mit Gelassenheit und Geduld.

Nach der Auseinandersetzung mit einigen Grundbegriffen und Fragestellungen der Biologie und Botanik wollen wir den Blick wieder stärker auf pädagogische Themen richten. Dabei wollen wir einen Aspekt der umweltpädagogischen Arbeit in den Vordergrund rücken, der besonders viel mit der Entwicklung von Umweltbewusstsein *und* Umwelthandeln zu tun hat: **Gartenarbeit** mit Kindern, also unmittelbare Betätigung mit Bodenpflege und Pflanzenwuchs.

Kinder sollten möglichst früh die Gelegenheit erhalten, Natur und Umwelt sowohl über anschauliche Phänomene und Begriffe als auch über direkte körperliche Erfahrungen kennenzulernen. Zahlreiche Autoren betonen schon seit Jahrzehnten, wenn auch mit unterschiedlicher Akzentsetzung, die positiven Auswirkungen gärtnerischer Aktivitäten in der Kindheit auf die Entwicklung der Persönlichkeit.

Was ist aber nun mit **gärtnerischen Aktivitäten** gemeint? Sicherlich kein Gartenbau im Stil eines erwerbsmäßigen Anbaus von Obst und Gemüse und auch kein gestalterisches Konzept, das ästhetische, künstlerische oder kulturhistorische Momente in den Mittelpunkt stellen will. Stattdessen geht es hier um die Verbindung von zwei sehr unterschiedlichen, einander oft genug widersprechenden Elementen: Einerseits wollen wir zwar fachliches Grundwissen über Dinge wie Bodenvorbereitung, Düngung, Aussaat und andere Aspekte der Kultivierung von Pflanzen anwenden. Andererseits darf das spielerische Element, das Lernen durch Ausprobieren und Variieren, keinesfalls zu kurz kommen. Dieses zweite Element, zu dem auch radikale Veränderung, ja Zerstörung gehören können, spielt auch hier für Kinder eine ungleich wichtigere Rolle als für Erwachsene – eine Differenz, deren Konsequenzen sich weit bis in die Planung und Gestaltung von Gärten überhaupt erstrecken (vgl. Kapitel 7).

Selbst wenn es nur ein Liebstock ist: Pflanzlöcher graben kostet Kraft. Aber es war die eigene Entscheidung der Kinder, das „Maggikraut" genau hierhin zu pflanzen.

Gärtnern mit Kindern kann also durchaus als Balanceakt gesehen werden: Es ist meist wohl nur ansatzweise „richtige" Gartenarbeit, aber es ist eben auch Arbeit, das heißt, es erfordert zumindest zeitweise körperliche Anstrengung, ein Ziel vor Augen sowie eine besondere Fähigkeit, mit Rückschlägen umgehen zu können: Nicht jedes Umgraben, Jäten, Säen, Pflanzen lohnt die Mühe mit süßen Früchten.

Wie immer die subjektiven Entscheidungen pädagogischer Fachkräfte für oder gegen eine Beschäftigung mit Garten und Gartenarbeit ausfallen – sie haben weitreichende Folgen für die Möglichkeiten der Kinder, die in der entsprechenden Einrichtung betreut werden: Nur dort, wo dieses Thema auch von den Erwachsenen als interessant und wichtig vorgelebt wird, werden Kinder darauf aufmerksam und schließlich auch selbst aktiv.

Aufgaben:

Die eigenen Erfahrungen, Erinnerungen und Kenntnisse stellen auch für alle gärtnerischen Vorhaben eine große Hilfe dar. Praktische Erfahrungen, die man einmal selbst machen konnte, besitzen einen besonders großen Wert. Beantworten Sie bitte schriftlich die folgenden Fragen:

1. Hatten Sie schon einmal mit einer bestimmten Kulturpflanze von der Aussaat oder Pflanzung bis zur Ernte zu tun? Mit welcher? Mit welchem Erfolg?
2. Aus welchen Gründen spielt der Fruchtwechsel im Pflanzenbau eine so wichtige Rolle?
3. Nennen Sie einige Beispiele für Mischkultur.
4. Welche Kulturpflanzen sind Ihrer Meinung nach für Kinder besonders interessant? Warum?
5. Benennen Sie die organisatorischen und technischen Voraussetzungen, die Ihrer Meinung nach erfüllt sein sollten, um mit Kindern Gartenarbeit betreiben zu können.

In diesem Kapitel werden einige wichtige Aspekte des Gartenbaus behandelt, wobei – ausgehend von eher allgemeinen Fragen – das Interesse und die Möglichkeiten von Kindern an gärtnerischen Dingen im Vordergrund stehen. Insbesondere geht es um Ideen und Vorschläge für Projekte, die zum eigenen Tun anregen:

6.1 Gartenkultur: „innere" und „äußere" Gärten

6.2 Pflanzen und Kulturtechniken für Kinder

6.3 Steckbriefe einiger besonders interessanter Nutzpflanzen

6.4 Von Bäumen und Sträuchern

Die Verknüpfung der genannten Themen miteinander kann teilweise nur indirekt erfolgen: Der individuelle und stets sehr subjektive Zugang zum Garten als „Seelenlandschaft" und die persönliche Entscheidung für oder gegen einzelne Arbeitsweisen sind zweifellos wichtig, aber gärtnerische Traditionen, Methoden und Zielsetzungen sollten trotz bestimmter Wechselwirkungen unabhängig davon diskutiert werden, wie im Einzelfall ein Garten von einem Menschen erlebt, bearbeitet und beeinflusst wird. Das gilt sinngemäß auch für den Zugang der Kinder zu dieser Thematik, auch wenn bei ihnen die spielerische Aktivität sicherlich mehr im Vordergrund steht als die Auswirkungen bestimmter psychischer Prozesse.

6.1 Gartenkultur: „innere" und „äußere" Gärten

Ein Garten ist immer Produkt menschlicher Fantasie und Arbeitskraft, abhängig von klimatischen, wirtschaftlichen und insbesondere auch kulturellen Bedingungen und Einflüssen. Gärten sind aber nicht nur Teil einer bestimmten Kultur, sondern sie geben auch zahlreiche Impulse zurück und beeinflussen ihrerseits Alltagsleben und Kunst, biologisches Verständnis und Wissen, die Entwicklung bestimmter Arbeitstechniken wie auch die Suche nach Autarkie (Unabhängigkeit), Entspannung und Erholung.

Die Frage nach der geschichtlichen Entwicklung der Gartenkultur erbringt mehr als bloß historische Daten; sie hilft uns beispielsweise auch zu verstehen, in welcher Weise Menschen mit Natur umgehen und warum sie das tun. Es geht um das Bemühen der Menschen, sich aus eigener Kraft und nach eigenen Vorstellungen ein „Paradies" zu schaffen. Das hat je nach Kultur und Region natürlich zu sehr unterschiedlichen Ergebnissen geführt: Die Gärten im Vorderen Orient, geprägt vor allem durch die Perser, waren bereits komplizierte und hoch entwickelte Anlagen, als in Mitteleuropa ein Garten kaum mehr als ein eingezäuntes Gemüsebeet war (vgl. Kapitel 7, S. 223 f.).

Alte Gärten

Ein slowenisches „Gartl", ein im alpenländischen Bereich auch heute noch weitverbreiteter Gartentyp, der der europäischen Urform des Gartens vermutlich ziemlich nahekommt.

Vermutlich entstanden die ersten Gärten vor etwa 10.000 Jahren als Errungenschaft der Jungsteinzeit (8000–4000 v. Chr.), als mit Beginn der **Sesshaftigkeit** dazu übergegangen wurde, wild wachsende Pflanzen gezielt anzubauen. Diese Pflanzen mussten vor Tieren geschützt werden, und die Dornenhecke war wohl eine der ältesten Formen solcher **Einfriedungen**. Gelegentlich wurden auch Wälle und Mauern gebaut, um diesem Fleckchen Erde Schutz und Sicherheit zu verschaffen. Meist dürften aber Zäune aus Stecken (Gerten) gesetzt worden sein, wie eine sprachwissenschaftliche Herleitung des Wortes „Garten" vermuten lässt.

Neben der Entwicklung von den frühen Gartenformen und -techniken hin zu unseren heutigen Gartenkonzepten interessieren sich Forscher vor allem auch für die früher kultivierten Pflanzen: Welche Nutzpflanzen kannten die Menschen damals? Woher stammten diese Pflanzen, und wie kamen sie zu uns? Welche Bedeutung hatten sie für Ernährung, Heilkunde oder Handwerk? Wo finden wir diese Pflanzen heute? Sehr viele dieser alten Kulturpflanzen, deren Gebrauch heute nicht mehr üblich ist oder sogar bedenklich wäre, sind in Form richtiger **Einwanderungswellen** (Migration, vgl. Kapitel 5.2 und Kapitel 11) zu uns gekommen und wurden häufig zuerst in verschiedenen Gärten heimisch:

Zeit der Einwanderung	Beispiele
Jungsteinzeit (vor etwa 7.000 Jahren)	Vogelmiere (Stellaria media), Kleiner Storchschnabel (Geranium pusillum), Guter Heinrich (Chenopodium bonus-henricus), Große Brennnessel (Urtica dioica), Wilde Möhre (Daucus carota), Klatschmohn (Papaver rhoeas)
Bronze-/Eisenzeit (um 1800 v. Chr.)	Eselsdistel (Onopordum acanthium), Rosenmalve (Malva althaea), Nickende Distel (Carduus nutans), Schwarzes Bilsenkraut (Hyoscyamus niger)
Römische Kaiserzeit (ca. Chr. Geb. bis 500 n. Chr.)	Weinrebe (Vitis vinifera), Walnuss (Juglans regia), Schöllkraut (Chelidonium majus), Zaunrübe (Bryonia dioica), Schwarznessel (Ballota nigra), Wegwarte (Cichorium intybus), Diptam (Dictamnus albus), Hanf (Cannabis sativa)
Mittelalter (ca. 500–1500 n. Chr.)	Kompasslattich (Lactuca serriola), Hundszunge (Cynoglossum officinale), Saat-Mohn (Papaver dubium), Liebstöckl (Levisticum officinale), Kichererbse (Cicer arietinum), Kermesbeere (Phytolacca esculenta), Krapp (Rubia tinctorum), Borretsch (Borago officinalis)
Neuzeit (ab ca. 1500 n. Chr.)	Rauhhaariger Fuchsschwanz (Amaranthus retroflexus), Stechapfel (Datura stramonium), Berufskraut (Conyza canadensis), Goldrute (Solidago virgaurea)

Migration (*in der Biologie*) = Wanderungsbewegungen von Pflanzen und Tieren über weitere Strecken, wobei die Verbreitung (aktiv oder passiv) über Wind und Wasser ebenso erfolgen kann wie in absichtsvoller oder unbeabsichtigter Weise durch den Menschen.

Ein gutes Pflanzenbestimmungsbuch hilft nicht nur bei der exakten Bestimmung solcher alten Nutzpflanzen, sondern bietet auch weitergehende Informationen zu Herkunft, Verbreitung und Vergesellschaftung mit anderen Pflanzen. Empfehlenswert ist z. B. die „Exkursionsflora von Deutschland" (Rothmaler/Jäger/Werner, 2005).

Wegwarte,
Cichorium intybus

Kermesbeere,
Phytolacca americana

Borretsch,
Borago officinalis

Jede dieser Pflanzen hat ihre ganz eigene Geschichte, und für Kinder kann es unerhört spannend sein, sich mit Ihnen gemeinsam auf die Suche nach solchen Informationen zu machen:

Zahlreiche Hinweise geben natürlich alte ***Kräuterbücher****, aber auch in vielen Märchen und alten Erzählungen werden Pflanzen benannt, die früher oft eine weit größere Bedeutung hatten als heute. Ein Besuch einer Bibliothek oder eines entsprechenden naturkundlichen Museums hilft, gezielt nach einer ausgewählten alten Kulturpflanze zu forschen und von ihr vielleicht eine Art Steckbrief zu erstellen.*

➲ ***Zur Vertiefung dieses Themas finden Sie im Arbeitsheft eine Projektanregung.***

Die Rosensorte „Veilchenblau", eine relativ alte Sorte, ist eine in Wuchs und Blühfarbe „wilde" und robuste Sorte – ideal für einen „belastbaren" Garten.

Ein Ort, wo manchmal auch heute noch viele alte Nutzpflanzen kultiviert werden, ist der **Bauerngarten**. Hinter dieser heute oft nostalgisch verklärten Gartenform stecken ein paar sehr einfache Prinzipien, die insbesondere auch für das *Gärtnern mit Kindern* zu bedenken sind:

- Alles, was angepflanzt wird, kann in irgendeiner Weise genutzt werden: als Gemüse oder Obst, Heilpflanze, Gewürz oder Blumenschmuck.
- Die verwendeten Pflanzen können auch gut selbst vermehrt werden: durch Samen, Stecklinge, Absenker u. a. Methoden.
- Alle Pflanzen sollten möglichst robust und widerstandsfähig sein, denn die Pflege darf nicht allzu aufwendig sein.

Darüber hinaus waren und sind *Bauerngärten* natürlich auch ein Aushängeschild des Hofs, und im Zusammenhang mit seiner repräsentativen Funktion wurden auch schon sehr früh Gestaltungsformen eingeführt, die in den mittelalterlichen Klöstern entwickelt wurden und das Aussehen des Gartens insgesamt wesentlich bestimmten (vgl. Dittrich, 2002).

Bauerngartenpflanzen:
Je nach Region werden traditionelle Bauerngärten etwas unterschiedlich bepflanzt. Manche Obstarten wie Feige und Mandel gedeihen nur in klimatisch günstigen Gebieten. Dennoch gelten etliche Pflanzen als allgemein charakteristisch für diesen alten Gartentyp. Um sie richtig auswählen und verwenden zu können, bietet sich eine Unterteilung in Kulturgruppen an, wobei besonders giftige Pflanzen mit (*) gekennzeichnet sind (vgl. Frohne/Pfänder, 2005).

Einjährige Pflanzen:
Balsamine, Bechermalve, Fuchsschwanz, Jungfer im Grünen (= Schwarzkümmel), Kapuzinerkresse, Levkoje, Löwenmaul, Resede, Ringelblume, Schleierkraut, Schmuckkörbchen, Sommeraster, Sonnenblume, Studentenblume, Zinnie

Zweijährige:
Bartnelke, Fingerhut, Goldlack, Judassilberling, Königskerze, Landnelke, Marienglockenblume, Maßliebchen, Stiefmütterchen, Stockrose, Vergissmeinnicht

Ausdauernde Blütenstauden:
Akelei, Aurikel, Brennende Liebe, Christrose, Diptam, Eisenhut(*), Fetthenne, Federnelke, Gemswurz, Glockenblume, Goldrute, Hauswurz, Herbstaster, Immergrün, Indianernessel, Küchenschelle, Lupine, Maiglöckchen, Margerite, Mauerpfeffer, Mutterkraut, Pfingstrose, Phlox, Rittersporn, Schafgarbe, Schlüsselblume, Schwertlilie, Sonnenauge, Sonnenhut, Spornblume, Taglilie, Tränendes Herz, Türkenmohn, Veilchen

Zwiebel- und Knollengewächse:
Dahlie, Dichternarzisse, Feuerlilie, Gladiole, Hyazinthe, Kaiserkrone, Madonnenlilie, Märzenbecher, Montbretie, Schneeglöckchen, Türkenbund, Tulpe

Topf- und Kübelpflanzen:
Agapanthus, Aukube, Fleißiges Lieschen, Fuchsie, Geranie, Glockenblume, Knollenbegonie, Myrte, Oleander(*), Petunie, Zierspargel

Gemüse:
Artischocke, verschiedene Bohnenarten, Endivie, Erbse, Fenchel, Gartenmelde, Gurke, Kichererbse, Kohlrabi und andere Kohlarten, Kürbis, Mangold, Möhre, Pastinake, Porree (= Lauch), Rettich, Saubohne, Sellerie, Zichorie, Zwiebeln und Schalotten

Obst:
Apfel, Birne, Feige, Kirsche, Mispel, Quitte, Pfirsich, Pflaume, Mandel, Maulbeere

Größer werdende Bäume:
Eberesche (= Vogelbeere), Eiche, Esche, Linde, Rosskastanie, Walnuss

Sträucher oder strauchig wachsende Bäume:
Buchs, Eibe(*), Feldahorn, Flieder, Goldregen(*), Hainbuche, Haselnuss, Holunder, Hortensie, (Echte) Kornelkirsche, Liguster, Pfeifenstrauch, Schneeball, Weißdorn

Kletterpflanzen:
Feuerbohne, Glockenrebe, Kapuzinerkresse, Trichterwinde, Wicke (alle einjährig); Efeu, Jelängerjelieber (= Geißblatt), Knöterich, Waldrebe, Wilder Wein (alle mehrjährig)

Margerite, Goldgarbe und Kokardenblume: robuste Blütenstauden, die hier ganz bewusst nur locker miteinander kombiniert wurden und dem kleinen Beet an der Hecke einen natürlichen, fröhlichen Charakter geben.

Garten als Spiegel der Seele

Ein Garten ermöglicht (und erfordert) zunächst die eigene tätige Auseinandersetzung mit Boden, Pflanzen – und gelegentlich auch bestimmten Tieren. Darüber hinaus führt aber der enge und unmittelbare Kontakt zur Natur bei Kindern wie Erwachsenen auch zu einer Beeinflussung psychischer Zustände und Prozesse: Wer sich in bewusster Weise einem ganz bestimmten Fleckchen Erde – und wenn es nur ein paar Blumentöpfe sind – zuwendet, gewinnt auch seine ganz eigene Beziehung zu **Wachstums- und Entwicklungsprozessen**, Verantwortlichkeit und Autonomie. Der enge Kontakt zu Erde und Pflanzen, eine intensivere Wahrnehmung jahreszeitlicher Abläufe und das unmittelbare Erleben von Wachstum und Vergehen schenken emotionale Stabilität, Sicherheit und Ruhe – Wirkungen, die sowohl auf das Tun als auch die Möglichkeiten von Beobachtung und Betrachtung zurückzuführen sind.

Es ist keinesfalls überraschend, auch von Ärzten zu hören, dass Gärten für Menschen wichtige Rückzugs- und Erholungsräume sind, in denen auch kranke oder behinderte Menschen vielfach positiv beeinflusst werden (vgl. Niepel/Emmrich, 2005). Wichtig ist dabei die selbstbestimmte Aktivität in einer anregenden wie beruhigenden Umgebung.

Damit trifft sich Umweltpädagogik mit der Erforschung der **Resilienz**, deren übergeordnete Zielsetzung in der größtmöglichen Unterstützung einer gesunden physischen und psychischen Entwicklung des Kindes und seiner psychischen Widerstandsfähigkeit liegt (vgl. Opp/Fingerle/Freytag, 2008).

Resilienz = psychische Widerstandsfähigkeit als Ergebnis eines Zusammenspiels von Risiko- und Schutzfaktoren als integrierter, komplexer Prozess. Wird sowohl über die Abwesenheit von Erlebnis- und Verhaltensstörungen als auch (zusätzlich) über das Vorhandensein positiver Indikatoren definiert und kann sich sowohl auf die Fähigkeiten eines Individuums als auch eines Systems (z.B. Familie) beziehen. Resilienzforschung beschäftigt sich u.a. mit den Ressourcen eines Individuums zur Bewältigung von Lebensbelastungen und untersucht entsprechende Präventions- und Interventionsmaßnahmen.

Die Phänomene und Wechselwirkungen von gärtnerischem Tun und persönlichem Erleben werden von Konrad Neuberger (1991, S. 374–381) einander gegenübergestellt, wobei die Übertragbarkeit dieser ursprünglich therapeutischen Überlegungen (Gartentherapie) auf pädagogische Konzepte naheliegt:

Gärtnerische Aktivität	Möglicher psychischer Prozess
Bodenvorbereitung Was habe ich vor? Umgraben, Lockern, Ebnen und damit ein gutes und gesundes Wachstum ermöglichen.	**Bestandsaufnahme** Was liegt vor mir? Was will ich? Bereitschaft, Teile meiner Persönlichkeit und meines Lebens neu zu ordnen und so Bedingungen zu schaffen für neue Entwicklungen.
Aussaat Den Samen in die Erde legen, einen Kern für neues Wachstum legen.	**Innerer Aufbruch** Das Gefühl von einem guten Kern, aus dem sich etwas Positives, Bedeutungsvolles entwickeln kann, auch wenn alles Weitere noch offen ist.
Wachstum Entwickeln der im Samen angelegten Fähigkeiten und Ausformen der spezifischen Pflanze hin zu ihrer vollkommenen Gestalt als Möhre, Salat, Blume oder Baum. Wachsen ist die Tätigkeit alles Lebendigen: Da gibt es nichts Spezielles zu tun, sondern es geht darum, den Prozess selbst zuzulassen und zu verfolgen.	**Entwicklung** Für Entwicklung und Veränderung offen sein und neben Förderung der Randbedingungen insbesondere auch die Eigengesetzlichkeit natürlicher Prozesse akzeptieren: Es ist eine Freude zu sehen, wie wir uns verändern und unter dem Einfluss unserer Umgebung wachsen.
Pflanzung Vorgezogenen Pflanzen ihren endgültigen Standort geben und damit den Platz, den sie benötigen, um sich vollständig zu entwickeln.	**Seinen Platz finden** Das neu entdeckte Potenzial in die eigene Persönlichkeit integrieren und lernen, mit sich selbst richtig umzugehen. Seinen persönlichen Raum so gestalten, dass die individuelle Entwicklung bestmöglich gefördert wird.
Pflegen Wässern, Düngen und Hacken, um die Pflanzen mit Wasser, Nahrung und Luft zu versorgen. Jeder Pflanze den notwendigen Lebensraum verschaffen und konkurrierende Pflanzen zurückdrängen: Das Unkraut ist eine Pflanze am falschen Ort.	**Das gute Leben** Für sich selbst die richtigen Entscheidungen treffen, sich situationsgerecht verhalten. Es ist notwendig, für sich selbst zu sorgen und Verantwortung für die eigenen Handlungen zu übernehmen: Ein gutes, gesundes Leben erfordert leibliche, intellektuelle und emotionale Nahrung.
Pflanzenschutz Pflanzen vorbeugend oder nach Befall entsprechend behandeln, um sie von Pilzen, Insekten o. Ä. frei zu halten.	**Selbstschutz** Jeder Mensch braucht einen gewissen Schutz, um sein körperliches und emotionales Wohlbefinden aufrechtzuerhalten.
Ernte Die Erntereife erkennen. Ernte und den Verkauf vorbereiten: Das Produkt der Pflanzen, für die man so gut sorgte, kommt an sein Ziel, es wird verkauft und gegessen.	**Am Ziel der Bemühungen** Am Ende der Arbeit steht die Ernte als Ergebnis aller Bemühung. Zufriedenheit und neu erlangtes oder stärkeres Selbstvertrauen durch einen sichtbaren Erfolg unterstützen uns bei neuen Aufgaben.

Kulturpflanzen: Anbau, Pflege, Pflanzenschutz

Die Kultur verschiedener Nutzpflanzen erfordert zunächst ein bestimmtes Grundwissen über Arten und Sorten, die ausgesät oder gepflanzt werden sollen. Reine **Arten** (*Wildarten*) spielen allerdings in den meisten Gärten eine untergeordnete Rolle; meist werden Züchtungen, sogenannte **Sorten**, gesät oder gepflanzt.

Je nach Verwendungszweck und/oder botanischen Eigenschaften unterscheidet man verschiedene Gruppen von Nutzpflanzen, wobei Benennungen wie *Wurzelgemüse, Fruchtgemüse, Blattgemüse, Beerenobst, Gewürzkräuter, Heilpflanzen* nicht immer eine strenge Abgrenzung gegenüber anderen Pflanzengruppen bedeuten: Die Möhre zählt zwar in erster Linie zum Wurzelgemüse, aber sie kann ebenso auch unter die Heilpflanzen gerechnet werden; Thymian, Salbei oder Fenchel sind gleichermaßen als Gewürz- oder Küchenkräuter wie auch als Duftpflanzen oder Heilpflanzen von Interesse.

Unter allen Küchenkräutern ist Schnittlauch bei Kindern am beliebtesten – vor allem, wenn sie ihn selbst ernten können.

Aufgaben:

Die Unterscheidung verschiedener wichtiger Nutzpflanzen und die Kenntnis ihrer hauptsächlichen Verwendung ergeben eine Wunschliste von Pflanzen, die mit Kindern gut kultiviert werden könnten. Überprüfen Sie anhand der folgenden Fragen Ihr Wissen und sammeln Sie entsprechende Ideen, indem Sie geeignete Fachliteratur hinzuziehen:

1. Welches Gemüse, das man sehr gut roh essen kann, bietet sich für den Anbau mit Kindern besonders an?
2. Welche Küchenkräuter sollten in einem entsprechenden Kräuterbeet unbedingt vertreten sein, und welche Standortvorlieben haben diese Pflanzen?
3. Welche Zierpflanzen für den Garten könnten für Kinder aufgrund der Blüten, Früchte, Stängel oder Blätter besonders interessant sein?

Die Versorgung mit Nährstoffen stellt für den Pflanzenbau eine besonders wichtige Frage dar: Das Vorhandensein oder Fehlen sogenannter **Hauptnährstoffe** (vgl. Kapitel 5, S. 156 f.) ist zwar in vielen Fällen am Wuchs und Aussehen der Pflanzen besonders gut zu erkennen, aber längst schreibt man auch etlichen **Spurennährstoffen** wie Eisen, Kupfer, Molybdän und vielen anderen eine große Bedeutung zu.

Die wichtigste Möglichkeit, die Bodenfruchtbarkeit zu erhalten und damit insbesondere alle Nutzpflanzen mit Nährstoffen zu versorgen, stellt die Düngung mit **Komposterde** dar. Diese Erde, die durch Verrottung organischer Substanzen wie Laub, Rasenschnitt, Gemüseschalen usw. gewonnen wurde, sollte nach dem Aussieben der Grobteile eine krümelige Konsistenz haben und angenehm nach Walderde riechen. Die Bereitung von Komposterde wird in zahlreichen Broschüren und Ratgebern beschrieben, besonders empfehlenswert in „Kompost im Garten" (Heynitz, 2000) oder im Handbuch „Der Bio-Garten" (Kreuter, 2012).

Auch bei der Düngung mit Komposterde ist zu beachten, dass hier ebenso wie beim Einsatz chemisch-synthetischer Düngemittel (Kunstdünger) eine *Überdüngung* möglich ist, die nicht nur den Pflanzen schaden, sondern im Einzelfall (Nitrat) sogar das Grundwasser belasten kann. Es sollte jedenfalls immer berücksichtigt werden, dass die Menge bestimmter Nährstoffe in Düngemitteln im richtigen Verhältnis zur Aufnahme durch die Pflanzen steht: Alles, was die Pflanzen nicht aufnehmen, reichert sich entweder im Boden an oder sickert in das Grundwasser.

Eine weitere Möglichkeit, Nutzpflanzen mit Nährstoffen zu versorgen, besteht darin, auf den Pflanzbeeten im Wechsel immer wieder sogenannte **Gründüngungspflanzen** auszusäen. Vor allem die Kleearten sorgen nicht nur für eine gleichmäßige Bodenbedeckung, sondern sind über eine Symbiose mit bestimmten Bakterien (*Knöllchenbakterien*) in der Lage, Stickstoff aus der Luft aufzunehmen und zu binden. Wenn die Kleepflanzen absterben, wird dieser Stickstoff freigesetzt und kann von anderen, später dort wachsenden Pflanzen genutzt werden. Für Kinder ist es natürlich besonders interessant, wenn sie Aussaat- und Pflanzerden selbst mischen dürfen, sei es für bestimmte Nutzpflanzen oder für ein Versuchsbeet. Dort lässt sich gut beobachten, was sich unter bestimmten Bedingungen alles entwickeln kann (vgl. Österreicher, 2009, S. 71 ff.).

Eine Anbautechnik, die den Prozess der Kompostierung in raffinierter Weise nutzt, stellt das ***Hügelbeet*** *dar. Wie die Skizze verdeutlicht, können hier einerseits gut verschiedene grobe Pflanzenteile untergebracht werden, andererseits kommt es aufgrund der Verrottung zu Bedingungen, die das Pflanzenwachstum besonders unterstützen. Vor allem* ***Starkzehrer*** *wie Kürbis, Zucchini, Tomaten oder Gurken wachsen auf solchen Beeten hervorragend.*

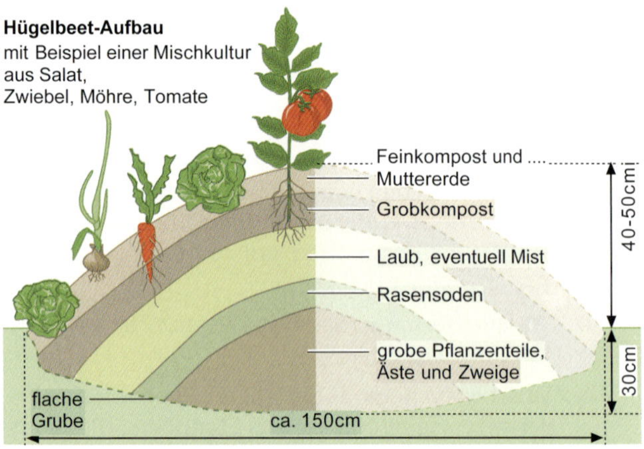

Der Bau eines Hügelbeetes lässt sich mit Kindern leicht bewerkstelligen, macht Spaß und führt sicher zu einem Erfolgserlebnis. In ähnlicher Weise werden auch ***Hochbeete*** *angelegt: Übereinandergelegte Rundholzstämme von etwa 10 cm Durchmesser ergeben einen stabilen, ungefähr 60 cm hohen Rahmen, in den dann – wie beim Hügelbeet – schichtweise die einzelnen Materialien kommen.*

Ein Hügelbeet bietet sich für die Mischkultur in besonderer Weise an, weil durch die Form des Beetes Plätze mit verschiedenen Eigenschaften entstehen: Süd- und Nordseite, flachere und tief durchwurzelbare Bereiche. Für Kinder ist es ohnehin viel interessanter, wenn auf einer überschaubaren Fläche verschiedene Pflanzen kultiviert werden können.

Mischkultur = gemischter Anbau von Nutzpflanzen, wobei die Nachbarschaft von zueinanderpassenden Pflanzen bestimmte positive Effekte hat: bessere Platz- und Nährstoffausnutzung, gleichmäßigere Bodenbedeckung, Abwehr von Krankheiten und Schädlingen. Wichtiges Verfahren im biologischen Gartenbau.

Pflanzenfamilien

In vielen Fällen werden Pflanzen, die derselben Pflanzenfamilie angehören, auch von denselben Krankheiten und Schädlingen befallen. Im biologischen Gartenbau bemüht man sich daher, Kulturpflanzen derselben Familie im Wechsel anzupflanzen und bei gleichzeitigem Anbau möglichst mit Nachbarn anderer Pflanzenfamilien zu kombinieren. Die nachfolgende Übersicht zeigt solche Verwandtschaftsbeziehungen wichtiger Gemüsearten und Küchenkräuter (vgl. Kapitel 5.3, S. 175).

Baldriangewächse	Feldsalat
Doldenblütler	Bibernelle, Dill, Fenchel, Kerbel, Koriander, Liebstöckel, Möhre, Pastinake, Petersilie, Sellerie
Eiskrautgewächse	Neuseeländer Spinat
Gänsefußgewächse	Mangold, Rote Bete, Spinat
Knöterichgewächse	Rhabarber, Sauerampfer
Korbblütler	Beifuss, Chicorée, Eissalat, Endivie, Estragon, Kopfsalat, Löwenzahn, Pflücksalat, Radicchio, Salatchrysantheme, Schwarzwurzel, Topinambur, Wermut, Zuckerhut
Kreuzblütler	Kohl (Blumenkohl, Brokkoli, Butterkohl, Chinakohl, Grünkohl, Kohlrabi, Kopfkohl rot/weiß, Pak Choy, Rosenkohl, Wirsing), Kresse, Mairübchen, Meerrettich, Radieschen, Rettich, Steckrübe
Kürbisgewächse	Gurke, Kürbis, Zucchini
Liliengewächse	Bärlauch, Knoblauch, Küchenzwiebel, Lauch, Schnittlauch, Spargel
Lippenblütler	Basilikum, Bohnenkraut, Dost, Majoran, Melisse, Pfefferminze, Salbei, Thymian
Nachtschattengewächse	Andenkirsche, Aubergine, Kartoffel, Paprika, Tomate
Portulakgewächse	Winterpostelein
Raublattgewächse	Beinwell, Borretsch
Schmetterlingsblütler	Buschbohne, Erbse, Puffbohne, Stangen-/Feuerbohne
Süßgräser	Mais, Zuckermais

Einige Beispiele für die Einzelwirkungen bei Mischkulturen sind:

- Möhren und Zwiebeln (ebenso: Lauch) passen besonders gut zusammen: Diese Pflanzen wehren voneinander die jeweils spezialisierten Fliegen ab (Möhren- bzw. Zwiebelfliege).
- Salat (Kopfsalat) wehrt bei Radieschen Erdflöhe ab.
- Möhren und Petersilie verbessern allgemein die Gesundheit von Tomaten.
- Borretsch wirkt generell etwas insektenabweisend.
- Tagetes wirkt gegen Nematoden (*Wurzelälchen*) und die Weiße Fliege.
- Dill und Lavendel vertreiben Blattläuse.

➲ *Zur Vertiefung dieses Themas finden Sie im Arbeitsheft eine Projektanregung.*

Saatkartoffeln werden am besten ab etwa Anfang Mai gepflanzt. Dann ist die Erde bereits etwas erwärmt, und die Kartoffeln können sich gut entwickeln.

Die Kultur von Pflanzen bedeutet immer auch die Auseinandersetzung mit Bedingungen und Organismen, die den betreffenden Pflanzen schaden können, den Ertrag mindern oder die Qualität der Ernte beeinträchtigen. Aus diesen Gründen besitzt der **Pflanzenschutz** einen wichtigen Stellenwert beim Anbau von Pflanzen.

> **Pflanzenschutz** = Sammelbegriff für unterschiedliche Ansätze und Methoden, Kulturpflanzen vor Krankheiten und Schädigungen zu schützen. Zu unterscheiden ist zwischen *indirekten Schutzmaßnahmen* wie Bodenpflege, Wahl geeigneter Pflanzensorten etc. und *direkten Schutzmaßnahmen* wie dem Einsatz von bestimmten Hilfsmitteln und Präparaten. Während dabei der *konventionelle Pflanzenschutz* verschiedene chemisch-synthetische Mittel einsetzt, sind im biologischen *Pflanzenschutz* ausschließlich biotechnische und biologische Methoden und Mittel zugelassen, z.B. Leimtafeln zum Fang von Insekten, Vermehrung und Aussetzen von Nützlingen, stark riechende Substanzen zur Abwehr von Schadtieren etc.

Beim Gärtnern mit Kindern liegt der Schwerpunkt zwar nicht darauf, einen möglichst hohen Ernteertrag zu erzielen, aber wenn beispielsweise Nacktschnecken eine Reihe frisch gepflanzter Salatpflänzchen über Nacht – im wahrsten Sinn des Wortes! – dem Erdboden gleichmachen, ist die Enttäuschung natürlich riesengroß. Daher sollte stets auch dieser Aspekt des Gartenbaus berücksichtigt werden, wobei aus naheliegenden Gründen gerade für das Gärtnern mit Kindern ausschließlich die Methoden und Techniken des biologischen Pflanzenschutzes infrage kommen. Nähere Informationen finden Sie in vielen Gartenbüchern wie auch im bereits genannten „Der Bio-Garten" (Kreuter, 2012). Sehr empfehlenswert – auch für Laien – ist hier ebenso das Fachbuch „Biologischer Pflanzenschutz im Garten" (Schmid/Henggeler, 2012).

Pflanzenschutz bedeutet Schutz der *Kultur*pflanzen und nicht generell Schutz von Pflanzen. Zudem bedeutet Pflanzenschutz in vielen Fällen die Tötung oder mindestens Vertreibung von Insekten und anderen Organismen, die wir Menschen als unerwünschte Konkurrenz ansehen. Im Gespräch mit Kindern sollte deutlich gemacht werden, dass es hier um die Frage der Perspektive geht: Tiere, die wir Menschen als **Schädlinge** bezeichnen,

sind das eben nur aus unserer Sicht. Ebenso verhält es sich mit dem Begriff **Nützlinge**. Bei genauerer Betrachtung zeigt sich zudem rasch, dass es stets zahlreiche und noch längst nicht ausreichend erforschte Wechselwirkungen zwischen verschiedenen Organismen, abiotischen Faktoren und menschlichen Eingriffen gibt.

Die verschiedenartigen und meist schwer unterscheidbaren Schwebfliegen (Syrphidae) sind im Biogarten sehr erwünscht und ein gutes Beispiel für die komplexen Beziehungen zwischen Räubern und Beute: Die Larven der Schwebfliegen ernähren sich von Blattläusen, wobei es zur Hauptsaison der Blattläuse im Mai und Juni nur dann viele Schwebfliegen gibt, wenn die Tiere bereits im März Beute finden: natürlich Blattläuse, die so früh im Jahr aber nur vereinzelt an Gehölzen auftreten.

Aufgaben:

1. Wie stehen Sie persönlich zu bestimmten Techniken und Mitteln des Pflanzenschutzes? Welche Mittel erscheinen Ihnen vertretbar, welche nicht? Warum? Warum nicht?
2. Nennen Sie jeweils fünf für den Gartenbau typische Schädlinge und Nützlinge.
3. Welche Rolle spielen Ameisen im Garten? Vergleichen Sie dazu die Angaben in unterschiedlichen Büchern.

6.2 Pflanzen und Kulturtechniken für Kinder

Je nach organisatorischen und räumlichen Möglichkeiten, Alter der Kinder und eigenem Interesse lassen sich mit Kindern viele verschiedene Pflanzen kultivieren. Die eigene Lust am Experiment und an Entdeckungen führt gerade in diesem Bereich schnell zu einer großen Vielfalt an Ideen und thematischen Einzelzielen, z. B.

- fremde Pflanzen und ihre Eigenschaften kennenlernen,
- Techniken der Pflanzenvermehrung,
- Kulturversuche mit unterschiedlichen Erden und Substraten,
- Pflanzenarrangements in verschiedenen Töpfen, Gefäßen und Schalen herstellen.

Die Kapuzinerkresse, Tropaeolum majus, ist eine leicht zu kultivierende Zier- und Nutzpflanze: Blätter und Blüten sind essbar und lassen sich wie andere Kressearten verwenden.

Wachstum braucht Wärme

Ein wichtiges Unterscheidungskriterium bei der Auswahl von Pflanzen besteht in den jeweiligen Temperaturansprüchen: Während wir bei den mehrjährigen **Gartenpflanzen** von einer gewissen Frosthärte ausgehen können, trifft das auf **Zimmerpflanzen** höchstens im Ausnahmefall zu. Das hat vor allem mit den unterschiedlichen Herkünften der Pflanzen zu tun: Als Zimmerpflanzen werden überwiegend Pflanzen aus den Tropen einschließlich der entsprechenden Züchtungen verwendet, während es sich bei den Pflanzen im Freiland um Wildarten oder Sorten unserer Klimazone handelt.

Die Kultur von Pflanzen erfordert in einer gewissen Weise immer auch die Auseinandersetzung mit Wärme und Kälte, Temperaturunterschieden und vielleicht sogar Temperaturmessung. Das gilt in besonders deutlicher Weise für die **Keimung** von Pflanzen und lässt sich leicht ausprobieren:

Ein Versuch mit Samen unterschiedlicher Pflanzen und verschieden warmen Standorten der Keimschalen zeigt, dass die Wärmeansprüche der Pflanzen sehr unterschiedlich sind. Dabei spielt verständlicherweise nicht die Lufttemperatur, sondern die Temperatur des Bodens bzw. der Aussaaterde die entscheidende Rolle. So keimt die Spinnenpflanze, Cleome spinosa, am besten bei 18 °C: eine wärmeliebende Staude, die auch erst nach den ***Eisheiligen****, also ab etwa Mitte Mai, ins Freie gepflanzt werden sollte. Der Kapuzinerkresse, Tropaeolum majus, hingegen genügen 15 °C und weniger, und deshalb können diese Samen ab etwa Ende April direkt im Freiland ausgesät werden. Die Samen vieler Gebirgspflanzen benötigen zur Keimung sogar einen gewissen Kältereiz, damit die harten Samenschalen aufgesprengt werden.*

Ausführliche Erläuterungen rund um die Thematik der Pflanzenvermehrung einschließlich der gerade auch für Kinder interessanten Anzucht aus Stecklingen etc. mit vielen nützlichen Tipps finden Sie z. B. im Buch „Alles über Pflanzenvermehrung" (Kawollek/Kawollek, 2008).

Zur Messung der **Bodentemperatur** werden *Boden-Einstechthermometer* verwendet, die bei entsprechender Länge auch gut zur Messung der Temperatur in einer Kompostmiete eingesetzt werden können. Im Fall der Einrichtung einer kleinen Wetterstation stellt ein solches Thermometer eine interessante und lohnende Ergänzung dar (vgl. Kapitel 4, S. 123 ff.).

Bei Zimmerpflanzen lässt sich die Frage nach der jeweiligen Temperatur mit einem Blick auf übliche Zimmerthermometer oft rasch beantworten. Allerdings ist zu berücksichtigen, dass die Erdtemperatur in den Töpfen vor allem nach dem Gießen deutlich niedriger liegt – eine Tatsache, die erklären hilft, weshalb manche besonders wärmebedürftigen Zimmerpflanzen nicht so richtig gedeihen wollen.

Das größere Problem für die Pflanzen im Haus stellt aber meist die **Lichtintensität** dar: Einerseits schadet direkte Sonneneinstrahlung vielen dieser hinter Glas stehenden Pflanzen, andererseits benötigen sie dennoch fast immer einen hellen Standort. Aus diesem Grund ist es sinnvoll, Zimmerpflanzen vor allem nach ihren Temperatur- und Lichtansprüchen auszuwählen, wie die folgenden Beispiele zeigen (vgl. Rücker, 2012):

Das Zyperngras, Cyperus alternifolius, lässt sich sehr leicht durch Kopfstecklinge vermehren, indem man ein Blatt abschneidet und einfach mit dem Stiel nach oben in Wasser stellt: Sobald sich Wurzeln und ein kräftiger, neuer Trieb zeigen, kann die neue Pflanze in einen eigenen Topf gesetzt werden.

Pflanzen mit geringsten Licht- und mäßigen Temperaturansprüchen	Pflanzen für möglichst helle, aber eher kühle Plätze	Pflanzen für helle, aber wärmere Plätze – ohne direkte Sonneneinstrahlung
Grünlilie (Chlorophytum) Tradeskantie (Tradescantia)	Alpenveilchen (Cyclamen) Azalee (Rhododendron) Farne (Aspidium, Pteris u. a.) Topfprimel (Primula)	Begonie (Begonia) Bergpalme (Chamaedorea) Kastanienwein (Tetrastigma) Klimme (Cissus)
Pflanzen mit mittleren Licht- und Temperaturansprüchen	**Pflanzen für sehr helle bis sonnige Fensterplätze**	**Kübelpflanzen: frostfreie Überwinterung, im Sommer am besten ins Freie stellen**
Elefantenohr (Haemanthus) Zimmerlinde (Sparmannia) Zyperngras (Cyperus)	Bogenhanf (Sansevieria) Brutblatt (Kalanchoe) Passionsblume (Passiflora)	Elefantenfuß (Beaucarnea) Feige (Ficus) Topfrose (Rosa)

Die Pflege von Zimmerpflanzen erfordert zwar eine gewisse Sorgfalt, wird aber von Kindern häufig gerne übernommen. Am Beginn einer solchen Aufgabenübertragung sollte allerdings besprochen werden, welche Arbeiten damit verbunden sein können:

- Regelmäßig und mit Sorgfalt gießen (meist wird zu viel Wasser gegeben!)
- Auf genügend Helligkeit achten
- Von Zeit zu Zeit düngen (auch hier gilt: meist wird zu viel gedüngt!)
- Verwelkte, kranke oder abgestorbene Pflanzenteile abschneiden und entfernen
- Wenn nötig, in einen etwas größeren Topf umtopfen (s. Skizze)

Beim Umtopfen einer Pflanze lässt sich der Wurzelballen vorsichtig verkleinern, indem zu lange Wurzeln eingekürzt werden. Der neue Topf sollte allerdings nur um Weniges größer sein, um ein rasches und gutes Durchwurzeln zu ermöglichen. Auch bei der Stecklingsvermehrung sollten keinesfalls zu große Töpfe gewählt werden. Außerdem hilft es mitunter, bei frisch gesteckten Trieben mit Hilfe einer Klarsichtfolie für „gespannte Luft" zu sorgen. (vgl. Nugel, 2012, S. 179).

➲ ***Zum Einstieg in dieses Thema finden Sie im Arbeitsheft eine Reihe von Aufgaben.***

Gefäße, Konstruktionen, Versuche

Abgesehen von den bereits genannten Hügel- und Hochbeeten (vgl. S. 194) gibt es zahlreiche andere Möglichkeiten, gärtnerische Aktivitäten mit gestalterischen Ideen zu Versuchsanordnungen zu verknüpfen, die für Kinder besonders interessant sind.

Ein **Flaschengarten** in einem größeren Einmachglas oder vielleicht sogar Glasballon kann nicht nur sehr attraktiv wirken, sondern ermöglicht Kindern eine Reihe handwerklicher und biologischer Erfahrungen.

Jungpflanzen oder Ableger von bestimmten Zimmerpflanzen wie Bogenhanf (Sansevieria), Frauenhaarfarn (Adiantum), Grünlilie (Chlorophytum), Tradeskantie (Tradescantia) und/oder Usambaraveilchen (Saintpaulia) werden mithilfe einiger selbst gebauter Werkzeuge in folgender Weise in das Glas gepflanzt:

- *Glasflasche säubern und trocknen, dann mittels Trichter (1) bis etwa ein Viertel der Höhe Pflanzerde einfüllen*
- *Pflanzen mithilfe des Bestecks (2) einbringen, anschließend mit dem Spulenwerkzeug (3) leicht andrücken*
- *Etwas Wasser zugeben (Vorsicht: nicht zu stark wässern!)*
- *Innenseite des Glases mit dem Schwämmchen (4) reinigen*
- *Den Flaschengarten mit einem Korken verschließen*
- *Falls nötig, welke Blätter gelegentlich mittels Stecknadelwerkzeug (5) und/oder Essstäbchen als Pinzette (6) entfernen*

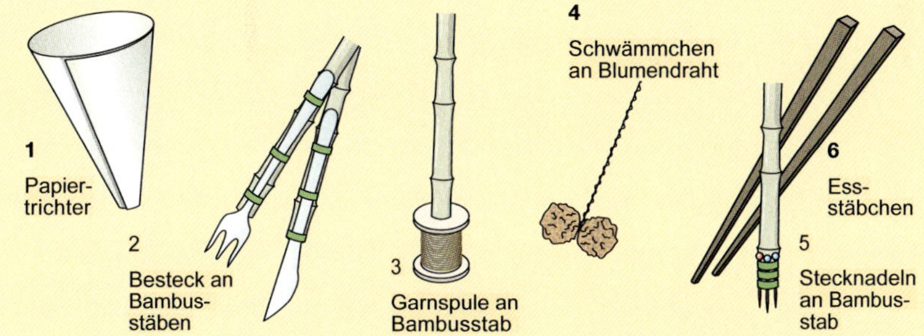

Mit einem einfachen Aussaatversuch können Kinder z. B. die ***Wirkung von Pflanzenduftstoffen auf die Keimung anderer Pflanzen*** *untersuchen. Dazu werden Kressesamen auf feuchte Wattebäusche gedrückt und jeweils ein Wattebausch mit einer Drahtschlinge in ein großes Einmachglas gehängt, auf dessen Boden sich bestimmte frisch geschnittene oder zerkleinerte Pflanzenteile befinden. Die Gläser werden dann möglichst luftdicht verschlossen und an ein helles Fenster gestellt.*

Bereits nach wenigen Tagen kann man gut sehen, dass sich die Kressesamen aufgrund der einzelnen Pflanzenduftstoffe ganz unterschiedlich entwickeln. Vielleicht lässt sich das eine oder andere Ergebnis sogar für weitere Versuche in einem Mischkulturbeet nutzen?

Ganz entscheidend wird das Pflanzenwachstum von Stoffen beeinflusst, die sich im Wasser befinden, das die Pflanzen aufnehmen: Nährstoffe ebenso wie Giftstoffe. Ein Versuch mit etwas Waschpulver zeigt, wie das darin enthaltene Phosphat das **Wachstum von Algen** (*Algenblüte*) anregt (vgl. Reidelhuber, 2000).

➲ ***Zur Vertiefung dieses Themas finden Sie im Arbeitsheft eine Projektanregung.***

Die Verlagerung von Nährstoffen *und* Pflanzen von einem Milieu in ein anderes kann auf sehr unterschiedliche Weise geschehen. Letztlich stellt jede Anpflanzung im Garten mit den jeweiligen Umpflanz- und Düngemaßnahmen eine solche Verlagerung dar, deren Ergebnisse nicht selten sehr überraschen. Ein für Kinder spannendes Experiment könnte ein **Waldversuchsbeet** sein:

Ein nicht zu schattiger, freier Platz zwischen Bäumen, am Waldrand oder auf einer Lichtung wird mit ein paar umherliegenden Ästen eingefasst. Innerhalb des so abgesteckten Beetes sollten sich keine schützenswerten Pflanzen befinden, denn nun geht es darum, diese Fläche als Versuchsbeet für ausgewählte Pflanzen vorzubereiten: roden, graben, jäten, lockern, rechen – Arbeitsschritte, ohne die keine Neupflanzung möglich oder sinnvoll ist. Was dann in dieses Versuchsbeet gesät oder gesetzt wird, entscheiden die Kinder selbst. Wichtig ist bloß, dass dieses Versuchsbeet im Lauf der darauffolgenden Wochen und Monate immer wieder aufgesucht werden kann, um zu sehen, was sich dort so alles tut (vgl. Kapitel 11, S. 353 ff.).

Ein Waldversuchsbeet ist für viele Überraschungen gut, ...

... zum Beispiel für eine unerwartet fruchtbare Preiselbeerpflanze, Vaccinium vitis-idaea.

Aussaat- und Pflanzversuche lassen sich auch in sehr viel kleinerem Maßstab durchführen. Darin liegt der Reiz für Kinder, die solche Miniaturen besonders lieben, weil damit keine Überforderung, sondern ausschließlich das neugierig machende, *besondere* Experiment verbunden ist.

In eine flache Holzsteige, eine ***Versuchskiste****, die mit Folie ausgekleidet wird, kommen etwas Erde, Kies, Sand oder ein Gemisch eigener Wahl. In vielen Fällen dürfte es sinnvoll sein, in die Folie etliche Löcher zu stechen, damit die Erde nicht vernässt, aber das muss nicht unbedingt sein und hängt u. a. auch von der Höhe der Kiste ab. Damit ist die Konstruktion auch schon fertig. Jetzt können selbst gesammelte Samen von Wiesenblumen und anderen Wildpflanzen gesät werden. Wird die Oberfläche des Versuchskastens mit einer Sprühflasche regelmäßig angefeuchtet, dürften die ersten Keimerfolge nicht lange auf sich warten lassen. Am besten ist es, wenn mehrere Kinder gleichzeitig je eine solche Versuchskiste anlegen, denn die Vergleichsmöglichkeiten machen das Ganze besonders spannend.*

Ein **Mini-Urwald** entsteht mitunter auch dort, wo die Aussaat sorgfältig geplant und mit einer ganz bestimmten Zusammenstellung von Sämereien erfolgt: Samen von Pflanzen, die vor allem auch als Keimlinge gut genutzt werden können:

Die Beschriftung der einzelnen Saaten verschafft einen guten Überblick; von einem „Urwald" kann zwar noch keine Rede sein, doch …

Wenn man die Keimpflanzen später auch für einen Brotaufstrich o. Ä. nutzen möchte, dürfen nur Sämereien ganz bestimmter Pflanzenarten verwendet werden, z. B. Adzukibohne, Bockshornklee, Erbse, Gerste, Hafer, Hirse, Kichererbse, Kresse, Kürbis, Leinsamen, Linse, Mungobohne, Radieschen, Rettich, Roggen, Senf, Sesam, Sojabohne (gelb), Sonnenblume, Weizen – und vielleicht noch ein paar Knoblauchzehen und eine Küchenzwiebel. Alle Sämereien sollten in diesem Fall auch ungebeizt sein.

➲ ***Zur Vertiefung dieses Themas finden Sie im Arbeitsheft eine Projektanregung.***

… nur wenige Tage später geht es drunter und drüber: ein großer Vorteil, wenn alles Grüne essbar ist.

In vielen Fällen werden gerade Gemüsepflanzen vorgezogen, d. h., die Aussaat erfolgt in Töpfen oder Schalen. Erst nachdem die Jungpflanzen eine bestimmte Größe erreicht haben, werden sie einzeln in kleinere, später in größere Töpfe verpflanzt (*pikiert*). Mit dieser Methode können wärmebedürftige Pflanzen wie **Tomaten, Gurken oder Kürbis** bereits ab März oder April *vorgezogen* werden, damit sie die langen und warmen Tage des Sommers für die Zeit der Blüte und Fruchtbildung besonders gut nutzen können. Zusätzlich wird durch diese Vorkultur auch eine Auswahl vorgenommen: Im Allgemeinen werden nur die größten und kräftigsten Jungpflanzen pikiert und später *ausgepflanzt*.

Das Pikieren einer kleinen Kürbispflanze erfordert Geschicklichkeit und Sorgfalt, denn ...

... die Pflanze soll nach dem Festdrücken der Pflanzerde möglichst aufrecht in der Mitte des neuen Topfes stehen.

Zuletzt wird die frisch getopfte Pflanze behutsam gewässert und an einen hellen, warmen Platz gestellt.

Duft- und Aromapflanzen gehören zu jenen Pflanzen, die Kinder und Erwachsene gleichermaßen interessant finden. Sie regen den Geruchssinn an (vgl. Kapitel 1, S. 24 ff.) und lassen sich je nach Art auch auf recht unterschiedliche Weise nutzen. Zu dieser Pflanzengruppe werden ganz verschiedene ein- und mehrjährige Pflanzen gerechnet, Kräuter ebenso wie bestimmte Gehölze.

Bei eigenen Aussaaten und Pflanzungen sollten ein paar wichtige Bedingungen erfüllt werden: In aller Regel benötigen diese Pflanzen sehr sonnenwarme, geschützte Plätze, um ihren Duft entfalten zu können, und an sonnigen und heißen Tagen wird die Duftentwicklung auch wesentlich intensiver sein als sonst. Zudem sollten diese Pflanzen nicht gerade an einer entlegenen Ecke gepflanzt werden, sondern möglichst „in Riechweite". Bei etlichen Duftpflanzen empfiehlt sich sogar ein Platz, wo man im Vorübergehen auch immer wieder mal anstreift.

Ein- und zweijährige Arten	**Mehrjährige Arten** (Stauden)	**Gehölze**
Basilikum (Ocimum basilicum)	Diptam (Dictamnus albus)	Eucalyptus (Eucalyptus perriniana)
Bittere Schleifenblume (Iberis amara)	Duftresede (Reseda lutea)	Flieder (Syringa-Hybriden)
Duft- oder Edelwicke (Lathyrus odoratus)	Eberraute (Artemisia abrotanum)	Geißblatt (Lonicera periclymenum)
Fenchel (Foeniculum vulgare)	Kalmus (Acorus calamus)	Latschenkiefer (Pinus mughus)
Kümmel (Carum carvi)	Lavendel (Lavandula angustifolia)	Pfeifenstrauch (Philadelphus coronarius)
Levkoje (Matthiola incana)	Mädesüß (Filipendula ulmaria)	Rose (Rosa: duftende Sorten)
Nachtkerze (Oenothera biennis)	Thymian (Thymus vulgaris u. a.)	Winterschneeball (Viburnum fragrans)

Aufgabe:

Die in der Tabelle aufgeführten Arten unterscheiden sich in Lebenszyklus und Ansprüchen an Standort und Pflege teilweise erheblich. Treffen Sie daher eine eigene Wahl und planen Sie unter Zuhilfenahme von geeigneter Fachliteratur ein eigenes kleines Duftpflanzenbeet oder die entsprechende Bepflanzung eines größeren Kastens.

Eine **Kräuterschnecke** ist nicht nur sehr zweckmäßig, sondern stellt auch eine vom Erscheinungsbild interessante Möglichkeit dar, auf kleinem Raum eine bunte Vielfalt von Küchenkräutern, Gewürz- und Duftpflanzen zu versammeln.

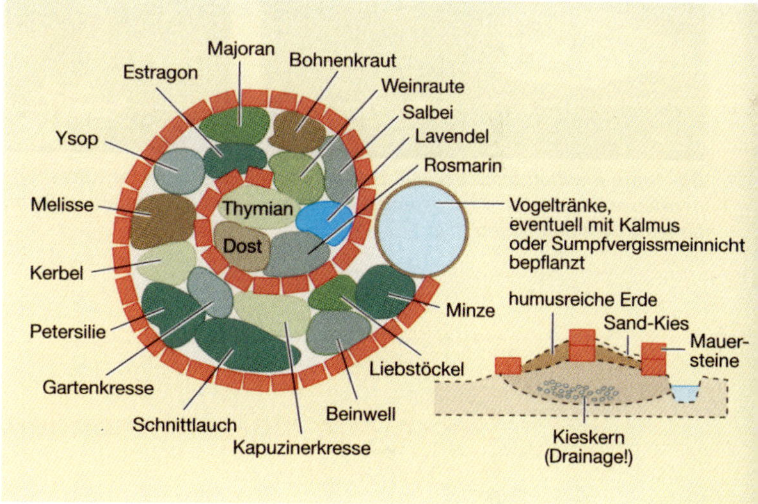

Für den Bau können Feld- oder Pflastersteine, (alte) Ziegel oder andere Mauersteine verwendet werden. Als Füllmaterial benötigt man Kies, eine humusreiche Lehmerde und groben Sand. Dabei wird mit dem Kies ein wasserdurchlässiger Kern gebildet, auf dem dann die Steine sitzen, mit denen die Schneckenstruktur „gezeichnet" wird. Anschließend wird mit Erde, eventuell etwas Kompost und Sand aufgefüllt, wobei die Pflanzerde vom äußeren, unteren Bereich an bis zum Zentrum der Schnecke am höchsten Punkt mit mehr und mehr Sand ***abgemagert*** *wird: Pflanzen wie Salbei, Thymian oder Dost lieben kiesiges Substrat und benötigen sehr viel weniger Nährstoffe als z. B. Schnittlauch oder Liebstöckel.*

Je nach verfügbarem Platz kann eine solche Kräuterschnecke auch mit einem kleinen Trog als Vogeltränke oder Mini-Sumpf für weitere, ausgewählte Pflanzen ergänzt werden.

Die Auswahl von Kräutern und Stauden für eine Pflanzung fällt nicht immer leicht, und wenn Kinder einmal richtig Lust aufs Gärtnern haben, gibt es rasch Material- und Platzmangel. Es ist aber keineswegs immer notwendig oder sinnvoll, alle möglichen Pflanzen und Gefäße zu kaufen.

Alte Töpfe und Schalen lassen sich miteinander zu ganz neuen, originellen Pflanzgefäßen verbinden, die auch gut bemalt werden können. In ihnen wachsen alle möglichen Pflanzen, und als ***Topfbäume*** *oder andere Pflanzenwesen lassen sie sich beinahe überall „ansiedeln".*

Eine Kräuterschnecke ist – vor allem, wenn sie selbst gebaut wurde – für Kinder immer wieder anziehend.

Die Töpfe aneinanderkleben, sie bemalen und bepflanzen sind drei Arbeitsgänge, zwischen denen etwas Zeit liegen muss.

Bei einer entsprechenden Auswahl an Töpfen entsteht eine große Vielfalt an Formen und Kombinationen.

6.3 Steckbriefe einiger besonders interessanter Nutzpflanzen

Zu den Pflanzen, die sich auch mit jüngeren Kindern besonders gut kultivieren lassen, gehören verschiedene Fruchtgemüse wie Kürbis, Zucchini oder Tomaten. Wenn eine helle, warme Fensterbank zur Vorkultur und ein günstiger, also sonniger Platz im Garten zur Verfügung stehen, sollten solche Pflanzen unbedingt angebaut werden. Der Ertrag lohnt die Mühe, und es gibt nicht zuletzt wunderbare Rezepte für das selbst geerntete Gemüse, die sich auch für ein gemeinsames Kochen mit Kindern anbieten (vgl. Kapitel 10, S. 327 ff.).

Viele Kinder lassen sich vom Anbau von Nutzpflanzen begeistern, weil sie es interessant und lohnend finden, etwas anzupflanzen, das man später irgendwie verwenden oder sogar essen kann. Dennoch ist es sinnvoll, einen kritischen Blick auf die Auswahl der jeweiligen Pflanzen zu werfen: Weißkohl hat – ungeachtet seiner wertvollen Inhaltsstoffe – hier einfach nicht denselben Beliebtheitsgrad wie Radieschen, und Spinat gilt Kindern nach wie vor als ziemlich entbehrlich. Mit einer Ausnahme vielleicht: dem Neuseeländer Spinat ...

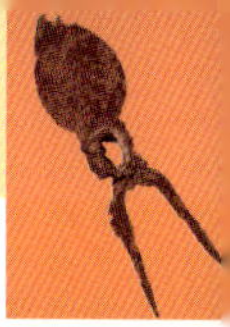

Neuseeländer Spinat

Der **Neuseeländer Spinat** (Tetragonia expansa) liefert nicht nur ein aromatisch schmeckendes Blattgemüse, sondern er ist insgesamt eine besonders wertvolle, wenn auch kaum bekannte Gemüsepflanze. Die Aussaat erfolgt ab Anfang März in Töpfen, wobei die Samen mit etwas feiner Erde bedeckt werden sollten (Dunkelkeimer). Erst im Mai können die Pflanzen ins Freie ausgepflanzt werden. Dann wachsen sie aber meist so rasch und stark, dass jede einzelne Pflanze etwa 1 m^2 für sich benötigt.

In der langen Erntezeit von Juli bis etwa Oktober kann man die nachwachsenden und sich reich verzweigenden Triebe immer wieder abschneiden; sie werden am besten mit Butter, Muskat und ein wenig Knoblauch gedünstet (vgl. Dahl, 2008).

Der Neuseeländer Spinat (Tetragonia expansa) gehört zur Familie der Mittagsblumengewächse, und wie viele dieser Pflanzen zeigt auch er einen gewissen Hang zur Dickblättrigkeit.

Erdbeerspinat

Der **Erdbeerspinat** (Chenopodium capitatum) ist zwar auch als Spinatpflanze nutzbar, aber für Kinder liegt sein Reiz in den roten, kleinen Früchten: zahlreiche feine, harte Samen, die von einem etwas wässrigen und stark färbenden roten Fruchtfleisch umgeben sind. Zerquetscht man einen solchen Samenstand, erhält man eine wunderbar leuchtende Farbe zum Schminken und Malen.

Der Erdbeerspinat ist eine einjährige Pflanze, liebt sonnige Plätze, ist aber sonst wenig anspruchsvoll. Seine Fähigkeit, sich an „Unkrautstandorten" zu entwickeln, teilt er mit vielen anderen **Ruderalpflanzen**. Er kann an allen sonnigen Plätzen ausgesät werden. Bei Bodentemperaturen von etwa 12–15 °C keimen die Samen innerhalb von zwei bis drei Wochen.

Für Kinder sind solche Pflanzen schon deshalb besonders attraktiv, weil sie für etwas stehen, das in unserer „aufgeräumten" Landschaft selten geworden ist: Wildwuchs und eine immer wieder überraschende Vielfalt.

Der Erdbeerspinat (Chenopodium capitatum) kann im März oder April ausgesät werden, in Einzeltöpfe, Mischkulturbeete oder auf Restflächen und Randstreifen.

Ruderalpflanzen = Fachbegriff für meist krautige Pflanzen an Wegrändern, Feldrainen, Schutthalden und anderen, land- oder forstwirtschaftlich nicht genutzten Flächen. Häufig großer Artenreichtum mit zahlreichen alten, heute vernachlässigten Nutzpflanzen, wie z. B. Fuchsschwanz, Melde, Portulak, Steinklee, Hirtentäschel, Meerrettich in stark wechselnder Zusammensetzung. Ökologisch bedeutsam als Nahrungsgrundlage für viele Tiere, „Spiegel" abiotischer Standortfaktoren und ökologischer Wechselwirkungen bis hin zu Aspekten unserer Kulturgeschichte.

Die Wilde Möhre (Daucus carota) ist nicht selten, kann aber leicht mit sehr ähnlich aussehenden, teilweise giftigen Wildpflanzen verwechselt werden.

Möhre

Die Kulturformen der **Möhre** (Daucus carota) haben längst nicht mehr das intensive Aroma der Wildart (die man schon deshalb mit den Kindern gelegentlich auf Wiesen und Brachlandflächen suchen sollte), aber der eigene Anbau bestimmter Sorten lohnt sich dennoch sehr. Entscheidend für den Erfolg sind ein Standort mit guter, tiefgründig durchwurzelbarer Gartenerde und eine gewisse Pflege. Möhren werden zwar ab etwa März direkt auf das Beet gesät, aber dann kommt es darauf an, dass sie nicht zu sehr von Konkurrenten bedrängt werden: Es muss regelmäßig gejätet werden.

Für die Kultur mit Kindern kommen im Grunde nur frühe und mittelfrühe Sorten infrage, die unmittelbar nach der Ernte gegessen werden, z. B. „Kleine Rheinländerin", „Sperlings Kundulus" (eine Möhre mit kurzer, kugelrunder Rübe) oder die ein wenig später reifende „Nantaise".

Trotz bester Pflege werden gerade die Gartenmöhren gelegentlich von einem Insekt entdeckt, vor dem wir unser Wurzelgemüse unbedingt schützen sollten: die **Möhrenfliege**. Diese winzige Fliege, die auch Petersilie und einige andere nahe verwandte Doldenblütengewächse liebt, sticht in den obersten Teil der sich gerade bildenden Rübe (Rübenschulter) und legt dort ihre Eier ab. Die Larven, die sich dann recht rasch entwickeln, fressen sich dann durch die Möhre, wodurch schwarzbraune Gänge und Flecken entstehen und die Möhre für uns ungenießbar wird.

Der beste Schutz gegen die Möhrenfliege sind **Schutznetze**. Sie sind wasser- und luftdurchlässig und so leicht, dass die Pflanzen darunter problemlos wachsen können. Die Möhrenfliege halten sie aber wirkungsvoll ab.

Radieschen

Der Anbau von **Radieschen** (Raphanus sativus var. sativus) ist nicht allzu schwierig und auch in kleinen Beeten möglich. Die Pflanzen bevorzugen mittelschwere, lockere und humose Böden in sonniger Lage. Während Rettiche tiefgründige Böden brauchen, wurzeln Radieschen nicht besonders tief und können sogar in Kästen kultiviert werden. Außerdem benötigen die Pflanzen nahrhafte Erde, am besten eine Düngung mit reifem Kompost, und zurückhaltendes, aber regelmäßiges Gießen.

Da die Pflanzen nicht sehr kälteempfindlich sind, kann im Freien bereits ab März ausgesät werden. Dazu werden die Samen einzeln im Abstand von etwa 5 Zentimetern in die lockere Erde gedrückt. Der Abstand der Saatreihen untereinander sollte bei 10 bis 15 Zentimetern liegen. Die Keimzeit beträgt ungefähr sieben Tage, die Ernte ist bereits nach vier bis sechs Wochen möglich und sollte rechtzeitig durchgeführt werden: Zu alte Rettiche und Radieschen verholzen und schmecken nicht mehr.

Radieschen (Raphanus sativus var. sativus) schmecken wegen ihrer leichten Schärfe jüngeren Kindern nicht unbedingt, aber die kugelrunde, rote Form fasziniert sie immer.

Wichtig für den Erfolg bei der Kultur ist die Wahl der richtigen Sorte. Rettiche sind nämlich sogenannte **Langtagpflanzen**, das heißt, je länger und wärmer die Tage sind, desto weniger gut ist die Rübenbildung, desto schneller schießen die Pflanzen in die Höhe und beginnen zu blühen. Will man also auch im Sommer oder bei der Aussaat ab etwa Mai Rettiche und Radieschen haben, muss man Sommersorten wählen, die unter Langtagbedingungen Knollen bilden.

Empfehlenswert sind Sorten wie „Cherry Belle", „Saxa Treib" (rasch reifende Frühsorte), „Topsi" (oft sehr ertragreich), „Parat" und „Riesenbutter" (auch für den Anbau im Sommer und Frühherbst gut geeignet).

Ein besonders wohlschmeckendes Rezept ist ein Salat aus geraffelten milden Rettichen und Äpfeln, je nach Geschmack mit ein wenig Zitronensaft, Öl, Salz und vielleicht etwas Honig angemacht.

Zuckererbse

Erbsen werden vom Menschen bereits seit mindestens 10.000 Jahren angebaut. Die ältesten Funde stammen aus der Jungsteinzeit und sind etwa 8.000 Jahre alt. Seither entstanden viele Kulturformen, darunter auch die **Zuckererbse,** eine bestimmte Form der **Gartenerbse** (Pisum sativum). Zuckererbsen sind bei Kindern nicht nur deshalb besonders beliebt, weil sie süßer als andere Erbsensorten schmecken, sondern auch, weil sie mitsamt der Schoten gegessen werden können.

Die attraktive Blüte der Zuckererbse (Pisum sativum) ist typisch für die Familie der Schmetterlingsblütengewächse, zu denen auch die Erbsen gehören.

Erbsen sind einjährige Pflanzen und brauchen sonnig-warme Plätze mit feinkrümeliger, nicht allzu nährstoffreicher und tiefgründiger Erde. Sie wachsen zwar in der Regel nicht viel höher als etwa 60 Zentimeter. Ihre Wurzeln verraten ihre Herkunft aus den kargen und trockenen Gebieten Kleinasiens: Am Wurzelgeflecht, das bis über einen Meter tief in den Boden reichen kann, bilden sich kleine Verdickungen, die der Pflanze helfen, auch unter ungünstigen Bedingungen zu gedeihen. Es handelt sich um Mini-Wucherungen, die durch die Symbiose der Erbsenpflanze mit einer bestimmten Art von **Knöllchenbakterien** zustande kommen. Das ermöglicht die Stickstoffaufnahme der Pflanze und damit ihr Wachstum.

Zuckererbsen werden am besten ab Mitte März ausgesät, spätestens etwa Anfang April. Empfehlenswerte Sorten sind „Delikata", „Oregon Sugar Pod" und „Zuccola".

Um den Erbsenpflanzen eine kleine **Kletterhilfe** zu geben, stecken die Kinder vor der Aussaat dünne Zweige in die vorgesehene Reihe, und zwar so, dass ein etwa 60 bis 70 Zentimeter hoher „Jägerzaun" entsteht, der es den Blattranken der Erbsen ermöglicht, sich zu verankern. Neben den Zweigen kommen die Samen im Abstand von drei bis vier Zentimetern in eine ungefähr fünf Zentimeter tiefe Rille, die anschließend zugeschüttet wird. Sollen mehrere Reihen gesät werden, sollte der Abstand zwischen den Saatreihen ungefähr 40 Zentimeter betragen. Die weitere Pflege beschränkt sich auf gelegentliches Jäten und Gießen. Ab Ende Mai kann oft schon geerntet werden.

Zur Besonderheit der Gartenerbse gehört, dass sie am besten im Frühjahr, zur Zeit der kürzeren Tage ausgesät wird, um einen möglichst großen Ertrag zu erzielen.

Bei der Tomatenpflanzung wollen alle Kinder dabei sein. Auch die Jüngeren haben schon eine klare Vorstellung von der zu erwartenden Ernte ...

Tomate

Selbst wenn nur ein Balkon zur Verfügung steht, gedeiht die **Tomate** (Solanum lycopersicum) – vorausgesetzt, der Platz ist sonnig und warm – gerade auch in großen Töpfen sehr gut. Ein gesundes Wachstum und die Bildung schmackhafter Früchte erfordern außerdem eine ausgeglichene, kontinuierliche Nährstoffversorgung. Tomaten sind sogenannte **Starkzehrer**, das heißt, sie brauchen nährstoffreiches Substrat, am besten reife Komposterde. Zudem brauchen sie vor allem an sonnigen Standorten viel Wasser, weshalb sie regelmäßig gegossen werden müssen. Die Wasseraufnahme sollte aber stets über die Wurzeln erfolgen, denn Feuchtigkeit von oben – Regen oder Gießen der ganzen Pflanze mit einer Brause – schadet ihnen, weil sich auf den feuchten Blättern leicht Pilzkrankheiten entwickeln können.

Tomaten können besonders gut in einem Mini-Gewächshaus oder unter einem Foliendach, aber auch auf einem überdachten, nach Süden oder Südwesten ausgerichteten Balkon gezogen werden. Hier kommen die selbst vorgezogenen oder gekauften Jungpflanzen in **große, tiefe Töpfe** mit möglichst nahrhafter Erde. Damit das Vernässen durch zu starkes Gießen verhindert wird, gibt man zunächst etwas Blähton oder ein anderes Drainagematerial in die Gefäße, bevor die Pflanzerde eingefüllt wird. Nach dem Einpflanzen werden die Tomaten gleich mit etwas Bast an einem Bambusstab oder einer anderen Stütze befestigt und gut angegossen. In der ersten Zeit sollte vorsichtig gegossen werden, denn die Pflanzen müssen erst das Substrat durchwurzeln. Später hängt die Gießwassermenge vor allem von der Witterung oder den Tagestemperaturen ab. Mit Kindern lässt sich die Wasserversorgung leicht sichern: Das Gießen macht ihnen Spaß, und die Aussicht auf reiche Ernte motiviert.

Wirklich schwierig ist eigentlich nur die **Sortenwahl**, denn hier gibt es eine unglaublich große Vielfalt. Es gibt sicherlich weit über 2.000 verschiedene Sorten, auch wenn viele Züchtungen nie angemeldet wurden und deshalb nie einen Namen bekamen und im Handel nur schwer zu bekommen sind. Überrascht stellt man aber fest, wie vielfältig und facettenreich, unterschiedlich in Aussehen und Aroma Tomaten sein können: flachrund, herzförmig, birnenförmig, faltig, manchmal beinahe unförmig gebuchtet und nicht nur rot, sondern auch weiß, gelb, orange, rosa, violett, grün, braun, schwarz, ja sogar gestreift oder marmoriert. Wer eine dieser Sorten selbst anbauen möchte, sollte berücksichtigen, dass sie sich auch in ihrer Wuchsform beträchtlich unterscheiden können. Während manche mehrere Meter in die Höhe schießen und am besten an einer Stütze oder einem Spalier gezogen werden, bleiben andere buschig-gedrungen oder wachsen sogar überhängend.

Dennoch sollen hier ein paar Sorten genannt werden – falls Sie Lust und Gelegenheit haben, mit Kindern einmal **Tomaten im Selbstversuch** anzubauen. Besonders empfehlenswert sind etwa „Haubners Vollendung" (rote und sehr aromatische Früchte, legendäre Liebhabersorte) und „Quedlinburger Frühe Liebe" (kleinere Früchte, rot, sehr süß). Beides sind niedrigere Buschtomaten, während „Tigerella", eine Sorte mit grün gestreiften, saftigen Früchten, bis 180 Zentimeter hoch wächst. Zu den kleinfrüchtigen Cocktailtomaten gehören die besonders süßfruchtigen Sorten „Sweet 100", „Rotkäppchen" (rosarote Früchte) und „Gelbes Birnchen" (Früchte gelb, birnenförmig und saftig-süß). Ziemlich ungewöhnlich sind violette Tomaten wie etwa die sehr schmackhafte Sorte „Sputnik".

Die Tomate ist übrigens ein **Nachtschattengewächs**. Zu dieser Familie gehören nicht nur berüchtigte Giftpflanzen wie Bittersüßer Nachtschatten und Stechapfel, sondern auch etliche andere Nutzpflanzen, deren wichtigste sicherlich die **Kartoffel** (Solanum tuberosum) ist. Auch diese Pflanze bietet sich für eine Kultur mit Kindern an (vgl. Österreicher, 2009, S. 46 ff.).

Zucchini

Die zu den Kürbisgewächsen gehörende **Zucchini** (Cucurbita pepo var. giromontiina) ist sicherlich eine der robustesten Gemüsearten, die wir kennen. Ebenso wie der Kürbis stammen auch die Zucchini vermutlich aus Zentralamerika. Mittlerweile werden diese Fruchtgemüsearten längst weltweit angebaut.

Die Herkunft der Zucchini aus den wärmeren Regionen der Erde erklärt, weshalb diese Pflanzen erst nach etwa Mitte Mai, nach den Eisheiligen, ins Freie gepflanzt werden sollen. Die Anzucht in Schalen oder Töpfen beginnt dementsprechend am besten ungefähr Anfang April, wobei die optimale Keimtemperatur bei 15–20 °C liegt.

Da Zucchinipflanzen einen **großen Nährstoffhunger** haben, können sie sogar direkt auf einen halb verrotteten Kompost gepflanzt werden. In jedem Fall bevorzugen sie aber eine gute Gartenerde und eine möglichst sonnige Lage. Da sich an jeder Pflanze bald mehrere, rasch größer werdende

Neben den grünfrüchtigen Sorten gibt es auch Zucchini-Züchtungen mit gelben Früchten.

Früchte bilden, genügt im Garten nicht selten bereits eine einzige Pflanze. Interessante Sorten sind beispielsweise „Cocozelle von Tripolis“ (lange, grün gestreifte Frucht), „Black Beauty“ (dunkelgrüne Frucht) und „Gold Rush“ (goldgelbe Frucht).

➲ ***Zur Vertiefung dieses Themas finden Sie im Arbeitsheft eine Reihe von Aufgaben.***

Erdbeere

Für **Obst** interessieren sich Kinder natürlich noch mehr als für Gemüse oder Gewürzpflanzen, auch wenn die Saison für frische Erdbeeren, Himbeeren oder Kirschen jeweils nur wenige Wochen lang ist. Umso besser ist es, wenn auf dem Außengelände von Kinderkrippe, Kindergarten oder Hort auch solche Pflanzen wachsen (vgl. Kapitel 7, S. 241 ff.).

Die Samen der Walderdbeere (Fragaria vesca) werden auch durch Ameisen verbreitet, sodass ein günstiger Platz bald dicht bewachsen ist.

Von allen Obstarten werden **Erdbeeren** (Fragaria x ananassa, Fragaria vesca) von Kindern besonders geschätzt: großfrüchtige, einmal tragende Sorten ebenso wie Monats- und Walderdbeeren. In einem Garten für Kinder sollte dieses Obst nicht fehlen.

Am einfachsten hat man es mit der Wildart, den Walderdbeeren. Sie sind relativ anspruchslos, brauchen nur einen durchlässigen und sonnenwarmen Boden, bieten aber wegen ihrer sehr kleinen Früchte keinen allzu großen Ertrag. Auch wenn Kinder immer wieder gerne nach diesen kleinen, besonders aromatischen Früchten suchen, scheint es doch sinnvoll, daneben auch andere, großfruchtige Sorten zu kultivieren.

Besonders attraktiv lassen sich (kleinfruchtige) Monatserdbeeren in Tongefäßen mit seitlichen Öffnungen kultivieren. Diese „Erdbeertöpfe“ kann man gut auf Terrassen oder in ein sonnig gelegenes Pflanzbeet stellen. Die Sorte „Rügen Selecta“ ist dafür besonders gut geeignet.

Himbeere

Auch die Himbeere, Rubus idaeus, wird in verschiedenen Sorten kultiviert.

Eine andere Obstart, die Kindern beinahe ebenso viel bedeutet, ist die **Himbeere** (Rubus idaeus). Sie sollte viel öfter als üblich gepflanzt werden, und wenn man dabei einige Dinge beachtet, ist das auch nicht schwierig. Himbeeren sind selbstfruchtbar, doch steigt der Ertrag bei Fremdbefruchtung deutlich. Deshalb sollten auch verschiedene Sorten gepflanzt werden. Typische Wildstandorte der Pflanze sind Waldlichtungen und sonnige Gebüschränder. Auch wenn Himbeeren nicht sehr viel Wärme brauchen, ist eine gewisse Besonnung zur Fruchtreife wichtig und spielt für den Zuckergehalt

der Früchte eine Rolle. Entscheidend sind auch eine regelmäßige Wasserversorgung in der Zeit vom Austrieb bis nach der Ernte sowie eine windgeschützte Lage.

Der Boden für eine Himbeerpflanzung sollte tiefgründig, feucht-humos, schwach sauer (pH 6) und nährstoffreich sein: vergleichbar einem guten Mischwaldboden. Gepflanzt wird im Herbst (bis Ende Oktober) oder im Frühjahr. Der Pflanzabstand sollte wegen der notwendigen Sonneneinstrahlung 50 Zentimeter in der Reihe sowie mindestens 150 Zentimeter Reihenabstand betragen. Zur Befestigung der Ruten sind zwei Spanndrähte in 100 und in 150 Zentimeter Höhe sinnvoll: Die Triebe werden hier locker angebunden. Der Pflanzschnitt erfordert bei den Wurzeln einen nur leichten, bei den Ruten einen starken Rückschnitt.

Im ersten Standjahr treibt die Himbeere grüne, stark beblätterte Ruten, die blattlos den Winter überdauern, im zweiten Jahr Seitentriebe bilden, an denen die Pflanze nun auch Blüten und Früchte hervorbringt. Diese Triebe sind nach der Ernte knapp über dem Boden abzuschneiden und zu entfernen; die Pflanze erneuert sich jahrelang aus dem Wurzelstock, wobei bei starkem Wuchs darauf zu achten ist, dass auch unter den jungen Trieben ausgelichtet wird: Pro Quadratmeter sollten nach dem Schnitt nur etwa acht bis zwölf Neutriebe stehen bleiben. Nach dem Schnitt erfolgt die Jahresdüngung mit reifem Kompost oder altem (!) Mist und von Zeit zu Zeit mit Hornspänen. Dabei werden die Pflanzen leicht angehäufelt.

Bei richtiger Standortwahl und Pflege lässt sich die Himbeere leicht kultivieren. Dennoch treten hin und wieder bestimmte Krankheiten und Schädlinge auf, die allerdings meist gut zu bekämpfen sind oder ohnehin keinen nennenswerten Schaden verursachen. In einschlägigen Büchern werden solche Fragen zur Kultur von Himbeere und anderen Obstarten ausführlich behandelt, wobei vor allem die Frage nach dem richtigen Schnitt von Obstgehölzen eine besonders wichtige Rolle spielt. Empfehlenswert sind hier beispielsweise „Obst aus dem eigenen Garten“ (Stangl, 2000), „Der Obstgarten“ (Keppel u. a., 2005) und „Obstbaumschnitt in Bildern“ (Riess, 2012).

Johannisbeere

Kinder mögen vor allem die **Rote Johannisbeere** (Ribes rubrum). Aber auch andere Arten und Sorten können interessant sein. Wer in seinem Garten mit diesem Beerenobst bereits Erfahrungen sammeln konnte, weiß, dass die größte Schwierigkeit meist darin liegt, die Kinder davon abzuhalten, die Früchte nicht bereits im grünen Zustand abzuernten ... (vgl. Kapitel 7.3, S. 243).

Aufgaben:

Ein für Kinder ebenfalls interessantes und wertvolles Obst stellen die Johannisbeeren dar. Erstellen Sie dazu mithilfe der Angaben in einem oder mehreren Gartenbüchern eine „Kulturanleitung“ in Stichworten, wobei Sie auf folgende Fragen eingehen sollten:

1. Welche Sorte/-n Johannisbeere sollte/-n bei einer Neuanlage gepflanzt werden? In welcher Stückzahl und in welchem Abstand?
2. Wie und wann sind Johannisbeeren zu wässern und zu düngen?
3. Worauf ist beim Schnitt dieser Obstgehölze zu achten? Wann sollte geschnitten werden?

6.4 Von Bäumen und Sträuchern

In der Umweltpädagogik spielen **Bäume** schon immer eine besonders prominente Rolle: An ihnen werden beispielhaft Fragen des Lebensraumes, von Nahrungsbeziehungen bis hin zu Fragen der Landschaftsgestaltung und Klimakunde erörtert. Das hat seinen Grund nicht bloß darin, dass ein Baum tatsächlich alle diese Anknüpfungspunkte bietet, sondern vielleicht mehr noch darin, dass Bäume – und erst recht Wälder – für unsere gesamte Kultur einschließlich verschiedener psychischer Komponenten eine herausragende Bedeutung haben.

➲ ***Zur Vertiefung dieses Themas finden Sie im Arbeitsheft eine Reihe von Aufgaben.***

Der Zugang von Kindern zu Bäumen ist zudem häufig in besonderer Weise vom Erlebnis der Größenunterschiede geprägt: Ein (großer) Baum ist etwas Mächtiges, Ehrfurcht Gebietendes und manchmal beinahe Unheimliches. Vor allem alte, ausladend gewachsene Bäume vermitteln aber nicht nur Kindern meist etwas Schützendes, Beruhigendes, wie es auch in zahlreichen Märchen, Erzählungen, Gedichten oder Liedern immer wieder festgehalten wurde.

Der Pädagoge Helmut Schreier erinnert an den Unterschied zwischen einem „naturbezogenen Wissen, das auf der enzyklopädieartigen Sammlung von Daten beruht" und einem „naturbezogenen Wissen, das aus Geschichten hervorgeht" (Schreier, 2009, S. 16). Er ist überzeugt davon, dass wir unseren Kindern die Phänomene der Natur vor allem erzählend nahebringen sollten:

In einer Zeit, in der die Suche nach letztgültigen Wahrheiten über das menschliche Verhältnis zur Natur in die Konstruktion abstrakter Gedankengebäude einmündet, ist es angebracht, an den überlieferten Reichtum des Umgangs mit der Natur zu erinnern. (...) Der narrative Zugang enthält einen Reichtum von Mustern und Metaphern, in deren Vieldeutigkeit auch die Formen enthalten sein können, die unser künftiges Naturverhältnis als Möglichkeit eines angemesseneren Umgangs bestimmen werden.

(Schreier, 2009, S. 40)

Von dieser inneren Beziehung zu Bäumen ausgehend zielt die Umweltpädagogik gerade auch bei Kindern auf die Vermittlung und Verstärkung eines Wertempfindens, wenn beispielsweise eine innere Parallele zwischen Baum und Mensch gesucht wird. Almut Reidelhuber schlägt dazu eine spielerische Veranschaulichung vor, die aufgrund ihrer rhythmischen Strukturierung Kindern besonders entspricht:

Jedes Kind stellt sich vor, es wäre ein Baum. Mit leicht ausgestellten Beinen steht es fest auf dem Boden und fühlt, dass seine Wurzeln tief in der Erde stecken. Die Arme (nach oben gereckt) stellen die Äste dar.

Der Baum steht ruhig und lässt seine Blätter von der Sonne bescheinen (die Handflächen nach oben hin öffnen). Da kommt eine leichte Brise auf (musikalische Untermalung), die Blätter (Fingerspitzen) bewegen sich. Die Brise wird stärker und stärker (die Arme schwingen erst sanft, dann immer weiter ausholend hin und her). Der Wind steigert sich zum Sturm (der Oberkörper schwingt mit).

Es ist nicht immer ganz leicht, einen Baum wiederzufinden, den man zuvor nur mit verbundenen Augen hatte abtasten können ...

Nach einer letzten heftigen Bö legt sich der Sturm und es beginnt zu regnen. Der Baum steht ruhig da und lässt die Regentropfen an sich herabrinnen (die Arme hängen schlaff am Körper, der Kopf neigt sich nach unten). Der Baum spürt, wie seine Wurzeln die Feuchtigkeit aufnehmen und wie sie bis in seine Krone hinaufsteigt (den Kopf aufrichten). Er fühlt sich in dem warmen Regen ausgesprochen wohl. Allmählich wird der Regen schwächer, die Wolken verziehen sich, die Sonne kommt wieder zum Vorschein und trocknet die Blätter.

Nach der Einstimmung können sich die Kinder selbst ausdenken, was sie als Baum erleben können, und die Erlebnisse mit Musikinstrumenten untermalen.

(Reidelhuber, 2000, S. 100)

Dieser Vorschlag bezieht sich zwar auf Kinder im Alter von drei bis zehn Jahren, er wird aber meist nur in Kindergärten umgesetzt und in der Grundschule ohnehin meist rasch und zunehmend stärker werdend von rein kognitiven Inhalten verdrängt: Der Lehrstoff basiert in der Regel beinahe ausschließlich auf abstrakten Begriffen und Abläufen, die gemerkt und geprüft werden sollen: „Wenig von dem Wenigen bleibt übrig" (Czisch, 2007, S. 151).

Allzu oft wird übersehen, wie wichtig gerade für die Umweltpädagogik emotional berührende Situationen sind, die ohne Zeit- und Leistungsdruck erlebt werden können. Fee Czisch (2007, S. 152–154) beschreibt das Erleben eines Baumes am Beispiel eines Besuchs, den sie mit ihrer Klasse in einem Kirschgarten macht:

Vor dem Kirschbaum oder unter ihm liegend, schauen sie sich seinen Stamm mit Rinde, Ästen, Zweigen und Blättern genau an, zeichnen ihn ab; das Gesumme und Gebrumme aller möglichen Insekten und Bienen hören sie während des ganzen Ausflugs, mal bewusst, meistens aber unbewusst, als Begleitmusik. Sie sehen die Bienen in die Blüten eintauchen und beladen davonfliegen – und wir bemerken, dass sie zu beschäftigt sind, um uns etwas anzutun. Hier zählen wir Menschen überhaupt nicht. Das Vogelgezwitscher um uns herum nehmen wir bewusst kaum wahr, aber es trägt zum Wohlgefühl bei, das uns erfüllt (...).

Die Autorin resümiert, was ein solcher Ausflug mit sich bringe:

(...) eine Fülle von Informationen, sinnlich, emotional, sachlich, gemeinschaftlich; reichhaltig die eingefahrene Ernte. Sinnliche Wahrnehmung ist kein Luxus, unser Gehirn wartet auf Signale der Sinne „von draußen", Vorfreude und Spaß versetzen das komplexe System in höchste Bereitschaft.

Baum oder Gehölz?

Ein Gespräch mit Kindern über Bäume, ihr Wachstum und ihre Größe führt nicht selten zu Fragen wie, warum ein Baum so groß werden kann, was einen Baum von einem Strauch unterscheidet und was – wenn das Wort fällt – eigentlich ein *Gehölz* ist.

Die Entscheidung zwischen Baum und Strauch fällt in einem Auwald vielleicht besonders schwer: Hier gibt es zudem zahlreiche Kletterpflanzen wie Baumwürger, Waldrebe oder Efeu, die ebenfalls verholzen.

Die Frage, ob eine bestimmte Pflanze als **Strauch oder Baum** anzusehen ist, lässt sich nicht immer schnell und eindeutig beantworten. Während etwa Fichten, Eichen oder auch Pflaumenbäume als *Bäume* gesehen werden, wird es beim Feldahorn oder der Eibe etwas unklar: Ein Feldahorn besitzt in seinem Wuchs eine große Variabilität, d. h., er kann sowohl strauchig (zahlreiche Verzweigungen von der Basis an) als auch baumartig (ein oder nur wenige Haupttriebe als „Stamm" oder „Stämme") wachsen. Hinzu kommt, dass manche *Gehölze* durch entsprechende Schnittmaßnahmen auch zu einer bestimmten Form gebracht (*erzogen*) werden: Hainbuchen oder Feldahorne, die als Hecke gepflanzt werden, erfüllen diese Aufgabe nur bei regelmäßigem Schnitt, der das Höhenwachstum begrenzt und sie zu einem mehr oder weniger dichten, strauchigen Wachstum zwingt.

Dennoch kann Folgendes zur prinzipiellen Orientierung dienen:

- Ein **Baum** entwickelt sich durch ein Verzweigungssystem, das sich an der Spitze eines *Haupttriebes* befindet, und lässt sich in Wurzel, Stamm und Krone gliedern.
- Ein **Strauch** verzweigt sich aus Seitenknospen, die unter der Erdoberfläche oder relativ knapp darüberliegen. Außerdem sind Sträucher meist kleiner als Bäume.

Der Begriff **Gehölz** ist im Vergleich dazu relativ eindeutig: Er verweist auf den Holzstoff *Lignin*, der beim Dicken- oder Breitenwachstum solcher Pflanzen in bestimmten Zellen angereichert wird und – nach dem Absterben dieser Zellen – für die Zähigkeit und Festigkeit des Stammes und seiner Verzweigungen sorgt.

Neben den emotionalen und botanisch-systematischen Zugängen sollte auch der eher „technische" Ansatz zum Kennenlernen von Bäumen nicht außer Acht bleiben: Kinder setzen sich auch sehr gerne mit Methoden zur Bestimmung von Umfang, Höhe oder Alter eines Baumes auseinander (vgl. Kapitel 3, S. 91 und Kapitel 5, S. 157).

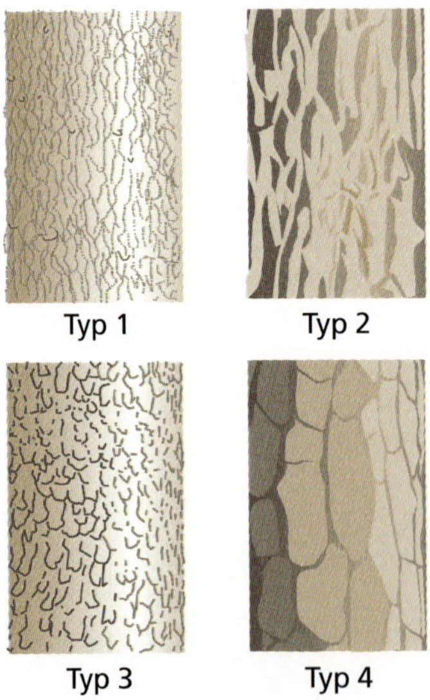

Rindenstrukturen (Auswahl)

Wie bereits angesprochen (vgl. Kapitel 5, S. 177) stellt der Vergleich der **Rinden** (*Borken*) verschiedener Bäume eine besonders interessante Methode dar, wenn auch hinzugefügt werden soll, dass das – ähnlich wie beim Vergleich von Knospen im Winter – mitunter nicht einfach ist. Kinder schrecken solche Schwierigkeiten aber nicht ab, im Gegenteil: Einmal aufmerksam geworden auf die Vielfalt und Schönheit von Baumrinden, entwickelt sich bei manchen von ihnen rasch eine Leidenschaft für diese ganz besondere Untersuchungsmethode. Hilfreich kann dabei die Unterscheidung wichtiger Rindentypen nach gut erkennbaren Strukturmerkmalen sein:

- Typ 1: Rot- oder Waldbuche, Fagus sylvatica
- Typ 2: Gemeine Esche, Fraxinus excelsior
- Typ 3: Fichte, Picea abies
- Typ 4: Waldkiefer, Pinus sylvestris

Im Übrigen bieten solche Strukturen Kindern auch hervorragende Anregungen für eigenes Zeichnen, Malen, Gestalten und bilden eine Brücke zwischen rein naturkundlichen und künstlerischen Perspektiven.

➲ ***Zur Vertiefung dieses Themas finden Sie im Arbeitsheft eine Projektanregung.***

Die ausgezeichnete Möglichkeit, vom „Baum" und „Wald" ausgehend, Kinder an zahlreiche unterschiedliche Themen und Inhalte heranzuführen, wird u. a. von Almut Reidelhuber mit vielen Beispielen belegt:

> Wald ist in der Praxis ein unerschöpfliches Thema. Nicht umsonst findet die Idee der Waldkindergärten mehr und mehr Anhänger, die sich jeden Tag, bei jeder Witterung im Wald aufhalten. (...) Zum Beispiel kann sich aus einem Waldprojekt ein Projekt rund um's Holz oder rund um's Papier entwickeln. Oder regionale Besonderheiten bieten an, den Wald als unersetzliche Basis der örtlichen Trinkwasserversorgung zu betrachten. (...) Die Kinder erleben, dass ein Wald mehr als eine Ansammlung von Bäumen ist.
>
> *(Reidelhuber, 2000, S. 92)*

Mehr zu ökologischen Fragen und zur Entwicklung von Wäldern finden Sie in Kapitel 11.

Wenn irgend möglich und verantwortbar, sollten Kinder auf Bäume klettern dürfen. Selbst dort, wo dieses Klettern durch bestimmte Regeln etwas begrenzt wird, verliert es seinen Reiz nie ganz.

Lebensraum Hecke

Eine Hecke kann weit mehr sein als bloß eine *grüne Grenze*. Vor allem Hecken aus heimischen Wildsträuchern bilden unter ökologischen Gesichtspunkten einen oft besonders reichhaltigen Lebensraum (Biotop, vgl. Kapitel 5, S. 161 ff.). Geht man davon aus, dass Grenzbereiche wie etwa ein Waldrand als Übergangszonen stets Aufenthalts- und/oder Bewegungsraum für Organismen beider Seiten darstellen, so erklärt das auch die große Artenvielfalt an Pflanzen und Tieren, die in und an Hecken anzutreffen sind (vgl. Kapitel 9). Eine Hecke aus Wildsträuchern kann sogar als **doppelter Waldrand** gesehen werden, denn bereits ein aus unterschiedlich hohen Sträuchern abgestufter *Waldmantel* weist – von der freien Feldflur aus betrachtet – die Struktur einer Hecke auf:

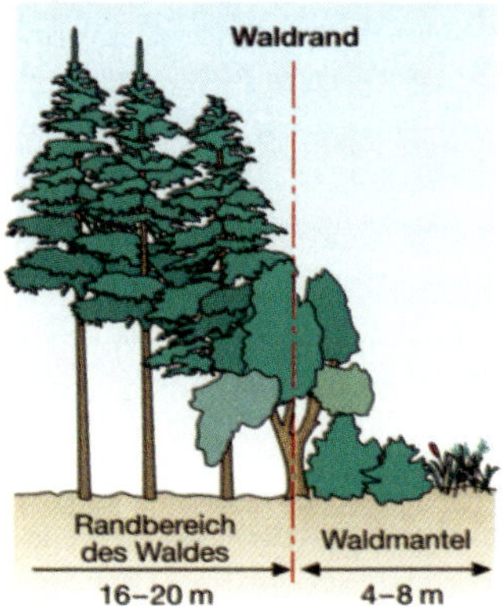

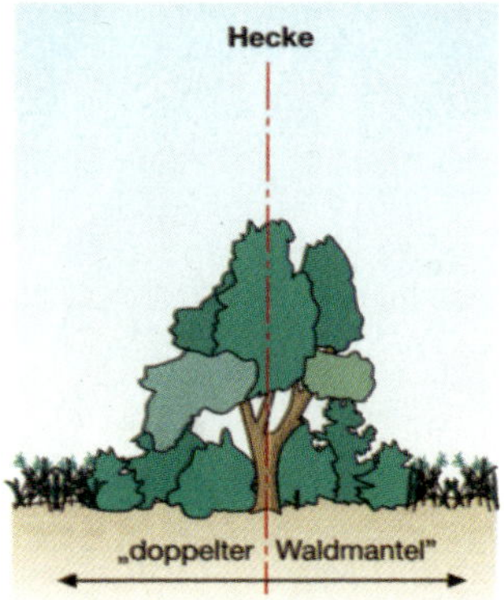

Eine kleine Auswahl an **Sträuchern**, wie sie nicht nur an vielen Waldrändern, sondern auch in angepflanzten oder wild wachsenden Hecken zu finden sind – nicht selten Arten, deren Früchte auch für uns Menschen essbar oder wenigstens ungiftig sind – ist im Folgenden zusammengestellt:

Die Früchte des Sanddorns, Hippophae rhamnoides, schmecken sehr aromatisch und besitzen einen außerordentlich hohen Vitamin-C-Gehalt. Allerdings ist die Ernte etwas mühsam.

Die Früchte der Felsenbirne, Amelanchier lamarckii, schmecken mehlig-süß und sind vor allem eine wichtige Nahrungsquelle für Vögel.

- Berberitze, Berberis thunbergii u. a. Arten: Kleinstrauch bis ca. 150 cm, gelblich rote Blüte, rote Früchte, essbar
- Essbare Ölweide, Elaeagnus multiflora: bis ca. 300 cm hoher Strauch, dunkelgrün-silbriges Laub, Blüte auffällig gelb und süß duftend, Früchte rötlich, essbar (würzig-saftig)
- Faulbaum, Rhamnus frangula: meist um 200 bis 300 cm hoch, locker verzweigt, Früchte erbsengroß, grün-rot-schwarz, für uns schwach giftig (Durchfall!), aber wichtige Vogelfutterpflanze
- Feldahorn, Acer campestre: strauchig oder als kleiner Baum bis ca. 10 m Höhe, sehr gut schnittverträglich und beim Austrieb dort dann quirlförmige Verzweigungen bildend, die Vögeln besonders gute Nistmöglichkeiten bieten
- Felsenbirne, Amelanchier laevis: bis ca. 300 cm Höhe; weißlich rosa Blüte im April, purpurschwarze Früchte, essbar
- Goldbeere, Ribes aureum: 150 bis 200 cm hoch werdend, gelbe Blüten ab April (süß duftend), erbsengroße, braun-schwarze Früchte, essbar (herb)
- Holunder, Sambucus nigra: mehrstämmig bis 500 cm hoch, gut schnittverträglich, Blüte Juni bis Juli nach etwa vier Jahren, Früchte ab Juli, roh nur kleine Mengen essbar (Durchfall!)
- Kornelkirsche, Cornus mas: Großstrauch bis 600 cm hoch werdend; anfangs langsam, später rascher wachsend, Blüte gelb März/April, Früchte rot, essbar
- Purpur-Haselnuss, Corylus maxima: dicht verzweigter, starkwüchsiger Strauch, sehr schnittverträglich, Blüte März/April, wertvoller Fruchtstrauch
- Purpur- oder Korbweide, Salix purpurea: dichtbuschig, wenig verzweigt, bis ca. 300 cm hoch; verträgt über Jahre hinweg jährlichen Totalschnitt bis auf wenige Augen (!)
- Sanddorn, Hippophae rhamnoides und einige großfruchtige Sorten: starker, aufrechter Wuchs (ohne Schnitt bis 500 cm!); Achtung: *zweihäusig*, deshalb bei Neupflanzung stets weibliche *und* männliche Pflanzen setzen

- Schlehe, Prunus spinosa: selten bis 400 cm, meist kleinwüchsiger; Blüte reinweiß im März/April, Früchte dunkelblau, essbar (nach dem ersten Frost erst weich und süß)
- Schwarzgrüner Liguster, Ligustrum vulgare: bis 300 cm hoch, in geschützter Lage fast immergrün; weiße duftende Blüte ab Juni; Früchte blauschwarz, schwach giftig wichtiges Vogelnährgehölz
- Steinweichsel, Prunus mahaleb: kleiner Baum oder Strauch bis maximal 700 cm; Blüte weiß im April/Mai; Früchte bläulich schwarz etwa im September, essbar
- Zierquitte, Chaenomeles-Hybriden (zahlreiche Sorten): aufrechter Wuchs bis 200 cm, Blüte April reinweiß; Früchte gelb, stark duftend, ab August, essbar

> **Benjeshecke** = künstlich angelegte Hecke aus Totholz, z. B. Abfällen von Schnittmaßnahmen an Bäumen und Sträuchern. Dieses Material wird wallartig aufgeschichtet und dazwischen höchstens einzelne Sträucher und Bäume gepflanzt. Die langsam verrottenden Äste und Zweige locken zahlreiche Vögel und Kleinsäuger an, die ihrerseits wiederum zur Ansiedelung weiterer Gehölze und Stauden beitragen. Damit entsteht eine artenreiche Struktur mit möglichst geringem Aufwand, mit der vor allem eintönige Ackerfluren (wieder) gegliedert und ökologisch aufgewertet werden.

Hecken sind für Kinder in erster Linie aus Gründen des Raumerlebens wichtig – ob als einzelnes Gebüsch in einer Rasenfläche oder als Hecke an der Gartengrenze. Diese Funktion von Heckengehölzen spielt insbesondere für die Gestaltung und Nutzung von Außenanlagen an Kindergärten oder auf Spielplätzen für Kinder eine große Rolle und wird im folgenden Kapitel näher beleuchtet.

Literaturtipps

- Burnie, David: Bäume. Die größten Lebewesen der Erde. Artenvielfalt, Entwicklung, Nutzen, übers. v. Armin Kyrieleis, Hildesheim: Gerstenberg, 2005 – Lebendig und anschaulich werden Bäume aus unterschiedlichen Perspektiven vorgestellt: in ihren Wachstumsprozessen, als Lebensraum für andere Organismen bis hin zu Fragen der Holzwirtschaft.
- Czisch, Fee: Kinder können mehr. Anders lernen in der Grundschule, München: Kunstmann, 2007 – Kenntnisreiche, engagierte und ermutigende Auseinandersetzung mit dem zentralen Anliegen von Pädagogik: Kinder bei *ihrer* Entwicklung bestmöglich zu unterstützen.
- Heynitz, Krafft von: Kompost im Garten, Stuttgart: Eugen Ulmer, 2000 – Trotz vieler biologischer Detailinformationen eine übersichtliche, leicht lesbare und praxisnahe Darstellung der Kompostierung nach verschiedenen Methoden.
- Kreuter, Marie-Luise: Der Bio-Garten, München: BLV, 2012 – Der Klassiker unter den Büchern über den biologischen Gartenbau, in dem alle Bereiche des Gärtnerns angesprochen sind. Mit vielen hervorragenden Tipps zu speziellen Fragen bis hin zu Sortenempfehlungen und einem ausführlichen Bezugsquellenverzeichnis.
- Stangl, Martin: Obst aus dem eigenen Garten. Pflanzung, Pflege, Ernte. Baum-, Strauch- und Beerenobst, München: BLV, 2000 – Eine umfassende und sehr kompetente Einführung in alle wichtigen Aspekte des Obstbaus.

7 Gartengestaltung – für und mit Kindern

Was macht einen Garten für Kinder interessant?

Was finden Erwachsene an einem Garten anziehend?

Worin liegt der Reiz von Barockgärten?

Kennen Sie *ungeschriebene Regeln*, die einen Garten bestimmen?

Nach welchen Kriterien werden Hausgärten gestaltet?

Was bestimmt die Gestaltung eines speziellen Gartengeländes für Kinder?

Was ist besser: *Naturgarten* oder *Kulturgarten*?

Welche Bedeutung haben Höhenunterschiede im Garten?

Sollten Tiere im Garten leben? Welche? Wie viele? Wozu?

Wann erleben wir einen Garten als *steril*?

Und wie steht es mit der Übersichtlichkeit, Ordnung und Pflege?

Naturnah und *kindgerecht* – ist das ein Gegensatz oder eine sinnvolle Kombination?

Was machen Kinder aus einem Garten?

Sammlung sonderbarer Objekte

Nr. 7

Was löst die Betrachtung in Ihnen aus? Erinnerungen, Vermutungen, Wiedererkennen?

Was könnte das sein?

Welche Bedeutung, welchen Nutzen könnte es haben?

(Auflösung im Anhang, S. 430)

Ein Garten für Kinder ist kein Garten.
Er ist Treffpunkt, Zwischenlager, Werkstatt und Labor.
Zum Spielen, wie es heißt.

Die Planung und Gestaltung von Außenanlagen an Kinderkrippen, Kindergärten oder Horten werden kurz gefasst meist als *Gartengestaltung* bezeichnet. Darin stecken nicht nur der Anspruch und die Aufgabe, ein bestimmtes Gelände planerisch zu erfassen und nach bestimmten Erfordernissen und Wünschen zu verändern, sondern unüberhörbar geht es dabei auch um den *Garten*, einen abgegrenzten Raum im Freien, der in Tausenden von Jahren vielfältige Wandlungen und Entwicklungen erlebt hat.

Demgegenüber steht die sehr junge Tradition, die Idee des umfriedeten Areals zum Schutz von Pflanzen, ihrer Kultivierung und Präsentation auf Kinder zu übertragen: Zäune oder Mauern umgeben in Kinder*gärten* oder im Außenbereich von Schulen ein Gartengelände, dessen Erscheinungsbild neben einer entsprechenden Bepflanzung vor allem von speziellen Spielgeräten bestimmt wird.

Der *Garten* als alte, kulturgeschichtlich bedeutsame Einrichtung steht also einer Auffassung gegenüber, in der die Kultivierung und Pflege von Pflanzen durchaus nicht an erster Stelle steht, im Gegenteil: In einem **Garten für Kinder** sind andere Prioritäten zu setzen. Auch wenn Pflanzen und Pflanzenwachstum dabei immer wieder eine wichtige Rolle spielen sollen, so stehen doch zahlreiche pädagogisch und entwicklungspsychologisch motivierte Aspekte zweifellos im Vordergrund, und zwar grundsätzlich und zu jeder Zeit.

Aufgaben:

Das eigene Verständnis von *Garten* und *Gartenkultur* prägt unbewusst in ganz erheblichem Maß auch den persönlichen Zugang zu einem *Garten für Kinder*. Versuchen Sie deshalb, sich mithilfe der folgenden Fragen Ihr eigenes inneres Gartenbild zu vergegenwärtigen und auf die Gestaltung eines kindgerechten Gartens zu beziehen:

1. Wie sieht ein Garten aus, den Sie als besonders schön erleben? Beschreiben Sie seine Bestandteile, seine Gestaltung und Wirkung.
2. Welche Möglichkeiten und *Angebote* bietet Ihr „Traumgarten“:
   a. Raum für Entspannung und Erholung?
   b. Raum für soziale Kontakte (Begegnungen aller Art, geselliges Beisammensein)?
   c. (Immer wieder) neu gestalten und umgestalten können?
   d. Anbau von Nutzpflanzen und Gewinnung von Essbarem?
   e. Veränderungen und Entwicklungen beobachten und begleiten können?
   f. Oder ...?
3. Kinder und Erwachsene erleben (und nutzen) einen Garten häufig sehr unterschiedlich. Worin liegen hier für Sie die größten Unterschiede?
4. Wenn Sie einen Garten oder einen bestimmten Teil eines Gartens kennen, der für Kinder besonders attraktiv ist: Gefällt *Ihnen persönlich* dieses Areal ebenfalls? Warum? Warum nicht?

Es wäre sicherlich übertrieben, wenn man die Unterschiede zwischen den Gartenvorlieben und -interessen von Erwachsenen und denen von Kindern als unüberbrückbaren Gegensatz hinstellen wollte. Wichtig erscheint aber, die immer wieder deutlich erkennbaren

Unterschiede nicht zu ignorieren, sondern sie vielmehr offenzulegen und sich vor allem in der pädagogischen Arbeit selbst darüber im Klaren zu sein, wie mit diesen Differenzen am besten umzugehen ist. Um diese Balance zu finden, hilft es, sich nicht nur mit den Erfahrungen aus der Praxis einer **Gartengestaltung für Kinder** zu befassen, sondern wenigstens in Umrissen auch ein wenig von den traditionellen Gartenbildern unserer Kultur zu wissen. Diese Bilder prägen nämlich – ob wir es wollen oder nicht – auch jede Planung, Gestaltung und Pflege eines Gartens für Kinder.

Neben einer Gegenüberstellung einzelner Aspekte von *Gartenkultur* und *Gartengestaltung für Kinder* bestimmen vor allem zwei in der Praxis besonders wichtige Themen dieses Kapitel: zum einen Vorschläge zu Bauweise und Nutzung von Spielhäusern, Hütten u. Ä. als Rückzugsräume für Kinder, die in keinem entsprechenden Gartengelände fehlen sollten, und zum anderen die Charakteristik eines kindgerechten Gartens als Arbeits- und Betätigungsbereich, Baustelle und Werkstatt:

7.1 Gartenbilder – Gartentradition und ihre nachhaltigen Einflüsse

7.2 Kinder lieben andere Gärten: Räume und Raumgestaltung

7.3 Wechselwirkungen: zur Bedeutung eines kindgerechten Gartens im pädagogischen Alltag

Insbesondere der Bezug auf Traditionen der Gartenkultur und Gartenarchitektur kann trotz seiner indirekten Bedeutung für unser Thema nur über wenige, ausgewählte Stichworte erfolgen. Wer sich näher dafür interessiert, findet eine Vielzahl spezieller Literatur. Die Darstellung einer Gartengestaltung, die entwicklungspsychologischen und umweltpädagogischen Zielen verpflichtet ist, nimmt demgegenüber wesentlich mehr Raum ein. Dennoch können auch hier bestimmte Punkte nur angerissen werden, und die einzelnen Beispiele verstehen sich wesentlich auch als Anregung für eigene Vorhaben und Projekte für und mit Kindern.

7.1 Gartenbilder – Gartentradition und ihre nachhaltigen Einflüsse

Ornamente und Symbole

Schon seit frühesten Zeiten besitzt der Garten neben allem Nutzwert auch Symbolcharakter. Für die alten **Ägypter** war die Gartengestaltung selbst sogar eine religiöse Handlung: Ihre Gartenbaumeister verstanden es, die unfruchtbare Wüste zu begrünen und ihr vor allem durch die Erfindungen in der Bewässerungstechnik Nahrung abzugewinnen. Einzelne Pflanzen wie Lotosblume oder Myrte waren Symbole bestimmter Gottheiten.

Bei den **Sumerern**, **Assyrern**, **Babyloniern** und **Persern** standen hingegen große waldreiche Parks für Jagdzwecke am Anfang der Gartengeschichte. Aber sie entwickelten auch eine besondere Form von Terrassengärten, die uns mit dem Begriff der „Hängenden Gärten der Semiramis" – für die Griechen der Antike eines der sieben Weltwunder – bis heute überliefert sind.

Die **Griechen** selbst entwickelten vor allem auf dem Festland und ausgehend von einer ganz anderen, vordemokratischen Gesellschaftsstruktur einen neuen, eigenen Stil, der zum Vorläufer späterer *Volksgärten* wurde: Grünanlagen, in denen Wettkämpfe stattfanden und Platz war für Statuen und andere Elemente der bildenden Kunst.

Der klassische **römische Garten** wiederum war stark von einer bäuerlichen Struktur geprägt: Auch die wohlhabenden Patrizier besaßen neben ihren Stadthäusern meist zusätzlich Landsitze (Villen), und ihre Gärten waren nicht nur eng mit der Architektur ihrer Häuser verbunden, sondern beherbergten insbesondere zahlreiche Nutzpflanzen.

Aus diesen recht unterschiedlichen Quellen speist sich hauptsächlich die Entwicklung der formalen Gartengestaltung in Europa, und wie man sieht, lagen die Zentren ihrer Entwicklung in den Ländern des Vorderen Orients und am Mittelmeer.

Für unsere Breiten lassen sich erst im Mittelalter Zeugnisse einer planmäßigen Gestaltung von Gärten finden. Es waren die **Klöster**, in denen nicht nur eine zunehmende Zahl an Gemüse-, Obst- und Heilpflanzen kultiviert wurde, sondern auch die formale Gestaltung der Pflanzbeete wichtig wurde. Entscheidend waren hier die Benediktinermönche, die im 8. und 9. Jahrhundert aus Italien kamen und wesentliche Impulse für den Garten- und Obstbau gaben (vgl. Kapitel 6, S. 187 ff.).

Den stärksten Einfluss auf die Entwicklung der mittelalterlichen Gartenkultur hatten aber die **Mauren**, ein muslimisches Volk arabischer und berberischer Herkunft, das fast 800 Jahre lang große Teile der iberischen Halbinsel besiedelte. Die Mauren hinterließen nach ihrer Vertreibung aus Europa dem Land eine faszinierende, blühende Gartenkultur, in der vor allem Wasser stets eine Hauptrolle spielt: als Symbol für ein paradiesisches Glück und Leben spendendes Element im Diesseits.

Gartentraditionen und Wunschgärten

In der **Renaissance** (16. Jahrhundert) kam es zu einer grundlegenden Veränderung der Gartengestaltung: Das Einzelne bildete ein harmonisches Ganzes, der Garten insgesamt sollte auf den Menschen ausgerichtet sein. Dazu gehörte eine klare Ordnung, die jeder Pflanze ihren Platz zuwies und die Anlage nach vorgeschriebenen Blick- und Bewegungsrichtungen gliederte. Überall entstanden nun solche „italienische Gärten“, die teilweise bis heute erhalten sind und gepflegt werden. Ihre Kennzeichen sind häufig Grotten und Wasserspiele, Rosenbeete und wohlgestaltete Sitzplätze.

Im **Barock** (17./18. Jahrhundert), insbesondere unter dem Einfluss des Absolutismus, wurde die Übersichtlichkeit des Renaissance-Gartens einerseits zugunsten einer enormen Vergrößerung und Erweiterung infrage gestellt, andererseits die Macht, die der Mensch über die Natur errungen zu haben glaubte, demonstrativ zur Schau gestellt. Der Park von Versailles gilt als Höhepunkt dieser Entwicklung und prägte eine ganze Epoche: Das Schloss des Königs steht im Mittelpunkt, alle Achsen laufen wie die Strahlen der Sonne hier zusammen, viele Kilometer lang, streng geometrisch aufgebaut. Der Bauherr selbst, der Sonnenkönig Ludwig XIV., hat dafür eine Anleitung hinterlassen, in der er genau angibt, auf welchen Wegen und in welcher Reihenfolge der Park zu besichtigen ist. Es dauerte nicht lange, bis überall in Europa solche „französischen Gärten“ zu finden waren.

Im 19. Jahrhundert setzte sich in Europa eine völlig neue Richtung der Gartengestaltung durch: der **englische Landschaftsgarten**. Inspiriert von Malerei und Dichtung suchten die Gartengestalter, allen voran der berühmte Gärtner Lancelot Brown, nach Formen und Mitteln, mit denen der Mensch die Natur *bereichern* und einem gewissermaßen *zeitlosen* Ideal von Schönheit huldigen könnte: weiche, fließende Formen, klassizistische Tempel am Ende von Sichtachsen, große unregelmäßig geformte Seen und weit geschwungene Gartenwege. Auch dieser neue Gartenstil breitete sich im Laufe des Jahrhunderts in ganz Europa aus. Wichtige Beispiele, die bis heute Menschen in ihren Bann ziehen und sicherlich auch nach wie vor ganz entscheidend das Bewusstsein von Schönheit und Harmonie in Fragen der Gartengestaltung prägen, sind etwa der Englische Garten in München oder das Wörlitzer Gartenreich bei Dessau.

Der Beginn des **20. Jahrhunderts** brachte gerade in der Gartengestaltung wieder eine Rückkehr zu strengeren Elementen in der Pflanzung. Zudem führte das rasch größer werdende Sortiment an fremdländischen Gartenpflanzen zu einer starken Aufsplitterung von Stilen und Richtungen. Die Gärten wurden individueller, in vielen Fällen auch kleiner und überschaubarer. Künstlerische Ambitionen fanden und finden ebenso ihren Niederschlag wie die Auswirkungen gesellschaftlicher und sozialer Veränderungen, individueller Perspektiven und Wunschvorstellungen und des Bildes, das wir heute von der Natur haben.

➲ *Zur Vertiefung dieses Themas finden Sie im Arbeitsheft eine Reihe von Aufgaben.*

7.2 Kinder lieben andere Gärten: Räume und Raumgestaltung

Die Gestaltung von Gärten für Kinder wird in aller Regel auch bloß als eine Gestaltung *für* Kinder verstanden (ihre Mitwirkung ist dabei nicht vorgesehen), durch die ein bestimmtes wünschenswertes Gesamtbild entstehen soll. Angesichts der Tatsache, dass im *öffentlichen Grün* (Parks, öffentliche Spielplätze oder Fußgängerzonen etc.) individuelle Aktivität aus verschiedenen Gründen eine nur sehr untergeordnete Rolle spielen darf, stellen solche Vorgaben für Außenanlagen an Kindertagesstätten eine weitere Beschränkung möglicher Handlungs- und Erlebnisspielräume dar. Dabei werden aber bereits im Ansatz zwei wichtige Aspekte vernachlässigt oder übersehen:

- Einerseits befindet sich ein Außengelände oder Garten in beständigem Wandel, es entwickelt und verändert sich, und ein planerisches, gestaltendes Vorgehen kann sich lediglich auf einen bestimmten, gerade gegebenen Zustand beziehen. Jeder Garten entwickelt eine gewisse **Eigendynamik**, und allein unter dem Einfluss von Jahreszeiten, Witterung und verschiedenen Wachstumsprozessen wandelt sich sein Erscheinungsbild in vielfältiger und oft überraschender Weise.

Brachland für abenteuerliches Spielen im unmittelbaren Wohnumfeld der Kinder ist mittlerweile sehr selten geworden, und noch seltener wird es von Planern bewusst frei gehalten. Das öffentliche Grün lässt in aller Regel keinerlei Raum für individuelle Veränderungen und macht Kinder wie Erwachsene zu bloßen Zuschauern.

- Zum Zweiten sollte nicht vergessen werden, dass gerade Kinder „ihrem" Garten höchst aktiv begegnen und alles tun wollen, um selbst immer wieder etwas zu verändern und neu zu gestalten: Neben dem Suchen und Sammeln gehören vor allem das Formen und Bauen zu jenen Tätigkeiten, mit deren Hilfe Kinder sich die Welt aneignen. Der gestalterische Umgang mit Hölzern, Erde oder Steinen vermittelt darüber hinaus elementare Erfahrungen mit physikalisch-technischen Gesetzmäßigkeiten, macht mit dem gegebenen Naturraum und seinen Möglichkeiten vertraut und stärkt auch in großem Ausmaß Selbstständigkeit und Selbstvertrauen der Kinder.

Räume und Funktionen

Eine Kindertageseinrichtung soll – einschließlich des Außengeländes – Kindern Räume bieten, die ihnen möglichst vielfältige und gut nutzbare Erfahrungs- und Lernmöglichkeiten geben. Diese Forderung richtet sich zunächst vor allem an Bauherren und Architekten. Dort gibt es mittlerweile sehr intensive Bestrebungen, solche Ziele umzusetzen, den *ökologischen Ansatz* einer Mensch-Umwelt-Beziehung stärker zu berücksichtigen und damit eine früher übliche Aneinanderreihung von *Funktionsräumen* zu durchbrechen. Grundsätzlich gilt zwar, dass eine strenge Trennung von Funktionen bei einer theoretischen Klärung einer Planungsfrage eine große Hilfe darstellt, in der späteren Nutzung zeigt sich aber weit stärker der Wert von Verbindungen und Überschneidungen, multifunktionellen und inhaltlich nicht festgelegten Strukturen.

Ruhige Bereiche, Nischen und Verstecke sind in einem Garten für Kinder mindestens ebenso wichtig wie verschiedene Bewegungs- und Arbeitsmöglichkeiten.

Bei vielen älteren Einrichtungen sind meist bloß gewisse Korrekturen an den Baukörpern, der Raumgliederung sowie der Außenanlage möglich. Bei Neubauten ist es oft aus anderen Gründen schwierig, pädagogische Ansätze und Interessen mit denen der Auftraggeber und Planer zusammenzubringen. Eine Schwierigkeit liegt häufig bereits darin, dass Planer und Pädagogen verschiedene Sprachen sprechen, eine andere – möglicherweise viel schwerwiegendere – dass Planung und Ausführung an zeitlich streng bemessenen Fristen orientiert und an einem feststehenden Endergebnis interessiert sind, während die Pädagogik in der darauffolgenden Nutzung von Innen- wie Außenräumen mit Prozessen der Entwicklung und Veränderung umgehen soll, die in vielen Fällen kaum vorhersehbar sind.

➲ ***Zur Vertiefung dieses Themas finden Sie im Arbeitsheft eine Reihe von Aufgaben.***

Planung, Überprüfung, Veränderung

In unserem Zusammenhang geht es nun vor allem darum, wie in der umweltpädagogischen Arbeit auf gegebene Umstände und Rahmenbedingungen reagiert werden kann, wie vor allem ein vorhandenes Außen- oder Gartengelände durch eigene Überlegungen und Aktivitäten besser genutzt oder – je nach Bedarf und ggf. in Teilen – verändert werden kann. Das ist spannend und kann zu wunderbaren Ergebnissen führen, aber es erfordert auch sorgfältige Vorbereitung und eine gute Zusammenarbeit unter allen Beteiligten (vgl. Kapitel 8).

Ideen und Wünsche von Kindern geben auch für eine entsprechende Garten(um)gestaltung wichtige Hinweise: Wo Kindern dafür Raum und Gelegenheit bleibt, entstehen schon in kurzer Zeit kleine Brücken und Stege, Hütten und andere Konstruktionen, die für uns Erwachsene nicht selten etwas rätselhaft bleiben. Man könnte zwischen **Bauwerken** unterscheiden, die von vornherein nur für eine sehr kurze Zeit, womöglich nur für ein einziges Spiel, errichtet werden, und solchen, die auf dauerhaftere Beanspruchung angelegt sind.

Die Übergänge sind fließend, entscheidend erscheint jeweils ein Mehr oder Weniger an Planung, Wahl des Ortes, Verwendung robuster Materialien, Intensität von Nutzung, Pflege oder Weiterentwicklung. Im stets zugänglichen Außengelände einer Kindertageseinrichtung oder dort, wo Kinder im Rahmen von regelmäßigen Ausflügen („Waldtagen" o. Ä.) ein bestimmtes Gelände immer wieder aufsuchen, werden sie auch gerne und engagiert an robusteren und umfangreicheren Konstruktionen arbeiten wollen. Die Unterstützung durch Erwachsene sollte aufmerksam, aber eher zurückhaltend erfolgen.

Aus langen Gräsern, die in einige einfache „Webrahmen" aus Ästen und Schnüren eingeflochten werden, lassen sich auch mit jüngeren Kindern in kurzer Zeit „Fertigteile" erstellen, die – aneinandergefügt und mit Schnüren befestigt – ein wunderbares Spielhaus ergeben.

Entscheidend ist für viele Gestaltungswünsche und Bauvorhaben, ob die Kinder im Gartengelände oder in der Nähe des ausgewählten Ortes geeignetes **Baumaterial** finden: vor allem Hölzer (Zweige, Äste, Bretter) und/oder Steine (Kiesel, alte Mauersteine). Es geht um solche Möglichkeiten von Bauen und Gestalten, die – ausgehend von den Bedürfnissen und Vorstellungen der Kinder – Rücksicht nehmen auf Gelände und naturräumliche Gegebenheiten sowie ökologische Aspekte der Materialwahl und -verarbeitung. Wichtig erscheint auch, wie eine Gruppe von Kindern ein bestimmtes Bauvorhaben selbst zu organisieren lernt, wie eine Idee wächst, sich verändert, diskutiert und irgendwann gegen ein neues Vorhaben eingetauscht wird: *Ein* Wert solcher Projekte liegt immer auch in seiner sozialen Dimension, wobei ein Miteinander von Kindern sehr unterschiedlichen Alters für alle Beteiligten besonders interessant sein kann.

Eine „Burganlage", wie diese im Garten einer Kindertagesstätte, lässt sich natürlich nicht mehr von Kindern allein bauen – aber neben Eltern und den Mitgliedern des pädagogischen Teams haben auch viele Kinder an diesem Bauwerk kräftig mitgearbeitet: Immerhin ist es ihre *Burg,* ihr *Garten,* ihr *Reich.*

Es empfiehlt sich, Kinder bereits im Vorfeld einer Gartengestaltung mit einzubeziehen und mit ihnen Vorschläge und Lösungsmöglichkeiten zu erörtern. Die Verwendung von Ziegeln und anderen Steinen zum Bau bestimmter Mauern, „Denkmäler" oder Modelle ist für Kinder auch aus technischen Gründen besonders interessant:

Aus unterschiedlichen Ziegeln, Mauer- und Formsteinen lassen sich wunderbare Stadtmodelle zusammenstellen, deren einzelne Elemente immer wieder neu gruppiert und in verschiedener Weise kombiniert werden können. Wenn die verwendeten Steine vor allem als einzelne Spielsteine einsetzbar sein sollen, bietet es sich an, dass Kinder jeweils eigene, ausgewählte Stücke bearbeiten und bemalen. Dabei wählen die Kinder selbst ihr Motiv: z. B. Wohnblock, Kiosk, Kirche, Pferdestall, Supermarkt oder Tankstelle. Darüber hinaus lassen sich diese Steine (später) als individuelle Schmucksteine in ein festes Mauerwerk einbauen.

Einzelne, bewegliche Elemente wie Ziegelsteine oder Hölzer bieten auch eine sehr gute Möglichkeit, die Ideen und Vorhaben einer Gartengestaltung im Gelände selbst deutlich zu machen: Die etwa im Rasen ausgelegten Stücke veranschaulichen die Größenverhältnisse und helfen so, die sonst vielleicht lediglich in einem Gestaltungsplan eingezeichneten **Strukturen** zu überprüfen. Das hilft insbesondere bei der Überlegung, welche Auswirkungen der Einbau bestimmter Spielgeräte auf die Raumgestaltung insgesamt hat, denn gerade hier spielt die Einhaltung sogenannter Sicherheitsabstände eine große und leicht unterschätzte Rolle.

Die bemalten Ziegelsteine werden von den Kindern immer wieder gerne zur Gestaltung von Fantasielandschaften und für viele Rollenspiele verwendet.

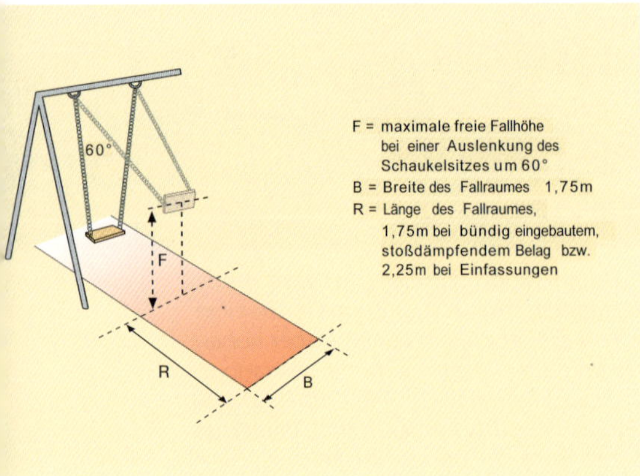

Die Einhaltung vorgeschriebener Sicherheitsabstände ist selbstverständlich notwendig, aber sie allein garantiert noch keineswegs eine glückliche Standortwahl.

Eine Balancierstrecke aus Baumstämmen unterschiedlicher Größe, Form und Anordnung benötigt viel Platz – nicht nur aus Gründen der Sicherheit, sondern auch aus ästhetischen Gründen.

Abgesehen von einzelnen Fertigspielgeräten erscheint ein Grundsatz für die Gestaltung von Außenanlagen an Kinderbetreuungseinrichtungen besonders empfehlenswert: Die Auswahl und Verarbeitung der Materialien sollten stets **ökologische Erfordernisse** berücksichtigen. Dazu gehört vor allem die Verwendung von Naturmaterialien und solchen Stoffen, die die Umwelt von ihrer Produktion bis hin zu einer späteren Entsorgung möglichst wenig belasten. Außerdem bedeutet das auch Rücksichtnahme auf bestehende Biotopstrukturen und Pflanzen, insbesondere Gehölze. Dabei geht es weniger um abstrakte Ziele des Umweltschutzes als um die unmittelbare Vorbildfunktion der Erwachsenen. Außerdem ist es – denkt man an das Gewicht von Steinen und Holzstämmen – meist viel einfacher, mit den Mitteln zu arbeiten, die vor Ort zu finden sind. Einfallsreichtum und Flexibilität sind dabei natürlich keine Grenzen gesetzt.

Baumaterialien

Bei solchen Gestaltungsvorhaben können vielfach Recyclingmaterialien verwendet werden, für die oft nur Transportkosten aufgewendet werden müssen. Je bunter die Mischung, desto wertvoller ist dieses Material auch für das freie Spielen und Experimentieren der Kinder: Unterschiedliche Größen, Formen, Farben und Oberflächen bringen auch unterschiedliche Eigenschaften mit sich und regen zu immer neuen Einsatzmöglichkeiten an.

Auf diese Weise können u. a. folgende Materialien Verwendung finden:

- Baumstämme, mit oder ohne Rinde, in unterschiedlicher Stärke und Länge (vielseitige Verwendung in waagerechter, schiefer oder senkrechter Verbauung; zum Sitzen, Balancieren oder zur Begrenzung, als Totempfähle oder Abstützung eines hängigen Geländes)
- Baumstubben (Wurzelstöcke gerodeter Bäume)
- Beton-Bruchstücke, zerkleinert (für wasserdurchlässige Unterbauten, Kern eines Spielhügels etc.)
- Beton-Formsteine (in zahlreichen Formen, Größen und Farben)
- Betonplatten (als Trittplatten, für Trockenmauern etc.)
- Bretter (Material für Holzskulpturen, Hütten, Fantasiekonstruktionen)
- Dachbalken und Kantholzstücke (für Stufen und Schwellen, Bodenbeläge, in kürzere Stücke gesägt als unterschiedlich große Bauklötze etc.)
- Dachziegel (Abdeckung von Spielhäusern, Gestaltung von Skulpturen, zerkleinert für wasserdurchlässige Unterbauten und Zuschlagstoff für Fundamente)
- Grabsteine, auch als Bruchstücke (Unterbauten und Sockel, Wegbeläge, „besondere" Steine als bunte Sammlung verschiedener Gesteinsarten)
- Kalkmörtel, alte Bruchstücke und Reste aus Bauschutt (zur Verfüllung von Hohlräumen beim Bau von Trockenmauern, zerkleinert zwischen Sträuchern verteilt, um den ph-Wert des Bodens zu erhöhen)
- Kalksandsteine und ähnliche Natursteine (Trockenmauern, Treppen, Terrassierungen)
- Klinker- und Vormauerziegel (witterungsbeständige Ziegel zum Bau unverputzt bleibender Mauerwerke, Bodenbeläge für Sitzplätze und Wege, Spielsteine)
- Rindenmulch (Bodenbelag, Füllmaterial)
- Ytongsteine (zur Bearbeitung mit Säge, Hammer und Meißel, zum Bau von „Denkmälern" etc.)

Unter Umständen müssen allerdings bestimmte Materialien als ungeeignet aussortiert werden: Aluminium- und andere Metallreste, Glas und Glasbruch, Asphalt, imprägnierte Hölzer oder Kunststoffreste. In jedem Fall sollte vor der Verwendung genau geprüft werden, ob etwas gegen ein bestimmtes Material spricht.

Mit einigen Kanthölzern und Schwartenbrettern (Abfallholz vom Sägewerk) wurden die Reste eines alten, lackierten Spielhäuschens für Kleinkinder so überbaut, dass ein großes, aber in sich gegliedertes neues Spielhaus entstand.

Sand und Kies

Bezeichnung	Eigenschaften	Bezugsquelle	Preis in EUR pro Tonne	Umrechnungswerte	Einsatzgebiet
Brechsand, Quetschsand	Korngröße 0–3 mm	Baustoffhandel, Kiesgrube, Steinmetzbetrieb	10–20 EUR/t	1,7 t/m³	Deckschicht für wassergebundene Wege, Pflasterfugen
Natursand, Grubensand	Korngröße 0–8 mm	Baustoffhandel, Kiesgrube, Sandgrube	10–13 EUR/t	1,7 t/m³	Abmagerung von Erdflächen für Wildblumeneinsaaten und Beete, Unterbau von Naturteichen
Schweißsand, gewaschener Spielsand	Korngröße 0–2 mm	Baustoffhandel, Kiesgrube, Sandgrube	12–15 EUR/t	1,7 t/m³	Buddelbereiche, Spielmulden, Spielflächen, Wege, Plätze, Trockenstandorte
Fallschutzsand	Korngröße 0,2–2 mm	Baustoffhandel	15–20 EUR/t	1,7 t/m³	Fallschutzzonen unter Kletterbereichen, Auslauf von Rutschen
Kiessand, Betonkies, Mischkies, Straßenkies	Korngröße 0–16 mm 0–32 mm	Baustoffhandel, Kiesgrube	10–15 EUR/t	1,7 t/m³	Spielbereiche am Wasser, Naturteiche, Trockenstandorte, Material für nährstoffarme Standorte
Wandkies, Grubenkies, Frostschutzkies	Korngröße 0–X	Baustoffhandel, Kiesgrube	10–15 EUR/t	1,9 t/m³	Spielbereiche am Wasser, Naturteiche, Trockenstandorte, Unterbau von Wegen, Plätzen, Parkplätzen

Bezeichnung	Eigenschaften	Bezugsquelle	Preis in EUR pro Tonne	Umrechnungswerte	Einsatzgebiet
Riesel, Rundkies	Korngröße 4–16 mm	Baustoffhandel, Kiesgrube	8–15 EUR/t	1,6 t/m³	Spielbereiche am Wasser, Drainage
Grobkies, Rollkies, Moränenkies, Zierkies, Bummerl	Korngröße 16–300 mm	Baustoffhandel, Kiesgrube	12–45 EUR/t	1,6 t/m³	Spielhaufen, Wasserspielgelände, Kiesflüsse, Steinhaufen, Drainagemulden

Der Blick auf Details zeigt, dass allein bei Kiesen und Sanden sehr unterschiedliche Baustoffe zur Verfügung stehen – mit entsprechend unterschiedlichen Einsatz- und Verwendungsmöglichkeiten (Pappler/Witt, 2001, S. 118).

Pflanzen für Feuchtbereiche

Auch wenn die Anlage von Feuchtbereichen oder gar kleinen Weihern im Gartengelände einer Kinderbetreuungseinrichtung aus Sicherheitsgründen sehr zurückhaltend beurteilt wird, sind solche Bereiche für Kinder besonders faszinierend und sollten nicht generell abgelehnt werden. Ein Becken mit ausgewählten Sumpfpflanzen lässt sich beinahe überall aufstellen, in anderen Fällen lassen die Umstände vielleicht sogar den Bau eines kleinen Tümpels zu. Ein **Tümpelgraben** erscheint beispielsweise auch für Kindergärten geeignet (vgl. Oberholzer/Lässer, 2003):

Die Sumpfdotterblume, Caltha palustris, braucht nicht unbedingt ein Bach- oder Teichufer. Sie gedeiht auch gut in feuchten Mulden und Senken.

Ein mehrere Meter langer, knapp 1 m breiter und ungefähr 50 cm tiefer Graben wird mit Folie ausgekleidet. Auf die Folie kommt eine 10–20 cm starke Schicht aus lehmigem Kies, der Rand der Folie wird mit großen, schweren Steinplatten abgedeckt, die gleichzeitig als umlaufender Weg dienen und so verlegt werden sollten, dass sie einerseits die Folie gut abdecken (Schutz vor UV-Licht!) und andererseits ohne Kippgefahr bis zum Rand hin betreten werden können.
Eine bewusst sparsame Bepflanzung mit Sumpf- und Schwimmpflanzen reicht völlig aus, um bereits nach wenigen Wochen eine artenreiche Kleintierwelt vorzufinden, die Kindern immer wieder neue, spannende Entdeckungen ermöglicht (vgl. Kapitel 9).

Der Tannenwedel, Hippuris vulgaris, liebt die Flachwasserzone und übersteht auch zeitweilige Trockenheit ganz gut. Er wächst auch gut in Sumpfkübeln und -becken.

Neben technischen Hinweisen, die beim Bau und der Pflege eines solchen Feuchtbereiches zu beachten sind, etwa um eine gewisse Haltbarkeit zu gewährleisten oder übermäßige Algenbildung zu vermeiden, kommt es vor allem auf die richtige Bepflanzung an. Je nach Art und Größe des Feuchtbereiches könnte man unter folgenden heimischen **Pflanzen** wählen (in römischen Ziffern: Blütezeit):

Untergetauchte Wasserpflanzen, wurzelnd	
Tausendblatt . . . . VI–IX (Myriophyllum verticillatum)	Laichkraut . . . . VI–VIII (Potamogeton crispus u. a.)
Schwimmpflanzen	
Vielwurzelige Teichlinse . . . . V–VII (Spirodela polyrhiza)	
Wurzelnde Wasserpflanzen mit Schwimmblättern	
Schwimmendes Laichkraut . . . . V–VIII (Potamogeton natans) Wasserknöterich . . . . VI–VIII (Polygonum amphibium)	Seerose . . . . VII–IX (Nymphaea alba, Nymphaea tetragona u. a.)
Wasser- und Sumpfpflanzen mit Luftblättern	
Kalmus . . . . VI–VII (Acorus calamus) Froschlöffel . . . . VI–VIII (Alisma plantago-aquatica) Sumpfdotterblume . . . . III–IV (Caltha palustris) Segge . . . . IV–VI (Carex elata, Carex davalliana u. a.) Knabenkraut . . . . VI–VIII (Dactylhoriza majalis) Zottiges Weidenröschen . . . . VII–IX (Epilobium hirsutum) Sumpfwurz . . . . VI–VII (Epipactis palustris) Sumpfwolfsmilch . . . . V–VI (Euphorbia palustris) Mädesüß . . . . VI–VIII (Filipendula ulmaria) Sumpf-Storchschnabel . . . . VI–IX (Geranium palustre) Tannenwedel . . . . V–VIII (Hippuris vulgaris)	Gelbe oder Sumpfschwertlilie . . . . . . V–VI (Iris pseudacorus) Blaue oder Sibirische Schwertlilie . . . . V–VI (Iris sibirica) Blutweiderich . . . . VI–IX (Lythrum salicaria) Minze . . . . VII–X (Mentha aquatica, Mentha longifolia u. a.) Fieber- oder Bitterklee . . . . V–VI (Menyanthes trifoliata) Sumpf-Vergissmeinnicht . . . . V–IX (Myosotis palustris) Echte Brunnenkresse . . . . IV–VII (Nasturtium officinale) Pfeilkraut . . . . VI–VII (Sagittaria sagittifolia) Igelkolben . . . . VI–VIII (Sparganium erectum, Sparganium minimum) Krebsschere . . . . V–VII (Stratiotes aloides) Baldrian . . . . V–VI (Valeriana dioica) – *Heilpflanze*

Prinzipien einer Gartengestaltung für und mit Kindern

Traditionelle Gartenbilder können (und sollen) wertvolle, interessante und hintergründige Anregungen bieten, aber ein Gartengelände, dessen Gestaltung Kindern gerecht werden soll, basiert in wesentlichen Aspekten auf ganz eigenen Prinzipien und Überlegungen. Im Vordergrund steht dabei das Konzept der „Aktionsräume" (Blinkert, 2005): Beengte Wohnraumverhältnisse, die derzeitige Verkehrssituation, der Fortschritt der Technik und Motorisierung sowie eine zunehmende Entfremdung von Naturphänomenen begrenzen bei mehr und mehr Kindern das Erleben ihrer körperlichen und psychisch-emotionalen Fähigkeiten. Als Folge dieser Entwicklung müssen deutliche Einbußen im Bereich der Kreativität und sozialen Kompetenz befürchtet werden. Kindgerechte Spiel- und Erfahrungsräume können zwar familiär und gesellschaftlich bedingte Defizite nicht beheben, aber sie bieten wenigstens eine Art Gegengewicht zur Welt der Erwachsenen.

Aktionsraum (*für Kinder*) = Bezeichnung eines für Kinder zugänglichen, räumlich abgrenzbaren und gefahrlosen Areals, in dem altersgemäße Bewegungs-, Handlungs- und Gestaltungsmöglichkeiten sowie Chancen auf Kontakte mit Spielkameraden bestehen (vgl. Blinkert, 2005).

Als übergeordnete Zielsetzungen gelten daher auch für eine Gartengestaltung:

- **Personen- und Situationsorientierung**
- **Wahrnehmungsförderung** (Erkennen, Begreifen, Verstehen)
- Ermöglichen **eigener Veränderungen und Mitgestaltung**

Im Einzelnen sollte eine Planung folgende Prinzipien berücksichtigen:

1. Das Gelände weist eine abwechslungsreiche Modellierung auf: ebene Flächen, Hügel, Wälle, Böschungen, Gräben und Mulden:

- Für die Auseinandersetzung mit dem eigenen Körper sind Höhenunterschiede wichtig: eine Erhebung besteigen und hinunterspringen, klettern, rutschen, laufen, sich balgen und wälzen, etwas überqueren und balancieren.
- Dazu kommt das Erlebnis, sich größer fühlen zu können, ein prickelndes Gefühl von Mut und Risikobereitschaft; Bewegung und Geschwindigkeit spüren, schweben und fliegen, das Gewicht des eigenen Körpers.
- Ergänzend sind Möglichkeiten zum Klettern, Schwingen und Schaukeln und Rutschen: Kletterbäume, Felsen, Pfahl- und Baumhäuser, Baumseile und Hängeleitern, Hangelbrücken.

2. Eine facettenreiche Strukturierung schafft eine Vielzahl kleinerer Räume und Grenzflächen, Überschneidungen, Durch- und Übergänge:

- Geheimnisvolle, abenteuerliche Winkel und Ecken, Höhlen und Gruben sind für die kindliche Entwicklung besonders wichtig: Raum zum Sichgeborgenfühlen und für Rückzugsmöglichkeiten, Erfahrung selbstbestimmten Tuns; Nischen für unterschiedliche Tätigkeiten und ungestörte Kommunikation.
- Durchgänge, Fenster und „Türen" machen neugierig, lenken Blick und Bewegung weiter, regen die Fantasie an, helfen aus „Sackgassen".
- Unterschiedlich gestaltete Kleinräume, Plätze und Wände bedeuten optische, akustische und haptische Abwechslung: verschiedene Bodenbeläge und -strukturen wie Wiese, Erde, Sand, Stein, Kies, Holzpflaster, Waldboden; Kriechtunnels, Pflanzenhäuser, verschwiegene Sitzplätze und enge Wege.

3. Das Angebot an unterschiedlichsten (Natur-)Materialien ist groß und vielfältig. Groben und ungeformten Materialien mit vielseitigen Verwendungsmöglichkeiten wird der Vorzug gegeben:

- Neben Sand, Erde, Blätter von Bäumen und Sträuchern gibt es vielerlei Steine, Äste, Holzstücke, Bretter, Backsteine und Pflanzen, deren Blüten und Früchte verwendbar sind. Wasser kann an einem Brunnen gepumpt oder aus einem Becken geschöpft werden; durch selbst verlegte Rohrleitungen oder über Rinnen und Behältnisse lässt es sich verteilen und vielfältig nutzen.
- Mit Werkzeugen und Hilfsmitteln werden Materialien transportiert, zusammengefügt oder verändert. Fundstücke aus Abstellkammern, Stoffe und Tücher, Schnüre und anderes mehr verändern immer wieder ihre Bedeutungen im (Rollen-)Spiel: Verarbeiten von Erlebnissen und Erfahrungen in einer anregenden und dennoch vertrauten Umgebung.

4. **Jahreszeitliche und alterungsbedingte Veränderungen werden sichtbar und bleiben nachvollziehbar; Pflanzen verändern sich im Jahresverlauf, Dinge dürfen mit uns alt werden:**

- Aufblühen und Verwelken einer Nachtkerzenblüte, aufgeschreckte Brutpflege in einem zufällig entdeckten Ameisennest, eine Kapuzinerkresse erfriert über Nacht oder der überraschende Duft der Blüten des Winterschneeballs zwischen Eiskristallen – kleine Beobachtungen nur, aber sie machen das Verstreichen von Zeit und natürlichen Zyklen deutlich.
- Einige Beete zum Anpflanzen von Blumen, Kräutern, Erdbeeren, Gemüse – bei Brachliegen als Beobachtungsfläche: Wildpflanzen siedeln sich an, entwickeln sich oft ganz unerwartet, überraschen uns mit Nahrung suchenden Kleintieren.
- Zu jeder Jahreszeit bietet der Garten andere Eindrücke und Erlebnisse, Spielmaterialien und Anregungen. Was lebt hier? Was ist denn das schon wieder? Was passiert, wenn es Winter wird? Muss das sterben? Was ist nachher? – Abschied und Trauer, Hoffnung und Zuversichtlichkeit.

5. **Ungeordnetes und nicht festgelegte Bereiche spielen eine zentrale Rolle; Betonung des Werkstattcharakters:**

- Verzicht auf eindeutige Funktionszuweisungen der Bereiche, stattdessen Benennung nach dem Augenschein oder Namensgebungen der Kinder: „im Kröteneck", „in der Bärenhöhle" usw. – Veränderbarkeit der Ortsnamen.
- Zulassen oder Fördern von Spontanvegetation, Betonung des Zufälligen und Beiläufigen (kein Müll!); beobachten, was „von selbst" passiert: Neugier, Ungeduld, Störung, Eingriff, Schutz, Überraschung.
- Statt des Zwangs zum Aufräumen und Wegordnen der Dinge bestimmt – jedenfalls in manchen Bereichen – ein fröhliches und lebendiges Chaos das Geschehen: Anregung zum Verändern oder Weiterbauen. Lust am Experiment, Erproben spontanen Szenenwechsels.

6. **Die Ausrichtung der Gartengestaltung und -pflege nach ökologischen Gesichtspunkten ist selbstverständlich, aber zweitrangig. Pädagogische Überlegungen haben Vorrang:**

- Verwendung überwiegend heimischer Pflanzen, große Artenvielfalt; Auswahl von Pflanzen, die mehrfach von Nutzen sind: als Wind-, Sicht- und Lärmschutz, als Schattenspender, zum Klettern und Bespielen; Verwendbarkeit von Blüten, Blättern, Früchten und Samen; als Wildobst oder Wildgemüse; zum Betasten und Riechen; Stängel und Zweige für die Vase oder zum Flechten.
- Nahrungsquelle und Lebensraum für verschiedene Vögel und andere Kleintiere – Schaffung unterschiedlicher Biotope: Magerstandorte, Feuchtbereich, Moosplätze, Trockenmauer, Totholzhaufen etc.
- Bodenbearbeitung und Pflegemaßnahmen nach Prinzipien des biologischen Gartenbaus, also beispielsweise vollständiger Verzicht auf sogenannte Pflanzenschutzmittel und chemisch-synthetische Düngemittel – jedes naturnahe Element ist nicht nur vielseitig bespielbar, sondern gleichzeitig ein Biotop.

7. Fragen von Gesundheitsrisiken und Unfallgefahren werden nach Maßgabe gesetzlicher Sicherheitsnormen im Einzelfall sorgfältig abgewogen. Risiken sollen nicht generell ausgeschaltet, sondern für die Kinder kalkulierbar werden:

- Risiken sind unverzichtbare Bestandteile bei vielen attraktiven Spielmöglichkeiten, und spielerische Risiken gehören notwendigerweise zur Entwicklung körperlicher und psychischer Fähigkeiten.
- Schutz vor Sicherheitsrisiken ist vor allem dort notwendig, wo eine Gefahr für Kinder nicht einzuschätzen ist. Umfassende Sicherheit kann es ohnehin nicht geben, und sie sollte auch nicht angestrebt werden.
- Gesetzliche Sicherheitsvorschriften sind vor allem zu beachten bei
  - Spielgeräten (DIN EN 1176 „Spielplatzgeräte und Spielplatzböden" und DIN EN 1177 „Stoßdämpfende Spielplatzböden"),
  - Verwendung von Wasser (DIN 18034 sowie geltende Hygienevorschriften),
  - Giftpflanzen (DIN 18034).

Diese oder ähnliche Überlegungen finden sich bei zahlreichen Autoren (Agde u. a., 2009; Agde u. a. 2013; Hohenauer, 1999; Mahlke/Schwarte, 1997; Oberholzer/Lässer, 2003; Pappler/Witt, 2001; Wagner, 2001 u. a.). Dabei ist natürlich zu beachten, dass es stets auf den konkreten Einzelfall ankommt, welche Vorschläge und Wünsche auch wirklich umzusetzen sind, denn gerade die Möglichkeiten der Gartengestaltung sind stark abhängig von äußeren Einflüssen wie Lage, Geländeform, Baumbestand etc. Dennoch gibt es fast immer weit mehr Gestaltungsspielraum, als auf den ersten Blick zu erkennen ist, und es lohnt die Mühe, sich auf die Suche nach Ergänzungen, Alternativen und neuen Ideen zu machen.

Aufgaben:

Vergleichen Sie die genannten „Prinzipien zur Gartengestaltung" mit einem Ihnen bekannten Außengelände einer Kinderkrippe, eines Kindergartens oder Horts:

1. Welche der genannten Aspekte finden Sie in diesem Außengelände umgesetzt, in welchem Umfang, in welcher Qualität?
2. Worin würden Sie – wieder von den genannten Prinzipien ausgehend – Verbesserungs- und Ergänzungsvorschläge machen? Welche?
3. Falls Sie die Möglichkeit haben, mit einer oder mehreren Personen des pädagogischen Teams dieser Einrichtung zu sprechen: Wie sehen deren Wünsche und Überlegungen hinsichtlich dieses Außengeländes aus? Was macht zufrieden, was wird beanstandet?

Suche nach Geborgenheit

Sich *draußen* im Garten oder allgemein im freien Gelände aufzuhalten löst auch bei Kindern immer wieder ein Bedürfnis nach einem **Rückzugsraum**, nach Sichtschutz und Versteck aus. „Der menschliche Körper und das Haus sind die markantesten und häufigsten Symbole für Geborgenheit" (Mahlke/Schwarte, 1997, S. 19). Wie tief dieses Bedürfnis in uns verankert ist und wie sehr sogar äußerst kurzfristig erlebte Situationen davon geprägt werden, zeigt sich bei den unterschiedlichsten Gelegenheiten, vom Aufschaufeln der Sandwälle um das eigene Badetuch am Strand bis hin zu den Ästen und Zweigen, mit denen Kinder „ihre Burg" markieren. Mag die eine oder andere Bemühung auch etwas komisch anmuten, so ändert das doch nichts an dem dahinterliegenden Wunsch nach Schutz, Intimität und Selbstbestimmung. „Räume sind Selbstinterpretationen ihrer Nutzer, spiegeln Setzungen für soziale Beziehungen, Gesellschaftsstrukturen, Ideologien" (Mahlke/ Schwarte, 1997, S. 24). Darüber hinaus berühren die jeweiligen Interessen und Betätigungen aber auch andere wichtige Aspekte des menschlichen Lebens: etwas verändern und gestalten wollen, sich gegenüber anderen abgrenzen und seine Individualität zentrieren, die Identität eines Ortes als Fixpunkt inmitten einer ruhelosen und veränderlichen Welt bewahren.

Ein solches „Holzzelt" aus umherliegenden Ästen und Zweigen ist nicht nur rasch gebaut, sondern es bietet über dieses Erfolgserlebnis hinaus auch einen sehr individuellen Spielraum.

Der Bau von **Naturhäusern**, Bohnenzelten, einer „Höhle" aus Ästen und Zweigen oder einer kleinen Bretterbude besitzt nicht nur den Charakter eines vorübergehenden Spiels, sondern zielt schon von der Konzeption her auf einen mittelfristigen Gebrauchswert. Manchmal lässt sich das am Anfang noch nicht richtig erkennen, und das Flechthaus, an dem da gebaut wird, gewinnt erst nach und nach diejenige Stabilität, die eine längerfristige Nutzung erwarten lässt. Andererseits kann es ebenso vorkommen, dass der Bau eines ehrgeizig geplanten Baumhauses auf halbem Weg stecken bleibt, weil die technischen Probleme für die Erbauer zu groß werden. Im ersten Fall mag es sein, dass dieses Haus dann gerade so lange genutzt wird, bis seine Flechtwände nachgeben, ineinandersinken und verrotten, im zweiten Fall wird vielleicht über Jahre immer wieder weitergebaut und renoviert. Beide Entwicklungen haben ihre Berechtigung und beweisen, dass der Wert dieser Art zu planen und zu bauen insbesondere in spontaner Richtungsänderung und Unabgeschlossenheit liegt.

➲ ***Zur Vertiefung dieses Themas finden Sie im Arbeitsheft eine Projektanregung.***

„Pflanzentipis" aus Bohnenstangen und waagerecht eingebundenen Zweigen lassen sich gut zu einem kleinen Indianerdorf o. Ä. gruppieren. Bepflanzt werden diese einfachen Konstruktionen am besten mit einjährigen Kletterpflanzen wie z. B. Kapuzinerkresse, Tropaeolum majus.

An einem sonnigen Standort sind auch Naturhäuser denkbar, deren Grundkonstruktion aus Ästen oder Stangen mit **Kletterpflanzen** begrünt wird. Bis ein solches Haus eingewachsen ist, dauert es zwar eine Weile, dafür ist der Reiz eines grünen und vielleicht sogar blühenden „Mantels" umso größer. Zur Begrünung können sowohl einjährige als auch mehrjährige Kletterpflanzen verwendet werden. Im zweiten Fall ist natürlich besonders auf eine stabile Konstruktion des Hauses insgesamt zu achten.

„Naturhäuser" aus Weidenzweigen und/oder gepflanzten Weiden stellen eine besonders interessante Möglichkeit dar, bei richtiger Standortwahl und sorgfältiger Verarbeitung des Materials ziemlich stabile und dauerhafte Spielhäuser zu erhalten.

*Ein breit kuppelförmiges **Weiden-Flechthaus** aus langen, tief in die Erde gesteckten Weidenruten lässt sich in unterschiedlicher Größe beinahe überall errichten. Aber nur an einem nicht zu schattigen Standort und bei ausreichendem Wässern können die Weidenruten auch austreiben und so ein lebendes, sommergrünes Haus bilden. Dabei ist es sinnvoll, die „Rippen" des Iglus teilweise an eingeschlagenen Baumpfählen zu fixieren, um der ganzen Konstruktion zusätzlich Halt zu geben – vor allem an den Ein- oder Ausgängen, wo so ein Haus am meisten belastet wird.*
Die Wände eines solchen „Naturhauses" können auf unterschiedliche Weise blickdicht gemacht werden: zum einen durch den Austrieb der Weidenruten, wenn die neuen Zweige immer wieder eingeflochten werden, zum anderen – und eventuell zusätzlich – durch die Pflanzung geeigneter Kletterpflanzen (vgl. Pflanzenliste, S. 238). Natürlich ist es auch denkbar, den Iglu insgesamt aus dicht geflochtenen Weidenruten zu fertigen, ähnlich einem großen, umgedrehten Korb. Das empfiehlt sich u. a. auf einem Platz unter Bäumen, wo weder Kletterpflanzen noch Weidenruten gut anwachsen.

Eingänge und Fensteröffnungen, aber auch Löcher im Flechtwerk können mithilfe von Kokosstrick gut ummantelt und verstärkt bzw. abgedichtet werden. Damit wird insbesondere an den Eingängen auch ein Schutz vor herausstehenden spitzen Zweigen erreicht.

Da der Boden in so einem schattigen Haus nach Regenfällen nur schlecht abtrocknet (und die Weidenruten zusätzlich auch noch gegossen werden sollen), verwendet man am besten etwas groben Sand oder feinen Kies als Bodenbelag. Eine „Luxusausführung" könnte aber auch in der Verlegung flacher, glatter Findlingssteinplatten bestehen, wie man sie an manchen Flüssen findet. Die Steine sollten dabei so dick und schwer sein, dass sie auch gut ohne Zementmörtel verlegt werden können, und sie sollten so sorgfältig aneinandergefügt werden, dass die mit Sand ausgefugten Zwischenräume möglichst klein bleiben.
Als Sitzgelegenheiten kommen dickere Rundholzstämme infrage, die in flache Mulden an die Innenwände gelegt werden.

Denkbar ist auch der Bau eines **Lehmflechthauses**, doch sind solche Konstruktionen deutlich aufwendiger: Hier werden die Weidenruten dicht an der Außenseite einer stabilen Holzrahmenkonstruktion gepflanzt, miteinander verflochten und anschließend von innen und außen mit einem Lehm-Stroh-Gemisch ummantelt. Die Holzkonstruktion fängt dabei das mitunter sehr große Gewicht des Lehmmantels auf, die Bedachung schützt die Lehmwände vor zu viel Regen.

Schling- und Kletterpflanzen

Zur **Begrünung eines „Naturhauses"** kommen je nach Konstruktion (Größe, Stabilität), Lage (sonnig, schattig) oder Gestaltungszielen recht unterschiedliche Pflanzen infrage. Während die einjährigen Pflanzen auch ohne große Mühe selbst vorgezogen werden können, wird man die mehrjährigen am besten in einer Baumschule kaufen. Gepflanzt wird in den Frühjahrsmonaten März bis April/Mai (Mai), bei den mehrjährigen Pflanzen auch im Herbst bis etwa November. Der Pflanzabstand kann bei den einjährigen Pflanzen bei ungefähr 50 cm liegen, bei den mehrjährigen sollte er nicht weniger als etwa 150 cm betragen. Die neu gepflanzten Gewächse bindet man am besten mit Bast oder einem Stück Hanfschnur an, damit sie leichter und besser an den Wänden des „Naturhauses" hochwachsen. In der Anfangszeit sollten sie – nach Bedarf – regelmäßig gewässert werden und eventuell auch zur Vermeidung von Trittbelastungen im Bereich des Wurzelhalses etwas geschützt werden.

Einige wichtige Kletterpflanzen enthält folgende Tabelle.

Name	Lebenszyklus	Wuchshöhe	Anmerkungen
Duftwicke (Lathyrus)	einjährig	bis ca. 1,5 m	braucht regelmäßig Wasser
Efeu (Hedera)	mehrjährig	bis ca. 20 m	immergrün; schwach giftig
Feuerbohne (Phaseolus)	einjährig	bis ca. 3 m	rohe Bohnen giftig
Glockenrebe (Cobaea)	einjährig	bis ca. 4 m	braucht regelmäßig Wasser
Jelängerjelieber (Lonicera)	mehrjährig	bis ca. 4 m	vor allem für sonnige Plätze
Kapuzinerkresse (Tropaeolum)	einjährig	bis ca. 2 m	Selbstaussaat möglich
Kiwi (Actinidia)	mehrjährig	bis ca. 5 m	nur für warme Plätze
Kletterrose (Rosa)	mehrjährig	bis ca. 5 m	vor allem für sonnige Plätze
Knöterich (Polygonum)	mehrjährig	bis ca. 10 m	anspruchslos
Kletterhortensie (Hydrangea)	mehrjährig	bis ca. 6 m	für halbschattige Plätze
Trichterwinde (Ipomoea)	einjährig	bis ca. 3 m	braucht regelmäßig Wasser
Waldrebe (Clematis)	mehrjährig	bis ca. 8 m	starkwüchsig, wuchernd
Weinrebe (Vitis)	mehrjährig	bis ca. 5 m	jährlich starker Rückschnitt!
Wilder Wein (Parthenocissus)	mehrjährig	bis ca. 10 m	anspruchslos

Umfangreichere Holzarbeiten

Zur Errichtung stabilerer, längere Zeit nutzbarer Spielhäuser wird man meistens Holz verwenden: Kanthölzer und Bretter, im einfachsten Fall „Schwartenbretter" (preisgünstig zu erhalten). Denkbar sind aber auch Holzpaletten, Schaltafeln u. Ä. Die Verarbeitung dieser Materialien ist sicherlich etwas aufwendiger und erfordert auch mehr Werkzeuge und Hilfsmittel, aber dafür sind der Fantasie kaum Grenzen gesetzt. Wichtig erscheint dabei neben der

Dieses „Waldhaus" ist aufgrund seiner versteckten Lage zwischen Bäumen für Kinder besonders anziehend.

Berücksichtigung verschiedener sicherheitsrelevanter Aspekte vor allem, die Hölzer so einzubauen, dass sie vor Bodenfeuchte geschützt sind. Es wäre bei dieser immerhin zeitaufwendigen Verarbeitung ärgerlich, wenn einzelne, vielleicht sogar tragende Holzteile bereits nach wenigen Jahren beginnen, morsch zu werden. Die Errichtung eines **Holzhauses** erfordert zwar mehr vorbereitende Planung, lässt sich dann aber ohne allzu große Mühe von einigen geschickten Erwachsenen bauen. Wird es zwischen Bäumen und Sträuchern errichtet, machen die Arbeiten zwar ein wenig mehr Mühe, aber das Haus erweckt nach seiner Fertigstellung sofort den Eindruck des „Eingewachsenseins".

Die Abbildung zeigt ein derartiges Holzhaus in sogenannter Ständerbauweise, die nicht nur sehr belastbar ist, sondern auch eine originelle Formgebung zulässt. Im Ergebnis handelt es sich hier um ein etwa $5\,m^2$ großes, unregelmäßig geschnittenes Spielhaus mit einem asymmetrischen Walmdach. Zwei gleichsam ineinandergeschobene Quader ergeben einen Innenraum, der über zwei Eingänge durch einen angedeuteten Außenraum erreichbar ist. Etliche Fensteröffnungen lassen genügend Licht in das Innere und ermöglichen gleichzeitig Einblick und Ausblick.
Die verhältnismäßig einfache Konstruktion aus Kanthölzern und Brettern ruht auf einschlagbaren Fundamenthülsen aus Leichtmetall. Dadurch wurde einerseits das Holz vor direktem Bodenkontakt geschützt, andererseits das Wurzelwerk der Bäume vor zu großen Verletzungen durch Betonfundamente. Ein großzügig dimensionierter Dachüberstand sowie zweilagig versetzt angebrachte Bretter als Eindeckung schützen nicht nur die Konstruktion vor Niederschlägen: Es entstand so ein bei jedem Wetter und zu jeder Jahreszeit gut nutzbarer Raum.

Etwas schwieriger gestaltet sich häufig die Errichtung eines **Baumhauses**: Einerseits müssen solche Konstruktionen schon wegen der Höhe des Bauwerks besonders stabil sein, andererseits ist bei allen Verankerungen auf den Baum selbst Rücksicht zu nehmen; eine direkte Befestigung am Baum scheidet also aus. Die folgende Abbildung zeigt eine Lösung, bei der eine hohe, freistehende Konstruktion mit dem dahinterstehenden Baum lediglich gestalterisch eine Einheit bildet, auf den Baum also keinerlei Kräfte ausübt.

Während sich im unteren Teil des „Baumhauses" ein höhlenartiger Raum befindet, bietet das Obergeschoss einen ausgezeichneten Aussichtsplatz.

7.3 Wechselwirkungen: zur Bedeutung eines kindgerechten Gartens im pädagogischen Alltag

Wohlbefinden und Gesundheit

Die Möglichkeit, ein Gartengelände nach den eigenen Bedürfnissen und Interessen gestalten oder umgestalten zu können, bedeutet Kindern sehr viel. Die positiven Effekte gehen einerseits vom *Raum* selbst aus, wenn etwa ein Garten eine bestimmte wohltuende **Atmosphäre** ausstrahlt und Kinder sich gerne und viel in diesem Garten aufhalten und bewegen. Andererseits führt gerade bei eigenen Gestaltungsvorhaben der hinzukommende Entscheidungs- und Handlungsspielraum zu starken und beglückenden Erfahrungen, die über das bloße Gärtnern noch hinausgehen (vgl. Kapitel 6, S. 191 ff.).

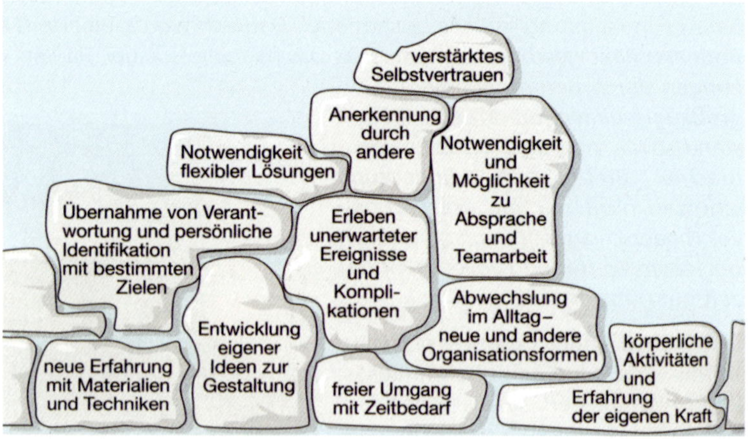

Ein erweiterter Gestaltungsspielraum besitzt für jeden Einzelnen nicht nur viele unterschiedliche Aspekte, sondern er führt im Ergebnis auch zu einem Gefüge aus individuellen und sozialen Wirkungen, die ihrerseits wiederum in einer Wechselwirkung zueinander stehen, weil sie sich gegenseitig stabilisieren und bereichern. Eine besonders starke Berücksichtigung dieser Aspekte findet sich in der sogenannten **Gartentherapie**, die seit einigen Jahren in bestimmten klinischen und sozialpädagogisch ausgerichteten Einrichtungen vermehrt zum Einsatz kommt. Der fachübergreifende Ansatz wendet sich dabei sowohl an Sozialpädagogen, Ärzte und pflegerisches Personal als auch an Gartenplaner und Gärtner (vgl. Kapitel 6, S. 191 ff.).

> **Gartentherapie** = neues interdisziplinäres Fachgebiet, das die Planung, Nutzung und Pflege eines Gartens in einer Vernetzung von ergo-, physio- und psychotherapeutischen, medizinischen und pädagogischen Aspekten behandelt. Beispiel: gemeinsame Nutzung eines bestimmten Gartens durch Kindergarten, Volkshochschule, Seniorenheim etc., wobei neben ggf. wichtigen therapeutischen Aspekten zunächst vor allem integrative und kommunikative Ansätze hervorgehoben werden.

Interessant erscheinen Konzepte wie das der *Gartentherapie* auch deshalb, weil sie einer häufig problematischen Zersplitterung der Gesellschaft entgegenwirken und – hinsichtlich der Arbeit mit Kindern und Jugendlichen – Wege der Zusammenarbeit mit anderen Alters- und Gesellschaftsgruppen aufzeigen (vgl. Müller, 2002; Niepel/Emmrich, 2005).

Aufgabe:

Die auf S. 240 gezeigte Skizze eines „Mauerwerks" stellt einige Aspekte dar, die etwa bei einem eigenen Gartengestaltungsprojekt besonders wichtig erscheinen. Dabei sind die einzelnen „Bausteine" keineswegs hierarchisch geordnet. Außerdem sind andere Benennungen, Gliederungen und Zuordnungen ebenso denkbar wie weitere, hier nicht genannte Aspekte.

Überlegen Sie, welche Punkte Ihnen bei einer solchen Aufstellung wichtig sind und worin Sie insbesondere bei der Arbeit mit Kindern Akzente setzen möchten: Erstellen Sie Ihr eigenes „Mauerwerk" über ein Gestaltungsprojekt mit Kindern.

Obstgehölze

Beerensträucher und Obstbäume gehören unverzichtbar zur Gestaltung eines Gartens für Kinder, und auch wenn es ein eher kleiner Garten für viele Kinder ist: Es sollte wenigstens etwas Obst zum Naschen zu finden sein. Neben anspruchsvolleren **Kulturobstsorten** können und sollen durchaus auch **Wildobstarten** Verwendung finden (vgl. auch Kapitel 6). Die Anzahl der gepflanzten Obstgehölze wird wesentlich vom verfügbaren Platz bestimmt, vor allem bei Bäumen ist es oft etwas schwierig, einen geeigneten und ausreichend großen Platz zu finden. Andererseits gibt es gerade unter den Apfelsorten auch viele kleinkronige Züchtungen, und manchmal bietet sich auch eine Hausmauer zum Ziehen von Spalierobst an.

Ertrag und Qualität vieler Obstarten hängen stark von der Pflege ab, und auch bei Wildobstarten wie Kornelkirsche oder Schlehe ist der Standort nicht unwichtig: Solche Sträucher wachsen zwar auch im dichten Gebüsch einer Hecke oder unter Bäumen, aber nur an einem sonnigen Platz tragen sie auch entsprechend viele und süße Früchte.

Die Früchte der Schlehe, Prunus spinosa, sind für uns zum Rohverzehr nur bedingt geeignet: Erst nach den ersten Frösten im Spätherbst erlangen sie eine gewisse Süße. Allerdings zählen diese stark bedornten (!) Sträucher zu den wertvollsten Vogelnährgehölzen.

Bei der **Sortenwahl** bei Apfel oder Birne wird man nicht nur auf Widerstandsfähigkeit gegenüber Krankheiten achten, sondern auch bemüht sein, solche Sorten zu pflanzen, deren Haupterntezeit nicht gerade in die Sommerferien fällt und die sich besonders gut zum Frischverzehr eignen. Weitere wichtige Gesichtspunkte für die Wahl einer bestimmten Sorte sind Wuchsstärke und Höhe eines Baumes (kleinwüchsigere Züchtungen sind hier meist vorzuziehen) sowie die Fruchtgröße (kleine und mittelgroße Früchte sind besser geeignet als große) und Genussreife (Lagerobstsorten besser meiden!).

Wichtig ist auch die Frage nach dem Schnitt der Obstgehölze: Hier sollte jemand zur Verfügung stehen, der mit den nötigen Schnittmaßnahmen vertraut ist oder sich die jeweiligen Kenntnisse aneignen will: Werden hier grobe Fehler gemacht, wirkt sich das meist schnell und deutlich beim Ertrag aus. Die Einzelheiten zum fachgerechten **Schnitt der Obstgehölze** können hier nicht näher beschrieben werden, dazu sei auf die entsprechende Fachliteratur (vgl. Kapitel 6, S. 213) sowie auf einschlägige Kurse von Gartenbauvereinen verwiesen.

Grundsätzlich benötigt der Pfirsich einen möglichst geschützten, warmen Standort. Es gibt aber robuste Sorten, die sogar im Voralpenland sehr gut gedeihen.

Wenn aber auch die Arbeiten des Baumschnittes meist von gärtnerischen Fachkräften durchgeführt werden, so stellt sich im Gespräch mit Kindern doch häufig die grundsätzliche Frage nach dem Sinn oder der Notwendigkeit solcher Schnittmaßnahmen. Die Antwort lässt sich vereinfacht und auf beinahe alle Obstarten übertragbar mit folgenden Argumenten geben:

- *Verjüngung:* Der Rückschnitt regt zu Neuaustrieb und Verjüngung des Fruchtholzes an.
- *Kronenaufbau:* Durch einen der Baumart entsprechenden regelmäßigen Rückschnitt wird eine gleichmäßige Verzweigung mit besserer Raumausnutzung erreicht.
- *Auslichtung:* Die Entfernung einzelner, dicht stehender Zweige verbessert die Belichtung innerhalb einer Krone oder eines Busches, und das begünstigt das Ausreifen der Früchte an den verbliebenen Zweigen.
- *Vorsorge vor Bruchgefahr:* Durch Entfernung oder Rückschnitt einzelner Äste können die Tragfähigkeit und Stabilität einer Baumkrone entscheidend entlastet werden.

Hinter diesen Erklärungen stehen Erfahrungen, die die Menschen seit Jahrhunderten bei der Kultur von Obstgehölzen gemacht haben. Dabei können im Einzelfall durchaus unterschiedliche Schlüsse gezogen werden, und so findet man auch beim Obstbaumschnitt gelegentlich unterschiedliche Auffassungen. „Der Mensch greift durch die Schnittmaßnahmen in den natürlichen Ablauf ein, und der Schnitt ist dann als physiologisch richtig zu bezeichnen, wenn er den natürlichen Entwicklungsgesetzen nicht widerspricht" (Riess, 2012, S. 11).

Unter den strauchig wachsenden Obstgehölzen ist vor allem die **Rote Johannisbeere,** Ribes rubrum, hervorzuheben. Es handelt sich dabei nicht nur um eine beinahe überall leicht zu kultivierende Obstart in mehreren Sorten, sondern die süß-säuerlichen Früchte sind reich an Vitamin C und schmecken den meisten Kindern.

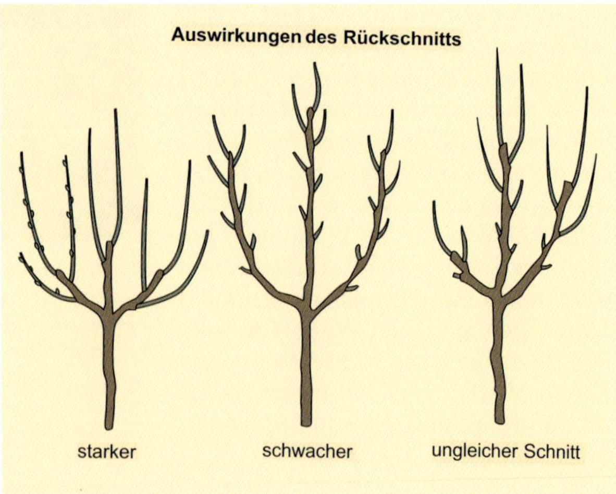

(vgl. Riess, 2012, S. 13)

Wenn möglich, empfiehlt sich auch der Anbau von Schwarzer und Weißer Johannisbeere: weniger wegen des Geschmacks der Früchte (das Aroma der Schwarzen Johannisbeeren ist den meisten Kindern zu streng) als vielmehr zum Vergleich dieser Obstsorten untereinander (Himbeeren, Erdbeeren und bestimmte Wildobstarten: vgl. Kapitel 6, S. 212 f.).

Gartenpflege mit Kindern

Die bereits erwähnten Wildobstarten (vgl. Kapitel 6, S. 218 f.) sind natürlich für Kinder auch zum Naschen interessant, aber angesichts wohlschmeckender Johannisbeeren oder Äpfel werden Berberitzen, Schlehen oder gar Sanddornfrüchte höchstens mal kurz probiert. Dennoch spielt allein die Tatsache, dass es sich hier um Nutzpflanzen handelt, deren Früchte man essen *könnte*, für Kinder eine wichtige Rolle: Solchen Gehölzen wird häufig mit einem ganz anderen *Respekt* begegnet, und wenn es um Fragen der Pflege eines Gartens geht, wirkt sich das unmittelbar in mehr Aufmerksamkeit für diese Pflanzen aus.

Die Früchte der Roten Johannisbeere, Ribes rubrum, werden von Kindern meist gerne gegessen. Der Anbau ist in jedem Garten möglich.

Es liegt also auch von daher bereits nahe, Wildobstarten in jene Bereiche eines Gartens aufzunehmen, die für Kinder besonders interessante Areale sind: **Rückzugsecken und Gebüsche zum Verstecken**. Zwar wird der Fruchtertrag bei vielen dieser Gehölze nicht mehr besonders hoch ausfallen, aber das spielt dann ohnehin eine untergeordnete Rolle: Soweit Früchte reifen, sind sie ungiftig, vielleicht sogar schmackhaft, und gerade jüngere Kinder finden damit auch jede Menge Spielmaterial.

Ein weiterer Vorteil vieler dieser Gehölze ist ihr dichter Wuchs, der sich durch regelmäßigen Rückschnitt oft noch verstärken lässt. Zwar geht das wiederum auf Kosten gut ausreifender, süßer Früchte, aber der Spielwert solcher Gebüsche zählt dann umso mehr. In Verbindung mit einer geeigneten Bodenmodellierung und bei Verzicht auf dornige oder stachelige Sträucher können so jedenfalls ohne großen Aufwand in einem Garten wunderbare Spielbereiche geschaffen werden, die auch im Unterhalt keine große Mühe machen. Im Gegenteil: Da **Wildsträucher** problemlos zurückgeschnitten werden können, lässt sich diese Arbeit gut mit Kindern machen. Am besten eignet sich die Zeit nach dem Laubfall im Herbst, wenn die Verzweigungen der Sträucher einschließlich abgestorbener Äste gut zu sehen sind. Eine entsprechende Einweisung in den Umgang mit Pflanzen- und Astscheren vorausgesetzt, werden die Kinder *ihre* Sträucher gerne schneiden, vor allem dann, wenn ihnen klar ist, dass dieser Rückschnitt den nächsten Neuaustrieb begünstigt. Zudem kann dabei deutlich gemacht werden, welche spitz abstehenden Zweige (in Augenhöhe!) aus Vorsicht besser ganz zu entfernen sind.

➲ ***Zum Einstieg in dieses Thema finden Sie im Arbeitsheft eine Reihe von Aufgaben.***

Der Garten als Werkstatt

Wie aus dem bisher Gesagten bereits deutlich geworden sein sollte, ist ein Gartengelände für Kinder dann interessant, wenn es sich als Arbeits- und Betätigungsbereich bewährt. Ihr Gestaltungswille sucht immer und immer wieder Gelegenheiten und Anlässe, etwas zu verändern, neu zu gruppieren und zu bauen. Selbstverständlich gehört dazu auch, das eine oder andere wieder zu zerstören: Das Neue braucht eben seinen Raum.

Wenige Bretter und Steine, etwas Eis und eine große flache Pfütze: Material genug für Stunden.

Unordnung im Sinn einer noch nicht festgefügten Ordnung der Dinge ist für Kinder von elementarer Bedeutung. Sie suchen die Anregung, die vom Augenschein und dem Zufall ausgeht, und wenn sie Zeit und Gelegenheit haben, stoßen sie im anscheinend ziellosen Spiel auf mitunter überraschende und faszinierende Möglichkeiten, was alles mit einer bestimmten Sache gemacht werden kann. Nicht selten beobachten Erwachsene dann mit großem Bedauern (und manchmal sogar mit Protest), wenn dieselben Kinder ihre eben errungenen Ergebnisse wieder zerstören. Vergessen wir aber nicht, dass sich die Antriebskraft kindlicher Aktivitäten weit weniger auf die Fertigstellung einer Konstruktion und das Erreichen eines bestimmten Zieles richtet als vielmehr auf das Erproben von Möglichkeiten, Lösungswegen und Alternativen. Das Spielerische liegt nur im Unabgeschlossenen, Offenen, Weiterführenden.

Die Verfügbarkeit von frei zugänglichen, ungefährlichen Materialien in entsprechender Menge und Vielfalt stellt sicher, dass Kinder in einem Außengelände immer genügend finden, womit sie sich auseinandersetzen können. Wird diese Überlegung ernst genommen und in die Praxis umgesetzt, so ergeben sich ganz andere Gartenbilder und Szenerien als jene, die von den meisten Erwachsenen mit einem *schönen Garten* assoziiert werden, und nicht selten sind massive Interessenkonflikte die Folge: Ordnungs- und Sicherungsbedürfnisse der Erwachsenen kollidieren mit Bedürfnissen und Wünschen der Kinder. Was tun?

Es erscheint sehr wichtig, sich diese Differenz klarzumachen: Ein **kindgerechter Garten** wird Erwachsene selten wirklich zufriedenstellen, und umgekehrt erscheint es nicht verwunderlich, wenn Kinder einen schönen Garten einfach nur langweilig finden. Wer diesen Widerspruch mindestens für sich selbst auflösen kann, kommt einem ganz eigenen Gestaltungsstil auf die Spur: Gartengestaltung als Provisorium und Hypothese, als Versuchsanordnung und Testgelände.

Die an diesem schmalen Durchgang zum Garten liegende Regenwasserableitung wurde zu einer kleinen, teilweise gemauerten Rinne umgestaltet. Seither befindet sich dort einer der Lieblingsplätze der Kinder – nicht nur bei Regen.

Literaturtipps

- Agde, Georg u. a.: Spielgeräte. Sicherheit auf Europas Spielplätzen. Erläuterungen in Bildern zu DIN EN 1176, Berlin/Wien/Zürich: Beuth, 2013 – Die zahlreichen Skizzen verdeutlichen sehr gut die einschlägigen Sicherheitsvorschriften für Spielgeräte und ermöglichen mindestens eine erste Beurteilung von Risiken bei der Nutzung solcher Geräte.
- Blinkert, Baldo: Aktionsräume von Kindern in der Stadt. Eine Untersuchung im Auftrag der Stadt Freiburg, Pfaffenweiler: Centaurus-Verlagsgesellschaft, 2005 – Die heute meist sehr eingeschränkten Spiel- und Erlebnismöglichkeiten von Kindern in Städten und stadtähnlichen Siedlungsgebieten werden an konkreten Beispielen vorgestellt und bewertet. Die Ergebnisse vermitteln nicht nur eine eindrucksvolle Momentaufnahme, sondern machen mit dem Modell des „Aktionsraumes" auch auf bedenkenswerte Lösungswege für Wohnviertel etc. aufmerksam.
- Oberholzer, Alex/Lässer, Lore: Naturnahe Kindergarten- und Schulanlagen, Hausgärten und Spielplätze, Stuttgart: Eugen Ulmer, 2003 – Eine hervorragende und mittlerweile weithin bekannte Einführung in die Gestaltung von Gärten, in denen Kinder mit natürlichen Materialien spielen können.
- Österreicher, Herbert/Prokop, Edeltraud: Gärten für Kleinkinder, Weimar/Berlin: verlag das netz, 2010 – Beispiele und Vorschläge zur Gestaltung eines Gartens für Kinder, wobei neben gestalterischen und technischen Fragen insbesondere entwicklungspsychologische und pädagogische Aspekte berücksichtigt werden.
- Pappler, Manfred/Witt, Reinhard: NaturErlebnisRäume. Neue Wege für Schulhöfe, Kindergärten und Spielplätze, Seelze-Velber: Kallmeyer, 2001 – Das aufwendig bebilderte Buch stellt etliche Beispiele von Spielplatzgestaltungen vor, wobei auch einzelne Planungs- und Ausführungsschritte beispielhaft vorgestellt werden.

8 Projektarbeit in der Umweltbildung – Erfolg durch Partnerschaft

Wie würden Sie den Begriff „Projekt" definieren?

Muss *Projektarbeit* geplant werden?

Was macht Projektarbeit interessant und lohnend, was mühsam oder fragwürdig?

Unterscheiden sich Projekte mit Kindern von solchen mit Erwachsenen?

Was bedeutet Projektarbeit in der Umweltbildung?

Welche *Themen* eignen sich dafür besonders gut?

Warum ist gerade ein *interdisziplinärer Austausch* für die Umweltbildung so wichtig?

Wo und wie lässt sich bei Umweltprojekten *Expertenwissen* nutzen?

Wie steht es um die *Dokumentation* der Ergebnisse? Ist das nötig?

Wie könnte eine Gartengestaltung als Projekt durchgeführt werden, und warum kann ein solches Projekt für die umweltpädagogische Arbeit besonders wertvoll sein?

Welche Rolle spielen *unerreichbare Zielsetzungen*?

Wann gilt eine Projektarbeit als abgeschlossen?

Sammlung sonderbarer Objekte

Nr. 8

Was löst die Betrachtung in Ihnen aus? Erinnerungen, Vermutungen, Wiedererkennen?

Was könnte das sein?

Welche Bedeutung, welchen Nutzen könnte es haben?

(Auflösung im Anhang, S. 430)

1. Das Ziel bestimmen,
2. sich über den Weg einigen,
3. gemeinsame Sache machen.

Eigentlich ganz einfach, oder?

Die zahlreichen Facetten und Schwerpunkte, die sich im Lauf der letzten Jahrzehnte rund um den Begriff der *Umweltbildung* angelagert haben, machen es mitunter schwer, eine für die pädagogische Praxis sinnvolle Auswahl zu treffen. Die Beantwortung vieler Fragen erfordert nicht nur Kenntnisse in verschiedenen naturwissenschaftlichen Disziplinen. Erschwerend kommt hinzu, dass gerade Umweltthemen selten isoliert behandelt werden dürfen: Mit Kindern über einen Lebensraum zu sprechen, um ihnen seinen ökologischen Wert und eventuell auch seine Gefährdung nahezubringen, führt rasch zu unerwarteten Detailfragen und in mehr oder weniger spezielle naturkundliche oder sozialgeschichtliche Wissensgebiete. Eine offene und anregende Atmosphäre vorausgesetzt, stellen Kinder unentwegt und mit Begeisterung solche Fragen, und es ist immer schade, wenn ihre Neugier und ihr Interesse an dieser Stelle nicht aufgegriffen werden können.

Wichtig sind vor allem jene Themen, an denen Kinder von sich aus Interesse zeigen. Dabei geht es nicht nur um die Inhalte selbst, sondern in besonderer Weise auch darum, *auf welche Weise* Kinder hier gefördert werden können. Die Erziehungswissenschaftlerin Lilian Fried, die sich intensiv mit der Pädagogik der frühen Kindheit befasst hat, betont, dass es entscheidend ist, Kinder individuell beim Erwerb neuen Wissens zu unterstützen, und zwar so, dass sie Neues mit bereits Bekanntem verknüpfen können (vgl. Fried, 2005). Ein gutes Beispiel für solche Anknüpfungsmöglichkeiten sind ökologische Kreisläufe wie der Wasserkreislauf und Verrottungs- und Wachstumsprozesse in der Natur etc. Hier kann das Vorstellungsvermögen und Verständnis der Kinder durch geeignete Begriffe und Erklärungen unterstützt werden, sodass in gewisser Weise das Unsichtbare und Abstrakte sichtbar wird (vgl. Fthenakis/Oberhuemer, 2007, S. 56).

Dabei kommt ein weiterer Gesichtspunkt hinzu: die Aufmerksamkeit und das Verständnis für den Prozess des Lernens selbst – das „Lernen lernen". Dieser Ansatz „zielt darauf, das Bewusstsein der Kinder für ihre Lernprozesse zu fördern, indem Lernen so organisiert wird, dass die Kinder bewusst erleben, *dass* sie lernen, *was* sie lernen und *wie* sie es gelernt haben. Dieses Vorgehen erhöht die Fähigkeit der Kinder, ihre Lernprozesse bewusst wahrzunehmen und eigenständig zu steuern. Darüber hinaus führt es zu einem vertieften Verständnis für die jeweiligen Sachverhalte" (Gisbert, 2004, S. 19). Damit stärken wir unmittelbar und sehr wirkungsvoll die **lernmethodischen Kompetenzen** von Kindern, einschließlich ihrer Fähigkeit zur Selbstregulation (vgl. Hellfritsch, 2009 und Kapitel 1.3).

Aufgaben:

Gerade bei verschiedenen Umweltthemen kann die umweltpädagogische Arbeit durch eine Zusammenarbeit mit bestimmten Institutionen der Umweltbildung und die Hinzuziehung externer Fachleute vielleicht besonders gut unterstützt werden.

1. Bei welchen Themen können Sie sich eine solche Zusammenarbeit vorstellen? In welchem Umfang, in welcher Weise? Machen Sie einige konkrete Vorschläge.
2. Welche dieser Kooperationen könnte sich für eine umfangreichere *Projektarbeit* eignen? Warum? Was wären die Kennzeichen einer solchen Projektarbeit? Beschreiben Sie an einem ausgewählten Projektthema stichwortartig, wie Sie vorgehen würden.
3. Worin sollte bei der von Ihnen vorgestellten Zusammenarbeit Ihr eigener Beitrag bestehen? Welchen Anteil hätte er am Gesamtaufwand des Projektes? Geben Sie eine begründete Einschätzung.

Der Anspruch, mit Fachleuten unterschiedlicher Disziplinen zusammenzuarbeiten, sollte nicht übertrieben werden: Im Zentrum der pädagogischen Arbeit steht in jedem Fall das einzelne Kind mit seiner individuellen Entwicklung und seinen vielfältigen sozialen Kontakten. Wenn hier von Projekten mit **externen Personen und Expertenwissen** die Rede ist – und in gewisser Weise auch dafür geworben wird –, so deshalb, weil sich bestimmte Vorhaben durch solche Kontakte und Kooperationen besser umsetzen lassen, ja in einigen Fällen sicherlich auch auf solche Hilfe von außen angewiesen sind. Es kann und darf jedoch nicht so sein, dass die eigene pädagogische Arbeit durch solche Projekte in den Hintergrund gedrängt wird und die Beobachtung und Begleitung der Kinder angesichts einer beeindruckenden Projektidee vernachlässigt werden.

Bei der Planung von Projekten mit externen Fachleuten soll aber auch nicht übersehen werden, dass die betreffenden Erwachsenen, die ihr Fachwissen in einen Hort oder einen Kindergarten hineintragen, für die Kinder auch in sozialer Hinsicht wichtig sein können: Kinder erfahren so unmittelbar etwas über einen bestimmten Beruf, ein Handwerk oder eine Wissenschaft. Diese Vermittlung mag gelegentlich noch wichtiger als das *sichtbare* Ergebnis eines bestimmten Projektes sein. Was die inhaltliche Auswahl und Ausrichtung von Projekten der Umweltpädagogik angeht, so sind die Grenzen zwischen natur- und umweltkundlichen Themen im engeren Sinn und Themen, die stärker auf handwerkliche oder technische Fragen abzielen, fließend.

Partizipationsprojekte mit Eltern und anderen Helfern sollten stets gut vorbereitet und organisiert sein. Ist das der Fall, sind solche Projekte aber in vielfacher Hinsicht erfolgreich und nachhaltig.

Für eine erfolgreiche Projektarbeit ist ein **konstruktives Miteinander** aller beteiligten Personen mindestens so entscheidend wie ein bestimmtes **Fachwissen**. Gerade dort, wo zahlreiche Helfer benötigt werden, erweisen sich organisatorische und gruppendynamische Aspekte als besonders wichtig:

Die Idee, den Schulhof der Grundschule mit einem großformatigen Fliesenmosaik zu verschönern, gefiel sofort allen (siehe Abbildung S. 250) . Soll das Vorhaben aber gelingen, so stellen sich eine Reihe wichtiger Fragen: Die Auswahl und Beschaffung des benötigten Materials sowie die Planung eines Termins für die Ausführung der Arbeit waren hier kein großes Problem. Schwieriger war schon die Suche nach einer gestalterischen Lösung, die nicht nur allen Beteiligten gefallen würde, sondern auch in dieser gemeinsamen Anstrengung zu verwirklichen war: Im Grunde hatte keiner der Helfer zuvor etwas Ähnliches gemacht, und die ästhetischen Vorstellungen lagen anfangs weit auseinander.
Als hilfreich erwies sich in diesem Fall die Entscheidung für eine abstrakte Komposition aus unterschiedlich großen Bruchstücken. Zusätzlich wurden Begrenzungen der Form und wichtige Farbakzente zu Beginn der Arbeit mit Kreide auf der Wand markiert, was ein paralleles Arbeiten ermöglichte. Das Ergebnis war ein in seiner Wirkung sehr geschlossenes Gesamtbild, bei dem dennoch einzelne Handschriften deutlich wurden.

Die sicherlich aufwendigste Arbeit ist bei solchen Mosaiken aus Fliesenbruch übrigens die Verfugung: Da die Kanten der Bruchstücke teilweise sehr scharf sind, kann darauf keinesfalls verzichtet werden. Die Farbe der Fugenmasse sollte auf die Farben der Fliesen bzw. auf die Gesamtwirkung abgestimmt sein.

Projektarbeit (*in der Sozialpädagogik*) = geplantes, meist längerfristiges Vorhaben, bei dem eine größere Zahl von Kindern gemeinsam mit Erwachsenen an einem bestimmten Thema arbeitet. Die Erarbeitung und Vermittlung neuer Inhalte, *Problemlösen* und das soziale Miteinander sind dabei von höchstem Rang. Bestandteile einer Projektarbeit sind: Ideenfindung, Planung, Vorbereitung, Ausführung, Auswertung, ggf. Dokumentation/Präsentation.

Ein monotones, fensterloses Wandstück in einer Ecke des Schulhofes wird im Lauf nur eines Tages zu einem farbenprächtigen Blickfang.

Die Bedeutung von Projektarbeit, insbesondere in der Umweltpädagogik, soll in diesem Kapitel durch einige konkrete Beispiele veranschaulicht werden. Zudem geht es darum, hier auch bestimmte theoretische Aspekte herauszuarbeiten, die auf andere inhaltliche Schwerpunkte und Möglichkeiten übertragen werden können. Um die Lesbarkeit aber etwas zu erleichtern und gleichzeitig Hinweise auf die meist komplexen Querverbindungen zu geben, werden in diesem Kapitel theoretische und praktische Erörterungen, Beispielhaftes und allgemeine Hinweise miteinander eng verzahnt. Nach komplexer werdenden Beispielen ist das Kapitel in drei Teile gegliedert:

8.1 Zielsetzungen und Bewertungen
(Einführendes und Allgemeines zur Projektarbeit, Zusammenarbeit mit Eltern, Dokumentation und Präsentation von Ergebnissen)

8.2 Umweltbildungsprojekte
(Themenwahl, Vorbereitung und Durchführung eines mehrteiligen Projektes mit einem Wissenschaftler)

8.3 Projekt Gartengestaltung
(Von der Idee zur Umgestaltung eines Außengeländes mit Fachleuten und Laien)

8.1 Zielsetzungen und Bewertungen

Ausgangslage

Kinder verbringen heute den Großteil ihrer Zeit in einer auf sie zugeschnittenen Umgebung und erhalten als Spiel- und Lernmaterial zunehmend spezielle Utensilien, Spielsachen und Lernmittel. Diese kindgerechten Erfahrungsmöglichkeiten bringen allerdings auch die Gefahr einer zunehmenden **Entsinnlichung** des kindlichen Alltags mit sich und machen Einrichtungen zur Tagesbetreuung von Kindern leicht zu **Reservaten**. „Zu diesen Sonderumwelten gehören Krippe, Kindergarten, Hort und Schule, sodass man auch von Institutionenkindheit sprechen kann“ (Textor, 2009, S. 10). Nur dort, wo diese Problematik klar erkannt und durch geeignete Maßnahmen etwas gegen diese „Wirklichkeit aus zweiter oder dritter Hand“ unternommen wird, ist es Kindern möglich, jene Art von Erfahrungen zu machen, die wir heute als so wichtig ansehen: Handlungsorientierung und Selbsttätigkeit, eigene Entdeckungen und Erfahrungslernen.

Projektarbeit versucht nun, gerade diese Kluft zwischen pädagogischer Sonderumwelt und lebensweltlichem Alltag zu verringern. Die bewusste Hinwendung zu Themen, die außerhalb des „pädagogischen Schutzraumes der Kindertageseinrichtung“ (Textor, 2009,

S. 16) liegen, ermöglicht den Kindern vielfältige und wertvolle Begegnungen, fördert ihr Verständnis für Zusammenhänge und unterstützt nicht zuletzt die Herausbildung von Kreativität und Engagement.

Obwohl *Projektarbeit* heute als besonders aktuell und zeitgemäß angesehen wird, weist ihre Geschichte relativ weit in die Vergangenheit zurück: Bereits Jean Jacques Rousseau (1712–1778), Johann Heinrich Pestalozzi (1746–1826) und Friedrich Fröbel (1782–1852) betonten den pädagogischen Wert eigenständiger Anschauungs- und Handlungsmöglichkeiten, und wenn die Begriffe *Projekt* und *Projektmethode* auch zunächst auf den Bereich technischer Ausbildungszweige bezogen wurden, so finden sich die entsprechenden Prinzipien spätestens seit den 1980er-Jahren auch in verschiedenen pädagogischen Ansätzen und Arbeitsweisen (vgl. Textor, 2009).

Grundsätzlich lässt sich für Projekte folgendes Ablaufschema aufstellen:

- Ideenfindung (nach spontanen Einfällen oder aus einer Planung heraus entwickelt)
- Eingrenzen und Festlegen eines bestimmten Themas
- Skizzieren des Projektplans (Grobplanung)
- Vorbereitung des Projekts (falls erforderlich: zusätzliche Detailplanungen)
- Ausführung des Projekts – eventuell mit Reflexionsphasen
- Präsentation der Ergebnisse
- Nachbereitung und Auswertung

Jeder dieser Schritte hat für die Entwicklung und Durchführung einer Projektarbeit seinen ganz besonderen Wert und sollte ernst genommen werden. Dennoch steht über allen einzelnen, am Ergebnis orientierten, Phasen ein gemeinsamer, zentraler Grundgedanke: **Der Prozess ist entscheidender als das Endprodukt**, da sich gerade bestimmte soziale Zielsetzungen der Projektarbeit einer Prüfung und Bewertung vielfach entziehen. Soziales Lernen, Entwicklung und Förderung von Kommunikations- und Teamfähigkeit sowie individuelle und emotional bedeutsame Erlebnisse können Kinder wie Erwachsene in einer Intensität bereichern, die selbst in einer umfangreichen Dokumentation nur andeutungsweise deutlich wird.

Interessen und Schwerpunkte

In einer Einrichtung zur Tagesbetreuung von Kindern treffen sehr viele unterschiedliche Interessen, Fähigkeiten und Kompetenzen aufeinander, die in Form einer Projektarbeit häufig besonders gut zusammengeführt werden können. Aus bestimmten formalen und organisatorischen Gründen sollte dabei zwischen den verschiedenen Personengruppen unterschieden werden, wobei den Kindern eine besonders wichtige Rolle zukommt.

Vogellockpfeifen faszinieren Kinder sofort. Es gibt zahlreiche, teilweise höchst sonderbar gebaute Modelle, mit denen sich sehr seltsame Töne und Tonfolgen produzieren lassen – eine ganz eigene und spannende Annäherung an die Vogelwelt.

Dieser Tag im Wald ist für die Kinder der Kinderkrippe besonders interessant: Der Vater von zwei der hier betreuten Kinder ist ein versierter Hobby-Ornithologe und kann den Kindern die heimische Vogelwelt sehr gut nahebringen. Der präparierte Eichelhäher darf natürlich auch angefasst werden.

Kinder entwickeln oft schon in flüchtigen Situationen oder über kleine Beobachtungen spontane Ideen und den Wunsch, etwas genauer zu erkunden oder etwas Besonderes zu bauen. Das kann, muss aber nicht in ein *Projekt* münden. Wichtig ist aber auch, dass es hier oft schon nicht ein einzelnes Kind, sondern eine kleine Gruppe von Kindern ist, die Lust auf eine gemeinsame Unternehmung äußern. Handelt es sich dabei um ein neues, umfangreicheres Thema, kann darin bereits die Keimzelle für ein interessantes Projekt liegen.

Die **Mitglieder des pädagogischen Teams** bringen nicht nur ihre individuellen Interessen und Kenntnisse mit, sondern entwickeln gemeinsam auch Ideen und Pläne, ein bestimmtes Thema mit einer Gruppe von Kindern auszuarbeiten. Neben naheliegenden sachlichen Gründen spielen dabei auch andere Motive eine Rolle: Konkretisierung der konzeptionellen Arbeit der Einrichtung oder Umsetzung eines Themas im Rahmen eines Bildungsplanes. Zunehmend wichtig sind außerdem Aspekte der Dokumentation der pädagogischen Arbeit und der Präsentation der Einrichtung nach außen.

Eltern ist meist weniger bewusst, welchen Stellenwert ihre Erfahrungen und Kompetenzen im Bereich der Projektarbeit der Kindertageseinrichtung haben können, weshalb es hier besonders wichtig ist, darüber erst einmal miteinander ins Gespräch zu kommen. In Einzelgesprächen oder an Elternabenden kann man ausloten, wer zu welcher Thematik etwas beisteuern könnte und welche Möglichkeiten einer die Einrichtung unterstützenden Elternarbeit überhaupt gegeben sind.

Motivation

Damit ein bestimmtes Interesse zu einer konkreten Handlung führt, müssen die entsprechenden Motive auf eine unterstützende, *motivierende* Umgebung treffen. Dieses Zusammenspiel wird als **Motivation** bezeichnet und spielt in den unterschiedlichsten Bereichen des menschlichen Lebens eine wichtige Rolle. Dabei kann die Motivation eines Menschen entweder als Teil seiner individuellen Persönlichkeit angesehen werden oder als Prozess, mit dem sich bestimmte Verhaltensweisen verstehen und erklären lassen (vgl. Heckhausen, 2010).

Motivation = Handlungsbereitschaft aufgrund des Zusammenwirkens bestimmter Motive und begünstigender Rahmenbedingungen. Die Stärke einer Motivation hängt von verschiedenen weiteren Faktoren ab, wie etwa persönliche Betroffenheit, Identifikation mit den angestrebten Zielen und Selbstvertrauen im Sinn einer Erfolgszuversicht.

So wichtig gerade in der Projektarbeit das Wissen um grundlegende Motivationsprozesse ist, so schwierig ist es andererseits, diese Prozesse zu erfassen: „Motiv" und „Motivation" sind sogenannte *hypothetische Konstrukte*, d. h. Begriffe, mit deren Hilfe zwar ein bestimmtes Verhalten erklärt werden kann, die aber selbst nicht direkt zu beobachten sind. Dennoch stimmen die meisten Motivationspsychologen in einigen zentralen Punkten überein:

- *Motivation* enthält energetische und kognitive Aspekte. Daher sind sowohl die Antriebskraft, die zu einem bestimmten Verhalten führt, zu beachten als auch ein zielvermittelnder Anreiz.
- Einzelne *Motive* lassen sich nur analysieren, wenn eine Handlung mit einer klaren Ausrichtung vorliegt.
- *Motivation* ist zu einem wesentlichen Teil Ergebnis von Lernprozessen. Diese Lernprozesse und ihre Verarbeitung machen deutlich, dass *Motivation* stark von der Umwelt abhängt.

Wurde früher in der **Motivationspsychologie** großer Wert darauf gelegt, menschliches Verhalten über eine Vielzahl unterschiedlicher Motive zu erklären – was zu teilweise sehr umfangreichen Katalogen an Motiven und Motivklassen führte –, so betonen neuere Theorien stärker die Rolle von Wechselwirkungen zwischen den Besonderheiten der Persönlichkeit und Anreizen der Situation. Dennoch gelten vier Motive als besonders prägnant, gut untersucht und spielen auch in der **Elternarbeit** einer sozialpädagogischen Einrichtung eine bedeutsame Rolle (vgl. Bernitzke/Schlegel, 2007):

- Leistungsmotiv: ein bestimmtes, für wichtig gehaltenes Ergebnis erzielen wollen
- Kompetenzmotiv: sich persönlich verbessern und weiterentwickeln wollen
- Geselligkeitsmotiv: Wunsch nach Anschluss, Anerkennung und Schutz in einer Gruppe
- Sicherheitsmotiv: Risiken und Gefahren, die einem Erfolg im Weg stehen, verringern oder beseitigen wollen

Im Alltag kommt es nicht nur zu **Interaktionen** zwischen sehr unterschiedlichen Personen, sondern das Verhalten und Handeln jeder dieser Personen werden auch meist durch jeweils unterschiedliche und nicht selten sogar mehrere Motive und Motivationslagen bestimmt (vgl. Kapitel 1, S. 14 f.). Viele dieser Faktoren und Prozesse mögen uns bewusst werden, sehr viele bleiben aber auch im Verborgenen, werden vielleicht aus bestimmten Gründen verschwiegen oder auch einfach nicht wahrgenommen. Das lässt sich an vielen Alltagssituationen und Beispielen untersuchen:

Der Vater eines Kindes in einem Grundschulhort ist passionierter Angler und weiß daher auch sehr gut, welche Fische in einem nahe gelegenen Fluss leben. Eines Tages, als er sein Kind vom Hort abholt, hat er eine Angelrute bei sich und erzählt einigen neugierigen Jungen vom Angelsport. Die Leiterin des Hortes erfährt davon und möchte den Mann gerne für einen Ausflug mit den Kindern gewinnen, bei dem die Kinder im Rahmen eines „Wasserprojektes" mehr über den Lebensraum Fluss kennenlernen könnten. Als sie ihn fragt, ob dies möglich sei, stimmt er diesem Vorschlag gerne zu und erklärt, er würde den Kindern dabei auch zeigen, wie man Fische fange; es dürfte aber höchstens eine kleine Gruppe von Kindern sein.

Zwei Tage später bespricht die Leiterin diese Idee mit ihrem Team: Ein „Wasserprojekt" mit einem erfahrenen Angler passe hervorragend zu den Inhalten des pädagogischen Konzeptes der Einrichtung und ließe sich auch gut dokumentieren. Eine andere Erzieherin gibt aber zu bedenken, dass der Mann als Angler Fische eigentlich bloß töte, und das sei für die Kinder kein guter Ansatz. Außerdem hätte das Aquarium, das es bis vor Kurzem im Hort gab, die Kinder kaum interessiert. Mittlerweile hat eine dritte Erzieherin beobachtet, wie einige Kinder Angelruten bauen. Auf die Frage, was sie damit machen wollten, antworten sie, sie würden für den Fischfang am Fluss üben.

Aufgaben:

Versuchen Sie, die Positionen und Vorgehensweisen der in diesem Beispiel genannten Personen unter motivationspsychologischen Gesichtspunkten nachzuvollziehen. Nutzen Sie bei der Verwendung der dafür erforderlichen Fachbegriffe auch entsprechende Fachliteratur: Welche *Motive* können Sie bei den betreffenden Personen ausmachen?

1. Worin sehen Sie bei den einzelnen Personen Motive, die von der Aussicht auf Anerkennung oder Belohnung (*extrinsische Motive*), worin solche, die von ganz eigenen, inneren Beweggründen (*intrinsische Motive*) getragen sind?
2. Welche Bedeutung spielen hier die oben genannten vier Motive? Bei wem bzw. bei welchen Personen sehen Sie etwa das Kompetenzmotiv, bei wem das Geselligkeitsmotiv im Vordergrund?
3. Wie würden Sie im vorliegenden Fall als Leiterin des Hortes entscheiden, und welche unterschiedlichen Auswirkungen könnte Ihre Entscheidung unter motivationspsychologischen Gesichtspunkten auf die anderen Personen haben?
4. Beschreiben Sie in Stichworten eine andere Situation aus dem Bereich der Kinderbetreuung, die Sie in der letzten Zeit erlebt haben, indem Sie ebenso versuchen, die Motive und Motivationsprozesse der dort betroffenen und/oder handelnden Personen darzustellen.

Elternarbeit

Im Lauf der letzten Jahrzehnte hat sich das Verständnis von Elternarbeit ganz entscheidend gewandelt. Verstand man früher unter diesem Begriff nicht selten den etwas autoritär belehrenden Versuch, das elterliche Erziehungsverhalten zu verbessern, so basiere Elternarbeit heute „auf der *konstruktiven, partnerschaftlichen und dialogischen Kooperation* zwischen Eltern und Erzieherinnen" (Bernitzke/Schlegel, 2007, S. 10).

Eine solche **Kooperation** gründet bereits in den ersten Beratungsgesprächen, und sie findet ihre Weiterentwicklung vor allem an Elternnachmittagen oder -abenden mit dem pädagogischen Team. Bei solchen Gelegenheiten geht es ja nicht nur um Formales und Organisatorisches, sondern meist auch um wichtige pädagogische Themen. Entscheidend ist aber auch, dass Eltern hier Gelegenheit zum gegenseitigen Kennenlernen und persönlichen Austausch haben. Gerade diese informellen Gesprächssituationen führen oft zu einer Intensivierung der Zusammenarbeit zwischen Eltern und Team.

Grundsätzlich werden in der Elternarbeit meist drei Bereiche unterschieden: **Elternberatung und -information, Elternbildung** sowie **Elternmitarbeit**. Dabei ist der dritte Bereich jener, der für uns hier von besonderem Interesse ist: gemeinsame Projekte in der Umweltbildung bis hin zu jeder die Einrichtung unterstützenden Mitarbeit von Eltern, beispielsweise bei der Gestaltung von Innen- und Außenräumen. Der Zusammenhang zwischen entsprechend motivierten Personen, konkreten und Erfolg versprechenden Anlässen für gemeinsames Handeln sowie günstige Rahmenbedingungen ist dabei unübersehbar wichtig und unverzichtbar:

Ein hohes Maß an Elternbeteiligung signalisiert eine starke Identifikation der Eltern mit der Einrichtung. Sie werden zu Mitgestaltern und nehmen an der Erfahrungswelt des Kindes in der Einrichtung unmittelbar teil. Der Nutzen von Elternkompetenzen führt in der Regel zu einer Bereicherung der Angebote bzw. der Ausstattung der Einrichtung. Durch die Mitwirkung der Eltern können neue Möglichkeiten entwickelt werden, die mit den eigenen Mitteln nicht zu realisieren sind.

(Bernitzke/Schlegel, 2007, S. 49)

Regeln zur Planung und Durchführung von Elternabenden

Eltern-abend

Planung
- Ideen einbringen
- Beobachtungen mitteilen
- Teilaufgaben vorbereiten
- Eigene Aktivitäten mit Gruppenleiterin absprechen

Vorbereitung
- Einladungsschreiben kopieren und mit Kindern zusammen verzieren
- Unterlagen, Materialien, Lebensmittel besorgen
- Räume herrichten
- Plakat als Elternaushang gestalten

Durchführung
- Eltern begrüßen
- Eigene Aktivität durchführen
- Erfrischungen reichen
- Eltern verabschieden

Reflexion
- Aufräumen helfen
- Beobachtungen und Erfahrungen im Team mitteilen
- Protokoll zum Elternabend schreiben
- Ergebnisse des Fragebogens verteilen

(Finkenzeller/Kuhn-Schmelz/Wehfritz, 2009, S. 316)

Die im Bild bereits angesprochene **Vogelbeobachtung mit Kindern** (vgl. S. 252) wird zwar in sehr vielen Büchern zur Umweltpädagogik thematisiert, stellt sozialpädagogische Fachkräfte in der Praxis aber auf eine harte Probe: Meist ist das Wissen über unsere Vogelwelt an sich schon sehr gering, und da eine gezielte Annäherung an diese meist sehr scheuen Tiere zudem schwierig ist, erhalten Kinder nur selten Gelegenheit, sich mit diesen unsere Natur so bereichernden Tieren auseinanderzusetzen.

Das Projekt mit dem Hobby-Ornithologen wurde auch vonseiten der Einrichtung gut vorbereitet: Den Kindern standen nicht nur Ferngläser und Bücher, sondern auch ein Picknickplatz mit gedecktem Tisch zur Verfügung.

Auch für die betreffende Kinderkrippe war es anfangs ein sehr überraschender Vorschlag, als der Vater von zwei in dieser Einrichtung betreuten Kinder anbot, mit einer Kindergruppe (in der sich allerdings Kinder im Alter zwischen etwa einem und knapp sechs Jahren befanden) eine vogelkundliche Exkursion zu machen. Der insgesamt etwa dreistündige Aufenthalt im Wald war für die beteiligten Kinder wie die Betreuerinnen der Gruppe ein großes Erlebnis, und auch wenn die gehörten Vogelstimmen beim ersten Hinhören und trotz großen Interesses und hoher Aufmerksamkeit (intrinsische Motive!) nur schwer zu behalten sind, bleibt eine starke und beglückende Erinnerung an Momente der Konzentration und Wahrnehmung des sonst Vernachlässigten.

Bereits aus einer einzigen, gezielten Vogelbeobachtung entwickeln sich bei den Kindern zahlreiche weitere Fragen und Ideen: Vogelnester und ihr Bau, Eier von Vögeln und die Frage nach dem Wesen der Katze, Nistkästen und Futterplätze, Vorkommen seltener Vögel und die Frage, weshalb manche Vögel sich zu stark vermehren (Tauben in der Stadt). Keinesfalls brauchen alle diese Fragen vertieft werden, aber einige sollten auf jeden Fall aufgegriffen und mit den Kindern weiter bearbeitet werden.

➲ ***Zur Vertiefung dieses Themas finden Sie im Arbeitsheft eine Projektanregung.***

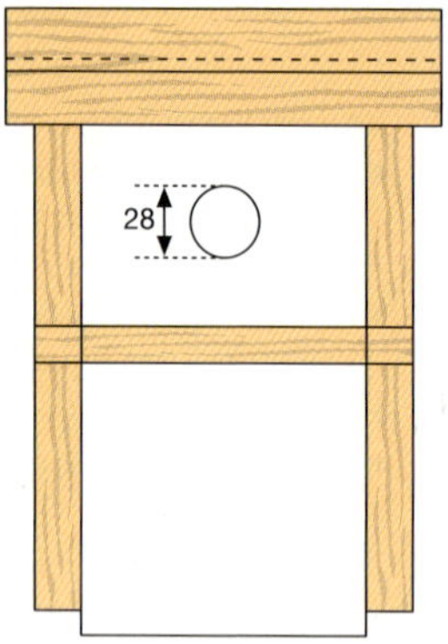

Schnittzeichnung von vorn

Kleinmeisenkasten mit Marderschutz

(Modell vgl. Henze, Kontrollbuch für Vogelnistkästen, 1983)

Geeignet für:
Blau-, Hauben-, Sumpf-, Tannenmeise und Feldsperling

Nistkastenmaße:
Höhe: 240 mm, Breite: 160 mm, Tiefe: 320 mm, Flugloch: 28 mm Ø

Aufhängehöhe:
180 bis 250 cm in ruhigen Gebieten, sonst 280 bis 350 cm

Zum Kasten:
Ein Kleinmeisenkasten mit einem integrierten Marderschutz. Er besteht aus einem erkerartigen Vorbau, der es dem Marder unmöglich macht, mit seiner Pfote bis an die Nestmulde zu gelangen, denn diese befindet sich im hinteren Teil der Nisthöhle. Dieser Kasten verhindert außerdem, dass die Altvögel bei Regen durchnäßt auf die Jungvögel springen müssen, wie es in einem herkömmlichen Kasten je nach Innengröße der Fall sein kann. In dem hier vorgestellten Modell füttert der Altvogel die Jungen vom Vorbau aus, ohne auf sie hüpfen zu müssen. Wer diesen bewährten Kasten bauen will, sollte mit Holz und Werkzeug schon etwas geschickter umgehen können.

Elternarbeit kann über das geschilderte Beispiel weit hinausgehen, und insbesondere umfangreichere Projekte wie eine Garten(um)gestaltung führen immer wieder zu bemerkenswerten und sehr positiven Ergebnissen (vgl. S. 262 ff.). Allerdings kann Elternarbeit auch zu gewissen Schwierigkeiten führen, insbesondere dann, wenn **Konflikte** im Rollenverständnis oder inhaltliche Missverständnisse und größere zwischenmenschliche Probleme auftreten. Eine sehr ausführliche Darstellung dieser für die Praxis nicht unwichtigen Problematik gibt „Das Handbuch der Elternarbeit" (Bernitzke/Schlegel, 2007).

Dokumentation und Präsentation

Aus unterschiedlichen Gründen wird auch von sozialpädagogischen Einrichtungen mittlerweile vermehrt gefordert, ihre Arbeit schriftlich zu dokumentieren und – wo sinnvoll und möglich – in geeigneter Weise auch öffentlich darzulegen. Ein entscheidender Impuls für diese Forderungen kommt aus der aktuellen Debatte um Qualität und Qualitätssicherung im pädagogischen Handeln.

Die ursprünglich aus der Wirtschaft stammenden und auf nationaler und internationaler Ebene entwickelten Modelle, auch die Leistungen, die in pädagogischen Einrichtungen erbracht werden (*Dienstleistungen*), zu vergleichen und zu bewerten, hat zu verschiedenen **Qualitätskonzepten** wie der Kindergarten-Einschätzskala (KES), dem Qualitätsmodell des Kronberger Kreises oder dem Qualitätsmanagementsystem nach DIN EN ISO 9000:2000 geführt. Dabei können spezifisch pädagogische Aspekte zwangsläufig weniger präzise erfasst werden als formale Kriterien wie Aspekte der Organisation, Öffnungszeiten, Personalschlüssel oder Ernährung. Dennoch spielen nun auch Kriterien wie Freundlichkeit als persönliche Grundhaltung, Teamqualität oder partnerschaftliche Elternarbeit eine entscheidende Rolle: „Pädagogisches Handeln wird nicht mehr als intuitiv und von persönlichen Erfahrungen und besonderen Begabungen, mit Kindern umzugehen, abhängig betrachtet" (Viernickel/Völkel, 2009, S. 36). Da man dabei aus prinzipiellen Gründen niemals von einem statischen, d. h. gleichbleibenden Zustand einer bestimmten Qualität ausgehen kann, sondern stets vielfältige Einflussgrößen und deren Veränderungen zu berücksichtigen sind, zielen entsprechende Bemühungen heute vor allem auf **Qualitätsentwicklung** und **Qualitätssicherung**.

> **Qualitätsmanagement** (*im Dienstleistungsbereich*) = systematischer Ansatz zur Gestaltung der Arbeitsprozesse in einer Einrichtung, um die gewünschte Qualität der betreffenden Dienstleistung zu erreichen bzw. zu verbessern.

➲ ***Zur Vertiefung dieses Themas finden Sie im Arbeitsheft eine Reihe von Aufgaben.***

Eine zentrale Frage, die sich im Zusammenhang mit allen Beobachtungsverfahren stellt, bezieht sich auf die Art und Weise der **Dokumentation** der Ergebnisse. Dazu stehen je nach Art der Datenerhebung verschiedene Techniken zur Verfügung: freie Notizen und Texte, Einträge in entsprechend vorformulierten Formularen, Fotos, Filmausschnitte, Skizzen, Soziogramme, Collagen verschiedener Bild- und Textdokumente oder Portfolio-Dokumentationen – ein Dokumentationsinstrument, das in den angelsächsischen Ländern bereits seit Langem Verwendung findet: Meist werden dazu für jedes Kind Ordner angelegt, in denen in chronologischer Reihenfolge Bilder und Notizen gesammelt werden. Die kontinuierliche Betreuung und systematische Ergänzung durch das jeweils aktuelle Material ist dabei ebenso wichtig wie eine reflexive und kommentierende Vorgehensweise: „Es ist schade, wenn in einem Portfolio größere ‚Lücken' entstehen, denn diese Abschnitte aus der Bildungsbiografie des Kindes sind verloren und können im Nachhinein nur mühsam oder überhaupt nicht mehr rekonstruiert werden" (Viernickel/Völkel, 2009, S. 173).

Wie bereits in Kapitel 1.3 – bezogen auf Kleinkinder – dargelegt wurde, gehören Beobachtungs- und Dokumentationsverfahren heute wesentlich zur professionellen Unterstützung der frühkindlichen Entwicklung.

Das, was heute als **Portfolio** bezeichnet wird, kann sich dabei ganz unspektakulär aus bestimmten Alltagssituationen heraus entwickeln:

In einer Kinderkrippe in München wurde vor rund zehn Jahren das Arbeiten in einem „offenen Haus" eingeführt: Die Kinder sollten nicht mehr auf einen Gruppenraum festgelegt sein, sondern sich zu jeder Zeit im ganzen Haus frei bewegen dürfen und so jene Bereiche und Räume aufsuchen können, deren Material- oder Handlungsangebot ihren aktuellen Bedürfnissen und Interessen entspricht. Dabei zeigte sich bald, dass die pädagogischen Fachkräfte Mühe hatten, die Entwicklung der einzelnen Kinder hinreichend genau zu beobachten. Da diese Einrichtung zudem mit der sogenannten Beller-Tabelle (vgl. Beller/Beller, 2010) als Beobachtungsinstrument für die individuelle Entwicklung der Kinder arbeitet, das Konzept des „offenen Hauses" sich im Übrigen aber sehr gut bewährte, musste für diese Situation eine Lösung gefunden werden.
Die Mitglieder des Teams beschlossen, für die einzelnen Kinder „Dokumentationsmappen" anzulegen, wobei eine Betreuerin jeweils etwa sechs solcher Mappen übernahm. Dieses Verfahren wurde auch mit den Eltern der Kinder besprochen und wird in der betreffenden Einrichtung bis heute sehr erfolgreich praktiziert.

Beller-Tabelle = in acht Bereiche gegliederte Entwicklungstabelle von Kuno Beller zur Erhebung der individuellen kindlichen Entwicklung von der Geburt bis zum 72. Lebensmonat. Dabei geht es um die Bereiche Körperpflege, Umwelterfassung, sozial-emotionale Entwicklung, Spieltätigkeit, Sprache, Kognition sowie Grob- und Feinmotorik, wobei der jeweilige Entwicklungsstand eines Kindes in seinen alltäglichen Verhaltensweisen in der vertrauten Umgebung erfasst und eingeschätzt wird. Ziel ist die Entwicklung pädagogischer Angebote, die dem individuellen Entwicklungsstand und insbesondere den Stärken eines einzelnen Kindes angemessen sind und eine Über- oder Unterforderung vermeiden helfen.

Lerngeschichte = als „learning story" von Margaret Carr entwickeltes und mittlerweile vom Deutschen Jugendinstitut DJI für die aktuelle Situation in Deutschland überarbeitetes und erprobtes Verfahren der Beobachtung und Entwicklungsförderung von Kindern. Grundidee ist die Aufnahme und Verarbeitung all jener Themen, die von einem Kind selbst ausgehen und als „Lernstoff" begriffen werden. Vergleichbar dem Beobachtungsverfahren der Beller-Tabelle geht es auch hier um die Unterstützung individueller Stärken und die Betonung des Lernens als individuellem Prozess.

Etwas problematisch ist beim Einsatz von Portfolios die Berücksichtigung des Datenschutzes: Einerseits besteht der Wert dieses Beobachtungsinstrumentes gerade in der sorgfältigen und systematischen Erfassung individueller Texte, Bilder und Notizen, über die natürlich auch gesprochen werden soll, andererseits können dabei unter Umständen Persönlichkeitsrechte verletzt werden. Die rechtliche Situation ist hier derzeit nicht eindeutig, auch wenn etwa in Rheinland-Pfalz darauf hingewiesen wird, „dass die Bildungs- und Lerndokumentationen Eigentum der Eltern sind und spätestens beim Ausscheiden des Kindes aus der Einrichtung an diese ausgehändigt werden sollen" (Viernickel/Völkel, 2009, S. 174). (Zur besonderen Situation vgl. Kapitel 1.3)

Dokumentationen besitzen nicht nur einen bestimmten Inhalt, sondern auch eine bestimmte **äußere Form**. Von den darstellenden Künsten bis hin zu Medienkunde oder Werbung wissen wir, wie sehr die Wirkung eines Inhalts von seiner Form bestimmt wird. Ohne diesen Gedanken hier vertiefen zu wollen, sei dennoch darauf hingewiesen, dass eine attraktive, verständliche und vielleicht sogar originelle gestalterische Darstellung von Ergebnissen von besonders großer Bedeutung ist. Damit ist nicht gemeint, nebensächliche oder vergleichsweise unwichtige Daten aufzublähen und marktschreierisch in den Vordergrund zu stellen, sondern sich um jene Aspekte der Präsentation zu bemühen, durch die die jeweiligen Inhalte und Aussagen in überzeugender und ansprechender Weise unterstrichen werden.

Im Rahmen einer naturkundlichen Teamfortbildung entstand diese Schautafel, auf der die Ergebnisse einer kleinen Geländeuntersuchung festgehalten wurden – zur inhaltlichen Vertiefung für die pädagogischen Mitarbeiterinnen, als Anregung für die Kinder und zur Information der Eltern.

➲ ***Zur Vertiefung dieses Themas finden Sie im Arbeitsheft eine Reihe von Aufgaben.***

8.2 Umweltbildungsprojekte

Für die Umweltbildung ist eine Vernetzung mit **Partnern außerhalb der Einrichtung** besonders wichtig. Die vielen speziellen und oft komplexen Themen können häufig nur mit Unterstützung externer Fachleute und anderer Institutionen sinnvoll aufgegriffen werden. Eltern, die in einem bestimmten Bereich – sei es beruflich, sei es in Gestalt eines Hobbys – besondere Kenntnisse und Kompetenzen besitzen, stehen dabei oft an erster Stelle. Darüber hinaus können auch Kontakte zu Personengruppen, Vereinen und Verbänden sowie bestimmten amtlichen Stellen weiterhelfen: Natur- und Umweltschutzverbände, Natur- und Umweltbildungszentren, Umwelt-, Energie- und Abfallberater in Kommunen, Umweltreferenten in Behörden und Ministerien, Ärzte, Museen, Institute für bestimmte Forschungsansätze und Einzelpersonen, die für Kinder und/oder pädagogische Teams spezielle Exkursionen und Tagesveranstaltungen anbieten.

Themenwahl

Die Wahl und Festlegung eines geeigneten Themas hängen nicht nur von vielen äußeren Umständen wie Alter der Kinder, Jahreszeit oder räumlichen Gegebenheiten ab, sondern wirken selbst wieder bestimmend auf Art und Umfang von Vorbereitungen, Kosten und

Ausflüge an die Schotterbänke der Isar wecken in den Kindern die Neugier auf Steine. Sie sammeln und vergleichen, stellen viele Fragen – ein Grund, sich nach einem Experten umzusehen.

Dauer eines Projektes. Der wichtigste Aspekt bei der **Themenwahl** ist allerdings das Interesse der Kinder: Während im einen Fall ein bestimmtes Thema gleichsam in der Luft liegt und die Kinder deutlich zeigen, was für sie gerade wichtig ist, führen im anderen Fall Anregungen und Vorschläge der Erwachsenen zur Entscheidung für eine Fragestellung oder Unternehmung. Aber in beiden Fällen ist das Interesse der Kinder der *Motor des Projektes*; letztlich gibt er Richtung und Intensität aller Aktivitäten vor. Das gilt nicht nur für den ersten Schritt, die Wahl eines Projektthemas: Die Kinder sollten selbstverständlich auch während der Durchführung des Projektes mitbestimmen dürfen, wo immer sich das einrichten lässt.

Vorbereitung und Planung

Die Ausflüge und Erkundungswanderungen an die Kiesbänke der Isar, die die Erzieherinnen einer Kinderbetreuungseinrichtung bereits mehrere Male durchgeführt hatten, verstärkten das Interesse an **Gesteinen**, sowohl bei den Kindern als auch bei den Erwachsenen.

Eine Erzieherin wusste von einer Ausstellung im Paläontologischen Museum Münchens und als sie den Kindern davon erzählte, stand sofort fest, diese Ausstellung gemeinsam zu besuchen.
In der Vorbereitung dieses Besuches wurde mit den Kindern nicht nur überlegt, mit welchen öffentlichen Verkehrsmitteln man das Museum erreichen könne, sondern auch, ob man nicht einige besondere Fundstücke von der Isar mitnehmen könne, um sie mit den Ausstellungsstücken im Museum vergleichen und so bestimmen zu können. Um nähere Informationen über die Ausstellung zu erhalten, rief die Leiterin der Einrichtung zudem einen ihr bereits bekannten Paläontologen der Universität an. Als dieser vom Wunsch der Kinder hörte, sagte er spontan zu, die Kinder durch die betreffende Ausstellung zu führen und ihnen auch seinen Arbeitsbereich zu zeigen.
Dieser Besuch wurde für die Kinder ein spannender und sehr erlebnisreicher Tag. Besonders fasziniert waren sie natürlich von den großen Skeletten eines Urelefanten und verschiedener Saurierarten, aber auch die Werkstatt im Institut für Paläontologie, wo unter anderem Dünnschliffe von Gesteinen hergestellt werden, ließ sie kaum mehr los.
Noch am selben Tag wurde geplant, sich in der nächsten Zeit intensiv mit dem Leben in der Urzeit zu beschäftigen. Um sich besser informieren zu können, sollten als Nächstes entsprechende Bücher aus der Bibliothek beschafft werden.

Paläontologie = Lehre von der Entwicklung der Organismen im Lauf der Erdgeschichte, wobei Fossilien zu den wichtigsten Untersuchungsobjekten zählen. Altersbestimmung und bestimmte Entwicklungsverläufe werden dabei in enger Zusammenarbeit mit der Geologie durchgeführt. Je nach Schwerpunktsetzung unterscheidet man u. a. Paläoanthropologie, Paläozoologie, Paläobotanik und Paläoklimatologie.

Fossilien = Sammelbegriff für Spuren früheren Lebens, wobei zwischen Körperresten und diagnostizierbaren Spuren bestimmter Aktivitäten von Lebewesen wie z. B. Fußabdrücke oder versteinerte Exkremente unterschieden wird. Fossilien finden sich gehäuft in bestimmten geologischen Schichten, bei der Altersbestimmung helfen „Leitfossilien", die einem erdgeschichtlich engeren Zeitraum zuzuordnen sind, dafür aber räumlich weitverbreitet auftreten.

➲ *Zur Vertiefung dieses Themas finden Sie im Arbeitsheft eine Reihe von Aufgaben.*

Durchführung

Das Projekt **Leben in der Urzeit** fand seine Fortsetzung in verschiedenen Teilen und Tagesunternehmungen, verteilt über mehrere Monate. Darunter waren einige Besuche des Paläontologen in der Einrichtung sowie zwei Exkursionen mit ihm: ein weiterer Ausflug an die Isar, bei dem es um die Gesteine im Flussbett ging und die Erkundung einer Naturhöhle an der Donau, ein Tagesausflug, bei dem auch Eltern teilnehmen konnten. Außerdem befassten sich die Kinder in dieser Zeit beinahe ständig mit Mineralien und Gesteinen, lernten die Namen von Sauriern und fragten immer wieder nach dem Leben ausgestorbener Pflanzen und Tiere.

Die Teilnahme der Eltern war bei diesem Projekt zwar nur teilweise möglich, aber sie wurden über die Planungen, Geschehnisse und Erlebnisse immer wieder informiert, so wie sie umgekehrt den Erzieherinnen auch erzählten, welche Auswirkungen das Projekt teilweise für die übrige Familie und die Wohnung habe: kein Ausflug mit den Kindern ohne Steine oder Fossilien zu suchen, Steine auf Fensterbrettern und im Bett, Fragen ohne Ende.

Der Besuch einer Naturhöhle bei Kelheim an der Donau war unter anderem dem Leben des Höhlenbären gewidmet, denn diese Höhle ist unter Fachleuten auch wegen solcher Fossilienfunde bekannt.

Für die Durchführung des Projektes waren auch das persönliche Interesse und Engagement der pädagogischen Fachkräfte wichtig, denn Projektarbeit erfordert oft eine gewisse Mehrarbeit und ein flexibles Umgehen mit personellen und anderen Ressourcen. Der Lohn für die Mühe ist allerdings beachtlich: begeisterte Kinder und Eltern, ein auch für die Erzieherinnen abwechslungsreicher Alltag mit vielen persönlich bereichernden Elementen und die ganz unmittelbare Erkenntnis, dass solche Projekte trotz des nötigen Mehraufwands ihrerseits auch wieder Energie spenden und damit die pädagogische Arbeit insgesamt wesentlich unterstützen und fördern.

8.3 Projekt Gartengestaltung

Gerade die Gestaltung von Spielplätzen und Außenanlagen an Einrichtungen zur Kindertagesbetreuung bietet hervorragende Möglichkeiten, Planung *und* Ausführung der Arbeiten in Kooperation mit den (späteren) Nutzern zu organisieren. Wenn es dabei auch nicht unbedingt um *Umweltbildung* im engeren Sinn gehen mag, so spielt dabei doch der bewusste und sorgfältige Umgang mit Gelände und Naturraum, Naturmaterial und Pflanzen eine entscheidende Rolle. Selbstverständlich ist eine gute fachliche Betreuung dabei ebenso wichtig wie eine gelingende Moderation der häufig äußerst unterschiedlichen Meinungen und Ziele.

Wünsche, Kriterien, Umsetzbarkeiten

Gartenumgestaltung mit Eltern I: Bei der Verwandlung des Spielhügels in einen „Burgberg" werden an der Hangschulter zunächst einige Felsen gesetzt, die dann ein kleines Mauerwerk tragen sollen – eine Arbeit, die von den drei Männern Kraft und Formgefühl verlangt.

Bei den ersten Überlegungen zur Gestaltung oder Veränderung des Außengeländes einer Kinderbetreuungseinrichtung werden häufig sehr viele verschiedene Wünsche geäußert, die längst nicht immer umsetzbar sind: aus Gründen des Raumbedarfs, der Kosten oder bestimmter Sicherheitserwägungen. Dennoch ist es wichtig, anfangs die Fantasie spielen zu lassen und möglichst viele Ideen zu sammeln: im pädagogischen Team, an einem Elternabend und natürlich auch mit Kindern.

Nach einem solchen **Brainstorming** wird es nötig sein, die Vorschläge zu sichten und zu ordnen, wobei es hilfreich sein kann, nach einem Katalog bestimmter Fragen und Kriterien vorzugehen: Was brauchen wir wirklich? Was fehlt am meisten in diesem Gartengelände? Was lässt sich mit wie viel Aufwand umsetzen (vgl. Kapitel 7, S. 233 ff.)?

Planungsschritte – Einbeziehung von Eltern und externen Fachleuten

Erste **Skizzen** und einfache **Modelle** helfen, den vorhandenen Raum abzustecken, und vermitteln auch eine bessere Vorstellung vom Platzbedarf bestimmter Pflanzungen, neuer Spielgeräte und anderer Einbauten. Wenn möglich, sollte man in diesem Stadium auch eine entsprechende fachliche Beratung hinzuziehen, denn eine Überlegung, die immer weiter präzisiert und vorangetrieben wird, sich letztlich aber als problematisch oder gar undurchführbar herausstellt, führt nur zu Enttäuschungen und verhindert möglicherweise ein sinnvolles und tatkräftiges Engagement an anderer Stelle. Eine **fachliche Beratung** durch das zuständige Gartenamt oder einen externen, auf Spielplatzgestaltung spezialisierten Planer kann darüber hinaus auch zahlreiche neue Ideen mit sich bringen und hilft, wichtige technische und finanzielle Fragen zu klären.

Das Gebäude eines Grundschulhortes musste von Grund auf saniert werden, und das war eine gute Gelegenheit, sich auch dem bis dahin arg vernachlässigten Außengelände zuzuwenden. Das pädagogische Team der Einrichtung hatte bereits mit interessierten Eltern etliche Ideen gesammelt, und da der Träger auch seine Zustimmung zu einer Neugestaltung des Gartens in einem gewissen finanziellen Umfang gegeben hatte, stand dem Vorhaben nichts mehr im Weg.
Um die verfügbaren Mittel möglichst effizient zu nutzen, wurde der Autor mit einer Planung beauftragt, die die vorhandenen Strukturen – soweit noch nutzbar – einbeziehen und eine Neugestaltung nach bestimmten pädagogischen Erfordernissen ermöglichen sollte. Außerdem sollten die Ausführungsarbeiten im Wesentlichen von Eltern und Mitarbeiterinnen der Einrichtung geleistet werden können.
Die eigentliche Planungsarbeit erfolgte dann in zwei Stufen: Ein skizzenhafter, erster Plan wurde im Rahmen eines Elternabends vorgestellt und ausführlich diskutiert, wobei Eltern aus verschiedenen einschlägigen Berufszweigen (Architektur, Installationswesen, Messebau) ihr eigenes technisches Know-how einbrachten und bereits etliche Details der Ausführungsarbeiten festgelegt werden konnten. Die nach den Ergebnissen dieses Treffens erstellte Ausführungsplanung diente dann als Grundlage für die Arbeiten selbst, wobei eine etwas umfangreichere Bodenmodellierungsarbeit von einer Fachfirma, alle anderen Arbeiten an mehreren Tagen im Abstand einiger Wochen bis Monate gemeinsam mit Eltern, Kindern und Teammitgliedern ausgeführt wurden.

Ausführungsarbeiten

Wenn ein Projekt zur Garten(um)gestaltung zustande kommt und einen positiven Verlauf nimmt, lassen sich zahlreiche positive Effekte ausmachen. Die gemeinsame Gestaltung eines Sandspielplatzes oder die Anlage eines „Weidendschungels“ bewirkt eben weit mehr als die Veränderung des jeweiligen Stücks Freifläche. Es ergeben sich zahlreiche neue zwischenmenschliche Kontakte, ein oft begeisterndes Wir-Gefühl und intensive Kommunikationsmöglichkeiten. Die Beteiligten erleben ganz direkt und unmittelbar den Zusammenhang von theoretischen Überlegungen und praktischer Gestaltung in einer gleichsam **interdisziplinären Arbeitsatmosphäre**.

Die wichtigsten Ergebnisse solcher Projekte sind:

Neue Kontakte	Die meist wohl ungewohnte, aber fast immer sehr intensive Zusammenarbeit führt zu neuen Bekanntschaften, lässt die Teilnehmer aber auch alte Bekannte in einem neuen Licht sehen und kennenlernen.
Gruppengefühl	Viele derartige Projekte führen zu einem starken Wir-Gefühl, das Kinder und Erwachsene gleichermaßen erleben und das oft lange über den Anlass hinaus besteht.
Faszinierte Kinder	Gerade Kinder, deren Eltern einen eher „unanschaulichen“ Beruf haben, entdecken an ihren Eltern neue und ungewohnte Seiten: die tatkräftige, sichtbare Arbeit, um ihren Spielbereich zu verschönern und zu bereichern.

Intensive Kommunikation	Gemeinsam an einer Sache zu arbeiten bedeutet für die einander oft fremden Beteiligten ein hohes Maß an Abstimmung und Einigung. Meinungsverschiedenheiten und Widersprüche müssen in der Regel sofort geklärt werden.
Mut und Selbstvertrauen	Da die anfallenden Einzelarbeiten häufig in Art und Umfang über gewohnte Tätigkeiten hinausgehen, werden Mut und Selbstvertrauen nötig sein, sich gerade auch vor den Augen anderer mit einer neuen Aufgabe zu befassen.
Realität statt Simulation	Alle Personen, die an solchen Projekten teilnehmen, erleben ganz direkt, physisch und emotional, die Auswirkungen und Ergebnisse ihrer Arbeit. Erfolge wie Misserfolge sind gleichermaßen sichtbar und wollen akzeptiert werden.
Sinnzusammenhänge	Planung und Ausführung, eigene Ideen und ihre unmittelbare Umsetzung verdeutlichen in ihrer engen Verschränkung den Zusammenhang von theoretischen Überlegungen und praktischer Gestaltung.
Wechselwirkungen	Vorüberlegungen, die Ergebnisse von Diskussionen, die praktische Arbeit, aber auch emotionale Bedürfnisse und Erlebnisse stehen während des gesamten Arbeitsprozesses in enger Wechselwirkung zueinander. Das beeinflusst nicht nur das Ergebnis des Projektes sehr stark, sondern prägt auch den Ereignischarakter solcher Vorhaben.
Identifikation mit der Einrichtung	Eltern, die gemeinsam mit ihren Kindern und dem pädagogischen Team einer Einrichtung wie Kindergarten oder Hort daran arbeiten, die Außenanlagen umzugestalten, nehmen damit auch Anteil an der Arbeit der Einrichtung insgesamt, tragen mit an der Sorge um den Erhalt des Geleisteten und entlasten so in gewisser Weise auch das Betreuungsteam.
Neue Erfahrungen und Denkanstöße	Viele Beteiligte erleben die Gemeinschaftsaktionen als sehr anregend und ermutigend für private oder andere Unternehmungen dieser Art, bei denen sie die neu gewonnenen Erfahrungen weitergeben, variieren und ausbauen können.
Offenes Ende	Solche Projekte beinhalten schon von ihrer Planung her einen manchmal ungewissen Ausgang, entwickeln sich durch die Ideen und Vorschläge der Teilnehmer während der Ausführungsarbeiten – situationsbedingt – manchmal in eine andere, interessantere als die vorbestimmte Richtung.
Arbeiten mit Naturprozessen	Gestalten mit Holz und lebenden Pflanzen heißt stets auch den Faktor Zeit berücksichtigen. Wachstum, Formänderungen, Erosionserscheinungen, Verrottungsprozesse bestimmen wesentlich die weitere Entwicklung.
Energie- und ressourcenschonendes Arbeiten	So weit wie möglich werden vorhandene, alte und wiederverwendbare Materialien eingesetzt; die Wahl der übrigen Mittel richtet sich grundsätzlich nach ihrer Umweltverträglichkeit. Transportwege bleiben kurz und aufwendige Maschinen und Geräte auf das notwendige Mindestmaß beschränkt.

Das gemeinsame Arbeiten kann im Ergebnis durchaus etwas chaotisch wirken, und manche Beteiligten werden hier möglicherweise Geradlinigkeit, Präzision und Widerspruchsfreiheit vermissen. Andererseits kann ein solches Handeln unter der Voraussetzung von Eigenständigkeit, Partnerschaft und Verantwortlichkeit in der Folge auch bedeuten, Ängste abzubauen: Ängste, die offensichtlich zunächst entstehen, wenn sich etwas Neues entwickelt. Gerade aufgrund dieser offenen Arbeitsweise haben wir es letztlich auch mit einer Form von ökologischem Handeln zu tun: Natürliche menschliche, persönliche Entwicklungen antworten in weiterführendem Sinn auf die gestaltenden Maßnahmen. Wie die Beteiligten mit solchen Prozessen umgehen, erscheint alles andere als unwichtig: Nicht Geschäftigkeit, sondern Lebendigkeit sollte unsere tätige Auseinandersetzung mit der Umwelt bestimmen, nicht ängstliches Festhalten am gerade Erreichten, sondern Mut, Kreativität – und Gelassenheit.

Gartenumgestaltung mit Eltern II:
Eine stabile Treppe aus Hölzern und Mineralbeton führt neben der Rutsche auf den „Burgberg". Dazu werden zunächst entsprechende Kanthölzer gesetzt, die dann mit dem Kiesgemisch hinterfüllt und befestigt werden – ebenfalls eine Arbeit für ein (bald eingespieltes) Team.

➲ ***Zur Vertiefung dieses Themas finden Sie im Arbeitsheft eine Reihe von Aufgaben.***

Weiterentwicklung eines Gartens – Pflege und Unterhalt

Ein Garten verändert sich ständig: Einflüsse von Regen, Schnee und Sonneneinstrahlung auf Gelände und Bodeneigenschaften, Wachstum und Absterben von Pflanzen, Auftreten von verschiedenen Kleinlebewesen, die ihre ganz eigenen (und nicht immer erwünschten) Spuren hinterlassen, und natürlich die entsprechenden Wechselwirkungen zwischen der unbelebten und der belebten Natur – all das bewirkt, dass ein Garten auch ohne Beteiligung von Menschen immer wieder ein neues, verändertes Bild zeigt.

In einem Garten- oder Außengelände, das zudem – und genau genommen ja in erster Linie – dazu bestimmt ist, von Kindern genutzt zu werden, multiplizieren sich die Einflüsse und **Veränderungen** noch. Ein solcher Garten ist unter den Eroberungen, Spielen und Arbeiten der Kinder gelegentlich schon innerhalb weniger Tage kaum wiederzuerkennen. Das ist keinesfalls ein Nachteil, zeigt sich damit doch sehr deutlich der Wert, den dieses Gelände für die betreffenden Kinder besitzt. Nur, durch die Aktivitäten der Kinder wird vor allem in kleinen Außenanlagen nach und nach auch jene „Natur" beeinträchtigt, die ein abwechslungsreiches und lustvolles Agieren erst ermöglicht: Rasenflächen verwandeln sich in graubraune, festgestampfte Böden, Kletterbäume leiden unter zu starker Nutzung, Spielgeräte und andere Einbauten weisen schon bald diverse Schäden und Mängel auf, die schon aus Gründen der einschlägigen Sicherheitsvorschriften nicht zu tolerieren sind.

Solche Erscheinungen lösen immer wieder rigide **Gegenreaktionen** aus und führen zu Konsequenzen, die sehr skeptisch zu beurteilen sind:

- Der Aufenthalt der Kinder im Garten wird eingeschränkt. Dabei kann es sowohl zu einer zeitlichen Limitierung (z. B. eine Stunde im Garten vor dem Mittagessen) als auch zur Sperrung bestimmter Bereiche des Gartens kommen. Als Gründe werden dann meist der Schutz des Rasens oder auch bestimmter Blumenbeete genannt.
- Sämtliche Pflanzungen und Einbauten inklusive Spielgeräte werden auf *maximale* Belastbarkeit ausgerichtet. Das führt dann in der Regel zu sehr *pflegeleichten*, aber auch sterilen Gartenanlagen, in denen großflächige Plattenbeläge, Beton-Sitzelemente und spezielle, äußerst massive Spielgeräte vorherrschen.

Aufgaben:

Vergegenwärtigen Sie sich diese Aspekte wenn möglich anhand eines bestimmten, Ihnen gut bekannten Außengeländes an einer Kindertagesstätte oder einem Hort, und versuchen Sie, auf die folgenden Fragen eine – vielleicht vorläufige – Antwort zu geben:

1. Welche konkreten Auswirkungen haben die genannten Gegenreaktionen auf die Spiel- und Erfahrungswelt der Kinder?
2. Welche Maßnahmen zum Schutz eines Gartens vor den Kindern sind Ihnen persönlich bekannt oder bereits begegnet, und wie beurteilen Sie diese Maßnahmen?
3. Was könnte über die offen geäußerten Begründungen hinaus eine Rolle spielen, wenn der Aufenthalt von Kindern im Außengelände eingeschränkt wird?

Bei einem Gartengestaltungsprojekt mit Eltern treffen Menschen mit sehr unterschiedlichen Kompetenzen und Temperamenten aufeinander. Das führt auch zu einer Fülle neuer Ideen und Anregungen.

Es geht letztlich wohl immer um einen **Zielkonflikt** zwischen dem Bestreben, einen Garten einerseits in seiner Schönheit und Funktionalität zu erhalten und ihn andererseits Kindern so umfassend wie nur irgend möglich zur Verfügung zu stellen. Ohne Kompromisse und Inkaufnahme von Beschädigungen und Verlusten ist dieser Konflikt nicht zu lösen. Eine Lösung des Problems zeichnet sich aber mindestens tendenziell ab, wenn man berücksichtigt, dass ein *kindgerechter* Garten *für Kinder* da sein soll und somit keinen Selbstzweck darstellt: Pädagogische Überlegungen stehen hier grundsätzlich vor allen gärtnerischen Erwägungen und sollten diesen gegenüber auch stets deutlich gemacht werden (vgl. Kapitel 7, S. 234).

Wurde oder wird ein Außengelände an einer Kindertagesstätte nicht (nur) von einem Planungsbüro und ausführenden Fachfirmen gestaltet und dann „schlüsselfertig“ übergeben, sondern wenigstens teilweise auch vom betreffenden pädagogischen Team und interessierten Eltern mitentwickelt, hat das in aller Regel auch Auswirkungen auf den späteren **Umgang mit diesem Gelände**.

Das beginnt bei den Kindern, unter denen sich rasch herumspricht, wessen Eltern oder welche Erzieherin einen bestimmten Baum gepflanzt oder am Kletterweg mitgebaut hat, und es lässt sich immer wieder beobachten, dass Kinder dann in diesen Bereichen auch rücksichtsvoller und behutsamer agieren. Selbstverständlich behalten auch die betreffenden Erwachsenen den Garten, an dessen Gestaltung sie selbst beteiligt waren, ganz anders im Blick: Alle Veränderungen werden wesentlich sorgfältiger registriert, kleine Schäden rasch und damit oft wirkungsvoll behoben, und gerne werden auch neue, sinnvolle Ideen zur Ergänzung oder Korrektur eingebracht.

Die Leistungen für **Pflege und Unterhalt** eines Gartens über mehrere Jahre hinweg lassen sich meist gut in zwei große Gruppen teilen: einerseits jene Arbeiten, die am besten von einer Fachfirma bzw. Mitarbeitern des zuständigen Bauhofs oder Gartenbauamts in regelmäßigen Abständen durchgeführt werden, andererseits alle Arbeiten, die das pädagogische Team einer Einrichtung regelmäßig ein- oder zweimal im Jahr – falls nötig unter fachlicher Anleitung – gemeinsam mit Eltern und Kindern leistet.

Beispielhaft zu nennen sind dabei vor allem folgende Arbeiten, die in mehr oder weniger großem Umfang bei nahezu allen *Spielgärten* anfallen:

Arbeiten durch Fachleute/Fachfirmen	**Arbeiten durch bzw. mit Laien**
Ausbesserungs- und Reparaturarbeiten an Zäunen, Wasserleitungen u. Ä.	Bau bzw. Reparatur einfacher Wege und Plattenbeläge
Rasen mähen, ggf. Rasenneuanlage	Anlage von Wiesen oder Rasenflächen, gelegentliche Nachsaat oder Ausbesserung mittels „Rasenziegeln" oder Fertigrasen
Einbau und Wartung von Spielgeräten (Pflicht zur Sicherheitsüberprüfung)	Konstruktion und Reparatur einfacher Einbauten wie Spielhäuser, Sitzplätze, Feuerstellen (Beachtung einschlägiger Sicherheitsvorschriften)
Baumfällungen bzw. umfangreiche Auslichtungsschnitte (Verkehrssicherungspflicht des Trägers)	Auslichtungsschnitt an Gehölzen, unter Umständen auch Rodungs- und Pflanzarbeiten

Arbeiten durch bzw. mit Laien
Mäßig aufwendige Bodenmodellierungen wie Anlage kleiner Mulden und Hügel
Anlage von Feuchtbiotopen und ähnlichen *besonderen* Lebensbereichen im Garten
Pflege von Beeten und Nutzpflanzen: pflanzen, gießen, jäten, düngen, Baumschnitt

Projekte zur Gartengestaltung und -pflege mit Eltern und Kindern mögen in Organisation und Ausführung im Einzelfall zwar aufwendiger sein als andere, bereits genannte Projekte, aber abgesehen vom sachlichen Nutzen bieten sie für eine pädagogische Einrichtung nochmals andere, sehr intensive Möglichkeiten zur Kontaktaufnahme mit Kindern und ihren Eltern:

Der regelmäßig einmal jährlich durchgeführte „Aktionstag" zur Gartengestaltung mit Eltern und Kindern in einem Kindergarten, in dem Kinder aus nahezu 20 verschiedenen Nationen betreut werden, ist nichts weniger als ein kleines, aber äußerst buntes und lebendiges Fest der Völkerverständigung. Im Lauf der Jahre verschieben sich je nach Teilnehmern immer wieder die Gewichte: Im einen Jahr beherrschen türkische, im anderen griechische oder serbische Familien das Bild, und jedes Mal wirken die Erlebnisse dieses Tages weit darüber hinaus, prägen noch Wochen danach die Begegnungen und Gespräche zwischen Eltern, Kindern und Erzieherinnen. Nicht wenige Eltern freuen sich auf diesen Tag, der im Terminkalender der Einrichtung mittlerweile ganz selbstverständlich seinen Platz behauptet. Zum Glück gibt es im Garten immer was zu tun!

Literaturtipps

- Bernitzke, Fred/Schlegel, Peter: Das Handbuch der Elternarbeit, Troisdorf: Bildungsverlag Eins, 2007 – Umfassende und gut gegliederte Darstellung der Elternarbeit nach Anlässen und Formen. Mit zahlreichen Praxisbeispielen und Tipps, die dieses für jede sozialpädagogische Einrichtungen heute so besonders wichtige Thema von allen Seiten beleuchten.
- Küls, Holger/Moh, Petra/Pohl-Menninga, Margreth: Lernfelder Sozialpädagogik, Troisdorf: Bildungsverlag Eins, 2004 – Die dargestellten Themen handeln von grundlegenden Aspekten der sozialpädagogischen Arbeit, die natürlich auch für die Umweltpädagogik gelten und wertvolle Anregungen liefern: Lernsituationen, Beobachtungsmodelle, Qualitätsentwicklung, Arbeits- und Präsentationstechniken.
- Textor, Martin R.: Projektarbeit im Kindergarten. Planung, Durchführung, Nachbereitung, Freiburg/Basel/Wien: Herder, 2009 – In einer klaren Zweiteilung wird „Projektarbeit" einerseits in ihren Grundlagen und Arbeitsformen, andererseits über wichtige Praxisbeispiele vorgestellt: Naturerlebnisse, soziales Umfeld, Geschichtliches, Kultur und Medien, Arbeitswelt und anderes mehr.
- Viernickel, Susanne/Völkel, Petra: Beobachten und dokumentieren im pädagogischen Alltag. Freiburg/Basel/Wien: Herder, 2009 – Die Autorinnen erläutern ausführlich und gut gegliedert die Bedeutung der Beobachtung im Rahmen der pädagogischen Arbeit und stellen dazu acht praxisrelevante Beobachtungsmodelle vor.

9 Tiere – Annäherungen und Beziehungen

Fassen Sie Tiere gerne an? Wenn ja, welche?

Gibt es Tiere, vor denen Sie *große* Angst haben?

Wie nehmen Kinder Tiere wahr?

Warum könnte es wichtig sein, dass Kinder mit Tieren *Kontakt* haben?

Wie werden Tiere und Tiergruppen unterschieden? Welche Merkmale haben beispielsweise Insekten, und woran erkennt man Spinnentiere?

Was *fressen* eigentlich Ohrwürmer, Schwimmkäfer oder Dachse?

Was ist ein *Nahrungsnetz*?

Welche Kleinlebewesen leben in unseren Tümpeln, Teichen und Bächen?

Wie gesellig sind Meerschweinchen? Leben sie gerne allein?

Wer gräbt die größeren Höhlen: Hase oder Kaninchen?

Was ist ein *anaphylaktischer Schock*, und was ist in diesem Fall wichtig?

Sammlung sonderbarer Objekte

Nr. 9

Was löst die Betrachtung in Ihnen aus? Erinnerungen, Vermutungen, Wiedererkennen?

Was könnte das sein?

Welche Bedeutung, welchen Nutzen könnte es haben?

(Auflösung im Anhang, S. 430)

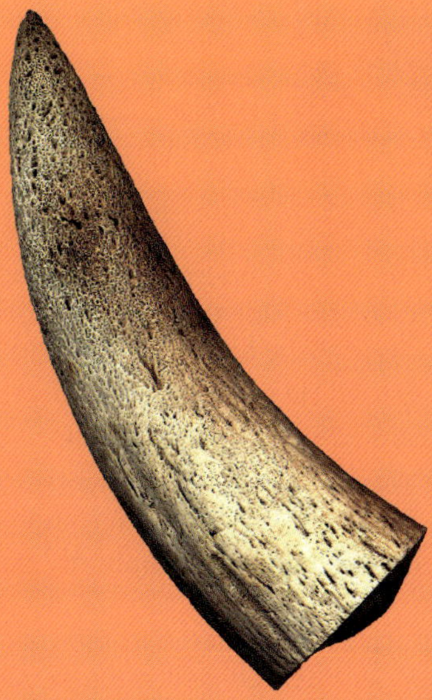

Es atmet und bewegt sich –
es lebt.
Auf seine eigene Art.

Kinder lieben Tiere und suchen gerne ihre Nähe. Damit sind natürlich vor allem Tiere gemeint, die man anfassen und streicheln kann – oder wenigstens möchte. Die Neugier auf bestimmte Verhaltensweisen und Reaktionen, spontane Sympathie und Mitgefühl sind weit häufiger als Distanziertheit, Furcht oder gar Abneigung. Auch Bilder und Erzählungen von Tieren bis hin zu Plüschtieren o. Ä. sind für Kinder aus unterschiedlichen Gründen wichtig.

Der Moschusbock, Aromia moschata, ist ein prächtiger Käfer, der das Interesse der Kinder für die Vielfalt der Tierwelt weckt.

Tiere zum Streicheln erfüllen für Kinder eine andere, ebenso wichtige Funktion.

Häufig steckt hinter der Zuneigung zu Haustieren wie Katze, Hund, Hamster oder Meerschweinchen der Wunsch nach Hautkontakt und Zärtlichkeit – ein Beziehungswunsch. Ein konkretes Interesse am Tier als ganz eigenem Wesen ist – jedenfalls bei jüngeren Kindern – meist nachrangig, weshalb z. B. Fische oder Schildkröten für Kinder weit weniger attraktiv sind. Solche Tiere kann (muss) man höchstens beobachten und versorgen. Doch sogar hier lassen sich Kinder leicht faszinieren, und das betrifft auch Tiere, die Erwachsene (Eltern) nicht unbedingt besonders schätzen: Insekten, Schnecken, Frösche und andere Kleintiere.

In der Regel gehen alle Kinder auf Tiere zunächst ziemlich angstfrei zu und wollen mit ihnen spielen. „Offenbar sind sich Kinder (noch) nicht des Unterschiedes von Mensch und Tier klar bewusst und können zu Tieren Beziehungen wie zu Menschen knüpfen" (Gebhard, 2009, S. 131). Verstärkt werden diese Annäherungen auch durch Märchen und Erzählungen, Tierfabeln, Filme und Comics, besonders aber durch eigene Haustiere. Umgekehrt lässt sich häufig beobachten, dass sich Tiere von Kindern mehr gefallen lassen als von Erwachsenen.

Aufgaben:

Wenn Sie Kindern Erfahrungen mit bestimmten Tieren vermitteln wollen, geht es nicht nur um tierkundliches Wissen, sondern auch darum, sich über bestimmte persönliche Einstellungen und Werthaltungen im Klaren zu sein:

1. Haben Sie selbst mit Haustieren Erfahrungen sammeln können? Welche?
2. Wo würden Sie die Grenze zwischen Haustieren und Wildtieren ziehen?
3. Was spricht aus Ihrer Sicht für, was gegen die Haltung von Fischen in Aquarien, Echsen in Terrarien oder Vögeln in Volieren?
4. Wie stehen Sie zur Haltung, dass Tierhalter die Besitzer der Tiere sind?

Im Vergleich zu Säugetieren ist die Haltung der Kinder gegenüber Vögeln, Fischen, Amphibien oder gar Insekten weit weniger von **Sympathie** geprägt. Die ästhetische Qualität eines Aquariums ist Kindern eben weniger zugänglich, und Vögel lassen sich nun mal nicht gerne streicheln. Allerdings wird älteren Kindern zunehmend wichtig, möglichst viele verschiedene, *besondere* Tiere kennenzulernen und auch etwas über die Lebensweise dieser Tiere zu erfahren. Das betrifft nicht nur fremdländische Tiere wie bestimmte Raubkatzen, Greifvögel oder Wale, sondern auch Insekten, Bodentierchen und Kleintiere, die in unseren Gewässern leben. Dieses **Interesse** kann sehr weitreichend und ausdauernd sein und trägt entscheidend dazu bei, dass Kinder auch konkrete Kenntnisse über die heimische Tierwelt erwerben. Angesichts der Tatsache, dass in den Medien häufig exotische Tierarten in den Mittelpunkt des Interesses gerückt werden, erscheint es ohnehin besonders wichtig, die Aufmerksamkeit der Kinder auf die bei uns lebenden Wildtiere einschließlich verschiedener Kleintiere zu lenken.

Tiere haben auch eine hohe symbolische Bedeutung, die in vielen Aspekten unserer Kultur zum Ausdruck kommt. Die Zuschreibung von Eigenschaften, wie wir sie in unserer Alltagssprache und in Redewendungen finden („flink wie ein Wiesel", „schlauer Fuchs" etc.), schafft und erleichtert Identifikations- und Selbstfindungsprozesse. Diese Symbolwelt steht in enger Beziehung zum **Anthropomorphismus** – von Piaget als „animistisches Denken" bezeichnet – und umfasst nicht nur die Welt der Tiere, sondern auch Steine, Pflanzen oder Naturereignisse. Es handelt sich sicherlich nicht um eine bewusste Überzeugung, sondern eher um eine innere Ausrichtung. Zudem deuten Kinder die Welt nicht nur und ständig anthropomorph. Die Auseinandersetzung mit dem Ich-Bewusstsein und äußeren Gegebenheiten findet wechselweise statt; die beiden Prozesse fördern sich gegenseitig. Der Entwicklungspsychologe Busemann geht sogar so weit zu sagen, dass die Möglichkeit, Natur zu erleben, zum „seelischen Existenzminimum" des Menschen gehöre.

Das Sammeln von Briefmarken ist sicherlich kein typisches Hobby von Kindern. An Tiermarken sind Kinder aber immer wieder interessiert, wie diese kleine Sammlung eines Jungen zeigt, der (auch) auf diese Weise sein Wissen über Tiere erweitert.

Anthropomorphismus = Zuschreibung menschlicher Eigenschaften und Fähigkeiten auf unbelebte Gegenstände, Pflanzen, Tiere, Götter, Naturgewalten: Der Natur wird eine Seele (Anima) zugesprochen. Insbesondere in der kindlichen Entwicklung spielt dieses „animistische Denken" (Jean Piaget) eine große Rolle, aber ein gewisser Anthropomorphismus begleitet auch den Alltag der Erwachsenen; Beispiele: die „fleißige Biene" ein „böses Gewitter" ein „widerspenstiger Computer".

Da die Auseinandersetzung mit Tieren zu den wichtigsten Aspekten einer praktischen Umweltpädagogik zählt, kommen in diesem Kapitel neben einigen eher theoretischen Erörterungen zur Systematik, Biologie und Ökologie bestimmter Tiere vor allem Vorschläge zur Sprache, wie Kinder bei der Beobachtung und beim Kennenlernen von Tieren unterstützt werden können:

9.1 Reich der Tiere – Beobachtungen von (Wild-)Tieren

9.2 Kinder brauchen Tiere – zur Haltung von Haus- bzw. Streicheltieren

9.3 Tierkundliche Exkursionen – Nutztiere auf einem Bauernhof, Tiere im Zoo

9.4 Risiken und Gefährdungen durch Tiere

Wie auch in anderen Kapiteln beziehen sich die Informationen und Aufgabenstellungen zwar auf häufige Erfordernisse und Gelegenheiten in der sozialpädagogischen Praxis, aber sie sollten natürlich auch als Anregungen für eigene, weitergehende Interessen und Arbeitsvorhaben dienen. Zudem sind gerade im Bereich der heimischen Tierwelt örtliche Gegebenheiten besonders entscheidend.

9.1 Reich der Tiere – Beobachtungen von (Wild-)Tieren

Das **Reich der Tiere** scheint eine unermesslich große Zahl verschiedener Arten zu beherbergen.

Zwar glauben Biologen 1,75 Millionen Tier- und Pflanzenarten zu kennen, doch selbst diese Zahl ist unsicher, weil nicht alle Melderegister der Naturkundemuseen miteinander abgeglichen wurden. Schätzungen der Zahl noch unbekannter Arten gleichen dagegen einem wissenschaftlichen Offenbarungseid, sie schwanken zwischen drei und 100 Millionen. Weil wir den Inhalt der Schatztruhe des Lebens nicht kennen, können wir auch nicht wissen, was daraus verschwindet.

(Miersch, 2001, o. S.)

Ein legendäres Forschungsvorhaben, das bis heute für Schätzungen der **Artenvielfalt** herangezogen wird, wurde 1982 im tropischen Regenwald Panamas durchgeführt: Der Insektenkundler Terry Erwin vom Nationalzoo in Washington fand nach dem Versprühen von Insektengift auf einem am Boden ausgebreiteten Tuch 1.200 Käferarten, von denen die meisten bis dahin völlig unbekannt waren. Seither wurde immer wieder festgestellt, dass gerade die Artenvielfalt bei den Kleinlebewesen unvorstellbar groß und beeindruckend ist.

Ordnung und Zuordnung

Ähnlich wie die Pflanzen werden auch die Tiere nach einem binären Bestimmungssystem mit Gattungs- und Artbezeichnung (vgl. Kapitel 5, S. 170 f.) benannt und in Gattungen, Familien, Ordnungen und Klassen zusammengefasst. Die (wissenschaftliche) Benennung und Beschreibung einer (neuen) Art folgen dabei festgelegten Kriterien.

Bei den **Käfern**, der vermutlich artenreichsten Ordnung im Tierreich, wurden bislang rund 400.000 Käferarten beschrieben. Nach manchen Schätzungen bedeutet das, dass etwa jede vierte Tierart ein Käfer ist, und jede einzelne Art ist einmalig und unersetzlich, was schon Arthur Schopenhauer zu der Bemerkung veranlasste: „Jeder dumme Junge kann einen Käfer zertreten, aber alle Professoren der Welt können keinen herstellen" (Miersch, 2001, o. S.).

Grasfrosch, Rana temporaria

Großer Schillerfalter, Apatura iris

Großes Heupferd, Tettigonia viridissima

Streifenwanze, Graphosoma lineatum

Biodiversität = Vielfalt der auf der Erde lebenden Organismen und Lebensformen, d. h. Erfassung der unterschiedlichen Arten bei Pflanzen und Tieren einschließlich der genetischen Vielfalt und der Unterschiedlichkeit der Lebensräume. Damit umfasst Biodiversität mehr als bloße Artenvielfalt.

Die **Biodiversität** unseres Planeten zu erhalten, gehört zu den wichtigsten Zielen jeden Umweltschutzes – nicht nur aus Respekt vor der Entwicklung des Lebens an sich, sondern auch aus ganz eigennützigen Gründen: Deutlicher als jemals zuvor wissen wir heute, dass auch unscheinbare Organismen eine mitunter ganz entscheidende Rolle in ökologischen Systemen und Nahrungsnetzen bilden und geringfügig scheinende Veränderungen weitreichende Auswirkungen haben können. Hinzu kommt die (gut begründete) Hoffnung, insbesondere unter den noch unerforschten Pflanzen- und Tierarten pharmazeutische Wirkstoffe und ökologische Mechanismen entdecken zu können, die eventuell auch für uns Menschen noch große Bedeutung erlangen. Während man sich früher bemühte, einzelne Tier- und Pflanzenarten zu schützen, geht es mittlerweile in erster Linie um den Schutz bestimmter Lebensräume. Das wurde insbesondere mit der 1992 von der UNO beschlossenen „Convention of Biological Diversity" international bekräftigt.

Obwohl es seither eine Vielzahl an Befunden gibt, die die – auch ökonomische – Bedeutung funktionierender Ökosysteme bestätigen, konnte der rasante Artenschwund bislang nicht gestoppt werden. Dennoch dürfen die Bemühungen zur Bewahrung der biologischen Vielfalt nicht nachlassen, und aus diesem Grund hatte die UNO auch das Jahr 2010 zum „Jahr der Biodiversität" ausgerufen – ein Aufruf, das Engagement weltweit zu verstärken. Die neueren Forschungen machen aber auch deutlich, dass es nicht nur auf die Artenvielfalt ankommt, sondern ebenso auf die **funktionelle Vielfalt** innerhalb eines Ökosystems. Das heißt, dass nicht nur Gebiete mit einer großen Artenvielfalt wichtig und schätzenswert sind, sondern auch Regionen, die zwar eine verhältnismäßig geringe Artenvielfalt besitzen, deren Bewohner aber über ihre jeweilige Lebens- und Ernährungsweise miteinander stärker verbunden sind. Ein Beispiel: Ein Wasserbecken, in dem im Wesentlichen drei unterschiedliche Fischarten leben, besitzt eine geringere funktionelle Vielfalt als ein Becken, in dem eine bestimmte Fisch-, eine Kröten- und eine Wasserschneckenart leben. Das erschwert die Bewertung von Ökosystemen und ihrer Schutzwürdigkeit deutlich, denn offensichtlich genügt es nicht, lediglich die Anzahl der in einem bestimmten Areal lebenden Arten zu erfassen, um ein Urteil über den ökologischen Wert dieses Gebiets treffen zu können. (vgl. Neue Hotspots, in: Deutschlandfunk, Forschung aktuell, 26.09.2013)

Es erscheint wichtig, mit Kindern bei Gelegenheit auch diese Probleme anzusprechen, denn glaubwürdig bleibt Umweltpädagogik nur, wenn sie sich – wie im Fall des Artenschutzes – auch Widersprüchen und Schwierigkeiten stellt (vgl. Kapitel 11, S. 345 ff.).

Arten und Familien: Merkmale und Besonderheiten

Der Begriff der **Art** ist im Tier- und Pflanzenreich (vgl. Kapitel 5, S. 170 f.) eine wichtige *Basiseinheit*. Die Bestimmung, was genau eine Tier- oder Pflanzenart ist, ist aber weit schwieriger als gemeinhin angenommen. Nach klassischer Definition können nur Tiere ein und derselben Art gemeinsam fortpflanzungsfähige Nachkommen hervorbringen. Zahlreiche neuere Untersuchungen stellen dieses Prinzip aber infrage: Es gibt in der Natur offenbar weit mehr *Mischlinge*, als es geben dürfte, und genetische Untersuchungen lassen etliche Arten als so nah miteinander verwandt erscheinen, dass es fraglich wird, dabei von verschiedenen Arten zu sprechen.

Die genaue Kenntnis der wissenschaftlichen Namen von Pflanzen oder Tieren ist dort unverzichtbar, wo man sich etwa in systematischer Hinsicht mit Lebewesen beschäftigt. Aber auch sonst kann es helfen, hier ein wenig Bescheid zu wissen und diese Namen zu nutzen: Vergleicht man die Beschreibungen und/oder Abbildungen eines Tieres in zwei oder mehr verschiedenen (Bestimmungs-)Büchern, so stellt ein gleichlautender wissenschaftlicher Artname sicher, dass es sich hier wirklich um ein und dieselbe Tierart handelt.

➲ ***Zum Einstieg in dieses Thema finden Sie im Arbeitsheft eine Reihe von Aufgaben.***

Tiere, vor allem Wildtiere, und ihre Eigenschaften und Lebensansprüche kennenzulernen ist schon deshalb manchmal schwierig, weil viele von ihnen eine äußerst versteckte Lebensweise haben und oft auch nur an ganz bestimmten Orten, Tages- und Jahreszeiten zu finden sind. Dabei ist es gerade für die Arbeit mit Kindern hilfreich, die entsprechenden Informationen insbesondere über jene Tiere leicht verfügbar zu haben, die man etwa im Umfeld der Einrichtung oder in gut erreichbaren Exkursionsgebieten beobachten kann.

Kleine Bestimmungskarten, am besten selbst zusammengestellt, bieten eine gute Möglichkeit, einerseits alle wichtig erscheinenden Daten über eine bestimmte Tierart auf einen Blick zusammenzufassen, andererseits damit auch ein Material zur Verfügung zu haben, das unmittelbar für naturkundliche Unternehmungen mit Kindern eingesetzt werden kann. Wenn möglich, sollte man solche Karten sogar gemeinsam mit Kindern herstellen. Am besten kombiniert man Bilder (Skizzen) mit kurzen Texten. Für den Einsatz im Gelände empfiehlt es sich, die Karten mit Folie zu überziehen (laminieren).

Libelle

- *prächtig gefärbtes, sehr fluggewandtes Insekt*
- *erinnert beim Fliegen an einen Hubschrauber, fliegt bis zu 50 Kilometer in der Stunde*
- *fängt im Flug Schmetterlinge, Fliegen und Mücken mit den Vorderbeinen, Beute wird gleich im Flug mit kräftigen Zangen am Oberkiefer zerlegt und verspeist*

Rückenschwimmer

- *1,5 cm langes, grünlichbraunes Insekt mit langen behaarten Hinterbeinen (dienen als Ruder)*
- *schwimmt immer auf dem Rücken*
- *sticht kleine Insekten, die ins Wasser gefallen sind, mit Stechrüssel an, lähmt sie mit Gift und saugt sie aus*
- *streckt sein Hinterteil zum Atmen an die Luft*

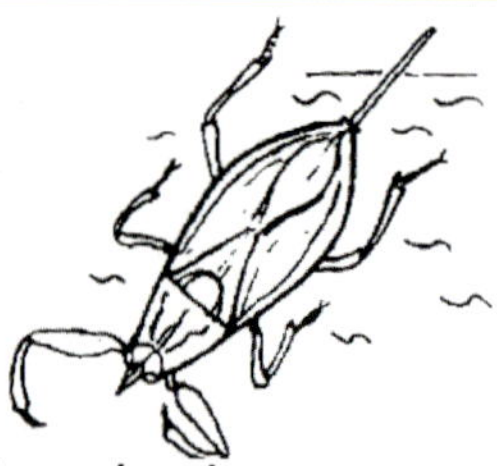

Wasserskorpion

- *etwa 3 cm langes, braunes, flaches Insekt mit Fangzangen und langem Atemrohr am Hinterende*
- *lauert mit geöffneten Fangzangen auf Kaulquappen und Insektenlarven, packt sie, sticht sie und spritzt ihnen Gift, dann wird die Beute ausgesaugt*
- *schlechter Schwimmer; hält zum Atmen das Atemrohr aus dem Wasser*

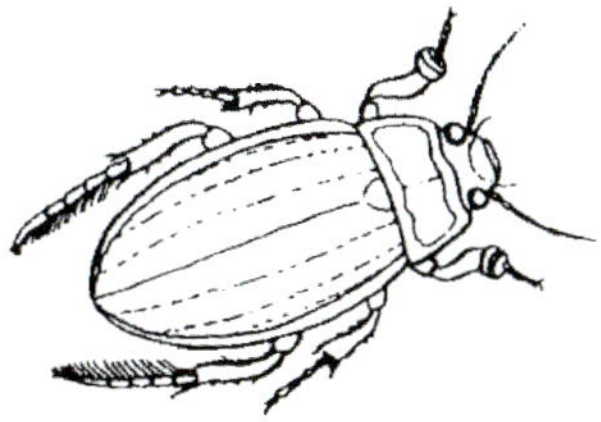	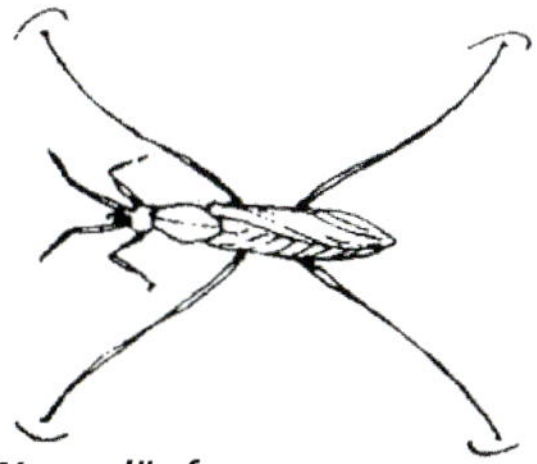	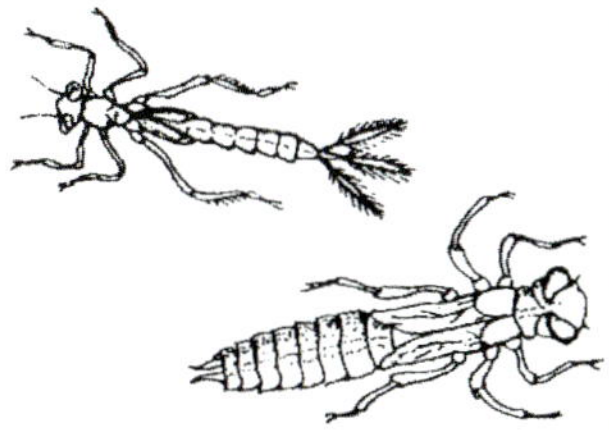
Gelbrandkäfer • *etwa 3,5 cm großer, eiförmiger, flacher, dunkelgrüner Käfer mit gelbem Rand* • *schwimmt mit Ruderbeinen gut* • *reckt zum Atmen den Hinterleib aus dem Wasser und holt eine Luftblase als Vorrat unter die Flügel* • *gefährlicher Räuber für Wasserinsekten und Kaulquappen*	***Wasserläufer*** • *gleitet auf der Wasseroberfläche* • *länglicher, grau-grüner Körper mit vier langen Beinen und zwei kurzen Vorderbeinen* • *Mit den Beinen spürt er die Wellen zappelnder Insekten, die aufs Wasser gefallen sind. Er packt sie mit den Vorderbeinen. Mit dem Saugrüssel sticht er zu, spritzt Speichel in die Tiere, saugt sie dann aus.*	***Libellenlarven*** • *grau-grünliche Farbe* • *Großlibellenlarve mit 5 Stacheln, Kleinlibellenlarve mit 3 Ruderplättchen am Hinterleib* • *keine guten Schwimmer; Fortbewegung wie eine Rakete; lauern zwischen Wasserpflanzen auf Fische, Kleinkrebse, Kaulquappen usw., packen die Beute blitzschnell mit einer Fangmaske*

(Lang/Taubert-Striese/Bäuml, 2004, S. 47)

Wer solche Bestimmungskarten nicht selbst herstellen möchte, findet im Einzelfall auch Vorlagen, z. B. zu den bei uns vorkommenden Kleinlebewesen im Süßwasser.

Die leuchtend grüne, etwa 20 Zentimeter lange Smaragdeidechse, Lacerta viridis, gehört zur Familie der Echten Eidechsen und benötigt geschützte, sonnenwarme und vorwiegend trockene Lebensräume. Sie ist die Seltenste der vier in Mitteleuropa lebenden Eidechsenarten.

Die Blindschleiche, Anguis fragilis, löst bei vielen Menschen Angst oder Scheu aus – völlig zu Unrecht. Es handelt sich um keine Schlange, sondern sozusagen um eine beinlose Verwandte der Eidechsen. Typisch sind ihre beweglichen Augenlider (Schlangen haben unbewegliche Lider).

Lebensräume und Nahrungsnetze

Im Zusammenhang mit Biotopen und Lebensgemeinschaften, sogenannten *Biozönosen*, war schon die Rede von der Bedeutung *abiotischer Eigenschaften* eines Lebensraumes (vgl. Kapitel 5, S. 160 ff.). Diese Faktoren sowie verschiedene Wechselwirkungen zwischen der Pflanzen- und Tierwelt entscheiden auch wesentlich darüber, welche Tiere in einem bestimmten Umfeld leben können bzw. wie sich die jeweilige **Population** entwickelt.

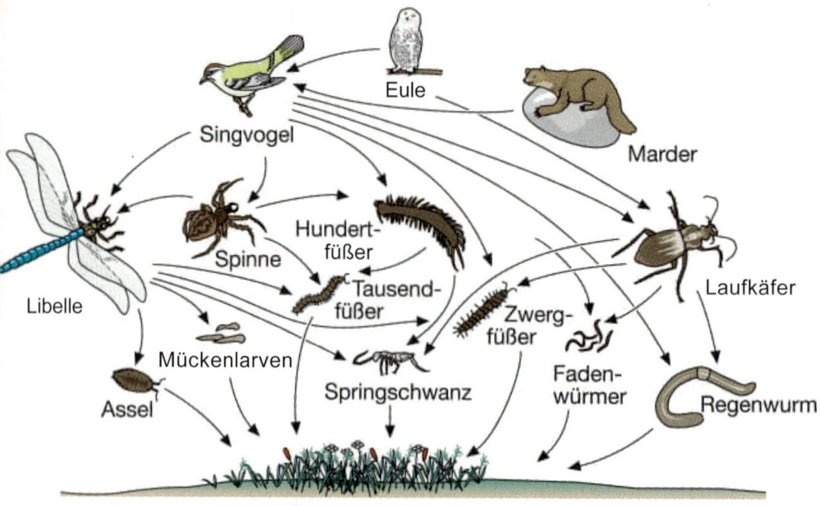

Dabei werden die entsprechenden Lebensräume vieler Tiere mit den Namen bezeichnet, die als **Biotope** auch zur Charakterisierung bestimmter Pflanzenstandorte verwendet werden: Tümpel, Magerrasen, Laubwald, Feldflur etc. Das ist allerdings nur bei standorttreuen Tieren möglich. Der Lebensraum größerer Tiere umfasst in der Regel mehrere unterschiedliche Biotope.

Population (*in der Biologie*) = Anzahl der Tiere *einer* Art, die sich in einem bestimmten Lebensraum entwickelt und/oder aufhält. Die Stärke einer Population schwankt bei vielen Tierarten mit der Jahreszeit, kann aber auch auf bestimmte Veränderungen der Umwelt bis hin zu Klimaveränderungen zurückzuführen sein.

Mithilfe von **Nahrungsnetzen** lässt sich gut veranschaulichen, wie Tiere in einem Lebensraum miteinander verbunden sind. Die Tatsache, dass die Nahrungsgrundlage einerseits eine ganz elementare Entwicklungsvoraussetzung darstellt, andererseits die meisten Tiere einen durchaus abwechslungsreichen „Speisezettel" haben, lässt den Begriff Nahrungsnetz sinnvoller erscheinen als die Bezeichnung „Nahrungskette", die früher häufiger verwendet wurde. Es ist allerdings wichtig zu sehen, dass auch die Skizzierung eines „Nahrungsnetzes" in aller Regel nur ein grobes Raster ergeben kann: Insbesondere im Bereich der Kleinlebewesen gibt es noch zahlreiche offene Fragen.

„Fressen und gefressen werden"

Die Frage, wovon sich ein bestimmtes Tier ernährt, wird gerade von jüngeren Kindern sehr oft gestellt. Die Antwort ist nicht immer einfach, denn zum einen haben viele Tiere einen sehr abwechslungsreichen Speiseplan und schrecken auch nicht davor zurück, jüngere und schwächere Artgenossen zu verspeisen. Zum anderen ist die Ernährung vor allem bei vielen Kleinlebewesen noch längst nicht hinreichend genau erforscht.

Die nachfolgende Zusammenstellung ist demnach in manchen Punkten etwas allgemein und bleibt auf solche Daten beschränkt, die allgemein bekannt und/oder von mehreren Autoren angegeben werden. Dennoch vermittelt bereits diese Liste einen Eindruck von der ökologischen Vielfalt und Komplexität des Fressens und Gefressenwerdens:

Seit Mitte der 1980er-Jahre nimmt der Bestand an Weißstörchen in Mitteleuropa wieder zu. Die Vögel behalten ihre großen, charakteristischen Nistplätze über viele Jahre hinweg.

Säugetiere

Waldspitzmaus	Insekten, Spinnen, Würmer, seltener auch junge Mäuse
Igel	Insekten und deren Larven, Würmer, Schnecken, Früchte, gelegentlich kleine Wirbeltiere und Vogeleier
Maulwurf	Regenwürmer und Insektenlarven (vor allem Käferlarven)
Fledermaus	Mücken, Nachtschmetterlinge und andere Insekten, die in der Dämmerung fliegen
Feldhase, Kaninchen	Blätter verschiedener Pflanzen, gerne auch Gemüsepflanzen
Eichhörnchen	Baumsamen, Pilze, Nüsse, Beeren, Vogeleier, Jungvögel
Siebenschläfer	Beeren, Knospen, Nüsse, Samen, Rinde, Insekten, Schnecken, seltener kleine Säugetiere, Jungvögel, Eier
Feldmaus	Wurzeln, Feldfrüchte, Kräuter, Sämereien
Hausratte	Allesfresser, vor allem aber pflanzliche Nahrung
Fuchs	Mäuse, Geflügel, Junghasen – auch tote Tiere (Aas), Insekten, Beeren, Obst
Hermelin, Wiesel	Mäuse, Ratten, Maulwürfe, Kaninchen, Vögel, Vogeleier
Dachs	Würmer, Insektenlarven, Mäuse, Frösche, Getreide, Eicheln, Beeren, Pilze, Wurzeln, Aas, Vogeleier (bei Bodenbrütern!)
Steinmarder	Hausgeflügel, Vogeleier, Ratten, Eichhörnchen, Insekten, Beeren, Obst, Bucheckern
Waschbär	Allesfresser, vor allem aber kleine Wirbeltiere, Eier, Krebstiere, Schnecken, Insekten, Früchte
Wildkatze	Mäuse, Hasen, Kaninchen, Rehkitze, große Insekten
Wildschwein	Allesfresser, hauptsächlich Eicheln, Bucheckern, Pilze, Feldfrüchte, Wurzeln, kleine Wirbeltiere, Aas
Reh, Hirsch	Gräser, Heidekraut, Eicheln, Bucheckern, Pilze, Laub, Baumrinde, Feldfrüchte, Getreide

Vögel

Rebhuhn	Samen, Knospen, Triebe, im Sommer auch Insekten
Fasan	Samen, Getreide, Pflanzenteile, Beeren, Insekten, Würmer, Schnecken, kleine Wirbeltiere
Blässhuhn	Wasserpflanzen, Wasserinsekten, Schnecken, Muscheln, junge Fische, Fischlaich
Lachmöwe	Fische, Frösche, Mäuse, Insekten, Würmer, Schnecken
Schwan	Wasserpflanzen, Schnecken, Wasserinsekten, Würmer
Kanadagans	Sumpfpflanzen, Gras
Stockente	vor allem Pflanzennahrung, aber auch Wasserinsekten, Fische, Frösche, Weichtiere, Würmer
Weißstorch	Frösche, Fische, Mäuse, Reptilien, Insekten, Würmer, Schnecken
Mäusebussard	kleine Säugetiere (Mäuse, Ratten, Maulwürfe), Frösche, Reptilien, Vögel, Insekten, Würmer, Schnecken
Kormoran	große Fische, oft Aale, die durch tiefes Tauchen erbeutet werden
Kuckuck	große Insekten und behaarte (!) Raupen
Taube	Samen, Beeren, junge Pflanzentriebe, Würmer und Schnecken
Waldkauz	kleine Säugetiere (vor allem Mäuse), Vögel, Frösche, Insekten
(Bunt-)Specht	unter der Baumrinde lebende Käfer und deren Larven, Raupen, Nüsse, Beeren, Obst, Nadelholzsamen (dazu klemmt er die Zapfen in einen Baumspalt, die „Spechtschmiede“, und hackt sie auf)

Amsel	Würmer, Beeren, Obst
Wacholderdrossel	Insekten, Würmer, Schnecken, Beeren, Früchte
Rotkehlchen	Käfer, Würmer, kleine Schnecken, Beeren
(Kohl-)Meise	Insekten und deren Eier und Larven, Spinnen, Samen, Knospen, Beeren, im Winter mit Vorliebe ölhaltige Samen
Eichelhäher	Eicheln (die auch gerne als Vorrat im Boden versteckt werden), Bucheckern, Kiefersamen, Getreide, Früchte, Raupen, Insekten
Elster	Insekten, Mäuse, Vogeleier, Jungvögel, Würmer, Schnecken, Aas, Beeren, Samen
Rabenkrähe	Allesfresser
Feldsperling (Spatz)	Getreide, Samen, Knospen, Insekten, Abfälle
Star	Insekten, Würmer, Schnecken, aber auch gerne Obst (Kirschen)
Buchfink	Samen und kleine Insekten

Kriechtiere

Zauneidechse	Kerbtiere (Insekten) und deren Larven
Blindschleiche	Regenwürmer, Nacktschnecken, kleine Insekten
Ringelnatter	Frösche, Fische, gelegentlich auch Molche

Lurche

Feuersalamander	Würmer, Nacktschnecken, Kerbtiere (Insekten)
Teichfrosch	Insekten, Schnecken, Würmer, Jungfische, Kaulquappen
Erdkröte	Insekten, Schnecken, Würmer, gelegentlich kleine Wirbeltiere
Laubfrosch	Fliegen, Spinnen, Käfer, Schmetterlinge, glatte (!) Raupen

Fische

Bachforelle	Insekten, Würmer, Flohkrebse, Fische, Fischlaich
Hecht	Fische, junge Wasservögel, Frösche, Wasserratten
Karpfen	kleine Bodentiere und Pflanzenteile
Groppe	Würmer, Insektenlarven, kleine Fische, Fischlaich

Insekten

Libelle	Die Larven der Libellen ernähren sich von Algen, die erwachsenen Tiere sind Raubtiere, die ihre Beute – meist fliegende Insekten – im Flug packen und auch gleich verzehren. Großlibellen machen auch gerne Jagd auf Blattläuse oder Ameisen, wenn deren „Straße" z. B. auf einem Mäuerchen entlangläuft.
Eintagsfliege	Die Larven dieser Insekten ernähren sich vor allem von Algen, die sie von den Steinen abschaben. Die erwachsenen Tiere nehmen keine Nahrung mehr auf, sie sterben kurz nach der Eiablage.
Ohrwurm	zarte Pflanzentriebe und Knospen, tote Insekten
Feldgrille	zarte Pflanzentriebe, Insekten
Heupferd	vor allem andere Insekten und deren Larven, aber auch Pflanzen
Rückenschwimmer	Insekten wie Mücken oder Fliegen, die auf die Wasseroberfläche fallen, oder kleine Wassertiere wie Wasserflöhe
Wasserläufer	lebt räuberisch von verschiedenen Insekten, die ins Wasser gefallen sind. Die Vorderbeine sind dann seine „Greifwerkzeuge."
Feuerwanze	saugt an faulendem Laub, Früchten, toten Insekten, Wurzeln
Hummel, Biene	Nektar vieler verschiedener Blütenpflanzen
Wespe	Obst, Süßigkeiten und zur Fütterung ihrer Larven auch Fliegen, die getötet und zerkaut werden
Hornisse	allerlei Insekten (auch Bienen), Baumsäfte, Früchte

Ameise	verschiedene kleine Lebewesen, Sekrete von Blattläusen (die sie „melken", damit sie mehr von deren Körpersaft bekommen)
Schwimmkäfer	Larven von Stechmücken und anderen Insekten. Manche graben auch im Uferschlamm nach kleinen Beutetieren.
Rosenkäfer	vor allem Blüten von Heckenrosen und Holunder
Marienkäfer	verschiedene Arten von Blattläusen
Haselnussbohrer	Die Larven ernähren sich von jungen Haselnusskernen, in denen sie sich entwickeln; die erwachsenen Tiere fressen an Baumknospen.
Köcherfliege	Die Larven dieser Insekten – manche in auffälligen, selbst gebauten kleinen Röhrchen aus Sandkörnern lebend – sind häufig nachtaktiv. Manche von ihnen fressen Algen, andere aber auch kleine Tierchen, die sich in speziellen „Fangnetzen" sammeln. Die erwachsenen Tiere nehmen vermutlich keine Nahrung mehr auf.
Schmetterling	Interessant ist hier vor allem die Ernährung der Raupen: Während die erwachsenen Tiere höchstens noch etwas Blütennektar zu sich nehmen, benötigen die Raupen – je nach Schmetterlingsart – zu ihrer Ernährung und Entwicklung ganz bestimmte Pflanzen. So braucht der Schwalbenschwanz die Wilde Möhre, Petersilie oder Fenchel, das Tagpfauenauge und der Kleine Fuchs die Brennnessel, der Trauermantel Birken, Pappeln oder Weiden.
Stechmücke	Das Weibchen benötigt eine sogenannte Blutmahlzeit (Weidevieh und verschiedene andere Tierarten, gelegentlich auch Menschen). Danach erfolgt die Eiablage ins Wasser. Die Mückenlarven ernähren sich später vor allem von Plankton. Die männlichen Stechmücken saugen übrigens nur Pflanzensäfte.
Kriebelmücke	Die Lebensweise dieses Insekts ist ähnlich wie die der Stechmücke, doch sind die Stiche bei der Blutmahlzeit des Weibchens wegen des giftigen Speichelsaftes der Tiere sehr viel unangenehmer.

Tausendfüßer

Steinkriecher	Regenwürmer und Insektenlarven
Saftkugler	faulendes Laub

Krebstiere

Flusskrebs	vor allem Würmer, Insekten, Schnecken und Muscheln, gelegentlich aber auch Fische und Kaulquappen
Bachflohkrebs	lebende und abgestorbene Pflanzen, teilweise auch verwesende Insektenlarven und Kleinkrebse

Spinnentiere

Weberknecht	Kleininsekten, Spinnen, auch tote Kleintiere
Wasserspinne	alle möglichen anderen Kleintiere, die sie fangen kann, vor allem Wasserasseln
Zecke (Holzbock)	lebt räuberisch (Blut saugend) vom Blut verschiedener Tiere sowie gelegentlich auch von dem des Menschen

Ringelwürmer

Regenwurm	organische Bestandteile des Erdbodens; frisst daher dauernd Erde, deren unverdaubare Reste als Kothäufchen über den Gängen zu sehen sind; auch vermoderndes Laub, das in die Gänge hineingezogen wird
(Fisch-)Egel	Alle Egel ernähren sich räuberisch von anderen Tieren wie Würmern, Insektenlarven oder Fischen, an denen sie sich festsaugen, um ihnen etwas Blut abzuzapfen.

Schnecken

Sumpfschnecke	Diese Art lebt wie die meisten Wasserschnecken vor allem von Algen, seltener frisst sie auch tote Kleintiere.
Wegschnecke	frisches und welkes Laub, auch Pilze
Weinbergschnecke	allerlei Kräuter
Bänderschnecke	unterschiedliche Pflanzen und Pflanzenteile

① *Sonnenenergie*

② *Pflanzenwachstum (Produzenten)*

③ *von Pflanzen lebende Insekten (Konsumenten 1. Ordnung)*

④ *Insekten fressende Vögel (Konsumenten 2. Ordnung)*

⑤ *Zersetzung organischer Substanz und toter Tiere durch Mikroorganismen u. a. (Destruenten)*

⑥ *Bildung neuer Ausgangsstoffe für pflanzliches Leben*

Eine vereinfacht dargestellte Nahrungskette als Teil eines umfassenden Stoff- und Energieflusses

(vgl. Dylla/Krätzner, 1997, S. 50)

Aufgabe:

Versuchen Sie, nach dem oben gezeigten Muster (vgl. S. 276), den Informationen in diesem Kapitel und anderen Quellen selbst ein Nahrungsnetz mit etwa 15 verschiedenen Tierarten zu skizzieren. Berücksichtigen Sie dabei aber – das gezeigte Muster verfeinernd – auch die unterschiedlichen Entwicklungsstufen der Tiere, also: Ei, Larve bzw. Kaulquappe, Jungtier, ausgewachsenes Tier, da die Ernährung davon teilweise stark abhängt. Folgende Tierarten sollten sich in Ihrem Nahrungsnetz auf jeden Fall finden: Blindschleiche, Teichfrosch, Königslibelle, Weißstorch, Hauskatze und Bachforelle.

Biotop-Arche: Tierrestaurant und Insektenhotel

Die in der Natur so wichtigen Nahrungsbeziehungen der Lebewesen sind für Kinder gut nachvollziehbar, wenn sie Gelegenheit zu direkten Beobachtungen erhalten. Der Bau einer **Biotop-Arche**, gemeinsam mit Kindern durchgeführt, ermöglicht zudem eigenes Tun und kreative Gestaltung, und das Ergebnis ist nicht selten eine ästhetische Bereicherung eines Gartens. Das Prinzip einer solchen Konstruktion besteht darin, auf kleinem Raum Materialien und Strukturen verschiedener Biotope miteinander zu kombinieren, sodass möglichst viele verschiedene Kleintiere dort einen ihnen zusagenden Lebensraum, Nahrung oder beides finden:

Ein Kieshaufen, etwas Totholz, Stämme mit Bohrlöchern als Nisthilfen für Hautflügler, ein halb verrotteter Baumstamm oder Wurzelstock, einige Rohrstücke und ein Haufen grober Kies, um Eidechsen anzulocken und vielleicht noch ein kleiner, flacher Trog mit Wasser oder ein Mini-Tümpel für Amphibien, der auch als Vogeltränke genutzt werden kann, werden zusammengetragen. Auch ein oder zwei Vogelnistkästen können vielleicht in unmittelbarer Nähe aufgehängt werden. Mit Rohrmatten, einer Lehmflechtwand oder einer kleinen Trockenmauer aus Feldsteinen lässt sich auch eine entsprechende Einfassung gestalten, und eine Bepflanzung mit Schmetterlingsflieder, Wildem Majoran oder Fenchel lockt zusätzlich Insekten an.
*Steht nur sehr wenig Platz zur Verfügung, so lässt sich auch ein **„Insektenhotel"** bauen. Besonders wichtig ist hier allerdings ein sonniger und vor Regen etwas geschützter Standort, denn Mörtelbienen oder Schlupfwespen legen ihre* Brutröhren *vor allem an trockenen, sonnenwarmen Stellen an.*

Ein Insektenhotel wie ein Bild: Alte Fensterrahmen fassen eine bunte Mischung aus Ziegeln, Holzstücken und Schilfrohrbündeln.

Ein **Tierrestaurant** verzichtet hingegen darauf, den „Gästen" ein Quartier zu geben, sondern begnügt sich mit dem Angebot von Speisen und Getränken. Auch das ist für Kinder eine interessante Möglichkeit, sich mit den Nahrungsgewohnheiten und -vorlieben von Tieren zu befassen:

Eine größere Menge selbst gesammelter Beeren, Samen, Zapfen, Gemüsereste etc. werden z.B. an einer geschützt liegenden Stelle an einem Waldrand ausgelegt. Dazu stellt man vielleicht noch eine Schale mit Wasser. Natürlich wird das Speisenangebot entsprechend attraktiv angeordnet – attraktiv jedenfalls in den Augen der Kinder, die das natürlich gerne selbst in die Hand nehmen.
Zur weiteren Beobachtung des Geschehens ist es sinnvoll, wenn die Kinder Gelegenheit haben, sich in nicht allzu großer Entfernung verstecken zu können und auch mindestens ein Fernglas zur Verfügung steht. Erfahrungsgemäß kann so ein „Tierrestaurant" einige Tage lang für Überraschungen sorgen, denn da ist es wohl ähnlich wie mit den Restaurants für Menschen: Die Sache muss sich erst mal herumsprechen.

➲ ***Zur Vertiefung dieses Themas finden Sie im Arbeitsheft eine Projektanregung.***

Natur im Wandel

Die Darstellung von **Biotopen** und **Biozönosen** hat leicht etwas Statisches, und wir vergessen dabei, wie stark und schnell sich manchmal die Verhältnisse in einem Lebensraum verändern – und welche Auswirkungen das wiederum hat. Die Gründe für solche Veränderungen können unscheinbar oder spektakulär sein: Austrocknen eines Tümpels, Trockenlegung eines Moores, Aufforstungs- oder Straßenbauarbeiten, aber auch neue Produktionsverfahren bei Gewerbe und Industrie, Gewässerreinhaltung (vgl. Kapitel 11, S. 374 ff.), Umstellungen in der Landwirtschaft, Veränderungen im Siedlungsbau oder bei unseren Freizeitaktivitäten. Veränderungen in äußeren Gegebenheiten lassen sich dabei meist rascher erkennen als die Auswirkungen auf einzelne Tier- oder Pflanzenarten.

Ein interessantes Beispiel für eine teilweise etwas rätselhafte Entwicklung in unserer Tierwelt bietet die **Türkentaube** (Streptopelia decaucto): Obwohl sie – vermutlich aus Nordwestindien stammend – schon im 18. und 19. Jahrhundert nach Südosteuropa und von da weiter nach Norden gelangte, war sie bis etwa 1950 in Mitteleuropa noch sehr selten. Ab dann ging es aber sehr rasch: In wenigen Jahrzehnten hatte diese Taubenart den halben Kontinent erobert. Möglicherweise hängt das damit zusammen, dass diese Vögel bereits seit Zeiten des Osmanischen Reiches, ca. 1300 n. Chr. bis zur Gründung der Türkei 1923 (*Türken*taube!), als Symbol für Liebe und Frieden geschätzt und eben auch gefüttert wurden, und zwar vor allem mit jenem Getreide, mit dem in der Türkei und auf dem Balkan auch gerne die Hühner gefüttert wurden: mit gebrochenem Mais, dem „Türkenkorn", wie dieses Getreide früher in Deutschland hieß. Es ist nicht unwahrscheinlich, dass der hierzulande nach 1960 stark zunehmende Anbau von Körnermais die Ausbreitung dieser Taubenart enorm begünstigte. Umgekehrt könnte mit der Umstellung der Landwirtschaft auf Silomais (der für diese Tauben keine Nahrungsgrundlage mehr bietet) erklärt werden, weshalb seit einigen Jahren der Bestand wieder stark zurückgegangen ist (vgl. Reicholf, 2007).

Auch die Saatgans (Anser fabalis) könnte als Kulturfolger bezeichnet werden: In den letzten Jahren sind diese Gänse, die im Sommer eigentlich in Skandinavien leben, bei uns nicht nur als Durchzügler und Wintergäste zu sehen.

Mit letzter Gewissheit lässt sich dieser Prozess nicht belegen, denn dazu fehlen entsprechend detaillierte Aufzeichnungen. Aber es wird hier besonders deutlich, wie sehr die Ausbreitung von Tieren vom Menschen und bestimmten kulturellen Entwicklungen beeinflusst wird und wie wichtig – und spannend – es ist, bei der Beobachtung bestimmter Tiere auch die Frage nach solchen Zusammenhängen zu stellen (zur *Migration* von Pflanzen vgl. Kapitel 5.2 und Kapitel 6, S. 188 f.).

Kulturfolger = Pflanzen- und Tierarten, die in besonders auffälliger Weise mit menschlichen Lebens- und Wirtschaftsformen verbunden sind. Typisch dafür sind unter den Pflanzen etwa Getreideunkräuter, unter den Tieren bestimmte Vogelarten, aber auch Mäuse, Ratten oder die Stubenfliege.

Heimische Wildtiere im Jahreslauf

Ähnlich wie in der Erkundung der Pflanzenwelt und entsprechender Naturräume wird man auch bei der Beschäftigung mit Tieren, vor allem bei Wildtieren, jahreszeitliche Aspekte berücksichtigen. Deshalb sind die folgenden Beispiele und Hinweise für Ausflüge und Exkursionen (vgl. Kapitel 1, S. 50 ff.) – trotz manch fließender Übergänge und anderen Zuordnungsmöglichkeiten – an den Jahreszeiten orientiert.

Winter – kaum mehr als Spuren, oder?

Die Suche nach Tieren und Tierspuren in einem winterlichen Wald ist für Kinder ein spannendes Erlebnis: Deutlicher als sonst zeigen sich im Winter vielerlei **Fraß- und Nagespuren**. An den Rinden von Bäumen und Sträuchern kann es sich dabei um Hasen, Kaninchen, Reh- und Rotwild sowie um die gut kletternde Rötelmaus handeln, bei bodennahen Nagespuren auch um Erdmaus oder Wanderratte – Tiere, die nur mit viel Glück einmal direkt beobachtet werden können, dann aber für Kinder ein besonders aufregendes Erlebnis sind (vgl. Flindt, 2005).

	ab 5
	6-10
	lang

Spuren im Schnee

Bei diesem Geländespiel werden die Beteiligten in zwei Gruppen geteilt, in eine kleine (vier Kinder) und eine große (acht Kinder). Die kleine Gruppe geht voraus und hinterlässt Spuren im Schnee (Hakenschlagen, Irrspuren usw.). Nach einer verabredeten Zeitspanne folgt die große Gruppe, die die Spurenleger suchen muss. Hinweis: Das Gelände muss allen Spielteilnehmern bekannt sein.

Förderbereich:
Beobachtungsfähigkeit, Kreativität, Motorik, Fantasie, Unterscheiden, Vergleichen

(Thiesen, Arbeitsbuch Spiel, 2009, S. 77)

Aufgaben:

Es ist nicht immer leicht, winterliche Tierspuren zu entdecken und richtig zu bestimmen. Sammeln Sie deshalb einschlägige Informationen und Erfahrungen, bevor Sie sich mit Kindern auf eine solche Spurensuche begeben:

1. Durchforsten Sie die Ihnen verfügbare Literatur einmal nach Abbildungen und guten Beschreibungen von Tierspuren im Schnee, Fraßbildern verschiedener Borkenkäfer wie Buchdrucker, Kupferstecher oder Großer Waldgärtner etc.
2. Vergleichen Sie dann diese Informationen anhand einer kleinen Winterexkursion – ggf. mit Kolleginnen – mit der Realität und halten Sie Ihre Beobachtungen in eigenen Fotos und kurzen Notizen fest.

Ein immer wiederkehrendes Thema für Kinder ist die Frage nach der **Überwinterung** von Wildtieren. Diese Frage ist für einen umweltpädagogischen Ansatz auch deshalb wichtig, weil es hier sowohl um Empathie, d. h. Einfühlungsvermögen in andere Lebewesen, geht, als auch der Wunsch nach konkretem naturkundlichem Wissen deutlich wird.

Für die Beantwortung dieser Fragen sind einige Kenntnisse hilfreich, ohne die auch eine geduldige eigene Beobachtung und Erkundung ziemlich schwierig wäre (vgl. Kapitel 5, S. 161 ff.): Wir unterscheiden zunächst zwischen **wechselwarmen** und **gleichwarmen** Tieren. Die Körpertemperatur wechselwarmer Tiere schwankt im Jahresverlauf zwischen 5 und 45 °C, während gleichwarme Tiere ihre Körpertemperatur bis auf eher geringe

Schwankungen ziemlich konstant halten können. Aus diesen Grundvoraussetzungen ergeben sich auch bestimmte Notwendigkeiten und Verhaltensweisen: Wechselwarme Tiere wie Kriechtiere und Lurche suchen bereits im Herbst Höhlen oder geschützte Bodenmulden auf, wo sie sich nicht selten auch im Boden vergraben können. Manche Schnecken verschließen dabei ihr Gehäuse sogar mit einem Kalkdeckel. Diese Tiere überstehen die kalten Monate in einer **Kältestarre** bei extrem herabgesetztem Stoffwechsel.

Gleichwarme Tiere wie Säugetiere und Vögel sind auf andere Fähigkeiten angewiesen und zeigen eine größere Bandbreite an Reaktionsmöglichkeiten:

dicker **Winterpelz**	Hirsch, Reh, Fuchs, Dachs, Wiesel, Schneehase
Winterschlaf in Höhlen und anderen geschützten Plätzen	Bilche (z. B. Siebenschläfer, Haselmaus), Murmeltier, Igel, Hamster, Feldmaus
Winterruhe (= leichte Form des Winterschlafs)	Dachs, Bär, Eichhorn
Abwanderung in wärmere Gebiete	Zugvögel

➲ ***Zum Einstieg in dieses Thema finden Sie im Arbeitsheft eine Reihe von Aufgaben.***

Zudem legen viele Tiere, die keinen Winterschlaf oder höchstens Winterruhe halten, einen **Nahrungsvorrat** an. Besonders ausgeprägt ist das bei verschiedenen Mäusen, Eichelhäher, Eichhorn und Maulwurf (der viele Regenwürmer in seiner Höhle versteckt, da er mindestens alle zwölf Stunden etwas Nahrhaftes zu sich nehmen muss). Viele **Insekten** überwintern übrigens in verschiedenen Entwicklungsstadien: So können z. B. verschiedene Käfer-, Fliegen- und Mückenarten, einige Schmetterlinge wie Zitronenfalter und Tagpfauenauge sowie die Königinnen von Wespen- und Hummelvölkern als voll entwickeltes Insekt (Imago) überwintern, während Libellen und zahlreiche andere Käfer- und Schmetterlingsarten nur als Larve über den Winter kommen. Bei Heuschrecken und vielen weiteren Schmetterlingsarten können überhaupt nur Eier dem Frost standhalten, und so entwickeln sich bei diesen Tieren in jedem Frühjahr neue Populationen.

Etwa ab Februar wird es besonders interessant, eine erste **vogelkundliche Exkursion** zu machen und an einem größeren Weiher nach **Wasservögeln** wie Enten, Gänsen, Schwänen und Blässhühnern Ausschau zu halten: Viele von ihnen zeigen jetzt meist schon das viel buntere Sommerkleid, und die verschiedenen Entenarten schwimmen jetzt bereits paarweise, was die Unterscheidung zwischen den auffällig gefärbten Erpeln und den schlicht aussehenden Weibchen leicht macht. Unverkennbar geht der Winter zu Ende und macht einem oft überraschend warmen Vorfrühling Platz (vgl. Flindt, 2005).

Enten, die bereits früh im Jahr die ersten Jungen großziehen, lösen mancherorts besonders heftige Kontroversen hinsichtlich der Fütterung aus: Auch gut begründete Fütterungsverbote werden von vielen Menschen nur ungern beachtet.

Ende Februar ist es übrigens höchste Zeit, Nistkästen anzubringen bzw. alte Nistkästen zu reinigen. Ausführliche Informationen erhält man dazu z.B. vom Landesbund für Vogelschutz (vgl. Kapitel 8, S. 255 f.).

Frühjahr – ungeduldig und laut

Die ersten Monate im Jahr bis etwa Anfang Mai sind überhaupt die beste Zeit, Vögel zu beobachten und kennenzulernen. Sie sind jetzt weniger scheu und vor allem am Morgen oft ziemlich laut: ein vielstimmiger Chor, aus dem Einzelstimmen manchmal nur mit Mühe herauszuhören sind. Vielleicht gehört der Vogelgesang gerade deshalb so unverwechselbar zur Atmosphäre des Frühjahrs. Die Bestimmung einzelner Vogelarten fällt nicht immer leicht und wird schon durch das unterschiedliche Federkleid von Alt- und Jungvogel bei vielen Arten erschwert. In vielen Fällen kann es daher sinnvoll sein, mit Kindern gemeinsam an einer geführten Vogelkundewanderung teilzunehmen, entweder über einen Naturschutzverband oder auch unter der fachkundigen Führung eines Hobbyornithologen (vgl. Kapitel 8, S. 251 f. und S. 255 f.).

Nistkasten für den Waldkauz, Strix aluco. Diese Eulenart ist in Europa noch am häufigsten, findet aber in Wirtschaftswäldern meist zu wenig Baumhöhlen, die sie zum Brüten benötigt.

Der Zitronenfalter, Gonypterix rhamni, gehört zu den ersten Schmetterlingen des Frühjahrs.

Der März ist auch die Balzzeit der **Eulen**, die ihre gemeinsamen Winterschlafplätze verlassen haben. Vor allem Waldkauz und Waldohreule finden ihre Brutreviere auch in gartenreichen Siedlungsgebieten und lassen in den Abendstunden ihre Rufe hören. Insbesondere den Steinkauz, der ab etwa Mai brütet, kann man auch in der Nähe menschlicher Siedlungen entdecken. Weil diese Vögel aber besondere Ansprüche an ihre Nistplätze stellen und in der Brutzeit außerdem durch Marder stark gefährdet sind, sind sie vielerorts selten geworden. Gerade solchen Vogelarten kann aber mit dem Bau geeigneter Nistkästen geholfen werden. Allerdings ist gerade ein Steinkauzkasten nicht ganz leicht zu bauen. Gute Anleitungen für solche Nisthilfen gibt das „Werkbuch Naturschutz" (Steinbach, 1988).

Sehr früh im Jahr sieht man auch die ersten **Schmetterlinge** fliegen, die als Falter überwintert haben: Zitronenfalter, Tagpfauenauge und Kleiner Fuchs. Oft schauen sie ziemlich zersaust und mitgenommen aus. Sie suchen jetzt die Futterpflanzen ihrer Larven auf, wo sie Eier ablegen und dann sterben.

Raupe des Bürstenbinders, Orgyia recens. Während die Raupe ein auffälliges und beeindruckendes Aussehen hat, ist der fertige Schmetterling unscheinbar klein und braun.

Die Untersuchung der unmittelbaren Umgebung alter Eichen ist oft besonders lohnend, denn diese Bäume beherbergen eine sehr große Zahl an Insekten und anderen Kleinlebewesen, und dieses Nahrungsangebot *lockt auch größere Tiere, vor allem viele Vögel, an. In erster Linie fallen hier im Sommer aber Schmetterlinge und Käfer auf, und die von bestimmten Mücken und Wespen verursachten* Eichengallen *zählen ohnehin zu den merkwürdigsten Gebilden, die an Pflanzen zu finden sind (vgl. Kapitel 5, S. 149). Eine der zahlreichen Arten von Kleinschmetterlingen, der Bürstenbinder (Orgyia recens) ist ebenfalls bevorzugt in der Nähe von Eichen zu finden, da Eichenblätter zur Lieblingsspeise seiner Nachkommen zählen.*

Besonders interessant ist es, **Kröten** bei ihrer Frühjahrswanderung zu den Laichplätzen zu beobachten. Etwa Anfang bis Mitte März, wenn die Tagestemperaturen auf über 10 °C ansteigen, wandern die Tiere aus den Winterquartieren zu ihren angestammten Gewässern, meist krautreichen Tümpeln und flachen Weihern. Dort sind dann einige Tage lang zahlreiche Krötenpärchen zu sehen, die Männchen an die Weibchen gedrängt, sowie noch wesentlich mehr einzelne Tiere: Das sind die überzähligen Männchen, die noch hoffen, ein Weibchen zu finden und nahezu alles umklammern, was ungefähr ihre Größe hat und sich bewegt.

Der *Laich* der Erdkröten ist gut von dem anderer Amphibien zu unterscheiden: In langen Schnüren werden Eier abgelegt, oft um vorjährige Schilfstängel oder im Wasser liegende Äste gewickelt. Nach ungefähr zwei Wochen schlüpfen daraus die Larven oder *Kaulquappen*. Noch sind es ungeheuer viele Tiere, aber da Kaulquappen eine leichte Beute für Fische, Vögel und sogar Frösche sind, entwickelt sich nur eine verhältnismäßig kleine Zahl weiter: Nach etwa zwölf Wochen sind junge *Erdkröten* bereits in der Lage, das Wasser zu verlassen, und man findet sie bald auch kilometerweit von ihrem Laichgewässer entfernt im Ackerland oder in Gärten („Erdkröte"). Die Tiere stehen übrigens völlig unter Schutz, weshalb auch weder der Laich noch später die Kaulquappen aus ihrem Lebensraum entfernt und mitgenommen werden dürfen.

Die Erkundung eines feuchten Waldstücks oder Waldtümpels ab etwa Mai führt manchmal zur Entdeckung eines **Feuersalamanders**, für Kinder sicher eines der attraktivsten heimischen Tiere. Salamander findet man häufig bei regnerisch-trübem Wetter, und ein zahlreicheres Vorkommen kann durchaus als Zeichen für einen ökologisch einigermaßen intakten Lebensraum gewertet werden, da sie sehr empfindlich auf Umweltgifte und Störungen reagieren (vgl. Kapitel 4, S. 128).

Sommer – Zirpgeräusche

Trockene und sonnenwarme Biotope wie Kieshänge, Brachland oder Bauschutthalden können eine ungeheuer große Vielfalt an Käfern, Schmetterlingen und anderen Insekten aufweisen. Oft schon von Weitem zu hören sind die zahlreichen Arten an Heuschrecken und Grillen, die sich weit leichter hören als sehen oder gar fangen lassen ... Auch **Eidechsen** lassen sich hier gut beobachten. Die seltener zu entdeckende **Blindschleiche** sollte übrigens nicht mit Schlangen verwechselt werden (vgl. S. 275).

Bei einem solchen Ausflug mit Kindern kann man neben Sammelbüchsen und Lupen zum vorübergehenden Aufnehmen und Beobachten von Kleintieren auch eine oder mehrere kleine Holzsteigen mitnehmen: Die Kinder könnten dann darin mithilfe etlicher vorhandener und gesammelter Naturmaterialien eine eigene „Mini-Welt" bauen, vielleicht für einen gerade entdeckten Käfer oder eine Spinne. Selbstverständlich werden diese Tiere nicht mitgenommen, sondern beim Verlassen des Geländes wieder freigelassen.

Bei aufgelassenen Steinbrüchen ist insbesondere auf etwaige Gefährdungen durch Steilhänge und Lockermaterial zu achten. Im Einzelfall wird man vielleicht eine Genehmigung zum Betreten des Geländes brauchen. Wenn man aber von der Ungefährlichkeit des betreffenden Gebietes auch für die Kinder überzeugt ist, sollte man diese Mühe auf sich nehmen: Es gibt wenig reizvollere und auf engem Raum so abwechslungsreich strukturierte Naturlebensräume wie eine alte Kiesgrube.

Wasser – einerlei, in welcher Form – stellt für Kinder das verführerischste „Element" dar. Sommerausflüge sollten auch schon aus diesem Grund zu einem Bachlauf, einem Weiher oder wenigstens an einen interessanten Tümpel führen. Abgesehen von der hier besonders notwendigen Unfallvorsorge gibt es wenig Grund, sich darüber Gedanken zu machen, ob die Kinder wohl etwas mit sich und dem Gelände anfangen können. Trotzdem lässt sich der Erlebniswert vielleicht nicht unerheblich steigern, wenn die Kinder angeleitet werden, sich einmal auf die Suche nach den eher unscheinbaren Aspekten dieses Lebensraumes zu machen: auf die Suche und Erforschung der dort lebenden Kleinlebewesen (vgl. S. 274 f.).

Die Erforschung, welche Kleintiere in einem Tümpel leben, ist für Kinder beinahe jeden Alters eine spannende Angelegenheit. Am erfolgreichsten sind solche Unternehmungen etwa im Zeitraum von Mai bis September.

Zur Ausrüstung für eine „Tümpelexpedition" gehören auch ein paar geeignete Bestimmungsbücher, deren Wert sich hier den Kindern am besten vermittelt.

Die Tiere, die von Kindern an einem Tümpel meist sofort entdeckt werden, sind die **Wasserläufer**. Es ist eine Wanzenart, die normalerweise auf dem Trockenen (Wiese, Feld) lebt und eigentlich nur von Fall zu Fall auf das Wasser wechselt. Spannend und überraschend raffiniert ist die Technik, wie diese Tiere es schaffen, sich auf der Wasseroberfläche fortzubewegen: Zur Ausnutzung der Oberflächenspannung des Wassers (vgl. Kapitel 4, S. 136 f.) – leichtes Eindrücken der „Haut des Wassers" durch die Beine sichtbar! – kommt hinzu, dass die Wasserläufer ein Fett ausscheiden, mit dem ihre Körperoberfläche zusätzlich wasserabweisend wird. Alte Tiere können das nicht mehr und sterben, indem sie im Wasser einsinken (vgl. Kapitel 12, S. 407). Interessant ist auch die Art und Weise, wie Wasserläufer ihre Beute aufspüren: Fallen Mücken und andere Kleintiere auf die Wasseroberfläche, so verursacht das kleinste Wellen, die der Wasserläufer über ein „Richtungshören mit den Beinen" (Wittmann, 2000, S. 71) wahrnehmen kann. Die Gestalt eines Wasserläufers kann übrigens auch gut als Modell für eine spielerische Erkundung der Oberflächenspannung des Wassers genutzt werden:

Bauanleitung/Versuchskarte

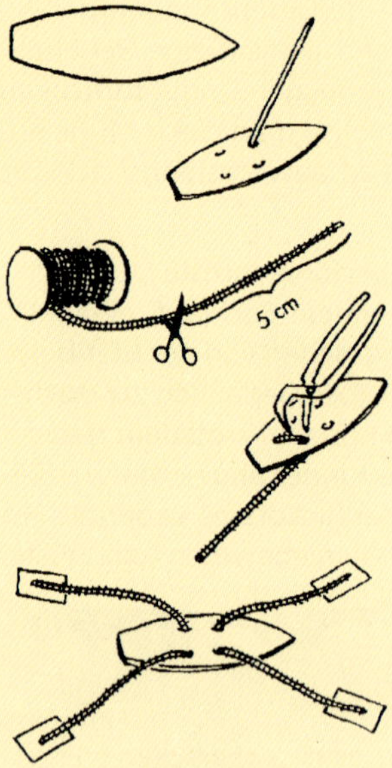

Material:
Fester Karton, selbstklebende Folie, buschige Pfeifenreiniger, Kupferdraht, Nadel, wasserfester Klebstoff, kleine Stücke fester Kunststofffolie (wie sie etwa bei durchsichtigen Schnellheftern verwendet wird)

1. *Körper in Mustergröße aus dem Karton ausschneiden und beidseitig mit Folie überziehen*
2. *In die Mitte des Körpers mit einer Nadel vier kleine Löcher bohren*
3. *Vier etwa 5 cm lange Draht- oder Pfeifenputzerstücke (je nach Modell) für die Beine schneiden; Anmerkung: Die Modelle haben nur zwei Beinpaare, weil die Vorderbeine des Wasserläufers keine Fortbewegungsfunktion besitzen*
4. *Die Beine etwa einen halben cm durch die Löcher schieben, mit der Zange fest umdrücken und mit Klebeband fixieren*
5. *Jetzt können die Beine zurechtgebogen werden. An die Drahtbeine noch „Schlittschuhe" aus stabiler Kunststofffolie (2 cm x 1 cm) kleben. Dazu am Drahtende etwa einen halben cm leicht nach oben knicken.*

(vgl. Lang/Taubert-Striese/Bäuml, 2004, S. 53)

Wenn es den Kindern gelingt, mithilfe mitgebrachter Kescher einzelne Wassertiere zu fangen, können diese am besten in einem kleinen, selbst gebauten Aquarium vor Ort beobachtet werden:

Aus kleinen Holzsteigen, Brettchen oder starken Kartonstücken sowie etwas Klebeband lassen sich auch unterwegs rasch einfache Konstruktionen bauen, die lediglich so stabil sein sollten, dass sie dem Wasserdruck standhalten. In die fertige Rahmenkonstruktion wird nämlich eine große, am besten durchsichtige Kunststofftüte gesetzt und diese bis zum Rand des Holz- oder Kartonrahmens mit Wasser aus dem Tümpel oder Bach aufgefüllt. Damit ist dieses Behelfsaquarium bereits fertig, und die Kinder können nun die gefangenen Tiere dort hineinsetzen und so besser beobachten, als das in einer kleinen Dose möglich wäre.
Dabei ist es wichtig, die Tiere in diesem beschränkten Raum der Sonne nicht zu sehr auszusetzen und nach einiger Zeit wieder zurück in den Bach oder Tümpel zu geben. Das Wasser in solchen Behältnissen erwärmt sich unter Umständen zu sehr und dadurch sinkt der Sauerstoffgehalt des Wassers auf ein Niveau ab, das für diese Organismen lebensbedrohlich ist.

Miniaquarium

Die forschende Auseinandersetzung mit Kleinlebewesen des Wassers oder anderen, eher wenig auffallenden Organismen führt gleichsam nebenbei für die Kinder zu einer außerordentlich wichtigen Erfahrung: Wir leben in einer Welt, deren Zusammenhalt und Gleichgewicht ganz entscheidend vom Kleinen, Unscheinbaren, scheinbar Unbedeutenden abhängt. Ein Tag am Ufer eines Flusses oder Stillgewässers sollte Zeit und Gelegenheit geben, darüber mit den Kindern zu sprechen, ihre Aufmerksamkeit darauf zu lenken und Fragen zu wecken.

Herbst – Hamsterzeit

Eines der großen Themen in dieser Jahreszeit ist der Übergang vom Wachsen und Reifen zu einer Phase der Erholung, Beruhigung und Verlangsamung von Lebensprozessen. Nicht nur die Zahl der Vögel verringert sich deutlich, auch Insekten werden seltener. Lediglich in Kellern oder Schuppen überwinternde Schmetterlinge, Fliegen, Florfliegen, Asseln, Tausendfüßer und Spinnen lassen sich noch finden. Manche Tiere wie Mäuse, Bilche, Hamster, Eichhörnchen kann man beim Sammeln ihrer Wintervorräte beobachten.

Beim näheren Untersuchen des Herbstlaubs fallen immer wieder einige sehr sonderbare Gebilde auf: rundliche oder stäbchenförmige, glattschalige oder schuppige Auswüchse an Blättern, Blattstielen oder Zweigen. Es handelt sich um sogenannte **Pflanzengallen**, Wucherungen, die meist durch Gallmücken oder Gallwespen verursacht werden. Manche Bäume und Sträucher stellen für sehr viele verschiedene Arten dieser Insekten wichtige Wirtspflanzen dar; so kann man auf Eichen bis zu 40 verschiedene Gallentypen finden. Die jeweiligen Tiere stechen dabei bereits im Frühjahr oder Frühsommer die Blätter des Baumes an und legen dabei ihre Eier ab. Ein kompliziertes chemisches Wechselspiel führt nun zu einem verstärkten Zellwachstum an dieser Stelle, wodurch die sich im Inneren entwickelnde Insektenlarve einerseits Nahrung, andererseits Schutz erhält. Für die Bäume bedeuten diese „Untermieter" meist keine Gefahr, für viele Vögel aber eine zusätzliche Nahrungsquelle (vgl. Kapitel 5, S. 149).

Setzt man solche Gallen in ein mit Gaze verschlossenes Glas, kann man mit etwas Glück nach einigen Tagen oder Wochen die Insekten kennenlernen, die sich in den Gallen entwickelt haben.

Die bei uns vorkommenden Kleintiere, ob im Boden, auf Pflanzen oder im Wasser lebend, bilden eine faszinierende Welt für sich. Viele Einzelheiten und Besonderheiten dieser Tiere lassen sich allerdings nur mithilfe einer Lupe oder noch stärkerer Vergrößerungen feststellen. Manche Kinder (und Erwachsene) müssen anfangs eine gewisse Scheu überwinden, Kleintiere auf diese Weise plötzlich riesengroß zu sehen. Es ist aber eine Erfahrung, die vielfach ungeheuer beeindruckt und die Vorstellung, die wir Menschen üblicherweise von krabbelnden oder sirrenden Kleintieren haben, nachhaltig verändern kann.

Besonders gut geeignet für solche Untersuchungen sind Stereolupen (Binokulare), bei denen statt eigens angefertigter Präparate die betreffenden Tiere einfach in flache Schalen gesetzt und so durch die Vergrößerungslinsen betrachtet werden können. Für die umweltpädagogische Arbeit mit Kindern ist eine solche Methode aus zwei Gründen hervorragend geeignet: Zum einen müssen die Tiere nicht getötet und präpariert werden, zum anderen lassen Vergrößerungen um etwa den Faktor 35 bis 50 die allermeisten Einzelheiten des Körperbaus dieser Tiere bereits sehr gut erkennen und gestatten dennoch den Vergleich mit dem, was man mit dem bloßen Auge sehen kann (vgl. Kapitel 5, S. 153 f.).

➲ *Zur Vertiefung dieses Themas finden Sie im Arbeitsheft eine Projektanregung.*

Zu den besonderen Erscheinungen, die die Natur aufmerksamen Beobachtern bieten kann, gehören auch **Spinnen** und **Spinnennetze**. Was diese Tiere abgesehen von der fragilen Schönheit mancher ihrer Netze so interessant macht, sind auch bestimmte physikalische Eigenschaften wie z.B. die hohe Reißfestigkeit der Fäden: „Verglichen mit einem gleich dicken Stahldraht hat ein Spinnwebfaden eine vielfach höhere Belastbarkeit; zudem ist er noch sehr biegsam und kann auf das Fünffache seiner Länge gedehnt werden" (Wittmann, 2000, S. 11). Solche Phänomene haben nicht unwesentlich zur Entwicklung der **Bionik** beigetragen: eine an praktischen Anwendungsmöglichkeiten orientierte Verbindung von Natur und Technik.

Trichterspinnen weben ein charakteristisches Trichternetz mit Wohnröhre, vor dem sich meist auch noch eine weitere Gespinstdecke ausbreitet. Die Spinne wartet im Inneren der Röhre auf Beute.

Ausgewachsene Trichterspinnen, die vor allem in Wäldern zu den wichtigsten räuberischen Kleintieren zählen, können Insekten bis zur Größe einer Heuschrecke erbeuten.

Bionik = Verbindung von *Biologie* und *Technik*, wobei gezielt und interdisziplinär nach solchen natürlichen Strukturen und Prozessen gesucht wird, die Vorbild für bestimmte technische Anwendungen sein können. Beispiel: Der „Lotus-Effekt", die Unbenetzbarkeit pflanzlicher Oberflächen, wurde zum Vorbild für die Entwicklung von Fassadenverkleidungen oder Markisen; der Klettverschluss wurde den Früchten der Großen Klette abgeschaut.

Ein **Radnetz** als eine Form des Spinnennetzes besteht aus unterschiedlich dicken Fäden: Vor allem die *Speichen* sind dicker und steifer, und das Netz wird so aufgebaut, dass diese Speichen zunächst mittels einer *Hilfsspirale* eine Verbindung und Stabilisierung erhalten und die eigentliche, meist sehr gleichmäßige *Hauptspirale* erst danach entsteht, wobei die Hilfsspirale dabei gleichzeitig wieder abgebaut wird. Bemerkenswert ist auch, wie die Spinne selbst mit der Klebrigkeit ihrer Netze zurechtkommt: Beim Darüberlaufen vermeidet sie es einfach, die Leimtröpfchen auf den Spiralfäden zu berühren und hält sich stattdessen an die Speichenfäden, die frei von Leimtröpfchen sind (vgl. Wittmann, 2000).

Kleinlebewesen des Bodens lassen sich natürlich nicht nur im Herbst finden, aber gerade im Zusammenhang mit dem Laubfall, der Zersetzung der Blätter und dem Prozess der Humusbildung bietet sich dieses Thema vielleicht gerade jetzt an (vgl. Kapitel 2, S. 71 ff.). Der **Regenwurm** soll dabei an erster Stelle genannt werden. Seine Bedeutung für die Bodenbildung und Aufrechterhaltung der Fruchtbarkeit von Böden ist enorm groß. Das lässt sich allein schon daran erkennen, dass er pro Tag etwa Nahrung im Gewicht seines eigenen Körpers aufnimmt. Da er neben welken Blättern und anderen halb verrotteten Pflanzenteilen auch Erdteilchen frisst und wieder ausscheidet, bewirkt er eine intensive Durchmischung anorganischer und organischer Substanzen. Zudem ergibt der von ihm ausgeschiedene Kot aufgrund bestimmter Sekrete eine sehr *stabile Krümelstruktur* der Erde – für das Wachstum vieler Pflanzen eine optimale Voraussetzung (vgl. De Haan, 1998).

Ein Regenwurmkasten oder Lumbricarium ist einfach herzustellen und ermöglicht die Beobachtung eines sonst sehr verborgen lebenden Tieres.

Es ist für Kinder immer wieder sehr anregend, sich vorzustellen, wie Regenwürmer und andere Kleinlebewesen der *Bodenfauna* leben: in ständigem Dunkel, in unterschiedlich großen Hohlräumen, die sich bei Regen auch schon mal zur Gänze mit Wasser füllen, in Gesellschaft anderer Organismen, die man weit besser riechen als auf eine andere Weise spüren kann.

Die Schilderung solcher Umstände in einer entspannten und ruhigen Atmosphäre eignet sich gut für einen ***Fantasiespaziergang****, der als „Ausflug in eine Erdhöhle" auch gemeinsam mit den Kindern als fragendes, vermutendes und erklärungsuchendes Gespräch entwickelt und vielleicht sogar mittels einfacher Bewegungen und Geräusche (Hände reiben, mit den Fingern schnippen) untermalt werden könnte (vgl. Reidelhuber, 2000).*

➲ ***Zur Vertiefung dieses Themas finden Sie im Arbeitsheft eine Projektanregung.***

Aufgabe:

Bevor Kleinlebewesen in ein selbst gebautes Mini-Aquarium oder einen Wurmkasten gesetzt werden können, muss man sie finden und einfangen. Besonders schwierig ist das bei fliegenden Insekten oder Bodentieren, die so unscheinbar sind, dass man sie einfach übersieht. Dennoch gibt es dafür raffinierte Verfahren, die auch in etlichen Büchern immer wieder beschrieben werden. Fertigen Sie mithilfe entsprechender Fachliteratur zu einem der beiden nachfolgend genannten Verfahren eine eigene Darstellung mit Skizze und Beschreibung an, die auch eine eigene Herstellung mit einfachen Mitteln ermöglicht:

1. Eine **Saugfalle** besteht im Wesentlichen aus einem kleinen Gefäß, in das zwei Schläuche führen: Der eine wird auf ein bestimmtes Insekt gerichtet, über den zweiten werden Luft und das Insekt in das Gefäß gesaugt.
2. Eine **Lichtfalle** nutzt die Eigenheit vieler Bodentierchen, die kühle Dunkelheit zu suchen, indem z.B. eine gewisse Menge Komposterde in eine Kombination aus Trichter und Siebteil gefüllt und die Erde dann von oben mit einem Scheinwerfer angestrahlt wird, sodass die Licht und Wärme meidenden Tiere nach unten wandern und durch den Trichter in ein Auffanggefäß rutschen.

Ein Tier, das die Aufmerksamkeit von Kindern immer in besonderer Weise fesselt, ist der **Igel**. Auch bei ihm handelt es sich um einen typischen *Kulturfolger* (vgl. S. 282), und seine Lebensgewohnheiten bringen es mit sich, dass wir ihm im Herbst häufiger begegnen als zu anderen Jahreszeiten. Obwohl er oft in der Nähe menschlicher Siedlungen anzutreffen ist, gehört er zu den Wildtieren und sollte keinesfalls wie ein Haustier behandelt werden.

➲ *Zur Vertiefung dieses Themas finden Sie im Arbeitsheft eine Projektanregung.*

9.2 Kinder brauchen Tiere – zur Haltung von Haus- bzw. Streicheltieren

Haustier – Wildtier

Für Kinder ist es zunächst vielleicht gar nicht so entscheidend, ob sie sich mit einem typischen **Haustier** wie Hund oder Katze beschäftigen oder sich einem **Wildtier** zuwenden. Im zweiten Fall ist es allerdings nur selten möglich, eine länger andauernde Beziehung zu entwickeln, auch wenn bereits die Beobachtung bestimmter Tiere und Kenntnisse ihrer Bedürfnisse und Lebensformen bedeutsame Grundlagen jeden Naturverständnisses sind. Noch wichtiger erscheint etwas anderes: „Rücksichtnahme im Umgang mit der Natur lernen wir aber durch den Umgang mit Tieren. Wer ein Eichhörnchen aufgezogen hat oder irgendein anderes nettes Tier, der gewinnt eine grundsätzlich freundliche Einstellung anderen Lebewesen gegenüber“ (Eibl-Eibesfeldt, 1990, S. 10).

Wenn auch die Medien heute das Bild, das Kinder von Tieren haben, stark beeinflussen dürften, so sind doch Haustierhaltung und Zoobesuche für Kinder nach wie vor wichtige direkte Erfahrungsquellen (vgl. Gebhard, 2009).

Die Frage, ob Haustier oder Wildtier, unterliegt ohnehin verschiedenen Definitionen. Waren früher Haustiere meist auch **Nutztiere** (was insbesondere im ländlichen Raum auch auf die Katzen- und Hundehaltung zutraf), so vermischen und verwischen sich mittlerweile die Kategorien: Mehr und mehr finden sich in den Haushalten auch Wildtiere, die längst nicht immer artgerecht gehalten werden, und umgekehrt kann eine etwas *freche* Betrachtungsweise schon mal Hausspinne, Hausstaubmilbe oder Stubenfliege zu **Haustieren** erklären: *Kulturfolger* sind sie allemal.

Zur psychischen Bedeutung von Tieren

Tiere sind für Kinder etwas sehr Wichtiges, und es wäre viel zu kurz gegriffen, dabei nur an „Streicheltiere" wie Meerschweinchen, Hunde oder Katzen zu denken. Es geht um die Wahrnehmung von Lebewesen an sich, das Erleben von Ähnlichkeit und Anderssein, es geht um Wissen, Respekt und Einfühlungsvermögen, es geht um die psychische Seite ökologischer Zusammenhänge, die Entwicklung des Ich-Bewusstseins und die eigene Persönlichkeit. Es geht um eine Annäherung an die Natur in vielen Dimensionen. Bestimmte Säugetiere führen bei Kindern (und auch bei den meisten Erwachsenen) sicher rascher zu Annäherung durch Anteilnahme und Fürsorge als andere Tiere, aber es gibt auch Situationen, in denen Kinder ein solches Mitgefühl in ganz unerwarteter Weise zeigen:

Vor einiger Zeit hatte der Autor ein Erlebnis mit Kindern der zweiten Klasse einer Grundschule, mit der er eine kleine Waldexkursion durchführte. Die Kinder waren lebhaft und laut und fanden es toll, zu rennen und das ihnen unbekannte Gelände zu „erobern". Plötzlich fiel jemandem auf, dass eines der Kinder, ein Mädchen, etwas hinter der Gruppe zurückgeblieben war. Es stand allein mitten auf dem Weg, einen Arm in einer sonderbar abgewinkelten Weise vorgestreckt, ganz ruhig, ohne sich zu bewegen und zeigte keine Reaktion, als wir sie riefen. Einige Kinder liefen daraufhin zu ihr, und als wir anderen sahen, dass diese Kinder plötzlich ebenso still bei dem Mädchen stehen blieben, wurden wir neugierig und wollten wissen, was es da gab. Rasch bildete sich um das Mädchen ein großer Kreis, aber wir konnten nichts Besonderes entdecken, bis das Mädchen mit beinahe angehaltenem Atem flüsterte: „Da. Eine Spinne." Und dann sahen wir das Tier: Eine kleine Spinne, vermutlich eine sogenannte Zartspinne, hing reglos an ihrem Faden etwa zwei Handbreit unter einem Finger des Mädchens. Die anderen Kinder betrachteten das Tier erstaunt und wohl auch etwas furchtsam, aber alle waren von der Szene fasziniert. Sie bewunderten auch ihre Klassenkameradin, erst ihren Mut, dann ihre Geduld und dann kam, was kommen musste: Jeder wollte jetzt auch einmal die Spinne halten, und das Mädchen übergab den Spinnfaden vorsichtig einem der anderen Kinder, vermittelte dabei ganz nebenbei die nötige Ruhe und Bedachtsamkeit, und schließlich wanderte die kleine Spinne so im Kreis der Kinder herum.
Dieser kleine Vorfall hatte für alle Beteiligten etwas sehr Eindringliches und die Kinder unterhielten sich auch später noch ausgiebig darüber. Sie wollten mehr über Spinnen und ihre Lebensweise erfahren, und es kam auch zu einem langen Gespräch über die Angst der Menschen vor Tieren und die Angst der Tiere vor Menschen.

Auch **Schnecken** sind für Kinder oft interessant und wichtig. Viele Kinder sammeln Schnecken, ob Nackt- oder Gehäuseschnecken, bauen ihnen ein Gehege oder veranstalten sogar Wettrennen.

Der Umgang mit Tieren

So unumstritten die Bedeutung von Tieren für Kinder auch ist, so sehr gibt es gerade auch bei der Tierhaltung in pädagogischen Einrichtungen in zwei Bereichen problematische Aspekte: einerseits Fragen der Betreuung, Pflege und Verantwortung, andererseits Fragen der Hygiene und des Gesundheitsschutzes.

Unter geeigneten Bedingungen sind Meerschweinchen leicht zu halten.

Zwergkaninchen und **Meerschweinchen** sind als *Streicheltiere* bei Kindern besonders beliebt. Ein wichtiger Grund dafür liegt wohl darin, dass diese Tiere Kindern ein Gefühl von emotionaler Wärme, Dankbarkeit, Vertrauen und Ruhe vermitteln:

In einem „Spielezimmer" einer Ganztagsschule wurden zwei Meerschweinchen in einem größeren Käfig gehalten. Da die Tiere gut versorgt wurden, gehörten sie trotz anfänglicher Bedenken der Schulleitung bald ganz selbstverständlich zum Schulalltag – für einige Kinder jedenfalls, denn immer wenn der Raum den Kindern zur Verfügung stand, vor allem in der Mittagszeit, suchten ganz bestimmte Kinder die Nähe der Meerschweinchen. Die Betreuerin des Spielezimmers konnte dabei beobachten, dass einige dieser Kinder vor allem dann kamen, wenn sie sich sehr einsam fühlten oder irgendwelche Probleme hatten. Ein Junge etwa, der aus verschiedenen Gründen immer wieder Ärger mit Lehrkräften und Klassenkameraden hatte, war schon glücklich, wenn er nur ungestört neben den Tieren am Boden sitzen und ihnen zuschauen konnte.

Natürlich kamen keineswegs nur Kinder, die sich einsam oder traurig fühlten, zu den Meerschweinchen. Manche waren auf die Tiere einfach neugierig, wollten sie kraulen oder mit ihnen spielen, sie füttern oder sich in anderer Weise um ihr Wohlbefinden kümmern: Ein etwas älterer Junge baute z. B. im Lauf mehrerer Wochen immer ausgetüfteltere Holzhäuschen, damit die Meerschweinchen verschiedene angenehme Versteckmöglichkeiten hätten.

➲ ***Zur Vertiefung dieses Themas finden Sie im Arbeitsheft eine Reihe von Aufgaben.***

Auch dort, wo die Fragen nach Betreuung und Versorgung der Tiere gelöst werden können, bleiben noch jene der Gefährdung der Kinder durch **Krankheitserreger**. Nach einer Übersicht aus Rheinland-Pfalz wären Meerschweinchen daher nicht gerade zu empfehlen:

Kinder lieben diese „Streicheltiere" und sind gerne bereit, für sie zu sorgen.

Merkblatt über die besonderen gesundheitlichen Gefährdungen durch die Haltung von Haustieren in Kindergärten

Nr.	Tierart	Besondere gesundheitliche Gefährdung	Eignung für den Kindergarten	Hinweise für die Tierhaltung	Bemerkungen
1	Fische/ Aquarium	keine	sehr gut	die Regeln für die Aquarienhaltung und die jeweilige Fischart besonders beachten	–
2	Vögel	Übertragung der Psittakose Salmonellose	geeignet	wenn durch den beamteten Tierarzt festgestellt wurde, dass keine Erkrankung vorliegt	–
3	Meer-schweinchen Kaninchen	Fadenpilzerkrankungen, Tuberkulose	weniger geeignet	dürfen nur in geeigneten, dafür eingerichteten Stallungen gehalten werden und nicht frei herumlaufen	vermeiden, dass sich Kinder von Tieren belecken lassen, und dafür sorgen, dass sie sich nach einer Berührung die Hände waschen
4	Siam- und Perserkatzen Katzen Hunde	Toxoplasmose Leptospirose Tollwut	ungeeignet	sie benötigen eine eigene Bezugsperson und einen regelmäßig gesicherten Auslauf	erhöhte Gefahr von Tierquälereien
5	Goldhamster	ausgeschiedener Virus kann zur Hirnhautentzündung führen; außerdem besondere Infektionsgefahr für schwangere weibliche Bedienstete, die zur Missbildung ihres Kindes führen kann	ungeeignet	–	keinesfalls neue Tiere anschaffen; bei Bedenken vom Tierarzt untersuchen lassen
6	Schildkröten	sind häufig Salmonellenausscheider	ungeeignet	–	s. Nr. 5

(vgl. Durchführungsverordnung des KITA-Gesetzes, Rheinland-Pfalz, 2010)

Bei den aufgeführten Erkrankungen handelt es sich entweder um Viruserkrankungen (Psittakose oder Papageienkrankheit, Tollwut) oder um Erkrankungen, die durch bestimmte Bakterien ausgelöst werden (Salmonellose, Tuberkulose, Toxoplasmose und Leptospirose).

Aufgaben:

Setzen Sie sich anhand dieser und anderer Informationen mit der Haltung von Tieren in einer pädagogischen Einrichtung auseinander:

1. Welche Tiere erscheinen Ihnen persönlich dafür geeignet? Warum?
2. Welche Risiken, die gegen die Haltung einer bestimmten Tierart sprechen, überzeugen Sie, welche nicht?
3. Welche konkreten Alternativen sehen Sie zur Haustierhaltung, wenn Sie andererseits die Vorteile, die der Umgang mit Tieren für Kinder hat, nutzen wollen?

9.3 Tierkundliche Exkursionen – Nutztiere auf einem Bauernhof, Tiere im Zoo

Bauernhof und Zoo

Eine Möglichkeit, Kindern den (direkten) Kontakt mit Tieren zu ermöglichen, sind Ausflüge und Exkursionen auf einen Bauernhof, in einen Wildtierpark oder in einen (Streichel-)Zoo. Überall dort, wo Kinder auch *hautnah* mit Tieren in Berührung kommen, stellen sich auch hier prinzipiell Fragen der Hygiene, wenn auch in der Regel davon ausgegangen werden kann, dass bei professioneller Haltung der Tiere die Gefahr der Krankheitsübertragung gering ist.

➲ ***Zum Einstieg in dieses Thema finden Sie im Arbeitsheft eine Reihe von Aufgaben.***

Schafe als „große Streicheltiere" werden heute meist auf Koppeln gehalten. In manchen Regionen findet man aber auch noch (oder wieder) Schäfer, die mit großen Herden herumziehen.

Viele **Bauernhöfe** sind mittlerweile so spezialisiert, dass die Tierhaltung auf eine oder ganz wenige Arten eingeschränkt ist. Will man Kindern den Kontakt zu möglichst verschiedenen Nutztieren ermöglichen, kann es sinnvoll sein, sich unter den biologisch wirtschaftenden Betrieben umzuschauen, denn vor allem solche Betriebe sehen die Aufrechterhaltung einer gewissen Vielfalt sowohl im Pflanzenbau wie in der Tierhaltung als prinzipiell wichtig und erstrebenswert an. Zudem ist es für einen Landwirt natürlich nicht ganz selbstverständlich (und auch nicht immer einfach), eine Kindergruppe durch seinen Betrieb zu führen, abgesehen davon, dass aus Gründen einschlägiger Hygienevorschriften bestimmte Ställe von Fremden nicht betreten werden dürfen. Es ist also wichtig, sich im Vorfeld eines Bauernhofbesuches genau zu informieren. Landwirtschaftsämter, Verbände des Bio-Landbaus, aber auch

Naturschutzverbände können dazu Adressen vermitteln und entsprechende Hilfestellung geben.

Zu einem Bauernhof gehört auch ein Traktor, und vor allem für Stadtkinder ist es natürlich etwas ganz Besonderes, einmal auf so ein Gefährt klettern zu dürfen.

Mancherorts bieten Kleintierfarmen oder Bauernhöfe Gelegenheit für regelmäßige Besuche, bei denen Kinder auch bestimmte Pflegearbeiten wie etwa das Striegeln eines Ponys kennenlernen können.

Für die meisten Kinder ist heute die Begegnung mit einer richtigen Kuh selten geworden. Umso aufregender kann da ein Besuch im Kuhstall sein.

Kaninchen

Von den verschiedenen Tierarten, die auf Bauernhöfen seit Jahrhunderten gehalten werden, soll eine Tierart ein wenig näher betrachtet werden: das **Kaninchen**. Zwar ist dieses „Streicheltier" auf Bauernhöfen heute seltener geworden, aber es gibt vielerorts Privatleute, die sich mehr oder weniger intensiv mit der Zucht dieser Nagetiere befassen und nicht selten gerne bereit sind, einer Kindergruppe einmal Einblick in die Lebensweise von Stallkaninchen und die damit verbundene Arbeit zu geben. Kaninchen werden immer wieder mit Hasen verwechselt, und wenn es sich hier auch um zwei miteinander nahe verwandte Gattungen handelt, so gibt es doch einige wichtige Unterschiede. Beide gehören aber zur Familie der Hasen, und was das Kaninchen betrifft, so sollte zwischen dem eigentlichen Wildkaninchen (Oryctolagus cuniculus) und seiner Zuchtform (Oryctolagus cuniculus forma domestica) unterschieden werden.

Ein Freigehege bietet nicht nur den Kaninchen Auslauf, sondern ist auch dort sinnvoll, wo die Tiere für Kinder als „Streicheltiere" gehalten werden. Beim Bau solcher Stallungen sind allerdings einige wichtige Dinge zu beachten.

Für die **Züchtung** sind Kaninchen weit wichtiger als Hasen, da diese aufgrund ihres großen Bewegungsdranges und der einzelgängerischen Lebensweise weniger gut im Stall gehalten werden können. Hinzu kommt vielleicht auch ein altes Vorurteil: „Die Ansicht, Kaninchen würden keine besonderen Ansprüche an ihren Stall stellen und seien auch mit einer alten Kiste zufrieden, hält sich hartnäckig" (Koetter/Werner, 2000, S. 128).

Kaninchenzüchter unterscheiden über 60 Rassen, die in mehrere Gewichtsklassen eingeteilt und in vielen verschiedenen Farbvarietäten gezüchtet werden. Durch die Züchtung können übrigens Kaninchen bestimmter Rassen heute deutlich schwerer als Hasen werden.

Für die *Kaninchenhaltung* gibt es einige Regeln, die möglichst eingehalten werden sollen:

- Schutz vor direkter Sonneneinstrahlung (Stallöffnungen sollten aber Morgensonne bekommen, besonders bei ganzjähriger Haltung im Freien, damit im Winter die Sonne den Stall erwärmen kann)
- Schutz vor Nässe, Wind und Kälte (Höhlen der Wildkaninchen!)
- Genügend Bewegungsraum
- Schutz vor Hunden, Katzen, Mardern, Ratten und eventuell Greifvögeln (Freigehege notfalls mit Maschendraht überspannen)
- Schutz vor Krankheiten und Verletzungsgefahren

Ein grundsätzliches Problem bei der Haltung von Kaninchen in Freigehegen ist ihr Drang, Löcher und Höhlen zu graben. Dennoch sollte man ein Gehege deshalb nicht mit Steinplatten auslegen oder auf einen Plattenbelag stellen: Die Tiere fühlen sich auf einem solchen Boden sehr unwohl. Dort, wo sich ein befestigter Boden nicht vermeiden lässt, sollte den Tieren auf jeden Fall reichlich Einstreu gegeben werden.

➲ ***Zur Vertiefung dieses Themas finden Sie im Arbeitsheft eine Projektanregung.***

Zoo und Wildtiergehege

Besuche in einem **Zoo** oder einer anderen Einrichtung zur Haltung von Wildtieren gehören zu den häufiger durchgeführten Ausflügen von Kindergarten- oder Hortgruppen. In jedem Fall handelt es sich um wertvolle Gelegenheiten, Kindern nicht nur die Vielfalt tierischer Lebensformen nahezubringen, sondern – wenigstens ansatzweise – auch etwas über die jeweils unterschiedlichen Lebensansprüche und Entwicklungsarten von Tieren. Ein Besuch in einem Zoo macht Kinder allerdings nicht nur mit fremdländischen Tieren bekannt, sondern konfrontiert sie in stärkerer Weise auch mit der Frage, *warum Tiere aus anderen Ländern bei uns eingesperrt werden* – eine Frage, die in solchen Situationen immer wieder gestellt wird und beantwortet werden will.

Die Masoala-Regenwaldhalle des Zürcher Zoos, eines der weltweit größten Regenwaldhäuser, bietet einer vergleichsweise geringen Anzahl ausgewählter Tierarten auf 11.000 Quadratmetern einen besonders großen Lebensraum.

Zu den Bewohnern der Masoala-Regenwaldhalle gehört auch dieser Madagaskar-Taggecko, Phelsuma madagascariensis.

Aufgaben:

Die Frage nach der Existenzberechtigung eines Zoos wird von verschiedenen Seiten auf sehr unterschiedliche Weise beantwortet. Diskutieren Sie in einer Arbeitsgruppe diese Thematik, wobei Sie sich an folgenden Fragestellungen orientieren sollten:

1. Was fasziniert Menschen an der Haltung und Zurschaustellung exotischer Tiere?
2. Welche Rolle spielen bestimmte Traditionen für die Institution Zoo?
3. Inwieweit haben sich das Selbstverständnis und das Aufgabenspektrum von Zoos im Lauf der letzten Jahrzehnte gewandelt?
4. Sind Zoobesuche für Kinder wichtig? Warum? Warum nicht?

9.4 Risiken und Gefährdungen durch Tiere

Risikoabwägung und Schutz

Es fällt immer wieder auf, dass Kinder in den ersten Lebensjahren auf die typischen Angst- oder Ekeltiere wie Maus, Spinne oder Kröte nur sehr selten Abwehr- oder Panikreaktionen zeigen. Meist überwiegt die Neugier, und die Kinder greifen nach diesen Tieren oder wollen sie fangen. Es gibt aber auch deutliche Hinweise auf eine angeborene Disposition für **Angst** vor bestimmten Tieren. Nahezu unabhängig von der Kultur löst eine kleine Gruppe von Tieren bei den weitaus meisten Menschen Ekel und Angst aus. Dazu gehören Schlangen und Spinnen, aber auch Würmer und Ratten. Merkwürdigerweise ist es aber so, dass Kinder bis etwa zum dritten Lebensjahr auch auf solche Tiere angstfrei reagieren, und man vermutet heute, dass es sich um einen angeborenen Schutzmechanismus handelt, der sich erst im Lauf der ersten Lebensjahre voll ausbildet. Alle späteren Verhaltensweisen und Reaktionen eines Menschen auf solche Tiere sind allerdings stark von kulturellen Erfahrungen geprägt.

Arachnophobie = Angst vor Spinnen. Ergebnisse jüngster Untersuchungen scheinen zu erhärten, dass diese Angst im Erbgut des Menschen tief verankert ist, möglicherweise als Relikt einer Zeit, in der Menschen über Generationen hinweg häufig in Höhlen wärmerer Länder lebten. Es scheint aber ebenso zu sein, dass Erziehung und Bildung gerade in der frühen Kindheit diese „Urangst" entscheidend reduzieren und relativieren hilft.

Aufgaben:

Es gibt wohl kaum einen Menschen, der nicht vor bestimmten Tieren Furcht, Angst oder Ekel empfindet. Insbesondere in der umweltpädagogischen Arbeit ist es sehr wichtig, sich über die diesbezüglichen eigenen Empfindungen im Klaren zu sein und seine Reaktionen gerade auch in Gegenwart von Kindern zu reflektieren:

1. Welches Tier bzw. welche Tiere löst/lösen bei Ihnen unangenehme Empfindungen aus?
2. Haben Sie schon einmal mit einer bestimmten Tierart besonders negative Erfahrungen machen müssen? Wenn ja, was ist da genau passiert?
3. Können Sie sich an eine Situation erinnern, wo Sie bei einem anderen Menschen eine entsprechende Angst- oder Ekelreaktion beobachten konnten? Wie ging es Ihnen in dieser Situation?

Die Hausmaus, Mus musculus domesticus, löst bei Menschen sehr unterschiedliche Gefühle aus: Die Palette reicht von „süß finden" über Ekel bis zu Panikreaktionen.

Im Unterschied zur Angst vor Tieren enthält der **Ekel**, auch wenn er mit Angst vermischt sein mag, eine stark körperliche Komponente: deutlich empfundene Abscheu, der eng an unseren Geschmacks-, Geruchs- oder Tastsinn geknüpft ist. Ekel ist ein „sinnlicher Widerwille" (Grimms Wörterbuch). Es ist sehr wahrscheinlich, dass insbesondere der Ekel vor bestimmten Tieren in hohem Maß von der Kultur, in der Menschen aufwachsen und leben, abhängig ist. Ekelreaktionen treten nämlich bei Kindern meist erst mit vier bis fünf Jahren auf und sind am ehesten als Ausdruck einer bestimmten Reinlichkeitserziehung zu sehen.

Wie sollte man aber – aus pädagogischer Sicht – nun mit Angst- und Ekelreaktionen auf Tiere umgehen? Die Entscheidung, dem jeweiligen Tier oder einer bestimmten Situation grundsätzlich auszuweichen, mag zwar individuell richtig sein, aber es ist sicherlich keine sinnvolle pädagogische Haltung beispielsweise im Zusammenhang mit naturkundlichen Projekten in einem Kindergarten oder gar im Biologieunterricht in der

Schule. Im Gegenteil: Es ist unbestritten, dass Naturerlebnisse und Umweltbildung im weitesten Sinn gerade durch möglichst viel „originalen" Kontakt mit der lebendigen Natur am nachhaltigsten und besten vermittelt werden. Es wäre unaufrichtig, dabei nur an die gefällige, romantisch verklärte Natur zu denken und alles Ängstigende, Unangenehme auszuklammern. Vielmehr kommt es darauf an, sich auch Angst und Ekel bewusst zu machen und aushalten zu lernen. Kinder erfahren dann, dass solche Gefühle sein dürfen, dass sie kein unpassendes Verhalten darstellen und nicht mit zusammengebissenen Zähnen unterdrückt werden müssen. Es handelt sich dabei um einen Lernprozess, der weit über die Kindheit hinausweist: Wer niemals Gelegenheit hatte, sich seinen negativen Affekten gegenüber bestimmten Insekten oder Spinnen zu stellen, wird später vermutlich keine allzu großen Hemmungen haben, Biozide (Giftstoffe) gegen Kleintiere einzusetzen und die Objekte seiner Angst bedenkenlos zu töten.

Mücken zählen nicht gerade zu den beliebten Tieren. Umso mehr staunen Kinder, wenn sie mehr über diese erstaunliche Tiergruppe erfahren, wie hier am Beispiel der Gallmücken.

Welche Tiere können Angst machen?

Ängste vor bestimmten Tieren sind – gleichviel, ob sie berechtigt, übertrieben oder schlicht unnötig erscheinen – ernst zu nehmen. Dennoch und vielleicht gerade *weil* eine bestimmte Angst nicht einfach ignoriert oder belächelt werden darf, sollte die jeweilige Berechtigung untersucht werden. Nicht wenige Tiere, die bei Menschen zu Angst- oder Panikreaktionen führen, sind völlig harmlos, und viele andere sind nur aufgrund ganz bestimmter Abwehr- und Gegenreaktionen auf menschliches Fehlverhalten gefährlich.

Im Folgenden geht es um Tiere, die vielleicht vor allem deshalb Angstreaktionen auslösen können, weil sie entweder eine unscheinbare, versteckte Lebensweise haben oder die von ihnen verursachten Gesundheitsrisiken für Menschen besonders schwer einzuschätzen sind – oder beides zusammen. Außerdem handelt es sich sämtlich um Tiere, die – mit Ausnahme der Fledermaus – weitverbreitet sind und deshalb auch gerade dann eine Rolle spielen, wenn man mit Kindern häufig im Gelände unterwegs ist, Ausflüge und Exkursionen macht.

Ein Fledermauskasten dient den Tieren als Unterschlupf am Tag und kann einen gewissen Ersatz für andere Verstecke wie hohle Bäume, Felsspalten oder alte Gemäuer und Scheunen darstellen.

Fledermaus

Dass die Fledermaus in diesem Zusammenhang genannt wird, mag vielen, die sich in der heimischen Tierwelt etwas auskennen, befremdlich erscheinen: Die **Fledermaus** ist ein für uns Menschen völlig harmloses, kleines Säugetier, dessen Bestände zudem gerade durch den Menschen heute vielerorts stark bedroht sind. Für viele Kinder haben Fledermäuse aber etwas sehr Unheimliches, was zum einen wohl mit einer gewissen abergläubischen Tradition zusammenhängt, zum anderen auch mit der Tatsache, dass diese Tiere in modifizierter Form auch in modernen Schauermärchen, Filmen oder Fantasiewelten zur Herstellung einer geheimnisvoll bedrohlichen Atmosphäre eingesetzt werden.

Demgegenüber besitzen Fledermäuse tatsächlich Eigenschaften, die sie von anderen Tieren und Tiergruppen deutlich unterscheiden. So sind Fledermäuse, von denen es weltweit rund 900 verschiedene Arten gibt, die einzigen Säugetiere, die fliegen können. Im Flug erbeuten sie auch ihre Nahrung: vor allem Insekten. Aber größere Fledermausarten machen auch Jagd auf kleinere Säugetiere wie Mäuse oder andere Fledermäuse, Frösche und sogar Fische. Die – in unseren Regionen nicht heimischen – drei Arten der sogenannten Vampirfledermäuse leben vom Blut anderer Tiere. Etliche in den Tropen lebende Arten ernähren sich rein vegetarisch von Früchten und Nektar und spielen dabei für die Bestäubung und Verbreitung bestimmter Pflanzen eine große Rolle. Das Merkwürdigste an diesen Tieren ist aber ihre Fähigkeit der **Echoortung**, mit deren Hilfe sie ihre Beute aufspüren. Die oft sonderbar geformten Köpfe mit auffälligen Nasen, Ohren und anderen Gesichtsstrukturen hängen mit dieser Fähigkeit zusammen und unterstützen das Aussenden und Aufnehmen der Ultraschalllaute.

> **Echoortung** = System zur Orientierung mithilfe ausgesendeter Schallwellen, deren Echo aufgefangen und „entschlüsselt" werden kann. Typisch für Fledermäuse, deren Schreie größtenteils im für uns Menschen unhörbaren Ultraschallbereich liegen: Um das Echo zur Ortung besser nutzen zu können, verändern die Tiere teilweise sogar Tonhöhe (Frequenz), Länge und Abstände der Rufe. Echoortung ermöglicht damit auch die Orientierung in völliger Dunkelheit.

In Mitteleuropa leben etwa 25 verschiedene Fledermausarten, wobei die meisten von ihnen mehr oder weniger stark gefährdet sind. Am häufigsten sind das Große Mausohr (Myotis myotis), die Zwergfledermaus (Pipistrellus pipistrellus), der Große Abendsegler (Nyctalus noctula) und die Wasserfledermaus (Myotis daubentonii). Neben der Vergiftung durch Pflanzenschutzmittel und andere Chemikalien, die sie durch ihre Nahrung anreichern, macht ihnen vor allem die Zerstörung ihrer Lebensräume zu schaffen. Durch die Sanierung alter Gebäude und die Versiegelung möglicher Schlupfwinkel finden sie vor allem tagsüber nicht genügend Verstecke, und mancherorts schränkt der Rückgang artenreicher Insektenbestände ihre Nahrungsgrundlage stark ein. Besonders bedrohlich ist für sie aber, wenn sie keine geeigneten Winterquartiere finden: Die mitteleuropäischen Arten halten nämlich alle Winterschlaf und brauchen dazu absolut ungestörte, vor Feinden sichere Plätze, um den Winter überhaupt überleben zu können.

Ein Ausflug an einem Sommerabend ist in manchen Gebieten eine gute Gelegenheit, mit Kindern Fledermäuse zu beobachten. „Im Wald sieht man Fledermäuse abends in der Nähe von Waldwegen, bei stillen Waldseen und Waldwiesen sowie über größeren Kulturflächen und Blößen beim Insektenfang umherfliegen" (Henze, 1983, S. 118). Auf den ersten Blick kann man sie vielleicht mit kleinen Vögeln verwechseln, aber ihr völlig lautloser und meist in scharfen Zickzackwendungen verlaufender Flug ist für diese Tiere ganz typisch, und außerdem sind in der Dämmerung kaum noch Vögel unterwegs.

Für Kinder besitzt oft bereits die hereinbrechende Dunkelheit etwas Spannendes, und wenn es möglich ist, sich in dieser Zeit mit anderen Kindern draußen und vielleicht noch in einem weniger vertrauten Gelände aufzuhalten, genießen sie das sehr. Nicht umsonst sind **Nachtwanderungen** bei vielen Kindern sehr beliebt: Es ist immer auch ein wenig eine Mutprobe. Bei solchen Unternehmungen bietet sich gelegentlich ein „Taschenlampenspiel" an:

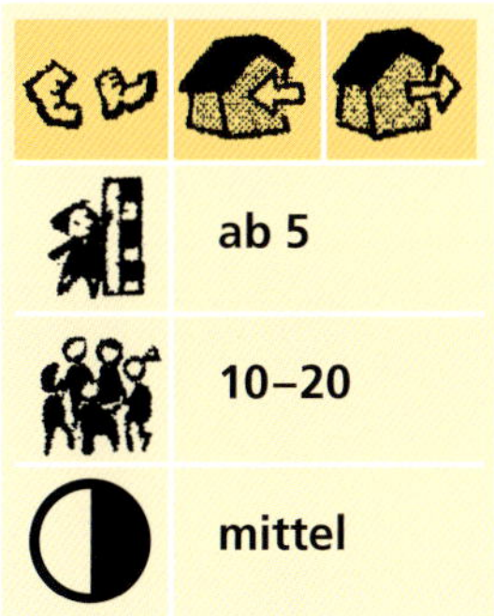

Leuchtkäfer in der Nacht

Einmal im Jahr dürfen fast alle Kinder eine Nacht in ihrer Einrichtung verbringen. Am Abend dieses Übernachtungsfestes können die größeren, ganz mutigen Kinder mit den Erzieherinnen ein Nachtgeländespiel durchführen. Dazu sollten auch Eltern eingeladen werden. Je zwei Personen (ein Kind und ein Elternteil) bekommen eine Taschenlampe und verstecken sich damit im Gelände. Sie zählen immer wieder langsam und leise bis zehn und geben dann ein Blinkzeichen. Die anderen Kinder der Gruppe (in Begleitung Erwachsener) suchen nun die „Leuchtkäfer".

Förderbereich: Beobachten Erkennen, außergewöhnliches Erlebnis haben, Schnelligkeit, Wahrnehmung

(Thiesen, Arbeitsbuch Spiel, 2009, S. 233)

Bienen, Wespen und Hornissen

Staatenbildende Insekten wie **Bienen**, **Hummeln**, **Wespen** oder **Hornissen** sind Tiere, denen man aus guten Gründen mit einer gewissen Vorsicht begegnen sollte: Einerseits kommt es gelegentlich durchaus vor, dass man überraschend auf ein Wespen- oder Wildbienennest stößt. Andererseits befinden sich in einer (Kinder-)Gruppe immer wieder Einzelne, die auf Stiche solcher Insekten allergisch reagieren. Vor allem der **anaphylaktische Schock** kann lebensbedrohlich sein, und man sollte möglichst wissen, welche Personen davon betroffen sein können bzw. auf solche Stiche in der Vergangenheit bereits allergisch reagiert haben.

Anaphylaktischer Schock (*umgangssprachlich: allergischer Schock*) = starke durch *Allergene* ausgelöste Reaktion des Organismus, die zu einem Versagen des Herz-Kreislauf-Systems führen kann und sofortige ärztliche bzw. medizinische Versorgung erfordert. Insbesondere der starke Blutdruckabfall führt zu einer Verringerung der Durchblutung lebenswichtiger Organe. Erste Hilfe: *Schocklage* des Betroffenen und ggf. Adrenalinspray zur Verbesserung der Atmung. Bekannte Auslöser sind: Insektenstiche, Nahrungsmittel, Medikamente.

➲ ***Zur Vertiefung dieses Themas finden Sie im Arbeitsheft eine Reihe von Aufgaben.***

Eine Hummel (Bombus lucorum) saugt an der Blüte einer Distel. Auch diese Pflanzen sind auf eine Bestäubung durch Insekten angewiesen.

Als gefährlicher gelten vielen Menschen Wespen und ganz besonders Hornissen, aber gerade hier gilt, dass diese Tiere im Grunde nur dann bedrohlich werden, wenn sie aufgeschreckt, gestört oder durch rasche, hektische Bewegungen gereizt werden. Es ist daher sehr wichtig, Kindern hier die entsprechende Verhaltensweise zu vermitteln.

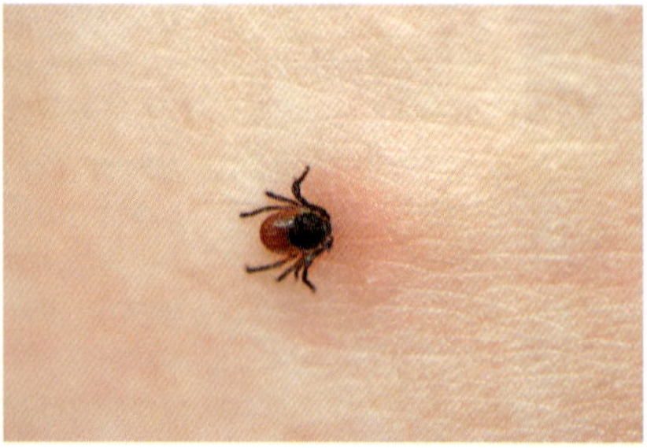

Beobachtung am eigenen Körper: eine Zecke, die gerade beginnt, sich in der Haut festzubeißen ...

Zecke

Mit freiem Auge kaum sichtbar, beinahe überall zu finden und mittlerweile für viele Menschen als besonders gefährlich geltend: die **Zecke**. Die Zecke oder der Gemeine Holzbock, wie das Tier auch heißt, ist tatsächlich weitverbreitet und findet sich längst nicht nur in Wäldern oder an Waldrändern. Auch in Wiesen und in innerstädtischen Grünanlagen sind diese Tiere zu finden – wenn man genau genug hinschaut. Hauptsächlich sind sie im Frühjahr und Herbst aktiv, weniger im (heißen) Sommer: Sie bevorzugen höhere Luftfeuchtigkeit (um 80 % und höher) sowie eher milde Temperaturen (10 bis 15 °C). Als *Spinnentiere* haben sie acht Beine, die sich mit einer Lupe gut erkennen lassen. Ihr etwa dreijähriger Lebenszyklus umfasst drei „Wirte“: Die erste *Blutmahlzeit* hält die aus dem *Ei* geschlüpfte *Larve*. Diese entwickelt sich daraufhin weiter zur *Nymphe*, die einen zweiten *Wirt* benötigt, um die Entwicklung zur männlichen oder weiblichen *Zecke* vollenden zu können. Nach einer Begattung stirbt das männliche Tier, während das weibliche Tier nach einer nun dritten *Blutmahlzeit* etwa 2.000 Eier ablegt und dann stirbt. Wirtstiere sind Mäuse, Igel, Füchse und zahlreiche andere Lebewesen des Waldes. Zecken können auch einige Jahre ohne Blutmahlzeit überleben (z. B. im Waldboden).

Der Mensch wird – wie andere Warmblüter – über einen Biss zum Zeckenwirt, wobei die Tiere die Körperwärme über ein spezielles Sinnesorgan (Haller'sches Organ) orten können. Dann suchen sie auf der Körperoberfläche oft mehrere Stunden, bis sie eine geeignete Stelle zum Festbeißen gefunden haben. Die Suchwanderung endet beim Menschen oft an besonders warmen Körperstellen wie an der Innenseite des Oberschenkels, in Arm-

oder Achselbeugen, aber auch hinter den Ohren und im Haar. Der Biss selbst ist schmerzfrei, weshalb man erst später durch einen Juckreiz auf das Tier aufmerksam wird.

Zecken können Viren der *Frühsommerenzephalitis* (FSME) und Bakterien übertragen, die *Borreliose* (Lyme-Krankheit) auslösen. Infektionsgebiete sind nur durch bekannt gewordene Infektionsfälle zu bestimmen, nur ein Bruchteil der Zecken gilt als infektiös.

- Das FSME-Erkrankungsrisiko wird in den Veröffentlichungen der Pharmaindustrie naturgemäß meist relativ drastisch dargestellt, da bereits ein Impfstoff entwickelt wurde, der verkauft werden soll. Bereits vereinzelt auftretende Infektionen führen zur Ausweisung ganzer Infektionsgebiete. Eine Erkrankung tritt selten deutlich auf. Am häufigsten ist eine Art leichte Sommergrippe, nach der man lebenslang immun bleibt. Die schwere Form führt zu Entzündungen der Hirnhaut oder des Rückenmarks. Der heute verfügbare Impfstoff gilt als gut verträglich und kann auch Kindern verabreicht werden.
- Im Fall einer Borrelieninfektion zeigt sich ein bis 16 Wochen nach dem Zeckenbiss eine kreisförmige Rötung (Entzündung), die sich zunehmend nach außen ausbreitet. Gegen diese Bakterien kann nicht geimpft werden. Die Borreliose ist sofort nach Beginn der Erkrankung ärztlich zu behandeln.

Erwachsene sollten Kinder wie sich selbst nach entsprechenden Aufenthalten im Gelände regelmäßig und gründlich nach Zecken absuchen. Vorhandene Zecken sollten am besten mit einer sogenannten Zeckenzange oder einer Pinzette entfernt werden: vorsichtig und umfassend packen und langsam mit kontinuierlichem Zug herausziehen. Falls der Kopf abreißt und stecken bleibt, diesen vom Arzt entfernen lassen und die Stelle desinfizieren (Entzündungsgefahr). Eine frühzeitige Entdeckung und Entfernung einer Zecke verhindern meist eine Übertragung von Borrelien, denn diese Bakterien werden von der Zecke erst gegen Ende des Saugaktes hervorgewürgt und in das Blut des Wirtes abgegeben.

Fuchsbandwurm

Ähnlich gefährlich wie die Zecke gilt vielen Menschen der **Fuchsbandwurm**. Bandwürmer werden generell von Hunden, Katzen und anderen hundeartigen Tieren übertragen. Der *Fuchsbandwurm* als bösartige Bandwurmart, wird aber hauptsächlich von dem bei uns heimischen Rotfuchs übertragen. Dabei gelangen die Eier des Bandwurms mit dem Kot des Fuchses in die Umwelt.

Die Infektion des Menschen kann zum einen durch Kontakt mit Tieren erfolgen, in deren Fell Bandwurmeier hängen können, aber auch über Wildfrüchte und Pilze sowie über die Atemluft (sehr kleine, leichte Eier!). Problematisch ist die sehr lange Inkubationszeit (Zeit zwischen der Infektion und dem Auftreten der ersten Symptome), die auch die Diagnose einer entsprechenden Erkrankung erschwert. Allerdings kann davon ausgegangen werden, dass ein Großteil der aufgenommenen Eier durch die menschliche Magensäure zerstört wird. Generell gilt das Erkrankungsrisiko als noch weitgehend ungeklärt, es wird aber von ärztlicher Seite als sehr gering angenommen. In den letzten Jahren wurden in Deutschland keine Erkrankungen bekannt, die definitiv auf eine Infektion durch den Fuchsbandwurm zurückzuführen wären.

Die Darstellung zeigt, wie stark der Fuchs aufgrund seiner Lebensweise und Nahrungsbeziehungen mit anderen Organismen vernetzt ist.

Dennoch erscheinen insbesondere für die Arbeit mit Kindern einige Vorsichtsmaßnahmen empfehlenswert:

- Waldfrüchte (Beeren, Pilze) gründlich waschen oder kochen
- Vor einer Mahlzeit im Wald Hände gründlich waschen

Ein generelles Verbot, Waldfrüchte zu essen, wäre aufgrund der heute bekannten Daten als übertrieben anzusehen.

Junge Füchse sind noch sehr neugierig, wenn sie im Frühjahr die ersten Schritte aus ihrem Bau machen.

Ein entscheidender Grund für die Zunahme eines Infektionsrisikos hängt mit einer anderen schweren Erkrankung und ihrer Bekämpfung eng zusammen: der Tollwut. Diese Krankheit, von der früher vor allem der Fuchs betroffen war, wurde durch Schutzimpfungen stark zurückgedrängt, was zu einem deutlichen Anstieg der Fuchspopulation geführt hat (vgl. Nugel, 2012, S. 149 ff.).

Tollwut = durch Viren ausgelöste Infektionserkrankung, meist Gehirnhautentzündung (Encephalitis), die beim Menschen ohne Behandlung tödlich verläuft. Übertragung meist durch Biss eines tollwütigen Tieres mit anschließender Verbreitung der Viren im Inneren der Nervenfasern bis hin zum Zentralnervensystem (Gehirn). Vorbeugende Impfung möglich; eine *Nachimpfung* nach einer Infektion muss sehr rasch erfolgen. In Deutschland gilt der Fuchs mit drei Viertel aller Tollwutinfektionen immer noch als Haupterreger, wobei die Zahlen aufgrund der Impfungen der Füchse durch Impfköder mittlerweile stark zurückgegangen sind. Übertragung auch durch zahlreiche andere Tiere möglich, z. B. Hund, Katze, Dachs, Waschbär.

Auch wenn die Tollwut für uns Menschen heute längst keine so große Gefahr mehr darstellt wie in früheren Zeiten, sollte das betreffende Risiko nicht verharmlost werden. Als Faustregel gilt jedenfalls: Sich auffällig verhaltende Wildtiere (zutraulich, besonders aggressiv oder auch besonders lethargisch) sind zu meiden.

Literaturtipps

- Baehr, Martin/Bellmann, Heiko: Welche Spinne ist das? 132 Spinnen einfach bestimmen, Stuttgart: Franckh-Kosmos, 2009 – Sehr gute Fotos und prägnante Beschreibungen helfen bei der Bestimmung der bei uns häufigsten Spinnenarten.
- Engelhardt, Wolfgang: Was lebt in Tümpel, Bach und Weiher? Pflanzen und Tiere unserer Gewässer. Eine Einführung in die Lehre vom Leben der Binnengewässer, Stuttgart: Kosmos-Franckh, 2008 – Der Klassiker unter den Bestimmungsbüchern für Kleinlebewesen im Süßwasser, der einerseits fundierte zoologische und ökologische Informationen, andererseits auch für Kinder nutzbare Bestimmungsmöglichkeiten bietet.

- Gabler, Eberhard: Vogelhäuschen: Nistkästen und Futterhäuschen. Bauanleitungen und Praxistipps, München: BLV, 2010 – Neben verschiedenen Bauanleitungen bietet das Buch auch detaillierte Informationen zu Themen wie Winterfütterung, Brutbiologie etlicher Vogelarten sowie Aussehen und Merkmale ihrer Nester.
- Hofmann, Helga: Gartenvögel. Die wichtigsten Arten entdecken und bestimmen, München: Gräfe und Unzer, 2013 – Kompakte und dennoch sehr informative Darstellung der wichtigsten heimischen Vogelarten, übersichtlich und mit sehr guten Fotos ausgestattet.
- Rietschel, Siegfried: Insekten, München: BLV, 2012 – Bestimmung einer Vielzahl häufiger heimischer Insekten mithilfe gut beschriebener Merkmale und aussagekräftiger Makrofotos.
- Zahradnik, Jiri: Der Kosmos-Insektenführer. Ein Bestimmungsbuch, Stuttgart: Kosmos-Franckh, 2009 – Die über 1.000 Farbzeichnungen ermöglichen auch Kindern eine rasche Bestimmung verbreiteter Arten. Die kurzen Begleittexte informieren knapp über die wichtigsten biologischen und ökologische Merkmale der betreffenden Tiere.

10 Ernährung: Lebensmittel und Umwelt

Was ist das eigentlich: eine *richtige* Ernährung?

Was verstehen Sie unter „Ballaststoffen"? Und wie *stehen* Sie dazu?

Warum ist eine ausgewogene Ernährung für Kinder noch wichtiger als für Erwachsene?

Kennen Sie Ernährungskonzepte für Kinder? Welche?

Wie häufig essen Sie *Convenience Food*?

Küche als Chemielabor – eine ungewohnte Vorstellung, oder nicht?

Worin liegen die Unterschiede zwischen konventionell und biologisch erzeugten Lebensmitteln?

Was versteht man unter *Allergenen*?

Hätten Sie Lust auf eine eigene Pilzzucht im Garten oder Keller?

Können Sie den Geruch von Thymian, Oregano und Rosmarin unterscheiden?

Welche Rezepte sind für eine Küche mit Kindern besonders geeignet?

Was halten Sie von „Kinderschokolade"?

Welches Vorbild geben wir Kindern in Sachen Ernährung?

Sammlung sonderbarer Objekte

Nr. 10

Was löst die Betrachtung in Ihnen aus? Erinnerungen, Vermutungen, Wiedererkennen?

Was könnte das sein?

Welche Bedeutung, welchen Nutzen könnte es haben?

(Auflösung im Anhang, S. 430)

Die Suche nach der richtigen Ernährungsweise ersetzt heute oft die Suche nach dem Nahrhaften.
(Fast) Grenzenlose Verfügbarkeit als Problem.

In der Umweltpädagogik wird das Thema *Ernährung* zwar immer wieder als besonders wichtig bezeichnet, aber in der praktischen Arbeit mit Kindern geht es häufiger um Fragen der Pflanzen- und Tierkunde, um die Wahrnehmung bestimmter Naturphänomene und *Naturerfahrungsspiele*. Demgegenüber wird hier betont, dass – vergleichbar den Aspekten von körperlicher Bewegung (vgl. Kapitel 2) – die *menschliche Ernährung* zu den ganz elementaren Bereichen einer umfassenden Umweltbildung zählt.

Dafür lassen sich im Wesentlichen drei Gründe anführen, die den Gegenstand unseres Interesses aus drei verschiedenen Blickwinkeln beleuchten:

- Nahrungsauswahl, -aufnahme und Verdauung sind im Sinn eines **biologischen Verständnisses** als individueller Stoffwechsel eines Organismus elementare Bestandteile der Lebensvorgänge und damit auch Teil der menschlichen Natur.
- In einer allgemein **ökologischen Betrachtungsweise** steht der Mensch über die Auswahl, Produktion und Verarbeitung seiner Nahrungsmittel in enger Beziehung zu zahlreichen anderen Gegebenheiten und Vorgängen in der Natur und beeinflusst so Lebensräume und andere Organismen.
- Eine **humanökologische Sicht** der Dinge verweist auf die Zusammenhänge zwischen Ernährung und sozialen Aspekten wie Lebensstil und Kultur, im individuellen Bereich auf Fragen des Lebensgefühls bis hin zu Wohlbefinden und Gesundheit.

Aufgaben:

Versuchen Sie, Ihren eigenen Zugang zum Themenkomplex *Ernährung* näher zu bestimmen, und diskutieren Sie Ihre Antworten in einem Arbeitskreis:

1. Wo und wie könnten in der oben aufgeführten Gliederung nach drei Blickwinkeln die Fragen nach einzelnen Nahrungsmitteln, ihren Inhaltsstoffen und ihrem Nährwert berücksichtigt werden?
2. Können Sie der Gliederung nach den drei genannten Blickwinkeln zustimmen?
   a. Wenn ja, geben Sie jeweils zwei bis drei konkrete Beispiele dafür an.
   b. Wenn nein, wie würden Sie die verschiedenen Aspekte von *Ernährung* unterscheiden bzw. welche andere Art Gliederung halten Sie für überzeugender?
3. Haben Sie sich bereits intensiver mit Ernährungsfragen befasst? Mit welchen und in welcher Form?
4. Ernähren Sie sich persönlich nach einem bestimmten, bewusst gewählten Konzept? Nach welchem und warum?
5. Notieren Sie Ihre Lieblingsspeisen und -getränke.

Dort, wo sich Umweltpädagogik mit Fragen der Ernährung auseinandersetzt, wird ein übergeordnetes Ziel darin zu sehen sein, Kinder an eine gesunde, d. h. ihrer Entwicklung zuträglichen Ernährung heranzuführen. Das erfordert natürlich eine Auseinandersetzung mit den Bestandteilen unserer Ernährung. Viele Kinder wissen heute viel zu wenig über die Herkunft und Verarbeitung von Lebensmitteln. Nicht immer und überall ist es möglich, Kindern die Kultur von Nutzpflanzen, Tierhaltung und Fleischproduktion und andere Prozesse der Lebensmittelproduktion anschaulich zu vermitteln. Einfacher ist es da schon, Kinder bei der Auswahl von Lebensmitteln im Rahmen von Einkauf und Zubereitung wenigstens gelegentlich einzubeziehen und mit ihnen über das angebotene Sortiment zu sprechen.

Auf dem Land oder in Stadtrandlagen erhalten Kinder, die sich viel draußen aufhalten, wesentlich leichter und beinahe beiläufig Kenntnis von den Grundlagen unserer Ernährung. Wenigstens ist ihnen der Anblick von Getreide-, Mais- oder Kartoffelfeldern nicht völlig fremd und sie wissen auch meistens etwas über die in der Umgebung übliche Tierhaltung. Das ersetzt noch keine fundierten Informationen, aber wenn sie dann in Gesprächen, in der Schule oder über Medienberichte Näheres erfahren, können sie dieses neue Wissen besser einordnen und verarbeiten.

Neben der Vermittlung von **Wissen** über bestimmte Lebensmittel geht es in der umweltpädagogischen Thematisierung von Ernährung aber auch um **Einstellungen** und **Haltungen** gegenüber dem eigenen Körper wie auch gegenüber anderen Lebewesen. Das bedeutet beispielsweise, sich mit Fragen der Bewegung und körperlichen Aktivitäten auseinanderzusetzen oder auch zu hinterfragen, wie sich ein bestimmter persönlicher Lebensstil und Ernährungsgewohnheiten auf die Umwelt auswirken. Aus diesem Grund wäre es zu kurz gegriffen, *Ernährung* lediglich unter den Vorzeichen von Eiweiß-, Fett- oder Vitamingehalten und der Zusammenstellung einer Speisenfolge als Menüplanung zu sehen.

Kinder sollen sehr viel trinken. Wasser, ungesüßter Tee und verdünnte Fruchtsäfte stehen dabei an erster Stelle.

Vor allem körperliche Bewegung und Betätigung unterschiedlicher Art sind ein wesentlicher Teil einer gesunden Lebensweise – nicht nur bei Kindern. Dafür benötigen wir Energie. Alle neueren Studien belegen gut und eindeutig, dass Kinder, die sich viel bewegen, lern- und leistungsfähiger, fröhlicher und ausgeglichener sind. Sie spüren schneller, was ihr Körper braucht, und entwickeln eine höhere Sensibilität hin zu einem gesunden Trink- und Essverhalten.

Die oben genannten *drei Blickwinkel* können hier aus Platzgründen nur angerissen werden. Auch aus anderen, grundsätzlichen Erwägungen erscheint es wenig sinnvoll, im Rahmen dieses Buches allzu sehr ins Detail zu gehen: Ernährung hat sehr viel zu tun mit Aspekten und Auswirkungen des individuellen Lebensstils. Wichtiger als alle Darstellungen von Untersuchungsergebnissen über Lebensmittel und Ernährungsgewohnheiten sowie gut gemeinte Empfehlungen und Ratschläge ist die ganz persönliche Entscheidung *für* eine gesunde Lebensweise insgesamt.

Die Studien des Ernährungswissenschaftlers Joachim Westenhöfer von der Hamburger Hochschule für Angewandte Wissenschaften, der seit 1997 das Essverhalten seiner Studenten beobachtet, weisen wie zahlreiche andere Untersuchungen nach, dass es bei unserer Ernährung letztlich um *Lebensprogramme* und *Selbststeuerung* geht:

Das beginnt mit dem Essverhalten – regelmäßig mäßig, möglichst ausgewogen, nicht zwischendurch und nebenher – und erstreckt sich über körperliche Bewegung, Stressabbau in Beruf und Privatleben bis zu einer sonnigen Gemütsgesamtlage.

(Etzold, 2004, o. S.)

Das ist – wie auch der Wissenschaftler einräumt – für viele Menschen sehr schwierig, aber in unserem Zusammenhang geht es um mehr als „nur" individuelle Betroffenheit. Kindern werden Fragen der Ernährung in besonders hohem Maß durch die Vorbildfunktion der Erwachsenen vermittelt, und dazu zählen neben den Eltern gerade auch die pädagogischen Fachkräfte von Einrichtungen zur Kindertagesbetreuung. Kinder behalten einmal gelernte **Essgewohnheiten** bis ins späte Erwachsenenalter hinein. Das gilt für gesunde Verhaltensweisen ebenso wie für ungesunde Essgewohnheiten, und gerade diese lassen sich später nur sehr schwer verändern.

„Kochen" ist eines der Lieblingsspiele vieler Kinder im Vorschulalter und sollte in seiner Bedeutung nicht unterschätzt werden. Es ist gleichermaßen wichtig als Rollenspiel, Lernspiel und kommunikativ-kulturelles Übungsfeld.

Aus diesem Grund sind auch die vom Bundesministerium für Ernährung, Landwirtschaft und Verbraucherschutz herausgegebenen „Qualitätsstandards für die Verpflegung in Kindertageseinrichtungen für Kinder" durchaus kritisch zu sehen. Zwar werden hier neben bestimmten Richtlinien zahlreiche wichtige und konkrete Empfehlungen ausgesprochen, doch gerade hinsichtlich etlicher Convenience-Produkte (vgl. S. 330) mit ihren künstlichen Aromastoffen, Geschmacksverstärkern und anderen versteckten Zusatzstoffen bleiben die „Qualitätsstandards" offenbar eher den Interessen einflussreicher Vertreter der deutschen Ernährungsindustrie verpflichtet. Wie stark insbesondere Kinder von dieser Entwicklung betroffen sind, zeigt der Report „Kinder kaufen" von Foodwatch e. V. (vgl. Foodwatch e. V., 2012).

Diese und ähnliche Aspekte der Ernährung werden also als grundlegend und unverzichtbar gesehen, weshalb der eine oder andere diesbezügliche Gedankengang die eher an der pädagogischen Praxis orientierten Ausführungen und Aufgabenstellungen auch immer wieder streifen wird. Insgesamt umfasst dieses Kapitel sowohl theoretische Aspekte der Ernährung, einschließlich bestimmter Verknüpfungen mit Fragen der Ökologie und des Umweltschutzes, als auch ganz konkrete Hinweise zur Lebensmittelchemie, der Verpflegung von Kindern und der Thematisierung mancher Sachverhalte in spielerischer und experimenteller Weise. Daraus ergibt sich folgende Gliederung:

10.1 Nahrung oder Ernährung? – Inhaltsstoffe, Ernährungskonzepte und Chemie in der Küche

10.2 Herkunft und Verwendung unserer Lebensmittel (Produktions-, Handels- und Qualitätskriterien unserer Nahrungsmittel) und „Sonderkultur" Pilzzucht

10.1 Nahrung oder Ernährung? – Inhaltsstoffe, Ernährungskonzepte und Chemie in der Küche

Die **Nahrungsaufnahme** bezieht sich zunächst auf den Vorgang des *Essens*, und erst wenn wir die Wirkung der aufgenommenen Nahrung auf den Körper beschreiben, kommen wir eigentlich zum Begriff der **Ernährung** bzw. zu einer *Ernährungslehre im engeren Sinn*. Wie aber bereits ausgeführt, umfasst eine *Ernährungslehre im weiteren Sinn* noch eine Vielzahl anderer Aspekte (vgl. Weber/Wessel/vom Wege, 2000).

Beschränkt man sich auf Fragen der Ernährung im engeren Sinn, so steht fest, dass für eine gesunde körperliche Entwicklung neben ausreichender Bewegung eine ausgewogene Ernährung unverzichtbar ist. Das gilt vor allem für die Entwicklung und Versorgung unseres Nervensystems und das damit verbundene Lernpotenzial. Die Bildung von Nervenzellen und ihrer Verbindungen (Dendriten) hängt entscheidend von der Proteinversorgung in der Wachstumsphase der ersten Lebensjahre ab. Bewegung im freien Gelände sorgt darüber hinaus für genügend **Sauerstoffzufuhr** zur Unterstützung der Gehirnfunktionen. Ernährungsphysiologisch wertvolle Lebensmittel und die Aufnahme von ausreichend viel Wasser halten **Stoffwechsel** und **Kreislauf** in Gang.

> **Ernährung** = Sammelbegriff zur Umschreibung von Auswahl und Aufnahme von Stoffen, die ein bestimmter Organismus zum Leben benötigt. Die Ausgangsbedeutung des alten Verbs „nerien" bzw. „neren" war „heimkommen", „überstehen" und wandelte sich zu „überstehen machen", „am Leben erhalten".

➲ ***Zur Vertiefung dieses Themas finden Sie im Arbeitsheft eine Reihe von Aufgaben.***

Inhaltsstoffe unserer Nahrungsmittel

An erster Stelle aller Ernährungsfragen steht die Aufnahme von Flüssigkeit, d. h. **Wasser**. Der menschliche Körper, der zu etwa 60 bis 65 % aus Wasser besteht, ist auf eine regelmäßige Wasserzufuhr angewiesen, weil über Urin, Kot, Schweiß sowie Atemluft ständig Wasser ausgeschieden wird. In seiner Bedeutung als Lösungsmittel zahlreicher Nahrungsbestandteile wie auch als Quellmittel für schwerer verdauliche Nahrungsmittel ist Wasser unersetzlich. Aus entwicklungsphysiologischen Gründen benötigen Kinder dabei mehr Wasser als Erwachsene (vgl. Weber/Wessel/vom Wege, 2000).

DGE-Ernährungskreis®, Copyright: Deutsche Gesellschaft für Ernährung e.V., Bonn, 2013.

Miteinander essen bedeutet für Kinder auch das Erlernen einer bestimmten Esskultur.

Getränke (leichte und ungesüßte Tees oder Wasser) sollen daher den ganzen Tag zur Verfügung stehen und für die Kinder selbstständig erreichbar sein. Leitungswasser wird dabei übrigens in seiner Bedeutung meist völlig unterschätzt: Es ist ständig verfügbar und in Deutschland das am besten kontrollierte Lebensmittel (vgl. Kapitel 4, S. 137 f.).

Wir nehmen die Nährstoffe natürlich nicht isoliert auf, sondern in Lebensmitteln. In welcher Mengenrelation die einzelnen Lebensmittelgruppen in einer vollwertigen Ernährung sein sollten, zeigt der DGE-Ernährungskreis.

Außer Wasser, das in fast allen Nahrungsmitteln in einer mehr oder weniger großen Menge enthalten ist, befinden sich darin auch Stoffe, die aufgrund ihrer Herkunft, ihres Aufbaus sowie ihrer chemischen Eigenschaften zu Gruppen zusammengefasst werden:

Stoffgruppe	Chemische Einordnung	Anmerkungen zum Stoffwechsel
Kohlenhydrate	Einfachzucker = Monosaccharide (z. B. Traubenzucker), Doppelzucker = Disaccharide (z. B. Rübenzucker), Vielfachzucker = Polysaccharide (z. B. Stärke, Zellulose, Pektine)	Verdauung stufenweise, überschüssige Kohlenhydrate werden im Körper zunächst als *Energiereserve* gespeichert, zusätzlich aufgenommene Kohlenhydrate werden in der Leber zu Fett umgewandelt und in das *Fettgewebe* eingelagert.
Fette und Öle	Gebilde aus verschiedenen Fettsäuren, wobei verschieden lange Kohlenstoffketten mit oder ohne Doppelbindungen („ungesättigt") auch sehr unterschiedliche Eigenschaften der Fette und Öle ergeben.	Die meist wasserunlöslichen Nahrungsfette werden durch Enzyme, insbesondere den *Gallensaft*, in winzige Tröpfchen („Micellen") zerteilt und so für die weitere Verdauung aufbereitet. Überschüssige Fettmengen werden im Fettgewebe des Körpers eingelagert.
Proteine	*Eiweißkörper*, bestehend aus etwa 100 bis über 200.000 Aminosäuren.	Die über viele Schritte verlaufende Proteinverdauung dient in den ersten Lebensjahren vor allem der Zellbildung und später der Erneuerung von Zellen und der Eiweißbausteine des Blutes.
Mineralstoffe	Unterschieden werden *Mengenelemente* (Natrium, Kalium, Calcium, Magnesium, Eisen, Jod, Kupfer etc.) und *Spurenelemente* (Chrom, Molybdän, Selen, Zink etc.)	Mineralstoffe müssen als *essenzielle Stoffe* vom Körper regelmäßig aufgenommen werden, wobei Calcium aufgrund seiner Bedeutung für den Knochenaufbau in der Wachstumsphase für Kinder besonders wichtig ist.
Vitamine	Unterschieden werden *wasserlösliche Vitamine* (B1, B2, B6, C etc.) und *fettlösliche Vitamine* (A, D, E, K).	Vitamine als organische Verbindungen sind ebenfalls *essenzielle Stoffe*, die vom Körper selbst nicht oder nicht ausreichend hergestellt werden können. Sie unterstützen jeweils ganz bestimmte Stoffwechselprozesse.

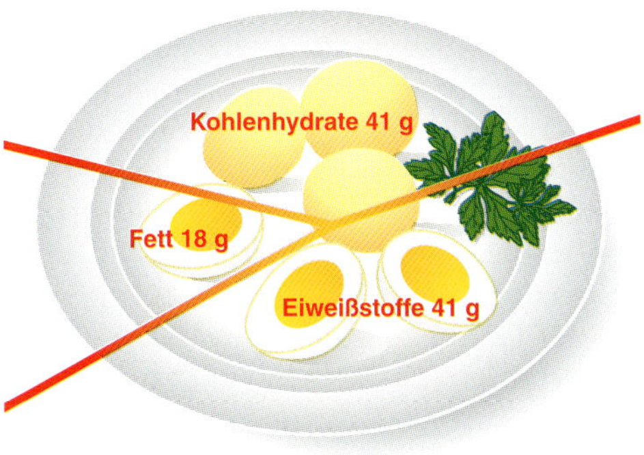

Eine ausgewogene Ernährung sollte die drei hauptsächlichen Energielieferanten in einem bestimmten Verhältnis berücksichtigen.

Eine besondere Rolle spielt die **Energiezufuhr** durch Kohlenhydrate, Fett und Eiweiß, wobei die meisten Menschen heute aufgrund veränderter Lebensgewohnheiten („sitzende Lebensweise“) im Verhältnis zu reichlich und zu *reichhaltig* essen. Die Folgen, Fettsucht (Adipositas) und Übergewicht, sind in den westlichen Industrienationen mittlerweile zu einer Volkskrankheit geworden. Die Weltgesundheitsorganisation (WHO) sieht in der Adipositas das Gesundheitsproblem Nummer eins und weist darauf hin, dass sich die Anzahl der Fettsüchtigen in 20 Jahren verdoppelt hat. Besorgniserregend ist diese Entwicklung gerade auch bei Kindern und Jugendlichen (vgl. S. 334 f.).

Stoffwechsel (*Metabolismus*) = Aufnahme, Verarbeitung (Verdauung) und Ausscheidung von Stoffen, die dem Aufbau und der Aufrechterhaltung eines Organismus dienen. Neben den über die Nahrung zugeführten Stoffen wie Kohlenhydraten, Eiweißen, Fetten, Mineralstoffen und Vitaminen spielen dabei vor allem auch körpereigene Produkte wie Enzyme und Hormone eine große Rolle.

Apfel, Möhre und Getreide

Pflanzen sind für die menschliche Ernährung insbesondere deshalb unverzichtbar, weil der darin enthaltene hohe Anteil an *Kohlenhydraten* (vor allem verschiedene Zuckerarten) für den Energiestoffwechsel wichtig ist. Hinzu kommen essenzielle *Fett- und Aminosäuren* sowie *Vitamine, Mineralstoffe* und *Rohfaser* (Ballaststoffe), deren Gehalte je nach Pflanzenart, Reife oder Wachstumsbedingungen sehr unterschiedlich sein können. Neben diesem auch als **Nährwert** bezeichneten Qualitätskriterium spielt auch der sogenannte **Genusswert** eine sehr große Rolle: Geruch, Struktur, Konsistenz, Geschmack – Eigenschaften, die von den Nährstoffen mitbestimmt werden. Außerdem kommt es auch hier auf Qualitäten wie Frische, Naturbelassenheit bzw. Verarbeitungsform oder Haltbarkeit an.

Bei **Obst** spielt zudem der **Säuregehalt** eine besonders wichtige Rolle: So enthalten etwa die meisten Obstsorten (Apfel, Kirsche, Pflaume, Erdbeere, Himbeere) etwa 1 g *Fruchtsäure* je 100 g Fruchtfleisch, bei Johannisbeeren sind es sogar 2 g (Rote Johannisbeere) bzw. 3 g (Schwarze Johannisbeere). Problematisch sind allerdings höhere Gehalte an *Oxalsäure*, wie sie etwa von Rhabarber und Sauerampfer bekannt sind, aber auch in Orangen und Birnen auftreten: Dadurch kommt es im Körper zur Bildung schwer löslicher Calciumoxalatkristalle.

Detaillierte Informationen über Vitamin- und Mineralstoffgehalte sowie andere Bestandteile von Obst und Gemüse finden Sie in Veröffentlichungen der Deutschen Gesellschaft für Ernährung e. V., Broschüren verschiedener Krankenkassen sowie insbesondere in den Schwerpunktveröffentlichungen des aid-Infodienstes Verbraucherschutz, Ernährung, Landwirtschaft e. V. (www.aid.de/).

Die auch für uns Menschen essbaren Früchte der Berberitze, Berberis vulgaris, enthalten besonders große Mengen an Vitamin C.

Interessant sind in diesem Zusammenhang natürlich auch **Wildfrüchte**, nicht zuletzt deshalb, weil es sich hier um Gehölze handelt, die sich oft gut für Heckenpflanzungen eignen und kaum Pflege brauchen (vgl. Kapitel 6, S. 218 f.). Viele dieser Früchte haben ein besonderes Aroma und einen oft sehr hohen Gehalt an Vitaminen und Mineralstoffen. Die eisenreichsten Wildfrüchte sind beispielsweise Holunderbeeren (1,6 mg in 100 g) und die Früchte der Eberesche (1,5 mg in 100 g), während sich Hagebutten durch einen außerordentlich hohen Gehalt an Vitamin C auszeichnen (1.250 mg in 100 g). Roh sind die Früchte der Hecken- und Strauchrosen aber nicht genießbar; man verwendet sie am besten für Früchtetee und Gelee. Eine Sonderrolle nehmen die Nüsse wie Haselnüsse und Walnüsse ein, die aufgrund ihrer Fette sehr wertvoll sind.

Eine Obstart, die in vielfacher Weise wichtig ist und zu Recht immer wieder thematisiert wird, ist der **Apfel**. Seine Inhaltsstoffe machen ihn zum vielleicht wertvollsten Obst Mitteleuropas, das auch in ökologischer Hinsicht von überragender Bedeutung ist: Apfelbäume sind auch zahlreichen Tieren Lebensraum und/oder Nahrungsgrundlage, und auch kulturgeschichtlich steht der Apfel im Zentrum einer reichen Tradition.

➲ *Zur Vertiefung dieses Themas finden Sie im Arbeitsheft eine Projektanregung.*

Unter den Gemüsen ist es die **Möhre**, die ernährungsphysiologisch als besonders gehaltvoll und gerade für Kinder als interessant angesehen werden kann (vgl. Kapitel 6.3, S. 208).

Getreidesorten und ihre Bezeichnung

Für die Verwendung von Möhren in der Küche soll daran erinnert werden, dass sie stets mit etwas Fett oder Öl zubereitet bzw. gegessen werden sollten: Das in den Wurzeln enthaltene Beta-Carotin, eine Vorstufe des Vitamins A, ist fettlöslich und kann vom Körper nur in Verbindung mit Fett aufgenommen (resorbiert) werden (vgl. Kapitel 3.3, S. 93).

Getreideprodukte machen zwar einen ganz erheblichen Anteil unserer Ernährung aus, aber die Vielzahl an Arten und Sorten der verwendeten Getreidepflanzen, eine mittlerweile hoch technisierte Verarbeitung und Vermarktung sowie eine gewisse „Unanschaulichkeit" wichtiger Zwischenprodukte (das Mehl verrät seine Herkunft nur mehr dem Eingeweihten) führen dazu, dass **Getreide** für Kinder wie für die meisten Erwachsenen ein Buch mit sieben Siegeln geworden ist.

Die relativ nahe Verwandtschaft der meisten Getreidearten zeigt sich im Aufbau der Samen, der Getreidekörner: *Randschichten*, *Keimling* und vor allem der etwa 80 % des Volumens umfassende *Mehlkörper* sind die drei Hauptbestandteile eines Korns:

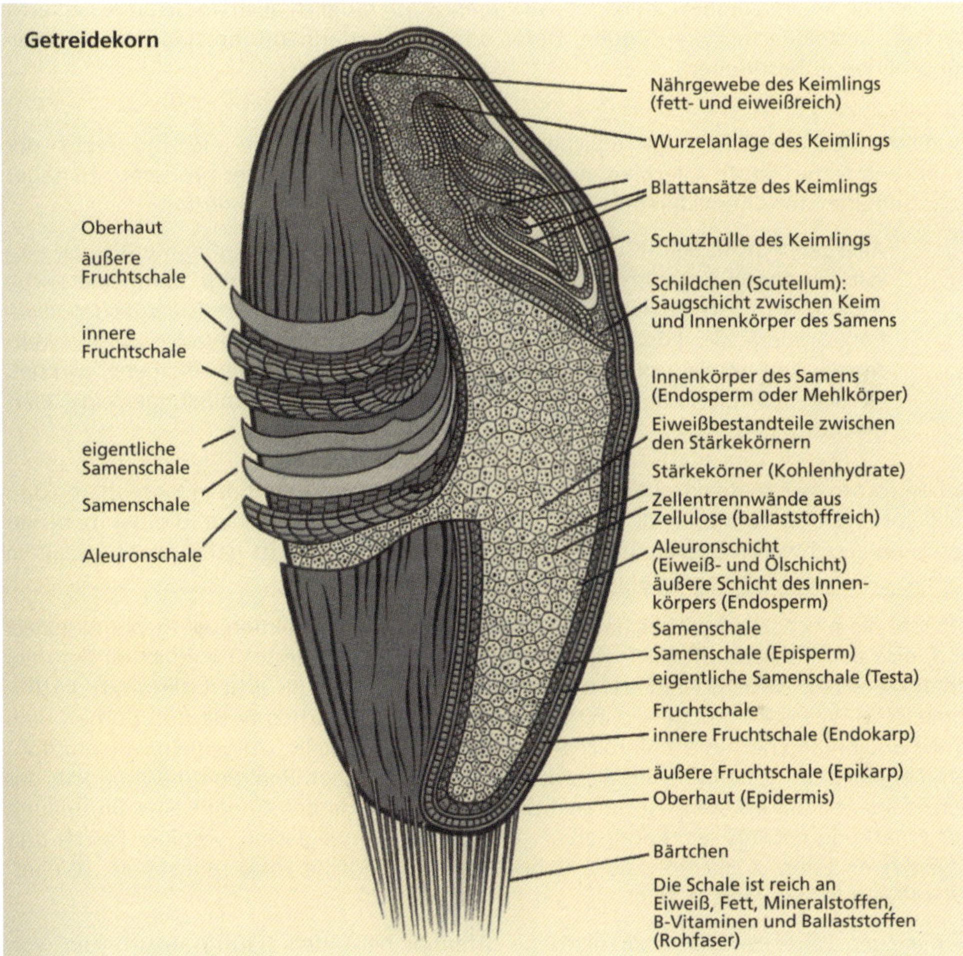

(vgl. Weber/Wessel/vom Wege, 2000, S. 135)

Aufgaben:

Die verschiedenen Getreideprodukte sind nicht ganz leicht auseinanderzuhalten, denn abgesehen vom ganzen Korn, das bei allen Getreidearten auch direkt verwendet werden kann, gibt es Möglichkeiten der Weiterverarbeitung, die nicht bei allen Arten gleichermaßen üblich sind:

1. Worin besteht genau der Unterschied zwischen Auszugsmehl und Vollkornmehl?
2. Was ist Kleie, und aus welchen Getreidearten wird sie vor allem gewonnen?
3. Was sind Graupen, und wie stellt man sie her?
4. Nennen Sie mindestens fünf Getreidearten, aus denen Flocken hergestellt werden.
5. Wofür wird Grieß verwendet, und was ist das eigentlich?

Es gibt unterschiedliche Möglichkeiten, Kinder an diese Thematik heranzuführen. Als besonders geeignet erscheint das gemeinsame Backen von Brot u. a. (vgl. S. 330 ff.). Darüber hinaus bietet sich gelegentlich der Besuch eines Bauernhofs mit Getreideanbau oder einer Mühle an. Im Sommer sollte bei Ausflügen wenn möglich auch im Gelände versucht werden, Getreidearten wie Roggen, Hafer oder Weizen anhand ihres äußeren Erscheinungsbildes zu bestimmen.

Allergien

In immer mehr Bereichen des täglichen Lebens und insbesondere auch im Bereich der Ernährung treten heute Allergien auf, die von Ärzten auf die immer größere Zahl neuer bzw. unbekannter Chemikalien in unserer Umwelt zurückgeführt werden.

> **Allergen** = Stoff, der als Überempfindlichkeitsreaktion eine bestimmte *Allergie* auslöst, bei der im Organismus die Bildung von Antikörpern erfolgt. Kann eine solche Bildung nicht nachgewiesen werden, spricht man von einer *pseudoallergischen Reaktion*. Grundsätzlich können alle Inhaltsstoffe von Lebensmitteln, zahlreiche Umweltchemikalien sowie viele natürliche Substanzen (Pollen!) als Allergene wirksam werden, besonders häufig lösen aber Proteine oder Proteinverbindungen eine Allergie aus.

Neben fototoxischen Reaktionen, wie sie vor allem bei Kontakt mit dem Riesenbärenklau ausgelöst werden können (vgl. Kapitel 5, S. 169), und Insektenstichen, die bei manchen Personen zu schweren allergischen Reaktionen führen können, ist bei Kindern vor allem immer wieder mit **Lebensmittelallergien** zu rechnen.

Obwohl die biochemischen Mechanismen einer allergischen Reaktion weitgehend geklärt sind, gibt es zahlreiche offene Fragen, wann und weshalb eine solche Reaktion bei dem einen Menschen auftritt, beim anderen dagegen nicht. Es gilt als sicher, dass auch psychosomatische Wechselwirkungen, d. h. Wechselwirkungen zwischen Seele und Körper, eine große und bislang noch nicht hinreichend erforschte Rolle spielen. Allgemein wird empfohlen, bei einer festgestellten Allergie oder pseudo-allergischen Reaktion insbesondere das körpereigene Immunsystem zu unterstützen, wobei gerade bei Kindern eine Umstellung der Ernährung wichtig sein kann, etwa „Fertigprodukte weglassen, weniger Fleisch und Wurstwaren essen, Zuckerkonsum einschränken und tierische Fette reduzieren" (Weber/Wessel/vom Wege, 2000, S. 163).

In manchen Lebensmitteln sind Allergene offenbar besonders häufig anzutreffen (vgl. Weber/Wessel/vom Wege, 2000):

Nüsse und Samen	Haselnuss, Walnuss, Mandel, Paranuss, Erdnuss, Sesam, Mohn
Heimisches Obst	Apfel, Kirsche, Pfirsich
Gemüse	Sellerie, Fenchel, Möhre, Hülsenfrüchte, Paprika
Gewürze und Kräuter	Anis, Kamille, Fenchel, Sellerie, Dill, Koriander, Kümmel
Exotische Früchte	Kiwi, Maracuja, Mango, Avocado
Tierische Produkte	Fisch, Hühnerei, Kuhmilch, Innereien

Ernährungskonzepte für Kinder

Es gibt inzwischen viele wissenschaftliche Untersuchungen zur gesunden Ernährung in der Kindheit. Eltern wie pädagogische Fachkräfte können sich hier Informationen und Anregungen holen.

Die wissenschaftliche Grundlage für eine vollwertige Ernährung liefern die D-A-CH-Referenzwerte für die Nährstoffzufuhr. Bei den Referenzwerten handelt es sich um Nährstoffmengen, die bei fast allen Personen der jeweils angegebenen Bevölkerungsgruppe für eine volle Leistungsfähigkeit sorgen und sie vor ernährungsbedingten Erkrankungen schützen. Die Deutsche Gesellschaft Ernährung e. V. (DGE) hat auf der Basis aktueller wissenschaftlicher Erkenntnisse zehn Regeln formuliert. Sie helfen, genussvoll und gesundheitsbewusst zu essen und zu trinken.

Kinder sollten auch Wurzelgemüse wie Möhren, Rettiche oder Rübchen nicht nur als Dosengemüse oder Fertigprodukte kennenlernen.

Die 10 Regeln der DGE

1. **Vielseitig essen**
   Genießen Sie die Lebensmittelvielfalt. Merkmale einer ausgewogenen Ernährung sind abwechslungsreiche Auswahl, geeignete Kombination und angemessene Menge nährstoffreicher und energiearmer Lebensmittel.
2. **Reichlich Getreideprodukte und Kartoffeln**
   Brot, Nudeln, Reis, Getreideflocken, am besten aus Vollkorn, sowie Kartoffeln enthalten kaum Fett, aber reichlich Vitamine, Mineralstoffe, Spurenelemente sowie Ballaststoffe und sekundäre Pflanzenstoffe. Verzehren Sie diese Lebensmittel mit möglichst fettarmen Zutaten.
3. **Gemüse und Obst – Nimm „5" am Tag …**
   Genießen Sie 5 Portionen Gemüse und Obst am Tag, möglichst frisch, nur kurz gegart, oder auch eine Portion als Saft – idealerweise zu jeder Hauptmahlzeit und auch als Zwischenmahlzeit: Damit werden Sie reichlich mit Vitaminen, Mineralstoffen sowie Ballaststoffen und sekundären Pflanzenstoffen (z. B. Carotinoiden, Flavonoiden) versorgt. Das Beste, was Sie für Ihre Gesundheit tun können.
4. **Täglich Milch und Milchprodukte; ein- bis zweimal in der Woche Fisch; Fleisch, Wurstwaren sowie Eier in Maßen**
   Diese Lebensmittel enthalten wertvolle Nährstoffe, wie z. B. Calcium in Milch, Jod, Selen und Omega-3-Fettsäuren in Seefisch. Fleisch ist wegen des hohen Beitrags an verfügbarem Eisen und an den Vitaminen B_1, B_6 und B_{12} vorteilhaft. Mengen von 300–600 g Fleisch und Wurst pro Woche reichen hierfür aus. Bevorzugen Sie fettarme Produkte, vor allem bei Fleischerzeugnissen und Milchprodukten.
5. **Wenig Fett und fettreiche Lebensmittel**
   Fett liefert lebensnotwendige (essenzielle) Fettsäuren und fetthaltige Lebensmittel enthalten auch fettlösliche Vitamine. Fett ist besonders energiereich, daher kann zu viel Nahrungsfett Übergewicht fördern, möglicherweise auch Krebs. Zu viele gesättigte Fettsäuren fördern langfristig die Entstehung von Herz-Kreislauf-Krankheiten. Bevorzugen Sie pflanzliche Öle und Fette (z. B. Raps- und Sojaöl und daraus hergestellte Streichfette). Achten Sie auf unsichtbares Fett, das in Fleischerzeugnissen, Milchprodukten, Gebäck und Süßwaren sowie in Fast-Food- und Fertigprodukten meist enthalten ist. Insgesamt 70–90 Gramm Fett pro Tag reichen aus.
6. **Zucker und Salz in Maßen**
   Verzehren Sie Zucker und Lebensmittel, bzw. Getränke, die mit verschiedenen Zuckerarten (z. B. Glucosesirup) hergestellt wurden, nur gelegentlich. Würzen Sie kreativ mit Kräutern und Gewürzen und wenig Salz. Bevorzugen Sie jodiertes Speisesalz.
7. **Reichlich Flüssigkeit**
   Wasser ist absolut lebensnotwendig. Trinken Sie rund 1,5 Liter Flüssigkeit jeden Tag. Bevorzugen Sie Wasser – ohne oder mit Kohlensäure – und andere kalorienarme Getränke. Alkoholische Getränke sollten nur gelegentlich und nur in kleinen Mengen konsumiert werden.
8. **Schmackhaft und schonend zubereiten**
   Garen Sie die jeweiligen Speisen bei möglichst niedrigen Temperaturen, soweit es geht kurz, mit wenig Wasser und wenig Fett – das erhält den natürlichen Geschmack, schont die Nährstoffe und verhindert die Bildung schädlicher Verbindungen.
9. **Nehmen Sie sich Zeit, genießen Sie Ihr Essen**
   Bewusstes Essen hilft, richtig zu essen. Auch das Auge isst mit. Lassen Sie sich Zeit beim Essen. Das macht Spaß, regt an vielseitig zuzugreifen und fördert das Sättigungsempfinden.
10. **Achten Sie auf Ihr Gewicht und bleiben Sie in Bewegung**
    Ausgewogene Ernährung, viel körperliche Bewegung und Sport (30 bis 60 Minuten pro Tag) gehören zusammen. Mit dem richtigen Körpergewicht fühlen Sie sich wohl und fördern Ihre Gesundheit.

(DGE, 10 Regeln, www.dge.de/modules.php?name=Content&pa=showpage&pid=15, 07/2013)

Diese Empfehlungen sollen besonders für die „Küche der Kinder" beachtet werden. In diesem Zusammenhang sind auch die Ernährungsgewohnheiten der Erwachsenen wichtig, die durch ihren Vorbildcharakter stets unmittelbare Auswirkungen auf Kinder haben.

Das vom Dortmunder Forschungsinstitut für Kinderernährung entwickelte Konzept der optimierten Mischkost, „optimiX", wird speziell für die Ernährung von Kindern und Jugendlichen empfohlen (vgl. Kersting, 2002).

Die drei Grundregeln dieses Konzepts lauten:

- Reichlich: Getränke und pflanzliche Lebensmittel
- Mäßig: tierische Lebensmittel
- Sparsam: fett- und zuckerreiche Lebensmittel

Die Ernährung sollte nicht nur abwechslungsreich und ausgewogen sein, sondern auch ansprechend präsentiert werden: Auch das Auge isst mit. Besonders für Kinder hat ein verlockend gedeckter und vielleicht sogar gemeinsam gestalteter Tisch eine große Bedeutung. Dazu kommt das **Gemeinschaftserlebnis**: ein Essen in angenehmer und kommunikativer Atmosphäre. In einer solchen Situation werden die Kinder außerdem sehr schnell durch Beobachtung und Nachahmung mit grundlegenden Regeln unserer Tischkultur vertraut: Sie lernen etwa gegenseitige Rücksichtnahme, aber auch das Essen mit Messer und Gabel wird in der Gemeinschaft leichter und schneller gelernt.

Kinder brauchen gerade beim Essen die Atmosphäre eines positiven Gemeinschaftserlebnisses.

Wenn möglich, sollten Kinder auch immer wieder in die Vorbereitung einer Essenssituation einbezogen werden. Das kann sich auf feste Essenszeiten wie Frühstück oder eine Zwischenmahlzeit ebenso beziehen wie auf die Zusammenstellung einer Verpflegung für einen Ausflug:

Brote streichen und belegen, Obst und Gemüse waschen und in Stücke schneiden, das sind Aufgaben, die auch schon jüngere Kinder gerne unter Mitwirkung der Erwachsenen übernehmen wollen. Im Wechsel können unterschiedliche Brotsorten (Vollkornbrot, Sonnenblumenbrot, Sojabrot, Dinkelbrot usw.) angeboten werden, und gelegentlich werden Brote oder Brötchen auch einmal selbst gebacken – gemeinsam mit den Kindern, versteht sich. Der Aufwand ist geringer, als man häufig meint.
Aufstriche, Salate und kleine Snacks lassen sich auch mit Kindern frisch zubereiten, verschiedene Käsesorten bereichern das Bild. Sehr beliebt bei Kindern unterschiedlichen Alters sind in Stäbchen, Würfel oder in Scheiben geschnittene Möhren, Kohlrabi, geschälte Gurken, Zucchini und Paprika. Auch verschiedene Obstsorten je nach Jahreszeit sind beliebt und vitaminreich.

Nähere Angaben zur Verpflegung in Einrichtungen zur Tagesbetreuung von Kindern finden Sie beispielsweise im Buch „Kinderpflege und Ernährung" (Weber/Wessel/vom Wege, 2000) sowie im Schwerpunktheft „KiTa spezial-Ernährung in Kindertageseinrichtungen" (Schröder, 2002).

Aufgaben:

In den letzten Jahren werben viele Hersteller mit „Kinderlebensmitteln", und sehr viele Eltern lassen sich beim Einkauf von solchen Angaben leiten.

1. Was wissen Sie über „Kinderlebensmittel"? Welche Produkte werden damit beworben?
2. Welche dieser Produkte haben Sie selbst schon einmal probiert?
3. Mit welchen Argumenten werben die Hersteller, und wie werden die entsprechenden Angaben begründet?
4. Was spricht gegen diese Etikettierung?

Kochen und Backen, chemisch betrachtet

Die Vorgänge des Kochens und Backens, Dünstens und Bratens sind *chemische Prozesse* bzw. mit solchen vergleichbar. Die „Küche als Chemielabor" mag zwar auf den ersten Blick ungewohnt sein, denn viele Menschen assoziieren mit **Chemie** etwas Unverständliches, Schwieriges oder Gefährliches, aber wenn man sich darüber im Klaren ist, dass Chemie im Grunde nichts anderes ist als die Veränderung von Stoffen hinsichtlich ihrer inneren Konsistenz und ihres Aussehens, bestimmter Eigenschaften und Wirkungen, so kommen wir der Sache schon näher.

Für Kinder stellt eine Küche ohnehin ein spannendes Lern- und Experimentierfeld dar, und sie nähern sich neugierig und unbefangen allem, was da passiert. Diese Neugier im Sinn eines Heranführens an naturwissenschaftliches Denken und Handeln zu nutzen, schlägt beispielsweise Gisela Lück (2008) vor, wenn sie insbesondere auch Lebensmittel für bestimmte, einfache chemische Versuche einsetzt (vgl. Kapitel 3, S. 92 f.). Wie bereits beschrieben, geht es dabei sowohl um das Kennenlernen von Stoffen und Reaktionsweisen wie etwa Löslichkeiten oder das Verhalten von Säuren und Basen als auch immer um Aspekte der Mengenbeschreibung, Messung und Dosierung.

Ein ganz besonderer Bereich, der vor allem im Zusammenhang mit der Ernährung eine große Rolle spielt, ist die **Mikrobiologie**, im Besonderen hier: die Welt der Bakterien. Diese mikroskopisch kleinen Organismen sind allgegenwärtig, können für uns Menschen als Krankheitserreger teilweise sehr gefährlich sein, sind in sehr vielen anderen Fällen aber notwendig und unersetzlich: angefangen von der Funktionsweise unseres Körpers (Verdauungsprozesse) bis hin zur Unterstützung der Herstellung bestimmter Nahrungsmittel (Gärung durch Hefebakterien: vor allem Brot und andere Backwaren, alkoholische Gärung).

Ein einfacher Versuch mit einem Nährmedium zeigt sehr gut das Wachstum von Bakterien- und Pilzkolonien unter verschiedenen Bedingungen.

Bakterien = mikroskopisch kleine, meist einzellige Mikroorganismen, die keinen echten Zellkern, sondern stattdessen ein sogenanntes Kernäquivalent besitzen. Bestimmte Bakterien sind zwar als gefährliche Krankheitserreger bekannt, prinzipiell spielen Bakterien aber in der Natur in vielen Stoffkreisläufen und Stoffwechselprozessen eine unverzichtbare Rolle.

Die Entdeckung *Alexander Flemings*, der bei der Beobachtung einer Bakterienkultur 1928 feststellte, dass bestimmte Schimmelpilze eine Substanz absonderten, die die Entwicklung der betreffenden Bakterien hemmte, war sensationell: Er entdeckte damit das Penicillin. Einige Jahre zuvor, 1857, hatte *Louis Pasteur* die Mikroorganismen als eigene Lebewesen entdeckt und damit die moderne Biologie begründet.

Die Auseinandersetzung mit dieser Welt der Kleinstlebewesen ist auch für Kinder spannend und kann mit sehr einfachen Mitteln durchgeführt werden:

In etwa 0,5 l Kochwasser, in dem zuvor Reis gekocht wurde und das man anschließend etwas abkühlen lässt, wird ein Blatt Gelatine aufgelöst. Dann fügt man eine kleine Prise Salz sowie einen kleinen Löffel voll Fleischbrühe hinzu.
Diese „Suppe" verteilt man nun in vier Teller, wobei es genügt, wenn die Flüssigkeit in diesen Tellern etwa 0,5 cm hoch steht. Anschließend deckt man alle vier Teller mit Klarsichtfolie ab und lässt die Mischung erkalten.
Zum eigentlichen Versuch werden drei Teller dann 15 Minuten lang an verschiedenen Orten aufgestellt: in einem Zimmer, im Schatten eines Baumes und in der prallen Sonne. Der vierte Teller bleibt geschlossen stehen.
Nach der Viertelstunde verschließt man auch die anderen drei Teller wieder mit Folie und stellt alle vier Teller nebeneinander in einen warmen Raum. Nach etwa zwei bis drei Tagen ist sehr deutlich zu sehen, wie sich in den vier Milieus auf ganz unterschiedliche Weise Bakterienkolonien entwickelt haben.

Mit einem solchen Versuch lässt sich übrigens auch gut veranschaulichen, weshalb die Reinigung von Händen vor dem Essen etc. Sinn macht: Drückt man schmutzige und unterschiedlich sorgfältig gewaschene Finger auf den Nährboden, so ergeben sich ebenso unterschiedlich wachsende Bakterienkolonien.

Überleben und Wachstum von Bakterien – insbesondere im Umfeld von Küche und Haushalt – sind von ganz bestimmten Faktoren abhängig:

- Temperatur: Über 65 °C findet keine weitere Vermehrung mehr statt, ab 70 °C sterben empfindliche, ab 85 °C alle für die menschliche Ernährung problematischen Keime ab *(Pasteurisation)*; ab 121 °C sterben auch Sporen wie z. B. von Schimmelpilzen ab *(Sterilisation)*.
- Nährstoffe: Auch Mikroorganismen brauchen Nahrung.
- Feuchtigkeit: Ein feuchtes Milieu begünstigt das Wachstum von Mikroorganismen sehr.
- Säuregehalt: Die meisten Bakterien bevorzugen alkalische Milieus, d. h. bestimmte chemische Lösungen wie Natron- oder Kalilaugen (typisch: Seifenlösungen).
- Sauerstoff: Es gibt aerobe (Sauerstoff benötigende) und anaerobe Bakterien (benötigen keinen freien Sauerstoff).
- Konservierungsmittel: Sie hemmen generell die Entwicklung von Mikroorganismen, wodurch auch die Gefahr giftiger Stoffwechselprodukte mancher Bakterien verringert wird.
- Reinigung und Desinfektion: Hygienevorschriften beziehen sich nicht nur darauf, die Wachstums- und Vermehrungsbedingungen von Mikroorganismen zu verschlechtern, sondern umfassen auch die Bekämpfung von Überträgern krankheitserregender Keime wie z. B. Mäuse, Kakerlaken sowie die „Betriebshygiene" als Gesamtheit aller entsprechenden Rahmenbedingungen und Arbeitsabläufe.

Eine Grundvoraussetzung zur Vermehrung von Mikroorganismen wie Bakterien stellt natürlich die *Anwesenheit bestimmter Keime* bzw. die *Anfangskeimzahl* dar. Da Mikroorganismen unterschiedlichster Art aber in der Regel überall zu finden sind, ist der *Zeitfaktor* meist von größerer Bedeutung: In vielen Fällen führt die rasche Vermehrung von Bakterien alle 20 Minuten zu einer Verdoppelung!

Grundsätzlich ist für Gemeinschaftseinrichtungen wie Kinderkrippen, Kindergärten, Horte und Kinderhäuser die Erstellung eines Hygieneplans vorgeschrieben. Auf Anfrage können die Einrichtungen dabei von den örtlichen Gesundheitsämtern unterstützt werden. Sinn und Zweck eines solchen Hygieneplans ist es, Infektionsrisiken generell zu reduzieren. Die oben genannten Aspekte der Entwicklung und Vermehrung von Mikroorganismen können helfen, die im Einzelnen bestehenden Risiken zu erkennen und zu bewerten. Gute Hilfestellung bietet auch der von einem Länderarbeitskreis erarbeitete „Rahmenhygieneplan für Kindertageseinrichtungen" (http://www.blja.bayern.de/themen/erziehung/heimerziehung/TextOffice_Rahmenhygieneplan.html; 01.05.2013).

10.2 Herkunft und Verwendung unserer Lebensmittel und „Sonderkultur" Pilzzucht

Convenience Food & Co.

Unsere Ernährung wird sehr stark von Esstrends geprägt, die unserer von Hektik geprägten Zeit entsprechen und die es uns erschweren gegenzusteuern. Je nach Ausrichtung und Vermarktungsstrategie begegnen uns diese Esstrends heute überall: **Fast Food** („schnelles Essen"), **Designer Food** (mikrowellengerechte Nahrung), **Functional Food** (Lebensmittel mit besonderen, laut Werbung gesundheitsfördernden Eigenschaften), **Convenience Food** (Erzeugnisse, bei denen die Bequemlichkeit und Schnelligkeit der Essenszubereitung im Vordergrund stehen) und mehr und mehr auch **Novel Food** („neue Nahrungsmittel") sowie Nahrungsmittel, die lebende gentechnisch veränderte Organismen, sogenannte *GVO* oder *GMO* oder daraus abgeleitete Stoffe, enthalten.

Als besonders problematisch wird von vielen Experten die zunehmende Verwendung von Konservierungsstoffen, Geschmacksverstärkern, Farbstoffen und anderen Zusatzstoffen angesehen. Insbesondere **Konservierungsverfahren** werden umso wichtiger, je mehr auf lange Transportwege und Lagerfähigkeit Rücksicht genommen werden soll. Des Weiteren verstärkt der Wunsch nach möglichst einfacher und rascher Essenszubereitung den Trend, immer mehr Nahrungsmittel in pulverisierter und gefriergetrockneter Form vorzubereiten – eine durchaus fragwürdige *Denaturierung* von Lebensmitteln, die vor allem unserer Bequemlichkeit und einer gewissen „Sparsamkeit" dient. Während nach Angaben des Statistischen Bundesamtes heute von einem deutschen Haushalt im Schnitt nur noch 12 % des Einkommens für die Ernährung ausgegeben wird, waren es Ende der 1970er-Jahre noch beinahe 20 %.

Diese Verlagerung, bei der heute – auf Kosten der Ernährung – offensichtlich mehr Wert auf andere Güter und Dienstleistungen gelegt wird, hat Folgen für unsere **Gesundheit**: Mit viel Werbeaufwand und geschickten Verkaufsstrategien werden neuartige Lebensmittel und Schnellgerichte sowie eine unglaubliche Vielfalt an Süßwaren angeboten und umgesetzt. Derweil nehmen bestimmte Zivilisationskrankheiten zu, die mit unseren Ernährungsgewohnheiten direkt in Verbindung zu bringen sind: Herz-Kreislauf-Beschwerden, Adipositas (Fettsucht), Diabetes mellitus Typ II (der sogenannte Altersdiabetes), Allergien und anderes mehr betreffen längst auch Kinder und Jugendliche. Außerdem leiden immer mehr Menschen an Stress und psychischen Störungen, und auch die Zunahme von Lernschwierigkeiten bei vielen Kindern wird von Medizinern mit bestimmten Aspekten der heute verbreiteten Ernährungsgewohnheiten in Verbindung gebracht.

Umweltpädagogik kann solchen „Groß-Trends" wohl nur sehr wenig entgegensetzen, dennoch erscheint es wichtig, Kindern frühzeitig ein Bewusstsein für die Bedeutung einer richtigen Ernährung sowie Kenntnisse über Nahrungsmittel und Techniken ihrer Zubereitung zu vermitteln. Im Wesentlichen kann eine solche Vermittlung – je nach Alter der Kinder in etwas unterschiedlicher Weise und Umsetzung – auf folgende Möglichkeiten zurückgreifen:

- Kennenlernen bestimmter Nahrungsmittel: Unterscheiden verschiedener Lebensmittel, Gewürze und anderer Zutaten nach Art, Geschmack, Herkunft etc.
- Hinführung zur Produktion von Nahrungsmitteln: eigener Anbau von Gemüse, Kräutern, Obst, Pilzen – und sei es auch nur im allerkleinsten Umfang – sowie Besuche von entsprechenden Betrieben wie Bauernhof, Gärtnerei, Molkerei etc.
- Eigenes Kochen und Backen: Brot und Brötchen, Aufstriche, Salate und anderes mehr lassen sich mit Kindern häufig sehr gut zubereiten und vermittelt wohl am nachhaltigsten, worauf unsere Ernährung beruhen sollte.
- Auseinandersetzung mit Ernährungsgewohnheiten: Gespräche und Diskussionen über verschiedene Formen der Ernährung einschließlich familiärer Erfahrungen und der in der jeweiligen Einrichtung praktizierten Form der Tagesverpflegung

➲ ***Zur Vertiefung dieses Themas finden Sie im Arbeitsheft eine Reihe von Aufgaben.***

Bohnen und Erbsen kennen viele Kinder nur noch als Fertiggericht aus der Dose. Sie sollten wieder häufiger Gelegenheit erhalten, diese arten- und sortenreichen Hülsenfrüchte kennenzulernen.

Beim Kochen mitmachen zu dürfen ist für viele Kinder heute ein selten gewordenes Erlebnis.

Konventionell oder biologisch?

Beschäftigt man sich mit der Herkunft und Produktion unserer Nahrungsmittel, so stößt man rasch auf eine Frage, wie gerade in der Landwirtschaft gearbeitet und produziert

wird. Dabei wird im Allgemeinen zwischen **konventionell** und **biologisch** wirtschaftenden Betrieben unterschieden.

Insbesondere im Bereich des **Öko-Landbaus** gibt es verschiedene Anbauverbände und Qualitätssiegel, die teilweise nur regionale Gültigkeit haben und sich in ihrer Arbeitsweise gelegentlich durchaus unterscheiden. Auf der anderen Seite kann man – trotz des Trends zu immer größeren landwirtschaftlichen Betrieben – bei den konventionell arbeitenden Landwirten vielfach eine verstärkte Berücksichtigung ökologischer Sichtweisen feststellen, sei es auch nur aus Gründen der Kostenersparnis für Pflanzenschutzmittel oder erzwungen durch bestimmte gesetzliche Auflagen.

Für die Umweltpädagogik bietet sich die Auseinandersetzung mit der Landwirtschaft insbesondere in Form von Betriebsbesichtigungen an, wobei möglichst unterschiedliche Wirtschaftssysteme berücksichtigt werden sollten.

Aufgaben:

Versuchen Sie, auf die folgenden Fragen Antworten zu finden (eventuell über Anfragen bei Bauern- und Naturschutzverbänden), und diskutieren Sie diese in einem Arbeitskreis und – wenn möglich – auch mit Landwirten:

1. Welche Arten landwirtschaftlicher Betriebe existieren in der Nähe Ihrer Ausbildungs- oder Arbeitsstätte? Wo wäre eine Besichtigung mit Kindern möglich?
2. Welche Qualitätssiegel für verschiedene Wirtschaftsarten lassen sich in Ihrer Region unterscheiden? Worin bestehen die Unterschiede?
3. Welche biologisch wirtschaftenden Betriebe gibt es hier, und nach welchem Regelwerk wird produziert und vermarktet?
4. Was wissen Sie über die Einkommenssituation der Landwirte in Ihrer Region? Kennen Sie diesbezügliche Berichte und Meldungen aus den Medien?

In vielen Orten und Städten gibt es Bauernmärkte, auf denen unterschiedlich wirtschaftende Betriebe ihre Produkte anbieten. Hier ist nicht nur ein gewisser Vergleich der Waren möglich, sondern auch Gelegenheit, direkt Kontakt mit Landwirten aufzunehmen.

Ein Marktbesuch mit Kindern sollte in einer eher kleinen Gruppe durchgeführt werden. Sind die Kinder etwas älter, so lassen sich in einer Vorbereitungsphase Gruppenaufträge vergeben, die dann gemeinsam ausgewertet werden können. Je nach Jahreszeit und Angebotssituation, Alter und Interesse der Kinder sind die Aufträge auf einzelne Waren und ihre Preise, Verkaufspräsentation oder Einkaufsverhalten der Marktbesucher bezogen. Auch das Verhalten der Verkäufer kann für Kinder Thema einer spannenden Beobachtungsaufgabe werden.

Die eigene Pilzzucht

In Ergänzung zu den bereits in früheren Kapiteln behandelten Fragen des eigenen Gemüse- oder Obstanbaus soll noch von einer „Spezialkultur" die Rede sein, die für Kinder aus mehreren Gründen interessant sein kann: die Züchtung von **Speisepilzen**. Es mag zwar ungewöhnlich sein, im Außengelände eines Kindergartens oder eines Horts Speisepilze zu züchten, aber die Voraussetzungen sind häufig gegeben oder leicht zu schaffen: eine etwas schattig-feuchte Ecke, ein oder mehrere Ballen Stroh oder einige geeignete Holzstämme (Baumart hängt von der zu kultivierenden Pilzart ab) und jemand, der im Bedarfsfall gerne gießt.

Während die Gesamtzahl der **Pilzarten** je nach Autor auf mehrere Hunderttausend Arten geschätzt wird (davon etwa 30.000 in Europa mit rund 3.000 Großpilzarten), kommen für den Anbau bislang nur wenige Arten infrage. Verbreitet sind: Kulturchampignon (Agaricus bisporus), Reisstroh-Champignon (Volvariella volvacea), Samtfußrübling (Flammulina velutipes), Judasohr (Auricularia auricula-judae), Stadt-Champignon (Agaricus bitorquis), Shiitake (Lentinus edodes). Daneben werden vereinzelt auch Träuschlinge, Tintlinge, Lorcheln oder Schirmpilze kultiviert, meist nur als „Liebhaberanbau".

Die Kultur der Braunkappe, Stropharia rugoso-annulata, ist einfach und ermöglicht mitunter eine beachtliche Ernte.

Da Pilze kein Blattgrün besitzen, benötigen sie für ihren Aufbau fremde organische Substanz. Wird diese aus abgestorbenen Pflanzen aufgenommen, spricht man von *Saprophyten*, bei einer Symbiose mit lebenden Pflanzen von *Parasiten* (vgl. Kapitel 11, S. 346 f.). Fast stets ist der eigentliche Pilz ein unscheinbares, weit verzweigtes Fadengeflecht (Myzel). Der sichtbare Teil wird durch den – meist oberirdischen – Fruchtkörper gebildet (vgl. Kapitel 5.3, S. 172 f.).

Je nach Pilzart braucht man eine bestimmte **Starter-Kultur**, d. h., man muss Stroh oder Holzstämme mit dem jeweiligen Pilz „impfen". Das Wachsen und Gedeihen der Pilze ist sicherlich für manche Überraschung gut, aber gerade das wird für alle Beteiligten höchst interessant sein. Die wichtigsten Grundkenntnisse zum Anbau von Austernseitlingen, Shiitake-Pilzen u. a. kann man sich mithilfe einschlägiger Literatur rasch aneignen, und ein solcher Eigenanbau wird mit Sicherheit nicht nur die Kinder faszinieren und begeistern. Hervorzuheben ist, dass die geernteten Pilze nur in gegartem Zustand gegessen werden sollten. Wie Sie ausgewählte Pilze züchten, finden Sie in folgender Tabelle:

	Riesenträuschling oder **Braunkappe** (Stropharia rugosoannulata oder Stropharia ferrii)	**Austernseitling** oder **Austernpilz** (Pleurotus ostreatus)	**Shiitake** (Lentinus edodes)
Wildvorkommen	Gärten, halb verrottete Strohmieten	abgestorbene oder gefällte Bäume, vor allem auf Rotbuchen	abgestorbene Eichen, Weißbuchen, Birken, Edelkastanien auf lichten Waldstellen
Kultur/ Substrat	Pilzbrut auf Stroh impfen und dann mit Folie abdecken; nach sechs Wochen Folie durch 4 bis 6 cm dicke Erdschicht ersetzen (Wachstum der Fruchtkörper)	Holzstämme (Birke, Pappel) von 10–25 cm Durchmesser senkrecht aufstellen (etwa 20 cm im Boden einsenken) und mit Pilzbrut impfen: dazu zuvor Holzscheiben absägen, wässern und dann auf die Pilzbrut nageln; zuletzt die Hölzer mit Folie gegen Austrocknen schützen	Anbau ähnlich wie Austernseitling, vor allem mittels „Keil-Methode": Pilzbrut wird auf Keile geimpft, die aus einem Holzstamm geschnitten und dann wieder aufgenagelt werden; Folienabdeckung für ca. drei Wochen zum Schutz gegen Austrocknen
Anbauzeit	Frühjahr bis Herbst	Frühjahr bis Herbst	Frühjahr bis Herbst, in Räumen ganzjährig
Erntezeit	VI–X	V–VI und IX–XII	II–IV und IX–XI

Pilzbrut kann von verschiedenen Spezialgärtnereien bezogen werden, so z. B. von:

- Fa. Breck GbR, Pilzhof & Edelpilzzucht, Dubrauke, Schafbergstraße 31, 02694 Malschwitz; www.pilzzuchtshop.eu
- Fa. Burbacher Pilzfarm, Kleinweinbach 1, 35796 Weinbach, www.pilzfarm.de
- Fa. Dunkelhäuser Edelpilzzucht, Dunkelhäuser 14, 02929 Rothenburg, www.edelpilzzucht.de
- Fa. Hawlik, Ölschlagerweg 8, 82062 Großdingharting, www.pilzshop.de

Ausführliche Beschreibungen und viele weitere nützliche Hinweise finden sich in „Pilze anbauen" (Stein/Stein, 2005) und „Pilzanbau in Haus und Garten" (Englbrecht, 2004).

Die „Pilz-Ecke" kann unabhängig vom Zuchterfolg bei den Speisepilzen für die Kinder ein interessanter Winkel im Garten sein: Bei einem gut ausgewählten Platz werden sich im Gefolge der Pilzkulturen auch rasch Moose und andere Pflanzen einfinden. Auf porösen Gesteinen wie Kalktuff oder alten, modrigen Baumstämmen lassen sich vielleicht einige kleine Waldpflanzen ansiedeln. Dazwischen finden unterschiedliche Farne und natürlich auch Wald-Erdbeeren Platz.
Im besten Fall wird es sich auch hier um einen Spielbereich handeln, in dem die Kinder selbst Pflanzen hinzusetzen und umpflanzen können, gießen und graben dürfen, die Baumstämme und Steine vielleicht auch wieder umgruppieren. Und wenn man mit den Kindern Ausflüge in einen Wald macht, kann man ja von dort immer ein bisschen „Original-Walderde" mitbringen: neue Samen und Sporen für die „Pilz-Ecke".

10.3 Kinder in der Küche – Wahrnehmungsschulung und Kochen bzw. Backen mit Kindern

Teil einer praktisch orientierten Umweltpädagogik sollte es in jedem Fall sein, auch gemeinsam mit Kindern Nahrungsmittel auszuwählen und Speisen zuzubereiten. Dabei geht es nicht bloß um *kognitive* Bildungsprozesse, sondern mindestens so sehr um **Geschmacksbildung** in einem sehr unmittelbaren Sinn (vgl. Kapitel 1.2, S. 26 ff.). Eine besondere Bedeutung hat in diesem Zusammenhang die Erfahrung von Süße, die wir Menschen vor allem über die *Geschmacksknospen* auf der Zungenspitze und im vorderen Teil unserer Zunge wahrnehmen.

Eine ganz persönliche „Zungenkarte" lässt sich zeichnen, wenn man die vier wichtigsten Geschmacksnoten mit Zucker, Salz, Kaffee und Essig auf der eigenen Zunge testet: Mit Trinkhalmen als Pipetten trägt man die verschiedenen wässrigen Lösungen nach und nach auf verschiedenen Stellen der Zunge auf und trägt auf einer Skizze der Zunge ein, an welchen Stellen die jeweilige Empfindung besonders stark ist.
Um die Geschmackswahrnehmungen nicht durcheinanderzubringen, empfiehlt es sich, zwischen den einzelnen Versuchen immer wieder ein wenig Brot zu kauen.

Vom Schmecken zum Geschmack

Eine Vorliebe für **Süßes** ist angeboren. Schon die Muttermilch schmeckt süß, für den Säugling ein lebenswichtiges Nahrungsmittel. Es ist eine natürliche, überlebenswichtige Reaktion, dass Säuglinge bitter Schmeckendes ablehnen und ausspucken. Diese angeborene Vorliebe für Süßes kann zwar weiterhin befriedigt werden, ein sinnvolles Ernährungskonzept wird aber das Hauptaugenmerk auf Lebensmittel mit hohen Nährstoffdichten richten.

Vor allem ist es sinnvoll, Kinder schon sehr früh an den vernünftigen Umgang mit Süßigkeiten heranzuführen und sie auch über die negativen Folgen zu hohen Zuckerkonsums aufzuklären. Gute und nachvollziehbare Erklärungen werden in aller Regel auch akzeptiert.

Interessant ist in diesem Zusammenhang auch, sich einmal näher mit den verschiedenen Herkünften und Formen von Zucker zu beschäftigen. Die keinesfalls umfassende Übersicht zeigt, dass Zucker nicht gleich **Zucker** ist (vgl. Rehm/Espig, 1996):

	Herkunft	Zuckersaftgewinnung	Anmerkungen
Rübenzucker	Zuckerrübe (Beta vulgaris var. altissima): 1 ha großes Feld liefert im Durchschnitt etwa 40 t Rüben.	Die Rüben werden zerkleinert, gepresst und erhitzt. Ähnlich wie beim Rohrzucker dient das Konzentrat der Gewinnung der Zuckerkristalle.	Die Zuckerrübe stammt aus dem mediterranen Raum und ergänzt das Zuckerrohr hinsichtlich des Anbaus in gemäßigten Klimaten.
Rohrzucker	Zuckerrohr (Saccharum officinale): Das Rohr enthält bis zu 15 % Zucker, wobei der Ertrag pro Hektar und Jahr etwa dem der Zuckerrübe entspricht.	Die bis zu etwa 3 m hohen Halme werden zerkleinert und gepresst, um dann in einem mehrstufigen Verfahren die Zuckerkristalle aus der Melasse zu lösen.	Frisches Zuckerrohr wird auf regionalen Märkten auch direkt gepresst und als Saft vermarktet.
Ahornsirup	Zuckerahorn (Acer saccharum): Ein Baum liefert ca. 70 l Saft im Jahr, aus dem ca. 2 l Sirup gewonnen werden können.	Der Baumsaft wird heute über Schläuche abgepumpt, die mit einer „Melkmaschine" (Unterdruck) verbunden sind.	Im „Sugarhouse" wird der Saft gereinigt und konzentriert.
Birkensaft	Hängebirke (Betula pendula): Ein Baum liefert ca. 30 l Saft im Jahr, der Zuckergehalt beträgt nur etwa 1 %.	Die Saftgewinnung erfolgt heute ähnlich wie beim Zuckerahorn. Als Spezialität wird Birkensaft heute vor allem in Finnland wieder verstärkt gewonnen und verarbeitet.	Der Birkensaft wurde früher von Schottland über die skandinavischen Länder und Russland bis nach China genutzt und auch als süßes, mit Honig und Gewürzen vergorenes Getränk geschätzt.
Hirsesirup	Zuckerhirse (Sorghum saccharatum): Diese maisähnliche Pflanze enthält im Halm 7–15 % Saccharose.	Ähnlich wie beim Zuckerrohr werden die Halme gepresst und der etwa 30%ige Rohsaft eingedickt.	Im Vergleich zu Rüben- und Rohrzucker kristallisiert der Hirsesirup zwar weniger gut, aber die Zuckerhirse ist heute als Tierfutterpflanze und Energierohstoff zunehmend interessant.
Palmzucker	Verschiedene Palmarten liefern einen zuckerhaltigen Saft, im Durchschnitt etwa 10 l täglich, wobei der Zuckergehalt bis zu 20 % betragen kann.	In einer sehr arbeitsintensiven Methode kann der Saft nach Verletzung von Stamm oder Blütenstand aufgefangen werden.	Der Palmsaft wird in vielen Ländern nicht nur zu alkoholischen Getränken vergoren, sondern dient auch als wertvolles Viehfutter.
Mais	Mais (Zea mays): Der Halm enthält eher geringe Mengen Zucker.	Die Gewinnung des Zuckersaftes erfolgt wie beim Zuckerrohr durch Pressung.	Trotz verschiedener Züchtungsversuche ist die kommerzielle Zuckergewinnung aus Mais nicht sinnvoll: Die Erträge sind zu gering.

Über den Vergleich unterschiedlich süßer Speisen, Früchte oder Säfte kann auch der Geschmackssinn trainiert und die Sensibilität für Varianten und Intensitäten gefördert werden: Geschmacksbildung kennt viele Ansatzpunkte.

Kleinkinder sind mit zunehmendem Alter sehr neugierig auf das, was die Erwachsenen essen. Auch wenn es ihnen nicht gleich schmeckt, sie möchten es doch immer wieder aufs Neue probieren, und irgendwann schmeckt es ihnen sogar. Das ist eine große Chance für Eltern und pädagogische Fachkräfte, Kinder an ernährungsphysiologisch wertvolle, aber vielleicht nicht gerade süße Lebensmittel zu gewöhnen. Besonders anregend wirkt auf Kinder, wenn die Erwachsenen den (hoffentlich lustvollen) Genuss solcher Speisen körpersprachlich und verbal begleiten. Aber Vorsicht! Kinder lassen sich nicht leicht täuschen; sie merken sehr schnell, wenn ein Erwachsener von einer angeblich leckeren Suppe schwärmt, mit seiner Körpersprache und vor allem Mimik aber eher das Gegenteil ausdrückt.

Es gibt zahlreiche Vorschläge, Kinder spielerisch mit Gemüse- und Obstarten, Gewürzen, Käsesorten und anderen Nahrungsmitteln bekannt zu machen. Viele dieser Ideen basieren auf dem Konzept einer Rallye, wobei die Teilnehmer häufig mit verbundenen Augen ein bestimmtes Aroma riechen oder schmecken und beispielsweise einer Frucht oder einer Pflanze zuordnen sollen.

Naturjoghurt, Zitrone, Bienenhonig – eine halbe Stunde in den Kühlschrank gestellt: eine leckere und sehr erfrischende Sache

➲ ***Zur Vertiefung dieses Themas finden Sie im Arbeitsheft eine Projektanregung.***

Solche Vorschläge einer Sinnesrallye beziehen den Geschmackssinn ein, indem etwa an einer **Trink-Bar** Fruchtsäfte zu identifizieren sind, an einer **Schmeck-Bar** den Kindern (bei geschlossenen Augen) kleine Stückchen Obst oder Gemüse gereicht werden (vgl. Weber/Wessel/vom Wege, 2000).

Obst & Gemüse aus Pappmaschee
Für Kinder ab drei Jahren
Herstellung:
Zeitungspapier wird in kleine Stücke gerissen und mit angerührtem (ungiftigem!) Tapetenkleister zu einem dicklichen Brei vermengt. Nach ca. zwei Stunden kann die Masse geformt werden.
Verwendung:
Die Kinder bearbeiten die Pappmaschee wie Knete und formen daraus Gemüse und Obst. Nach dem Trocknen werden die Produkte mit Fingerfarben angemalt.

(vgl. Weber/Wessel/vom Wege, 2000, S. 189)

Die Frucht eines Granatapfels, Punica granatum, ist wohlschmeckend und auch von ihrem inneren Aufbau her sehr interessant.

Dennoch: In den weitaus meisten Fällen wird man Kinder mit echtem Obst vertraut machen wollen. Dazu gehören selbstverständlich auch **exotische Früchte** wie z. B. Banane, Maracuja, Litschi, Dattel oder Granatapfel.

Kochen und Backen mit Kindern

Über die Voraussetzungen der eigenen Kultur von Obst und Gemüse bis hin zu essbaren Wildpflanzen wurde in früheren Kapiteln bereits einiges gesagt. Hier sollen noch ein paar **Rezepte** für eine Küche mit Kindern vorgestellt werden. Selbstverständlich können das höchstens ein paar kleine Anregungen sein, aber in jedem Fall handelt es sich hier um erprobte und meist einfache Rezepte, die zur Nachahmung sehr zu empfehlen sind.

Wiesenpflanzenbutterbrot

Verschiedene frische, klein gehackte Kräuter wie Kerbel, Gänseblümchen, Blätter der Wilden Möhre, junge Löwenzahn- und Schafgarbenblätter, Petersilie, Schnittlauch, Dill auf einen flachen Teller streuen. Mit Butter bestrichene Brotscheiben mit der Butterseite auf die Kräutermischung drücken und vorsichtig abheben.

Wiesenpflanzen-Frühjahrssalat

Junge Blätter von Löwenzahn, Brennnessel, Gänseblümchen, Sauerklee, Giersch, Spitzwegerich, Gundermann, Petersilie, Knoblauchsrauke u. a. waschen und klein hacken, mit gehackten Nüssen mischen. Salatsauce aus einer/einigen zerdrückten Pellkartoffeln, etwas Zitronensaft/Essig, Öl und Salz mit den Kräutern vermengen. Mit hart gekochten Eiern und Blüten von Borretsch, Kapuzinerkresse, Gänseblümchen u. Ä. verzieren.

Löwenzahntee

Frische oder getrocknete zerkleinerte Blätter mit kochendem Wasser überbrühen und etwa zehn Minuten ziehen lassen; eventuell Honig zum Süßen – ebenso z. B. mit Wiesenklee, Mädesüß, Himbeer- oder Erdbeerblätter.

Kinder-Bauchweh-Tee

Kamille, Pfefferminze, Melisse im Verhältnis 1:1:2 mischen, einen Teelöffel dieser Mischung mit 1/4 l kochendem Wasser übergießen und zehn Minuten ziehen lassen. Dann eine Tasse löffeln, d. h. in kleinen Mengen so warm wie möglich trinken.

Holunderblütensirup

20 bis 30 Holunderblütendolden waschen (gründlich auf kleine Insekten untersuchen!); 2 l Wasser mit 1 kg Zucker erhitzen (bis sich der Zucker aufgelöst hat), vier unbehandelte, in Scheiben geschnittene Zitronen und die Blütendolden zugeben und das Ganze dann zwei Tage an einen sonnigen Platz stellen. Vor dem Abfüllen in Flaschen 40 g Zitronensäure als Schutz gegen Gärung zugeben: zum Trinken 1:6 mit Wasser verdünnen.

Kürbissuppe

Für dieses etwas aufwendigere Rezept benötigt man zwar mehr Zeit, aber dafür erhält man ein wunderbares Gericht – vielleicht für ein „Kürbis-Fest" mit den selbst angebauten und geernteten Früchten:
Zunächst braucht man eine Rinderbrühe, die man natürlich auch fertig bekommen kann, aber hier wohl besser selbst macht, indem man etwa 1 kg Suppenknochen in 1,5 l Wasser zusammen mit Suppengrün, Lorbeerblättern und etwas Pfeffer bei milder Hitze kochen lässt. Dabei wird gelegentlich abgeschäumt.
In der Zwischenzeit werden zwei bis drei Zwiebeln geschält und fein gewürfelt und das Kürbisfleisch (netto etwa 1 kg) in ungefähr zentimetergroße Stückchen geschnitten.
Die Zwiebeln werden in etwas Butter angedünstet, die Kürbisstückchen zugefügt und dann mit der heißen, durch ein Sieb gefilterten Brühe aufgegossen.
Nach ungefähr 15 Minuten leichtem Köcheln sollte der Kürbis so weich sein, dass er zerfällt und jetzt mit einem Pürierstab leicht weiter zerkleinert werden kann. Allerdings ist es gut, wenn noch einige Kürbisstückchen erhalten bleiben und die Suppe etwas sämig wird. Mit Salz, Pfeffer und einer Prise Zucker abschmecken. Zuletzt etwas fein gehackten Dill in die Suppe ziehen. Unmittelbar vor dem Servieren röstet man noch in einer Pfanne ohne Fett Pinienkerne goldbraun, von denen sich dann jeder ein wenig über die Suppe streuen kann.

In einem großen Kessel über einem kleinen Lagerfeuer eine Suppe zu kochen ist etwas für besondere Anlässe und macht Kindern stets großen Spaß.

Weizen-Roggen-Vollkornsemmeln

In einer Teigschüssel zuerst 250 g Quark (20 % Fett) mit sechs bis acht Esslöffeln Milch, sechs Esslöffeln Öl und einem Teelöffel Salz gut vermengen und so eine feuchte Mischung herstellen.

300 g Vollkornmehl (Weizen und Roggen, wenn möglich frisch gemahlen) mit einem Päckchen Backpulver vermischen und dieses Gemisch nun nach und nach in den Quarkteig kneten: zuerst mit dem Kochlöffel, dann mit der Hand. Dabei je nach Geschmack nun auch etwa 50 g Sonnenblumenkerne *oder* Leinsamen *oder* Kümmel zugeben.

Den fertigen Teig auf ein dünn bemehltes Backbrett setzen und mit den Händen (Handballen) durchkneten. Dann den Teigkloß in gleich große Stücke zerteilen, mit beiden Händen kleine Semmeln formen, nach Belieben kreuzweise einschneiden, kurz in einen bereitgestellten **Teller** mit Wasser tauchen, dann – je nach Geschmack – Mohn oder Sesam daraufgeben (dazu steht am besten je ein Teller mit Mohn- und Sesamsamen bereit).

Zum Backen den Ofen rechtzeitig vorheizen, die Brötchen auf das mit Backpapier belegte Blech setzen und das Blech auf die Mittelschiene schieben. Bei 150–160 °C etwa 20 bis 30 Minuten backen.

Achtung: Vollkornmehl benötigt mehr Flüssigkeit und eine längere Quellzeit als Weißmehl.

Blumentopfbrot

Vorbemerkung: Die angegebenen Mengen gelten für zwei Blumentöpfe mit einem Durchmesser von 12 cm (neu und gründlich gewaschen, mit Alufolie ausgelegt).

Zuerst einen Würfel Hefe (42,5 g) in eine Tasse bröckeln und mit einem Teelöffel Zucker und 100 ccm lauwarmem Wasser verrühren und zugedeckt bei etwa 22 °C stehen lassen, bis sich Blasen bilden (etwa 15 Minuten).
In der Zwischenzeit 800 g (frisch gemahlenes) Weizenmehl mit 2 Teelöffeln Salz und einem Teelöffel Koriander in der Teigschüssel mischen, anschließend mit der Hefe und weiteren 350 ccm warmem Wasser zu einem glatten Teig verkneten. Falls der Teig noch klebt, noch etwas Mehl unterkneten. Anschließend den Teig in der abgedeckten Schüssel bei Raumtemperatur eine Stunde lang gehen lassen. Der Teig sollte dabei sein Volumen ungefähr verdoppeln.
Den Teig nochmals kräftig durchkneten, bis er wieder seine ursprüngliche Größe erreicht hat, dann in zwei Teile teilen.
Die Tontöpfe am Boden mit Alufolie auslegen und innen mit Butter ausstreichen. Den Backofen auf 250 °C vorheizen. Die beiden Teighälften in je einen Blumentopf füllen und zugedeckt nochmals 15 Minuten gehen lassen. Den aufgegangenen Teig dann mit warmem Wasser bepinseln und mit etwas Koriander bestreuen. Anschließend die beiden Blumentöpfe auf der unteren Schiene in den Backofen stellen. Nach zehn Minuten die Temperatur auf 200 °C zurückschalten.
Nach 30 Minuten Gesamtbackzeit die Brote aus der Form nehmen. Wenn nötig, im heißen Ofen noch ein wenig nachbacken lassen (ohne Blumentopf).
Wenn die Brote abgekühlt sind, kann man sie wieder in den Blumentopf setzen, weil sie darin am längsten frisch bleiben.

Stockbrot

Ein Lagerfeuer – für Kinder ohnehin schon ein besonderes und besonders schönes Erlebnis – gewinnt noch, wenn man auch Stockbrot backen kann. Dazu muss das Feuer so weit heruntergebrannt sein, dass man die mit den „Teigschlangen" umwickelten Stöcke über die Glut halten kann (möglichst ohne Flammen).
Für den Teig werden 400 g (frisch gemahlenes) Weizen- oder Vollkornweizenmehl mit 1/2 Teelöffel Salz vermengt und zusammen mit einem Würfel frischer Hefe, einem Teelöffel Honig, 0,2 l lauwarmem Wasser oder Milch sowie drei Esslöffeln Öl zu einem glatten Teig verknetet. An einem warmen Ort lässt man den Teig zugedeckt etwa zehn Minuten ruhen, knetet ihn dann nochmals durch, um ihn dann wieder gehen zu lassen.
Nach etwa einer Stunde kann der Teig gebacken werden, am besten, indem kleine Klumpen zu dünnen Schlangen geformt werden, die dann spiralig um das Ende eines möglichst glattrindigen, frisch geschnittenen Stocks (Haselnuss, Esche o. Ä.) gewickelt werden.
Hinweis: Sehr dunkle, verbrannte Stellen sollten nicht gegessen werden (vgl. Wilken, 2002).

Bethmännchen

Aus 300 g Marzipan, dem Eiklar von einem Ei, 80 g Puderzucker, 100 g feinem Weizenvollkornmehl sowie 50 g geschälten und geriebenen Mandeln wird ein glatter Teig gemacht. Aus diesem Teig lassen sich nun leicht Kügelchen in verschiedenen Größen formen, die man zu kleinen Figuren zusammensetzen kann. In diese Figuren steckt man – je nach Lust und Fantasie – geschälte, halbierte Mandeln oder Mandelsplitter: So lassen sich kleine Igel, Männchen, Drachen und andere Wesen formen.
Die fertigen Bethmännchen legt man vorsichtig auf ein mit Backtrennpapier belegtes Blech und bestreicht die Oberseiten mit Eigelb. Dann werden die Figuren bei 200 °C so lange gebacken, bis sie goldbraun sind.

Vor allem beim Backen von Brot oder Brötchen macht es Kindern schon viel Freude, die Zutaten abzuwiegen und zu messen. Sehr spannend finden Kinder auch das Mahlen mit einer Handmühle und die Beobachtung, wie die Weizenkörner als helles Mehl aus der Mühle kommen, die Roggenkörner als eher gräulich grünes Mehl. Bei der Handmühle ist allerdings ein ziemlich großer Kraftaufwand erforderlich. Sie ist deshalb nur für kleinere Mengen sinnvoll, eventuell sollte zusätzlich eine elektrische Küchenmühle zur Verfügung stehen.

Sobald die Zutaten miteinander vermischt sind, darf natürlich jedes Kind kräftig kneten. Die Erprobung der eigenen Kräfte bzw. das Herausfinden, welcher Kräfteeinsatz der Sache angemessen ist, stellt eine besondere Attraktion beim Backen dar. Selbstverständlich wollen Kinder ihre ganz eigenen Semmeln formen, und die Spannung steigt, wenn sie endlich im Ofen sind und die Kinder beobachten können, wie ihre Brötchen langsam braun werden.

10.4 Ernährungsfragen und Aussagen der Werbung

Unter dem Titel „Generation Schokoriegel" erschien am 01.04.2004 in der Wochenzeitung *„Die Zeit"* ein Interview mit dem Kinderarzt Martin Wabitsch. Hintergrund des Gesprächs war eine kürzlich davor veröffentlichte Untersuchung, nach der jedes fünfte Kind in Deutschland übergewichtig sei. Nach neueren Zahlen hat sich die Situation zwar ein wenig verbessert, aber nach wie vor ist der Prozentsatz übergewichtiger Kinder erschreckend hoch. Im Folgenden einige Auszüge aus dem Interview mit dem Kinderarzt, in dem wichtige, nach wie vor bestehende Ursachen und Zusamenhänge sehr deutlich werden (Keller, 2004):

Generation Schokoriegel

Zeit: Wie krank sind adipöse Kinder?
Wabitsch: Wir haben 500 dieser Kinder untersucht und Besorgnis erregende Veränderungen gefunden. Bei mehr als einem Drittel wurde das metabolische Syndrom diagnostiziert, eine Kombination aus Bluthochdruck, Fettstoffwechselstörung und Insulinresistenz. Ebenso viele Kinder hatten Schäden an Knien, Hüftgelenken oder Füßen. Fast ein Drittel litt unter einer Fettleber, bei der die Leberzellen größere Mengen Fett einlagern, sodass die Leber chronisch entzündet ist. Wir wissen noch nicht, was das langfristig bedeutet, weil das Phänomen neu ist. Fettlebern gab es bei Kindern bislang nicht. Zwei Prozent der Kinder hatten Gallensteine, ebenfalls eine typische Erkrankung von Erwachsenen. Ein Prozent hatte den so genannten Altersdiabetes, der normalerweise erst vom 40. Lebensjahr an auftritt.
Zeit: Warum werden Kinder immer dicker?
Wabitsch: Die Ursache liegt sicher nicht in den Genen, denn die haben sich in den vergangenen 20 Jahren nicht verändert. Die Lebensbedingungen sind schuld. Kinder und Jugendliche bewegen sich deutlich weniger als vor 20 Jahren, sie sitzen länger vorm Fernseher und am Computer. Die andere Seite ist die Energiezufuhr: Kinder können heute an jeder Ecke für wenig Geld ungesunde Nahrung kaufen; sie nehmen einen Großteil ihrer Energie nicht mehr zu den Hauptmahlzeiten zu sich, sondern in Form von Snacks, zuckerreichen Limonaden und so genannten Kinderlebensmitteln wie Joghurts und anderen Süßspeisen. Die haben einen größeren Anteil an Fett oder schnell verwertbaren Kohlenhydraten, gehen sofort ins Blut, sättigen aber nicht dauerhaft. Die Energie wird nicht vollständig vom Stoffwechsel verarbeitet, sondern zum großen Teil im Fettgewebe gespeichert. (...)
Zeit: Kann es nicht ebenso sein, dass Kinder dick werden, weil sie unglücklich sind?

Fortsetzung „Generation Schokoriegel"

Wabitsch: Die wenigen Langzeitbeobachtungen deuten eher auf das Gegenteil hin, dass sich psychische Störungen infolge des Übergewichts entwickeln. Im Kindergarten sind dicke Kinder durchaus akzeptiert und sogar anerkannter als ihre Altersgenossen, weil sie größer sind. Sobald diese Kinder in die Schule kommen, werden sie verspottet und diskriminiert. Sie ziehen sich zurück, kompensieren ihr Bedürfnis nach Kontakt durch Fernsehen und Snacks, werden noch dicker und unbeweglicher, geraten noch stärker in die Außenseiterposition. Das ist ein Teufelskreis. Die Lebensqualität von fettsüchtigen Kindern ist schlechter als die von Kindern mit Asthma.

Zeit: Wenigstens für die Behandlung scheint gesorgt. Es gibt mittlerweile mehr als 400 Therapieangebote in Deutschland.

Wabitsch: Ist das Gewissensberuhigung, oder erreichen wir damit wirklich etwas? Die wenigen veröffentlichten Daten zeigen bislang, dass die Adipositas-Therapie sehr schwierig ist. Bei hochmotivierten intakten Familien führt ein langfristiges verhaltenstherapeutisches Konzept tatsächlich dazu, dass ein fettsüchtiges Kind an Gewicht verliert. Aber solche Familien sind die Ausnahme. Bei der Mehrzahl der Kinder und Jugendlichen bewirken die Therapiemaßnahmen in Deutschland vermutlich nichts. Das hört sich deprimierend an, aber es entspricht den Erfahrungen aus anderen Ländern und aus der Therapie bei Erwachsenen. Dauerhaft Gewicht zu verlieren ist furchtbar schwer. (...)

Zeit: Welche Bausteine empfehlen Expertengremien für eine erfolgreiche Therapie?

Wabitsch: Die Basis sollte eine Kombination aus Ernährungs-, Bewegungs- und Verhaltenstherapie sein. Zudem müssen die Programme langfristig angelegt sein. Eine Verhaltensänderung kriegen Sie nicht in wenigen Tagen hin, das braucht Monate oder sogar Jahre. Und – ganz wichtig – die Eltern müssen einbezogen werden. Wenn sie nicht mitmachen, hat ein Kind keine Chance. Eine wichtige Rolle spielen auch Großeltern, die ihre Enkel gern mit Süßem verwöhnen. Es ist unheimlich schwierig, dieser Generation zu erklären, dass sie Kindern mit fettreichen Nahrungsmitteln oder Süßigkeiten nichts Gutes tun. Das ist keine Belohnung für ein Kind, sondern eine zusätzliche Last.

➲ ***Zur Vertiefung dieses Themas finden Sie im Arbeitsheft eine Reihe von Aufgaben.***

10.5 Umgang mit Ausscheidungsprodukten als Teil des Stoffwechsels

Stoffwechselendprodukte wie etwa menschliche Ausscheidungen gehören selbstverständlich zu jeder ökologischen Betrachtungsweise. Besonders bewusst wird das auch Kindern häufig bei Unternehmungen wie „Waldtagen" und anderen Ausflügen ins Gelände: Da gibt es eben weit und breit meist keine Toilette.

In engem Zusammenhang mit dieser Thematik stehen Aspekte von Hygiene, aber auch die Frage nach kulturell geprägten Verhaltensmustern. Einerseits geht es dabei um den Schutz des Menschen (der Kinder), andererseits aber auch um Natur- und Umweltschutz. Wenn noch das Problem des **Abfalls** (Verpackungsmaterial etc.) hinzukommt, handelt es sich ohnehin um eine Frage, die unmittelbar den Schutz unserer Umwelt berührt (vgl. Kapitel 11). Aus diesem Grund sollten die anfallenden Stoffe auch unterschieden werden nach

- *organischen Stoffen, die verrotten können* (vergleichbar dem Prozess der Kompostierung): rohe Obst- und Gemüsereste, Eierschalen etc.;
- *organischen Stoffen, die faulen* (Zersetzung unter Ausschluss oder bei Mangel von Sauerstoff): gekochte Speisen und Speisereste, aber auch menschliche Ausscheidungen;
- *künstlichen Stoffen* wie Verpackungsmaterialien, Papiere, Plastikteile usw. („Abfall").

Es ist außerordentlich wichtig, Kindern im Sinn einer umfassenden Umweltbildung frühzeitig die Unterschiede zwischen diesen Stoffen deutlich zu machen. In der Arbeit mit Kindern unterschiedlicher kultureller Herkunft gehört dazu auch, die jeweils vorhandenen Werte und Einstellungen zu berücksichtigen. Nicht in jeder Familie wird gleichermaßen Wert gelegt auf einen umweltschonenden Umgang mit Abfall, und viele Kinder erhalten solche Informationen heute erstmals in einer Kindertagesstätte.

➲ ***Zur Vertiefung dieses Themas finden Sie im Arbeitsheft einen kleinen Test.***

Grundsätzlich spielt die **Hygiene** natürlich auch im Gelände eine wichtige Rolle, und es gehört gerade hier zu den Grundregeln, sich vor jeder Mahlzeit gründlich die Hände zu waschen. Da man sich nicht unbedingt immer in der Nähe einer entsprechenden Wasserstelle befindet, sollten bei Outdoor-Unternehmungen stets Wasserkanister oder in den Rucksäcken gut zu tragende kleinere Plastikflaschen mit Leitungswasser mitgeführt werden. Benötigt werden auch Seife, Handtücher, Toilettenpapier, Taschentücher, eventuell auch Feuchttücher und eine Nagelbürste. Je nach Alter der beteiligten Kinder können auch Windeln erforderlich sein. Ein Klappspaten oder eine Handschaufel dient zum Eingraben von Exkrementen. Auch Wechselwäsche für „kleinere Unfälle" und sonstige Missgeschicke sind unter Umständen eine sehr wichtige Ergänzung.

Zur **Müllentsorgung** sollten immer entsprechende Behältnisse und Mülltüten vorhanden sein, um Abfall wie Taschentücher, Feuchttücher u. a. nässe- und geruchssicher wieder mit nach Hause nehmen und dort entsorgen zu können. Schließlich sollte das Gelände in einem Zustand verlassen werden, in dem man es auch gerne wieder aufsucht – ein Gedanke, der Kindern im Grunde leicht zu vermitteln ist.

Hygiene fängt beim Händewaschen an: Insbesondere unterwegs sollte zur Reinigung der Hände immer frisches Wasser zur Verfügung stehen.

Literaturtipps

- Blessing, Karin/Mäurer, Silke: Natur, Ökologie und Nachhaltigkeit im Kindergarten. Ein Lern- und Praxisbuch, Stuttgart: Hirzel, 2002 – Die Autorinnen beschreiben u.a. am Beispiel der Streuobstwiese naturkundliche und kulturelle Aspekte dieser alten Obstbautradition und geben Anleitungen zu einer entsprechenden Projektarbeit mit Kindern.
- Nugel, Sabine: Biologie und Gesundheitserziehung für die sozialpädagogische Ausbildung. Köln: Bildungsverlag Eins, 2012 – Eine kompakte und dennoch sehr informative Darstellung von Themen der Gesundheitserziehung, die insbesondere für die kindliche Entwicklung maßgeblich sind: körperliche Entwicklung, Ernährung, Zahngesundheit, Krankheiten, Sucht und einzelne allgemein-naturkundliche Aspekte wie Ökologie, Pflanzen und Tiere.
- Schröder, Eva-Maria (Hrsg.): Ernährung in Kindertageseinrichtungen. Sonderausgabe der KiTa spezial, 2/2002, Freiburg/Basel/Wien: Herder, 2002 – Sorgfältige Zusammenstellung wichtiger Aspekte der Verpflegung in Kindertagesstätten einschließlich Fragen der Ernährungserziehung und Suchtprävention.
- Weber, Elke/Wessel, Mechthild/vom Wege, Brigitte: Kinderpflege und Ernährung, Troisdorf: Bildungsverlag Eins, 2000 – Detaillierte Zusammenstellung von Daten und Fakten rund um Nahrungsmittel und ihre Inhaltsstoffe sowie Darstellung der wichtigsten Ernährungsfragen von der Geburt eines Kindes bis zum Schuleintritt einschließlich der Ernährung bei bestimmten Erkrankungen von Kindern.

11 Ökologie und Umweltschutz

Was verstehen Sie unter „Ökologie"?

Welche Voraussetzungen benötigt *umweltbewusstes Handeln*?

Was hat Kreislaufwirtschaft mit Ökologie zu tun?

Wie konnte der *Wald zum* Inbegriff der Umwelterziehung werden?

Womit beschäftigt sich die *ökologische Psychologie*?

Wie würden Kinder ihre Umwelt gestalten? Was verraten dazu die Ergebnisse von *Planspielen*?

Weshalb ist Wasser in ökologischen Betrachtungen immer mit im Spiel?

Umweltschutz erfordert Wissen, Fantasie und Engagement. Was noch?

Wie gehen wir mit Material, Energie und Abfall im Alltag um?

Was macht Lust auf Umweltbildung?

Was geben wir Kindern mit auf ihren Weg?

Sammlung sonderbarer Objekte

Nr. 11

Was löst die Betrachtung in Ihnen aus? Erinnerungen, Vermutungen, Wiedererkennen?

Was könnte das sein?

Welche Bedeutung, welchen Nutzen könnte es haben?

(Auflösung im Anhang, S. 430)

Der Blick aufs Ganze kann ebenso faszinieren wie
die Beobachtung der Einzelheiten.
Am spannendsten sind aber die Zwischenräume, Übergänge und Verbindungen.

Der Begriff **Ökologie** steht an zentraler Stelle jeder Umweltbildung. Das hat gute Gründe und ist mit einem nicht zu unterschätzenden Vorteil verbunden: *Ökologische* Betrachtungsweisen geben sich nicht mit einem bestimmten Detail und Detailwissen zufrieden, sondern erfordern und verlangen immer wieder, den Blick auch aufs Ganze zu richten. Dazu gehört aber noch ein Weiteres, Entscheidendes: Eine Ökologie, die die *Vernetzung* und *Wechselwirkung* zwischen den verschiedenen Lebensbereichen nicht entsprechend berücksichtigt, würde ihrem Namen nicht mehr gerecht.

Eine Wattwanderung ist nicht nur für Kinder immer wieder besonders beeindruckend: Hier verbindet sich das Erlebnis einer weiten, offenen Landschaft mit überraschenden Einsichten in wichtige ökologische Zusammenhänge.

Aus dieser Bestimmung von Ökologie ergibt sich eine wichtige Verbindung zur **Pädagogik** und im besonderen Fall natürlich zur **Umweltbildung**: Auch hier wäre es verfehlt, nur eine einzige Sache, ein einziges Thema zu verfolgen, sondern es geht ja immer darum, *trotz* aller einzelnen Aspekte von individueller Entwicklung und aktuellen Interessen Zusammenhänge zu erkennen, Weiterführendes aufzuspüren und an einer insgesamt positiven Entwicklungs- und Lernatmosphäre zu arbeiten.

Die häufige und in unterschiedlichsten Bereichen beschworene *ökologische Dimension* von Inhalten und Methoden ist der Sache aber nicht immer förderlich: Der Begriff „Ökologie" wird nicht selten *überstrapaziert*, und das führt mitunter dazu, dass er in seiner Bedeutung verschwimmt, alles und nichts bedeuten kann und so auch nicht mehr besonders ernst genommen wird. Das ist sicher ärgerlich, ändert aber nichts an der prinzipiellen Bedeutung dieser Disziplin, die im Übrigen in der Umweltbildung selbst wieder als Teil eines größeren Ganzen zu sehen ist:

Die drei gleichwertigen Bereiche Ökonomie, Soziales und Ökologie werden dem gemeinsamen Leitziel „Nachhaltigkeit" (sustainable development) unterstellt. Es sollen neue Denk- und Verhaltensmuster geschaffen werden, die mit Blick auf die globale Entwicklung – unter den Aspekten wirtschaftliche Prosperität, soziale Gerechtigkeit und ökologische Verträglichkeit – auch den nachfolgenden Generationen die natürlichen Lebensgrundlagen sichern. Ihre Umsetzung wird als ein gesamtgesellschaftlicher Lernprozess gesehen, in den alle Bevölkerungsgruppen eingebunden werden sollen. Der Bildung kommt hierbei ein besonderer Stellenwert zu.

(Reidelhuber, 2000, S. 7)

Bis vor wenigen Jahren war die Umweltbildung in ihrer inhaltlichen Ausrichtung noch sehr von düsteren Zukunftsvisionen beherrscht. Informationen über Schadstoffe und Belastungen der Umwelt bestimmten weithin die Auseinandersetzung mit der Natur. So sehr wir uns aber im Einzelfall auch weiterhin mit den Problemen von Abfall und Müll, Zerstörung von Lebensräumen für Pflanzen und Tiere (und Menschen) oder globalen Fragen von Ressourcenverteilung oder Klimawandel beschäftigen, wird in der Umweltbildung heute dennoch bewusst ein anderer Ansatz verfolgt: Kinder, insbesondere jüngere Kinder, sollen einen emotional positiven Zugang zu ihrer Umwelt entwickeln können und in ihrer Neugier und *intrinsischen Motivation* unterstützt werden. Der Erziehungswissenschaftler Gerd E. Schäfer (2002, S. 53) sieht als wichtigen Bildungsbereich hier:

die Welt der Natur, zu der man eine Beziehung aufbauen, die man kennen lernen muss, bevor man sie in physikalische, chemische, biologische oder technische Zusammenhänge aufspalten kann. Das ist die Voraussetzung, dass der Bereich Natur für ein Kind subjektive Bedeutung gewinnen kann. Die Zeit vor der Schule ist wichtig für dieses Kennenlernen und für die Entwicklung erster (kindlicher) „Weltbilder".

Um die Bandbreite umweltpädagogisch interessanter Themen deutlich zu machen, finden sich in diesem Kapitel neben stärker theoretisch ausgerichteten Inhalten zur *Ökologie als Wissenschaft* insbesondere Ausführungen und Vorschläge zu einzelnen Umweltfaktoren und wichtigen Aspekten von Umweltbewusstsein und Umwelthandeln. Daraus ergibt sich folgende Gliederung:

11.1 Ökologie – Steckbrief einer jungen Wissenschaft
11.2 Ökologische Psychologie am Beispiel Lärm
11.3 Ökologische Psychologie am Beispiel Licht
11.4 Umweltbewusstsein und Umwelthandeln
11.5 Ressourcennutzung und Nachhaltigkeit
11.6 Die Kindertagesstätte als umweltfreundliches System

11.1 Ökologie – Steckbrief einer jungen Wissenschaft

Der Begriff **Ökologie** stammt von dem deutschen Biologen Ernst H. Haeckel, der 1869 als Erster Ökologie als *Naturwissenschaft* definierte. Auch wenn der Begriff zunächst noch nicht allgemein gebraucht wurde, arbeiteten bereits im 19. Jahrhundert zahlreiche Naturforscher wie z. B. Alexander von Humboldt und Charles Darwin an Fragestellungen, die wir heute als typisch *ökologisch* bezeichnen würden: möglichst umfassende Erkenntnisse über das Leben auf unserem Planeten zu gewinnen einschließlich der verschiedenen Prozesse wechselseitiger Beeinflussung in räumlicher und zeitlicher Hinsicht.

Die **Arbeitsbereiche der Ökologie** lassen sich gegenüber anderen naturwissenschaftlichen Disziplinen vor allem dann gut abgrenzen, wenn man genauer betrachtet, auf welchen *Organisationsebenen* die Materie und Lebensformen untersucht werden können. Dabei zeigt sich, dass die Ökologie ein relativ weites Spektrum einnimmt:

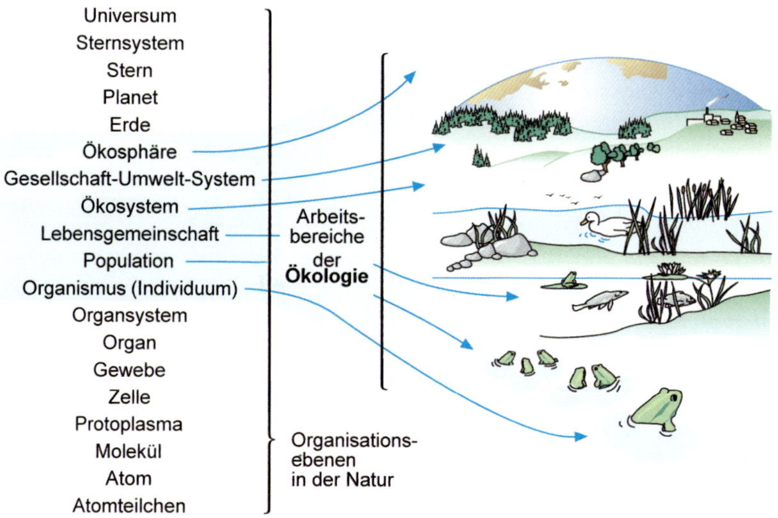

Ökologie = Wissenschaft vom Stoff- und Energiehaushalt der Biosphäre sowie allen Wechselwirkungen ihrer Bewohner untereinander und mit ihrer abiotischen Umwelt.

Wichtige Faktoren und Themen ökologischer Forschungsansätze und Betrachtungsweisen sind: Licht und Energie, Stoffe und Stoffkreisläufe, Klima und Landschaft, Artenvielfalt und Entwicklung von Arten und Populationen bis hin zu den Formen und Auswirkungen des menschlichen Lebens im Zusammenhang mit der uns umgebenden Welt.

Aufgaben:

Der Begriff „Ökologie" wird heute in sehr vielen und unterschiedlichen Zusammenhängen verwendet. Will man ihn in umweltpädagogischer Hinsicht nutzen, geht es nicht nur darum, sich über seine Bedeutung und Aussagekraft im Klaren zu sein, sondern auch möglichst gute und anschauliche Beispiele aus dem unmittelbaren Lebensumfeld der Kinder zu finden:

1. In welchen Zusammenhängen und in welcher vorrangigen Bedeutung taucht der Begriff „Ökologie" in ihrem derzeitigen Lern- und Arbeitsumfeld auf?
2. Ist in Gesprächen, die Sie bisher mit Kindern geführt haben, auch bereits die Rede von Ökologie gewesen? Worum ging es dabei? Was ist Ihnen dabei aufgefallen?

Energie- und Stoffkreisläufe

Eine der wichtigsten Möglichkeiten, ein Ökosystem zu beschreiben und zu charakterisieren, basiert auf der Untersuchung seiner **Energie- und Stoffflüsse**. So schwierig es im Einzelfall auch ist, dazu exakte Daten zu erheben und miteinander zu verrechnen, so einfach ist es, das Prinzip darzustellen, auf dem diese Betrachtungsweise beruht. Vergleichbar mit der Nahrungsaufnahme eines Individuums benötigt auch die Lebensgemeinschaft eines Ökosystems Energie und bestimmte Substanzen, um weiterbestehen zu können. Dabei stehen alle Organismen einer solchen Lebensgemeinschaft über vielfältig geknüpfte Nahrungsnetze miteinander in Verbindung.

Sämtliche Energie, die für diese Lebensprozesse benötigt wird, stammt von der Sonne. Allerdings wird weniger als ein Viertel der auf die Erdatmosphäre auftreffenden Sonnenenergie von der Pflanzendecke der Erde absorbiert, und davon wiederum ist es nur ein Bruchteil, der von den Pflanzen tatsächlich zum Aufbau der **Biomasse** genutzt werden kann: insgesamt etwa 1% der auf die Erde auftreffenden Sonnenenergie.

Nach dem **Energieerhaltungssatz**, dem sogenannten *Ersten Hauptsatz der Thermodynamik*, kann Energie weder erzeugt noch zerstört, sondern nur umgewandelt werden. Als Faustregel gilt, dass innerhalb einer *Nahrungskette* von einer Stufe zur nächsten lediglich 10 % der Ausgangsenergie nutzbar bleiben.

Bereits jede Pflanze (Primärproduzent) *benötigt einen erheblichen Teil der aufgenommenen Sonnenenergie in Form von Wärme, um ihre Lebensfunktionen aufrechtzuerhalten. Diese Wärmeenergie ist vom Organismus nicht weiter nutzbar. Das trifft in der Folge auf jedes weitere Glied in einer Nahrungskette zu: Ein Tier, das sich von bestimmten Pflanzen ernährt* (Primärkonsument), *kann ebenso nur einen Teil der mit der Nahrung aufgenommenen Energie nutzen, wie ein weiteres Tier, das sich von anderen Tieren ernährt* (Sekundärkonsument), *wiederum nur einen Teil der Energie nutzen kann.*

Produzent *(in der Biologie)* = Pflanzen, die mithilfe der Fotosynthese aus anorganischen Stoffen *Biomasse* als körpereigene organische Substanz produzieren, die die Grundlage der Ernährung aller anderen Lebewesen bildet.

Konsument *(in der Biologie)* = Lebewesen, das sich von anderen Lebewesen oder Teilen von ihnen ernährt. Primärkonsumenten ernähren sich ausschließlich von Pflanzen (Pflanzenfresser), Sekundär- und Tertiärkonsumenten ernähren sich von Tieren oder tierischem Gewebe.

Die Raupe des Königskerzenmönchs, Cucullia verbasci, der zur Schmetterlingsfamilie der Eulen gehört, ist eng an seine Futterpflanze gebunden: eine Königskerze.

In analoger Weise, wie in der Ökologie der Energiefluss analysiert wird, können auch Stoffe auf ihrem Weg über verschiedene Stationen verfolgt werden, denn die chemischen Elemente der Erdkruste sind – immer wieder eingebaut in Zellen und Gewebe von Pflanzen und Tieren – auch Bausteine für die belebte Welt. In **Stoffkreisläufen** *durchwandern* chemische Elemente und Verbindungen die unterschiedlichsten Bereiche unseres Planeten.

Das Modell eines **Kohlenstoffkreislaufs** zeigt etwa, dass Pflanzen Kohlendioxid (CO_2) aufnehmen und es dann über die Fotosynthese als **Primärproduktion** (vgl. Kapitel 5, S. 151 f.) in Kohlenwasserstoffe umwandeln. Über die Nahrungsaufnahme durch atmende Lebewesen und Ausscheidung von Stoffwechselprodukten gelangt der Kohlenstoff wieder in die Atmosphäre, über Verrottungsprozesse (Abbau) oder Ablagerungen in Gewässer und Böden, wo er unter Umständen in Erdöl- oder Kohlelagerstätten auch für längere Zeiträume gebunden bleibt oder aber als CO_2 direkt wieder in die Atmosphäre gelangt. Vergleichbare Stoffkreisläufe lassen sich insbesondere auch für Sauerstoff, Stickstoff, Phosphor und viele andere, besonders verbreitete Elemente darstellen.

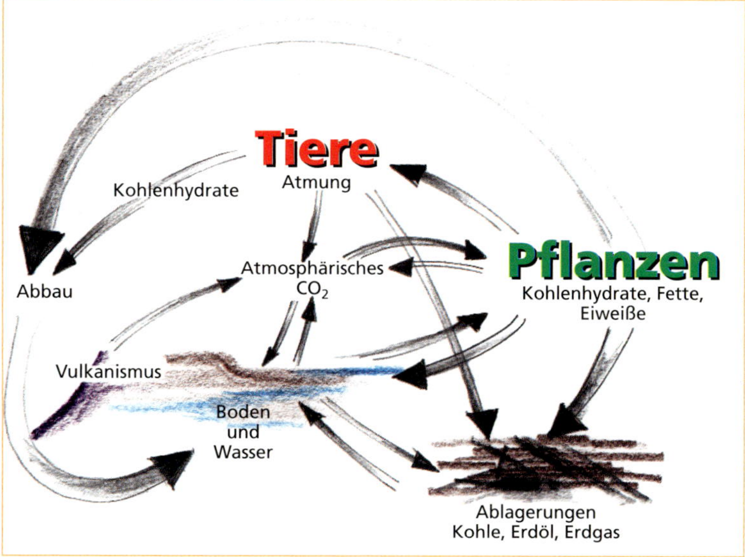

Eine andere wichtige Anwendungsmöglichkeit solcher Modelle besteht in einer **qualitativen Analyse**, d. h., es geht darum, zu verfolgen, *welche* Stoffe oder Stoffverbindungen durch die belebte und unbelebte Natur wandern.

Die Anreicherung *von Giftstoffen über die Nahrungskette bzw. Nahrungsnetze stellt immer wieder ein besonders aufsehenerregendes Beispiel für solche Stoffwanderungen dar: So nimmt ein Vogel über seine Nahrung nach und nach ein bestimmtes Schwermetall wie z. B. Cadmium auf, weil bereits die Kleinlebewesen, von denen er sich hauptsächlich ernährt, dieses Schwermetall aufgenommen haben. Da sich dieser Stoff vor allem im Fettgewebe eines Organismus anreichert, sammelt sich im Lauf des Lebens im Körper dieses Vogels immer mehr Cadmium an.*

Ein interessanter und praktikabler Vorschlag, Kindern solche Prozesse am Beispiel des Stoffwechsels einer Pflanze zu veranschaulichen, findet sich im Projektbuch „Umweltbildung" (Reidelhuber, 2000, S. 72): „Eine kleine Plastiktüte wird über ein gut belaubtes Astende der Birke gestülpt und mit Schnur zugebunden. Nach einiger Zeit kann man bereits Wassertröpfchen in der Plastiktüte beobachten. Kurze Zeit später haben sich die Tröpfchen schon zu einer kleinen Wasserpfütze in der Tüte versammelt." Die Autorin empfiehlt für dieses Experiment einen Zeitahmen von „etwa acht Stunden Geduld" und weist darauf hin, „dass eine einzige Birke im Lauf eines heißen Tages 250 l Wasser ausschwitzt". Vergleichbare Vorgänge lassen sich auch gut am Modell einer „Miniwelt" beobachten (vgl. Kapitel 2, S. 69).

Will man mehr über die *Menge* eines bestimmten Stoffes in der Umwelt wissen, so führt man entsprechende **quantitative Analysen** durch. So wird etwa untersucht, wie viel Blei oder Quecksilber in einem bestimmten Boden enthalten sind. Im Zusammenhang mit dem Umweltschutz spielt hier u. a. die Untersuchung der *Nährstoffgehalte von Böden* eine große Rolle, denn über die Düngung (Art, Menge und Zeitpunkt der Düngung) wird eine Reihe anderer Prozesse beeinflusst. Neben dem Pflanzenwuchs selbst und verschiedenen Auswirkungen auf Pflanzengesellschaften, Artenvielfalt etc. ändern sich auch bestimmte abiotische Eigenschaften des Bodens und von den Pflanzen nicht genutzte Nährstoffe reichern sich im Boden an (z. B. Phosphat) oder gelangen teilweise in das Grundwasser (vor allem Nitrat) und in die Luft (Methangas).

Eine mittlerweile gut belegbare Auswirkung erstreckt sich auf die Artenvielfalt bei Kleinlebewesen wie bestimmten Insekten: Insbesondere die stark gestiegene Stickstoffdüngung der letzten Jahre hat zu einem deutlichen Rückgang wichtiger Futterpflanzen heimischer Schmetterlinge geführt, weil diese Pflanzen oftmals auf magere, wenig gedüngte Areale angewiesen sind. Riesenknöterich (Reynoutria-Arten) und Riesenbärenklau (Heracleum mantegazzianum, vgl. Kapitel 5, S. 169)

Einsatz von Stickstoffdünger (Mist, Gülle und Mineraldünger) in der deutschen Landwirtschaft (nach Daten des Bundesamtes für Naturschutz und Plachter, 1991)

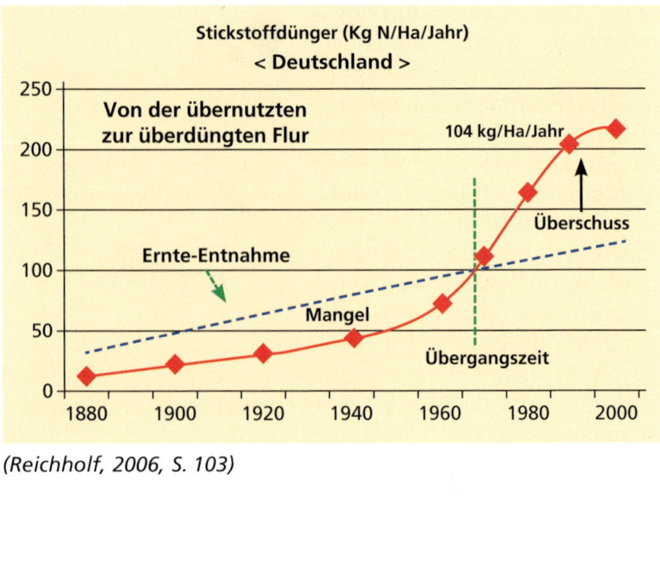

(Reichholf, 2006, S. 103)

hingegen sind die Nutznießer dieser bedenklichen Entwicklung und breiten sich dementsprechend vor allem auf gut gedüngten Standorten einschließlich entlang von Autobahntrassen rasch aus (vgl. Reichholf, 2006).

Finden innerhalb eines Naturraumes über einen längeren Zeitraum keine gravierenden Veränderungen wie Zu- oder Abnahme bestimmter Tier- und Pflanzenarten, Anreicherung oder Austrag von Boden und anderen Stoffen etc. statt, so erleben wir diesen Naturraum als stabil und sprechen von einem **ökologischen Gleichgewicht**. Dabei kann es sich allerdings um kein völlig ruhiges Gleichgewicht im Sinn einer ausgependelten Waage handeln, sondern eher schon um ein *Fließgewicht*, dessen Harmonie durch viele einzelne Prozesse erreicht wird, die sich alle in ständiger Bewegung befinden – und oft genug auch „Katastrophen" beinhalten.

> **Ökologisches Gleichgewicht** = mehr oder weniger konstanter Zustand des Ausgleichs der verschiedenen physikalischen, chemischen und biologischen Wechselbeziehungen in einem Ökosystem innerhalb einer bestimmten Zeitspanne, wobei insbesondere Energie- und Stoffflüsse zu bewerten sind.

Arten und Artenschutz

Die einzelne **Art** wird in der Pflanzenwelt wie im Reich der Tiere üblicherweise als *kleinste Einheit* angesehen und spielt in der wissenschaftlichen Benennung der Organismen eine entsprechend wichtige Rolle (vgl. Kapitel 5, S. 167 und Kapitel 9, S. 273 f.). Auch die Benennung dieser Pflanzen oder Tiere im Deutschen nimmt darauf in vielen Fällen Rücksicht.

Der Waldmeister (Galium verum), das Wiesenlabkraut (Galium mollugo), das Klettenlabkraut oder Klebkraut (Galium aparine) und das Echte Labkraut (Galium verum) sind verschiedene Arten, die auch im Deutschen unterschiedlich benannt werden.

Der **Artenschutz** wird von vielen Menschen nun als *das* Aufgabengebiet des Umweltschutzes gesehen, auch wenn das nur teilweise richtig ist und sich die Bestimmung dessen, was wir heute unter „Artenschutz" verstehen, im Lauf der letzten Jahrzehnte stark gewandelt hat. Ging es zu Beginn des 20. Jahrhunderts noch um den Schutz *besonderer* Tier- und Pflanzenarten wie besonders seltene, beeindruckend schöne Schmetterlinge oder Schlangen, so setzte sich ab etwa 1970 die Erkenntnis durch, dass der Schutz einzelner Arten ohne den Schutz der entsprechenden Lebensräume nicht möglich ist und dass es insbesondere auch um die Sicherung des Bestandes dieser Lebensgemeinschaften gehen soll. Außerdem gilt es längst nicht mehr als zulässig, bloß besonders attraktiv erscheinende Arten schützen zu wollen, sondern vielmehr sei zu berücksichtigen, dass *jede Art* innerhalb des Naturhaushalts ihre Rolle und unersetzliche Bedeutung hat.

> **Artenschutz** = Aufgabengebiet des Naturschutzes mit dem Ziel, alle wild lebenden Tier- und Pflanzenarten vor Beeinträchtigungen so zu schützen, dass sie innerhalb des betreffenden Verbreitungsgebietes zur Sicherung der weiteren evolutionären Entwicklung erhalten bleiben.

Diese Bestimmung führt den Artenschutz aber rasch in eine prekäre und paradoxe Situation:

Wenn er sich auf alle Tiere und Pflanzen bezieht, dann kann er sich nicht auf Nutzungserwägungen des Menschen beziehen, seien dies ökonomische oder ästhetische, sondern muss von der Annahme eines für jedes Tier und jede Pflanze geltenden Lebensrechtes ausgehen. Andererseits sind wir schon und noch immer entscheidende Mitspieler in der **Veränderung der Lebensräume** und können uns aus dieser Rolle nicht herausdenken. Was ökologisch intakt ist und was nicht, ist eine Frage des Standpunktes, und dieser sieht für eine Stubenfliege anders aus als für einen Menschen. Für die Blattlaus ist die „ökologische" Handlung des Menschen, Marienkäfer einzusetzen, statt mit Giften zu arbeiten, eine ökologische Katastrophe. Daher ist auch der Begriff des „ökologischen Gleichgewichts", der an Paradies und Harmonie erinnert, problematisch. (...) Jede **Ordnung** wird früher oder später in **Unordnung** gebracht, und das Arrangement, das sich wieder einstellt, ist dann ein anderes als zuvor. Alles befindet sich in Bewegung, und auch Stabilität ist vor allem eine Frage der Lebensspanne desjenigen, der sie behauptet. Die für uns nur vorübergehende Regenpfütze ist aus der Sicht von Mückenlarven durchaus ein stabiles System. Ebenso verkürzt ist es zu behaupten, dass eine Vielfalt von Arten ein System stabil halte. Es gibt artenarme Systeme von großer Stabilität und artenreiche, die in kurzer Zeit verschwinden.

(De Haan, 1998)

Es gibt noch einen anderen wichtigen Aspekt, weshalb die Rede von den einzelnen Arten nicht immer besonders glücklich ist: Wir vernachlässigen dabei oft die besonders engen Lebensbeziehungen, wie sie im Verhältnis von **Symbiosen** oder **parasitären Beziehungen** zwischen verschiedenen Pflanzen- und/oder Tierarten bestehen. Diese Lebensformen, die vielfach noch längst nicht ausreichend erforscht sind, bieten nach wie vor allerhand Überraschendes, und es ist bei Weitem nicht immer ganz klar, wer da wen parasitiert, wer aus einer Symbiose die größeren Vorteile zieht und warum das so ist (vgl. Kapitel 5, S. 172 f.). In der heutigen Umweltdebatte liegt der Schwerpunkt allerdings stärker auf der **Biodiversität** als auf der bloßen *Artenvielfalt* bzw. dem *Artenschutz* (vgl. Kapitel 9, S. 273 f.).

Symbiose = Zusammenleben von zwei oder mehr Organismen, wobei sich für alle Beteiligten Vorteile ergeben. Beispiele: Flechte als enge Vergesellschaftung von Pilz und Alge; Darmflora der Wirbeltiere (und des Menschen) mit Bakterien und anderen Mikroorganismen, die davon leben, dass sie die in der Nahrung enthaltene Zellulose zerlegen und damit verdaulich machen.

Parasitismus = einseitige Lebensbeziehung, bei der ein *Parasit* oder *Schmarotzer* sich auf Kosten eines anderen Organismus (Wirt) ernährt. Im Lauf der Evolution haben sich hoch spezialisierte Lebensgemeinschaften herausgebildet, wobei in manchen Fällen ein bestimmter Parasitismus auch erst eine bestimmte Symbiose ermöglicht. Beispiel: Der Madenhacker, eine zu den Staren zählende, sehr bekannte Vogelart, lebt vor allem von den Hautparasiten des Nashorns.

Auch die Betrachtung von **Räuber-Beute-Beziehungen** steht in einem gewissen Zusammenhang mit dem Artenschutz. Es handelt sich dabei um ein kompliziertes Wechselspiel zwischen der Stärke einer Population von Beutetieren und den entsprechenden Räubern. Mathematische Modelle zeigen z. B., dass die Zahl der Räuber mit der Zahl der Beutetiere (Nahrungsangebot) wächst, wobei das Maximum an Räubern stets *nach* dem Zeitpunkt eintritt, an dem sich die Zahl der Beutetiere wieder verringert hat. Umgekehrt ermöglicht erst eine gewisse Mindestpopulation an Beutetieren (z. B. Blattläuse) die Zunahme räuberisch lebender Insekten (z. B. Marienkäfer, Florfliege, Schwebfliege u. a.).

Eine **Jagdsituation**, die zur Erlegung des Gesamtbestandes einer Tiergruppe führen soll, ist selbstverständlich gerade unter ökologischen Gesichtspunkten nicht zu rechtfertigen. Dennoch mag es Ausnahmen geben; eine davon bildet die „Gallische Wildschweinjagd“:

In diesem aktionsreichen Spiel mit mindestens etwa sechs Teilnehmern (im Alter ab etwa fünf Jahren) geht es schlicht und einfach um eine größtmögliche Beute.
Zuerst werden gemeinsam eine ungerade Anzahl Wildschweine *auf jeweils etwa 40 cm große Kartontafeln (haltbarer: Sperrholz) gemalt, insgesamt mindestens 21 Stück. Ein Spielleiter versteckt die einzelnen Tafeln im Spielgelände.*
Die Kinder bilden zwei Mannschaften, „Gallier“ und „Römer“, die sich anschließend gleichzeitig auf die Wildschweinjagd machen. Der Spielleiter zählt an einer Tafel am Start die Beute. Für jedes Wildschwein, das die Kinder bringen, erhält die jeweilige Mannschaft einen Punkt, und als Belohnung könnte es am Schluss für alle „Zaubertrank“ geben.

Übrigens: Die Zunahme der Wildschweine in Mitteleuropa ist unübersehbar. Offensichtlich sind die Bedingungen, die diese Tierart heute vorfindet (einschließlich von immer mehr städtischen Siedlungsgebieten wie etwa Berlin), für ihre Vermehrung sehr günstig – und die Gefahr, Jägern über den Weg zu laufen, nicht allzu groß.

Der Hexenbesen an dieser Waldkiefer, Arcenthobium, ist eine merkwürdige und eher seltene Wucherung des Pflanzengewebes, die von einem Pilz verursacht wird.

Zurück zur Frage des *eigentlichen* Artenschutzes
Die Darstellung von **Wanderungsbewegungen** von Tieren und Pflanzen über große Strecken und Zeiträume sollte uns nicht vorschnell mit den heutigen Gegebenheiten zufriedenstellen: Äußerst problematisch ist die **Beschleunigung des Verlustes** in *unserer* Zeit, hervorgerufen durch ganz bestimmte menschliche Aktivitäten insbesondere der letzten Jahrzehnte wie großräumige Veränderungen der Landschaft unter rein ökonomischen Aspekten (Flurbereinigung, Überdüngung, Zersiedelung). Der Verlust an Artenreichtum, der damit verbunden ist, insbesondere der Verlust an den eher unscheinbaren, könnte nichts weniger als zu einem sehr tief greifenden Verlust für uns selbst werden.

In der Umweltpädagogik sollte **Artenschutz** vor allem unter dem Aspekt des Heranführens an die Vielfalt der Lebensformen und des Respekts vor dem anderen gesehen werden. Von der Anlage eines kleinen Feuchtbiotops, einer Trockenmauer oder einer Blumenwiese darf man sich ja auch sonst keine großartigen Auswirkungen auf den Schutz gefährdeter Tier- und Pflanzenarten versprechen. In einem *Bauprojekt* mit Kindern geht es aber um einen nicht unwesentlichen Baustein für ein bestimmtes Bewusstsein (vgl. Kapitel 9, S. 280 f.).

➲ ***Zur Vertiefung dieses Themas finden Sie im Arbeitsheft eine Projektanregung.***

Wald und Waldtypen

Wälder sind gerade für uns Mitteleuropäer mehr als nur ein Naturraum. Mit ihnen verbindet sich auch eine Fülle kulturgeschichtlicher Erfahrungen und Dokumente, und wenn uns das auch höchstens in bestimmten Situationen und sehr bruchstückhaft bewusst wird – und die Wurzeln für diese Empfindungen vielschichtig sein mögen –, so ist der Wald aus unserer Kultur doch nicht wegzudenken. Wälder sind gleichsam **Spiegel unserer Kultur**.

Aufenthalte in einem Wald gehören in der Umweltpädagogik vermutlich zu den häufigsten Ausflugs- und Aufenthaltszielen – zu Recht, denn die Auseinandersetzung mit diesem Lebensraum führt – im konkret naturkundlichen, sozialen, ökonomischen wie symbolischen Sinn – rasch in eine große **Vielfalt an Einzelthemen**:

Granitblöcke, „Restlinge", wie hier in diesem Fichtenwald, geben solchen Wäldern nach wie vor eine ganz eigene, fast unheimliche Atmosphäre, die zur Entstehung zahlreicher Sagen und Erzählungen geführt hat.

- Unterschiedlichkeit der Waldformen, Waldtypen (Nadelwald, Laubwald, Schluchtwald, Bergwald, Fichtenforst, Urwald etc.)
- Wald als Lebensraum (für unterschiedliche Pflanzen, vor allem natürlich Bäume; für bestimmte Tiere)
- Wald als sinnlich wahrnehmbarer Raum im Gegensatz zur Feldflur oder Stadt (Andersartigkeit der Geräuschkulisse, des Temperatur- oder Lichtempfindens)
- Wald als Naturraum ökologisch besonders bedeutsamer Effekte und Schutzfaktor (Sauerstofflieferant, Wasserspeicherung und -reinigung, Windschutz, Erosionsschutz, Schallschutz, Genreservoir)
- Wald als Holzlieferant (Gewinnung von Nutzholz für verschiedene Zwecke, Einsatz bestimmter Werkzeuge, Maschinen und Geräte)
- Wald als Erlebnisraum (Freizeit, Sport und Abenteuer)
- Wald als Gliederungselement (Gliederung der Landschaft als *vertikales* Element, Schaffung bestimmter räumlicher Strukturen)
- Wald in der Kunst- und Kulturgeschichte (Wälder des Mittelalters und der frühen Neuzeit oder Wälder anderer Klimaregionen und Länder; Darstellungen von Bäumen und Wäldern in der darstellenden Kunst und Literatur)
- Wald als Therapeutikum (Bedeutung des Waldes in der Psychotherapie, Symbol für Geborgenheit wie für das Unbewusste)
- Wald als schutzbedürftiger Naturraum (öffentliche Debatte über Waldsterben oder Auswirkungen der Nutzung von Wäldern als Naherholungsgelände und zur Freizeitgestaltung)
- Begriff „Wald" in Sprichwörtern („Jemand sieht den Wald vor lauter Bäumen nicht" usw.)

➲ ***Zur Vertiefung dieses Themas finden Sie im Arbeitsheft eine Reihe von Aufgaben.***

Zur Erkundung der Pflanzen und Tiere eines Waldes finden sich in vielen Büchern Hinweise, Erklärungen und Bildmaterial, und einiges davon wurde auch bereits in den

vorangegangenen Kapiteln behandelt. Hier seien gleichsam zusammenfassend und dem naturkundlichen Schwerpunkt dieses Buches entsprechend nur noch einige Aspekte hervorgehoben, die bestimmte ökologische Zusammenhänge eines Waldes betreffen:

Insbesondere in Buchenwäldern finden sich sehr viele **Tier- und Pflanzenarten**. Nach verschiedenen Untersuchungen kommt man dabei zu folgenden Zahlen (in Klammern die Anzahl besonders eng an den Buchenwald gebundener):

Blütenpflanzen	200	(50)
Farnpflanzen	15	(4)
Moose	190	(20)
Flechten	280	(40)
Großpilze	850	(200)

Säugetiere	27	(3)
Vögel	70	(5)
Spinnentiere	560	(125)
Insekten	5200	(1500)

Die wichtigsten und am weitesten verbreiteten **Waldböden** sind Braunerden. Sie besitzen häufig jene Eigenschaften, die einen Waldboden besonders wertvoll machen, weil sie einen ungestörten Nährstoffkreislauf gewährleisten: genügend basenhaltig, tiefgründig, nicht zu feucht, sich gut erwärmend, krümelig und durchlüftet.

Pflanzen, die ja in enger Wechselwirkung mit dem Boden und den dort stattfindenden Wasser- und Nährstoffbewegungen stehen, verraten viel über die Bedingungen und Möglichkeiten eines bestimmten Standorts. Wenn solche **Zeigerpflanzen** an einem Platz in einer größeren Zahl wachsen, geben sie vor allem Hinweise auf den Feuchtigkeits- und Säuregehalt eines Bodens:

Flechten, Weißmoos, Bärlapp, Süßgräser	trocken, etwas versauert
Siebenstern, Heidelbeere, Heidekraut	mäßig frisch, versauert
Lungenkraut, Bingelkraut, Aronstab, Erdbeere	humos, frisch, mittlerer Nährstoffgehalt
Brennnessel, Goldnessel, Springkraut	tiefgründig und nahrhaft
Mädesüß, Milzkraut, Blutweiderich	„Staunässe" im Untergrund
Schlehe, Waldmeister, Frühlingsplatterbse	flachgründig und kalkig, leicht austrocknend
Fingerhut, Fuchs-Kreuzkraut, Weidenröschen	kurzfristige Nährstofffreisetzung (typische Kahlschlag-Folgevegetation)

Auch Wälder haben klein angefangen

Die Welt befindet sich in stetem Wandel, der alles, wirklich alles einschließt. Das nehmen wir im Alltag oft kaum wahr, denn scheinbar gleichförmige und eintönige Wiederholungen vermitteln Beständigkeit. Auch die Idee der Wiederkehr des Gleichen, die Rede von den Kreisläufen und Kreislaufprozessen vermittelt einen Begriff des Bleibenden, letztlich Unveränderbaren. Hinzu kommt, dass

Ein Fichtenforst ist meist durch einen Bestand gleich alter Fichten gekennzeichnet und gehört zu den artenärmsten Waldgesellschaften. Nicht zuletzt deshalb bietet er auch Kindern weniger Anregungen und ist deshalb weniger interessant.

viele Dinge und Situationen sich so langsam verändern, dass wir diese Veränderung kaum wahrnehmen, und wenn zudem ein bestimmter, ebenfalls als konstant erlebter Rhythmus wie der der Jahreszeiten das äußere Erscheinungsbild prägt, so verfestigt sich der Eindruck des Gleichmäßigen und in sich Ruhenden noch (vgl. Kapitel 3.4, S. 96 ff.).

Aufgabe:

Wie erleben Sie Wachstums- und Veränderungsprozesse? Suchen Sie Beispiele für

1. einen Prozess, der Ihnen besonders geradlinig und stetig fortschreitend erscheint,
2. einen Prozess, der besonders stark von Wiederholungen gekennzeichnet ist,
3. einen Prozess, in dem beide Tendenzen spürbar oder erkennbar sind.

Es ist für Kinder eine geheimnisvolle und packende Idee, wenn sie zum ersten Mal hören, dass nicht einmal ein Felsblock etwas Unveränderliches ist, sondern irgendwann einmal entstanden ist und ebenso irgendwann wieder verschwunden sein wird: zerrieben und zerkleinert in zahlreiche Bruchstücke, zerfallen und aufgelöst – Ausgangsmaterial für neue Gesteine (vgl. Kapitel 12, S. 389 ff.). Ebenso erstaunlich kann es für Kinder sein, wenn sie zum ersten Mal ein Gefühl für das Alter eines Waldes bekommen.

In einem Mischwald, in dem nicht nur verschiedene Baumarten wachsen, sondern auch Bäume unterschiedlichen Alters, kann es spannend sein, sich einmal auf die Suche nach besonders alten Bäumen zu machen. Dabei ist natürlich in Rechnung zu stellen, dass heute nur verhältnismäßig selten Bäume wirklich ihr volles Alter erreichen dürfen: Die meisten Waldbäume werden in einem Alter gefällt, das manchmal gerade ein Viertel ihrer eigentlichen Lebenserwartung beträgt. So liegen die Umtriebszeiten *von Fichte und Tanne bei nur 80 bis 100 Jahren, bei Wald- oder Rotbuche und Lärche bei 100 bis 130 Jahren, und auch die eigentlich sehr langlebige Eiche wird meist bereits im Alter von 140 bis 150 Jahren gefällt. Angesichts einer natürlichen Lebenserwartung von etwa 150 bis 300 Jahren bei Fichten (Rotfichte), gut 500 Jahren bei Tannen (Weißtanne) oder gar mehr als 1.000 Jahren bei einer Eiche (Stieleiche) ist das nicht sehr viel.*
In Kapitel 3, S. 91 finden Sie übrigens Angaben zur näherungsweisen Altersbestimmung von Bäumen.

Das Alter der Bäume eines Waldes hat auch große Auswirkungen auf das jeweilige **Klein- oder Mikroklima** (vgl. Kapitel 4, S. 117): Während bei der jungen Pflanzkultur, also in den ersten Jahren nach einer Aufforstung, das *Großraumklima* überwiegt, entwickelt sich ab dem sogenannten Dickungsalter das eigentliche **Waldklima**. Dieses „Bestandsinnenklima" führt zu feuchteren Luftschichten, die den Wuchs fördern, geringeren tages- und jahreszeitlichen Temperaturschwankungen und höherem Kohlendioxidgehalt. Die Wasserbilanz ist dabei im Laub- oder Laubmischwald günstiger als im reinen Nadelforst.

Die Entstehung eines Waldes ist immer eine ganz eigene Geschichte, und es ist für Kinder sehr reizvoll, dabei auch von der Zeit zu hören, in der die ersten Bäume dieses Waldes das betreffende Land „eroberten" oder auch schlicht gepflanzt wurden. Es gibt zahllose Berichte und Geschichten, Zeichnungen und Gemälde, in denen die Waldgeschichte Mitteleuropas seit der letzten Eiszeit (Würm-Eiszeit) dargestellt wird: vorherrschende Baumarten und Wildtiere, das Leben der Menschen mit und in diesen Wäldern sowie die zunehmende Besiedelung und Bewirtschaftung des Landes. Orientieren können wir uns dabei beispielsweise an der folgenden vereinfachten tabellarischen Gliederung (vgl. Dylla/Krätzner, 1997):

Gegenwart	**vermutlich Beginn einer neuen, vom Menschen mitverursachten Warmzeit**	**Waldbauzeit (gepflanzte Forste)**	**Neuzeit**
1000–1300 n. Chr.	Wärmeoptimum	Rodungszeit (Salinen)	Mittelalter (Holzzeit)
1000–500 v. Chr.		Buchenzeit	Eisenzeit
2000 v. Chr.	späte Wärmezeit		Bronzezeit
5000 v. Chr.	Wärmezeit	Eichenmischwälder	Jungsteinzeit
7000 v. Chr.	frühe Wärmezeit	Kiefern-Hasel-Wälder	
8000 v. Chr.	Ende Würmzeit	Tundra; Birken-Kiefern-Wälder	mittlere Steinzeit

Waldameisen – unersetzlich und wertvoll

Von der Vielzahl der Tiere, die in unseren Wäldern leben, verdienen die Waldameisen besondere Aufmerksamkeit – nicht zuletzt deswegen, weil es sich hier um Tiere handelt, die den meisten Menschen einfach nur lästig sind, obwohl gerade ihre ökologische Bedeutung kaum zu überschätzen ist. Sie stellen vor allem eine nahezu unersetzliche Nahrungsgrundlage für zahlreiche Vogelarten dar, die ihre Beute auf trockenen, mageren Arealen – dem bevorzugten Lebensraum der meisten bei uns vorkommenden Ameisenarten – suchen: Grünspecht, Ziegenmelker, Wiedehopf, Gierlitz u. a.

Am ehesten genießt noch die **Rote Waldameise**, Formica rufa, einen guten Ruf, und zwar in der Forstwirtschaft: zum einen, weil sie u. a. die Raupen bestimmter Forstschädlinge verzehrt, zum anderen, weil sie durch die Überwinterungshilfe für spezielle Blattlausarten den Imkern bei der Gewinnung von Waldhonig hilft (die Bienen sammeln im Sommer den von den Läusen ausgeschiedenen Honigtau von den Baumnadeln). Die Rote Waldameise errichtet in Wäldern große Haufen, in denen durchschnittlich etwa 100.000 Tiere leben, die an einem einzigen Tag etwa genauso viele Beutetiere „erlegen": Insekten, Spinnentiere und Würmer aller Art einschließlich aller entsprechenden Entwicklungsstadien wie Eier, Larven, Raupen. Die Bauten selbst sind komplizierte Gebilde, die nicht selten unterhalb der Erdoberfläche ähnlich große Dimensionen erreichen wie die sichtbaren Teile. Die flügellosen *Arbeiterinnen* stellen das Gros eines *Ameisenstaates*. Die geflügelten Geschlechtstiere erscheinen nur zu bestimmten Zeiten im Sommer zum *Hochzeitsflug*, der meist auch zur Gründung neuer Staaten führt. Die Aufgabe der Fortpflanzung liegt allein bei der Königin, die etwa 15 Jahre alt werden kann.

Abgesehen davon, dass die Waldameisen im Nahrungsnetz eines Waldes gleichsam eine Schlüsselstellung einnehmen und durch die Dezimierung sogenannter Schadinsekten von großer Bedeutung sind, tragen sie auch ganz erheblich zur Verbreitung zahlreicher Blütenpflanzen bei. **Myrmekochore Pflanzen** wie Veilchen und viele andere besitzen an ihren Samen kleine Fettanhängsel, die den Ameisen als weitere Nahrungsquelle dienen. Da solche Samen samt Fettanhängsel nun vom Fundort wegtransportiert werden, gelangen die meist unverletzt gebliebenen Samen an ganz andere Orte, wo es dann unter günstigen Bedingungen zur Keimung dieser Samen kommt. Allein von den ungefähr 90 verschiedenen mitteleuropäischen Pflanzenarten, die zwischen Felsritzen oder auf Mauern wachsen, werden zwei Drittel durch Ameisen verbreitet (vgl. Flindt, 2005).

Eine Königin der Roten Waldameise, Formica rufa (Größe: 9–11 mm). Der Vorteil der Zeichnung: Sie verrät mehr Details als die meisten Aufnahmen mit einem Makroobjektiv.

Aufgaben:

Nach wie vor ist das Zeichnen wohl die beste und einfachste Möglichkeit, sich mit Aussehen und Körperbau eines Tieres vertraut zu machen. Probieren Sie das am Beispiel einer Ameise, zunächst allein, später – wenn möglich – mit Kindern:

1. Versuchen Sie, aus dem Gedächtnis eine Ameise so genau wie möglich zu zeichnen.
2. Zeichnen Sie das vorliegende Bild der Ameisenkönigin ab.
3. Fangen Sie eine Ameise, geben Sie sie in eine Becherlupe oder in ein anderes durchsichtiges Behältnis, und versuchen Sie nun ein drittes Mal, das Tier mit möglichst vielen Einzelheiten seines Körperbaus zu zeichnen.

Gerade für jüngere Kinder sind Ameisen meist (noch) interessant: Sie bringen auch diesen Tieren Neugier und Aufmerksamkeit entgegen. Da erscheint es besonders sinnvoll, nach Möglichkeiten zu suchen, diese Tiere in Ruhe über einen bestimmten Zeitraum beobachten zu können:

*Ein **Formicarium** ist ein geschlossener Kasten, bei dem man Ameisen und ihre Aktivitäten durch eine Glasplatte beobachten kann. Ein solcher Kasten lässt sich mit ein wenig Geschick leicht selbst herstellen: So kann man z.B. auf einer Grundplatte aus stärkerem Sperrholz einen etwa 4 cm hohen Rahmen aufschrauben, in dem mit Modelliermasse verschiedene miteinander verbundene Wülste zusammengefügt werden. Anschließend werden alle Zwischenräume mit Gipsbrei ausgegossen, der jedoch die aus Modelliermasse geformte Struktur nicht überdecken darf. Wenn nach dem Aushärten des Gipses die Modelliermasse herausgekratzt wird, zeigt sich ein System an Kammern und Gängen, das mittels einer passenden Glasplatte möglichst exakt abgedeckt werden soll. Nun müssen nur noch einige Ameisen eingesetzt werden – allerdings keine Waldameisen (Naturschutz!), sondern am besten Wegameisen, wie sie häufig unter Steinplatten zu finden sind (zu Boden und Bodentieren vgl. Kapitel 2.4, S. 71 ff., und Kapitel 9, S. 291).*

Wussten Sie, dass

- Biologen heute weltweit etwa 9.500 verschiedene Ameisenarten unterscheiden,
- allein in Deutschland mindestens 65 Arten vorkommen,
- es unter Ameisen *Sklaverei*, d. h. Unterwerfung eines Ameisenvolkes durch ein anderes, gibt,
- Ameisen überhaupt gerne in Bauten anderer Ameisenvölker einfallen und dort Puppen rauben, wobei die dann von ihnen aufgezogenen fremden Ameisen als Sklaven für die Raubameisen arbeiten müssen,

Die Fertigung eines Ameisenkastens oder Formicariums erfordert zwar ein wenig Mühe, dieser lässt sich aber viele Jahre nutzen.

- Ameisen Blattlauskolonien verteidigen, weil sie die süßen Ausscheidungen der Läuse schätzen,
- die Rossameise mit 1 cm Körperlänge die größte bei uns vorkommende Art ist,
- die weltweit größten bekannten Arten bis zu 8 cm groß sind,
- eine einzelne Ameise im Durchschnitt zwar nur 1 bis 5 mg wiegt, alle Ameisen der Welt zusammen aber vermutlich etwa das Gesamtgewicht aller heute lebenden Menschen auf die Waage brächten,
- sich die Entwicklungsgeschichte der Ameisen bis in die Kreidezeit vor etwa 100 Millionen Jahren zurückverfolgen lässt,
- ihr evolutionärer Erfolg – wie beim Menschen – auf sozialen Errungenschaften wie Staatenbildung, Arbeitsteilung und intensiver Kommunikation beruht?

Landschaft als Produkt des Menschen

Eine besonders interessante Herausforderung liegt für die Umweltpädagogik gerade dort, wo Umweltfragen angesprochen werden, in denen Aspekte der **natürlichen, kulturellen, ökonomischen und sozialen Umwelt** miteinander verknüpft werden. Das ist vor allem dort der Fall, wo es um die mittel- und langfristige Veränderung von Landschaft und Natur geht – einerseits aufgrund natürlicher Prozesse, andererseits bedingt durch kulturelle Einflüsse, die wiederum eng mit ökonomischen und sozialen Komponenten zusammenhängen:

Mit Kultur bezeichnet man das, was der Mensch selbst geschaffen hat – im Gegensatz zur Natur, die nicht von ihm erzeugt ist. Kultur ist all das, was sich der Mensch zur Bewältigung seines Daseins aufgebaut hat und aufbaut; sie ist also eine von ihm selbst geschaffene bzw. veränderte Umwelt (vgl. Wössner, 1986, S. 91). Dazu gehören beispielsweise die Sprache, die Neuschaffung und Veränderung von Wohnverhältnissen, Kunst, Religion, Recht, Wissenschaft, Wert- und Normvorstellungen ebenso wie die Veränderung und Umgestaltung der Natur selbst.

(Hobmair, 2012, S. 46)

Die natürlichen Prozesse, die zur Veränderung einer Landschaft führen, verlaufen im Allgemeinen eher langsam, wenn auch gelegentlich „katastrophale" Ereignisse wie Hochwasser, Murenabgänge, Bergstürze u. a. auftreten können. Entscheidend für die sonst stattfindenden Veränderungen ist häufig die Pflanzenwelt des betreffenden Gebietes: Abhängig vom Ausgangsgestein und Boden, Geländeform und Klima entwickelt sich eine jeweils standorttypische Pflanzengesellschaft, deren Merkmale am besten im Zusammenhang mit den entsprechenden Biotopstrukturen beschrieben werden (vgl. Kapitel 5, S. 161 ff.). Wie aber jedem aufmerksamen Beobachter auffällt, gibt es auch in sehr dauerhaft und stabil wirkenden Biotopen ständig Veränderungen. Es findet eine sogenannte **Sukzession** (vgl. Glossar, S. 437) statt. Relativ rasch verläuft eine solche Entwicklung oft an Steilhängen oder Uferzonen:

Ein Tümpel am Rand einer steilen Böschung wird etwa im Lauf weniger Jahre immer kleiner und flacher. Sumpfpflanzen wie Binsen, Blutweiderich und Mädesüß wachsen von allen Seiten immer weiter ins Zentrum des Tümpels, sodass bald überhaupt kein Wasser mehr zu sehen ist. Nachdem einige weitere Jahre verstrichen sind – und zwischenzeitlich auch noch sandige Erde von der Böschung abgerutscht ist und die frühere Mulde beinahe aufgefüllt hat –, zeigen sich junge Weiden und Birken. Mädesüß und Binsen sind schon fast völlig verschwunden und haben Moosen und Süßgräsern Platz gemacht. Nochmals einige Jahre später – die Weiden und Birken sind inzwischen zu einem kleinen Wäldchen herangewachsen – stellen sich Kiefern und sogar einige Fichten ein, Holundersträucher und Vogelbeerbäume. Am Boden wachsen nun kaum noch Moose, stattdessen breiten sich Goldnessel, Nelkenwurz und eine Vielzahl anderer Kräuter und Stauden aus.

Das **menschliche Wirken** *(anthropogene Einflüsse)* ist heute *der* Faktor, der am stärksten und nachhaltigsten Sukzessionsprozesse verhindert oder in anderer Weise beeinflusst.

➲ ***Zur Vertiefung dieses Themas finden Sie im Arbeitsheft eine Reihe von Aufgaben.***

Wenn wir von Sukzession oder anderen Entwicklungen und Veränderungen in unserer Umwelt sprechen, nehmen wir meist die Haltung eines mehr oder weniger unbeteiligten, gleichsam außerhalb des Geschehens stehenden Beobachters ein. Wir richten den Blick auf die Dinge um uns herum. Es gibt aber auch eine andere Perspektive: Wir können den Blick auch auf uns richten, darauf, wie sich unsere **Haltung und Einstellung gegenüber Natur und Umwelt** im Lauf der Zeiten geändert haben, was unser heutiges Umweltbewusstsein von den Wahrnehmungen und Gewichtungen früherer Generationen unterscheidet (vgl. Kapitel 3, S. 99 f.).

In einer durch Kiesabbau geschaffenen Grube hatte sich zunächst ein großer Teich gebildet. Als im Lauf der Jahre der Grundwasserspiegel sank, verlandete das Gewässer völlig, und der Wald „erobert" langsam das Terrain zurück.

Besonders gut lässt sich ein solcher **Bewusstseinswandel** am Beispiel Wald zeigen, und zwar im Besonderen auf die letzten 200 Jahre bezogen, für die diese Entwicklung am Beispiel bestimmter bayrischer Waldgebiete eingehend untersucht wurde (vgl. Beck, 2003):

Für die Menschen im 18. Jahrhundert, also vor Beginn der Moderne, bot ein Wald eine ziemlich bunte Mischung an Nutzungsmöglichkeiten, und die Wälder dieser Zeit hatten in vieler Hinsicht ein völlig anderes Aussehen, als wir es heute gewohnt sind. Holzwirtschaft wurde damals bei Weitem nicht so ausschließlich wie heute betrieben – nicht nur, weil großflächiger Einschlag und Aufforstung mit Tausenden gleichförmiger Jungpflanzen schon aus technischen Gründen kaum möglich war, sondern vielmehr, weil andere Funktionen, die der Wald eben auch zu erfüllen hatte, dem entgegengestanden hätten: Das Vieh, vor allem Schweine, das sich bis in das 19. Jahrhundert hinein noch frei in den Dörfern und auf der Feldflur bewegen durfte, nutzte den Wald und vor allem Lichtungen und Waldwiesen zur Weide („Bluembesuch"). Besonders wichtig war die Waldweide aber für die Schweinemast im Herbst, wofür „Mastbäume" wie Eichen und Buchen unverzichtbar waren. Das sogenannte Dechelgeld, das die Bauern den Waldbesitzern dafür teilweise zahlen mussten, war einerseits für die Waldinhaber eine wichtige Einnahmequelle, führte andererseits aber auch zu einer komplizierten Gemengelage von Interessen: Man war aufeinander angewiesen, weil nicht wenige Waldbesitzer bis hin zu den Angehörigen der oberen Gesellschaftsschicht, die Jagdrechte hatten, gleichzeitig selbst viele Schweine besaßen.

Die Beweidung durch Rinder, Schweine und andere Haustiere war früher nur eine von vielen Nutzungsarten des Waldes. Alte Gemälde zeigen sein gegenüber heutigen Wäldern völlig anderes Erscheinungsbild. (Gemälde von Jacob van Strij (1756–1815), um 1800)

Die **Waldweide** und mehr noch die Nutzung junger Triebe als Viehfutter für den Winter brachten auch mit sich, dass die Holznutzung **stammweise** erfolgte: Man schlug stets einzelne Bäume (wovon die „Mastbäume" natürlich ohnehin meist ausgenommen waren), und im Übrigen entwickelten sich durch das häufige Abhauen („Schnaitteln" oder „Stümmeln") Busch- oder Niederwälder mit vorwiegend strauchig oder mehrstämmig wachsenden Bäumen.

Hinzu kommt noch, dass Waldgebiete früher auch eine weitverbreitete Nutzung durch das Sammeln einzelner Äste und Zweige als Brennholz, Laub und Nadeln zur Einstreu und natürlich auch durch die Suche nach Wildfrüchten aller Art erfuhren.

Das alles änderte sich mit den Agrarreformen, die um die Mitte des 18. Jahrhunderts, verstärkt aber um 1800, einsetzten und trotz mancher Widerstände nach und nach eine völlige Neuorientierung erzwangen – nicht nur in den Dörfern, wo das Vieh mehr und mehr im Stall gehalten werden sollte: Die „Ordnung sollte nun auch in jene Wälder einkehren, die noch immer einer relativ ungeregelten oder unübersichtlichen Nutzung unterzogen wurden" (Beck, 2003, S. 111).

Im Ergebnis entstanden im 19. Jahrhundert dann jene Forste, in denen die Fichte als vorherrschende oder alleinige Baumart steht, oft in übersichtlich geordneten Reihen und dort, wo es möglich ist, von Wirtschaftswegen als schnurgerade Schneisen durchzogen. Dabei ging (und geht) es sicherlich um Kosten-Nutzen-Erwägungen, dahinter steht aber ein neues Bild von der Natur an sich: In der Natur sollte gleichsam „aufgeräumt" und „Ordnung" geschafft werden.

Einen Naturraum als „Lebensgemeinschaft" (Biozönose) zu begreifen, die „Unordnung" eines Urwaldes oder Brachlandes als komplizierte und fragile Struktur und Lebensraum einer riesigen Zahl von Einzelorganismen – diese Betrachtungsweise entwickelte sich erst in jüngerer Zeit.

Der **Blick zurück** auf *vormoderne* Lebensweisen des Menschen, die letztlich nur wenige Generationen zurückliegende Andersartigkeit einer Landschaft und die Überlegungen, in welcher Weise sich das Naturverständnis in dieser Zeitspanne geändert hat, ist viel mehr als bloß eine „alte Geschichte“. Gerade ökologische Fragestellungen sind dringend darauf angewiesen, Antworten in größeren Zusammenhängen und zeitlichen Dimensionen zu suchen, die nicht nur auf den Augenblick und die unmittelbare Gegenwart beschränkt sind. Umweltpädagogik, die Kinder an solche Fragen heranführen will, gewinnt ohnehin beträchtlich an Reiz und fördert das Interesse für ihre Themen, wenn sie auch von früheren Zeiten und Lebensformen zu erzählen weiß.

Die Vielfalt der Kleinlebensräume durch eher kleine Grundstücksgrößen und einem dichten Nebeneinander von Äckern, Gebüschen, Viehweiden, Gärten, Waldstücken (mit einer oft beeindruckenden Vielfalt der entsprechenden Pflanzen- und Tierarten), die in manchen Teilen Deutschlands auch heute noch zu finden ist, kann auf eben jene „unmoderne“ Landwirtschaft zurückgeführt werden.

Bei Ausflügen und Exkursionen in das Umland von Städten und Siedlungen wird das Landschaftsbild allerdings meist weit stärker von den Ergebnissen der ***Flurbereinigung*** *geprägt, die seit 1945, besonders intensiv aber in den 1970er-Jahren durchgeführt wurde: Zusammenlegung von Grundstücken durch Ankauf und Tausch, wodurch großflächige und mit Maschinen besser zu bewirtschaftende Areale entstanden.*

Die Betrachtung und Beurteilung unserer Kulturlandschaft sollte uns allerdings nicht darüber hinwegtäuschen, dass unser Bild von der Natur stark von den Vorstellungen der deutschen Romantik geprägt ist. Dabei vergessen wir gerne, dass die Natur auch bereits in früheren Zeiten teilweise massiv ausgebeutet wurde und das Leben in früheren Jahrhunderten keineswegs so idyllisch war, wie es uns heute manchmal erscheinen mag. So hat etwa vor Einführung des Kunstdüngers gerade der Nährstoffmangel der übernutzten Äcker und Wiesen dazu geführt, dass sich eine große Anzahl Wildblumen besonders gut entwickeln konnte: „So paradox es auch klingen mag, das Land war dort am romantischsten, wo es den geringsten Ertrag lieferte. Die Hochleistungsfelder von heute wären nie Quell romantischer Empfindungen und Verklärungen geworden“ (Reichholf, 2008, S. 142).

Sinnvoll ist es, wenn Kinder bei einem entsprechenden Ausflug verschiedene Formen der Landnutzung unmittelbar vergleichen und – verbunden auch mit der Diskussion der Vor- und Nachteile der jeweiligen Landschaftsgliederung – selbst (erste) Eindrücke und Überlegungen dazu sammeln können.

➲ ***Zur Vertiefung dieses Themas finden Sie im Arbeitsheft eine Reihe von Aufgaben.***

Neben der Fachliteratur zur **Alltags- und Umweltgeschichte** (vgl. Radkau, 2012) findet man auch bemerkenswerte Erzählungen und Filme, die sich mit früheren Formen der Naturnutzung oder der Veränderung unseres Naturverständnisses auseinandersetzen. Die beiden Erzählungen „Im Pechwald“ (Traxler, 1992) und „Der Mann, der Bäume pflanzte“ (Giono/Buchholz, 2013) sind solche literarischen Werke, die Kindern teils vorgelesen, teils nacherzählt werden können und die ihren Wert vor allem darin haben, dass sie in einfachen, aber starken Bildern eine bemerkenswerte Beziehung zwischen Mensch und Natur schildern.

Klimawandel und Globalisierung

Die aktuelle Umweltdebatte ist seit etlichen Jahren zunehmend von der Frage nach den Zukunftsperspektiven unserer Umwelt bestimmt. **Klimawandel** und verschiedene Aspekte der **Globalisierung** spielen dabei eine besonders große Rolle. Obwohl es sich bei beiden

Phänomenen um unterschiedliche Prozesse mit vielfach sehr verschiedenen Eigenschaften und Auswirkungen handelt, stehen die beiden Prozesse auch in etlichen Punkten miteinander in enger Beziehung. Hervorzuheben ist dabei zunächst, dass beide Prozesse wesentlich auf den Menschen und menschliche Aktivitäten zurückgeführt werden. Das wird vor allem mit Blick auf historische Untersuchungen sehr deutlich: So wird die zunehmende Erderwärmung heute von der weit überwiegenden Mehrzahl der Wissenschaftler mit dem enorm angestiegenen Verbrauch fossiler Energieträger (Kohle, Erdöl, Erdgas) erklärt, während der ebenfalls stark gewachsene weltweite Verkehr (Menschen, Güter) als Hauptgrund für die zunehmende Globalisierung in der Pflanzen- und Tierwelt angesehen wird.

Ein wichtiger Zusammenhang zwischen den beiden Prozessen besteht darin, dass der Klimawandel (vgl. Kapitel 4.2, S. 129 ff.) eine Fülle direkter und indirekter Auswirkungen auf die **Stabilität von Ökosystemen** hat. Die regionalen Effekte können zwar bestenfalls abgeschätzt werden, aber es zeigt sich mittlerweile deutlich, dass die klimatischen Veränderungen bestimmte Pflanzen- und Tierarten zum Verschwinden bringen beziehungsweise andere, eingewanderte Arten so stark begünstigen, dass diese sich teilweise ungewöhnlich rasch ausbreiten. Dabei zeichnen unterschiedliche Studien in weiten Teilen übereinstimmend das düstere Bild einer zunehmenden Verarmung der Artenvielfalt (Biodiversität):

- Bei der „Umverteilung" der Arten aufgrund geänderter Klimabedingungen gibt es wahrscheinlich weit mehr Verlierer als Gewinner.
- Während die heute bereits seltenen und bedrohten Arten durch den Klimawandel noch stärker bedroht werden, nehmen die heute bereits häufigen weiter zu. Problematisch sind dabei insbesondere invasive Arten (vgl. Kapitel 5.2, S. 166 f.).
- Pflanzen- und Tierarten reagieren mit häufig unterschiedlicher Anpassungsgeschwindigkeit auf die klimatischen Veränderungen.

Da die **Leistungsfähigkeit eines Ökosystems** sowohl von der Artenvielfalt als auch der Verteilung der Arten innerhalb der jeweiligen Lebensgemeinschaften abhängt, führt ein entsprechender Artenverlust auch zu einem bestimmten Leistungsverlust. Das heißt, dass ein derart geschädigtes Ökosystem zunehmend weniger Puffermöglichkeiten besitzt und mit unterschiedlichen Belastungen von außen immer weniger gut zurechtkommt. Beispiele für solche Entwicklungen finden wir seit Jahrzehnten in landwirtschaftlichen Monokulturen, die nahezu zwingend massiven Einsatz von Dünger und Pflanzenschutzmitteln erfordern – auch wenn dadurch die Vergiftung von Boden, Wasser und Luft sowie vielfache Schädigungen von Pflanzen, Tieren und Menschen weiter zunehmen. Während einerseits über einen bestimmten Zeitraum und bezogen auf wenige Produkte Gewinne erzielt werden, findet andererseits eine langfristige Vergiftung und Zerstörung der Biosphäre statt, deren Ausmaß den meisten Menschen kaum bewusst zu sein scheint. Die Auswirkungen des prognostizierten Klimawandels und der weltweiten Migrationsprozesse werden immer deutlicher und Fragen des Klimaschutzes haben dem bisherigen Natur- und Umweltschutz eine äußerst beunruhigende Facette hinzugefügt.

Interessant ist in diesem Zusammenhang die **TEEB-Studie** („The Economics of Ecosystem Services and Biodiversity"), die im Auftrag des Umweltprogramms der Vereinten Nationen (UNEP) durchgeführt wurde. Dabei ging es um die Frage, welche wirtschaftliche Bedeutung verschiedene Ökosysteme besitzen und was es kosten würde, wenn Menschen die jeweiligen Dienste selbst erbringen müssten. Das Ergebnis war überaus deutlich: Mittel- und langfristig bringt es erhebliche finanzielle Vorteile, natürliche Lebensräume zu bewahren. Überall dort, wo die sogenannten kostenlosen Ökosystemdienstleistungen nachlassen oder ausfallen und durch technische Ausgleichsmaßnahmen ersetzt werden müssen, fallen weit höhere Kosten an, als der Schutz der entsprechenden Naturräume kostet (vgl. Fuhrmann, 2010, o. S.).

Selbstverständlich sprechen für den Natur- und Umweltschutz nicht nur finanzielle Vorteile. Diese sind zwar für die Umsetzung und Finanzierung verschiedener Umweltschutzmaßnahmen von großer Bedeutung, aber letztlich geht es um eine **ethisch begründete Verpflichtung**, unsere Umwelt zu schützen und insbesondere künftigen Generationen eine lebenswerte Umwelt zu hinterlassen. Der Schutz von Lebensräumen ist dabei weit wichtiger als der Versuch, einzelne Pflanzen- und Tierarten durch die Aufnahme in eine **Rote Liste** zu schützen. Damit können zwar einige besonders bedrohte Arten bekannter gemacht werden, aber Kritiker weisen zu Recht darauf hin, dass es sich hier nur um einen verschwindend kleinen Teil des Artenspektrums handeln kann und gerade unauffälligere Kleinlebewesen hier meist gar nicht erfasst werden.

Einen besonderen Stellenwert hat mittlerweile der Klimaschutz eingenommen. Die Mehrzahl der damit befassten Forscher sieht darin eine Herausforderung, auf die wir kaum vorbereitet sind. Wenn wir uns die Auswirkungen eines auch nur moderaten globalen Temperaturanstiegs auf Küstenstädte und Ballungsgebiete, Landwirtschaft und Viehzucht vor Augen halten, wird rasch klar, dass der Klimawandel weit mehr als ein bloßes Umweltproblem ist: Er betrifft politische, soziale und infrastrukturelle Strukturen und hat nicht zuletzt weitreichende ökonomische Folgen. Veränderungen gehören sicherlich zum Wesen alles Lebendigen. Sorge macht allerdings das Ausmaß und die Geschwindigkeit, mit der ökologische Veränderungen derzeit voranschreiten. Der Planet Erde hat in seiner Geschichte schon zahlreiche und massive Veränderungen erlebt und immer wieder neue Formen des Lebens hervorgebracht. Aber das war in einer Zeit, bevor wir Menschen den Planeten derart umfassend in Besitz genommen haben. Das hat unser Leben zwar vielfach bereichert und angenehmer gemacht, aber die engen Verflechtungen und komplexen wirtschaftlichen und sozialen Strukturen unserer Zeit machen uns auch verwundbarer. Es stellt sich die Frage, inwieweit natürliche Anpassungsstrategien – sowohl von Menschen, als auch von Tieren und Pflanzen – den bevorstehenden Veränderungen gewachsen sein werden. (vgl. Kleber/Paskal, 2012)

11.2 Ökologische Psychologie am Beispiel Lärm

Die vergleichsweise junge Disziplin der ökologischen Psychologie befasst sich mit den Wirkungen bestimmter Umweltfaktoren auf den Menschen und den daraus resultierenden Verhaltensweisen, wobei sehr unterschiedliche Bereiche untersucht werden: Fragen der Raumgestaltung, Lärm bzw. die akustische Umwelt des Menschen an sich, Verkehr, Licht und anderes mehr.

Im Folgenden wird das Thema **Lärm** herausgegriffen, das sowohl für Kinder wie für diejenigen, die mit Kindern arbeiten, eine besonders große Bedeutung hat, wenn es auch im Alltag häufig nicht in dem Maß berücksichtigt wird, wie es seiner Bedeutung für die kindliche Entwicklung *und* die Arbeitsplatzsituation von pädagogischen Fachkräften entspricht (vgl. Kapitel 1, S. 28 ff.; Reidelhuber, 2000).

Lärm

Zunächst ist festzuhalten, dass eine gewisse **Geräusch- bzw. Lärmentwicklung** in mancher Hinsicht untrennbar von kindlichem (Spiel-)Verhalten ist. „Omnipotenz-Verhalten" jüngerer Kinder ist dabei eine wesentliche Ursache für teilweise lautstarke Bemühungen, sich durchzusetzen und sich Gehör zu verschaffen, was mitunter zu einem erheblichen Lärmpegel führt und keineswegs mit Aggression oder Streit gekoppelt sein muss. Die Situation in einer Kindergruppe bietet an sich schon Gelegenheit, gemeinsam Krach machen zu können.

Andererseits bedeutet die Lärmfreudigkeit von Kindern, dass leicht **Lautstärken** erreicht werden, die sowohl für die Kinder selbst als auch für die erwachsenen Betreuungskräfte als durchaus problematisch anzusehen sind. So wurden etwa bei Messungen in Kindergärten Mittelwerte in einem Bereich von 69 bis 74 dB (A) festgestellt (vgl. Der Rat von Sachverständigen für Umweltfragen, 1999). Zum Vergleich: Das Umweltbundesamt (www.uba.de) gibt den „Grenzwert für schädliche Umwelteinwirkungen durch Straßenverkehrslärm" bei einem Wert von etwa 60 dB (A) an, und es sei daran erinnert, dass ein Pegelanstieg um 10 dB ungefähr eine Verdoppelung der Lautstärke bedeutet, da diese Werte in einer logarithmischen Skala angegeben werden.

Der Aufenthalt im Freien ist auch unter akustischen Gesichtspunkten meist erholsam – für Kinder wie Erwachsene. Schnee als Schalldämpfer verstärkt diese Wirkung noch.

Im Vergleich zur Lärmkulisse in Aufenthalts- oder Gruppenräumen ist der Lärmpegel auf Spielplätzen im Freien meist sehr viel niedriger, und Erzieherinnen aus sogenannten Waldkindergärten berichten übereinstimmend über die positiven Effekte, die eine insgesamt ruhigere Atmosphäre mit sich bringt.

Der Umgang mit Radio, CD-Player u. a. ist auch eine wichtige Möglichkeit, mit den verschiedenen Wirkungen der Akustik und einer akustischen Umwelt umgehen zu lernen.

Bei Spielplätzen in Höfen oder an verkehrsreichen Straßen kann die Situation allerdings völlig anders sein. Gerade die Tatsache, dass vor allem öffentliche Spielplätze häufig an zentralen, gut einsehbaren, damit aber auch verkehrstechnisch exponierten Stellen angelegt werden, setzt Kinder wie Betreuerinnen einer mitunter erheblichen Lärmbelastung durch den **Verkehr** aus. Das bedeutet nicht nur die Zunahme von Stress, sondern wird von allen Beteiligten auch als negativ bezüglich der Spielmöglichkeiten eingeschätzt (vgl. Blinkert, 2005). Die Zunahme des motorisierten Straßenverkehrs hat nicht nur die technischen Erfolge der Schadstoffminderung, sondern auch jene bei der Lärmminderung zunichte gemacht, und das hat natürlich auch Auswirkungen auf die Umwelt von Kindern.

Aufgaben:

Nach den Erkenntnissen der ökologischen Psychologie spielt neben der messbaren Lautstärke vor allem eine Rolle, welche bewussten und unbewussten Bewertungsprozesse die akustische Wahrnehmung begleiten. „Dem Freund wird mehr zugebilligt als dem Feind“: Diese Faustregel könnte man auch hier einsetzen.

1. Wovon hängt es Ihrer persönlichen Erfahrung nach ab, ob Sie eine bestimmte Geräuschkulisse als Lärm empfinden? Notieren Sie alle Einflussfaktoren, die Ihnen hier wichtig erscheinen.
2. Wie kann eine Kindergruppe veranlasst werden, den von ihr verursachten Geräuschpegel zu senken? Welche Methoden halten Sie für wirkungsvoll und pädagogisch verantwortbar?

Lärmbewältigungsvermögen = psychologisch wichtiger Begriff zur Erfassung individueller Fähigkeiten, sich mit Lärmwirkungen aktiv auseinanderzusetzen (tatsächliches oder vermeintliches Kontrollvermögen), mit dem Ziel, Lärm zu vermindern oder abzustellen. Auch als Maß für die Fähigkeit, subjektiv erlebten Lärm in seinem Belastungscharakter weniger negativ zu bewerten.

Eine umweltpädagogische Arbeit zum Thema Lärm kann mit verschiedenen Ansätzen verfolgt werden. Häufig genannt werden hier Spiele zu Wahrnehmungsschulung und Einfühlungsvermögen, aber auch stärker kognitive Ansätze zum Kennenlernen von Geräuschquellen und technischen Aspekten der Akustik. Entspannungs- und Meditationsübungen, Gespräche über das Erleben und die Wirkung von Lärm, Interviews (mit Mikrofon), der Einsatz von Hörbüchern oder das eigene Musizieren sind einige Möglichkeiten, die sich hier gut ergänzen können (vgl. Reidelhuber, 2000).

➲ *Zur Vertiefung dieses Themas finden Sie im Arbeitsheft eine Reihe von Aufgaben.*

11.3 Ökologische Psychologie am Beispiel Licht

Ein anderer wichtiger Umweltfaktor, der unser Leben bestimmt, ist das Licht. Wie bei fast allen untersuchten Lebewesen wird unser Biorhythmus wesentlich durch das **Tageslicht** bestimmt. Das ist der wichtigste Taktgeber unserer inneren Uhr, die einem sogenannten **circadianen Rhythmus** folgt, das heißt, dass unser Organismus auf den Tag-Nacht-Wechsel beziehungsweise einen 24-Stunden-Rhythmus reagiert – ob wir das wahrhaben wollen oder nicht.

Dieser Rhythmus steuert physiologische Abläufe wie Herzfrequenz, Schlaf-Wach-Rhythmus, Blutdruck, Hormonhaushalt etc., und es erscheint trotz vieler offener Fragen sehr wahrscheinlich, dass unsere innere Uhr für unser Wohlbefinden und unsere Gesundheit von großer Bedeutung ist. Wie stark die Wirkung von richtig dosiertem Licht sein kann, belegen beispielsweise Ergebnisse der **Lichttherapie**, die heute vor allem gegen depressive Verstimmungen eingesetzt wird. Auch die Anpassungsschwierigkeiten bei Zeitverschiebungen (Reisen über Zeitzonen hinweg und Zeitumstellungen wie Sommerzeit/Winterzeit) zeigen, dass eine solche Anpassung erhebliche Energie erfordert.

Die Lebensweise des modernen Menschen hat zu einer zunehmenden Entkoppelung vom Tagesrhythmus geführt, und die allgemeine, nahezu uneingeschränkte Verfügbarkeit von **Kunstlicht** macht uns vom natürlichen Rhythmus des Tageslichts weitgehend unabhängig.

Das bedeutet, in der zeitlichen Planung unserer Aktivitäten weit freier zu sein, als das noch vor wenigen Generationen der Fall war. In allen Bereichen des menschlichen Lebens haben wir heute einen erheblich erweiterten Handlungsspielraum – in allen beruflichen und wirtschaftlichen Bereichen wie natürlich auch in unserer privaten Zeitgestaltung.

Neben den unbestreitbaren Vorteilen, die uns diese Unabhängigkeit vom Tageslicht verschafft, gibt es aber auch gravierende Nachteile. An erster Stelle ist hier auf die Problematik **individueller Belastungen** zu verweisen: Auch wenn viele Menschen mit einem vielfach verschobenen Tag-Nacht-Rhythmus anscheinend gut leben können, bleibt fraglich, wie sich das auf die Dauer gesundheitlich auswirkt. In jedem Fall werden unsere Ruhe- und Regenerationsmöglichkeiten durch Dauerlicht stark beeinträchtigt.

Während der Mensch gegenüber Kunstlicht möglicherweise besonders anpassungsfähig ist, gelingt das anderen Organismen weit weniger gut. Abgesehen von Pflanzen, die in ihrem Wachstum teilweise stark auf künstliches Licht reagieren (was Gärtner in manchen Fällen nutzen können), sind hier vor allem zahlreiche Tierarten negativ betroffen. So wird das **Orientierungsvermögen nachtaktiver Tiere** beeinträchtigt, die – vom Licht unwiderstehlich angelockt – dieser Falle nicht mehr entkommen. Besonders deutlich wird das an den überwiegend weißen Lichtquellen wie Straßenbeleuchtungen etc., deren Spektrum einen hohen Blauanteil besitzt (vgl. Kapitel 13, S. 420). Schätzungen gehen davon aus, dass in Deutschland an Straßenleuchten in jeder Sommernacht über eine Milliarde Insekten zugrunde gehen. Die zahlreichen anderen künstlichen Lichtquellen wie die Beleuchtung von Gewerbe- und Industriegebieten, Werbeflächen oder Privathaushalten sind dabei noch nicht berücksichtigt. Neben Insekten sind auch viele andere Tiere wie beispielsweise Zugvögel betroffen, die dadurch ebenfalls häufig die Orientierung verlieren, in hell erleuchtete Gebäude fliegen und dabei verletzt werden und sterben. Welche ökologischen Auswirkungen damit insgesamt verbunden sind, ist letztlich unbekannt.

Auch wenn dieses Thema in der Öffentlichkeit noch eher selten diskutiert wird, sprechen Fachleute längst von **Lichtverschmutzung** als spezielle Form der Umweltverschmutzung. Kunstlicht wird demnach häufig als überflüssig und schädlich angesehen, und immer mehr Gemeinden bemühen sich heute darum, das Ausmaß oder wenigstens die Art der nächtlichen Beleuchtung zu reduzieren.

Allerdings nimmt die Lichtverschmutzung in Deutschland insgesamt derzeit immer noch zu, was mehrere Gründe hat: ein hohes oder vielleicht noch steigendes Sicherheitsbedürfnis

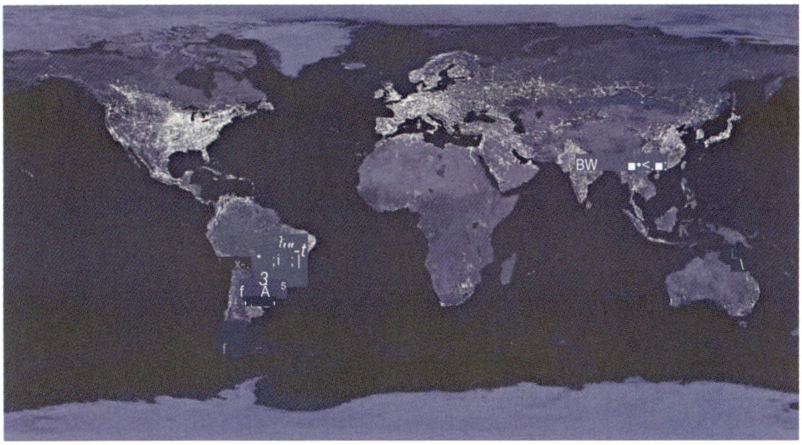

Lichtverschmutzung ist vor allem ein Problem der Industrienationen und Ballungsgebiete.

der Bevölkerung, Präsentationsbedürfnisse aller Art, Werbezwecke, Freizeit- und Sportveranstaltungen mit Flutlicht, Skybeamern etc. Es gibt hierzulande kaum noch ein Gebiet, das nicht durch künstliches Licht mehr oder weniger stark beeinflusst wird.

Gerade bezüglich unserer Umweltwahrnehmung sollte diese Lichtverschmutzung nicht nur als gewünschte oder wenigstens unvermeidliche Begleiterscheinung von Freizeitaktivitäten aller Art gesehen werden, sondern auch als **Quelle eines Verlusts**: Dunkelheit und Stille schärfen unsere Sinne, machen uns aufmerksamer, verschaffen nicht selten ganz besondere Erlebnisse. Wenn wir etwa mit Kindern die Gelegenheit zu einer Nachtwanderung haben, können wir gut feststellen, wie intensiv die damit verbundenen Erfahrungen sind. Wenn es die örtlichen Umstände zulassen, können wir dabei vielleicht sogar einen beeindruckenden Sternenhimmel sehen – eine selten gewordene Gelegenheit angesichts der „Lichtglocken" über unseren Siedlungsgebieten. Entsprechend der neunstufigen **Bortle-Skala zur Beurteilung der Lichtverschmutzung** lässt sich feststellen, dass eine Einstufung in einer der ersten beiden Klassen dieser Skala in Mitteleuropa so gut wie nirgends mehr möglich ist. Trotz aller Fortschritte in Optik und Astronomie: Es ist auch ein kulturhistorischer Verlust, wenn wir Sterne und Sternkonstellationen wie die Milchstraße oder den berühmten Großen Orionnebel nicht mehr selbst sehen können.

Bortle-Skala zur Einstufung der nächtlichen Lichtverschmutzung:

Klasse I: Ort mit außergewöhnlich dunklem Himmel

Klasse II: Ort mit wirklich dunklem Himmel

Klasse III: Landhimmel

Klasse IV: Ländlicher/vorstädtischer Übergang

Klasse V: Vorstadthimmel

Klasse VI: Heller Vorstadthimmel

Klasse VII: Vorstädtischer/städtischer Übergang

Klasse VIII: Stadthimmel

Klasse IX: Innenstädtischer Himmel

Neben den umweltpsychologisch relevanten Aspekten der Lichtverschmutzung spielt auch die Frage des **Energieverbrauchs** eine große, meist übersehene Rolle. Obwohl der betreffende Energiebedarf nur geschätzt werden kann, steht außer Frage, dass es sich hier um sehr große Energiemengen und -kosten handelt. Dabei fällt auch auf, dass viele Lichtanlagen überdimensioniert sind. Zudem wird häufig nur ein Teil der abgestrahlten Lichtenergie genutzt. Beispielsweise geben viele Straßenleuchten das Licht auch nach oben und seitlich ab, wo eine Beleuchtung keinerlei Nutzen hat.

Zu den Kommunen in Deutschland, die zeigen, dass es auch anders geht, gehört die Stadt Augsburg, die mittlerweile als **Modellstadt für umweltfreundliche Beleuchtung** gilt. Durch verschiedene Maßnahmen gegen die Lichtverschmutzung wie die Einführung von Natriumhochdrucklampen (gelbes statt weißes Licht), die zeitliche Begrenzung oder Reduktion bestimmter Beleuchtungen, Abschirmung von Lichtquellen und gezieltere Beleuchtung konnte der Stromverbrauch im Bereich der öffentlichen Beleuchtung stark gesenkt werden. Mittlerweile gibt es immer mehr Städte, die sich mit dieser Problematik befassen und langsam setzt ein Umdenken ein, das Hoffnung macht. Dazu gehört auch das UNESCO-Programm zur Einrichtung von „Sternenparks", ein Titel, mit dem Regionen ausgezeichnet werden, in denen künstliches Licht so weit reduziert wird, dass der nächtliche Sternenhimmel (wieder) sichtbar wird. (vgl. http://www.br.de/fernsehen/bayerisches-fernsehen/sendungen/faszination-wissen/fawi-lichtverschmutzung-video-100.html; 01.05.2013).

➲ ***Zur Vertiefung dieses Themas finden Sie im Arbeitsheft eine Projektanregung.***

Frankfurt bei Nacht: „Diese Stadt schläft nie." Es ist irritierend, dass dieser Satz fast immer lediglich als Kompliment verstanden wird.

11.4 Umweltbewusstsein und Umwelthandeln

Aus einem wachen und tätigen Interesse für die uns umgebende Welt sollen sich – so eine begründete Hoffnung hinsichtlich der eigentlichen Zielvorstellungen jeder Umweltpädagogik – bei Kindern auch **Handlungsfähigkeit und -bereitschaft** entwickeln können. Es darf dabei nicht übersehen werden, dass es vor jeder Beschäftigung mit naturkundlichen und ökologischen Fragestellungen zunächst immer um (sozial-)pädagogische Aspekte geht: Orientierung der kindlichen Entwicklung hin zu mehr Selbstbestimmung, Eigenverantwortung und individueller Auseinandersetzung – auch mit der Umwelt.

➲ ***Zum Einstieg in dieses Thema finden Sie im Arbeitsheft eine Reihe von Aufgaben.***

Entwicklung persönlicher Werthaltungen

Die Identität eines Kindes als bewusste Wahrnehmung seiner Einzigartigkeit ist dabei eine entscheidende Größe. Bei allen Veränderungen im Lauf seiner Entwicklung erlebt das Kind eine gewisse Stabilität und Ich-Stärke in persönlichen Einstellungen und Verhaltenszielen. Die besondere Bedeutung der menschlichen **Identität** liegt aber in der Verzahnung von Wahrnehmungs- und Lernprozessen: Zur Identität eines Menschen zählen die Entwicklung der individuellen Persönlichkeit ebenso wie die Herausbildung sozialer Kompetenzen. Verantwortungsbewusstsein ist jedenfalls eine Eigenschaft, der hier eine besondere Rolle zukommt.

Die traditionelle Psychologie hat sich dabei – ebenso wie die Pädagogik – lange sehr auf die Beziehung des Menschen zu anderen Menschen konzentriert: das Erleben von gegenseitigem Vertrauen, Gemeinschaft, Unterstützung, Solidarität. Erst seit verhältnismäßig kurzer Zeit wird auch der Haltung gegenüber der nicht menschlichen Natur ein hoher Stellenwert eingeräumt. Leider liegt ein nicht zu unterschätzendes Dilemma darin, dass die gerne unterstellte *Kausalkette von Umweltwissen – Umweltbewusstsein – Umwelthandeln* nicht stimmt. So wie sich zwischen der rationalen Erkenntnis bestimmter Risiken (z. B. des Rauchens) und dem diesbezüglichen subjektiven Wahrnehmen, Bewerten, Handeln (z. B. mit dem Rauchen aufhören) eine manchmal tiefe Kluft auftut, so gibt es offenbar zwischen Wissen und Handeln generell nur sehr geringe Zusammenhänge. Spöttisch formuliert: Denken und Handeln funktionieren auch weitgehend eigenständig.

Hinzu kommt ein weiteres Problem, vor dem gerade auch die Umweltpädagogik steht: Die **Beziehung Mensch – Natur** gründet sich zu einem wesentlichen Teil auf *vorrationalen Quellen:* Wir alle sind in unseren (Wert-)Haltungen stark kulturell geprägt. Besonders deutlich wird das beispielsweise dort, wo Kinder aus unterschiedlichen Kulturkreisen gemeinsam betreut werden. Die Beziehungsmuster im Verhalten zur Natur, die ein Kind bereits im familiären Kontext vermittelt bekommt, beeinflussen wesentlich die Wahrnehmung von Natur und den Umgang mit ihr (vgl. Gebhard, 2009).

Diesen Hintergrund aufzunehmen und in die eigene pädagogische Arbeit zu integrieren ist ein schwieriger, aber unverzichtbar notwendiger Bestandteil von Umwelterziehung und Umweltbildung. Ein allgemein gestiegenes **Umweltbewusstsein** macht da sicher Mut, auch wenn dieses Bewusstsein häufig nicht in **Umwelthandeln** umgesetzt wird. Allerdings lässt sich wenigstens teilweise an ein lebensweltliches Wissen anknüpfen, denn es existiert eine Verbindung zwischen konkreten Sachkenntnissen und moralischen Werten. Das Verhalten von Kindern weist jedenfalls darauf hin, dass insbesondere die belebte Natur als ein Gegenüber begriffen wird:

> Der Unterschied zwischen dem Stofftier und dem echten Tier wird als praktisch relevant gewusst. Auch weiß das Kind, dass es einen moralischen Unterschied macht, ob man einen Stein oder eine kleine Katze in den Fluß wirft. Das Ertränken von Katzen ist auf andere Art begründungsbedürftig als das Versenken von Steinen.
>
> *(Ott, 1999, S. 18–19)*

Auf der Suche nach einem guten Leben

In einem weiteren und gar nicht so entlegenen Zusammenhang hat Ökologie auch ganz entscheidend mit unserer **Lebensqualität** zu tun. Der Schutz von Naturräumen vor Zerstörung oder Verschmutzung ist so betrachtet niemals Selbstzweck, sondern wirkt in vielfacher Weise auch auf uns Menschen zurück. Damit sind nicht bloß Auswirkungen wie

Ein Seeufer im Herbst mit Steinen, Falllaub und angeschwemmtem Treibholz – ein Bild, das sich zu einer „inneren Landschaft" verdichten kann.

Schadstofffreiheit von Boden, Wasser und Luft gemeint. Es gibt bis heute zahlreiche offene Fragen, wenn es darum geht, herauszufinden, wie viel Natur bzw. welche Umwelt ein Mensch nun wirklich braucht. Ungeachtet aller kulturellen Unterschiede lässt sich feststellen, dass wir Menschen für unser *psychisches Wohlbefinden* eine intakte Umwelt dringend benötigen. Dazu gehören die Vielfalt von Pflanzen und Tieren ebenso wie Landschaften, die uns emotional positiv ansprechen.

Es ist bekannt, dass *Umweltbewusstsein* noch längst nicht konkretes *Umwelthandeln* bedeutet. Die immer wieder neu zu beantwortende Frage lautet daher, wie im konkreten Einzelfall Gelegenheiten geschaffen und die Motivation gestärkt werden können, die häufig guten Absichten auch zu verwirklichen. Dabei spielt neben der **Einsicht**, dass umweltverträglichere Handlungsweisen in vielen Fällen dringend geboten sind, vor allem **Gewohnheitsbildung** eine entscheidende Rolle: Wer sich etwa frühzeitig angewöhnt hat, mit Wasser, Energie oder bestimmten Rohstoffen und Produkten sorgsam umzugehen, wird diesen die Umwelt prinzipiell schonenden Umgang mit den Dingen wahrscheinlich auch in späteren Jahren beibehalten, und wer schon als Kind einen Zugang zur Welt der Pflanzen und Tiere gefunden hat, wird als Erwachsener auch eher natur- und umweltverträgliche Entscheidungen treffen.

Für die Umweltpädagogik ist das **Modelllernen** nach dem Psychologen Albert Bandura von besonderer Wichtigkeit. Demnach werden zwei Phasen unterschieden: eine Aneignungs- und eine Ausführungsphase. Diese können jeweils wieder in zwei unterschiedliche Prozesse gegliedert werden können: In der *Aneignungsphase* finden Aufmerksamkeits- und Gedächtnisprozesse statt, während die *Ausführungsphase* von (motorischen) Reproduktions- und umfassenden Motivations- und Verstärkungsprozessen charakterisiert wird. Aufgrund der Tatsache, dass mit dieser Theorie Veränderungen im Erleben *und* Verhalten beschrieben werden und dabei die aktive, kognitive Informationsverarbeitung eine ebenso wichtige Rolle spielt wie emotionale und motivationale Prozesse – die wiederum in einer starken Wechselwirkung zu ihrem sozialen Umfeld gesehen werden –, wird diese Theorie auch als **sozial-kognitive Lerntheorie** bezeichnet. (vgl. Hobmair, 2012).

Eine einfache Metallplakette macht darauf aufmerksam, dass der abgestorbene Baum keineswegs wertlos ist, sondern als wertvolles Kleinbiotop erhalten wird.

Aufgaben:

Die Vermittlung von Umweltbewusstsein ist eine *notwendige*, aber keine *hinreichende* Voraussetzung für überlegtes und engagiertes Umwelthandeln. Beantworten Sie die folgenden Fragen mithilfe geeigneter Fachliteratur in Form kurzer Statements:

1. Welche Haltungen und Verhaltensweisen sind bei einem Menschen zu erwarten, wenn der Schritt vom Umweltbewusstsein zum Umwelthandeln unterbleibt?
2. Welche individuellen Motive können zum *konkreten Umwelthandeln* führen?
   a. bei Kindern im Alter von etwa sieben Jahren
   b. bei Erwachsenen
3. Worin könnten – im Sinn der *sozial-kognitiven Lerntheorie* – Bekräftigungen eines umweltfreundlichen Verhaltens bei Kindern bestehen? Geben Sie Beispiele an.
4. Welcher *Erziehungsstil* könnte die Entwicklung *umweltbewussten Handelns* möglicherweise besonders gut unterstützen, und wie ließe sich das begründen?

Eine herausragende Rolle spielt gerade auch in der Umweltpädagogik die **Vorbildfunktion** von Erwachsenen, wobei ein gewisses Fachwissen, Fantasie und methodische Flexibilität sicherlich notwendige Grundvoraussetzungen darstellen, *Authentizität* und persönliche Überzeugungskraft aber wohl die entscheidenden Faktoren sind:

> Die wechselseitige Beziehung zwischen Erzieher und zu Erziehendem ist durch eine besondere zwischenmenschliche und persönliche Beziehung gekennzeichnet. Von dieser Art und Weise, wie sich die persönliche Beziehung gestaltet, hängt in einem nicht unerheblichen Maße der Erfolg der Erziehung ab.
> *(Hobmair, 2012, S. 85)*

Über die Einzelperson einer pädagogischen Fachkraft hinausgehend besteht heute mehr und mehr auch das Bedürfnis (und die Notwendigkeit), umweltpädagogische Anliegen auf eine breitere, in der Gesamtgesellschaft sichtbare Ebene zu bringen. Ein solcher Ansatz findet sich in der **Agenda 21**, die auf die Konferenz der Vereinten Nationen für Umwelt und Entwicklung 1992 in Rio de Janeiro zurückgeht. Unter dem Schlüsselbegriff *Partizipation* wird ein weltweit zu etablierender Lösungsansatz verstanden, der soziale, ökonomische und ökologische Probleme gleichermaßen ernst nehmen und auf demokratische, partnerschaftliche Weise Lösungen entwickeln will. Für die kommunalen Bereiche ist nach Artikel 25 die Möglichkeit einer Teilnahme und Mitwirkung auch von Kindern und Jugendlichen ausdrücklich vorgesehen (vgl. Reidelhuber, 2000).

➲ ***Zur Vertiefung dieses Themas finden Sie im Arbeitsheft eine Reihe von Aufgaben.***

Schwerpunkt-Exkursionen mit Kindern

In früheren Kapiteln ist schon mehrmals auf Ausflüge, Exkursionen o. Ä. hingewiesen worden, sei es zur Erkundung eines Bauernhofes oder einfach zur Vergrößerung des Aktionsradius im Zusammenhang mit den Bewegungsmöglichkeiten der Kinder. Insbesondere solche Unternehmungen mit Kindern, die aus den vergleichsweise einengenden Räumen einer Kindertagesstätte oder eines Hortes hinausführen und **unmittelbare Naturerfahrungen** ermöglichen, tragen zur Entwicklung des Umweltbewusstseins entscheidend bei und bilden eine wichtige Voraussetzung zu einem umweltbewussten Handeln: „Schutz und Erhaltung werden nur gelingen, wenn die Menschen, wenn möglichst viele Menschen wieder an die Natur herangeführt werden" (Reichholf, 2006, S. 229).

Je nach organisatorischen und zeitlichen Möglichkeiten lassen sich wenigstens gelegentlich auch umfangreichere Vorhaben wie eine Rundwanderung um einen See, die (geführte) Tour durch ein Naturschutzgebiet oder in einem Nationalpark und vielleicht sogar eine kleine Bergtour durchführen. Bei solchen Unternehmen sollte bereits in der Vorbereitungsphase überlegt werden, wie sich die Eindrücke und Erlebnisse im Rahmen einer entsprechenden **Dokumentation** darstellen lassen. Das ist aus mehreren Gründen sinnvoll:

- Seltenere oder besonders aufwendige Vorhaben werden von allen Beteiligten mit großer Aufmerksamkeit begleitet, Erinnerungsstücke haben daher besonderen Wert.
- Neue Namen und Begriffe, Wegverläufe oder Messergebnisse prägen sich dadurch besser ein und machen den Lernerfolg nachhaltiger.
- Mithilfe einer entsprechenden Dokumentation lassen sich die Ereignisse später besser rekonstruieren, was bei Erzählungen und Erklärungen Dritten gegenüber hilft.
- Nicht zuletzt dient eine gut gemachte Wandtafel o. Ä. auch als Informations- und Werbemöglichkeit bezüglich der eigenen pädagogischen Arbeit.

Ausflüge bedeuten viel mehr als nur in Bewegung sein; sie bieten Kindern spannende Erlebnisse und Begegnungen, Überraschungen und neue Erfahrungen.

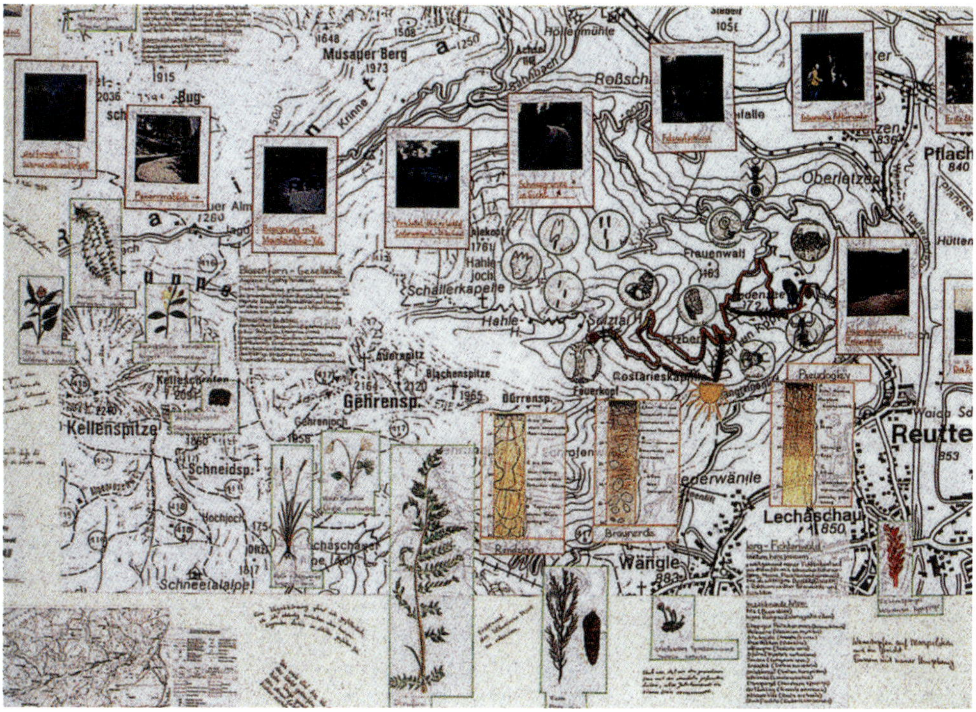

Eine Wandtafel als Collage aus kurzen Texten, Fotos und Skizzen hält die Ergebnisse einer eintägigen Erkundungswanderung zu Gelände, Wegen, Bodenstrukturen, Pflanzen, Tieren und verschiedenen Spuren fest.

Neben Wandtafeln zur Kartierung (vgl. Kapitel 3.5, S. 99 ff.) bieten sich auch andere Formen der Dokumentation an: Relativ einfach ist der Einsatz einer Videokamera. Besonders spannend und über den Tag hinaus lohnend ist es auch, sich auf bestimmte **grafische Techniken** wie Skizzen mit Blei-, Bunt- oder Kohlestiften zu einigen und dann *einen* Teilaspekt herauszugreifen, der von allen Kindern in derselben Technik bearbeitet werden kann. Die dazu erforderlichen Stifte, Zeichenblöcke einschließlich fester Schreibunterlagen können leicht mitgeführt werden, und wenn die Kinder eine entsprechende Entdeckung machen, wird ein kurzer Zwischenstopp zum Skizzieren und Zeichnen eingelegt. Eine Exkursion im Herbst könnte z. B. Pilze in den Mittelpunkt rücken, im Sommer wird man auf zahlreiche, verschiedene Insekten stoßen (vgl. Kapitel 5, S. 175 f.).

➲ *Zur Vertiefung dieses Themas finden Sie im Arbeitsheft eine Reihe von Aufgaben.*

Die Entwicklung von Umweltbewusstsein braucht Zeit – und Unterstützung

Angesichts von vielfachen und gut dokumentierten Umweltschäden sowie künftigen Bedrohungen durch die Vergiftung und Zerstörung von Lebensräumen durch Profitgier, Unüberlegtheit und Ignoranz ist es verständlich, dass viele Menschen mit Resignation reagieren, anstatt sich für eine Verbesserung der Umstände zu engagieren. Wir sollten aber nicht unterschätzen, dass die Umweltschutzbewegung insgesamt noch kaum älter als ein halbes Jahrhundert ist und in dieser Zeit gerade in Deutschland sehr viel erreicht wurde.

Das spiegelt sich auch im allgemeinen Bewusstsein wider: Nach der Studie aus dem Jahr 2012, die das Bundesumweltministerium und das Umweltbundesamt in Auftrag gegeben hatte, bezeichneten 35 % der Befragten den Umwelt- und Klimaschutz als wichtigstes Problem der Gegenwart. Insbesondere hinsichtlich der Risiken und Folgen des Klimawandels ist das Problembewusstsein hoch und schließt auch das eigene Verhalten und Handeln keineswegs aus. Vielfach äußerten die Befragten offen und selbstkritisch, dass sie für ihr eigenes Umwelthandeln verantwortlich seien und dieses Handeln im Alltag eine große Rolle spiele (vgl. www.bmu.de/fileadmin/Daten_BMU/Download_PDF/Umweltinformation_Bildung/4396.pdf (01.05.2013).

Nun wissen wir zwar, dass zwischen solchen Erklärungen und konkretem Handeln eine oft tiefe Kluft liegt. Dennoch zeigt sich hier eine deutliche Sensibilität für **Fragen des Umweltschutzes**, die mindestens als wichtige Voraussetzung für umweltschonendes Handeln und weitergehende Schutzmaßnahmen anzusehen ist (vgl. Sohr, 2000; Kals/Becker/Rieder, 1999; Katzenstein, 2003).

Für die umweltpädagogische Arbeit in Kindertagesstätten ist beides von Bedeutung: Sensibilität gegenüber der Notwendigkeit, unsere Umwelt stärker als bisher zu schützen, und Wissen um die Schwierigkeiten, aus Umweltbewusstsein konkretes Umwelthandeln werden zu lassen.

Dabei spielt das individuelle **Umweltbewusstsein der pädagogischen Fachkräfte** eine ganz entscheidende Rolle. Sie bestimmen nämlich, ob und in welcher Weise umweltpädagogische Inhalte und Methoden in der jeweiligen Kindertageseinrichtung überhaupt eine Rolle spielen. Dabei ist keinesfalls nur an ein bestimmtes **Umweltwissen** der betreffenden Personen zu denken, sondern mindestens so sehr an ihre **Einstellung** gegenüber Umweltfragen, ihre „innere Nähe" zu Pflanzen und Tieren, Natur- und Umweltschutz. Es stellt sich auch die Frage, ob der berufliche Alltag für die Entwicklung des eigenen Umweltbewusstseins und Umweltverhaltens eine eher förderliche oder eher hemmende Rolle spielt. Dabei zeigt sich immer wieder, dass vor allem diejenigen Fachkräfte, die mit

Kindern häufig Umweltthemen aufgreifen, darin auch für sich selbst interessante Veränderungs- und Entwicklungspotenziale entdecken können.

Umgekehrt brauchen Kinder die Möglichkeit, ihre eigenen Fragen über den Zustand der Welt formulieren zu können und jemanden zu kennen, der ihnen zumindest das Gefühl vermittelt, verstanden zu werden und – besonders bei Angst machenden **Zukunftsbildern** – nicht allein zu sein (vgl. Unterbruner, 2001).

Daher bildet Umwelterziehung eine Einheit aus ökologischem, politischem und sozialmedizinisch-psychologischem Denken und Handeln in globalen Zusammenhängen. Insofern kann sich Umweltpädagogik nicht auf die Vermittlung von Naturidyllen beschränken. Umweltpädagogik ist Konfliktpädagogik. Sie erfordert vom Erzieher ein ausreichendes Maß an ökologischen und politischen Sachkenntnissen, an psychologischem Einfühlungsvermögen und eigener Angsttoleranz.

(Petri, 1992, S. 179)

11.5 Ressourcennutzung und Nachhaltigkeit

Die Auseinandersetzung mit der Begrenztheit unserer globalen Ressourcen (Süßwasser, fossile Energieträger, Minerale etc.) ist nicht nur seit Langem ein umweltpädagogisches Kernthema, sondern ein Thema, das mittlerweile auch von den Medien immer wieder aufgegriffen wird. Dabei gilt es, sich bewusst zu machen, dass **Ressourcenverbrauch, Umweltverschmutzung** und **Gesundheitsbedrohung** vielfach unmittelbar miteinander zusammenhängen. Dieser Zusammenhang wird sogar zunehmend problematischer, weil abnehmende Vorräte an sauberem Wasser und bestimmten, für unsere Produktion besonders wichtigen Mineralen dazu führen, dass immer massivere und riskantere Methoden zur Gewinnung dieser Stoffe eingesetzt werden: Erdölförderung in großen Meerestiefen und im Polarmeer, großtechnische Wassergewinnung in ökologisch sensiblen Regionen, Verlagerung von Produktionsstandorten ausschließlich nach Gesichtspunkten der Gewinnmaximierung (und zur Umgehung von Umweltschutz- und Sicherheitsauflagen).

Generell wird das **Bevölkerungswachstum** häufig als der Hauptgrund für Umweltprobleme aller Art angesehen. Das ist allerdings nur ein Teil der Wahrheit. Zwar ist unstrittig, dass eine endliche Erde auch nur eine begrenzte Anzahl an Menschen verkraften kann, aber wo hier die Grenze liegt, wissen wir nicht. Wir können aber gut sehen, dass es zwischen den Lebensstilen und Konsumgewohnheiten weltweit riesige Unterschiede gibt. Wenn wir uns also um den Erhalt unserer Umwelt wirklich bemühen wollen, müssen wir uns auch einigen sehr unangenehmen Fragen nach der **Verteilungsgerechtigkeit** stellen.

Diese Frage ist untrennbar verbunden mit bestimmten Funktionsweisen unseres **Wirtschaftssystems** einschließlich der stark unterschiedlichen Arbeitskosten und des globalen Güterverkehrs, dessen Umweltbelastungen nur zu einem geringen Teil in den jeweiligen Transportkosten enthalten sind. Das führt beispielsweise auch dazu, dass die Herstellung neuer Produkte in der Regel sehr viel kostengünstiger ist als die Reparatur gebrauchter Gegenstände. Die Umweltschäden, die beim Abbau verschiedener Rohstoffe entstehen, werden eben genauso wenig in Rechnung gestellt wie die erschreckenden und beschämenden Arbeitsbedingungen von Menschen in den Ländern, aus denen die jeweiligen Rohstoffe stammen.

Bei Gütern aller Art spielen mittlerweile zwar verschiedene Verfahren der Sammlung, Stofftrennung und **Wiederverwertung** eine große Rolle, aber das ist stets nur die zweitbeste Lösung. Am besten ist immer jener Müll, der gar nicht erst anfällt. Besorgniserregend ist heute vor allem die riesige und rasch weiter anwachsende Menge an Elektronikschrott, der in Europa derzeit pro Jahr einen Umfang von acht bis neun Millionen Tonnen ausmacht. Das eigentliche Problem sind dabei die unzähligen chemischen Verbindungen, die teilweise hochgiftig sind und über deren weitere Wege in der Biosphäre und in einzelne Organismen **(Bioakkumulation)** wir kaum etwas wissen (vgl. Leonard, 2011, S. 120).

> **Bioakkumulation** = Anreicherung einer (chemischen) Substanz in einem Organismus, vor allem auf dem Weg der Nahrungsaufnahme. Problematisch sind dabei vor allem langlebige chemische Schadstoffe und Schwermetalle, die zu häufig schwer diagnostizierbaren Gesundheitsschäden führen.

Die Forderung, stärker auf **Müllvermeidung** statt auf Wiederverwertung zu setzen, bedeutet vor allem, Ressourcen grundsätzlich nach Möglichkeit zu erhalten – und sie nicht aufzubrauchen und zu zerstören. Dabei geht es niemals um eine einzelne Ressource: Um etwa eine Tonne Papier herzustellen, werden insgesamt rund 98 Tonnen verschiedener anderer Ressourcen (Wasser, Minerale, Chemikalien) benötigt (vgl. Leonard, 2011, S. 39). Bei der **Papierherstellung** zeigen sich auch deutlich die Grenzen der sogenannten Kreislaufwirtschaft: Altpapier kann zwar zur Herstellung neuer Papiere genutzt werden, die Qualität der Endprodukte nimmt aber rasch ab. Aus mehrfach recycelten Papierstoffen lassen sich gerade noch Verpackungsmaterialien etc. herstellen. Aus diesem Grund werden nach wie vor riesige Waldflächen gerodet, was einem ökologischen Desaster gleichkommt: Degeneration der Böden, Verringerung der globalen Speichermöglichkeiten für Kohlendioxid, Verschwinden eines Großteils der ursprünglichen Pflanzen- und Tierwelt bis hin zum Aussterben unzähliger Arten.

Am Beispiel des **Wassers** lässt sich gut erkennen, welch dramatische Entwicklung die globale Umweltsituation nimmt. Nach verschiedenen Schätzungen steht für den menschlichen Gebrauch höchstens etwa 1 % der globalen Wassermenge zur Verfügung. Darin sind das Wasser aller Flüsse und Seen sowie der noch technisch erreichbaren Grundwasservorräte enthalten. Nur dieses eine Prozent wird durch Regen und Schneefall regelmäßig erneuert und kann von uns genutzt werden – für unseren gesamten Bedarf als Trinkwasser, zur landwirtschaftlichen Bewässerung und in der Industrie. Dabei hängt der **Wasserverbrauch** nicht nur eng mit dem Bevölkerungswachstum zusammen, sondern er ist im Lauf des letzten Jahrhunderts sogar doppelt so stark angestiegen wie die Zunahme der Weltbevölkerung. Experten prognostizieren, dass bis zum Jahr 2025 drei Viertel der Menschen unter **Wasserknappheit** leiden werden (vgl. Leonard, 2011, S. 58 f.; Kapitel 4.3, S. 138 f.).

Der Wasserbedarf zur Erzeugung von Lebensmitteln spielt dabei eine besonders entscheidende Rolle. Um mit dem Anstieg der Weltbevölkerung und den zunehmend höheren Lebensstandards Schritt halten zu können, müsste nach Erkenntnissen der Lebensmittel- und Agrarorganisation der Vereinten Nationen FAO die weltweite Nahrungsmittelproduktion bis zum Jahr 2050 verdoppelt werden. Dafür würden nach Schätzungen schwedischer Forscher pro Jahr zusätzlich 5.000 bis 6.000 Kubikkilometer Wasser benötigt – eine Menge, die gar nicht zur Verfügung gestellt werden kann. Es wird also zwingend erforderlich sein, andere Strategien einzuschlagen. Das bedeutet ebenso einen rücksichtsvolleren Umgang mit der Ressource Wasser durch bessere Bewässerungssysteme etc. wie die Verringerung der Nahrungsmittelverluste durch Transportschäden

und Verschwendung (vgl. „Ausgelesen, verdorben, weggeschmissen", www.dradio.de/dlf/sendungen/forschak/1148596/; 22.03.2010).

Der Bedarf an Energie und Rohstoffen, der zur Produktion und Vermarktung eines bestimmten Nahrungsmittels oder Gegenstandes nötig ist, kann errechnet und bilanziert werden. Mithilfe der entsprechenden Detailinformationen kann der **ökologische Fußabdruck** eines einzelnen Menschen ermittelt werden.

> **Ökologischer Fußabdruck** = Größe der Fläche, die zur Erfüllung sämtlicher Bedürfnisse eines Menschen in einem bestimmten Land und bei Berücksichtigung von Lebensstil und Konsumgewohnheiten erforderlich ist.

Der ökologische Fußabdruck kann nicht nur als Maß für die persönlichen Bedürfnisse und Ansprüche gesehen werden, sondern liefert gleichzeitig auch wichtige Hinweise auf den globalen Ressourcenverbrauch und das Problem der **Nachhaltigkeit** unserer Lebensweisen. So stehen etwa nach Erhebungen aus dem Jahr 2003 jedem Menschen auf diesem Planeten 1,8 ha Fläche zur Verfügung, um alle seine Bedürfnisse einschließlich der Entsorgung von Abfallstoffen aller Art abzudecken. Dieselben Erhebungen zeigen aber, dass im globalen Mittel von jedem Menschen 2,7 ha beansprucht werden – eine Überschreitung um 50 %. Dabei sind die regionalen Unterschiede erheblich: Während in Indien pro Einwohner 0,9 ha beansprucht werden, sind es in der Schweiz 5,0 ha und in den USA 7,2 ha (vgl. http://de.wikipedia.org/wiki/Ökologischer_Fußabdruck; 24.07.2013).

Ähnliche Konzepte sind der **ökologische Rucksack** und das **virtuelle Wasser**. Auch hier geht es darum, einen Vergleichsmaßstab für die Rohstoffe zu finden, die wir im Sinn einer ökologischen Bilanzierung für unseren Lebensstil verbrauchen.

➲ *Zur Vertiefung dieses Themas finden Sie im Arbeitsheft eine Reihe von Aufgaben.*

Auch wenn alle diese Zahlen nur eine grobe und pauschale Annäherung ermöglichen, zeigen sie doch deutlich, dass wir Menschen derzeit wesentlich mehr Ressourcen verbrauchen, als die Erde dauerhaft zur Verfügung stellen kann. Hinzu kommt die anhaltende **Verschmutzung unseres Planeten**, die mittlerweile unfassbar große Ausmaße angenommen hat. In jedem menschlichen Körper vom Säuglingsalter an finden sich heute giftige Industrie- und Agrarchemikalien (vgl. Leonard, 2011, S. 19). Ob wir sinnlose Sachen kaufen oder uns bei der Wahl unserer Kleidung und diverser Gebrauchsgegenstände lediglich kurzlebigen Moden unterwerfen:

> Mit jedem synthetischen Produkt, seien es Teppiche, Kloreiniger, Kosmetika, Putzmittel, Flüssigseife oder Imprägnierspray, das wir selbst konsumieren, schädigen wir unser Wasser, unsere Luft und uns selbst.
>
> *(Leonard, 2011, S. 172)*

Im Gegensatz zu den vielen düsteren Zustandsbeschreibungen und Zukunftsprognosen stehen allerdings auch Nachrichten, die uns Hoffnung geben können. Immerhin ist heute einer zunehmend größeren Zahl von Menschen bewusst, dass ein **umweltverträglicheres Handeln** unbedingt erforderlich ist – und zwar von jedem Einzelnen (vgl. Kapitel 11.4, S. 363 ff.). Wir müssen uns selbst darüber im Klaren sein und das auch unseren Kindern vermitteln wollen: Nichts ist wichtiger als der **Erhalt unserer Biosphäre**, denn wir sind auf diesen Planeten angewiesen. Es ist unser einziges Zuhause, für dessen Schutz wir alle sorgen müssen. Seine Gefährdung betrifft uns unmittelbar selbst und seine Zerstörung wird auch uns zerstören.

Der Blick auf die Regale eines beliebigen Supermarkts zeigt, in welchem Umfang und mit welcher Selbstverständlichkeit Kunststoffe unseren Alltag bestimmen.

Kunststoffe bestimmen heute auch das Spielwarenangebot.

Kunststoffverpackungen machen in der Regel den größten Teil des Hausmülls aus.

11.6 Die Kindertagesstätte als umweltfreundliches System

Ökologische Betrachtungsweisen legen prinzipiell Wert auf die Herstellung größerer Zusammenhänge und wollen diejenigen Systeme und Strukturen verdeutlichen, die *hinter* den Erscheinungen des Alltags stehen und diese überhaupt erst ermöglichen oder in Gang halten. **Umweltfreundlichkeit** bedeutet dabei in Bezug auf Energie- und Stoffkreisläufe vor allem die Verwendung von Materialien, die mindestens schadstoffarm sind, Einsatz regenerativer Energien und effiziente Energienutzung, sparsamer Umgang mit Wasser und anderen Ressourcen, Abfallvermeidung und anderes mehr. Wenn heute im Zusammenhang mit Kindertageseinrichtungen vom **umweltfreundlichen Wirtschaften, ökologischen Bauen** oder **Umweltbilanzen** die Rede ist, so wird dabei genau dieser Gedankengang verfolgt – auch wenn insbesondere Fragen der Bausubstanz oder Energiequellen in der Verantwortung und Entscheidungsgewalt des Trägers und der jeweiligen Aufsichtsbehörden liegen.

Umweltbilanz = Versuch einer Berechnung der *Umweltverträglichkeit* eines Produktes oder Produktionsverfahrens. Dabei spielt bei Produkten insbesondere der Energieaufwand eine große Rolle, der für Herstellung, Vertrieb und Entsorgung

nötig ist, sowie die Frage nach anfallenden Schadstoffen. Da zahlreiche Faktoren das Ergebnis einer Umweltbilanz beeinflussen, ist es vor allem wichtig zu wissen, welche Faktoren im Einzelfall überhaupt berücksichtigt wurden.

Dennoch ist es nicht unwesentlich, wie die pädagogischen Fachkräfte einer Kindertagesstätte mit dieser Thematik umgehen:

> Erzieherinnen, die sich für die Verwendung ökologisch einwandfreier Substanzen in der Tagesstätte einsetzen und Kinder kindgerecht daran teilhaben lassen, vermitteln ihnen das Bild von verantwortungsvollen, engagierten Erwachsenen. Es sind Erwachsene, die sich für ihr eigenes Arbeitsfeld und gleichzeitig für die Belange von Kindern einsetzen. Erwachsene, die mehr tun, als für einen reibungslosen Verlauf des Alltags zu sorgen. Erwachsene, die ihre Umwelt kritisch wahrnehmen. Erwachsene, die sich kundig machen und sich nicht scheuen, in zunächst unbekannte Gebiete vorzudringen. Erwachsene, die sich nicht rasch entmutigen lassen, sondern die versuchen, Widerstände zu überwinden. Kurz, Erwachsene, die mit ihrem Handeln und Vorleben bestimmter Fähigkeiten durchaus die Gegenwart der Kinder im Auge behalten, aber gleichzeitig deren Zukunft bedenken. Damit erstreckt sich die Fürsorge für ein gesundes Lebensumfeld hinaus auf zukunftsorientierte Fähigkeiten.
>
> *(Reidelhuber, 2000, S. 12)*

Die Berücksichtigung solcher technisch oft anspruchsvollen Aspekte der **Wirtschaftsweise** und **Haushaltsführung** sowie das **Engagement** für notwendig erscheinende Änderungen braucht Partner und Unterstützung. Das beginnt bei der Klärung, welche bundes- oder landesrechtlichen Vorschriften und Regelungen in einem bestimmten Bereich von Energienutzung, Küchenbetrieb oder Abfallwirtschaft gelten (vgl. Reidelhuber, 2000, S. 26 ff.) bis hin zur Frage, in welchen Bereichen hier eine intensive Zusammenarbeit mit anderen Dienststellen, Fachleuten und Eltern anzustreben und umzusetzen ist. Eine Klärung wünschenswerter Vorhaben im pädagogischen Team wird in der Regel an erster Stelle stehen. Auf den dort getroffenen Überlegungen und Entscheidungen aufbauend könnte es beispielsweise sinnvoll sein, zusammen mit interessierten Eltern einen „Öko-Arbeitskreis" zu einem Schwerpunktthema zu gründen, an dem einzelne Teammitglieder und Eltern gemeinsam arbeiten.

Aufgabe:

Das Thema Energie zählt zu den wichtigsten Aspekten ökologischer Haushaltsführung, wenngleich es eher „unanschaulich" und fachlich anspruchsvoll ist. Die Wahl des Energieträgers und der eingesetzten Technik wird in der Regel vom Träger der Einrichtung bzw. von der Gemeinde bestimmt. Die Fragen einer sinnvollen und effizienten Energienutzung berühren aber durchaus den pädagogischen Alltag – aus Gründen der Vorbildfunktion ebenso wichtig wie als Möglichkeit eines konkret wirksamen Einsparpotenzials.
Suchen Sie – wenn möglich im Rahmen einer entsprechenden Arbeitsgruppe – nach Energie-Einsparmöglichkeiten innerhalb Ihrer Ausbildungs- oder Arbeitsstätte. Achten Sie dabei auch auf die Lebensdauer von Gebrauchsmaterialien, einschlägige Gewohnheiten der Energienutzung im Haus sowie Möglichkeiten, bestimmte technische Verbesserungen dem Träger der betreffenden Einrichtung vorzuschlagen.

Wasser ist ein lebensnotwendiges Element. Das bedeutet, dass ihm unter ökologischen Aspekten eine ganz besonders wichtige Rolle zufällt, die wiederum mit den speziellen chemischen und physikalischen Eigenschaften des Wassers zu tun hat (vgl. Kapitel 4.3, S. 133 ff.). Als Transport- und Lösungsmittel für Stoffe ist Wasser an nahezu allen Abläufen in der Natur beteiligt und stellt gleichzeitig in verschiedener Hinsicht einen der wichtigsten natürlichen Lebensräume dar (vgl. Leonard, 2011, S. 56 ff.).

Außer festen Rückständen, die man im **Schmelzwasser** (und auch im filtrierten Regenwasser) entdecken kann, lässt sich auch gut der Säure- oder pH-Wert eines **Niederschlagswassers** feststellen (vgl. Allaby, 2000):

Handelsübliche Teststäbchen, die nach dem Eintauchen in das Wasser entsprechende Farbreaktionen zeigen, verraten, ob der Säuregehalt des Regenwassers im üblichen Bereich von pH 5,6 (aufgrund der im Regen enthaltenen Kohlensäure) oder darunter liegt. Bei Werten unter pH 5,0 gilt Regen als sauer und wirkt auf Pflanzen und Fische bereits schädigend. Ursache für eine solche Versauerung sind bekanntlich höhere CO_2- und Schwefelgehalte der Luft.

Das Verfahren, pH-Wert, Sauerstoffgehalt und zahlreiche andere chemische Elemente und Verbindungen im Wasser nachzuweisen, wird als chemische Wasseruntersuchung der biologischen Wasseruntersuchung gegenübergestellt. Letztere versteht sich als Methode, nach der die Lebensansprüche bestimmter Kleinlebewesen berücksichtigt werden, wobei die Tatsache des Vorkommens selbst und die Häufigkeit, mit der ein bestimmtes Tier in einem Gewässer gefunden wird, Rückschlüsse auf die Wasserqualität zulässt.

Bringt man etwas Schnee zum Schmelzen und filtriert das Wasser, so ist das Erstaunen nicht selten groß, dass der Schnee überhaupt weiß erscheinen konnte.

Eine solche Untersuchung kann ansatzweise auch sehr gut mit Kindern durchgeführt werden, wobei es natürlich nicht darum gehen soll, eine exakte Aussage über die jeweilige Gewässergüteklasse zu treffen, sondern Kindern die Gelegenheit zum Kennenlernen der unterschiedlichen Organismen zu geben. Selbstverständlich kann dabei auch darüber gesprochen werden, was das Vorkommen der einen oder anderen Art über den Zustand des Baches oder Teichs verrät.
Hilfen zur Bestimmung der betreffenden Kleinlebewesen finden sich in vielen verschiedenen Büchern. Besonders zu empfehlen ist das Bestimmungsbuch „Was lebt in Tümpel, Bach und Weiher?" (Engelhardt, 2008).

Gewässergüteklassen

Nach ihrem Verschmutzungsgrad werden Gewässer in vier Güteklassen eingeteilt:

Wassergüteklasse I: In sauberen, sauerstoffreichen Gewässern leben Tiere und Pflanzen im Gleichgewicht. Tiere (z.B. Fische, Krebse, Zooplankton) konsumieren pflanzliches Material und verbrauchen Sauerstoff. Pflanzen (z.B. Algen) liefern Nahrung und produzieren Sauerstoff. Abgestorbene Lebewesen werden durch Bakterien (Destruenten) unter Sauerstoffverbrauch zersetzt. Durch diese biologische Selbstreinigung bleiben die Gewässer sauber. Es herrscht ein biologisches Gleichgewicht.

Wassergüteklasse II: In mäßig verschmutztem Wasser kommt es aufgrund von Überdüngung (Eutrophierung) zu starkem Algenwachstum. Durch das Überangebot an Nahrung vermehren sich zuerst das Zooplankton, dann die Krebse und die Fische. Das Wasser ist noch reich an Sauerstoff.

Wassergüteklasse III: In stark verschmutztem Wasser vergrößert sich die Zahl der abgestorbenen Lebewesen. Das Bakterienwachstum nimmt unter Sauerstoffverbrauch und der Bildung von Fäulnisstoffen zu. Weil durch die starke Algenvermehrung kein Licht mehr an den Boden des Gewässers gelangt, können die Pflanzen dort keine Fotosynthese mehr betreiben, sie sterben ab und verfaulen. Der Sauerstoffgehalt wird immer geringer. Fische und Krebse sterben.

Wassergüteklasse IV: In übermäßig verschmutztem Wasser sind alle größeren Lebewesen an Sauerstoffmangel gestorben. Nur Bakterien und Wimperntierchen haben überlebt.

Noch stärker belastete Gewässer „kippen um". Sie sind tot. Auch die Wimperntierchen sterben, der Sauerstoffgehalt sinkt auf null.

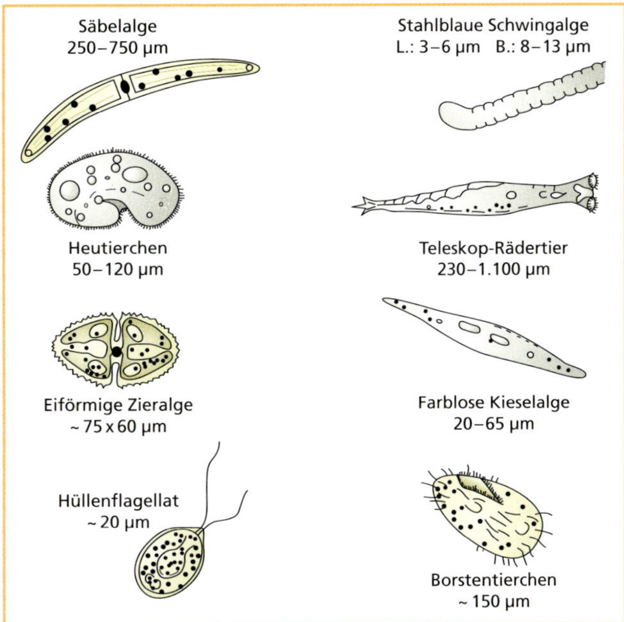

Zeigeorganismen: (Gewässergüteklasse III) Sie werden als biologische Indikatoren zur Beurteilung eines Gewässers herangezogen. (vgl. Biermann/Kaiser, 2012, S. 196)

Wasserverschmutzung gehört häufig zu den auffälligeren Belastungen, denen unsere Umwelt ausgesetzt ist. Seine Anschaulichkeit, aber auch die ökologische Bedeutung von Bemühungen zur Reinhaltung von Wasser bzw. Wasserreinigung machen dieses Thema auch zu einem zentralen und vielfach beschriebenen Thema für die Umweltpädagogik. Dabei geht es neben der Erkundung von Kleinlebewesen in Bächen oder Tümpeln auch um Modelle der Wasserreinigung, im einfachsten Fall als rein mechanische Filterung durch verschiedene Schichten wie Sand, Kies, Erde, im etwas aufwendigeren Fall aber auch um den Bau einer „Minikläranlage" (vgl. Kapitel 5, S. 181).

Die Eigenschaft des Wassers, als Lösungsmittel für bestimmte (hydrophile) Stoffe zu fungieren, hängt mit der Molekularstruktur des Wassers zusammen: Durch die Anordnung der beiden Wasserstoff- und des Sauerstoffatoms erhält das Wassermolekül eine winkelige Form, die eine leichte Polarisierung aufweist; das Molekül stellt einen *Dipol* dar. Damit ist die Fähigkeit verbunden, sich mit anderen Substanzen, die ebenfalls eine gewisse innere Polarisierung aufweisen, zu verbinden und eine „Lösung" zu bilden, während Substanzen, die das nicht haben, in Wasser auch nicht löslich sind.

> **Hydrophob** = Eigenschaft bestimmter Stoffe, sich mit Wasser nicht (gut) mischen zu lassen (wörtlich: „Wasser fürchtend"), das Wasser „abperlen" lassen. Substantiv: Hydrophobie. Beispiel: Wachs, Öl, Benzin. Hydrophobe Stoffe sind meist *lipophil*, d. h., sie lassen sich gut in Fett oder Öl lösen.
>
> **Hydrophil** = Eigenschaft bestimmter Stoffe, sich mit Wasser gut mischen zu lassen (wörtlich: „Wasser liebend"). Substantiv: Hydrophilie. Beispiel: Essig, Fruchtsaft. *Waschaktive Substanzen* bestehen aus Molekülen, die sowohl *hydrophil* als auch *hydrophob* sind: Sie können fetthaltige Verschmutzungen in Wasser lösen.

Für die Thematik der *Wasserverschmutzung* hat das weitreichende Konsequenzen: Während wir eine Verunreinigung mit wasserunlöslichen Stoffen meist rasch erkennen und auch mittels mechanischer Trennverfahren (Rechen, Siebe, Filter) gut entfernen können, erfordert die Beseitigung von im Wasser gelösten Substanzen ungleich mehr Aufwand: Abgesehen davon, dass viele dieser Stoffe farb- und geruchlos sind und ihr Vorkommen und ihre Konzentration im Wasser überhaupt erst einmal analysiert werden müssen, sind darüber hinaus chemische Reinigungsverfahren erforderlich, die fast immer relativ aufwendig sind. Zu beachten ist allerdings, dass in jedem natürlichen Wasser auch Stoffe gelöst sind, die wir beispielsweise im Trinkwasser als Mineralstoffe schätzen und die oft erst den besonderen Wert eines Wassers ausmachen (vgl. Kapitel 3, S. 94 und Kapitel 4, S. 137 f.).

Auch die Problematisierung des von uns Menschen verursachten **Abfalls** und **Mülls** steht in enger Beziehung zum Wasser, vor allem dort, wo es um die Deponierung von Müll geht, verbunden mit der Gefahr der Auswaschung von Schadstoffen ins Grundwasser usw.

Dabei hat die weltweit zunehmende Menge an Kunststoffmüll besonders gravierende Folgen. Das hat gleich mehrere Gründe:

- Die Vielfalt und Menge an Kunststoffen in unserer Umwelt nimmt nach wie vor in atemberaubendem Tempo zu. Derzeit werden weltweit pro Jahr etwa 280 Millionen Tonnen Kunststoffe hergestellt, vor allem für Verpackungen (33 %), Bauwesen (25 %) und Elektronik/Elektrotechnik (25 %). Der Anteil der Kunststoffe am Müllaufkommen beträgt in Deutschland rund 80 %.
- Das Recyceln von Kunststoffmüll ist vor allem bei Verbundstoffen und Kunststoffgemischen nach wie vor sehr schwierig und lässt sich vielfach nicht kostendeckend durchführen. Global betrachtet, wird nur ein kleiner Teil des Kunststoffmülls recycelt.

- Konkrete Daten über Umwelt- und Gesundheitsrisiken liegen nur für einen Bruchteil der verschiedenen Chemikalien vor. Insbesondere die Wechselwirkungen verschiedener chemisch-synthetischer Substanzen untereinander konnten bislang nur in Ansätzen erforscht werden.
- Kunststoffabfälle finden sich mittlerweile überall auf unserem Planeten. In manchen Gebieten bilden sie riesige Müllhalden, von denen völlig unkalkulierbare Risiken ausgehen, nicht zuletzt deshalb, weil sich dort ein Mix aus Chemikalien aller Art befindet.
- Über Flüsse und direkte Entsorgungswege, besonders aber durch Schifffahrt und Fischerei entstehen immer größere maritime Müllhalden. Durch den Wellengang und andere Faktoren werden die Kunststoffe zwar nach und nach zerkleinert, bleiben aber als kleinere Partikel im Wasser – vermutlich jahrhundertelang. Sie führen vermehrt zum Tod zahlreicher Tiere, die sich entweder in Kunststoffnetzen verfangen oder kleinere Plastikpartikel mit Plankton und anderer Nahrung verwechseln und schließlich mit vollem Magen verhungern.

Lapidar heißt es im Film „Plastic Planet": „Die Menge an Kunststoff, die wir seit Beginn des Plastikzeitalters produziert haben, reicht bereits aus, um unseren gesamten Erdball sechs Mal mit Plastikfolien einzupacken" (www.plastic-planet.at). Einer der beunruhigendsten Aspekte des Kunststoffmülls besteht in der Anreicherung der Umwelt durch Mikroplastik. Vor allem im Meer zerfällt ein Großteil der Kunststoffe in winzig kleine Teile, die vielfach kaum sichtbar sind, aber mehr und mehr Teil der Nahrungskette werden. Diese Teilchen, die aus den verschiedensten Kunststoffarten bestehen, werden nämlich von zahlreichen Meeresbewohnern mit Plankton verwechselt und reichern sich so im Gewebe von Muscheln und Krebsen, Fischen und Vögeln an. Es ist heute noch nicht absehbar, wie sich das auf höhere Lebewesen auswirkt, aber da viele Kunststoffe gefährliche Zusatzstoffe enthalten, werden weitreichende gesundheitliche Folgen vermutet.

Die Umweltpädagogik hat die mit Abfall und Müll in Zusammenhang stehenden Umweltprobleme immer wieder thematisiert. Dies und insbesondere ein allgemein gestiegenes Umweltbewusstsein haben hierzulande zumindest bewirkt, dass die **Abfallsammlung** überwiegend gut funktioniert und der Müll den Vorschriften entsprechend entsorgt wird. Am Gesamtaufkommen des Kunststoffmülls ändert das aber nichts, und das hat möglicherweise auch damit zu tun, dass wir von den wachsenden Müllmengen wenig mitbekommen. Immerhin landet der Großteil des anfallenden Mülls in **Müllverbrennungsanlagen**, die als Müllkraftwerke elektrischen Strom und/oder Wärmeenergie liefern. Dennoch dürfen wir nicht übersehen, dass trotz aufwendiger Behandlung und Filterung der Abgase bei Weitem nicht alle Schadstoffe zerstört werden können. Außerdem fallen große Mengen an Verbrennungsschlacke und Filterstäube an, die wiederum in **Deponien** oder geschlossenen Bergwerken untergebracht werden müssen.

Als Mikroplastik gelten Kunststoffteilchen, deren Größe etwa 1 Millimeter oder weniger beträgt. Ihr Anteil an der Umweltbelastung wächst beständig.

Letztlich kann das Ziel eines umweltverträglichen Handelns nur darin bestehen, weit stärker als bisher auf **Abfall- und Müllvermeidung** zu setzen. Angesichts der Tatsache, dass ein Großteil des Mülls aus Verpackungsmaterialien aller Art besteht, kann bereits eine Reduktion dieser Stoffe (Kunststofffolien und -beutel, Behälter und Schalen aus Polystyrol („Styropor") und andere Einwegverpackungen) eine große Wirkung haben.

Insgesamt sollten wir natürlich eine ganze Reihe von **Konsumgewohnheiten** überdenken und gegebenenfalls verändern:

- Verzicht auf unnötige Dinge
- Bei Gebrauchsgegenständen sind langlebige und reparaturfähige Produkte solchen Dingen vorzuziehen, die weniger dauerhaft sind oder sogar gezielt als Wegwerfware auf den Markt gebracht werden (z. B. Einwegkameras).
- Berücksichtigung des Schadstoffgehalts, der bei Kunststoffprodukten und farbintensiven Dingen häufig besonders hoch ist
- Berücksichtigung der Energie- und Stoffmengen, die bei Produktion, Transport und Vermarktung eines Produkts anfallen (Je mehr Aufwand ein Produkt erfordert, desto wertvoller und nutzbringender sollte es sein.)
- Bei Schäden an Gebrauchsgegenständen sind mögliche Reparaturen einer Neuanschaffung stets vorzuziehen – und das betreffende Produkt sollte eine solche Reparatur zulassen.
- Da auch bei qualitativ hochwertigen Gebrauchsgegenständen irgendwann eine Reparatur nicht (mehr) infrage kommt, sollte der betreffende Hersteller eine Wiederverwertung ermöglichen (Rücknahmegarantie, Recycling von Teilen und Materialien).

➲ *Zur Vertiefung dieses Themas finden Sie im Arbeitsheft eine Projektanregung.*

Literaturtipps

- Beck, Rainer: Ebersberg oder das Ende der Wildnis. Eine Landschaftsgeschichte, München: C. H. Beck, 2003 – Detaillierte und spannend zu lesende Geschichte der Veränderungen bestimmter Landschaften im Raum München und Oberbayern. Darstellung der Zusammenhänge und Wechselwirkungen von Natur- und Kulturgeschichte in den letzten 250 Jahren.
- Hensel, Wolfgang: Der große Ravensburger Naturführer. Tiere und Pflanzen unserer Heimat, Ravensburg: Ravensburger Buchverlag, 2009 – Überarbeitete Ausgabe des umfangreichen Naturführers für Kinder ab neun Jahren mit dem Schwerpunkt „heimische Tiere und Pflanzen".
- Pollack, Steve: Ökologie. Wechselbeziehungen zwischen Menschen, Pflanzen, Tieren und der unbelebten Natur, übers. v. Eva u. Hans-Jürgen Schweikart, Hildesheim: Gerstenberg, 2003 – Sorgfältig ausgewählte und treffsicher beschriebene Einzelheiten zu verschiedenen Forschungsgebieten der Ökologie ergeben insgesamt eine sehr anregende Einführung in diese Wissenschaft.
- Reichholf, Josef H.: Die Zukunft der Arten. Neue ökologische Überraschungen, München: C. H. Beck, 2006 – Die Befunde, die der Autor hier in einprägsamer Weise und durch viele Beispiele belegt vorstellt, werfen einen ungewohnten Blick auf Fragen des Naturschutzes und regen in vieler Hinsicht zum eigenen Nachdenken und Nachforschen an.

- Reidelhuber, Almut: Umweltbildung. Ein Projektbuch für die sozialpädagogische Praxis von 3–10 Jahren, Freiburg i. Br.: Lambertus, 2000 – Sammlung bewährter Vorschläge und Ideen zur umweltpädagogischen Arbeit mit Kindern einschließlich vieler Lieder und Textbeispiele sowie prägnante, sachübergreifende Informationen zur Umweltbildung heute.
- Roberts, Callum: Der Mensch und das Meer. Warum der größte Lebensraum der Erde in Gefahr ist, München: DVA, 2013 – Der renommierte Meeresbiologe erläutert hier auf sehr einprägsame Weise, welche Bedeutung das Meer für den Menschen hat – und warum und wie sich diese Beziehung im Zusammenhang mit globalen Veränderungen zu einer Gefahr für das ganze Ökosystem entwickelt.
- Schreier, Helmut: Bäume. Streifzüge durch eine unbekannte Welt, Der Freitag Mediengesellschaft, 2009 – Eine sehr kundige und facettenreiche Darstellung der Welt der Bäume, die auch wertvolle Anregungen für die Arbeit mit Kindern enthält.

12 Materie, Material und Struktur

Welche Dinge machen Lust auf Sammeln?

Welches Material fühlt sich gut an?

Was kann das äußere Erscheinungsbild eines Materials verraten?

Wie lässt sich Granit von Marmor unterscheiden?

Warum findet man in manchen Gegenden Fossilien, in anderen nicht?

Was hat Verwandlung mit Ordnung zu tun?

Nach welchen *Prinzipien* ordnen Sie am liebsten?

Wie kommen wir zu neuen Erkenntnissen?

Mögen Sie *Labyrinthe*? Oder gar *Irrgärten*?

Wie viele verschiedene Formen kann ein Schneekristall haben?

Worin liegt der Unterschied zwischen *Chaos* und *Zufall*?

Was halten Sie von Mathematik?

Kennen Sie den *Goldenen Schnitt*?

Sammlung sonderbarer Objekte

Nr. 12

Was löst die Betrachtung
in Ihnen aus?
Erinnerungen, Vermutungen,
Wiedererkennen?

Was könnte das sein?

Welche Bedeutung, welchen
Nutzen könnte es haben?

(Auflösung im Anhang, S. 430)

Wir wählen und benennen die Dinge um uns,
verwenden und bewerten sie.
Auch Ordnung ist eine Frage der Perspektive.

Die Verfügbarkeit möglichst unterschiedlicher und die Fantasie anregender Materialien spielt in der Umweltpädagogik eine besonders wichtige Rolle: Anschaulichkeit und unmittelbare taktile, haptische Wahrnehmungsmöglichkeiten helfen nicht nur jüngeren Kindern dabei, verschiedene natürliche wie künstliche Stoffe und Materialien unserer Umwelt einschließlich ihrer Eigenschaften und Verwendungsmöglichkeiten kennenzulernen. Der **sinnliche Stoff** wird zur Basis für neugieriges Fragen und interessiertes Ausprobieren, für die Aneignung von Wissen und Erlangung handwerklichen Geschicks.

Ein Strandspaziergang oder eine andere kleine Wanderung führt häufig rasch zu vielen Entdeckungen: Unscheinbare Dinge am Wegrand, rätselhafte Stücke aus Metall oder Kunststoff, seltsam gezeichnete Steine und vieles andere mehr verführen Kinder zum Suchen und Sammeln. Es ist also ratsam, bei solchen Unternehmungen mit Kindern auch immer ein Gefäß für den Transport der besonderen, selbst gefundenen Dinge *mitzuführen.*

Der Annäherung an das Material an sich, an Fundgegenstände und Baumaterialien, (ungefährliche!) chemische Substanzen, Gerätschaften oder technische Hilfsmittel, folgt als zweiter Schritt die Suche nach **Zuordnung und Systematisierung**. Sehr früh entwickeln Kinder bereits ihre ganz individuellen Ordnungssysteme, von den Erwachsenen häufig wenig beachtet oder gar missverstanden; immerhin ordnet ein Kind beispielsweise seine Lieblingsspielsachen meist (noch) nach völlig anderen Kriterien als ein Erwachsener.

Allein die Frage nach der Lagerung und Aufbewahrung von verschiedenen Dingen erzwingt als Antwort bereits Vergleichen, Unterscheiden, Zuordnen. Nicht selten entwickelt sich aus einem pragmatisch begründeten Ordnen ein lustvolles Spiel mit immer wieder neuen Gegenüberstellungen und Gruppierungen der Materialien.

Aus diesem Grund ist es auch spannend, das Zustandekommen einer bestimmten Ordnung und ihre *innere Systematik* näher zu betrachten – gleichsam der dritte Schritt. Dabei gibt es zahlreiche Möglichkeiten, angefangen von den einfachsten Zweckbestimmungen und äußeren Zwängen, die zu einer bestimmten Anordnung von Dingen führen mögen, bis hin zu komplizierten Fragestellungen, wie etwa ein bestimmtes **Muster** als mathematisch darstellbares Ordnungssystem erkannt und beschrieben werden kann.

Je ähnlicher Dinge einander sind, desto schwieriger wird es, sie zu unterscheiden. Eine Binsenweisheit, die jeder nachvollziehen kann, der einmal versucht hat, einen Haufen kleiner Schrauben unterschiedlicher Arten und Formen zu sortieren oder ein möglichst übersichtliches und dennoch sinnvoll gegliedertes Ordnungssystem einschließlich unmissverständlicher Benennungen für ein umfangreich gewordenes Fotoarchiv zu erstellen. Wir sollten dabei nicht übersehen, dass unsere künstlich und willkürlich geschaffenen Ordnungen im Vergleich mit natürlichen Ordnungssystemen nur winzige und meist ziemlich kurzlebige Versuchsanordnungen darstellen: Die Lagerung von Sandkörnern in einer Düne, die Brandung am Meeresufer oder die Zeichnung eines Tierfells spiegeln Ordnungen, deren Gesetzmäßigkeiten zwar ungeheuer faszinierend, aber trotz ihrer Universalität nicht leicht erfassbar sind.

Die Teile dieses Kapitels entsprechen diesen drei Schritten, wobei es in der Natur der Sache liegt, dass es zahlreiche Anklänge und Überschneidungen zum Inhalt früherer Kapitel gibt. Manche dieser Querverbindungen werden auch entsprechend hervorgehoben, andere werden Ihnen beim Lesen selbst als vielleicht interessante Möglichkeiten erscheinen.

Entscheidend ist aber auch, dass es in diesem Kapitel neben ganz „handfesten" Dingen wie Steinen, Gesteinen und Mineralen auch um theoretische Fragestellungen gehen wird, die auch für bereits früher behandelte Themen Geltung beanspruchen:

- Auf welchen Wegen kommen wir zu einer bestimmten Erkenntnis?
- Nach welchen Kriterien ordnen wir unser Wissen?
- Welche Rolle spielt der Blickwinkel, die *Perspektive*, bei unseren Beobachtungen?

Solche Fragen können naturgemäß hier nur angerissen werden, aber die Erfahrung zeigt, dass eine Umweltpädagogik, die die entsprechenden Phänomene auf vielseitige und auch *hinter*gründige Weise thematisiert, für Kinder *und* Erwachsene noch spannender wird. Daraus ergibt sich als Gliederung des Kapitels:

12.1 Sinnliche Stoffe – Fundsachen und Steine, Bodenkundliches und „Verwandlungen"

12.2 Ordnung und Chaos I: untersuchen und befragen – (Begriffsbildung und Erklärung, Irreführendes und die Lust am Rätselhaften)

12.3 Ordnung und Chaos II: Muster und Strukturen – (Schneekristalle und Sandkörner, der Goldene Schnitt und die Wissenschaft von den Mustern)

12.1 Sinnliche Stoffe – Fundsachen und Steine, Bodenkundliches und „Verwandlungen"

Nicht umsonst steckt im Wort „begreifen" das ursprünglichere „greifen". Die unmittelbare Tasterfahrung ist insbesondere für Kinder die wichtigste und beste Möglichkeit, etwas über das Wesen der Dinge herauszufinden (vgl. Kapitel 1, S. 22 ff.). Der Chemiker und Soziologe Mins Minssen (Minssen, 1989, S. 114) weist eindringlich darauf hin, wie wichtig die Qualität einer sinnlichen **Stoffwahrnehmung** gerade heutzutage ist, da Kinder viel zu häufig bloß über abstrakte Begriffe und sachlich nüchterne Beschreibungen an die Natur herangeführt werden: „Es geht bei der Forderung nach unmittelbarer Stoffbeziehung nicht um Luxus, sondern um Notwendigkeiten oder wenigstens um Luxus als Notwendigkeit. Damit ist zum Beispiel Abwechslung für den Tastsinn bei der Wahrnehmung von Stoffen gemeint."

Töpferton ist vielseitig verwendbar und regt Kinder zu ganz unterschiedlichen Tätigkeiten, Gestaltungen und Überlegungen an.

Aufgaben:

Versuchen Sie, sich an eigene, besonders intensive Stoffwahrnehmungen zu erinnern, und notieren Sie in Stichworten zur jeweiligen Wahrnehmung, was dazu von besonderem Interesse sein könnte, d. h. wodurch diese Wahrnehmung beispielsweise ausgelöst oder verstärkt worden ist.

1. Art der Sinneswahrnehmung (Oberflächentextur, Geruch etc.) und Art des Stoffes
2. Ungefährer Zeitpunkt und äußere Umstände der Wahrnehmung
3. Qualität der Empfindung (angenehm – unangenehm, eine Erinnerung auslösend etc.)
4. Folgen dieser Wahrnehmung (häufige Erinnerungen, Vermeidungsverhalten oder intensive Beschäftigung mit einem bestimmten Thema etc.)

Selbstverständlich sind längst nicht alle Stoffe in unserer Umwelt dem direkten „Begreifen" im Sinn eines Abtastens zugänglich oder zuträglich, und es ist sicherlich in etlichen Fällen zu überlegen, ob und falls ja, wie direkt der sinnliche Kontakt mit einem bestimmten Stoff für Kinder (und Erwachsene) sein darf.

Fundsachen

Abgesehen von den spontanen Funden, die Kinder unterwegs machen und die – falls möglich – den Fundus der Spiel- und Arbeitsmaterialien in einer Kindertagesstätte oder einem Hort bereichern, geht es häufiger darum, welche Materialien sozusagen als Grundausstattung Kindern zur Verfügung stehen sollten.

Der alte, rostige Blechcontainer löste bei den Erwachsenen nicht gerade Begeisterung aus; für die Kinder war es die Entdeckung – und ein wichtiges Requisit in den Spielen der darauffolgenden Tage.

Analog zur Zusammenstellung von Geräten und Hilfsmitteln für ein „Kinderlabor" (vgl. Kapitel 3, S. 94 f.) bietet sich natürlich auch an, ein Materiallager anzulegen. Dabei ist es sinnvoll – und häufig auch gut möglich –, die Auswahl der Dinge und Materialien gemeinsam mit den Kindern zu überlegen. Am reizvollsten und interessantesten sind für Kinder auch hier jene Gegenstände, die aus der Arbeitswelt der Erwachsenen (ihrer Eltern) stammen. Dabei handelt es sich eben um „echte" Materialien und Werkzeuge, deren Gebrauch eine Atmosphäre bedeutender Handlungen schafft. Dass derartige Gegenstände mitunter gewisse Sicherheitsregeln erfordern, ist deshalb für Kinder nicht nur gut nachvollziehbar, sondern vergrößert sogar den Wert der jeweiligen Aktionen.

Während Werkzeuge und Geräte eine gewisse Lebensdauer aufweisen sollten und teilweise etwas Pflege benötigen, ist es wichtig, dass unterschiedliches Verbrauchsmaterial den Kindern ohne unnötige Einschränkungen zur Verfügung steht. Dabei könnte es sich z.B. um folgende Dinge und Stoffe handeln, wobei die Verfügbarkeit von Wasser vorausgesetzt werden soll:

Materialgruppe	Beispiele
Anorganische Materialien	Steine (Gesteine und Minerale) in unterschiedlichsten Größen und Formen, darunter besonders leicht bearbeitbare Steine wie Speckstein, verschiedene und verschiedenfarbige Sande, Komposterde, Lehm, Aussaat- und Pflanzerden
Organische Materialien	Hölzer in verschiedenen Arten und Abmessungen, Samen, Zapfen, Trockenfrüchte verschiedener Pflanzen, trockene Binsen/Schilfhalme, getrocknete Blätter, Blüten, Nadeln, Zweige, Holzwolle, Sägespäne
Baustoffe	Ziegel, Klinker und Pflastersteine (eher kleinere Formen, allerdings sehr unterschiedlichen Aussehens und für verschiedene Verwendungszwecke gefertigt, auch Bruch), Kacheln und Fliesen, Splitt
Eisenwaren und Montage-Kleinteile	verschiedene Nägel, Schrauben, Beilagscheiben, Muttern, Gewindestangen, Dübel, Abstandhalter, Büroklammern, Winkeleisen, Dichtungsringe, Räder und Reifen
Verbund-/Kunststoffe	Noppenfolie, Luftpolsterfolie, Styropor, Schaumstoff, unterschiedliche Formteile, Verpackungsstoffe
Textilien	Sackleinen, Jute, große Tücher aus verschiedenen Stoffen, Stores, Wollreste, Markisenstoffe, Altkleider, Hüte, Schals
Sonstiges	Wachs/Kerzen, verschiedene Papiere und Kartons, farbige Tinten, Leder, bestimmte Lebensmittel wie Zucker, Salz, Öl, Hefe

Die Verwendung und Nutzung dieser und anderer Materialien wird in sehr unterschiedlicher und vermutlich auch wechselhafter Weise erfolgen, und je nach Alter und Interessen der Kinder werden im einen Fall eher spielerische, im anderen Fall ernsthaftere Nutzungen im Vordergrund stehen. Befinden sich in der Materialsammlung auch besondere, seltene oder wertvollere Dinge, so ergeben sich auch ganz spezielle Verwendungsmöglichkeiten wie z. B. die Einrichtung einer „Schatzkiste“ (vgl. Kapitel 1, S. 19) oder der Einsatz solcher Dinge in bestimmten vorbereiteten Wahrnehmungsspielen wie z. B. „Merkwürdige Dinge am Weg“ (vgl. Kapitel 1, S. 21 f.).

Eine intensivere Beschäftigung mit der Welt der Dinge kann zu überraschenden Entdeckungen und Einsichten führen. Dazu bietet sich auch ein strukturiertes Vorgehen an, bei dem Kinder mit einer Sammlung verschiedener kleiner Dinge konfrontiert werden, aus der jedes Kind ein Element auswählt. Anschließend werden gemeinsam Antworten auf bestimmte Fragen gesucht, wobei dieses Erkundungsgespräch *natürlich entscheidend vom Alter und den Interessen der Kinder mitbestimmt sein wird:*

- *Was ist das?*
- *Wie lässt sich das Ding beschreiben (Form, Struktur, Farbe, Gewicht)?*
- *Woher stammt es? Eventuell auch: Wie ist es entstanden?*
- *Welche Bedeutung hat das Ding für die Umwelt (z. B. für Tiere, für Pflanzen)?*
- *Ist es Teil eines größeren Ganzen? Wenn ja, welche Bedeutung hat es dort?*
- *Ist es für uns Menschen nützlich? Warum? Warum nicht?*

Zu überlegen ist in jedem Fall die Frage nach der **Unterbringung** einer Materialsammlung, zumal viele Einrichtungen unter einem gewissen Platzmangel leiden. Sinnvoll erscheint deshalb, zwischen unempfindlicheren und schützenswerteren Gütern zu unterscheiden: Einfache, sogenannte Schüttgüter wie Kies, Steine oder Lehm sowie Hölzer oder Ziegel können gut an einem oder mehreren Plätzen im Freien gelagert werden, während für andere Materialien ein überdachter Platz oder ein entsprechender Lagerraum im Gebäude gefunden werden sollte, in dem auch Raum für einen absperrbaren Schrank für bestimmte Werkzeuge und wertvollere Geräte ist. Es versteht sich von selbst, dass ein solcher Lagerraum wiederum als Spiel- und Betätigungsbereich nutzbar sein kann.

Ein Ziegel kann auch noch in zerkleinerter Form verwendet werden, als …

… Farbe, die aus Ziegelmehl und Kleister angerührt wurde: ein einfaches Mittel für eine neue „Höhlenmalerei".

Steine

Steine faszinieren Kinder schon seit jeher – und nicht nur Kinder. Ob rundlich oder kantig, glänzend, schimmernd oder matt, glatt oder körnig, in der Form wunderschöner Kristalle oder eigenartig geschwungener Flusskiesel: **Steine** haben stets ihren eigenen Reiz, ihre eigene Bedeutung, ihr ganz eigenes Gewicht. Der Begriff „Stein" ist dabei ziemlich undeutlich: Je nach Zugang und Betrachtungsweise sehen wir in Steinen Bausteine, Spielsteine, Edelsteine, Bordsteinkanten, Kletterfelsen. Auch Stolpersteine können Steine sein. Wer es genauer wissen möchte, wird deshalb bald eine brauchbare Bestimmung suchen, wird zwischen **Mineralen** und **Gesteinen** unterscheiden wollen – und beim Begriff „Edelstein" vielleicht misstrauischer als bisher reagieren. Denn ein „Edelstein" ist nichts anderes als die Bezeichnung für einen besonderen, besonders schönen und – nicht selten – besonders teuren Stein; eine allgemeingültige Definition für das, was „edel" sein soll, gibt es nicht.

Besonders attraktiv werden manche Kieselsteine durch eine auffällige Aderung in Form von Linien und Bändern, die manchmal sogar die Form eines Buchstabens oder einer Ziffer annehmen.

Vor allen Fragen über Art oder Entstehung eines bestimmten Steins steht bei Kindern die Lust am Umgang mit dem Material selbst. Jeder Ausflug und jede Wanderung, ein Tag am Badesee oder eine spezielle naturkundliche Exkursion bieten Gelegenheiten, auf Steine aufmerksam zu werden, sie zu bestaunen und – wenn möglich – mitzunehmen. Finden solche Ausflüge mit Kindern häufiger statt, kommt es in der betreffenden Einrichtung rasch zu einer beachtlichen Sammlung.

Aus solchen Beobachtungen und Erfahrungen heraus entwickelte sich vor Jahren die Idee einer ***Steininsel****, die der Autor im Außengelände einer Kinderkrippe gemeinsam mit den Erzieherinnen und Eltern baute: eine kreisförmige Anlage aus ausgewählten Findlingssteinen, deren Zentrum mit einem Gemisch kleinerer, rundlicher Kiesel befüllt wurde. In einem äußeren Ring um die Findlingssteine wurden hochwüchsige Staudengräser gepflanzt, die diesen Bereich vom übrigen Garten abgrenzen und ihn zu einer Art Insel machen – der Steininsel.*
Die Kinder nutzten das Angebot in vielfältiger Weise, und bis heute interessieren sie sich für die Vielfalt an Formen, Farben und Strukturen, schleppen die Kiesel eimerweise durch den Garten, bauen diese Steine zusammen mit Sand und Wasser in ihre anderen Werke ein, handeln damit und sammeln sie – nach immer wieder neuen Kriterien geordnet – in den verschiedensten Ecken des Gartens. Das Zentrum des Spiels mit Steinen bleibt die Steininsel selbst, wo die Kinder erleben, wie die Sonne die Steine erwärmt, wie der Regen sie nass, glänzend und glitschig macht oder wie der Frost sie aneinanderkleben lässt. Dieses kleine Areal ist bis heute mehr als ein bloßes Vorratslager besonderer Steine: Aufgrund ihrer Lage und Größe eignet die Insel sich gut als Treffpunkt zum Sitzen, Entspannen und Träumen, zum Vorlesen und Erzählen von Geschichten.

Betrachtet man **Steine als Spielmaterial**, so sollte vielleicht zwischen der Verwendung in ergebnisoffenen Spielsituationen (Steine als Baumaterial einer Brücke, einer Mauer etc.) und der bei Regelspielen oder anderen angeleiteten Spielen unterschieden werden. Beides hat seine Berechtigung, und in beiden Fällen ist es gut, wenn viele unterschiedliche Größen, Formen und Gesteinsarten zur Verfügung stehen.

Flache, helle Kiesel eignen sich u. a. auch gut zur Herstellung eines Dominospiels.

In vielen Sachbüchern finden sich Anregungen für **Spiele mit Steinen**, von denen hier einige genannt seien (vgl. Wilken, 2002):

- „Steinbilder“ legen: freies Gestalten mit ausgewählten kleinen Kieselsteinen, eventuell auch auf einem festen Karton oder einer Sperrholzplatte mit oder ohne Rahmen. Die Steine werden hier auf eine zuvor gemischte und nicht zu dick aufgetragene Masse aus feinem Quarzsand (Vogelsand) und Tapetenkleister (im Verhältnis 3 : 2) gesetzt und leicht angedrückt. Bei Zimmertemperatur sollte dieses *Mosaik* nach einigen Tagen trocken und fest geworden sein.

- Steinrasseln: Unterschiedliche, aber eher kleine Gefäße (Filmdosen, Röhrchen oder kleine Flaschen mit entsprechenden Verschlüssen) werden von den Kindern individuell mit einer gewissen Menge kleiner Steinchen befüllt. Diese selbst gefertigten Instrumente lassen sich auch gut für Musik- und Rhythmusspiele nutzen.
- Speckstein oder Ytong bearbeiten: Die Bearbeitung solcher Steine erfordert nicht nur bestimmte Werkzeuge und Augenschutz, sondern insbesondere Regeln, die mit den Kindern abzusprechen sind.
- Einen möglichst hohen Steinturm bauen: Abgesehen davon, dass Kinder solche Türme immer wieder auch ganz von selbst bauen wollen, lässt sich daraus auch ein kleines Regelspiel machen, bei dem Kinder mit einer bestimmten Ausgangsmenge an gleichartigen Steinen und einem Spielwürfel versuchen sollen, einerseits ihre eigenen *Spielsteine* – entsprechend der gewürfelten Augenzahl – einzubauen, andererseits darauf achten müssen, dass der Turm nicht vorzeitig einstürzt.
- „Steinkim": Aus 30 bis 40 Steinen legt ein Kind eine Figur, die ein zweites Kind, dessen Augen zunächst verbunden sind, dann kurz ansehen darf und anschließend aus dem Gedächtnis nachbauen soll.
- „Steindetektive": „Die Kinder sitzen im Stuhlkreis, sie sollen als Steindetektive ausgebildet werden. Eine wesentliche Fähigkeit des Detektivs besteht darin, genau hinzusehen und sich alles zu merken. Dazu erhält jeder angehende Detektiv einen Stein, den er sich sehr genau ansehen und ertasten soll. Anschließend werden alle Steine eingesammelt und in beliebiger Reihenfolge wieder ausgeteilt. Jeder Steindetektiv stellt sich nun die Frage: ‚Ist das mein Stein?' Man gibt die Steine im Uhrzeigersinn weiter, bis man seinen Stein wieder in den Händen hält. Die Spielleiterin sollte zunächst versuchen, die ausgewählten Steine voneinander zu unterscheiden. Probleme beim Wiederfinden können Anlass sein, über mögliche Merkmale dieser Steine ins Gespräch zu kommen. (...) Je nach Alter der Kinder sollten sich die Steine stark oder weniger stark voneinander unterscheiden" (Wilken, 2002, S. 109 f.).
- „Zauberstein": Aus einer größeren Menge walnussgroßer, glatter Steine werden zu Beginn der Vorführung etwa zehn Stück in die Mitte der Kindergruppe gelegt. *Eines* der Kinder darf nun *einen* dieser Steine auswählen und soll *diesen* Stein fest in der Hand halten, während die Spielleiterin oder der Spielleiter *diesen* Stein nun mithilfe einer Reihe von Zaubersprüchen verzaubert – die Zaubersprüche müssen so lange gemurmelt werden, bis sich der in der Hand festgehaltene Stein spürbar erwärmt hat. Dann wird ein *eingeweihter* Mitspieler, der vor der Türe gewartet hat und von dem es zuvor schon hieß, er könne verzauberte Steine spüren, hereingebeten: „Der Eingeweihte kommt herein, nachdem der Stein unauffällig zwischen die anderen gelegt wurde, und errät durch Fühlen mit Sicherheit den richtigen. Die Kinder sollen den Trick erraten" (Wilken, 2002, S. 111). Wird das Spiel wiederholt, muss man den ersten Stein natürlich austauschen.

Aufgabe:

Selbstverständlich lassen sich zu den genannten Spielen oder Werkvorschlägen auch noch zahlreiche Variationen entwickeln. Darüber hinaus findet man in der Literatur noch eine Reihe anderer Ideen.
Ergänzen Sie die oben genannten Vorschläge durch weitere, wobei Sie sowohl auf eigene Ideen und Erfahrungen, als auch auf entsprechende Tipps und Beschreibungen in der einschlägigen Literatur zurückgreifen sollten.

Geologie

Jede Landschaft wird ganz entscheidend von den dort vorherrschenden *Gesteinen* geprägt, und das heißt vor allem, dass die natürliche Entwicklung eines Geländes über längere Zeiträume von den Eigenschaften dieser Gesteine bestimmt wird. Schwer und langsam verwitternde Gesteine wie z. B. die meisten Granite und Basalte führen zu völlig anderen Landschaftsbildern als etwa die vergleichsweise leicht auswaschbaren jüngeren Kalksteine. Durch die **Geologie**, heute Teilgebiet der umfangreichen *Geowissenschaften*, werden aber nicht bloß solche äußeren Erscheinungsbilder unserer Welt untersucht und beschrieben, sondern es geht hier beispielsweise um die Auswirkungen bestimmter Gesteinsvorkommen auf Grundwasserbewegungen, das Aufspüren von Bodenschätzen, Entscheidungen über Baumaßnahmen in einem bestimmten Gebiet und andere Fragen, die teilweise weit in den für den Umweltschutz besonders wichtigen Bereich der *Bodenkunde* hineinreichen (vgl. Kapitel 2, S. 71 ff.) oder auch die Arbeit der Paläontologie unterstützen (vgl. Kapitel 8, S. 260 f.).

> **Gestein** = lockeres oder festgefügtes natürliches Gemenge von Mineralkörnern und/oder Bruchstücken anderer Gesteine, das in größeren Mengen vorkommt und eine allgemeine Verbreitung besitzt.

Die Unterscheidung einzelner Gesteine erfordert Kenntnisse und etwas Übung.

Häufig beschränkt sich ein Gespräch über Steine auf bestimmte, besonders schöne Fundstücke von Wanderungen oder Urlaubsreisen, und man wüsste dann gerne, was das eigentlich für ein Stein ist, dessen Farben oder Strukturen, Glanz oder Härte bestaunt werden. Mithilfe von Bestimmungsbüchern und ein wenig Übung – im besten Fall aber über eine Einführung durch eine fachkundige Person – lässt sich mindestens eine **Grobbestimmung** erlernen. Zwischen den drei großen Gruppen von Gesteinen, nämlich *Magmatiten*, *Sedimentiten* und *Metamorphiten* gibt es Unterschiede, die schon mit bloßem Auge meist gut erkennbar sind. Hinzu kommen die Bestimmung der Härte eines Gesteins (was für Kinder sehr spannend ist) und andere einfache Untersuchungen, mit deren Hilfe die Gesteinsart in aller Regel gut eingegrenzt werden kann. Derartige Unterscheidungen führen zu Einblicken in den Aufbau einer Landschaft und geben bereits erste wichtige Hinweise auf ihre Entstehung. Wer sich näher interessiert, stößt rasch auf Aspekte der Verwitterung und Bodenbildung, Wasserhaushalt oder auch das Vorkommen von Höhlen und sogenannten Hungerbrunnen (Karstquellen, die nur in sehr regenreichen Jahren Wasser schütten). Selbstverständlich lassen sich so noch keine präzisen und abgesicherten Erkenntnisse gewinnen, aber darum geht es auch gar nicht. Wer mit Kindern im Gelände unterwegs ist, braucht kein geologisches Expertenwissen, sondern sollte es – gemeinsam mit den Kindern – genießen können, etwas über die betreffende Landschaft zu verstehen und mindestens einige der Fragen der Kinder beantworten zu können.

➲ *Zur Vertiefung dieses Themas finden Sie im Arbeitsheft eine Projektanregung.*

Auch wenn es für das menschliche Vorstellungsvermögen nicht ganz leicht nachvollziehbar ist, so unterliegen auch die Prozesse der Gesteinsbildung bis hin zur Formung ganzer Landschaften und Kontinente **Stoffkreisläufen** (vgl. Kapitel 4, S. 129 ff.). Die Entstehung ebenso wie das Vergehen von Gesteinen vollzieht sich im Lauf von Jahrmillionen. Dabei ist der Ursprung der Gesteine in der Erdkruste zu suchen. Diese wird dort, wo zwischen auseinanderdriftenden Kontinentalplatten flüssiges Magma nach oben drängt, immer wieder neu gebildet *(magmatische Gesteine)*, während an anderen Stellen Plattenteile nach unten gedrückt werden und dabei aufgeschmolzen werden.

Plattentektonik = wichtiges hypothetisches Modell zur Erklärung der Verschiebung und Gestaltänderung der Kontinente nach Alfred Wegener, der in seinem 1913 veröffentlichten Werk „Von der Entstehung der Kontinente und Ozeane" davon ausgegangen war, dass sich die Kontinentalplatten frei auf einer zähflüssigen Masse im Inneren des Erdmantels bewegen.

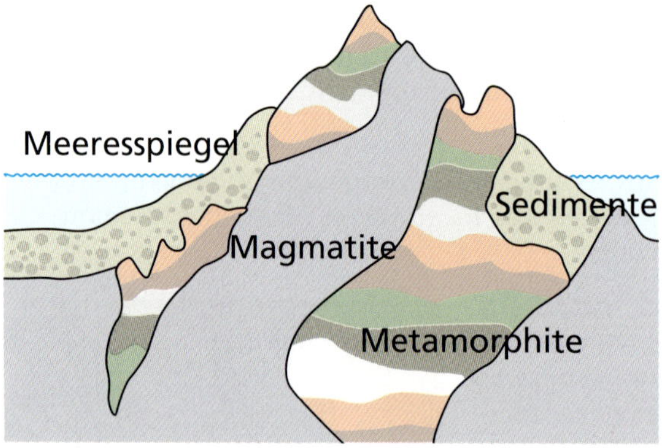

Unterschiedliche Ausgangsbedingungen und Entstehungsprozesse ergeben die drei Hauptgruppen von Gesteinen: Magmatite (Plutonite, Vulkanite und Ganggesteine), Metamorphite und Sedimente.

Für Mineralogen sind Magmatite deshalb von besonderem Interesse, weil in ihnen häufig besonders viele verschiedene Minerale zu finden sind, die – je nach ihrer Umgebung und Entstehungsgeschichte – teilweise auch beeindruckende Kristalle bilden können. Der Grund dafür liegt darin, dass die jeweiligen Minerale erst nach und nach während der Abkühlung des Magmas entstehen, wobei vor allem die chemische Zusammensetzung des Magmas sowie der Abkühlungsprozess selbst über Art und Menge der betreffenden Minerale entscheiden.

Granit ist ein typisch magmatisches Gestein: Die drei Minerale, aus denen er hauptsächlich besteht – Feldspat, Quarz und Glimmer –, bilden stets ein regelloses Gefüge.

Auch Gneis ist ein magmatisches Gestein und besteht aus denselben Hauptgemengteilen wie Granit: Doch zeigen die Mineralkörner hier immer eine gewisse Ausrichtung, die auf Druckkräfte während des Abkühlungsprozesses zurückzuführen sind – ein gerichtetes Gefüge.

Mit ein wenig Übung lässt sich bereits an einer spaltrauen Gesteinsfläche eine Menge an Hinweisen erkennen, die bei der Bestimmung des Gesteins helfen. Die Farbe ist dabei allerdings ein eher schlechter Ratgeber, weil bereits Spuren eines bestimmten Minerals zu großen Farbunterschieden führen können. Wichtiger ist stets die **Struktur** der Oberfläche, und es kann eine spannende Aufgabe sein, solche Strukturen in Form von Abrieben, Fotos oder Skizzen festzuhalten (vgl. Kapitel 6, S. 216).

Um Kinder mit den anfangs ungewohnten Unterscheidungskriterien bekannt zu machen, sollte man möglichst unterschiedliche Gesteinsarten nebeneinander betrachten können. Unmittelbare Vergleichsmöglichkeiten verschafft etwa die Besichtigung eines Steinlagers bei einem Natursteinhändler, natürlich auch eine Exkursion in einen Steinbruch oder ein Kieswerk, aber auch ein Friedhofsbesuch (wenngleich dort die meisten Steine poliert sind und damit häufig ein ganz anderes Aussehen haben).

Gesteine, die an der Erdoberfläche verwittern, bilden als Trümmergestein, Kies oder Sand sogenannte Sedimente. Überlagert von weiteren Materialmassen bilden sich daraus unter Druck **Sedimentite** oder Sedimentgesteine: vor allem Kalke, Sandsteine, Konglomerate.

Viele Sedimentgesteine wie dieser feine Sandstein zeigen noch deutlich die Spuren der Ablagerung des Sandes – vergleichbar den Wachstumsringen eines Baumes.

Durch Ablagerung und Verfestigung entstehen auch solche Konglomerate wie dieser Nagelfluh – Ergebnis der Eiszeit und ein typisches Gestein des Alpenvorlandes.

Die dritte große Gruppe von Gesteinen, die **Metamorphite**, sind vielleicht am schwierigsten zu bestimmen, auch wenn ihre Entstehungsgeschichte verständlich erscheint: Gelangen nämlich Sedimentgesteine durch zusätzliche Überlagerungen weiter in die Tiefe, wo sie zunehmendem Druck und steigenden Temperaturen ausgesetzt sind, so wird das Material so stark verdichtet, dass chemische Umwandlungsprozesse einsetzen und neue Gesteine entstehen, die den Ausgangsgesteinen kaum mehr ähneln und nun auch ganz andere Eigenschaften aufweisen. Ein gutes Beispiel dafür ist der *Marmor*, ein Gestein, das

Weißer Marmor zählt seit Jahrhunderten zu den wertvollsten Natursteinen. Zudem gibt es unzählige farbige Marmore, deren Farbnuancen ausschließlich auf Spuren anderer Minerale beruhen.

Natürliche Konglomerate können auf den ersten Blick leicht mit einem Kunstprodukt verwechselt werden – mit Beton. Wer aber genau hinschaut, sieht auch hier den Unterschied im Gefüge: Der Kies, der für Beton verwendet wird, weist in aller Regel eine ziemlich gleichförmige Körnung auf.

aus nur einem Mineral besteht (Calcit oder Dolomit). Dieser Mineralbestand hat sich während der Metamorphose (Umwandlung) auch nicht verändert und sogar die Eigenschaften des Gesteins sind weitgehend erhalten geblieben. Aber die Mineralkörner sind nun durch Zusammenlagerungen deutlich größer, sodass man die Spaltflächen der einzelnen Kristalle im Licht wie Kristallzucker glitzern sehen kann.

Mineralogie

Obwohl **Minerale** in vieler Hinsicht eine weit geringere Rolle als *Gesteine* spielen, scheint sich die Mehrzahl der Menschen vor allem dafür zu interessieren. Das hat sicherlich mit den mitunter prächtigen Farben oder besonders auffälligen Kristallstrukturen zu tun, aber wohl auch mit dem Reiz des Seltenen und damit Wertvollen: Die Suche nach wertvollen Mineralen (Edelsteinen) ist in aller Regel mühsam und führt auch nur dann zu Erfolgen, wenn man entsprechende Grundkenntnisse mitbringt: Bestimmte Minerale sind an bestimmte Gesteine gebunden, man sollte also wissen, wo sich eine bestimmte Suche überhaupt lohnt.

> **Mineral** = fester, chemisch einheitlicher und natürlich entstandener Körper, der als Bestandteil der Erdkruste auftritt. Heute sind über 3.000 verschiedene Minerale bekannt, nur etwa 200 sind gesteinsbildend.

Vulkane und andere Explosionen

Vulkanausbrüche sind Naturphänomene, die nicht nur katastrophale Folgen haben können, sondern immer auch beeindruckend und faszinierend sind. Besonders Kinder finden schon die Vorstellung eines Feuer speienden Vulkans aufregend und wollen möglichst genau wissen, wie das möglich ist und was da alles passieren kann. Aus diesem Grund, aber auch wegen der Tatsache, dass ein realer Vulkanausbruch möglichst nur aus sicherer Entfernung miterlebt werden sollte, bietet es sich an, das Geschehen und die Dynamik vulkanischer Prozesse im Modell darzustellen. Dafür gibt es in der Literatur eine Reihe interessanter Vorschläge (vgl. Haller/Kummetz, 2007, S. 54 ff.).

Der Schneeflockenobsidian ist eine besondere Form von vulkanischem Glas mit kugelförmigen Einschlüssen – Kristalle, die in das erkaltende Gesteinsglas hineingewachsen sind.

Eine Reihe interessanter Gesteine stehen in unmittelbarer Beziehung zum Vulkanismus. Neben älteren und oft schwer unterscheidbaren Gesteinen wie Rhyolith, Basalt und anderen gehören dazu vor allem verschiedene Arten von Lava, Tuff, Bimsstein und vulkanischem Glas. **Lava- und Bimssteine** sind dabei auch deshalb interessant, weil nicht alle dieser Gesteine dichter als Wasser sind und untergehen. Manche dieser Steine sind leichter als Wasser und können schwimmen. Andere schwimmen eine Weile, bis ihre Poren schließlich doch so viel Wasser aufgenommen haben, dass sie untergehen.

Steine in Bewegung

Ein ganz eigenes, seltsam klingendes Phänomen stellen **wachsende Steine** dar. Gemeint sind damit nicht jene Gebilde aus Kalktuff (Quelltuff), die mancherorts bei karbonatreichem Wasser durch Ausfällung von Calcit „wachsen", sondern es geht um den Prozess der Verlagerung von Steinen aus der Tiefe an die Oberfläche, wie man es beispielsweise auf Äckern oder Beetflächen beobachten kann, wo trotz Abrechens jedes Jahr aufs Neue Steine zu finden sind. Der Grund für dieses Phänomen, das nicht nur Kinder immer wieder fasziniert, liegt darin, dass der Boden in strengen Wintern so tief gefriert, dass die Steine,

die sich in den oberen Bodenschichten befinden, zur Gänze in dieser Frostschicht eingeschlossen sind. Während aber der Boden *von oben* her nach und nach gefroren ist, erfolgt das Auftauen bei Tauwetter *von unten* her. Dabei bleiben die betreffenden Steine an ihrer Oberseite anfangs noch festgefroren, während sich an ihrer Unterseite durch den Auftauprozess kleine Hohlräume bilden, in die nun Feinteilchen und kleinere Steine hineinrutschen. Sobald aber die jeweiligen größeren Steine auch an ihrer Oberseite nicht mehr angefroren sind, hat sich unter ihnen bereits eine kleine Anhebung ihres Platzes ergeben, und sie können nicht mehr in die ursprüngliche Lage zurückfallen. Dieser Effekt ist so stark, dass ein Stein aus 20 cm Tiefe nach drei Wintern durchaus an die Erdoberfläche gekommen sein kann (vgl. Wittmann, 2000).

Experiment: Frostsprengung

Wasser sickert in kleine Risse in Gestein. Gefriert es, dehnt es sich aus und entwickelt dabei so viel Kraft, dass sich die Risse weiten und ganze Felsbrocken zersprengt werden können. Dies spielt bei der Verwitterung von Gestein eine große Rolle, da so kleine Bestandteile des Bodens entstehen. Für eine Demonstration, wie einfach Wasser einen Stein zersprengen kann, braucht man nur:

- einen Ziegelstein
- Plastikjoghurtbecher
- Papier
- Plastiktüte

1 Legt den Stein in den Joghurtbecher und bedeckt ihn mit Wasser. Lasst ihn sich über Nacht mit Wasser vollsaugen.

2 Holt den Stein heraus und legt ihn noch feucht in die Plastiktüte. Leert den Becher, verschließt die Tüte und legt sie mit dem Stein in den Becher.

3 Stellt den Becher für etwa zwei Stunden in den Gefrierschrank. Holt ihn heraus und lasst ihn auftauen. Wartet bis das Eis geschmolzen ist und der Stein Zimmertemperatur angenommen hat. Leert die Tüte auf einem Blatt Papier aus und seht nach, ob die Frostaktion den Stein irgendwie verändert hat.

(vgl. Allaby, 2000, S. 156)

Einen Vorschlag für ein ungewöhnliches Tastspiel, bei dem sich nicht nur die Steine bewegen, findet sich im „Arbeitsbuch Spiel“ (Thiesen, 2009, S. 232):

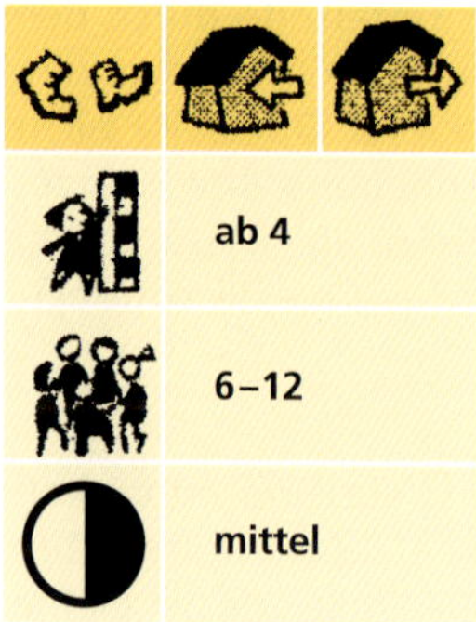

Kieselsucher

Alle Kinder ziehen die Schuhe und Strümpfe aus, dann verbinden sie sich die Augen. Auf dem zuvor eingegrenzten Erdboden hat die Erzieherin Kieselsteine verstreut. Die Kinder müssen mit den Füßen tasten, bis sie die Kieselsteine wiederfinden. Sobald ein Kind einen Kieselstein entdeckt hat, darf es ihn mit den Händen aufheben. Wer hat in zwei Minuten die meisten Kieselsteine eingesammelt?

Förderbereich: Taktile Wahrnehmung, ungewöhnliche Erfahrung machen, Erkennen, Motorik, Unterscheiden

Material: Kieselsteine, Augenbinden

Verwandlungen

Veränderungs- und Umwandlungsprozesse, natürliche Entwicklungen (vgl. Kapitel 11, S. 353 ff.) ebenso wie von Menschen bewirkte Umformungen sind aus unserer Welt nicht wegzudenken. Der **Anschein der Wiederkehr des Gleichen** führt zu Sprachbildern wie dem der Stoffkreisläufe oder dem „Rad der Geschichte“. In Wirklichkeit liegen die Dinge komplizierter, und nichts wiederholt sich je in exakt der Weise, in der es bereits einmal stattgefunden hat. Dennoch sprechen wir in gewisser Weise zu Recht von Zyklen und festen Rhythmen, von einer *ewigen Wiederkehr* der Jahreszeiten oder dem *steten Wechsel* von Ebbe und Flut, und kaum eine Thematisierung der ökologischen Funktion des Wassers verzichtet auf die Darstellung des *Kreislaufs* des Wassers von der Wolke über Regen, Grundwasser, Quelle, Bach und Fluss, Meer, Verdunstung und Wolkenbildung.

Aufgaben:

1. Wie betrachten Sie zeitliche Abläufe, die einen starken Wiederholungscharakter haben? Wie erklären Sie sich die Paradoxie zwischen einem Begriff wie „Kreislauf des Wassers“ und der Tatsache, dass alle Ereignisse und Phänomene zeitgebunden sind und die Zeit in einer Richtung fortschreitet?
2. Kennen Sie Erscheinungen oder Prozesse, die aus Ihrer Sicht in keiner Weise durch regelhafte Wiederholungen gekennzeichnet sind? Wenn ja, welche, und wie erklären Sie sich das?
3. Welche Rolle spielt unsere Sinneswahrnehmung bei der Beurteilung eines Veränderungs- oder Verwandlungsprozesses? Was benötigen wir dazu über die unmittelbar sinnliche Wahrnehmbarkeit hinaus?

Die kindliche Neugier bringt mit sich, dass Kinder von Veränderungen und Verwandlungen besonders fasziniert sind, und wenn etwas (Neues) angekündigt wird, wird es ungeduldig erwartet. Die meisten natürlichen Prozesse zeichnen sich aber dadurch aus, dass sie relativ langsam ablaufen und jede ungeduldige Erwartungshaltung auf eine harte Probe stellen. Nicht wenige dieser Vorgänge erstrecken sich über Zeiträume, die weit außerhalb menschlicher Zeitmaße liegen: von der Entwicklung bestimmter Pflanzengesellschaften über Vorgänge der Bodenbildung bis hin zu Gesteins- und Gebirgsbildungsprozessen.

Werden solche Fragen in der Arbeit mit Kindern aufgeworfen, geschieht aber etwas, das viele Erwachsene immer wieder verblüfft: Obwohl der einzelne Stein nichts von seiner Geschichte zu verraten scheint und die Wiese, die sich vor den Augen ausbreitet, so wirkt, als wäre sie immer schon da und würde auch im nächsten und in allen kommenden Jahren so aussehen – obwohl also jede denkbare Veränderung oder Entwicklung ausschließlich in der Fantasie zustande kommen kann – stürzen Kinder sich geradezu in diese **Welt der Vorstellung**. Tiere und Pflanzen erdgeschichtlich früherer Epochen, Überlegungen zu dem, was in einer fernen Zukunft sein könnte, Fragen nach der Herkunft eines Felsens und der Entstehung eines Meeres und Vermutungen über die Lebensdauer der Sonne sind Themen, die – von einem Erwachsenen kaum angestoßen – von Kindern lange und gründlich diskutiert werden (vgl. Kapitel 8, S. 260 ff.).

Während Entwicklungen in der Pflanzen- und Tierwelt meist in zeitlich leichter fassbaren Dimensionen stattfinden, sind geologische Prozesse in der Regel nicht direkt zu beobachten, sondern lediglich über Rückschlüsse oder Hochrechnungen zu erfassen. Dazu gehören beispielsweise:

- Entstehung von Muschelkalk, Korallenkalk, Kalksinter (Tropfstein, Kesselstein etc.)
- Entstehung fossiler Brennstoffe wie Kohle, Erdöl, Erdgas durch **Inkohlung**
- Bildung von Fossilien
- Veränderungen der Landschaft durch Gletscher (Eiszeit)
- Zukunft unserer Mülldeponien einschließlich der Fragen nach der Lebensdauer bestimmter Kunststoffe

> **Inkohlung** = natürlicher Prozess der Entstehung von Kohle aus Tier- und Pflanzenresten in einem komplizierten chemischen Vorgang. Zunächst entstehen in einer *biochemischen Phase* im Lauf von Jahrtausenden mithilfe von Mikroorganismen wie Pilzen und Bakterien Huminsäuren und Torf. Der dabei frei werdende Kohlenstoff wird in einer zweiten *geochemischen Phase* allmählich weiter zu mineralischer Braun- und dann Steinkohle umgewandelt. Aus der Neubildung von Kohlenwasserstoffketten entstehen Erdgas und Erdöl.

Das Thema **Energie** spielt in der Umweltpädagogik trotz seiner überragenden Bedeutung meist nur eine untergeordnete Rolle. Es ist aber wichtig, Kinder mit den Formen und Nutzungsmöglichkeiten bestimmter Energien bekannt zu machen und ihnen solche technisch durchaus anspruchsvollen Dinge näherzubringen (vgl. Kapitel 4, S. 129 ff.). Bei der Darstellung, wie fossile Brennstoffe entstehen, sollte für die Erörterung der Entstehungsprozesse unbedingt entsprechendes Anschauungsmaterial zur Verfügung stehen. Die Struktur der entsprechenden Materialien, von denen man im Handel ohne große Schwierigkeiten Probenstücke erhält, zeigt deutlich, in welcher Weise der Inkohlungsprozess zu Veränderungen führt:

Produkt	sicht- und spürbare Merkmale
Torf	Locker und bröckelig, viele eingelagerte Pflanzenreste
Weichbraunkohle	Dichter und fester als Torf, häufig Pflanzenteile in Form einer gewissen Schichtung, hell- bis dunkelbraune Farbe
Mattbraunkohle	Feste Konsistenz, kaum sichtbare Pflanzenteile, dunkelbraun bis schwarze Farbe
Glanzbraunkohle	Festes Gefüge mit muscheligem Bruch, Pechglanz an Bruchkanten, schwarze Farbe, jedoch *brauner* Strich
Steinkohle	Festes Gefüge, Wechsel von matten und glänzenden Lagen, keinerlei Pflanzenstrukturen zu erkennen; schwarze Farbe und *schwarzer* Strich

➲ *Zur Vertiefung dieses Themas finden Sie im Arbeitsheft eine Reihe von Aufgaben.*

Künstliche Verwandlungen

Der Reiz, den Minerale auf die allermeisten Liebhaber und Sammler ausüben, liegt in den **Kristallen**, die sich bei entsprechend günstigen Bedingungen bilden können. An einem „Keim" beginnend, erfordert das Wachstum von Kristallen das Vorhandensein einer *übersättigten* Lösung, in der die Elemente des jeweiligen Minerals enthalten sind sowie geeignete Temperatur- und Druckbedingungen. Durch Ionenbindung kommt es dann zu einer den chemischen Elementen entsprechenden Anordnung von Atomen und Molekülen, wobei die Struktur erst nach Millionen übereinanderliegender Kristallschichten für das menschliche Auge sichtbar wird – ein Prozess, der in der Natur ungeheuer langsam verläuft und teilweise erst nach Millionen von Jahren einen bestimmten, beeindruckend großen Kristall ermöglicht (vgl. Wittmann, 2000).

> **Kristall** = Mineral oder künstlich hergestellter Körper, dessen kleinste Bausteine (Atome, Ionen oder Moleküle) eine streng gesetzmäßige Anordnung in der Art eines dreidimensionalen Raumgitters besitzen. Kristalle bestimmter Minerale werden in der Symbolkunde mit besonderen Bedeutungen gesehen.

Die Züchtung künstlicher (synthetischer) Kristalle spielt in der Industrie heute eine große Rolle, vor allem in der Mikroelektronik. So beträgt etwa die Menge künstlich hergestellter Diamanten jährlich das Neunfache gegenüber dem Abbau natürlich entstandener Steine. Wenn auch eine Reihe von Kristallzüchtungen für eigene Versuche viel zu aufwendig ist, so gibt es doch einige Beispiele, wie man solche Verfahren auch im Kleinen durchführen und Kinder an diese technisch-chemische Arbeitsweise heranführen kann.

Mit Glaubersalz (Natriumsulfat-Decahydrat) aus der Apotheke oder einem Fachgeschäft für Laborzubehör lassen sich beispielsweise interessante kleine Kristalle züchten.
Dazu rührt man 10 g Salz bei einer Zimmertemperatur von etwa 22 °C in ein Gefäß mit 25 ml Wasser ein, bis sich der allergrößte Teil des Salzes gelöst hat. Anschließend wird die Lösung in einem Wasserbad mit entsprechendem Thermometer auf 30 °C erhitzt, dabei muss ständig gerührt werden, um einen weiteren Teil des Salzes aufzulösen.
Anschließend schüttet man die klare Flüssigkeit (Lösung) vorsichtig in ein anderes Gefäß um, ohne dabei den Bodensatz aufzurühren. Dieser wird für das weitere Vorgehen nicht mehr benötigt und kann für spätere Versuche verwendet werden. Nun muss die abgeschüttete Lösung bis unter 20 °C abkühlen – am einfachsten in einem Wasserbad in kaltem Leitungswasser.
Wirft man nun ein Körnchen Glaubersalz in die abgekühlte Lösung, bilden sich um diesen Kristallisationskern *schlagartig nadelige, strahlig ausgebreitete Kristalle. In ähnlicher Weise lassen sich auch bei ein wenig Geschick und Geduld aus Zucker oder Speisesalz größere Kristalle züchten.*

Anleitungen zum Züchten von Kristallen finden sich in etlichen Büchern und Broschüren, darüber hinaus gibt es Sets mit entsprechenden Chemikalien, die auch für Kinder geeignet sind, wie etwa der Kosmos-Experimentierkasten „Kristall-Zucht". Wichtig ist aber generell, dass der Umgang mit den meisten Chemikalien besondere Vorsicht und sorgfältige Beachtung der Anwendungsbestimmungen erfordert.

Auch die Herstellung von **Papier** ist eine Technik, die für Kinder nicht nur einen ganz eigenen Reiz besitzt, sondern auch Einblick in grundlegende materialtechnische Zusammenhänge ermöglicht. Am besten wird hier das Prinzip des *Papierschöpfens* angewandt, bei dem verschiedene Altpapiere zerkleinert und zu einem wässrigen Brei verarbeitet werden. Dieser *Papierfaserbrei* wird dann nach und nach in einen *Schöpfrahmen* gegossen, durch dessen feines Gitter (Fliegengitter) das Wasser rinnen kann. Die zurückbleibenden Faserteilchen werden somit angereichert und schließlich schichtweise gepresst (vgl. Michalski/Michalski, 2007).

Je nach Ausgangsmaterial sind ungeheuer viele Variationen möglich, und jeder Bogen Papier, der auf diese Weise hergestellt wird, ist natürlich völlig individuell.

Der Papierbrei kann nicht nur selbst mit ausgewählten Pflanzenfasern oder anderen kleinen und leichten Stoffteilchen versehen werden, sondern während des Pressvorganges können beispielsweise auch bestimmte flache Gegenstände wie eine Vogelfeder oder ein Blatt dazwischengelegt werden: Im getrockneten Bogen Papier zeichnen sich später die Umrisse solcher Druckobjekte deutlich ab.

Bunte Prismen auf einem Spiegeltisch eignen sich hervorragend, um eine Fülle interessanter Formen und Strukturen zu entwickeln.

Verwandlungen spielen im Sinne von Verfremdungseffekten auch in der Kunst eine wichtige Rolle, und sie können zu Ergebnissen führen, die für alle – außer den Erfinder oder Künstler – völlig unerwartet und überraschend sind. In den letzten Jahren lässt sich in der Umweltpädagogik eine Annäherung zwischen streng naturkundlich und stärker kulturell geprägten Inhalten feststellen. Das sollte nicht als Verwässerung umweltpädagogischer Anliegen verstanden werden, sondern diese teilweise neuen Verknüpfungen bieten auch neue und wertvolle Impulse für die Arbeit mit Kindern: neue Materialien, neue Inhalte und Betrachtungsweisen.

Aufgabe:

Überlegen und diskutieren Sie mit Kolleginnen, wie Sie *Umweltpädagogik* in Hinsicht auf Querverbindungen und Verknüpfungen zu anderen Disziplinen sehen: Was ist für Sie noch Umweltpädagogik, was nicht mehr?

12.2 Ordnung und Chaos I: untersuchen und befragen

Bereits Kinder bringen **Ordnung** in ihre Welt, wenn sie fragend das Bedürfnis äußern, etwas verstehen zu wollen, um sich (besser) zurechtfinden zu können. Ordnung bedeutet natürlich damit auch Sicherheit und Klarheit, die Verringerung von Angst. Darüber hinaus haben Ordnungen vielfach einen ganz pragmatischen Sinn: Als *Orientierungshilfe* erleichtern sie Arbeitsabläufe aller Art, helfen bei der Vermeidung von Täuschung und Irreführung.

In jedem Haushalt finden sich zahlreiche Gegenstände, die nicht nur für Kleinkinder spannend sind und sie zu vielerlei Aktivitäten anregen – vom Auswählen bis zum Ordnen nach selbst gewählten Kategorien.

Es ist hier nicht der Platz, um auf die vielfältigen theoretischen und praktischen Aspekte von *Ordnung* und *Unordnung* näher einzugehen, aber es soll wenigstens darauf hingewiesen werden, dass Fragen von Ordnung im Sinn von „Ordentlichkeit“ als menschliche Urteile über Situationen oder Geschehnisse gerade in Umweltfragen nicht unwichtig sind und mitunter weitreichende Folgen für unsere Umwelt haben:

Ein unaufgeräumtes Areal gilt den meisten Menschen hierzulande als unordentlich, während der ökologische Wert desselben Grundstücks aus eben diesen Gründen sehr hoch sein kann, weil es sich um einen Lebensraum handelt, der für eine größere Zahl von Lebewesen eine „ökologische Nische“ darstellt, als dies ein in unseren Augen ordentliches Grundstück leisten könnte.

Ein buntes Durcheinander von Dingen: Unordnung? Materialfundus? Abfall? Beweisstücke? – Es gibt verschiedene Beurteilungsmöglichkeiten.

Dieses Beispiel führt bereits weit in den Bereich von Strukturen, die auf Ordnungsprinzipien beruhen, die häufig nicht unmittelbar einsichtig sind. Nicht umsonst ist die Erforschung **ökologischer Zusammenhänge** eine ziemlich junge Wissenschaft. Bevor Zusammenhänge überhaupt herstellbar sind, müssen Einzelheiten bekannt sein, und es geht dementsprechend um Unterscheiden und Vergleichen, Trennen und Gruppieren, Benennen und Beurteilen, wobei menschliche Ordnungssysteme leicht in Widerspruch zu natürlichen Strukturen gelangen können.

Begriffsbildung und Erklärung

In früheren Kapiteln war bereits die Rede von künstlichen **Ordnungssystemen** in den Naturwissenschaften wie etwa der binären *Nomenklatur* in der Botanik (vgl. Kapitel 5, S. 170 f.). Andere Disziplinen ordnen ihre Untersuchungsobjekte völlig anders, und allein die Frage nach der Art und Weise, wie Menschen (und Wissenschaften) ihr Wissen ordnen, ist interessant und wichtig: Eine bestimmte Ordnung ist immer auch Abbild von Blickwinkel und Interesse und entscheidet damit auch über Fragestellungen

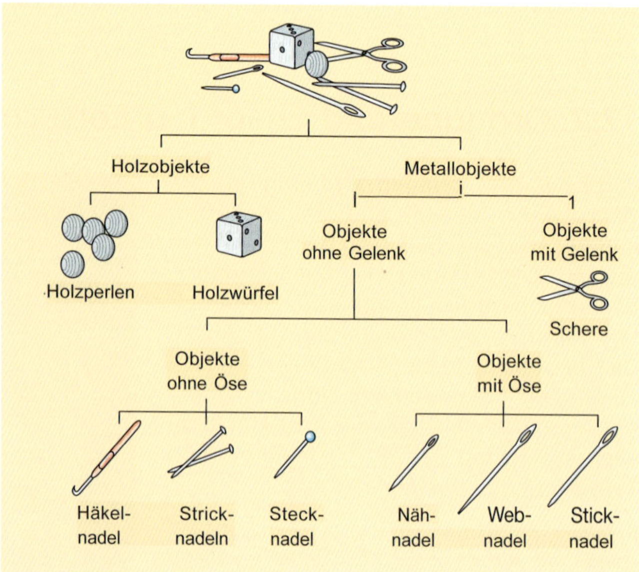

Die Auseinandersetzung mit Ordnung sollte den spielerischen Aspekt nicht vernachlässigen: Vor jeder Ordnung steht die Wahl der Ordnungskriterien, und das kann spannend werden.

und Erklärungssuche. Solche Überlegungen sind auch für die umweltpädagogische Arbeit interessant, auch wenn sie gewissermaßen eher den gedanklichen Hintergrund ausmachen. Auffälliger ist da schon die unmittelbare Beobachtung, wie sich die sichtbaren Ordnungsbemühungen von Kindern und Erwachsenen zueinander verhalten, welche **Ordnungsstrukturen** Kinder selbst entwickeln. Aus der Einsicht heraus, dass Ordnungen auch zu Fragen führen und neue Ideen freilegen, lässt sich unschwer erkennen, dass das Thema Ordnung auch für die praktische Umweltpädagogik von Interesse ist.

➲ *Zur Vertiefung dieses Themas finden Sie im Arbeitsheft eine Reihe von Aufgaben.*

In Gewerbe, Industrie oder Handel spielen das **Ordnen**, **Sortieren**, **Klassifizieren** und **Trennen** eine sehr große und unverzichtbare Rolle. Neben Sieben aller Art sind Verfahren im Einsatz, die sehr unterschiedliche Kräfte und Phänomene nutzen: Trennverfahren über Magnete (vgl. Kapitel 3, S. 106), Lichtschranken, Waagen, Luftwiderstand und anderes mehr.

Für ältere, an Technik interessierte Kinder kann aus dieser Thematik ein besonders spannendes, disziplinübergreifendes Projekt entwickelt werden, dessen Berührungspunkte zur Umweltpädagogik vor allem in einer Reihe aktueller ökologischer Probleme und Fragestellungen liegen: moderne Mülltrennverfahren und Reinigung von Abwässern, Feinstäube in der Luft, Umweltmonitoring über Satelliten. Auch hier geht es natürlich nicht um detailliertes Fachwissen, sondern um eine Annäherung an wissenschaftliches Denken, Fragen und Forschen.

Unterschiedliche Siebe bieten eine einfache, aber dennoch variantenreiche Möglichkeit des Sortierens nach den Korngrößen.

Die Frage, wie sich eine Mischung verschiedener Sande am besten (wieder) trennen lässt, führt zu vielen Lösungsvorschlägen; der Einsatz eines Magneten führt allerdings nicht in jedem Fall zum Erfolg.

Induktion, Deduktion und Empirie

Bei der Suche nach Erklärungen insbesondere dort, wo es um Begründungen für die Gültigkeit bestimmter Urteile geht, kommen in der Wissenschaft verschiedene Methoden zur Anwendung, die aber keineswegs nur für die wissenschaftliche Arbeit von Bedeutung sind, sondern – ob wir die Begriffe kennen oder nicht – auch unser Bewusstsein und die Art und Weise, *wie wir im Alltag urteilen*, entscheidend mitbestimmen.

Die **Induktion**, die auch als philosophische Methode bekannt ist, beruht auf der Sammlung einer möglichst großen Zahl gleichartiger Beobachtungen (z. B. die Sonne ging bisher jeden Tag auf), woraus der Schluss gezogen wird, dass man ein entsprechendes allgemeines Urteil fällen darf (z. B. die Sonne wird auch weiterhin jeden Tag aufgehen). So einleuchtend das im Fall des Sonnenaufganges sein mag, so wenig lässt sich in anderen Fällen aus der bloßen Vielzahl von Einzelbeobachtungen ein verlässliches Gesamturteil treffen (z. B. Wie können wir wissen, ob nach vielen erfolgreichen Versuchen nicht plötzlich ein Missgeschick passiert?).

Die **Deduktion** hingegen, die neben der *Empirie* als einer der beiden methodischen Pfeiler der Naturwissenschaften angesehen werden kann, geht stets von einigen wenigen festen Grundsätzen (Axiomen) aus, die entweder bewiesen worden sind oder wenigstens als wahr vorausgesetzt werden. Schrittweise können so Erkenntnisse und Schlussfolgerungen miteinander verknüpft werden (z. B.: Es regnet. Da Regen nass macht, muss die Straße nach einem Regen nass sein.).

Die **Empirie** als zweites Standbein der Naturwissenschaften vertritt das Prinzip der Erfahrung durch Wahrnehmung und Überprüfung dieser Wahrnehmung in Experimenten oder Beobachtungen. Wissenschaftliche Erkenntnisse, die auf dem Weg der Deduktion gewonnen wurden, müssen stets auch empirisch überprüfbar sein, wenn sie wissenschaftlichen Wert beanspruchen wollen.

Die Bedeutung dieser Methoden reicht insofern weit in unseren Alltag hinein, als wir sie in bunter Mischung in unseren alltäglichen Beobachtungs- und Bewertungsvorgängen ständig nutzen.

Das Nebeneinander induktiver und deduktiver Methoden trifft auch auf Kinder und ihre Suche nach Erklärungen zu:

In einer Gruppe von etwa neun- bis zehnjährigen Kindern kam es zu einer Diskussion, wie ein Wasserläufer es schaffe, immer auf der Wasseroberfläche zu bleiben. Allgemeine Zustimmung fand zunächst die Behauptung, dass das bei diesem Fliegengewicht sowieso kein Problem sei. Dann kamen an dieser Überlegung doch Zweifel auf, und ein Junge begann systematisch Vergleiche mit anderen, ihm offenbar vertrauten physikalischen Phänomenen herzustellen: So schlug er etwa vor, an die Fische zu denken, die ja ständig Luftblasen nach oben steigen ließen, und diese Luftblasen würden dem Wasserläufer helfen, nicht unterzugehen. Das überzeugte nur einen sehr kleinen Teil seiner Zuhörerschaft. Aber umgehend entwickelte er die Theorie, dass die Geschwindigkeit, mit der sich ein Wasserläufer ständig bewege, ein Einsinken ins Wasser verhindere, und er führte das Beispiel des Radfahrens an, wo man auch nur dann umfalle, wenn man aufhöre zu fahren.
Diesen und anderen Überlegungen der Kinder gegenüber erscheint die tatsächliche Begründung für die Bewegungsmöglichkeiten eines Wasserläufers (vgl. Kapitel 9, S. 287 f.) zunächst nachrangig; wichtiger sind hier ohne Zweifel das Fragen und Suchen an sich.

Wie unterschiedlich man an die Lösung eines Problems herangehen kann, zeigt auch ein Beispiel des britischen Physikers und Wissenschaftsjournalisten Simon Singh (2013), mit dessen Hilfe er den Unterschied zwischen einem **naturwissenschaftlich** und einem **mathematisch geprägten Denkansatz** verdeutlicht:

Singh stellt ein Schachbrett vor, von dessen 64 Feldern zwei entfernt wurden, und zwar zwei einander gegenüberliegende Eckfelder derselben Farbe. Die Aufgabenstellung lautet nun: Können die verbleibenden 62 Felder passgenau, also ohne Lücken und ohne Überstand, mit Dominosteinen abgedeckt werden, die jeweils exakt die Größe von zwei Schachbrettfeldern haben?

Die Lösung kann auf zwei verschiedene Weisen gefunden werden: Nach einem naturwissenschaftlichen (empirischen) Ansatz müssten alle erdenklichen Kombinationsmöglichkeiten der Anordnung der Steine ausprobiert werden, wobei es Millionen verschiedener Anordnungen gibt.
Ganz anders – in mathematischer Eleganz – der zweite Lösungsansatz, bei dem im Grunde nur argumentiert wird:

Die Parkettierungsaufgabe auf dem manipulierten Schachbrett bietet ein besonders schönes Beispiel für unterschiedliche Ansätze des Problemlösens.

- *Wenn die beiden abgetrennten Felder beide weiß waren, so verbleiben noch 32 schwarze, aber nur noch 30 weiße Quadrate.*
- *Zur Abdeckung der insgesamt 62 Quadrate werden genau 31 Dominosteine benötigt.*
- *Jeder Dominostein bedeckt stets zwei verschiedenfarbige Quadrate.*
- *Also werden die ersten 30 Dominosteine – unabhängig von ihrer Anordnung – immer 30 weiße und 30 schwarze Quadrate des Schachbretts abdecken.*
- *Zwei schwarze Quadrate bleiben in jedem Fall übrig, folglich ist die Aufgabe unlösbar.*

Solche – am besten selbst gefertigten – Spielbretter mit dieser oder einer vergleichbaren Aufgabenstellung können für Kinder nicht nur eine spannende Herausforderung sein, sondern die „Dominosteine“ stellen natürlich auch Bau- und Konstruktionsmaterial für andere Versuche dar – so wie sich umgekehrt derartige *Denksportaufgaben* auch leicht und kostengünstig unter Nutzung vorhandener Spielsteine entwickeln lassen.

Irreführung

Das bekannteste und stärkste Symbol für die Gefahr, die Orientierung zu verlieren, ist das **Labyrinth**. Dieses eigenartige Gebilde besteht im Grunde genommen aus nichts anderem als einer Struktur, deren einziger Zweck in der Verschleierung des Wesentlichen zu liegen scheint. Der Weg zu dem im Inneren verborgenen Ziel ist kein Weg wie irgendein anderer, sondern bildet bereits das Eigentliche dieser Struktur. Wie durch nichts anderes werden hier Suchen und Finden, Weg und Ziel, Frage und Antwort thematisiert. Von dieser schillernden und irritierenden Ambivalenz geht seit jeher ein besonderer Zauber aus. Seit Jahrtausenden ist das Labyrinth eines der bedeutendsten und geheimnisvollsten Bildsymbole der Menschheit. Seine Herkunft liegt im Dunkeln und lässt nicht viel mehr als die Annahme zu, dass es sich in uralten Riten und Kulten entwickelt haben mag. Wir finden es in der keltischen, griechischen und römischen Kultur, aber auch in indianischen Überlieferungen. Der verschlungene Weg, der stets zu einer Mitte führt (und wieder von ihr weg nach draußen) ist das gemeinsame Kennzeichen aller Labyrinthe und macht es so zu einem universellen Symbol.

Labyrinth = auf ein (nicht sichtbares) Zentrum gerichtete Wegführung, die jedes rasche, direkte Erreichen des Zieles bewusst verzögert. Die fast weltweite Verbreitung stützt die Annahme einer Bedeutung als uraltes Kultsymbol. In mittelalterlichen Kathedralen als Fußbodenmosaike, deren Durchwanderung (manchmal auf den Knien) als Ersatz einer Pilgerfahrt in das Heilige Land verstanden wurde. Seit etwa dem 17. Jahrhundert in verschiedener Weise (vor allem in der Gartenkultur) auch für Irrgärten gebraucht. Im psychologischen Sinn Ausdruck der Suche nach der Mitte.

Im Gegensatz zu dem einen, sich kunstvoll windenden Weg der *echten Labyrinthe* geht es in einem **Irrgarten** darum, unter vielen Abzweigungen den einzig richtigen Weg zum Zentrum zu finden. Verschlungene und blinde Wege verfolgen nur ein Ziel: den Suchenden in die Irre zu führen. Beim Gang durch einen Irrgarten wird uns das Bedürfnis nach Orientierung überdeutlich, und wir geben uns allergrößte Mühe, den richtigen Weg zu finden: entweder an ein bestimmtes Ziel im Inneren des Irrgartens zu gelangen – oder wieder ins Freie zu kommen. Aber die Erbauer und Gestalter eines Irrgartens setzen natürlich alles daran, jeden derartigen Versuch zu erschweren. Auch Karten, sonst ein hilfreiches und wichtiges Mittel jeder Orientierung, helfen hier meist wenig: Alle einigermaßen brauchbaren Merkpunkte oder markanten Verzweigungen treten vielfach und in täuschender Ähnlichkeit auf.

Dieses „Asphaltlabyrinth", das mit weißer, wetterfester Farbe auf den Asphalt gezeichnet wurde, ist bewusst unvollständig: Mit Kreide können die Kinder immer wieder neue Sperren einzeichnen und Wegsysteme darstellen. Übrigens: Geschickte Kinder schaffen es mitunter, diese Anlage auch mit dem Fahrrad zu durchqueren.

Es ist kaum verwunderlich, dass gerade Kinder von Irrgärten und labyrinthisch verlaufenden Wegen fasziniert sind. Manchmal zeichnen und malen sie mit unglaublicher Ausdauer ihre Vorstellungen eines Labyrinths, und ältere Kinder erproben gelegentlich eine solche Anlage mithilfe in den Sand gezogener Linien: Kaum ein anderes Material eignet sich besser zur Darstellung, Erprobung und Korrektur von Wegsystemen. Solche Strukturen werden übrigens auch dort meist „Labyrinth" genannt, wo es sich streng genommen um einen Irrgarten handelt. Das betrifft auch die folgenden Beispiele aus der Praxis.

Spannender ist natürlich ein *Irrgarten*, dessen Struktur *nicht* im Ganzen zu überschauen ist: eine Konstruktion, deren Wege oder Gänge von mindestens körperhohen Wänden begrenzt werden. Hinsichtlich der Größe der Struktur ist nicht die Ausdehnung an sich entscheidend, sondern ein möglichst raffiniertes Wegmuster aus Verzweigungen und Sackgassen. Schon der gemeinsame Bau mit den Kindern macht natürlich eine Menge Spaß, wie z. B. bei der Anlage eines Stofflabyrinths (vgl. Kapitel 1, S. 32).

Findet sich in der Nähe bzw. in guter Erreichbarkeit eines Kindergartens oder Hortes ein geeignetes Waldstück, so kann dort beispielsweise ein relativ dauerhaftes Waldlabyrinth angelegt werden:

In einem Fichtenforst am Stadtrand von München baute der Autor vor einigen Jahren mit Kindern, Jugendlichen und Erwachsenen aus Ästen und Zweigen (Totholz) eine Struktur aus Flechtwänden, Zweig-Höhlen und zahlreichen, unregelmäßig angelegten Durchgängen –

Das Waldlabyrinth stellt eine Anlage dar, die vor allem von den Kindern selbst immer wieder verändert und – so weit möglich – umgebaut wird.

Das Labyrinth hat auch im Winter seinen Reiz: Spuren verweisen auf Durchgangsmöglichkeiten für Kinder – und Tiere.

auf einer Gesamtfläche von etwa 200 m². Die dafür benötigte Materialmenge war riesig, und es gehörte für alle Beteiligten zu den erstaunlichsten Nebeneffekten des Vorhabens, mit welcher Energie und Ausdauer auch die teilweise erst dreijährigen Kinder die benötigten Holzstücke im Lauf mehrerer Wochen sammelten. Inzwischen besteht diese Anlage seit mehreren Jahren, wurde einige Male restauriert und ist nach wie vor ein äußerst beliebter Aufenthalts- und Spielort für viele Kinder aus der Umgebung. Dabei ist das Labyrinth sogar noch etwas gewachsen und in vielen Facetten mit architektonischen Details angereichert worden.

Was macht den Reiz und den Wert eines Irrgartens aus? Sich verlieren und verlaufen und dann doch etwas und sich selbst (wieder-)finden umfasst zwei Gefühle, die in ihrer Ausrichtung völlig gegensätzlich sind, hier aber miteinander verschmelzen können: Der Wunsch, das Ziel zu erreichen bzw. eine Lösung zu finden, paart sich mit dem höchst ambivalenten Gefühl, die Unsicherheit davor möglichst lange genießen zu können. Für ungeduldige Kinder ist schon ein kleineres Labyrinth eine mühsame Angelegenheit, erst recht ein ausgewachsener Irrgarten; für geduldigere sind solche Anlagen aber nicht selten ein besonderes Vergnügen. Es ist unerheblich, inwieweit Kinder solche Überlegungen anstellen, ihr Vergnügen spiegelt jedenfalls durchaus diese widersprüchlich erscheinenden Aspekte.

Aufgaben:

Neben den kulturellen und kunstgeschichtlichen Dimensionen von Labyrinthen und Irrgärten (einschließlich der gärtnerischen Aspekte gepflanzter Irrgärten in manchen Parks) haben Kinder zu solchen Wegsystemen einen sehr direkten emotionalen Zugang und lieben das Spiel mit dem Suchen und Raten, in die falsche Richtung zu laufen und dann doch zum Ziel zu finden:

1. Welche Erfahrung haben Sie selbst mit Labyrinthen und Irrgärten?
2. Finden Sie heraus, ob es in einem Park in Ihrer Nähe eine größere Anlage dieser Art gibt, und bilden Sie sich ggf. darüber ein eigenes Urteil:
   a. Welcher Plan liegt dieser Anlage zugrunde?
   b. In welchem Zustand befindet sie sich?
   c. Ist die Anlage für Kinder interessant? Können Sie entsprechende Beobachtungen vor Ort machen?
3. Welche Bedeutung könnte Ihrer Meinung nach dieses Thema für die umweltpädagogische Arbeit in einer Kindertagesstätte oder einem Kinderhort haben?

12.3 Ordnung und Chaos II: Muster und Strukturen

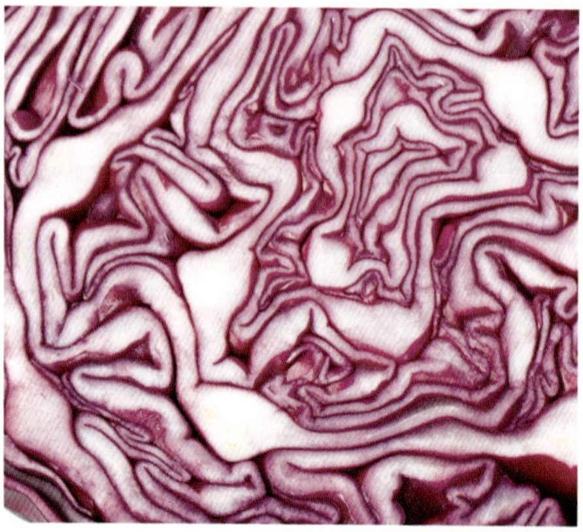

Natürliche Strukturen wie hier der Schnitt durch einen Rotkohlkopf zeigen häufig beides: eine verblüffende Ordnung und gleichzeitig zahlreiche Abweichungen und Unregelmäßigkeiten.

Auch in der Natur entdecken wir bei aufmerksamer Betrachtung *Ordnung*, aber meist sind die jeweiligen Strukturen weniger deutlich als künstliche, menschliche Ordnungssysteme. Gerade der Blick auf die Details verrät bei aller Regelmäßigkeit der Gesamterscheinung einen ungeheuren Reichtum an Variationen und kleinsten Abweichungen – ohne dass das Bauprinzip grundsätzlich verletzt würde:

Die spitz zulaufende, kegelförmige Gestalt einer frei stehenden Fichte mag aus der Ferne in perfekter Symmetrie gewachsen erscheinen. Aus der Nähe betrachtet gibt es kaum einen Ast, der exakt in den gleichförmigen Kegel passen würde, als den wir die Fichte aus der Distanz noch gesehen haben.

Ähnlich verhält es sich mit dem Blick auf eine Blumenwiese, deren Farbkomposition aus gelben oder weißen Blüten aus einer gewissen Entfernung sehr geschlossen wirkt, beim Näherkommen dann aber eine Fülle andersfarbiger Details zeigt.
Erst recht schwierig ist es, jene Ordnung zu erkennen, die das Zusammenleben verschiedener Organismen beispielsweise in einem bestimmten Biotop ermöglicht: Das Zusammenspiel unterschiedlicher abiotischer Faktoren mit biochemischen oder physiologischen Prozessen und Reaktionen ist voller Überraschungen und Abweichungen, und dennoch lassen sich Gesetzmäßigkeiten und Muster beschreiben (vgl. S. 397 ff.).

In verschiedenen **Strandzonen** leben ähnliche Tierarten.
Die Breite der Abschnitte ist abhängig vom Maß der Wasserstandsänderung während der Gezeiten (Tidenhub).

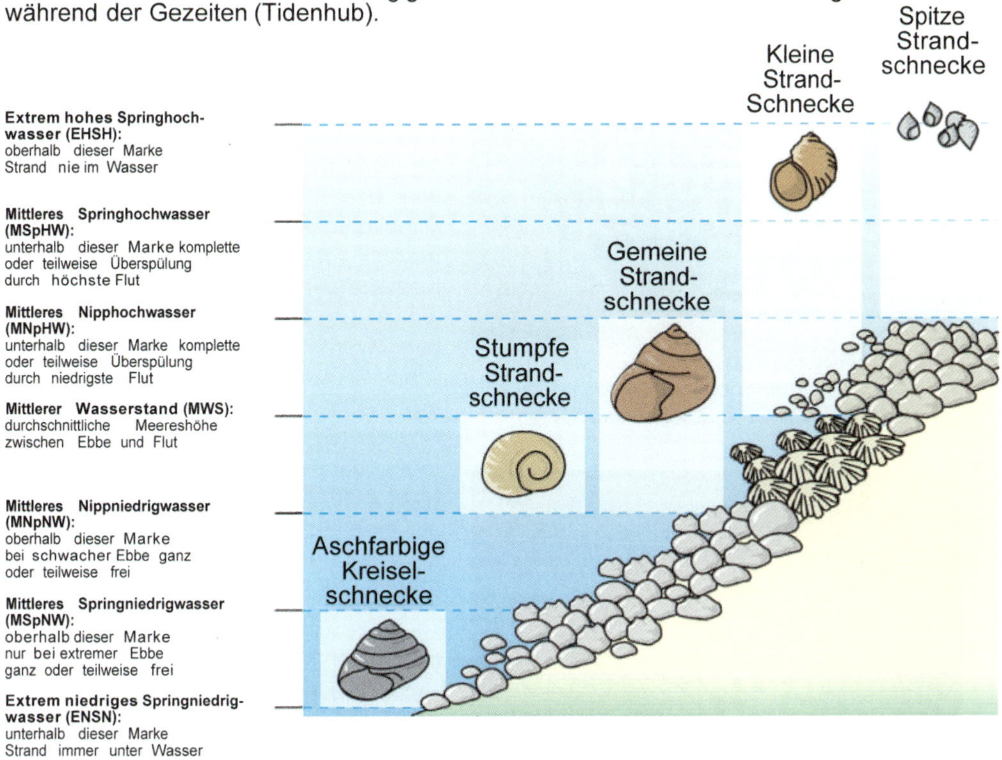

Die Gliederung von Lebensräumen nach den Ansprüchen ihrer Bewohner ist eine wichtige Möglichkeit, natürliche Ordnungssysteme zu erkennen und zu verdeutlichen.

(vgl. Burnie, 1999, S. 88)

➲ ***Zur Vertiefung dieses Themas finden Sie im Arbeitsheft eine Reihe von Aufgaben.***

Mathematik als Wissenschaft von den Mustern

Untersuchen und vergleichen wir gleichartige Dinge und Erscheinungen wie Schneekristalle, Blätter und Blüten von Pflanzen, Fellzeichnungen mehrerer Tiere einer bestimmten Art, Rinden- oder Gesteinsstrukturen, aber auch verschiedene menschliche Gesichter und andere Körperformen, so lassen sich die Gemeinsamkeiten jeweils auch mathematisch erfassen: Eine bestimmte Vergleichsreihe führt etwa zu ähnlichen Längenmaßen, Winkeln oder geometrischen Formen. Bei Wiederholungen dieser Formen und Maße im Kleinen wie im Großen ergeben sich Muster: Die Anordnung der Blütenkronblätter beim

Radiärsymmetrie bei der Blüte des Immergrün, Vinca minor

Bienenwaben zählen zu den bekanntesten Mustern in der Natur. Die Anordnung der Sechsecke gewährleistet optimale Stabilität und Raumnutzung.

Scharf konturierte Flügelzeichnung der Weißen Baumnymphe, Idea leuconoe, eines tropischen Schmetterlings, der bei uns allerdings nur in entsprechenden Gewächshäusern leben kann

Immergrün ergibt ein regelmäßiges *Fünfeck*. Im Flachwasser oder am Ufer mancher Sandstrände zeigen sich *Rippelmuster*. Schneckenhäuser wachsen in der Form einer *Spirale*.

Muster sind für die Mathematik so wichtig, dass wir hier von der „Wissenschaft von den Mustern" sprechen können. Dabei darf der Begriff „Muster" aber keinesfalls vorschnell auf Ornamente oder Kachelungen eingeengt werden (wenngleich auch diese mathematisch beschrieben werden können): Mathematiker sehen Muster nicht nur im Bereich des materiell Anschaulichen, sondern auch in Ordnungen aller Art, Strukturen und logischen Beziehungen: „Die abstrakten Muster der Mathematiker kann man sich als eine Art ‚Skelett' aller Dinge und Erscheinungen unserer Welt vorstellen" (Devlin, 2003, S. 101).

Für viele Menschen ist **Mathematik** eine Wissenschaft, mit der sie nicht gerade angenehme Erinnerungen und lustvolle Erfahrungen verknüpfen. Das ist auch dort gut nachvollziehbar, wo die Vermittlung mathematischer Inhalte auf rein theoretische Abhandlungen beschränkt blieb und zu wenig Anknüpfungspunkte an individuelle Lebenserfahrungen gegeben waren. Besonders wichtig ist die Konkretisierung mathematischer Inhalte und Betrachtungsweisen bei Kindern (vgl. Kapitel 3, S. 80 ff.). Man weiß heute aus zahlreichen Untersuchungen, dass die Art und Weise, *wie* Kinder mit Zahlen und Formen, Mengen und Größen in Kontakt kommen, nicht nur entscheidend zur Entwicklung des mathematischen Denkens an sich beiträgt, sondern mehr noch das *aus der Thematik sich ergebende Interesse* an der Sache fördert.

Inhalte aus dem weiten Bereich der Natur- und Umweltkunde haben hier einen ganz besonderen Stellenwert: Zahlreiche **Formen und Strukturen in der Natur** sind hervorragend geeignet, mathematische Gesetzmäßigkeiten und Konzepte wie Symmetrien und Spiegelungen, Drehungen *(Rotation)*, Verschiebungen *(Translation)*, Veränderungen des Maßstabs *(Vergrößerung, Verkleinerung)* oder Flächen- und Raumausnutzungen zu veranschaulichen. Dabei geht es insbesondere im Vorschulalter keineswegs um das Erlernen mathematischer Arbeitsweisen, sondern um die Schaffung eines Vorrats künftiger Erinnerungs- und Beziehungsmöglichkeiten: Die inneren Bilder jener Strukturen, mit denen Kinder sich vorbegrifflich auseinandersetzen konnten, haben großen Anteil an späteren Lernerfolgen.

Zahlreiche *natürliche Musterungen* treten als zeitliche Regelmäßigkeiten auf, und nicht selten spielen **Primzahlen** (nur durch eins und sich selbst teilbar) dabei eine entscheidende Rolle:

Die längste Lebensspanne unter den Insekten hat eine bestimmte Zikadenart, Magicicada septendecim, die sich in streng periodischen Zeitspannen entwickelt: „Ihr einzigartiger Lebenszyklus beginnt unter der Erde, wo die Nymphen geduldig Nährlösung aus den Wurzeln von Bäumen saugen. Dann, nach 17 Jahren des Wartens, wühlen sich die erwachsenen Zikaden aus der Erde heraus und überschwemmen eine Zeitlang in riesigen Schwärmen das Land. Während der folgenden Wochen paaren sie sich, legen ihre Eier und sterben" (Singh, 2013, S. 123 f.). Biologen erklären sich die ungewöhnlich lange und zudem primzahlgemäße Lebensspanne mit dem evolutionären Vorteil, dass jeder denkbare Parasit aufgrund seines Lebenszyklus nur sehr selten mit diesen Zikaden zusammentrifft: Bei einem Lebenszyklus des Parasiten von zwei Jahren wäre das alle 34 Jahre, bei 16-jährigem Zyklus aber erst alle 272 Jahre. Die Tatsache, dass man bisher noch keinen Parasiten dieser Zikadenart entdeckt hat, lässt es denkbar erscheinen, dass diese Zikadenart durch die Ausdehnung ihres Lebenszyklus den Wettkampf gegen alle natürlichen Feinde gewonnen hat.

Ein Farnblatt zeigt das Prinzip der Selbstähnlichkeit besonders deutlich. (vgl. Stewart, 2007, S. 34)

Küstenlinien und Schneekristalle

Ein weiterreichendes Prinzip der Mathematik, das uns in der Natur vielfach begegnet, stellt die sogenannte **Selbstähnlichkeit** dar. Wir begegnen ihr nicht nur in Strukturen des Wachstums wie bei mehrfach gefiederten Blättern (Farn, Akazie, bestimmte Doldenblütler etc.), sondern auch in anorganischen Formen, bei denen z. B. ein zerklüfteter Felsen beim näheren Betrachten auch in zunächst einigermaßen eben erscheinenden Flächen eine Vielzahl kleinerer Klüfte und Scharten zeigt, und je genauer man das Gestein untersucht, desto mehr Risse lassen sich finden, die im Kleinen eine deutliche Ähnlichkeit zur Klüftigkeit des Gesamtmassivs zeigen. Um 1970 befasste sich der Computerwissenschaftler Benoît Mandelbrot mit dem Verlauf von Küstenlinien, Berggraten und Wolkenrändern und stellte dabei fest, dass es unmöglich ist, eine solche Linie mit den herkömmlichen mathematischen Methoden exakt zu beschreiben bzw. ihre Länge ganz exakt anzugeben:

Wenn nach der Länge der Küste Englands gefragt wird, so hängt die Antwort davon ab, wie genau man messen kann. Wird die Uferlänge jeder einzelnen Bucht ermittelt, und wie klein darf eine Bucht sein, um sie nicht zu berücksichtigen? Und wie sieht es mit Landzungen aus? Zählen Felsvorsprünge mit oder nicht? Entscheidend für das Ergebnis ist also stets der Maßstab (vgl. Blum, 1999).

Mandelbrot war aber vor allem am Entstehen, am Wachstum solcher Formen interessiert. Er fand heraus, dass sich die genaue Form, nach der beispielsweise eine *Eisblume* wächst, nicht vorhersagen lässt, da trotz physikalischer Gesetzmäßigkeiten die wiederholte Anwendung einer Regel *(Selbstähnlichkeit)* aufgrund einer Vielzahl *chaotischer Prozesse* jede exakte Vorhersage unmöglich macht. Mandelbrot prägte dafür den Begriff **Fraktal** bzw. **fraktales Wachstum**: Wenn bei der Untersuchung eines Gebildes immer feinere, dem Gesamten aber dennoch ähnliche Strukturen erkennbar werden, handelt es sich um eine unvollständige (fraktale) Dimension dieses Gebildes.

Die Erklärung für den **Bau der Schnee- und Eiskristalle** ist in der Molekularstruktur des Wassers zu suchen (vgl. Kapitel 4, S. 133 ff. und Kapitel 11, S. 374 ff.). Der *Dipolcharakter* der Wassermoleküle erklärt nicht nur die Wechselwirkungen des Wassers mit hydrophilen und hydrophoben Stoffen, sondern hilft auch, die Bildung von Schnee- und Eiskristallen zu verstehen. Dabei spielen aber auch noch andere Faktoren eine wichtige Rolle, und gerade die Erforschung von Schnee und Eis hat gezeigt, dass die physikalischen Prozesse, die sich hier ereignen, außerordentlich komplex und variantenreich sind. Immerhin wissen wir seit den umfangreichen Forschungen des japanischen Physikers Ukichiro Nakaya um 1930, dass die Temperatur den größten Einfluss hat: Die am feinsten verästelten Kristalle („Flocken") bilden sich demnach bei Temperaturen zwischen –10 °C und –20 °C, wobei das Wachstum durch verschiedene Faktoren beeinflusst wird:

Es bilden sich zuerst sechseckige Ringe als Grundmuster, an die sich dann weitere Moleküle anschließen. Dafür gibt es unzählige Möglichkeiten, was bewirkt, dass keine Schneeflocke wie die andere ist. Oft fällt der Schnee aber auch durch eine etwas wärmere Luftschicht, in der die feinen Verästelungen der Schneesterne abschmelzen, um dann in einer kalten Schicht wieder zu gefrieren. So entstehen die mehr flächenhaften, aber immer noch sechseckigen Schneesterne. Einzelne solcher Schneesterne bleiben beim Herunterwirbeln leicht aneinander hängen und lagern sich dadurch zu großen Schneeflocken zusammen.

(Wittmann, 2000, S. 86)

Chaos oder Zufall?

Die Detailstrukturen bei der Bildung von Schneeflocken, dem Wachstum von Pflanzen oder dem Zubereiten einer gut gemischten Salatsauce lassen sich im Detail so wenig vorherbestimmen, dass der Eindruck chaotischer Zustände entsteht. In der Alltagssprache ist dann von „Zufall" die Rede. In Wirklichkeit meint **Chaos** etwas völlig anderes: Es handelt sich um einen Zustand, der – obwohl von strengen, naturgesetzlichen Regeln beherrscht – Strukturen aufweist, die sich im Einzelnen nicht exakt berechnen und vorhersagen lassen: „Chaos bewohnt das Niemandsland zwischen den Reichen der Regelmäßigkeit und des Zufalls" (Stewart, 2007, S. 174).

Der Goldene Schnitt

Eine beinahe geheimnisvolle Verbindung zwischen den natürlichen Strukturen und der Welt der darstellenden Kunst lässt sich ebenfalls über die Mathematik herstellen: Es geht um den **Goldenen Schnitt**. Mit diesem Begriff ist ein Teilungsverhältnis ausgedrückt, und zwar wird eine Strecke so in zwei Teilstücke geteilt, dass sich die Länge der ganzen Strecke zu der größeren Teilstrecke so verhält wie die der größeren Teilstrecke zur kleineren Teilstrecke.

Die Knospen dieser Kohlsorte sind spiralig angeordnet. Dabei handelt es sich bei der Anzahl der Spiralen, die im Uhrzeigersinn verlaufen, sowie der Anzahl der Spiralen der entgegengesetzten Richtung immer um zwei verschiedene Fibonacci-Zahlen.

Wird z. B. eine Strecke von 200 cm in zwei Teilstrecken von 125 cm und 75 cm geteilt, so lassen sich zwei Verhältnisse angeben: 200 cm : 125 cm (8/5 = 1,6) und 125 cm : 75 cm (5/3 = 1,6–) Die Gesamtlänge von 200 cm ist dann im Goldenen Schnitt geteilt, wenn die beiden Verhältnisse gleich groß sind. Im genannten Beispiel ist das annähernd der Fall.

Diese Teilung, die auch für Flächen vorgenommen werden kann, war bereits in der Antike bekannt, und sie hat in der **Kunstgeschichte** eine große Tradition: Zahlreiche Plastiken, Statuen, Gemälde oder Grafiken sind nach diesem Verhältnis komponiert, wobei häufig ein bestimmter inhaltlicher Akzent oder Schwerpunkt des Kunstwerkes sich im Bereich dieses Teilungspunktes befindet.

Eine merkwürdige und spannende Verbindung zur **Natur** findet man, wenn man sich das Zahlenverhältnis des *Goldenen Schnitts* genauer ansieht: Mit den Zahlen, die ein solches Verhältnis ausdrücken, lässt sich eine Reihe bilden: 1, 2, 3, 5, 8, 13, 21 etc. Vielleicht erinnern Sie sich, dieser Zahlenfolge schon einmal begegnet zu sein: Es handelt sich um die Fibonacci-Zahlen (vgl. Kapitel 3, S. 84), und je weiter man innerhalb dieser Reihe fortschreitet, desto stärker nähert sich das Ergebnis der jeweiligen Bruchrechnung dem idealen Teilungsverhältnis des Goldenen Schnitts an. Diese Annäherung ist aber weit mehr als ein rein theoretisches Zahlenspiel: Wir finden dieses Verhältnis in außerordentlich vielen natürlichen Wachstums- und Ordnungsfunktionen, bei den bestimmten Wuchsformen von Blättern oder Zapfen, Verzweigungen von Ästen und Zweigen und auch bei einzelnen Proportionen des menschlichen Körpers. Es ist nicht abwegig, in der Tatsache dieser universell zu findenden Verhältnismäßigkeit auch die Ursache dafür zu sehen, dass uns Teilungen im Verhältnis des *Goldenen Schnitts* als besonders harmonisch und angenehm erscheinen, gewissermaßen als Teilung in Übereinstimmung mit der Natur.

➲ ***Zur Vertiefung dieses Themas finden Sie im Arbeitsheft eine Reihe von Aufgaben.***

Literaturtipps

- Burnie, David: Spannendes aus dem Reich der Natur, übers. v. Michael Schmidt, München: Christian Verlag, 1999 – Ein anregendes und sorgfältig gestaltetes Buch für die Praxis: gute Auswahl und Beschreibung zahlreicher, meist einfacher Versuche zu sehr unterschiedlichen naturkundlichen Themen.
- Candolini, Gernot: Das geheimnisvolle Labyrinth: Mythos und Geschichte eines Menschheitssymbols, München: Pattloch, 2008 – Detailreiche und kundige Einführung in das Thema, mit zahlreichen Beispielen und Anleitungen für die Praxis.
- Devlin, K.: Das Mathe-Gen oder wie sich das mathematische Denken entwickelt und warum Sie Zahlen ruhig vergessen können, übers. v. Dietmar Zimmer, Stuttgart: Klett-Cotta, 2003 – Auf amüsante und spannende Weise nähert sich der Autor der Welt der Zahlen und Formen und erläutert ausführlich, weshalb für ihn mathematisches Denken unmittelbar mit Sprachentwicklung verbunden ist.
- Michalski, Ute/Michalski, Tilman: Das Ravensburger Werkbuch Papier, Ravensburg: Ravensburger Buchverlag, 2007 – Genaue Beschreibungen verschiedener Techniken und zahlreiche anregende Ideen zum Papier als Rohstoff für Gestaltungen machen dieses Buch zu einem sehr nützlichen Ratgeber für eine entsprechende Projektarbeit mit Kindern.
- Schumann, Walter: Der neue BLV Steine- und Mineraleführer, München: BLV, 2012 – Ein Bestimmungs- und Nachschlagewerk für Hunderte Minerale und Gesteine. Sehr gute Fotos und knappe, treffsichere Beschreibungen.

13 Zukunftsperspektiven – Zweckorientierung und die Suche nach dem Unbekannten

Wo sehen Sie Verbindungen zwischen Technik und Umweltpädagogik?

Interessieren Sie sich selbst für *Technik*? Wenn ja, für welche?

Welche Rolle spielt der *Umgang mit Werkzeugen* in Ihrem Alltag?

Wie könnte eine *Werkstatt für Kinder* eingerichtet sein?

Was fasziniert ein Kind an einer Säge, an einer Zange?

Was kann Kindern der Besuch eines *Technik-Museums* über die rein technischen Anschauungsmöglichkeiten hinaus vermitteln?

Wie können Kinder an *Elektrizität* herangeführt werden?

Was sind *physikalische Konzepte*, und warum sind sie auch für Kinder wichtig?

Auf welche Zukunft können wir Kinder heute vorbereiten?

Welches *Bild einer künftigen (Um-)Welt* haben Sie selbst?

Welche Leitideen begleiten und stützen Ihr pädagogisches Engagement?

Sammlung sonderbarer Objekte

Nr. 13

Was löst die Betrachtung in Ihnen aus? Erinnerungen, Vermutungen, Wiedererkennen?

Was könnte das sein?

Welche Bedeutung, welchen Nutzen könnte es haben?

(Auflösung im Anhang, S. 430)

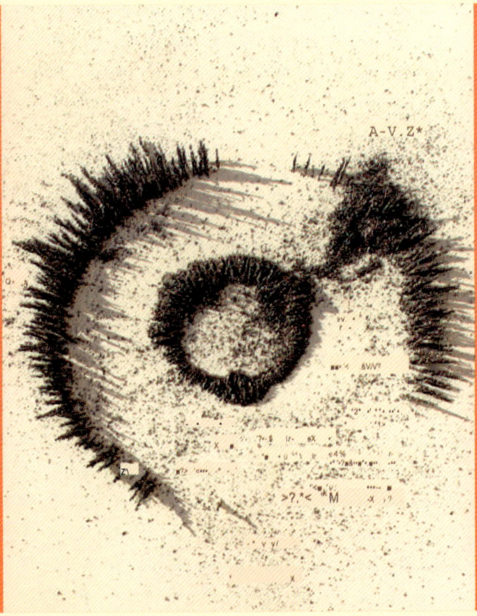

Das Kommende wird unvertraut und
erst noch zu entdecken sein:
Die Welt ist bunt und dreht sich weiter.

Dort, wo *Umweltpädagogik* sich als zentraler und grundlegender Arbeitsschwerpunkt begreift und in disziplinenübergreifender Weise arbeitet, zeigt sich einer ihrer wichtigsten und interessantesten Aspekte: ihre **Zukunftszugewandtheit**. An erster Stelle ist dabei zu nennen, dass über die Unterstützung von Wahrnehmungs- und Reflexionsprozessen die Neugier von Kindern für ihre Umwelt geweckt und geschärft und ihr Interesse für Entwicklungen unterschiedlicher Art mit Anteil nehmender Aufmerksamkeit begleitet werden. Dabei spielen individuelle Veränderungen und Entwicklungen eine große Rolle, denn mit zunehmendem Alter verändern sich auch Interessen und Blickwinkel der Kinder, ihre Handlungsspielräume und ihre Urteile.

Hinzu kommt, dass Umweltpädagogik auch von ihrer inhaltlichen Ausrichtung her in vielfacher Weise Entwicklungen und Veränderungen zu berücksichtigen hat: Im Lauf der Zeit ändern sich nicht nur Umweltbedingungen und bestimmte andere Voraussetzungen, die in die praktische umweltpädagogische Arbeit aufgenommen werden wollen. Auch die Maßstäbe und Sichtweisen, was unter „Umweltpädagogik" genau zu verstehen sei und wie sie ihre Ziele erreichen könne, unterliegen Wandlungen.

Wie bereits in den vorangegangenen Kapiteln deutlich geworden sein sollte, lassen sich zwischen verschiedenen Interessengebieten und Disziplinen zahlreiche Verbindungslinien ziehen, so, wie auch Vergangenes und Gegenwärtiges immer wieder in einen Dialog eintreten. Ein solches Gemenge an Themen, Inhalten und Methoden zu akzeptieren fällt Erwachsenen häufig schwerer als Kindern: Wir wollen trennen und unterscheiden, den Überblick behalten und wissen gerne schon im Voraus, *was wann wozu* nützlich sein wird – oder meinen das jedenfalls zu wissen.

Versuche mit verschiedenen Materialien und Werkzeugen in einem winterlichen Brachland bedeuten nicht nur unmittelbare Naturerfahrungen, sondern konfrontieren Kinder auch mit ihren eigenen Fähigkeiten und Möglichkeiten sowie bestimmten Folgen ihres Tuns.

Diese kritische Anmerkung sollte nicht missverstanden und als grundsätzlicher Widerspruch zum Sinn von *Ordnung* und *Ordnungssystemen* aufgefasst werden. Es erscheint lediglich geboten, immer wieder darauf hinzuweisen, dass Ordnungen wie etwa die Unterscheidung verschiedener pädagogischer „Förderschwerpunkte", unterschiedlicher Schulfächer oder die Aufteilung naturkundlichen Wissens auf verschiedene wissenschaftliche Disziplinen eine künstliche Angelegenheit sind, die auf geschichtlichen Entwicklungen, organisatorischen oder technisch-pragmatischen Erwägungen oder auch politischen Interessen beruht. Das mag nützlich und bewährt sein, doch für Kinder stellen

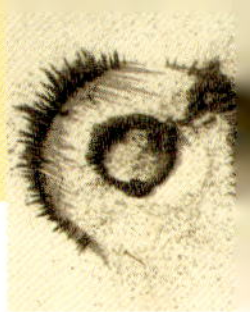

sich oftmals ganz andere Zuordnungen als naheliegend oder sinnvoll heraus, und diese anderen Verbindungen und Assoziationen sollten ernst genommen werden. Dies hat zwei Gründe: Das freie Spiel mit den Möglichkeiten schafft sich seine eigene Anziehungskraft, und die Lust eines Kindes am selbst Entdeckten führt – unabhängig von allen Schemata der *Welt der Erwachsenen* – zu weiteren Experimenten, steigert die Lust und das Interesse am eigenständigen Tun. Zum anderen entwickelt sich aus solchen *Spielereien* und mehr oder weniger ziellosen Aktivitäten nicht selten etwas wirklich Neues, Unerwartetes:

> (...) diese Ordnung ist nicht so fest, wie sie sich gibt: kein Ding, kein Ich, keine Form, kein Grundsatz sind sicher, alles ist in einer unsichtbaren, aber niemals ruhenden Wandlung begriffen, im Unfesten liegt mehr von der Zukunft als im Festen, und die Gegenwart ist nichts als eine Hypothese, über die man noch nicht hinausgekommen ist.
>
> *(Musil, 2013, S. 250)*

Eine Gesellschaft, die mehr und mehr auch als *Informations-* und *Bildungsgesellschaft* zu verstehen ist, sieht gerade in der Neugier und Aufnahmebereitschaft der Kinder zunehmend ein wichtiges Lernpotenzial – zu Recht: Die Art und Weise, **wie Kinder mit Technik umgehen**, zeigt nicht nur deutlich, wie neugierig und interessiert sie an unbekannten Formen und Funktionen sind, sondern auch ihren großen Wunsch zu verstehen, *warum* und *wie* etwas funktioniert. Auch erscheint die Kritik mancher Wissenschaftler sehr berechtigt, dass sich die vorschulische Bildung der letzten Jahrzehnte vor allem auf die Entwicklung der sozialen Fähigkeiten der Kinder konzentriert und grundlegende mathematische und naturwissenschaftliche Inhalte häufig in den Hintergrund geschoben hat. So erinnert sich der prominente israelische Physiker Haim Harari: „Als ich aufwuchs, war es vollkommen normal für gebildete Leute, ihr Unwissen in Mathe und Naturwissenschaft zu zelebrieren. Wer aber heute mit dieser Haltung ein Kind aufzieht, beschädigt dessen Zukunft. Und die des Landes. Entscheidungen über Umwelt, Forschung, Energie und Industrie werden von Menschen gefällt, die keine Ahnung von den Naturwissenschaften haben" (Harari, 2007). Demgegenüber stehen immer wieder geäußerte Warnungen, Kinder *kognitiv* nicht zu überfordern, *ihnen ihre Kindheit zu lassen*. Aber die beiden Positionen sollten ohnehin nicht gegeneinander ausgespielt werden. Genausowenig wie es darum gehen kann, die Kindertagesstätten in einer Art Aufholjagd zu verschulen, dürfen wir übersehen, dass eine am Interesse der Kinder orientierte naturwissenschaftliche Bildung Effekte in ganz unterschiedlichen und fundamental wichtigen Entwicklungsbereichen hat: Denkentwicklung, Sprachförderung, Entdecken von Zusammenhängen und Ursache-Wirkungs-Ketten – und das alles verbunden mit Lust an neuen Erfahrungen und engagiertem, gegenseitigem Austausch.

Aufgaben:

Die Frage nach Bildungsinhalten im Vorschulbereich bzw. den Bestrebungen, insbesondere in der frühen Kindheit vermehrt auch auf Wissensvermittlung zu setzen, wird mitunter heftig diskutiert. Bilden Sie sich Ihr eigenes, mit Argumenten begründetes Urteil:

1. Welche Kriterien sollten grundsätzlich erfüllt sein, um Kinder mit bestimmten, mehr oder weniger anspruchsvollen Bildungsinhalten zu konfrontieren?
2. Worin könnte diesbezüglich eine Überforderung von Kindern liegen, und woran ließe sich das erkennen?

In diesem Kapitel geht es um Themen, die – teilweise aufbauend auf bereits Genanntem – die Umsetzung etwas umfangreicherer Arbeitsvorhaben mit Material betreffen, wobei Fragen der Technik und des individuellen Technikzugangs in den Vordergrund rücken.

Nach dem heutigen Verständnis von Umweltbildung bedeutet das keineswegs eine Entfernung von umweltpädagogisch orientierter Arbeit, sondern stellt im Gegenteil eine Ergänzung dar, die in den kommenden Jahren wohl noch wichtiger werden dürfte.

Das Kapitel ist in drei Teile gegliedert:

13.1 Zwischen Skepsis und Aufbruch – Kinder-Werkstatt und Werkzeugeinsatz

13.2 Von der Korngrößensortierung zum Roboter – Mechanik, Elektrotechnik, Elektronik

13.3 Ausblick oder: Die Idee ist der Motor

13.1 Zwischen Skepsis und Aufbruch – Kinder-Werkstatt und Werkzeugeinsatz

In den letzten Jahren wird – nach Jahren einer weithin ausgeprägten Skepsis gegenüber technischen Neuerungen – **Technik** nicht nur in der breiten Öffentlichkeit wieder grundsätzlich positiver bewertet. Es mehren sich auch die Stimmen, die verstärkte Anstrengungen im gesamten Bildungsbereich fordern, um Kinder an technische und naturwissenschaftliche Inhalte heranzuführen. Konnte man noch vor einigen Jahren nahezu unwidersprochen behaupten, naturwissenschaftliche Kenntnisse müssten zwar nicht versteckt werden, zur *Bildung* gehörten sie allerdings nicht (vgl. Schwanitz, 2002), so wird das heute zunehmend anders bewertet: Naturwissenschaften wie Biologie, Chemie oder Physik einschließlich zahlreicher Bereiche der technischen Umsetzung und Anwendung wie Landwirtschaft, Maschinenbau oder Messtechnik erhalten inzwischen deutlich mehr Anerkennung, als das vor wenigen Jahren noch für denkbar gehalten wurde. Das zeigt sich in Anzahl, Umfang und Qualität von Medienberichten, Buchpublikationen – und Forderungen an die Pädagogik.

> **Technik** = Gesamtheit aller Verfahren, mit denen nach Regeln, unter Verwendung materieller Ressourcen und gezieltem Energieeinsatz Gegenstände zur Befriedigung menschlicher Lebensbedürfnisse hergestellt werden. Die Formen der Technik sind ebenso wie ihre gesellschaftliche Bedeutung und Bewertung sehr stark von kulturellen Einflüssen geprägt (Wandel des Welt- und Selbstverständnisses des Menschen im Lauf der Geschichte).

Wie schon in früheren Kapiteln dargelegt, geht es in der umweltpädagogischen Arbeit keinesfalls darum, Kindern naturwissenschaftliches Fach- und Detailwissen zu vermitteln, am allerwenigsten im Bereich der Vorschulpädagogik. Es geht um eine Kategorie der **Aufmerksamkeit** für jene Elemente und Faktoren unserer Welt, die unser Leben heute mehr als je zuvor in zweifacher Weise entscheidend prägen. Zum einen begegnen wir den Naturwissenschaften in unübersehbaren Produkten und Merkmalen unserer Zivilisation (Maschinen und Geräte aller Art, chemische Substanzen, Produktionsverfahren und Informationsstrukturen). Zum anderen prägen sie – indirekt, aber keineswegs unwirksam – als Betrachtungs- und Denkweise unser Bild von der Welt, unser Denken in Strukturen und Prozessen, unser heutiges Verständnis von Raum und Zeit. „Kennerschaft der

Naturwissenschaft heißt nicht, möglichst viele ihrer Gesetze zu kennen, sondern zu verstehen, welche Sicht der Natur dabei ins Spiel kommt" (Fischer, 2003, S. 80).

Diese **Sicht der Natur** hat stets zwei Facetten, die untrennbar miteinander verbunden sind und ein wesentliches Merkmal der modernen Naturwissenschaften ausmachen: So präzise und nachprüfbar im Einzelfall eine Frage beantwortet werden kann, so sehr bleibt die Antwort auf diese Frage beschränkt. Anders formuliert: Die Tatsache, dass die *(exakten)* Naturwissenschaften auf zahlreiche Probleme *keine* Antwort geben, sollte nicht als Ignoranz, sondern als Bescheidenheit gesehen werden: „Bei der Durchführung eines Versuchs stellt der Physiker der Natur gleichsam eine Frage, doch die Natur beantwortet diese Frage nur, wenn sie *richtig* gestellt worden ist" (Kikoin, 1991, S. 7). Die Exaktheit, mit der eine Sache wissenschaftlich beschrieben werden kann und die an so vielen Stellen erreicht wird, hat ihren Preis im Ausschluss aller anderen Aspekte, und seien sie noch so wichtig.

Aufgabe:

Sammeln Sie Beispiele, wo Ihnen diese beiden Facetten einer naturwissenschaftlichen Betrachtungs- oder Untersuchungsweise bereits begegnet sind bzw. wo der Unterschied zwischen einer streng wissenschaftlichen Beschränkung auf einen einzelnen Gegenstand und der Art und Weise, wie im Alltag damit umgegangen wird, besonders deutlich wird, und zwar

1. aus dem Bereich der Pflanzenkunde,
2. bei Fragen der Energienutzung,
3. bei Chemie im Alltag.

Kinder-Werkstatt

Der Stellenwert, den Naturwissenschaften mittlerweile im öffentlichen Bewusstsein wieder einnehmen, hat vielerorts dazu geführt, dass heute in etlichen Kindertagesstätten Projekte zur technischen Früherziehung durchgeführt werden. **Kinder-Labors, technische Ateliers** oder **Lernwerkstätten** bieten je nach Schwerpunktsetzung der Einrichtung und insbesondere abhängig vom persönlichen Engagement der jeweiligen pädagogischen Fachkräfte sehr unterschiedliche Ansätze (vgl. Kapitel 3, S. 94 f.).

➲ ***Zur Vertiefung dieses Themas finden Sie im Arbeitsheft eine Reihe von Aufgaben.***

Der Umgang mit Schrauben und Nägeln ist für jüngere Kinder besonders faszinierend. Das Hantieren mit diesen Dingen regt die Fantasie an und fördert Geschicklichkeit und Geduld.

Einen Nagel einschlagen erfordert Aufmerksamkeit, Konzentration und motorisches Geschick – und fördert gleichzeitig solche Fähigkeiten.

Arbeitsschutz

Die Sorge, Kinder könnten sich mit bestimmten Werkzeugen verletzen, begleitet jede Diskussion über die Einrichtung von Kinder-Werkstätten. Auf der einen Seite ist diese Thematik für die pädagogischen Fachkräfte aus Gründen der Aufsichtspflicht wichtig, auf der anderen Seite haben selbstverständlich die Eltern ein großes Interesse, dass dieser **Arbeitsschutz** ernst genommen wird.

Unfallschutz bzw. die Sicherstellung eines **Arbeitsklimas**, das den betreffenden Kindern einerseits einen möglichst großen Handlungsspielraum zubilligt, andererseits Verletzungsrisiken minimiert, erfordert verschiedene Überlegungen und Vorkehrungen. Als besonders wichtig haben sich in der Praxis folgende Aspekte herausgestellt:

- Sorgfältige Diskussion der diversen Werkstattaktivitäten innerhalb des pädagogischen Teams sowie entsprechende Information der Eltern
- Vor der Arbeit mit den Kindern selbst praktische Erfahrungen mit den jeweiligen Werkzeugen sammeln
- Bei Neueinrichtung einer Kinder-Werkstatt Vorbereitungs- und Erprobungsphase mit einer kleineren Zahl von Kindern und beschränktem Werkzeugangebot durchführen

Steinbearbeitung – für viele Kinder besonders attraktiv – sollte nur mit einem geeigneten Augenschutz erfolgen. Andere Kinder sollten natürlich einen gewissen Sicherheitsabstand einhalten.

Bereits Kleinkinder hantieren gerne mit verschiedenen Werkzeugen. Hier sind leicht zu bearbeitende Materialien wie Porenbeton (Ytongsteine) sinnvoll.

- Einfache und in Anzahl wie Umfang überschaubare Regeln für die Benutzung der Werkstatt ausarbeiten (diese Regeln ggf. mit den Kindern formulieren und ggf. auch den Eltern der Kinder vorstellen)
- Unterscheidung zwischen relativ risikolosen, den Kindern ggf. auch jederzeit zugänglichen, und problematischeren Werkzeugen und Hilfsmitteln
- Auf entspannte, möglichst ruhige Arbeitsatmosphäre achten: „Wir machen das sehr gewissenhaft, lassen uns nicht hetzen!"
- Bei Bauanleitungen Schwierigkeitsgrade langsam steigern, Erfolgsdruck vermeiden

13.2 Von der Korngrößensortierung zum Roboter – Mechanik, Elektrotechnik, Elektronik

Insbesondere für Technikprojekte mit jüngeren Kindern bietet die **Mechanik** zahlreiche Möglichkeiten, da hier Kräfte und ihre Wirkmechanismen häufig besonders gut sichtbar und nachvollziehbar sind (vgl. Kapitel 2, S. 66 ff.). Wenn Kinder dann einfache Konstruktionen oder gar kleine Maschinen selbst bauen können, dann machen sie damit nicht nur mit einer Vielzahl einzelner handwerklicher Techniken Bekanntschaft, sondern sie erwerben neben sozialen Kompetenzen (Teamarbeit!) auch ein Wissen, das sich auf andere Bereiche übertragen lässt.

Anschauungsobjekte historischer Techniken wie hier im Deutschen Museum in München sind für Kinder informativ und anregend zugleich.

Eine Konstruktion wie eine Murmelbahn *(vgl. Kapitel 2, S. 70) weist je nach Größe der Anlage ganz unterschiedliche Neigungen, Winkel oder Oberflächen auf, die dazu führen, dass sich eine Kugel mal langsamer, mal schneller bewegt. Verbindet man diese Beobachtungen mit der gezielten Frage nach der Ursache des unterschiedlichen Rollverhaltens, so lassen sich mit den theoretischen Konzepten von* Reibung *oder* Schwerkraft *wichtige Grundlagen physikalischen Verständnisses entwickeln. Damit lassen sich auf spielerische Weise genau jene Begriffe und Erklärungen vermitteln, an die später ein Physikunterricht anknüpfen kann.*

Eine Werkstatt als einzelner *Raum* oder bloß zeitlich eng begrenztes *Angebot* ist allerdings nicht viel mehr als ein Anfang. Kinder werden in allen möglichen Situationen tätig und sollten demnach nicht nur in einem speziellen Raum wie „Werkstatt", „Labor" oder Atelier" Anregungen und Möglichkeiten für selbstbestimmte und kreative Aktivitäten finden. Bildung als *Selbstbildung* braucht selbstverständlich auf Unterstützung nicht zu verzichten: Weiterführende Fragen und Hilfestellungen können und sollen auch seitens der pädagogischen Betreuung geleistet werden, wie auch entsprechende Beobachtungsmodelle viel mehr sind als ein bloßes Zuschauen, was passiert.

Mechanik: Korngrößensortierung

Die Idee einer Murmelbahn (vgl. Kapitel 2, S. 70) kann auf bestimmte Weise in eine einfache Sortiermaschine umgewandelt bzw. weiterentwickelt werden: Nicht der Lauf einer Kugel an sich ist bestimmend, sondern der Weg, den eine Kugel nimmt, wird von ihrem Durchmesser bestimmt. Mit anderen Worten: Wir nehmen eine **Größensortierung** vor, in der Fachsprache auch „Korngrößensortierung" genannt (vgl. Kapitel 12, S. 398 f.).

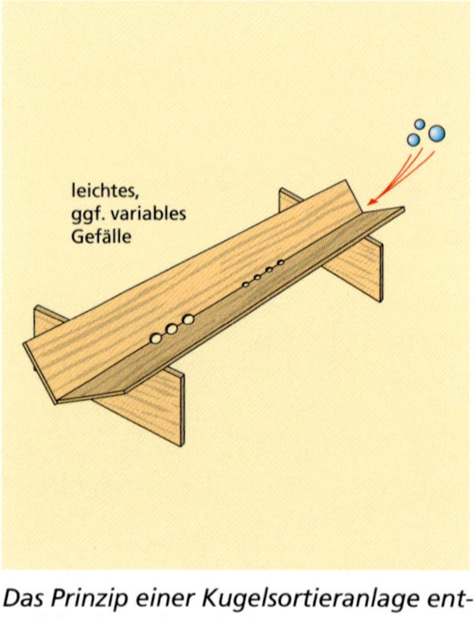

Das Prinzip einer Kugelsortieranlage entspricht dem eines Siebes.

Die einfachste Variante einer solchen Sortieranlage besteht aus einer schiefen Ebene, *die – um ein seitliches Wegrollen der Kugeln zu verhindern – als Rinne gestaltet ist. In dieser Rinne befinden sich Löcher unterschiedlicher Größe, durch die natürlich nur die jeweils kleineren Kugeln fallen können. Die Neigung, die die Rinne haben sollte, hängt vor allem von zwei Faktoren ab: der Geschwindigkeit, die die Kugeln erreichen können, und den Durchmessern der Löcher, nach denen sortiert wird. Konkret: Ist die Rinne zu steil, rollen die Kugeln zu schnell und rollen dann auch gerade noch über jene Löcher hinweg, durch die sie bei etwas geringerer Rollgeschwindigkeit bereits durchfallen können. Ist die Rinne zu flach, bleibt eine Kugel bereits in einem kleineren Loch hängen, weil ihre Bewegungsenergie nicht ausreicht, um über diese* Vertiefung *hinwegrollen zu können.*

Beim Bau einer solchen Sortieranlage sollte vor einer *Endmontage* in jedem Fall mit verschiedenen Neigungen und Kugeln experimentiert werden, und am besten ist sicherlich, ein Modell zu bauen, das sich auch später noch verstellen lässt.

Selbstverständlich lässt sich eine Kugelsortiermaschine auch mit einer Murmelbahn kombinieren, die für verschieden große Murmeln geeignet ist.
Zudem kann das Ergebnis der Größensortierung für ein Klangspiel o. Ä. genutzt werden: So könnte man unter die unterschiedlich großen Öffnungen der Sortiermaschine *verschiedene Klangschalen stellen.*

Elektrizität: Licht und Strahlung

Aus Sicherheitsgründen wird Kindern **Elektrizität** meist nur in theoretischer Weise erklärt, wobei im besten Fall eine Art Stichwortwissen entsteht, mit dem Kinder im Grunde nicht viel anfangen können. Angesichts der enormen Bedeutung, die *Elektrizität* in unserem Alltag hat, und der Rolle, die ihr unter Gesichtspunkten von Ressourcennutzung und Energieversorgung, Lebensstil und Umweltschutz zukommt, sollte Kindern diese Thematik unbedingt nahegebracht werden. Dafür bieten sich vor allem zwei Vorgehensweisen an:

- Praktisches Bauen, Ausprobieren, Konstruieren und damit Kennenlernen bestimmter *Materialien* zur Herstellung eines einfachen Stromkreises – selbstverständlich unter Einhaltung der nötigen Sicherheitsmaßnahmen
- Vermittlung von grundlegenden Zusammenhängen wie *Umwandlung* verschiedener Energieformen untereinander – vor allem, um das Konzept des *Energieerhaltungssatzes* zu verdeutlichen, der zu den wichtigsten physikalischen Erkenntnissen überhaupt gehört und in allen Bereichen der Natur zu entdecken ist

Elektrizität = Grundphänomen der Natur, das auf der Anziehung oder Abstoßung elektrisch geladener Teilchen beruht, wobei zwischen einer *elektrischen Ladung* und einem *elektrischen Strom* unterschieden wird. Zur Beschreibung dienen vor allem folgende physikalische Dimensionen (und Einheiten): Spannung (Volt), Stromstärke (Ampere), Leistung als Produkt aus Spannung und Stromstärke (Watt), Widerstand (Ohm). Die *Elektrotechnik* befasst sich mit der praktischen Anwendung der Elektrizität.

Erforschung der Elektrizität

Die ersten Beobachtungen elektrischer Wirkungen wurden in der griechischen Antike bei der **Reibung** an Bernstein *(elektrostatische Aufladung)* gemacht, wodurch dieses Phänomen auch den Namen erhielt (elektron, gr. = Bernstein). Am spektakulärsten ist unter den natürlichen Formen der Elektrizität jedoch der **Blitz**: Hier kommt es zur Entladung großer Spannungen, die sich zuvor in Gewitterwolken aufgebaut haben. Weit weniger auffällig, aber für das Leben ungeheuer wichtig ist die Elektrizität in Form von Signalen, die die *Informationsübertragung im* **Nervensystem** von Organismen sicherstellen. Manchen Tieren gelingt es sogar, hohe Spannungen zur Selbstverteidigung im Angriffsfall aufzubauen (Zitterrochen, Zitteraal), während andererseits Muskelbewegungen von Fischen als elektrische Signale geortet werden können und dem jeweiligen *Jäger* die Nähe seiner *Beute* verraten. Außerdem ist die elektrische Anziehung für die **Bindung** *der Elektronen an den Atomkern* und die *chemische Bindung* verantwortlich und bewirkt damit nichts weniger als den Zusammenhalt aller Festkörper.

Die wissenschaftliche Erforschung der Elektrizität setzte intensiv im 18. Jahrhundert ein, wobei die Namen wichtiger *Einheiten der Elektrizität* heute noch an einige der bedeutendsten Entdecker und Forscher erinnern:

- 1752 erfindet Benjamin Franklin den **Blitzableiter** und definiert **Plus- und Minuspol**.
- 1770 entdeckt Luigi Galvani, ein italienischer Mediziner, **elektrochemische Reaktionen** an Froschschenkeln.
- 1776 erfindet Alessandro Volta, ein italienischer Physiker, den **Elektrophor** (Gerät zur Trennung von elektrischen Ladungen und damit wichtiges Instrument zur Erforschung der Elektrizität) und die **Batterie**.
- André Marie Ampère (1775–1836), ein französischer Physiker, formuliert die Theorie vom **Elektromagnetismus** (vgl. unten) und erfindet Geräte wie das **Amperemeter**, den elektrischen **Telegrafen** und den **Elektromagneten**.
- Georg Simon Ohm (1789–1854), ein deutscher Physiker, entdeckt das **ohmsche Gesetz** (Beziehung zwischen Spannung und Stromstärke in einem elektrischen Leiter).
- Michael Faraday (1791–1867), ein britischer Physiker, erfindet den **Dynamo** und erforscht die **Elektrolyse** (Zerlegung einer chemischen Substanz mithilfe des elektrischen Stroms).
- James Clerk Maxwell (1831–1879), ein schottischer Physiker, entwickelt Ampères Theorie vom Elektromagnetismus weiter und beschreibt als Erster das Phänomen der **elektromagnetischen Welle** (vgl. unten); er erforscht intensiv den **Magnetismus**.
- Thomas Alva Edison (1847–1931), ein amerikanischer Erfinder, erfindet den **Phonografen** und leistet Entscheidendes in der Entwicklung und Verbesserung von **Telefon** und **Glühlampe** (Entstehung größerer Stromnetze wie etwa zur Straßenbeleuchtung).
- Nikola Tesla (1856–1943), ein kroatischer Physiker, entwickelt die heute übliche Übertragung elektrischer Energie durch **Wechselstrom-Überlandleitungen**.

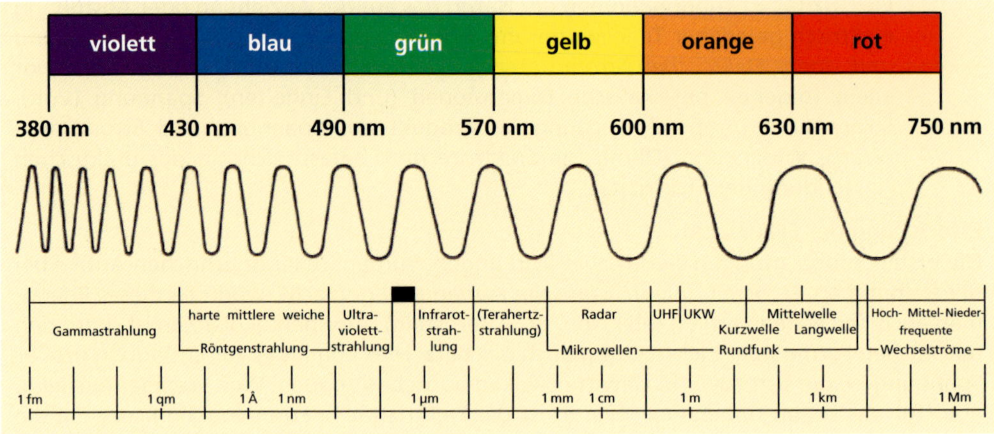

Eine für das Verständnis der Elektrizität besonders wichtige Erkenntnis besteht darin, dass zwischen *Elektrizität* und *Magnetismus* ein Zusammenhang besteht, nach dem beide Phänomene auf *Wellen* zurückgeführt werden können, deren Unterscheidung nach *Wellenlänge* zur Darstellung in einem **elektromagnetischen Spektrum** führt. Damit öffnet sich z. B. auch ein wichtiger Weg zum Verständnis des sichtbaren Lichts.

Aufgaben:

Schlagen Sie zur Verdeutlichung einiger zentraler Begriffe in einem Physikbuch nach:

1. Was versteht man unter *Wellenlänge*, was unter *Frequenz*?
2. Welche elektromagnetischen Wellen können wir Menschen wahrnehmen? Mit welchen Sinnesorganen gelingt uns das?
3. Welche Spannung und welche Frequenz hat der „Haushaltsstrom" in Europa?

Für Kinder könnte ein erster praktischer Zugang zur Elektrizität in der Erprobung der **elektrostatischen Aufladung** von Gegenständen durch Reibung bestehen. Bekanntlich lässt sich ein aufgeblasener Luftballon bereits durch leichtes Reiben mit einem Wolltuch aufladen. Auf demselben Prinzip beruhen auch das oft gut hörbare *Knistern* beim Ausziehen eines Pullovers (und bei Dunkelheit kann man dann auch den *Entladevorgang* in Form winziger Funken sehen).

Eine andere Möglichkeit, bei der nun schon gewisse technische Fertigkeiten angesprochen werden, bietet der Bau einfacher **Stromkreise** mithilfe einer Batterie. Dabei können vor

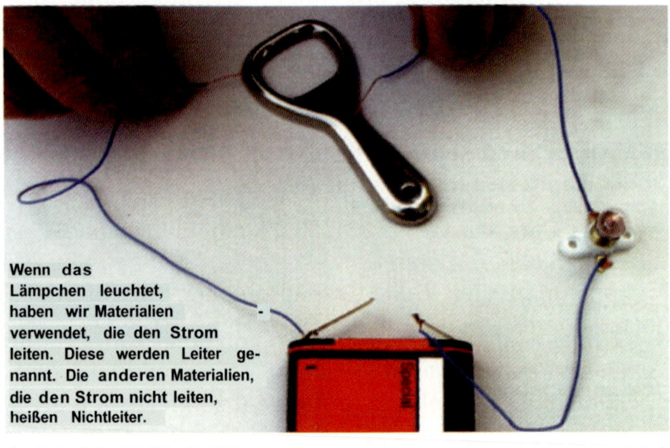

(vgl. Raith, 2003, S. 90)

allem gut Materialtests gemacht werden: Welche Stoffe sind als *Leiter* imstande, Stromfluss zu ermöglichen, und welche sind *Nichtleiter*?

In der Alltagssprache heißt es, Strom würde „erzeugt" und „verbraucht". Diese Formulierungen mögen für den Augenschein plausibel sein, sind im Grunde aber völlig falsch: Elektrischer Strom kann – wie jede andere Energie auch – weder erzeugt noch verbraucht werden. Diesen Sachverhalt beschreibt die Physik mit dem sogenannten **Energieerhaltungssatz**.

➲ ***Zur Vertiefung dieses Themas finden Sie im Arbeitsheft eine Projektanregung.***

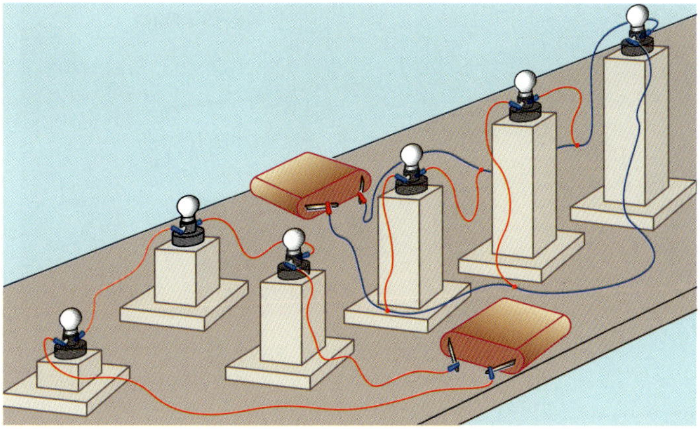

Testmodell einer „Geburtstagsleuchtanlage", deren Leuchtsäulen auch einzeln zu schalten sein sollten.

Alle Wirkungen des elektrischen Stroms sind *Umwandlungsprozesse*, wobei stets nur ein Teil der jeweiligen Gesamtenergie für eine bestimmte Arbeitsleistung zur Verfügung steht und damit in ein bestimmtes Ergebnis *fließt*: Das kann als *mechanische Energie* zum Antrieb eines Motors dienen, als *Wärmeenergie* den Haarföhn oder ein Heizgerät betreiben oder als *chemische Energie* den Akku einer Taschenlampe wieder aufladen. Ein bestimmter Teil der Energie wird allerdings stets ungenutzt bleiben und in Form von Wärmeenergie Leitungen oder Gehäuse erwärmen und sich damit in der Umgebung *verlieren*. Fragen der Bereitstellung und Nutzung von Energie sind selbstverständlich nicht nur unter technisch-physikalischen Gesichtspunkten zu sehen, sondern mehr und mehr auch im Zusammenhang mit Umwelt- und Naturschutz, Klimawandel und Fragen der Verteilungsgerechtigkeit. Der Ausbau der erneuerbaren Energien zählt zu den wichtigsten Weichenstellungen in der aktuellen Energie- und Wirtschaftspolitik.

Für die Natur- und Umweltpädagogik ist es daher wichtig, bereits Kindern die Möglichkeiten und Wirkungsweisen von Solar- und Windenergie sowie andere Formen regenerativer Energiegewinnung nahezubringen. Viele dieser Technologien wie etwa großflächige Solarmodule und mächtige Windkraftanlagen begegnen uns heute schon im Alltag, und – genügend eigenes Interesse vorausgesetzt – ist es nicht allzu schwierig, solche Anlagen auch für Kinder zum Thema zu machen: Wie funktioniert eigentlich ein Windrad? Was passiert in einer Biogasanlage? Und nicht zuletzt: Warum heißt es eigentlich „erneuerbare Energie"?

Energie-Erhaltungssatz = wichtigster Satz der klassischen Physik, nach dem Energie innerhalb eines *abgeschlossenen Systems* weder erzeugt noch vernichtet werden kann. Die Gesamtenergie des Systems bleibt also stets gleich groß. Wenn es sich bei einem solchen System auch um eine in der Wirklichkeit nicht gegebene *Idealform* handelt, so lassen sich damit dennoch nicht nur die meisten technischen, sondern auch zahlreiche ökologische Prozesse beschreiben.

Ende der 1970er-Jahre entstand der Begriff **Elektrosmog** (*smoke*: Rauch + *fog*: Nebel), mit dem die Zunahme elektromagnetischer, vom Menschen verursachter (anthropogener) Strahlung in unserer Umwelt bezeichnet wurde.

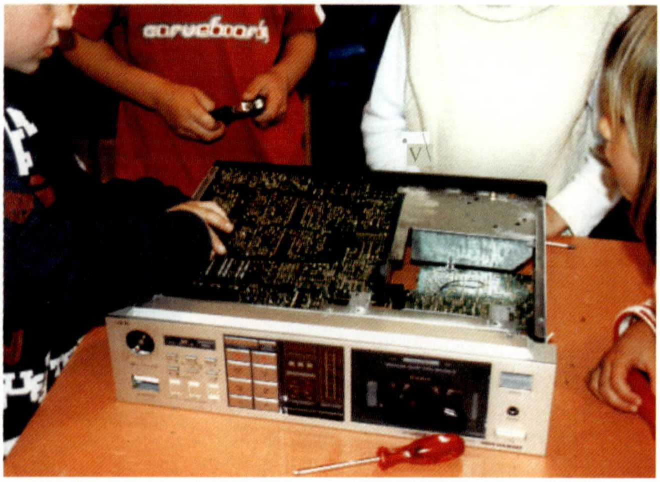

Neugier und der Wunsch, etwas auszuprobieren, stehen auch am Anfang jeder Beschäftigung mit Elektrotechnik – und wenn es „nur" das Öffnen und Zerlegen eines Gerätes ist.

Insgesamt kann gesagt werden, dass eine entsprechende Gesundheitsgefährdung aufgrund der bisher vorliegenden Forschungsergebnisse als nicht erwiesen gilt. Ungeachtet dessen müssen hinsichtlich der Wirkung und Wirksamkeit elektromagnetischer Strahlen auch psychologische Effekte berücksichtigt werden (Krankheit durch Angst). Umfangreiche und regelmäßig aktualisierte Informationen zu dieser Thematik finden Sie auf Webseiten wie der des Umweltinstituts München e. V. www.umweltinstitut.org/elektrosmog).

Magnetismus

Das Phänomen Magnetismus (vgl. Kapitel 3, S. 106) hat eine ganz eigene Verbindung zur *Elektrizität*: Der **Elektromagnetismus** zählt neben der *Gravitation*, der *starken Kernkraft* oder *starken Wechselwirkung* (zwischen den subatomaren Teilchen) sowie der *schwachen Kernkraft* oder *schwachen Wechselwirkung* (zwischen den Atomen) zu den vier grundlegenden Naturkräften. Nach wie vor ist es das große Ziel der Naturwissenschaften, diese vier Kräfte in einer „Weltformel" zu verbinden und damit herauszufinden, ob und wie sie miteinander zusammenhängen.

Aufgaben:

Die Tatsache, dass die Magnetkraft – abhängig von der Stärke eines Magneten – völlig unterschiedliche Materialien und Flüssigkeiten durchdringt, kann zu vielerlei Versuchen genutzt werden:

1. Sammeln Sie mithilfe einschlägiger Literatur Ideen für Werk-, Experimentier- und Spielprojekte rund um das Thema Magnetismus.
2. Erstellen Sie eine Liste interessanter Materialien und Hilfsmittel, mit denen Spiele zur Unterscheidung von magnetischen und nicht magnetischen Stoffen durchgeführt werden können.

Für Kinder ist Magnetismus ein besonders spannendes Naturphänomen, und es gibt zahlreiche Möglichkeiten, hier verschiedene Effekte zu erproben (vgl. Kapitel 12, S. 399).

Eine faszinierende und leicht umsetzbare Vorrichtung zum Nachweis der elektromagnetischen Kraft stellt ein selbst gebauter **Elektromagnet** dar. Das Prinzip – Aufbau eines Magnetfeldes um einen elektrischen Leiter, der von elektrischem Strom durchflossen wird – lässt sich mit wenigen und einfachen Hilfsmitteln bauen:

Je nach Stärke des Magnetfeldes können auch sehr große Lasten bewegt werden. So werden etwa in der Industrie in großem Maßstab bestimmte Metalle von anderen Stoffen getrennt: Bei fließendem Strom baut sich ein entsprechend starkes Magnetfeld auf, und ein Kran kann beispielsweise Stahlteile ohne weitere Befestigungen anheben und transportieren. Ist der Ort erreicht, wo der Stahl abgelagert werden soll, wird der Stromkreis unterbrochen, es gibt keine magnetische Anziehungskraft mehr, und der Stahl fällt nach unten.

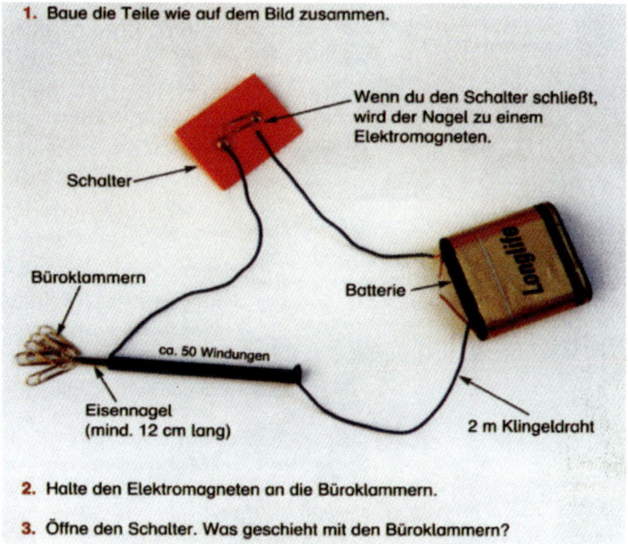

(vgl. Raith, 2003, S. 86)

Die erste praktische Anwendung fand der Magnetismus höchstwahrscheinlich in der Form des Kompasses. Doch erst die industrielle Herstellung von Magnetwerkstoffen ermöglichte die Entwicklung der **Magnettechnik**. Der für Permanentmagnete (dauerhafte Magnete) verantwortliche Ferromagnetismus entspringt dem *„Spin"* (Eigenrotation) der Elektronen. In einem Permanentmagneten sind die Rotationsebenen der einzelnen Elektronen in einer Richtung „fixiert". Die *Magnetisierung* eines Stoffes erfolgt dabei über das Anlegen eines externen Magnetfeldes, das bei *ferromagnetischen Materialien* eine mehr oder weniger dauerhafte Ausrichtung der Rotationsebenen der Elektronen bewirkt.

Eine rätselhafte Sache ist die Frage nach der Stabilität des irdischen Magnetfeldes. Man kann zwar nachweisen, dass es immer schwächer wird, und hat auch durch Gesteinsuntersuchungen herausgefunden, dass nach einer solchen Abschwächung – etwa alle 750.000 Jahre – ein „Kippen" erfolgt: Beim **Polsprung** werden Nord- und Südpol miteinander vertauscht. Der nächste Polsprung sollte nach entsprechenden Berechnungen in rund 500 Jahren erfolgen. Allerdings kann niemand sagen, worin die Ursache für dieses Phänomen liegt, und man kann auch nur Vermutungen darüber äußern, welche Auswirkungen ein solches Ereignis auf Klima und Leben auf unserem Planeten hat. Einen sichtbaren Effekt hat die Abschwächung des Erdmagnetfeldes aber auf das *Nordlicht*: Je schwächer das Magnetfeld, desto stärker wird sein Leuchten, und es lässt sich auch zunehmend öfter weit unterhalb des Polarkreises beobachten.

Präsentation eines „Spezialbootes", dessen vielfältige Funktionen und Steuerungsmöglichkeiten selbst seinen Konstrukteur beinahe überforderten

Ausrangierte (Elektro-)Haushaltsgeräte bieten sich für solche Projekte besonders an. Bevor es ans Zerlegen geht, werden die Geräte kurz vorgestellt und die wichtigsten Regeln besprochen. Bei Elektrogeräten ist als Erstes das Netzkabel zu entfernen.

Vor allem bei etwas größeren Geräten helfen sich Kinder beim Zerlegen gegenseitig. Dabei entstehen nicht selten bereits die ersten Ideen und Wünsche, wie die gewonnenen Einzelteile später neu verwendet werden könnten.

Elektronik: Roboter gesucht

Es erscheint heute sehr naheliegend, Kindern auch Gelegenheit zum Umgang mit elektronischen Bausteinen zu geben. Auch hier geht es nicht um ein Training für ein bloß ehrgeiziges Bildungsprogramm von Pädagogen, sondern um das Aufgreifen von Elementen und Interessen, die die Umwelt von Kindern heute in sehr starkem Maß prägen. Eine große, unüberschaubare Zahl an Materialien wie defekte Geräte, Überbleibsel oder Reststoffe, die vielfach lediglich Abfall darstellen, kann von Kindern noch ausgiebig und in variantenreicher Weise genutzt werden. An erster Stelle stehen dabei nicht didaktische Überlegungen, physikalisches, elektrotechnisches oder elektronisches Wissen, sondern die Lust am Kombinieren von Einfällen und ihre Darstellung als **technische Körper**. Kinder haben bei solchen Projekten ihre ganz persönlichen Erfolgserlebnisse, die entscheidend dazu beitragen, sich auch zunehmend technisches Wissen aneignen zu wollen.

Für die Arbeit mit verschiedenen technischen Materialien bis hin zu elektronischen Bausteinen gibt es in Kindertageseinrichtungen mittlerweile einige Erfahrungen, nach denen sich folgende Überlegungen und Ratschläge formulieren lassen:

- Ähnlich wie bei anderen Werkstatt-Projekten ist das Vorhaben im pädagogischen Team sowie mit den Eltern der Kinder gut abzustimmen, die Benennung einer oder mehrerer für dieses Projekt speziell verantwortlicher Personen ist sinnvoll.
- Alle Materialien sollten sorgfältig ausgewählt werden, wobei einerseits zwar eine möglichst große Vielfalt erreicht werden soll, gefährliche bzw. sehr bedenkliche oder stark schmutzende (Schmieröl) Teile aber bereits im Vorfeld aussortiert werden.
- Da hier über die allgemeine pädagogische Betreuung immer wieder auch eine gewisse technische Hilfestellung erforderlich sein kann, bietet es sich an, ein solches Projekt stundenweise durchzuführen, am besten natürlich in einem dafür geeigneten Raum, der auch ein

Liegenlassen halb fertiger Produkte ermöglicht. Die Kinder, die an dieser Arbeit interessiert sind, wissen Ort und Zeit und können sich darauf besser einstellen.

- Auch hier gelten Werkstatt-Regeln, die möglichst mit den Kindern besprochen und vereinbart werden.
- Unter den technischen Aspekten stellt die Frage nach den Verbindungen einzelner Bauteile regelmäßig das größte Problem dar. Je nach Alter der Kinder, Art der Bauteile und handwerklichem Geschick der erwachsenen Begleitpersonen können hier verschiedene Wege eingeschlagen werden: Schraubverbindungen, Nieten, Löten (nur im Einzelfall sinnvoll) oder Kleben, wobei sich der Einsatz einer *Heißklebepistole* bewährt hat: Auch jüngere Kinder können Bauteile nach ihren Ideen kombinieren, und ein Erwachsener führt dann in diesem Fall die Klebepistole.

Nebeneinander entstehen die neuen Konstruktionen der Kinder, wobei besonders interessante Bauteile sehr gefragt sind – ein Streit um wertvolle Ressourcen auch hier ...

- Die Vorstellung und Diskussion der verwirklichten Formen einschließlich ihrer Funktionsbestimmungen stellen nicht nur für die Kinder einen Höhepunkt solcher Projekte dar; auch für die pädagogische Begleitung sind solche Präsentationen mitunter von besonderer Bedeutung (*Lerngeschichte* eines Kindes).

Aus einer Reihe vergleichbarer Projekte lassen sich meist drei Aspekte unterscheiden, die auch in organisatorischer Hinsicht von Bedeutung sein können:

1. **Zerlegen** eines oder mehrerer alter Geräte und Maschinen
2. **Sortieren** der Einzelteile nach bestimmten Kriterien
3. **Planen und Bauen** neuer Konstruktionen mit selbst gewählten Funktionen

Als besonders wichtig zeigt sich bei diesen Arbeiten, dass die jeweiligen Kinder ihre Tätigkeiten gerne mit anderen diskutieren, Erklärungen für ihre Ziele suchen und dabei eine Fülle fantasievoller Ideen verarbeiten. Die Intensität, mit der von den Kindern möglichst passende **Begriffe und Erklärungen** gesucht und gefunden werden, überrascht immer wieder. Offenbar bringt die durchaus ungewöhnliche Arbeit an einem komplexen technischen Gerät einen starken Impuls mit sich, sich mit den einzelnen Arbeitsschritten auch sprachlich intensiv auseinanderzusetzen.

Manche Kinder arbeiten lange und ausdauernd an ihrer Erfindung. Sie sind mit großem Ernst dabei, aber auch sehr glücklich und fröhlich, etwas ganz Eigenes und Ungewöhnliches bauen zu dürfen.

13.3 Ausblick oder: Die Idee ist der Motor

Im Lauf der letzten Jahrzehnte hat sich die Natur- und Umweltpädagogik immer wieder neuen und aktuellen Themen zugewandt. Während es früher dabei beinahe ausschließlich um elementare Naturbegegnungen mit Pflanzen und Tieren ging, hat sich die Themenpalette mittlerweile stark vergrößert. Dahinter steht ein gewissermaßen **ökologischer**

Ansatz, wonach die unterschiedlichsten Bereiche unseres Lebens miteinander vielfältig verbunden und verknüpft sind: Wahrnehmung und Umweltbewusstsein, Ernährung, Bewegung, Handlungs- und Entscheidungsspielräume, Alltagskultur und Lebensstil, Energie und Verkehr, Stoffkreisläufe und Abfallwirtschaft und vieles andere mehr.

In letzter Zeit sind vor allem Fragen eines **globalen Verständnisses von Umwelt- und Naturschutz** wichtig geworden. Auch wenn Themen wie eine drohende Verknappung wichtiger Ressourcen, die weltweite Verbreitung von Umweltschadstoffen, die düsteren Aspekte eines deutlicher werdenden Klimawandels sowie der anhaltende Rückgang der biologischen Artenvielfalt (Biodiversität) Kinder – und nicht nur Kinder! – vielfach zu überfordern scheinen, müssen wir uns damit in Zukunft wohl noch weit intensiver als bisher auseinandersetzen. Die Zusammenhänge, die zwischen diesen und anderen, auch sozialen Problemfeldern bestehen, sind sicherlich nur ansatzweise darstellbar, aber zahlreiche Phänomene und Effekte sind auch im Alltag sichtbar und nachvollziehbar. Wenn wir etwa an unseren Energieverbrauch, unser Verkehrs- und Reiseverhalten oder unsere Konsumgewohnheiten denken, können wir leicht verstehen, dass aus der Perspektive der **Umwelt- und Nachhaltigkeitsforschung** in etlichen Bereichen möglichst rasche und durchgreifende Veränderungen gefordert werden. Der Klimawandel – so das übereinstimmende Urteil aller Fachleute – wird sich keinesfalls allein mit technischen Mitteln und neuen Erfindungen bewältigen lassen, sondern wird einen **kulturellen Wandel** erzwingen.

Indem Kinder möglichst frühzeitig positive und motivierende Erfahrungen in und mit der umgebenden Natur machen sowie grundlegende Zusammenhänge in Natur und Umwelt kennenlernen, kann die Natur- und Umweltpädagogik einen wichtigen ersten Beitrag zu diesen Veränderungen leisten. Er bildet die Basis für alle weiteren Themen wie Konsum- und Freizeitverhalten, Natur- und Artenschutz und anderes mehr. Der Förderung individueller Wahrnehmungsmöglichkeiten kommt dabei eine besonders große Bedeutung zu.

Alle **Wahrnehmung** dient dem Leben, dem Überleben, und weil es sich dabei eben um keinen Selbstzweck handelt, sondern um Aufrechterhaltung und Weiterentwicklung unserer Lebensgrundlagen, ist jede Wahrnehmung auch **Lernprozessen** verpflichtet. Die Voraussetzungen dafür liegen in drei Bereichen: dem *emotionalen Zugang* zur jeweiligen Thematik, ihren *Einordnungsmöglichkeiten* in vertraute Zusammenhänge sowie der

Mit wenigen Hilfsmitteln ein Feuer machen: Welche Kinder dürfen – und können – das heute noch?

Es hat geklappt: Es brennt!

Verfestigung durch Wiederholung und Bestätigung (vgl. Kapitel 1, S. 11 ff.). Die Zielsetzungen sind auszuhandeln. Allerdings wird dabei schon seit Längerem gefordert, einem sinnlich erlebbaren und selbstbestimmten Erfahrungslernen mehr Raum zu geben. Insbesondere in der Umweltpädagogik geht es nicht um das Auswendiglernen von isolierten Namen und Daten, sondern um das Stellen von Fragen und Lernprozesse, die zu kritischem Denken und verantwortlichem Handeln führen.

Entscheidend ist dabei gerade für Kinder stets die unmittelbare Anschauung, verbunden mit der Möglichkeit, selbst aktiv werden zu können. *Wahrnehmung* ist ein aktiver Prozess unseres Gehirns und *Lernen* ein aktiver und überwiegend assoziativer Vorgang, wobei die Frage des Bewusstseins eine wichtige Rolle spielt: Das **Gedächtnis** wird zum Schlüssel des Verständnisses von Lernprozessen, und Bewusstseinsinhalte werden umso nachhaltiger gespeichert, je mehr Vorerfahrungen und Vorwissen zur Verfügung stehen. Kinder brauchen von daher ein reiches Angebot an Interaktionsmöglichkeiten – mit Menschen und vor allem auch anderen Kindern, mit Pflanzen, Tieren, anregenden Situationen (vgl. Kapitel 1, S. 20 ff.). Die Auswirkungen eines solchen Handlungsspielraums lassen sich bis zu weitreichend moralischen Entscheidungen verfolgen. Moralbewusstsein basiert nämlich auf einer Kette von Entwicklungsschritten, wobei die Einspeisung und Verankerung der einzelnen Bewusstseinsinhalte im Gedächtnis in Art und Intensität entscheidend von emotionalen Begleitumständen bestimmt werden. Dazu zählt auch besonders, welche positiven oder negativen Konsequenzen eine bestimmte Situation nach sich zieht. Zusammenfassend lässt sich sagen, dass Gefühle nach den Ergebnissen der neueren Hirnforschung nicht nur als konzentrierte Lebenserfahrungen interpretiert werden können, sondern dass ohne Gefühle auch kein vernünftiges Handeln möglich sei (Hüther, 2006b; Eliot, 2010).

Eine bedeutsame Rolle kommt in diesem Zusammenhang der **körperlichen Bewegung** zu (vgl. Kapitel 2, S. 55 ff.). Sie ist eng mit zahlreichen Aspekten der sozialen, kognitiven und emotionalen Entwicklung verknüpft, und Bewegungsmangel kann nicht nur als Krankheitsursache Nummer eins bezeichnet werden, sondern beeinträchtigt auch in entscheidender Weise wichtige Lernprozesse (vgl. Hüttenmoser, 2002; Zimmer, 2009).

Die heute oft beengten Wohnraumverhältnisse, die derzeitige Verkehrssituation, der Fortschritt der Technik und Motorisierung sowie eine zunehmende Entfremdung von Naturphänomenen begrenzen bei mehr und mehr Kindern das Erleben ihrer körperlichen und psychisch-emotionalen Fähigkeiten. Eine besonders große Rolle spielt dabei die Entwicklung der Computer- und Kommunikationstechnologie. Kinder und Jugendliche nutzen die neuen Medien ganz selbstverständlich. Sie wachsen mit elektronischen Medien auf, so wie ihre Eltern mit Fernseher und CD's groß geworden sind. Der Umfang der Mediennutzung, der sogenannten „Digital Natives", hat allerdings ein weit höheres Maß als in früheren Jahrzehnten erreicht, und das führt teilweise zu Besorgnis erregenden Wirkungen: Viele Kinder und Jugendliche können oft nicht mehr abschalten und sich dem Sog der elektronischen Welt entziehen. Davon sind längst auch Babys und Kleinkinder betroffen, deren Eltern nicht selten selbst intensive Internetnutzer geworden sind. Als Folge dieser Entwicklung müssen deutliche Einbußen im Bereich der Kreativität und sozialen Kompetenz befürchtet werden. Die Thematisierung und – wenn möglich – Verbesserung der Bewegungs- und Handlungsspielräume von Kindern hin zu qualitativ hochwertigen **Aktionsräumen** stellen daher unverzichtbare Gegengewichte dar und zählen daher heute zu den Hauptanliegen der Umweltpädagogik (vgl. Blinkert 2005).

Anhand eines kleinen Beispiels, einer einfachen technischen **Aufgabenstellung**, lässt sich vielleicht besonders gut das Zusammenwirken unterschiedlicher Kompetenzen, Interaktionen, Lernprozesse und Erlebnisqualitäten darstellen:

Mehrere Gruppen von etwa acht- bis neunjährigen Kindern sollen parallel – und durchaus im Wettstreit miteinander – versuchen, ein kleines Feuer zu entzünden, das mindestens zehn Minuten lang gut sichtbar brennt. An Hilfsmitteln stehen ihnen jeweils ein Bogen Zeitungspapier, eine kleine Schachtel Streichhölzer und ein Teelicht zur Verfügung, wobei die Kerzenflamme nicht als das geforderte Feuer angesehen wird.
Das nötige Brennmaterial ist von den Gruppen in der näheren Umgebung (Waldrand, Feldrain, Wiese) selbst zu sammeln, andere als die angegebenen Hilfsstoffe sind nicht erlaubt. Es gibt auch keine Beratung, welche Materialien im Einzelnen zu sammeln sind und auf welche Weise ein solches Feuer am besten brennen könnte: Das alles sowie alle weiteren organisatorischen Fragen zu Vorgehensweise und Arbeitsteilung sind von den vier oder fünf Kindern einer Gruppe jeweils autonom zu lösen.
Insgesamt sollte den Gruppen hier genügend Zeit zur Verfügung stehen, um auch nach Rückschlägen letztlich ein kleines Feuer in Gang bringen zu können, denn wichtiger als das Ergebnis ist der Prozess selbst: Klärungsbemühungen innerhalb der Gruppen über technische Fragen wie auch der Zulässigkeit bestimmter individueller Aktivitäten (Machtfrage), überraschendes Scheitern einer angeblich unschlagbaren Idee, aber auch unerwartete Glücksmomente („Bei denen brennt es auch noch nicht!“), kuriose und verblüffende Lösungsvorschläge („Man muss das Papier ausbreiten und die Kerze in die Mitte stellen!“) oder Befürchtungen („Wir können euch von unserem Feuer nichts geben, weil es noch so klein ist“).

Angesichts der breiten Themenpalette der Natur- und Umweltbildung und der weitreichenden Folgen des Verhältnisses Mensch/Natur erscheint eine Studie besonders interessant, in der die **finanziellen Aspekte und Auswirkungen der frühkindlichen Bildung** untersucht wurden. Immerhin stellt sich auch gerade in der Umweltbildung nicht selten die Frage nach dem Verhältnis von Aufwand und Nutzen. Der amerikanische Wirtschaftswissenschaftler und Nobelpreisträger James Heckman fand in der aufwendigen und sorgfältig durchgeführten „Perry-Preschool-Studie“ heraus, dass die Investitionen in ein qualitativ hochwertiges Vorschulprogramm trotz der dafür aufzuwendenden Kosten insbesondere für die Gesellschaft eine bemerkenswert gute Geldanlage darstellen. Die Fördermaßnahmen für Kinder sozial schwacher Familien, die 1962 in Ypsilanti, Michigan, begannen und nun knapp 50 Jahre später ein weiteres Mal ausgewertet wurden, kamen zu dem spektakulären Ergebnis einer rund 17%igen Rendite. Davon kamen ungefähr drei Viertel der Allgemeinheit, etwa ein Viertel den betreffenden Kindern selbst zugute. Dabei basiert dieses Ergebnis auf ganz unterschiedlichen Einzeldaten. Eine besonders große Rolle spielen dabei vergleichsweise höhere Schulabschlussquoten, höhere Einkommen und eine deutlich niedrigere Verbrechensrate (vgl. Salewski, 2009).

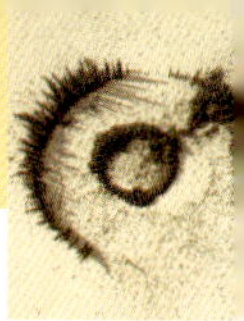

Obwohl dieses Modell mittlerweile vielfach kopiert wurde, bleiben die dort erzielten Ergebnisse meist hinter den Erwartungen zurück. Den Grund sehen Forscher vor allem darin, dass in das „Perry-Preschool-Programm" anfangs relativ viel Geld investiert wurde – in **gut ausgebildete pädagogische Fachkräfte, kleine Gruppengrößen** und **intensive Betreuung**. Ohne hier detaillierte Zahlen nennen zu können: Nur wenn diese Voraussetzungen gegeben sind, können Kinder auch individuell und intensiv gefördert werden.

Wir können nicht wissen, wie diese Welt in einigen Jahren aussehen wird und welche physischen und psychischen Voraussetzungen gerade für Kinder darin besonders bedeutsam sein werden. Aber es gibt doch einige grundlegende Werte, die unabhängig von sich wandelnden gesellschaftlichen oder arbeitsmarktpolitischen Bedingungen für den Menschen immer eine sehr elementare Bedeutung hatten und wohl weiterhin haben werden. Dazu gehört neben sprachlich-kommunikativer Gewandtheit und anderen sozialen Kompetenzen mit Sicherheit auch ein weltoffener, sensibler und verantwortungsbewusster Umgang mit Natur. Wir haben die Möglichkeit, gerade bei den Kindern dafür eine breite Basis zu schaffen – einen weiten inneren **Horizont** als beste Voraussetzung für das Kommende.

Literaturtipps

- Fischer, Ernst P.: Die andere Bildung. Was man von den Naturwissenschaften wissen sollte, München: Econ Ullstein List, 2003 – Mit zahlreichen Beispielen aus unterschiedlichen Disziplinen belegt der Autor die Bedeutung naturwissenschaftlicher Erkenntnisse und Errungenschaften für unser heutiges Leben und unterstreicht damit die Notwendigkeit, dieses Wissen stärker in unsere Allgemeinbildung zu integrieren.
- Spitzer, Manfred: Lernen. Gehirnforschung und die Schule des Lebens, Heidelberg/ Berlin: Spektrum Akademischer Verlag, 2007 – Eine anregende und höchst informative, engagierte und gut lesbare Einführung in medizinische und psychologische Aspekte des Lernens.

Objekte – Was hat Sie überrascht?

1. **Silbermünze** aus China (18. Jahrhundert?): Das etwa 200 g schwere Stück massiven Silbers wurde offenbar aus mehreren Teilstücken zusammengefügt und diente wohl als Geldanlage. Dabei soll der Wert einer solchen Münze für die Gründung eines ganzen Hausstandes ausgereicht haben.
2. **Meerbälle** bestehen vor allem aus Neptungras, das im Flachwasserbereich vieler Meeresküsten wächst. Die Brandung reißt nicht nur immer wieder einzelne Pflanzen mit, sondern bewirkt auch, dass die einzelnen Grashalme durch die Bewegung der Brandung nach und nach zu festen Bällen gerollt werden, die dann im Spülsaum der Küste zu finden sind.
3. Versteinerte **Seelilie** (Encrinus), ein längst ausgestorbenes Tier, dessen pflanzenähnliche Form auch zu seiner Benennung geführt hat. Seelilien lebten im Erdmittelalter in großer Zahl in ruhigem, küstenfernem Flachwasser. Versteinerte Organismen finden sich beispielsweise im Muschelkalk Mittel- und Süddeutschlands. Sie lassen sich als Leitorganismen zur Altersbestimmung geologischer Schichten nutzen.
4. Eine **Wolke**, genauer: ein Cumulus humilis. Diese Wolkenart zeichnet sich durch ihre oft haufen- oder blumenkohlartige Form aus und ist von anderen Wolken ihrer Art deutlich abgegrenzt. Obwohl solche Wolken fast immer aus Wassertröpfchen bestehen,

handelt es sich um typische Schönwetterwolken, aus denen kaum Niederschlag fällt. Sie bilden sich meist gegen Mittag und lösen sich zum Abend hin wieder auf.

5. **Eichengallen** sind Wucherungen auf Eichenblättern, die von verschiedenen Insekten verursacht werden. Wenn etwa die 3 mm große Eichengallwespe (Cynips quercusfolii) das Blattgewebe ansticht, um darin ein Ei abzulegen, wächst dort eine rundliche, häufig ziemlich große Galle, in der sich – gut geschützt – die Larve des Insekts entwickelt. Das Eigenartige bei allen Pflanzengallen ist, dass hier Formen gebildet werden, die die betreffende Pflanze sonst nicht hervorbringt.

6. Teil eines alten, im Boden stecken gebliebenen **Gartenwerkzeugs**, dessen Eisenanteil aufgrund der Bodenfeuchtigkeit zur Korrosion geführt hat: Bildung einer rötlichen, sehr porösen Rostschicht, wobei wasserunlösliches Eisen(III)-oxidhydrat entsteht. Bei Fortgang der Korrosion bildet sich *Brauneisenstein* als Mineralneubildung.

7. Eine **Vogelscheuche** gehört vielleicht nicht unbedingt in einen Naturgarten, bei dieser Figur handelt es sich aber eher um eine Art Biotop im Kleinen: Sackleinen und alte Kleider, der Schilfrohrballen und ein mit Stroh gefüllter Blumentopf locken verschiedene Insekten wie Hautflügler, Käfer oder Ohrwürmer an – und damit natürlich auch bestimmte Vögel. Kinder finden solche Gestalten ohnehin attraktiv.

8. Bruchstücke von **Azulejos**, portugiesischen Wandfliesen, mit denen seit Jahrhunderten Gebäudefassaden gestaltet und geschmückt wurden. Zwar herrschen abstrakte, oft von maurischer Kunst beeinflusste Musterungen vor, gelegentlich wurden diese Fliesen aber auch für umfangreiche szenische Darstellungen verwendet.

9. Am **Kuhhorn**, einem hohlen Überzug über einem Knochenzapfen, kann man gut den Grund für die Festigkeit eines Gewebes erkennen: Die schwammartige Struktur schafft jede Menge Querverbindungen und Verstrebungen der Fasern, sodass das Gebilde insgesamt der Einwirkung von Kräften aus allen Richtungen Stand halten kann.

10. Der **Kürbis**, Cucurbita pepo, zählt zum Fruchtgemüse und stammt ursprünglich aus Mittelamerika. Botanisch gesehen ist eine Kürbisfrucht eine *Beere*, und damit sind Kürbisse auch die größten Beeren, die es gibt. Aufgrund seiner außerordentlich wertvollen Inhaltsstoffe (vor allem Vitamin A, C, D und E, Mineralstoffe, Eiweiße und Aminosäuren), der vielseitigen Verwendungsmöglichkeiten und seiner relativ einfachen Kultur wird er heute weltweit in unzähligen Sorten und Varietäten angebaut. In vielen Ländern gibt es übrigens jährlich Wettbewerbe, wer den dicksten Kürbis ernten kann. Der in Kanada jährlich ermittelte Weltrekord lag 2004 bei einem Frucht-Einzelgewicht von 656,5 kg.

11. Nur eine kleine Sammlung an **Müll**, und dennoch: Hier handelt es sich immerhin um Treibgut, das im Spülsaum eines Sandstrandes gesammelt wurde, und natürlich hat das, was man bei einer Strandwanderung finden kann, einen ganz besonderen Reiz.

12. Flusskiesel, der von zahlreichen mehr oder weniger feinen Adern durchzogen ist – Steine, die in der Fachsprache einen überaus anschaulichen Namen tragen: **gequältes Gestein**. Es handelt sich um Gestein, das im Lauf seiner Geschichte unter vielfachen Spannungen und Drücken immer wieder gebrochen und auseinandergerissen wurde; die feinen Spalten sind dann mittels winziger Calcitkristalle oder anderer Mineralien „verheilt".

13. **Eisenfeilspäne**, die mithilfe eines kleinen Magneten, der unterhalb der Platte in langsamen Kreisbewegungen geführt wurde, in diese Ringstruktur gebracht wurden. Wird das Gebilde mit Haarspray fixiert, kann der Magnet weggenommen und die Platte auch senkrecht gestellt werden, ohne dass sich die Eisenfeilspäne lösen.

Glossar

Abiotische Faktoren = verschiedene Wirkungen der unbelebten Natur wie etwa Klima, Wetter, Licht (Sonneneinstrahlung), Landschaft (Gelände), Boden (physikalische und chemische Faktoren), Wasser (Niederschläge und anderes mehr). Zusammen mit den *biotischen Faktoren* (Pflanzen, Tiere, Menschen) bilden sie den Komplex der Umweltfaktoren (*ökologische Faktoren*), die auf einen bestimmten Organismus einwirken.
Aktionsraum (für Kinder) = Bezeichnung eines für Kinder zugänglichen, räumlich abgrenzbaren und gefahrlosen Areals, in dem altersgemäße Bewegungs-, Handlungs- und Gestaltungsmöglichkeiten sowie Chancen auf Kontakte mit Spielkameraden bestehen (vgl. Blinkert, 2005).
Allergen = Stoff, der als Überempfindlichkeitsreaktion eine bestimmte *Allergie* auslöst, bei der im Organismus die Bildung von Antikörpern erfolgt. Kann eine solche Bildung nicht nachgewiesen werden, spricht man von einer *pseudoallergischen Reaktion*. Grundsätzlich können alle Inhaltsstoffe von Nahrungsmitteln, zahlreiche Umweltchemikalien sowie viele natürliche Substanzen (Pollen!) als Allergene wirksam werden, besonders häufig lösen aber Eiweiße oder Eiweißverbindungen eine Allergie aus.
Anaphylaktischer Schock (umgangssprachlich: allergischer Schock) = starke durch *Allergene* ausgelöste Reaktion des Organismus, die zu einem Versagen des Herz-Kreislauf-Systems führen kann und sofortige ärztliche bzw. medizinische Versorgung erfordert. Insbesondere der starke Blutdruckabfall führt zu einer Verringerung der Durchblutung lebenswichtiger Organe. Erste Hilfe: *Schocklage* des Betroffenen und ggf. Adrenalinspray zur Verbesserung der Atmung. Bekannte Auslöser sind: Insektenstiche, Nahrungsmittel, Medikamente.
Angst = umfassende Bezeichnung für eine emotionale Erregung aufgrund von Erwartungen oder Vorstellungen physischer Gefährdung und psychischer Bedrohung. Verbunden mit einer Vielzahl unterschiedlicher körperlicher und psychischer Symptome. Bei konkreten Bedrohungen besser: „Furcht". Lerntheoretische Ansätze betonen die Bedeutung kognitiver Bewertungsprozesse beim Abbau von Ängsten.
Anthropomorphismus = Zuschreibung menschlicher Eigenschaften und Fähigkeiten auf unbelebte Gegenstände, Pflanzen, Tiere, Götter, Naturgewalten: Der Natur wird eine Seele (Anima) zugesprochen. Insbesondere in der kindlichen Entwicklung spielt dieses „animistische Denken" (Jean Piaget) eine große Rolle, aber ein gewisser Anthropomorphismus begleitet auch den Alltag der Erwachsenen; Beispiele: die „fleißige Biene", ein „böses Gewitter", ein „widerspenstiger Computer".
Arachnophobie = Angst vor Spinnen. Ergebnisse jüngster Untersuchungen scheinen zu erhärten, dass diese Angst im Erbgut des Menschen tief verankert ist, möglicherweise als Relikt einer Zeit, in der Menschen über Generationen hinweg häufig in Höhlen wärmerer Länder lebten. Es scheint aber ebenso zu sein, dass Erziehung und Bildung gerade in der frühen Kindheit diese „Urangst" entscheidend reduzieren und relativieren hilft.
Artenschutz = Aufgabengebiet des Naturschutzes mit dem Ziel, alle wild lebenden Tier- und Pflanzenarten vor Beeinträchtigungen so zu schützen, dass sie innerhalb des betreffenden Verbreitungsgebietes zur Sicherung der weiteren evolutionären Entwicklung erhalten bleiben.
Atmosphäre (in den Geowissenschaften) = allgemein: Gashülle eines Gestirns; im Besonderen: Gas- oder Lufthülle der Erde, wobei verschiedene, gut gegeneinander abgrenzbare Schichten unterschieden werden. Der unterste Teil der Atmosphäre wird auch zur Biosphäre gerechnet. Zum Aufbau der Atmosphäre vgl. Kapitel 4, S. 119.
Bakterien = mikroskopisch kleine, meist einzellige Mikroorganismen, die keinen echten Zellkern, sondern stattdessen ein sogenanntes Kernäquivalent besitzen. Bestimmte Bakterien sind zwar als gefährliche Krankheitserreger bekannt, prinzipiell spielen Bakterien aber in der Natur in vielen Stoffkreisläufen und Stoffwechselprozessen eine unverzichtbare Rolle.
Beller-Tabelle = in acht Bereiche gegliederte Entwicklungstabelle von Kuno Beller zur Erhebung der individuellen kindlichen Entwicklung von der Geburt bis zum 72. Lebensmonat. Dabei geht es um die Bereiche Körperpflege, Umwelterfassung, sozial-emotionale Entwicklung, Spieltätigkeit, Sprache, Kognition sowie Grob- und Feinmotorik, wobei der jeweilige Entwicklungsstand eines Kindes in seinen alltäglichen Verhaltensweisen in der vertrauten Umgebung erfasst und eingeschätzt wird. Ziel ist die Entwicklung pädagogischer Angebote, die dem individuellen Entwicklungsstand und insbesondere den Stärken eines einzelnen Kindes angemessen sind und eine Über- oder Unterforderung vermeiden helfen.
Benjeshecke = künstlich angelegte Hecke aus Totholz, z. B. Abfälle von Schnittmaßnahmen an Bäumen und Sträuchern. Dieses Material wird wallartig aufgeschichtet und dazwischen werden höchstens einzelne Sträucher und Bäume gepflanzt. Die langsam verrottenden Äste und Zweige locken zahlreiche Vögel und Kleinsäuger an, die ihrerseits wiederum zur Ansiedelung weiterer Gehölze und Stauden beitragen. Damit entsteht eine artenreiche Struktur mit möglichst geringem Aufwand, mit der vor allem eintönige Ackerfluren (wieder) gegliedert und ökologisch aufgewertet werden.

Binäre Nomenklatur = wissenschaftliches System der Benennung von Tier- und Pflanzenarten, das von Carl von Linné 1753 begründet wurde: Jeder Name eines Tieres oder einer Pflanze besteht demnach erstens aus dem Namen der *Gattung* und zweitens dem der *Art*, wobei eine Gattung stets die miteinander besonders nahe verwandten Arten einschließt. Beispiel: Salvia pratensis (Wiesensalbei), Salvia officinalis (Echter Salbei) etc.
Bioakkumulation = Anreicherung einer (chemischen) Substanz in einem Organismus, vor allem auf dem Weg der Nahrungsaufnahme. Problematisch sind dabei vor allem langlebige chemische Schadstoffe und Schwermetalle, die zu häufig schwer diagnostizierbaren Gesundheitsschäden führen.
Biodiversität = Vielfalt der auf der Erde lebenden Organismen und Lebensformen, d.h. Erfassung der unterschiedlichen Arten bei Pflanzen und Tieren einschließlich der genetischen Vielfalt und der Unterschiedlichkeit der Lebensräume. Damit umfasst Biodiversität mehr als bloße Artenvielfalt.
Bionik = Verbindung von *Biologie* und *Technik*, wobei gezielt und interdisziplinär nach solchen natürlichen Strukturen und Prozessen gesucht wird, die Vorbild für bestimmte technische Anwendungen sein können. Beispiel: Der Lotus-Effekt, die Unbenetzbarkeit pflanzlicher Oberflächen, wurde zum Vorbild für die Entwicklung von Fassadenverkleidungen oder Markisen; der Klettverschluss wurde den Früchten der Großen Klette abgeschaut.
Biosphäre = jener Bereich unseres Planeten, in dem Organismen leben können: belebte Schichten des Bodens (Untergrund und Bodenoberfläche) einschließlich Höhlen und Gewässer sowie erdnaher Luftraum (Biosphäre im engeren Sinn), ggf. erweitert auf den unteren Teil der Atmosphäre als Flugraum der Vögel (Biosphäre im weiteren Sinn). Die *Biohydrosphäre* meint ausschließlich den Lebensraum der Gewässer, die *Geobiosphäre* jenen der festen Böden.
Biotop = Lebensraum einer bestimmten Gemeinschaft von Pflanzen und Tieren. Definiert durch Faktoren wie Klima, Boden, Nahrungsangebot und von der Umgebung mehr oder weniger deutlich abgegrenzt. Beispiele: Magerrasen, Hochmoor, Höhle, Trockenmauer, Hecke, Buchenwald, Waldtümpel, Flussufer.
Biowetter = Darstellung der Wetterereignisse hinsichtlich der Auswirkungen auf den menschlichen Organismus. Dazu gehören vor allem Pollenflugvorhersage, Windstärke, Wetterumschwung und Luftdruckänderung, UV- und Ozonmesswerte. Häufige Symptome von Wetterfühligkeit: Kopf- und Narbenschmerzen, Migräne, Nervosität, Aggressivität.
Boden (in der Ökologie) = komplexes System aus festen, flüssigen und gasförmigen Bestandteilen, teils mineralisch, teils organisch (tot oder lebend). Meist ist damit vor allem die oberste, manchmal einige Meter mächtige Schicht gemeint, die über dem unverwitterten Gestein liegt, im Grunde wird damit aber auch der gesamte Teil der vom Menschen genutzten Erdkruste bezeichnet (Bodenschätze).
Dämmerung = über den Sonnenstand definierter Zeitraum im Tag-Nacht-Übergang. Mit dem Sonnenuntergang beginnt die *bürgerliche Dämmerung*. Sie endet, wenn die Sonne in einem Winkel von 6° unter dem Horizont steht. Hier beginnt die *nautische Dämmerung*, die bis zu einem Sonnen-Horizont-Winkel von 12° dauert: Die Horizontlinie ist nun nicht mehr erkennbar. Mit dem Ende der daran anschließenden *astronomischen Dämmerung* bei einem Winkel von 18° endet der Tag: Bei diesem Sonnenstand ist nun am Himmel kein Reststreulicht mehr zu sehen. Der Begriff „Dämmerung" wird auch im übertragenen Sinn gebraucht: „Götterdämmerung", das Ende der Götter.
Dendrochronologie = wissenschaftliche Methode der Altersbestimmung von Bäumen, wobei die Interpretation der Jahresringe eines Baumes zur Datierung bestimmter historischer Umweltbedingungen bis hin zu Klimaanalysen herangezogen werden kann. Wichtig insbesondere für die Archäologie und Kunstgeschichte.
Dichteanomalie des Wassers = die im Vergleich zu anderen Stoffen höchst ungewöhnliche und biologisch wichtige Eigenschaft des Wassers, sich in einem bestimmten Bereich der Abkühlung nicht weiter zusammenzuziehen, sondern sich wieder auszudehnen. Geringstes Volumen bzw. größtes spezifisches Gewicht bei einer Temperatur von 4 °C.
Echoortung = System zur Orientierung mithilfe ausgesendeter Schallwellen, deren Echo aufgefangen und „entschlüsselt" werden kann. Typisch für Fledermäuse, deren Schreie größtenteils im für uns Menschen unhörbaren Ultraschallbereich liegen: Um das Echo zur Ortung besser nutzen zu können, verändern die Tiere teilweise sogar Tonhöhe (Frequenz), Länge und Abstände der Rufe. Echoortung ermöglicht damit auch die Orientierung in völliger Dunkelheit.
Eichung = Prüfung und (amtliche) Freigabe eines Messgerätes zur Ermittlung eines bestimmten Messwertes. In Deutschland regelt das Gesetz über das Mess- und Eichwesen (Eichgesetz) den Einsatz zahlreicher Messgeräte und -verfahren: Geschäftsverkehr, Zoll- und Steuerämter, Straßenverkehr, Medizin, Umweltschutz. Außerhalb des gesetzlichen Einsatzbereiches wird *Eichung* auch als Zuordnung von Messwerten im Vergleich mit einem als *Normalwert* bestimmten Wert verstanden.
Elektrizität = Grundphänomen der Natur, das auf der Anziehung oder Abstoßung elektrisch geladener Teilchen beruht, wobei zwischen einer *elektrischen Ladung* und einem *elektrischen Strom* unterschieden wird. Zur Beschreibung dienen vor allem folgende physikalische Dimensionen (und Einheiten): Spannung (Volt), Stromstärke (Ampere), Leistung als Produkt aus Spannung und Stromstärke (Watt), Widerstand (Ohm). Die *Elektrotechnik* befasst sich mit der praktischen Anwendung der Elektrizität.

Energie-Erhaltungssatz = wichtigster Satz der klassischen Physik, nach dem Energie innerhalb eines *abgeschlossenen Systems* weder erzeugt noch vernichtet werden kann. Die Gesamtenergie des Systems bleibt also stets gleich groß. Wenn es sich bei einem solchen System auch um eine in der Wirklichkeit nicht gegebene *Idealform* handelt, so lassen sich damit dennoch nicht nur die meisten technischen, sondern auch zahlreiche ökologische Prozesse beschreiben.

Entdeckendes Lernen = umfassender Begriff für alle selbstbestimmten Lernprozesse, die zum Wissenserwerb mithilfe des eigenen Verstandes beitragen.

Epistemische Neugier = spezifisches Neugierverhalten, das auf aktive Weise nach Einsichten und Wissen sucht. Typisch für viele Fragen von Kindern nach der Ursache oder Funktionsweise einer Sache.

Erlebnispädagogik = reformpädagogisch und ganzheitlich orientiertes pädagogisches Konzept. Prinzipien: Handlungsorientierung, Ganzheitlichkeit, Lernen in Situationen mit Ernstcharakter, Gruppenorientierung, Erlebnischarakter, Freiwilligkeit, pädagogisches Arrangement inklusive Wissenstransfer und Reflexion.

Ernährung = Sammelbegriff zur Umschreibung von Auswahl und Aufnahme von Stoffen, die ein bestimmter Organismus zum Leben benötigt. Die Ausgangsbedeutung des alten Verbs „nerien" bzw. „neren" war „heimkommen", „überstehen" und wandelte sich zu „überstehen machen", „am Leben erhalten".

Erosion (in der Bodenkunde) = Abtrag und Verfrachtung von Bodenmaterial, wobei vor allem vegetationsfreie und geneigte Hanglagen besonders stark betroffen sein können; je nach „Transportmittel" unterscheidet man zwischen Wasser- und Winderosion; Menge des Bodenabtrags abhängig von: Niederschlagsmenge oder Windstärke, Bodeneigenschaften, Hanglänge und Hangneigung, Art des Bewuchses bzw. der Bewirtschaftung, Bodenschutzmaßnahmen.

Evolution (*in der Biologie*) = umfassende wissenschaftliche, auf Charles Darwin zurückgehende Theorie zur Erklärung der Entwicklung des Lebens und seiner vielfältigen Erscheinungsformen als Naturvorgang. Die Evolutionstheorie fußt auf drei notwendigen Voraussetzungen: Fähigkeit zur Replikation (Erneuerung bzw. Fortpflanzung), Variation (als schwankende „Kopiergenauigkeit") und Selektion (Auswahl). Zu den Grundaussagen der Evolutionstheorie gehört, dass Evolution immer und auf allen Ebenen der belebten Welt vom Molekül bis zum Ökosystem stattfindet.

Exploration = „Ausforschung", als diagnostische Methode in der Psychologie und Medizin zur Ermittlung von psychischen Vorgängen durch intensive Befragung eines Klienten; in der Entwicklungspsychologie auch als Begriff der aktiven Erkundung der Umwelt durch ein Kind: *Explorationsverhalten*, das auf Neugier zurückzuführen ist und vielfältigen Zwecken von Bedürfnisbefriedigung bis hin zum Problemlösen dienen kann – sinngemäße Verwendung auch in der Meinungsforschung: „Umfrage" oder im Bergbau: „Lagerstättenerkundung".

Fibonacci-Zahlen = berühmte Zahlenreihe, die von Leonardo di Pisa, (ca. 1170–1240), der auch Fibonacci genannt wurde, entdeckt und nach ihm benannt wurde. Die Reihe ergibt sich dadurch, dass jede folgende Zahl die Summe der beiden vorangehenden ist: 1, 1, 2, 3, 5, 8 etc. Leonardo machte die arabische Mathematik in Europa bekannt und gilt als der erste große Mathematiker des Abendlandes.

Flagge = meist rechteckige Fläche mit bestimmten Zeichen und Farben, die für einen Staat (Nationalflagge) oder eine bestimmte Organisation stehen. Häufig verwendete Symbole sind bestimmte (traditionelle) Farbmuster, Kreuze und Wappen, Pflanzen und Tiere sowie religiöse und politische Symbole.

Fossilien = Sammelbegriff für Spuren früheren Lebens, wobei zwischen Körperresten und diagnostizierbaren Spuren bestimmter Aktivitäten von Lebewesen wie z. B. Fußabdrücke oder versteinerte Exkremente unterschieden wird. Fossilien finden sich gehäuft in bestimmten geologischen Schichten, bei der Altersbestimmung helfen „Leitfossilien", die einem erdgeschichtlich engeren Zeitraum zuzuordnen sind, dafür aber räumlich weit verbreitet auftreten.

Fotosynthese = biochemischer Prozess der Umwandlung von Kohlendioxid (Assimilation) und Wasser unter Einwirkung des Sonnenlichts in Traubenzucker und Sauerstoff. Der Ablauf findet innerhalb der Pflanzenzellen in den *Chloroplasten* statt. Die entsprechende Leistung einer Pflanze wird als „Fotosynthesevermögen" bezeichnet. Das für die Fotosynthese nutzbare Licht umfasst nur einen Teil des Strahlungsspektrums; es liegt im Wellenlängenbereich zwischen 380 nm (violettes Licht) und 710 nm (rotes Licht). Pflanzen, die Licht auf diese Weise nutzen können, sind fototroph.

Fototoxie = „Giftigkeit" bestimmter Stoffe, die erst durch die Einwirkung des Sonnenlichts zustande kommt. Typische fototoxische Reaktionen sind Hautrötung und Juckreiz bei Berührung dieser Stoffe, aber auch erhöhte Lichtempfindlichkeit der Haut insgesamt bei Einnahme bestimmter Medikamente.

Fototropismus = Fähigkeit vieler Pflanzen, sich durch Wachstumsreaktionen mehr Licht verfügbar zu machen. Typisch sind Wachstumskrümmungen bei einseitigem Lichteinfall, wobei die Zellen der Schattenseite ein stärkeres Streckungswachstum zeigen und so die Pflanze insgesamt in eine vorteilhaftere Lage bringen.

Gartentherapie = neues interdisziplinäres Fachgebiet, das die Planung, Nutzung und Pflege eines Gartens in einer Vernetzung von ergo-, physio- und psychotherapeutischen, medizinischen und pädagogischen Aspekten behandelt. Beispiel: gemeinsame Nutzung eines bestimmten Gartens durch Kindergarten, Volkshochschule, Seniorenheim etc., wobei neben ggf. wichtigen therapeutischen Aspekten zunächst vor allem integrative und kommunikative Ansätze hervorgehoben werden.
Geophyten = Pflanzen, die mithilfe besonderer Speicherorgane wie Knollen oder Zwiebeln längere Zeiten im Boden überdauern können. Die Sommerruhe in den relativ trockenen Böden ist Teil dieser Überlebensstrategie: Bei zu großer Feuchtigkeit kommt es zu Fäulnis und Absterben der betreffenden Pflanzen. Wichtige Vertreter: Krokus, Blausternchen, Traubenhyazinthe, Tulpe, Narzisse, Schneeglöckchen, Märzenbecher.
Gestein = lockeres oder fest gefügtes natürliches Gemenge von Mineralkörnern und/oder Bruchstücken anderer Gesteine, das in größeren Mengen vorkommt und eine allgemeine Verbreitung besitzt.
Gregorianischer Kalender = in nahezu allen Ländern der Welt geltender Kalender, der 1582 begründet wurde und aus dem julianischen Kalender hervorging. Schalttage lösen nun das Problem, dass es zwischen der Dauer eines Tages und der des astronomisch vorgegebenen Sonnenjahres (365 Tage, 5 Stunden, 48 Minuten und 46 Sekunden) keine einfache Möglichkeit der Umrechnung gibt.
Hydrophil = Eigenschaft bestimmter Stoffe, sich mit Wasser gut mischen zu lassen (wörtlich: „Wasser liebend“). Substantiv: Hydrophilie. Beispiele: Essig, Fruchtsaft. *Waschaktive Substanzen* bestehen aus Molekülen, die sowohl *hydrophil als auch hydrophob* sind: Sie können fetthaltige Verschmutzungen in Wasser lösen.
Hydrophob = Eigenschaft bestimmter Stoffe, sich mit Wasser nicht (gut) mischen zu lassen (wörtlich: „Wasser fürchtend“), das Wasser „abperlen“ lassen. Substantiv: Hydrophobie. Beispiele: Wachs, Öl, Benzin. Hydrophobe Stoffe sind meist *lipophil*, d. h., sie lassen sich gut in Fett oder Öl lösen.
Ingenieurbiologie = spezieller Zweig des Landschaftsbaus, bei dem vor allem Weiden- und Erlenarten zum Schutz vor Erosionsschäden eingesetzt werden. Häufig im *Wasserbau* eingesetzt: Befestigung von Uferzonen und Renaturierung von Fließgewässern.
Inkohlung = natürlicher Prozess der Entstehung von Kohle aus Tier- und Pflanzenresten in einem komplizierten chemischen Vorgang. Zunächst entstehen in einer *biochemischen Phase* im Lauf von Jahrtausenden mithilfe von Mikroorganismen wie Pilzen und Bakterien Huminsäuren und Torf. Der dabei frei werdende Kohlenstoff wird in einer zweiten *geochemischen Phase* allmählich weiter zu mineralischer Braun- und dann Steinkohle umgewandelt. Aus der Neubildung von Kohlenwasserstoffketten entstehen Erdgas und Erdöl.
Inkubationszeit = Zeitdauer, die zwischen der Ansteckung oder Infektion mit einem Krankheitserreger und dem Auftreten der ersten Krankheitssymptome oder Ausbruch der Krankheit vergeht. Die Inkubationszeit beträgt je nach Krankheit einige Stunden bis Jahrzehnte und kommt dadurch zustande, dass sich der/die Erreger zunächst vermehren und über das Blut im Körper verbreiten muss/müssen, bevor sich ein entsprechendes Krankheitsbild zeigen kann. Mit einem geeigneten Testverfahren lässt sich eine bestimmte Infektion oft bereits unmittelbar nach der Ansteckung nachweisen.
Internationales Maßsystem SI („Système International d'Unités“) = weltweit geltende, moderne Form des metrischen Systems, in Deutschland seit 1969 gesetzlich geregelt. Sieben Basiseinheiten: Meter (m), Kilogramm (kg), Sekunde (s), Ampère (A), Kelvin (K), Mol (mol) und Candela (cd) sowie abgeleitete und ergänzende Einheiten.
Invasive Pflanzen- und Tierarten = Arten, die im jeweiligen Gebiet natürlicherweise nicht vorkommen und sich nach ihrer gezielten Einbürgerung oder ihrer unbeabsichtigten Ausbreitung als problematisch herausstellen. In Deutschland gehören dazu Riesenbärenklau, Japanischer Staudenknöterich, Kanadische Goldrute, Beifußblättriges Traubenkraut (Ambrosia) sowie Chinesische Wollhandkrabbe, Waschbär, Grauhörnchen, Amerikanischer Biber etc.
Itinerar = Kartentyp aus römischer Zeit, dessen Informationen sich ausschließlich auf einen bestimmten Weg (lat. iter, itineris = Gehen, Weg, Gang, Reise, Fahrt) und seine Besonderheiten wie markante Orientierungspunkte, gefährliche Orte und schwierige Passagen beziehen. Im Mittelalter als Gebrauchskarten weitverbreitet und meist auf Tagesreisen bezogen.
Kleinklima (*Mikroklima*) = Bezeichnung für einen kleinen, gut umrissenen Bereich in der Ausdehnung von etwa 1 bis 100 m Durchmesser, für den ganz spezifische meteorologische Bedingungen gelten, z. B. Terrasse, Waldlichtung, Schlucht, Hausfassade. Während etwa in der Umgebung weithin keine Weinrebe gedeihen würde, kann diese wärmeliebende Pflanze an einer geschützten Ecke am Haus oder Innenhof mühelos kultiviert werden.
Ko-Konstruktion = Lernen im sozialen Kontext, d. h. im kommunikativen Austausch, in dem die Beteiligten gemeinsam Wissen und Fähigkeiten entwickeln. In entwicklungspsychologischer Sicht ein wichtiger aktiver Prozess von (Klein-)Kindern zur Welterkundung und -aneignung über Gleichaltrige und andere Kinder sowie erwachsene Bezugspersonen.

Konsument *(in der Biologie)* = Lebewesen, das sich von anderen Lebewesen oder Teilen von ihnen ernährt. Primärkonsumenten ernähren sich ausschließlich von Pflanzen (Pflanzenfresser), Sekundär- und Tertiärkonsumenten ernähren sich von Tieren oder tierischem Gewebe.
Konvektion = Mechanismus, bei dem durch bewegliche Teilchen ein Energietransport stattfindet. Im Wesentlichen handelt es sich um unablässige Wärmebewegung, die dadurch zustande kommt, dass sich Gase oder Flüssigkeiten bei Erwärmung ausdehnen, ihre *Dichte* abnimmt und dadurch solche Bereiche nach oben steigen, während Bereiche höherer Dichte absinken. Beispiele: Wärmeübergang von der Erdoberfläche in die Atmosphäre, Kochvorgänge wie Erhitzen einer Suppe, Bewegung heißer Gesteinsmassen im Erdinneren. Neben Wärmeleitung (in festen Körpern) und Wärmestrahlung stellt Konvektion die dritte Möglichkeit einer Wärmeübertragung dar.
Konzentration *(in der Chemie)* = Menge eines bestimmten Stoffes in einem Gesamtgemisch. Je nach Bedarf angegeben als Masse pro Volumen (z. B. Gramm pro Liter g/l), Volumen pro Volumeneinheit (z. B. ml/100 ml in Prozent als Volumenprozent), Masse pro Masseneinheit (z. B. g/100 g in Prozent als Gewichtsprozent) oder Mol pro Volumen (Molarität; die für die Chemie wichtige SI-Basiseinheit Mol bezeichnet eine festgelegte Anzahl von Teilchen eines Stoffes, wobei das eingenommene Volumen von der Substanz abhängig ist). In der Meteorologie z. B. auch zur Angabe der relativen Luftfeuchtigkeit.
Kristall = Mineral oder künstlich hergestellter Körper, dessen kleinste Bausteine (Atome, Ionen oder Moleküle) eine streng gesetzmäßige Anordnung in der Art eines dreidimensionalen Raumgitters besitzen. Kristalle bestimmter Minerale werden in der Symbolkunde mit besonderen Bedeutungen gesehen.
Kulturfolger = Pflanzen- und Tierarten, die in besonders auffälliger Weise mit menschlichen Lebens- und Wirtschaftsformen verbunden sind. Typisch dafür sind unter den Pflanzen etwa Getreideunkräuter, unter den Tieren bestimmte Vogelarten, aber auch Mäuse, Ratten oder die Stubenfliege.
Labyrinth = auf ein (nicht sichtbares) Zentrum gerichtete Wegführung, die jedes rasche, direkte Erreichen des Zieles bewusst verzögert. Die fast weltweite Verbreitung stützt die Annahme einer Bedeutung als uraltes Kultsymbol. In mittelalterlichen Kathedralen als Fußbodenmosaike, deren Durchwanderung (manchmal auf den Knien) als Ersatz einer Pilgerfahrt in das Heilige Land verstanden wurde. Seit etwa dem 17. Jahrhundert in verschiedener Weise (vor allem in der Gartenkultur) auch für Irrgärten gebraucht. Im psychologischen Sinn Ausdruck der Suche nach der Mitte.
Lärm = unerwünschter bzw. störender Schall. Formen des Lärmverständnisses: Ein psychologisches Verständnis geht von der Erfahrung von durch Lärm beeinträchtigten Personen aus, ein naturwissenschaftliches Verständnis versucht eine Abgrenzung zu anderen Schallereignissen mittels Messwerten, ein ökologisches Verständnis sieht Lärm als eine Form der Luftverschmutzung durch Energie (vgl. Marks, 2003).
Lärmbewältigungsvermögen = psychologisch wichtiger Begriff zur Erfassung individueller Fähigkeiten, sich mit Lärmwirkungen aktiv auseinanderzusetzen (tatsächliches oder vermeintliches Kontrollvermögen), mit dem Ziel, Lärm zu vermindern oder abzustellen. Auch als Maß für die Fähigkeit, subjektiv erlebten Lärm in seinem Belastungscharakter weniger negativ zu bewerten.
Lerngeschichte = als „learning story" von Margaret Carr entwickeltes und mittlerweile vom Deutschen Jugendinstitut DJI für die aktuelle Situation in Deutschland überarbeitetes und erprobtes Verfahren der Beobachtung und Entwicklungsförderung von Kindern. Grundidee ist die Aufnahme und Verarbeitung all jener Themen, die von einem Kind selbst ausgehen und als „Lernstoff" begriffen werden. Vergleichbar mit dem Beobachtungsverfahren der Beller-Tabelle geht es auch hier um die Unterstützung individueller Stärken und die Betonung des Lernens als individuellem Prozess.
Magnetismus, Elektromagnetismus = Eigenschaft eines Magneten, magnetische Stoffe wie Eisen, Nickel und Kobalt innerhalb des *magnetischen Feldes* anzuziehen. Im Körper eingelagertes Magnetit gilt als eine mögliche Erklärung für biogenes Orientierungsverhalten (Wanderung von Zugvögeln). In der Physik wird diese Naturkraft als „langreichweitige Kraft" bezeichnet. Elektromagnetismus: Um jeden stromdurchflossenen Leiter bildet sich ein Magnetfeld, dessen Ursache die bewegte Ladung (Strom) darstellt, wie umgekehrt ein Magnetfeld auch Stromfluss verursacht. Wichtige Anwendungsbereiche künstlicher Magnete sind industriell nutzbare Werkstoffe wie z. B. der Alnico-Magnet (Ni-Co-Al-Fe).
Mechanik = jener Bereich der Physik, der sich mit der Bewegung von Körpern aufgrund der Einwirkung von Kräften befasst. Beispiele: Freier Fall von Objekten, Bewegungen von Kreiseln, Hebeln oder Flaschenzügen. Allgemein wird darunter auch die Theorie und Praxis der Konstruktion von Maschinen verstanden, einschließlich der Untersuchung ihrer Funktionsweisen und Wirkungsgrade. Diese auch „klassische oder Newtonsche Mechanik" genannte Lehre funktioniert allerdings nur im makrophysikalischen Bereich. Im Bereich der atomaren Größenordnungen gilt seit der Konzeption der Relativitätstheorie die Quantenmechanik.
Migration *(in der Biologie)* = Wanderungsbewegungen von Pflanzen und Tieren über weitere Strecken, wobei die Verbreitung (aktiv oder passiv) über Wind und Wasser ebenso erfolgen kann wie in absichtsvoller oder unbeabsichtigter Weise durch den Menschen.
Mineral = fester, chemisch einheitlicher und natürlich entstandener Körper, der als Bestandteil der Erdkruste auftritt. Heute sind über 3.000 verschiedene Mineralien bekannt, nur etwa 200 sind gesteinsbildend.

Mischkultur = gemischter Anbau von Nutzpflanzen, wobei die Nachbarschaft von zueinander passenden Pflanzen bestimmte positive Effekte hat: bessere Platz- und Nährstoffausnutzung, gleichmäßigere Bodenbedeckung, Abwehr von Krankheiten und Schädlingen. Wichtiges Verfahren im biologischen Gartenbau.
Mobilität = eig. *das in Bewegung Gesetzte*; Sammelbegriff für das Ergebnis aller Anstrengungen, „die Verfügbarkeit über Zeit und Raum beständig zu optimieren" (Bastian, 2000, S. 126).
Motiv *(in der Psychologie)* = in früher Kindheit gelernte, relativ stabile individuelle Ausrichtung an einem bestimmten Handlungsziel. Das Verhalten bewusst oder unbewusst bestimmend und damit ein Individuum charakterisierend. In seiner Art, Entwicklung und Stärke abhängig von sozialen und kulturellen Normen.
Motivation = Handlungsbereitschaft aufgrund des Zusammenwirkens bestimmter Motive und begünstigender Rahmenbedingungen. Die Stärke einer Motivation hängt von verschiedenen weiteren Faktoren ab, wie etwa persönliche Betroffenheit, Identifikation mit den angestrebten Zielen und Selbstvertrauen im Sinn einer Erfolgszuversicht.
Motorik = psychologischer Sammelbegriff für alle menschlichen Bewegungsabläufe einschließlich aller individuellen Eigenheiten. Vorsätze zur Ausführung von *Willkürbewegungen* werden von Wahrnehmungsprozessen (z.B. Orientierung, Körperlage und andere Sinnesreize) geleitet.
Ökologie = Wissenschaft vom Stoff- und Energiehaushalt der Biosphäre sowie allen Wechselwirkungen ihrer Bewohner untereinander und mit ihrer abiotischen Umwelt.
Ökologischer Fußabdruck = Größe der Fläche, die zur Erfüllung sämtlicher Bedürfnisse eines Menschen in einem bestimmten Land und bei Berücksichtigung von Lebensstil und Konsumgewohnheiten erforderlich ist.
Ökologisches Gleichgewicht = mehr oder weniger konstanter Zustand des Ausgleichs der verschiedenen physikalischen, chemischen und biologischen Wechselbeziehungen in einem Ökosystem innerhalb einer bestimmten Zeitspanne, wobei insbesondere Energie- und Stoffflüsse zu bewerten sind.
Ozon = chemische Verbindung von drei Sauerstoffatomen („normaler" molekularer Sauerstoff ist zweiatomig). Durch Reaktion von molekularem Sauerstoff (O_2) mit einzelnen Sauerstoffatomen entsteht das chemisch sehr reaktive Ozon (O_3). Dieses Gas, das Menschen, Pflanzen und viele Materialien schädigen kann, bietet einerseits in großen Höhen einen wirksamen Schutz vor der UV-Strahlung der Sonne, stellt andererseits in bodennahen Luftschichten aber einen gefährlichen Bestandteil des sogenannten Sommersmogs dar, der vor allem durch den Kfz-Verkehr und die Industrie verursacht wird.
Paläontologie = Lehre von der Entwicklung der Organismen im Lauf der Erdgeschichte, wobei Fossilien zu den wichtigsten Untersuchungsobjekten zählen. Altersbestimmung und bestimmte Entwicklungsverläufe werden dabei in enger Zusammenarbeit mit der Geologie durchgeführt. Je nach Schwerpunktsetzung unterscheidet man u.a. Paläoanthropologie, Paläozoologie, Paläobotanik und Paläoklimatologie.
Parasitismus = einseitige Lebensbeziehung, bei der ein *Parasit* oder *Schmarotzer* sich auf Kosten eines anderen Organismus (Wirt) ernährt. Im Lauf der Evolution haben sich hoch spezialisierte Lebensgemeinschaften herausgebildet, wobei in manchen Fällen ein bestimmter Parasitismus auch erst eine bestimmte Symbiose ermöglicht. Beispiel: Der Madenhacker, eine zu den Staren zählende Vogelart, lebt vor allem von den Hautparasiten des Nashorns.
Pflanzengalle = kleine, oft seltsam geformte Wucherung an den Blättern oder Trieben einer Pflanze, verursacht durch Viren, Bakterien, Pilze, Milben oder Insekten. Größe und Aussehen der Gallen können sehr verschieden sein und ermöglichen Rückschlüsse auf den Erreger.
Pflanzenphysiologie = Wissenschaft von den Lebensvorgängen der Pflanzen und den entsprechenden (bio-) chemischen Grundlagen. Dazu zählen z.B. alle Wachstums- und Reifungsprozesse, Stofftransporte innerhalb der und zwischen den Zellen, Reaktionen auf Umweltreize, aber auch Aspekte der Kommunikation zwischen einzelnen Zellen wie zwischen einzelnen Pflanzen und Tieren (Fraßfeinde, Bestäuber).
Pflanzenschutz = Sammelbegriff für unterschiedliche Ansätze und Methoden, Kulturpflanzen vor Krankheiten und Schädigungen zu schützen. Zu unterscheiden ist zwischen *indirekten Schutzmaßnahmen* wie Bodenpflege, Wahl geeigneter Pflanzensorten etc. und *direkten Schutzmaßnahmen* wie dem Einsatz von bestimmten Hilfsmitteln und Präparaten. Während dabei der *konventionelle Pflanzenschutz* verschiedene chemischsynthetische Mittel einsetzt, sind im *biologischen Pflanzenschutz* ausschließlich biotechnische und biologische Methoden und Mittel zugelassen, z.B. Leimtafeln zum Fang von Insekten, Vermehrung und Aussetzen von Nützlingen, stark riechende Substanzen zur Abwehr von Schadtieren etc.
Pflanzensoziologie = Vegetationskunde, die davon ausgeht, dass Pflanzen nicht für sich allein und isoliert wachsen, sondern meist in einer bestimmten Nachbarschaft zu anderen stehen. Pflanzen, die etwa in einem bestimmten *Biotop* mit einer gewissen Regelmäßigkeit zu finden sind, werden als *Assoziation* beschrieben: der Aronstab-Eichen-Hainbuchen-Wald als typische Pflanzengesellschaft eines Lohwaldes.
Piktogramm = einfache, grafische Darstellung einer bestimmten Information. Häufig regional, national oder international genormt. Beispiele: *Totenkopf*-Zeichen für „Gift", *U* für „U-Bahn", *schwimmende Figur* für „Badestrand".

Plattentektonik = wichtiges hypothetisches Modell zur Erklärung der Verschiebung und Gestaltänderung der Kontinente nach Alfred Wegener, der in seinem 1913 veröffentlichten Werk „Von der Entstehung der Kontinente und Ozeane" davon ausgegangen war, dass sich die Kontinentalplatten frei auf einer zähflüssigen Masse im Inneren des Erdmantels bewegen.
Population (*in der Biologie*) = Anzahl der Tiere *einer* Art, die sich in einem bestimmten Lebensraum entwickelt und/oder aufhält. Die Stärke einer Population schwankt bei vielen Tierarten mit der Jahreszeit, kann aber auch auf bestimmte Veränderungen der Umwelt bis hin zu Klimaveränderungen zurückzuführen sein.
Produzent (*in der Biologie*) = Pflanzen, die mithilfe der Fotosynthese aus anorganischen Stoffen *Biomasse* als körpereigene organische Substanz produzieren, die die Grundlage der Ernährung aller anderen Lebewesen bildet.
Projektarbeit (*in der Sozialpädagogik*) = geplantes, meist längerfristiges Vorhaben, bei dem eine größere Zahl von Kindern gemeinsam mit Erwachsenen an einem bestimmten Thema arbeitet. Die Erarbeitung und Vermittlung neuer Inhalte, *Problemlösen* und das soziale Miteinander sind dabei von höchstem Rang. Bestandteile einer Projektarbeit sind: Ideenfindung, Planung, Vorbereitung, Ausführung, Auswertung, ggf. Dokumentation/Präsentation.
Psychomotorik = eine junge, facettenreiche Disziplin mit starken Verbindungen zu Medizin und Pädagogik, für die physische *und* psychische Bewegung, Beweglichkeit und „Bewegungsbildung" zu zentralen Begriffen wurden. Verbindungen auch zu Erlebnis-, Musik- und Sportpädagogik. Präventive und therapeutische Aktivitäten im Vorschul- und Schulbereich. Spezielle Richtungen und Ausbildungswege: Motopädie, Mototherapie.
Qualitätsmanagement (im Dienstleistungsbereich) = systematischer Ansatz zur Gestaltung der Arbeitsprozesse in einer Einrichtung, um die gewünschte Qualität der betreffenden Dienstleistung zu erreichen bzw. zu verbessern.
Resilienz = psychische Widerstandsfähigkeit als Ergebnis eines Zusammenspiels von Risiko- und Schutzfaktoren als integrierter, komplexer Prozess. Wird sowohl über die Abwesenheit von Erlebnis- und Verhaltensstörungen als auch (zusätzlich) über das Vorhandensein positiver Indikatoren definiert und kann sich sowohl auf die Fähigkeiten eines Individuums als auch eines Systems (z. B. Familie) beziehen. Resilienzforschung beschäftigt sich u. a. mit den Ressourcen eines Individuums zur Bewältigung von Lebensbelastungen und untersucht entsprechende Präventions- und Interventionsmaßnahmen.
Ruderalpflanzen = Fachbegriff für meist krautige Pflanzen an Wegrändern, Feldrainen, Schutthalden und anderen land- oder forstwirtschaftlich nicht genutzten Flächen. Häufig großer Artenreichtum mit zahlreichen alten, heute vernachlässigten Nutzpflanzen wie Fuchsschwanz, Melde, Portulak, Steinklee, Hirtentäschel, Meerrettich in stark wechselnder Zusammensetzung. Ökologisch bedeutsam als Nahrungsgrundlage für viele Tiere, Spiegel abiotischer Standortfaktoren und ökologischer Wechselwirkungen bis hin zu Aspekten unserer Kulturgeschichte.
Saprobiont = Organismus, der sich von verwesenden organischen Stoffen ernährt. Die früher übliche Unterscheidung zwischen Saprophyten (Fäulnis bewohnende Pflanzen) und Saprozoen (Tiere als Fäulnisbewohner) ist heute nicht mehr üblich, der Begriff „Saprobiont" umfasst also auch Pilze wie die Schimmelpilze und Hefen.
Selbstbildung = pädagogisches Konzept der eigenverantwortlichen Gestaltung von Lernerfahrungen und Bildungsprozessen. Im Unterschied zum Erwachsenen erfordern es Selbstbildungsprozesse von Kindern vor allem, unterstützende Rahmenbedingungen und Möglichkeiten bereitzustellen.
Spezifisches Gewicht = Dichte eines bestimmten Materials als Verhältnis seiner Masse zu seinem Volumen, d. h. jenes Gewicht, das für dieses Material (gleichmäßiges Material) unabhängig von seiner Größe oder Form charakteristisch ist. Allerdings ist das spezifische Gewicht temperaturabhängig: Bei Ausdehnung des Materials (z. B. bei Erwärmung) verringert sich das spezifische Gewicht etwas, bei einer Volumenverringerung wird es größer.
Stoffwechsel (*Metabolismus*) = Aufnahme, Verarbeitung (Verdauung) und Ausscheidung von Stoffen, die dem Aufbau und der Aufrechterhaltung eines Organismus dienen. Neben den über die Nahrung zugeführten Stoffen wie Kohlenhydraten, Eiweißen, Fetten, Mineralstoffen und Vitaminen spielen dabei vor allem auch körpereigene Produkte wie Enzyme und Hormone eine große Rolle.
Sukzession = Aufeinanderfolge von Lebensgemeinschaften innerhalb eines bestimmten Lebensraumes über einen längeren Zeitraum. Beispiel: In einer aufgelassenen Kiesgrube folgt auf eine *Pioniervegetation* aus bestimmten Weiden und anderen anspruchslosen Blütenpflanzen eine zunehmende *Verbuschung*, wobei sich mehr und mehr auch anspruchsvollere Pflanzen- und Tierarten einfinden. Das unter den gegebenen Klima- und Standortbedingungen erreichbare und besonders stabile Endstadium ist die sogenannte *Klimax* (in Mitteleuropa meist: *Wald*).

Symbiose = Zusammenleben von zwei oder mehr Organismen, wobei sich für alle Beteiligten Vorteile ergeben. Beispiele: Flechte als enge Vergesellschaftung von Pilz und Alge; Darmflora der Wirbeltiere (und des Menschen) mit Bakterien und anderen Mikroorganismen, die davon leben, dass sie die in der Nahrung enthaltene Zellulose zerlegen und damit verdaulich machen.
Technik = Gesamtheit aller Verfahren, mit denen nach Regeln, unter Verwendung materieller Ressourcen und gezieltem Energieeinsatz Gegenstände zur Befriedigung menschlicher Lebensbedürfnisse hergestellt werden. Die Formen der Technik sind ebenso wie ihre gesellschaftliche Bedeutung und Bewertung sehr stark von kulturellen Einflüssen geprägt (Wandel des Welt- und Selbstverständnisses des Menschen im Lauf der Geschichte).
Tollwut = durch Viren ausgelöste Infektionserkrankung, meist Gehirnhautentzündung (Encephalitis), die beim Menschen ohne Behandlung tödlich verläuft. Übertragung meist durch Biss eines tollwütigen Tieres mit anschließender Verbreitung der Viren im Inneren der Nervenfasern bis hin zum Zentralnervensystem (Gehirn). Vorbeugende Impfung möglich, eine *Nachimpfung* nach einer Infektion muss sehr rasch erfolgen. In Deutschland gilt der Fuchs mit drei Viertel aller Tollwutinfektionen immer noch als Haupterreger, wobei die Zahlen aufgrund der Impfungen der Füchse durch Impfköder mittlerweile stark zurückgegangen sind. Übertragung auch durch zahlreiche andere Tiere möglich, z. B. Hund, Katze, Dachs, Waschbär.
Toxizität = Giftigkeit als Grad der schädigenden Wirkung durch eine Substanz. Unterscheidung zwischen *akuter Vergiftung* (rasch eintretende Wirkung) und *chronischer Vergiftung* (nach und nach auftretende Wirkung aufgrund mehrmaliger, anhaltender Einnahme einer Substanz bzw. häufigerem Kontakt mit einem Giftstoff). Prinzipiell gilt: *Die Dosis macht das Gift.*
Treibhauseffekt = Bezeichnung für einen mittlerweile unstrittigen Prozess der globalen, wesentlich auch vom Menschen verursachten Erwärmung der Atmosphäre und die durch den entsprechenden Klimawandel verursachten Veränderungen der Lebensbedingungen auf der Erde. Der vom Menschen verursachte bzw. verstärkte Effekt (anthropogen) geht vor allem auf die Freisetzung (Emission) von fünf Gasen zurück: Kohlendioxid, Methan, Fluorchlorkohlenwasserstoffe, Distickstoffoxid und Ozon. Diese Gase, die unterschiedlich lange in der Atmosphäre verbleiben, stören den Wärmehaushalt der Atmosphäre, indem sie die notwendige Rückstrahlung von Wärme in das Weltall verringern.
Umweltbilanz = Versuch einer Berechnung der *Umweltverträglichkeit* eines Produktes oder Produktionsverfahrens. Dabei spielt bei Produkten insbesondere der Energieaufwand eine große Rolle, der für Herstellung, Vertrieb und Entsorgung nötig ist, sowie die Frage nach anfallenden Schadstoffen. Da zahlreiche Faktoren das Ergebnis einer Umweltbilanz beeinflussen, ist es vor allem wichtig zu wissen, welche Faktoren im Einzelfall überhaupt berücksichtigt wurden.
UV-Strahlung *(ultraviolette Strahlung)* = jener kurzwellige, energiereiche Anteil des Sonnenlichts, der innerhalb des elektromagnetischen Spektrums zwischen dem sichtbaren Licht und der Röntgenstrahlung liegt. Unterscheidung zwischen *UVA-Strahlen*, die tief in die Haut eindringen, häufig Sonnenallergien auslösen und insbesondere die Hautalterung beschleunigen, und *UVB-Strahlen*, die zwar nur bis in die Oberhaut eindringen, dort aber vor allem den gefährlichen Sonnenbrand verursachen, der gerade bei Kindern als eines der Hauptrisiken gilt, später an Hautkrebs zu erkranken.
Wahrnehmung *(Perzeption)* = Prozess *und* Ergebnis des Informationsgewinns aus Umwelt (äußere Wahrnehmung) und Körperreizen (innere Wahrnehmung). Beeinflusst durch emotionale und kognitive Prozesse einschließlich unserer Lernerfahrungen und Gedächtnisleistungen. Die aufgenommenen Reize werden entschlüsselt und zu einem komplexen inneren Bild zusammengefügt.
Wechselwarme Tiere = Tiere, deren Körpertemperatur entscheidend von der Umgebungstemperatur bestimmt wird. So benötigt z. B. unsere heimische Zauneidechse ein morgendliches Sonnenbad, um ihre Körpertemperatur zu erhöhen. Erst dann ist sie für die Nahrungssuche genügend aktiv und beweglich. Bei niedrigen Temperaturen tritt eine reversible (rückgängig zu machende) Kältestarre ein, in der diese Tiere in frostfreien Verstecken auch überwintern.

Literaturverzeichnis

Nicht selten sind bestimmte Werke bereits wenige Jahre nach ihrem Erscheinen in Buchhandlungen nicht mehr erhältlich. Dennoch handelt es sich dabei unter Umständen um interessante und wertvolle Publikationen. In diesem Fall lohnt sich die Suche in antiquarischen Beständen, insbesondere über die Online-Suche des **Zentralen Verzeichnisses antiquarischer Bücher** (www.zvab.de).

Agde, Georg u. a.: Spielgeräte. Sicherheit auf Europas Spielplätzen. Erläuterungen in Bildern zu DIN EN 1176, Berlin/Wien/Zürich: Beuth, 2009.

Agde, Georg/Degünther, Henriette/Hünnekes, Annette: Spielplätze und Freiräume zum Spielen. Ein Handbuch für Planung und Betrieb, Berlin: Beuth, 2013.

Ahnert, Liselotte: Von der Mutter-Kind zur Erzieherinnen-Kind-Bindung?, in: Die Erzieherin-Kind-Beziehung, hrsg. v. Fabienne Becker-Stoll u. Martin R. Textor, Berlin: Cornelsen Verlag Scriptor, 2007, S. 31–41.

Allaby, Michael: Spannendes Wissen über Klima und Wetter, übers. v. Michael Schmidt, München: Christian Verlag, 2000.

Ariès, Philippe: Geschichte der Kindheit, übers. v. Caroline Neubaur und Karin Kersten, München: dtv, 2011.

Arzt, Volker: Kluge Pflanzen. Wie sie locken und lügen, sich warnen und wehren und Hilfe holen bei Gefahr, München: Goldmann, 2011.

Aulas, François: Erstaunliche Experimente. Spielerisch Wissen entdecken, übers. v. Eva-Maria Müller, München: Bassermann, 2010.

Baehr, Martin/Bellmann, Heiko: Welche Spinne ist das? 132 Spinnen einfach bestimmen, Stuttgart: Franckh-Kosmos, 2009.

Bastian, Till: Kindheit in der Tempogesellschaft, in: Kinder – Gesundheit, hrsg. v. Jürgen Bilger und Erik Petersen, Frankfurt/M: Mabuse, 2000.

Beck, Rainer: Ebersberg oder das Ende der Wildnis. Eine Landschaftsgeschichte, München: C. H. Beck, 2003.

Bednar, Sylvie: Länder und ihre Flaggen. Eine Reise um die Welt, übers. v. Ursel Schäfer, München: Knesebeck, 2009.

Beller, Kuno/Beller, Simone: Kuno Bellers Entwicklungstabelle, Berlin: Eigenverlag (www.beller-und-beller.de), 2010.

Bernitzke, Fred/Schlegel, Peter: Das Handbuch der Elternarbeit, Troisdorf: Bildungsverlag Eins, 2007.

Biedermann, Hans: Knaurs Lexikon der Symbole, Erftstadt: area, 2004.

Biermann, Bernd/Kaiser, Doris: Gesund leben. Biologie Gesundheitslehre Hygiene für Berufs- und Berufsfachschulen, Köln: Bildungsverlag Eins, 2012.

Biermann, Bernd/Kaiser, Doris: Gesund leben. Biologie Gesundheitslehre Hygiene für Berufs- und Berufsfachschulen, Troisdorf: Bildungsverlag Eins, 2007.

Blessing, Karin/Mäurer, Silke: Natur, Ökologie und Nachhaltigkeit im Kindergarten. Ein Lern- und Praxisbuch, Stuttgart: Hirzel, 2002.

Blinkert, Baldo: Aktionsräume von Kindern in der Stadt. Eine Untersuchung im Auftrag der Stadt Freiburg, Pfaffenweiler: Centaurus, 2005.

Blum, Wolfgang: Die Grammatik der Logik. Einführung in die Mathematik, München: dtv, 1999.

Boomgaarden, Heike: Giftpflanzen in Haus und Garten: 150 giftige Garten- und Zimmerpflanzen: Merkmale, Doppelgänger, Notfallhilfe, Stuttgart: Franckh-Kosmos 2010.

Breithecker, Dieter: Kinder brauchen Bewegung zur gesunden und selbstbewussten Entwicklung, in: www.familienhandbuch.de, Online-Handbuch (24.07.2013), 2010.

Bresinsky, Andreas u. a.: Strasburger. Lehrbuch der Botanik, Heidelberg/Berlin: Spektrum Akademischer Verlag, 2008.

Bundesministerium für Umwelt, Naturschutz und Reaktorsicherheit: Umweltbewusstsein in Deutschland 2012, abgerufen unter: www.bmu.de/fileadmin/Daten_BMU/Download_PDF/Umweltinformation_Bildung/4396.pdf (01.05.2013), 2012.

Burnie, David: Spannendes aus dem Reich der Natur, übers. v. Michael Schmidt, München: Christian Verlag, 1999.

Burnie, David: Bäume. Die größten Lebewesen der Erde. Artenvielfalt, Entwicklung, Nutzen, übers. v. Armin Kyrieleis, Hildesheim: Gerstenberg, 2005.

Candolini, Gernot: Das geheimnisvolle Labyrinth: Mythos und Geschichte eines Menschheitssymbols, München: Pattloch, 2008.

Carr, Margret: Assessment in early childhood settings: learning stories, London: Chapman, 2001.

Cornell, Joseph B.: Mit Kindern die Natur erleben. Naturerfahrungsspiele für Kinder und Jugendliche, übers. v. Gabriele Kuby, Mülheim an der Ruhr: Verlag an der Ruhr, 2006.

Couper, Heather/Henbest, Nigel: Spannendes Wissen über das Weltall, übers. v. Michael Schmidt, München: Christian Verlag, 2000.

Czisch, Fee: Kinder können mehr. Anders lernen in der Grundschule, München: Kunstmann, 2007.

Dahl, Jürgen: Nachrichten aus dem Garten, Waltrop: Manuscriptum Verlagsbuchhandlung Thomas Hoof KG, 2008.

De Haan, Gerhard: Ökologie-Handbuch Grundschule. Sieben Themen mit 100 praktischen Vorschlägen für den Unterricht, Weinheim/Basel: Beltz, 1998.

Der Rat von Sachverständigen für Umweltfragen (Hrsg.): Umwelt und Gesundheit. Risiken richtig einschätzen. Sondergutachten, abgerufen unter: http://www.umweltrat.de/SharedDocs/Downloads/DE/02_Sondergutachten/1999_SG_UmweltundGesundheit.html (01.05.2013), 1999.

Deutsche Gesellschaft für Ernährung e. V. (DGE): 10 Regeln, abgerufen unter: www.dge.de/modules.php?name=Content&pa=showpage&pid=15, [24.07.2013]

Deutsche Gesellschaft für Ernährung e. V. (DGE): Vollwertig Essen und Trinken nach den 10 Regeln der DGE, in: www.dge-medienservice.de/PDF-Artikel.htm [01.05.2013].

Deutsche Gesellschaft für Ernährung e. V.: DGE-Qualitätsstandard für die Verpflegung in Tageseinrichtungen für Kinder, Bonn: Eigenverlag, 2011.

Devlin, Keith: Das Mathe-Gen oder wie sich das mathematische Denken entwickelt und warum Sie Zahlen ruhig vergessen können, übers. v. Dietmar Zimmer, München: dtv, 2003.

DIN Deutsches Institut für Normung e. V. (Hrsg.): DIN-Taschenbuch 105. Spielplätze und Freizeitanlagen, Berlin/Wien/Zürich: Beuth, 2012.

Dittrich, Werner: Bäuerliche Gärten, Stuttgart: Eugen Ulmer, 2002.

Dylla, Klaus/Krätzner, Günter: Das ökologische Gleichgewicht in der Lebensgemeinschaft Wald, Heidelberg/Wiesbaden: Quelle & Meyer, 1997.

Edelmann, Jens: Geologische Erscheinungen entdecken und verstehen, Bielefeld: Reise Know-How Verlag Rump, 2003.

Eibl-Eibesfeldt, Irenäus: Wer einen Siebenschläfer aufzieht, der gönnt ihm die Marillen, in: Grundschule 22/1990, Heft 7/8, Braunschweig: Westermann Schulbuchverlag, 1990.

Eliot, Lise: Was geht da drinnen vor? Die Gehirnentwicklung in den ersten fünf Lebensjahren, übers. v. B. Schaden, Berlin: Bloomsbury, 2010.

Engelhardt, Wolfgang: Was lebt in Tümpel, Bach und Weiher? Pflanzen und Tiere unserer Gewässer. Eine Einführung in die Lehre vom Leben der Binnengewässer, Stuttgart: Kosmos-Franckh, 2008.

Englbrecht, Jolanda: Pilzanbau in Haus und Garten, Stuttgart: Ulmer, 2004.

Enzensberger, Hans M.: Der Zahlenteufel, München: dtv, 1999.

Ernst, Bruno: Das verzauberte Auge. Unmögliche Objekte und mehrdeutige Figuren, übers v. Hans-Jürgen Terjung, Berlin: Taco, 1989.

Etzold, Sabine: Essen lernen, in: DIE ZEIT 15/2004 vom 01.04.2004, Hamburg: ZEIT-Verlag, 2004.

Finkenzeller, Anita/Kuhn-Schmelz, Gabriele/Wehfritz, Rita: Praxis- und Methodenlehre Sozialpädagogik, Troisdorf: Bildungsverlag Eins, 2009.

Fischer, Ernst P.: Die andere Bildung. Was man von den Naturwissenschaften wissen sollte, München: Ullstein Taschenbuch, 2003.

Fisher, Len: Reise zum Mittelpunkt des Frühstückseis. Streifzüge durch die Physik der alltäglichen Dinge, übers. v. Carl Freytag, Bergisch Gladbach: Bastei Lübbe, 2007.

Flach, Gabriele, Lerch, Peter, Mannweiler, Reinhold und Weisenburger, Hugo F.: Kindertagesstättengesetz Rheinland-Pfalz mit Durchführungsbestimmungen, Wiesbaden: Kommunal- und Schul-Verlag, 2010.

Flindt, Rainer: Ökologie im Jahreslauf. Naturkundliche Wanderungen und Beobachtungen von Januar bis Dezember, Heidelberg/Wiesbaden: Quelle & Meyer, 2005.

Florl, Renate: Im Bayerischen Wald. Mit Kindern unterwegs, Bietigheim-Bissingen: Fleischhauer & Spohn, 2005.

Floto-Stammen, Sonja/Kretzmann, Sandra: Wo Schmatzen und Schlürfen erlaubt ist! 35 Lieblingsrezepte aus aller Welt von Kindern für Kinder, Kempen: moses, 2008.

Foodwatch e. V. (Hrsg.): Kinder kaufen. Report 2012, Berlin: Eigenverlag, 2012.

Fried, Lilian: Wissen als wesentliche Konstituente der Lerndisposition junger Kinder. Theorie, Empirie und pädagogische Schlussfolgerungen. Expertise im Auftrag des Deutschen Jugendinstituts, abgerufen unter: www.dji.de/bibs/320_5488_Fried.pdf; [01.05.2013], 2005.

Frohne, Dietrich/Pfänder, Hans Jürgen: Giftpflanzen. Ein Handbuch für Apotheker, Ärzte, Toxikologen und Biologen, Stuttgart: Wissenschaftliche Verlagsgesellschaft, 2005.

Fthenakis, Wassilios E. (Hrsg.): Der Bayerische Bildungs- und Erziehungsplan für Kinder in Tageseinrichtungen bis zur Einschulung, Berlin: Cornelsen Scriptor, 2012.

Fthenakis, Wassilios E./Oberhuemer, Pamela (Hrsg.): Spielend lernen. Stärkung lernmethodischer Kompetenzen, Troisdorf: Bildungsverlag Eins, 2007.

Fuhrmann, Peggy: Wie viele Arten braucht ein Ökosystem? Zum Stand einer alten Debatte im Jahr der Biodiversität, abgerufen unter: www.dradio.de/download/120435/ [01.05.2013], 2010.

Gabler, Eberhard: Vogelhäuschen: Nistkästen und Futterhäuschen. Bauanleitungen und Praxistipps, München: BLV, 2010.

Gartinger, Silvia: Früheste Beobachtung und Dokumentation. Bildungsarbeit mit Kleinstkindern, Troisdorf: Bildungsverlag Eins, 2009.

Gebhard, Ulrich: Kind und Natur. Die Bedeutung der Natur für die psychische Entwicklung, Wiesbaden: VS Verlag für Sozialwissenschaften, 2009.

Gerhardt, Ewald: Der große BLV Pilzführer für unterwegs, München: BLV, 2010.

Giono, Jean/Buchholz, Quint: Der Mann, der Bäume pflanzte, übers. v. Walter Tappolet, München: Hanser, 2013.

Gisbert, Kristin: Lernen lernen. Lernmethodische Kompetenzen von Kindern in Tageseinrichtungen fördern. Beiträge zur Bildungsqualität, hrsg. v. Prof. Dr. Wassilios E. Fthenakis, Weinheim: Beltz, 2004.

Gleich, Michael u. a.: Life Counts. Eine globale Bilanz des Lebens, Berlin: Berliner Taschenbuch Verlag, 2002.

Goldsworthy, Andy: Andy Goldsworthy, übers. v. Imke Janiesch, Frankfurt/M: Zweitausendeins, 2001.

Gopnik, Alison: Kleine Philosophen: Was wir von unseren Kindern über Liebe, Wahrheit und den Sinn des Lebens lernen können, übers. v. Hainer Kober, Berlin: Ullstein Taschenbuch, 2010.

Greisenegger, Ingrid/Katzmann, Werner/Pitter, Klaus: Umweltspürnasen. Aktivbuch Boden, Wien/ München/ Zürich: Orac, 2002.

Greisenegger, Ingrid/Farasin, Kurt und Pitter, Klaus: Umweltspürnasen. Tümpel & Teich, Wien: Ueberreuter, 2002.

Güthler, Andreas/Lacher, Kathrin/Homm, Hariett: Naturwerkstatt Landart. Ideen für kleine und große Naturkünstler. für Kinder. Fantastische Kunstwerke in und mit der Natur, Aarau: AT Verlag, 2005.

Haller, Kerstin/Kummetz, Mechthild: Expedition Erde: Vulkane, Erdbeben, Wetter, Troisdorf: Bildungsverlag Eins, 2007.

Hannaford, Carla: Bewegung – das Tor zum Lernen, Kirchzarten: VAK Verlags GmbH, 2013.

Hanus, Bo/Stempel, Ulrich: Das große Solar- und Windenergie Werkbuch, Poing: Franzis, 2011.

Harari, Haim: Und sie verpassen keine Minute, in: DIE ZEIT 30/2007 vom 19.07.2007, Hamburg: ZEIT-Verlag, abgerufen unter: www.zeit.de/2007/30/C-Interview-Harari [24.07.2013], 2007.

Heckhausen, Heinz: Motivation und Handeln. Lehrbuch der Motivationspsychologie, Berlin/ Heidelberg/New York: Springer, 2010.

Hellfritsch, Magdalena: Förderung lernmethodischer Kompetenzen – eine Herausforderung für pädagogische Fachkräfte in Kindertagesstätten, in: Bildung und Erziehung in Deutschland, hrsg. v. Fabienne Becker-Stoll u. Bernhard Nagel, Berlin/Düsseldorf/Mannheim: Cornelsen, 2009, S. 140–145.

Hensel, Wolfgang: Der große Ravensburger Naturführer. Tiere und Pflanzen unserer Heimat, Ravensburg: Ravensburger Buchverlag, 2009.

Hentig, von, Hartmut: Bildung. Ein Essay, Weinheim: Beltz, 2009.

Henze, Otto: Kontrollbuch für Vogelnistkästen in Wald und Garten, Überlingen am Bodensee: Eigenverlag, 1983.

Heynitz, Krafft von: Kompost im Garten, Stuttgart: Eugen Ulmer, 2000.

Hohenauer, Peter: Spielplatzgestaltung naturnah und kindgerecht, Wiesbaden/Berlin: Bauverlag, 1999.

Hobmair, Hermann (Hrsg.): Pädagogik, Köln: Bildungsverlag Eins, 2012.

Hofmann, Helga: Gartenvögel. Die wichtigsten Arten entdecken und bestimmen, München: Gräfe und Unzer, 2013.

Hüther, Gerald: Neurobiologische Grundlagen des frühen Lernens, in: Kindern gerecht werden. Kontroverse Perspektiven auf Lernen in der Kindheit, hrsg. v. Günther Opp, Theodor Hellbrügge u. Luc Stevens, Bad Helbrunn: Julius Klinkhadt, 2006a, S. 79–92.

Hüther, Gerald: Brainwash. Einführung in die Neurobiologie für Pädagogen, Therapeuten und Lehrer, DVD-Aufzeichnung einer dreiteiligen Vorlesung in St. Gallen, März 2006, Müllheim/Baden: Auditorium Netzwerk, 2006b.

Hüttenmoser, Marco: Und es bewegt sich noch. Bewegungsmangel bei Kindern: Ursachen und Auswirkungen, in: *undKinder* 70/2002, Zürich: Marie Meierhofer-Institut für das Kind, 2002.

Hüttenmoser, Marco: Evas Apfel, abgerufen unter: www.kindundumwelt.ch/de/_files/Apfel4.pdf [01.05.2013], 2007.

Huler, Scott: Die Sprache des Windes. Wie ein Admiral aus dem 19. Jahrhundert Wissenschaft in Poesie verwandelte, übers. v. Harald Stadler, Hamburg: Mare, 2009.

Jahns, Hans M.: Farne, Moose, Flechten Mitteleuropas, Nordeuropas und Westeuropas, München: BLV, 1995.

Jedicke, Leonie/Jedicke, Eckhard: Farbatlas Landschaften und Biotope Deutschlands, Stuttgart: Eugen Ulmer, 1999.

Jörke, Renate: Färben mit Pflanzen, Stuttgart: Verlag Freies Geistesleben, 2005.

Kals, Elisabeth/Becker, Ralf/Rieder, Dietmar: Förderung umwelt- und naturschützenden Handelns bei Kindern und Jugendlichen, in: Umweltgerechtes Handeln. Barrieren und Brücken, hrsg. v. Volker Linneweber u. Elisabeth Kals, Berlin: Springer, 1999, S. 191–209.

Kals, Elisabeth: Emotionen in der Umweltbildung, Hagen: Fernuniversität, 2002.

Katzenstein, Henriette: Umweltbewusstsein und Umweltverhalten, Hagen: Fernuniversität, 2003.

Kawollek, Marco/Kawollek, Wolfgang: Alles über Pflanzenvermehrung. Methoden Praxis Handgriffe, Stuttgart: Ulmer, 2008.

Keller, Martina: Generation Schokoriegel. Gespräch mit dem Kinderarzt und Sprecher der AG Adipositas im Kindes- und Jugendalter Dr. Martin Wabitsch von der Kinderklinik der Universität Ulm, in: DIE ZEIT 15/2004 vom 01. 04. 2004, Hamburg: ZEIT-Verlag, 2004.

Keppel, Herbert u. a.: Der Obstgarten. Pflanzung, Pflege, Ernte, Graz: Stocker, 2005.

Kersting, Mathilde: Zwischen Anspruch und Wirklichkeit. Umsetzung von Ansprüchen an die Kinderernährung in ganzheitlichen Ernährungskonzepten, in: Ernährung in Kindertageseinrichtungen, hrsg. v. Eva-Maria Schröder, Sonderausgabe der KiTa spezial, 2/2002, Freiburg i. Br.: Herder, 2002.

Kikoin, Isaak K. (Hrsg.): Physik: Experimentieren als Spielerei, übers. v. W. Jakowlew, Heidelberg: Mir Publishers Moskau und Spektrum Akademischer Verlag, 1991.

Kinder Umwelt Gesundheit (Hrsg.): Kind – Umwelt – Gesundheit: Aktivitäten von Nichtregierungsorganisationen, abgerufen unter: www.kinderumweltgesundheit.de [01.05.2013], 2004.

Kiphard, Ernst J.: Motopädagogik, Dortmund: verlag modernes lernen, 2009.

Kiphard, Ernst J.: Wie weit ist ein Kind entwickelt? Eine Anleitung zur Entwicklungsüberprüfung, Dortmund: verlag modernes lernen, 2006.

Kleber, Claus und Paskal, Leo: Spielball Erde. Machtkämpfe im Klimawandel, München: C. Bertelsmann, 2012.

Knauer, Raingard/Brandt, Petra: Ich schütze nur, was ich liebe. Konzept einer ganzheitlichen Umweltpädagogik, Freiburg i. Br.: Herder, 1995.

Knirsch, Rudolf R.: Die Erkundungswanderung. Theorie und Praxis einer aktivierenden Lernform für Unterricht und Freizeit, Paderborn: Ferdinand Schöningh, 1979.

Koetter, Ursula/Werner, Heinz: Selbstversorgen durch Kaninchenhaltung. Der Ratgeber für Aufzucht, Pflege, Nutzung, Hamburg: Deukalion, 2000.

Kremer, Bruno P.: Steinbachs Naturführer Bäume & Sträucher, Stuttgart: Franckh-Kosmos, 2010.

Kremer, Bruno P.: Heilpflanzen. Sicher bestimmen mit Foto und Zeichnung, Stuttgart: Franckh-Kosmos, 2003.

Kremer, Bruno P.: Das große Kosmos-Buch der Mikroskopie, Stuttgart: Franckh-Kosmos, 2010.

Kreuter, Marie-Luise: Der Bio-Garten, München: BLV, 2012.

Kükelhaus, Hugo: Fassen – Fühlen – Bilden, Köln: Gaia, 1998.

Küls, Holger/Moh, Petra/Pohl-Menninga, Margreth: Lernfelder Sozialpädagogik, Troisdorf: Bildungsverlag Eins, 2004.

Lang, Dieter/Taubert-Striese, Annett/Bäuml, Sabine: Lernplanung für den Heimat- und Sachunterricht Jahrgangsstufe 4, Troisdorf: Wolf im Bildungsverlag Eins, 2004.

Leonard, Annie: The Story of Stuff. Wie wir unsere Erde zumüllen, übers. v. Christoph und Karola Bausum und Stephan Gebauer, Berlin: Ullstein, 2011.

Liebig, Justus von: Die organische Chemie in ihrer Anwendung auf Agricultur und Physiologie, Hildesheim: Gerstenberg (Reprint der Ausgabe 1840), 1977.

Lightman, Alan: Und immer wieder die Zeit. Einstein's Dreams, übers. v. Friedrich Griese, München: Droemer Knaur, 2004.

Lionni, Leo: Frederick und seine Mäusefreunde: Sieben Mäusegeschichten in einem Band, übers. v. G. B. Fuchs, Weinheim: Beltz & Gelberg, 2012.

Louv, Richard: Das letzte Kind im Wald? Geben wir unseren Kindern die Natur zurück, übers. v. Andreas Nohl, Weinheim und Basel: Beltz, 2011.

Lück, Gisela: Leichte Experimente für Eltern und Kinder, Freiburg i. Br.: Herder, 2008.

Mahlke, Wolfgang/Schwarte, Norbert: Raum für Kinder. Ein Arbeitsbuch zur Raumgestaltung in Kindergärten, Weinheim: Beltz, 1997.

Marks, Stephan: Es ist zu laut. Ein Sachbuch über Lärm und Stille, Frankfurt/M: Fischer, 2003.

Matvejevic, Predrag: Der Mediterran. Raum und Zeit, übers. v. Katja Sturm-Schnabl, Zürich: Ammann, 1993.

Mayr, Ernst: Das ist Biologie. Die Wissenschaft des Lebens, übers. v. Jorunn Wissmann, Heidelberg/Berlin: Spektrum Akademischer Verlag, 2000.

Mayr, Ernst: Das ist Evolution, übers. v. Sebastian Vogel, München: Goldmann, 2005.

Melenk, Hartmut/Runge, Udo: Verblüffende physikalische Experimente. Teil der Reihe: Unterrichtshilfen Naturwissenschaften, Köln: Aulis, 1998.

Michalski, Ute/Michalski, Tilman: Das Ravensburger Werkbuch Papier, Ravensburg: Ravensburger Buchverlag, 2007.

Miersch, Michael: Konjunktur für Käferzähler, in: DIE ZEIT 50/2001 vom 06.12.2001, Hamburg: ZEIT-Verlag, 2001.

Minssen, Mins: Der sinnliche Stoff. Vom Umgang mit Materie, Stuttgart: Klett-Cotta, 1989.

Müller, Christa: Wurzeln schlagen in der Fremde. Internationale Gärten und ihre Bedeutung für Integrationsprozesse, München: ökom-Verlag, 2002.

Musil, Robert: Der Mann ohne Eigenschaften. Roman, Berlin: Suhrkamp, 2013.

Neuberger, Konrad R.: Eine Verbindung von Therapie und Gartenarbeit. Praxis Ergotherapie, 6/1991, Dortmund: verlag modernes lernen, 1991.

Niepel, Andreas/Emmrich, Silke: Garten und Therapie. Wege zur Barrierefreiheit, Stuttgart: Eugen Ulmer, 2005.

Nützel, Rudolf: Förderung des Umweltbewusstseins von Kindern. Evaluation von Naturbegegnungen mit Kindergartenkindern einer Großstadt, München: oekom, 2007.

Nugel, Sabine: Biologie und Gesundheitserziehung für die sozialpädagogische Ausbildung, Köln: Bildungsverlag Eins, 2012.

Oberholzer, Alex/Lässer, Lore: Naturnahe Kindergarten- und Schulanlagen, Hausgärten und Spielplätze, Stuttgart: Eugen Ulmer, 2003.

Österreicher, Herbert: Mit offenen Ohren, in: Lärmprävention in Kindertageseinrichtungen. Sonderausgabe der KiTa spezial, 2/2005, Freiburg i. Br.: Herder, 2005.

Österreicher, Herbert: Das Zahlenheft, Berlin/Weimar: verlag das netz, 2008.

Österreicher, Herbert: Expedition Leben. Biotope, Pflanzen, Tiere, Troisdorf: Bildungsverlag Eins, 2009.

Österreicher, Herbert: Basiswissen Natur- und Umweltpädagogik für die sozialpädagogische Erstausbildung, Troisdorf: Bildungsverlag Eins, 2010.

Österreicher, Herbert/Prokop, Edeltraud: Kinder wollen draußen sein. Natur entdecken, erleben und erforschen, Seelze: Kallmeyer, 2010.

Österreicher, Herbert/Prokop, Edeltraud: Gärten für Kleinkinder, Weimar/Berlin: verlag das netz, 2010.

Opp, Günther/Fingerle, Michael/Freytag, Andreas (Hrsg.): Was Kinder stärkt. Erziehung zwischen Risiko und Resilienz, München/Basel: Ernst Reinhardt, 2008.

Ott, Konrad: Ökologie und Ethik. Ein Versuch praktischer Philosophie, Marburg: Francke, 1999.

Pahlow, Mannfried: Das große Buch der Heilpflanzen: Gesund durch die Heilkräfte der Natur, Hamburg: Nikol, 2013.

Pappler, Manfred/Witt, Reinhard: NaturErlebnisRäume. Neue Wege für Schulhöfe, Kindergärten und Spielplätze, Seelze: Kallmeyer, 2001.

Petri, Horst: Umweltzerstörung und die seelische Entwicklung unserer Kinder, Zürich: Kreuz, 1992.

Piaget, Jean: The relation of affectivity to intelligence in the mental development of the child, in: Childhood Psychopathology, hrsg. v. Saul I. Harrison u. John F. McDermott, New York: International Universities Press, 1972, S. 167–175.

Pollack, Steve: Ökologie. Wechselbeziehungen zwischen Menschen, Pflanzen, Tieren und der unbelebten Natur, übers. v. Eva und Hans-Jürgen Schweikart, Hildesheim: Gerstenberg, 2003.

Pollet, Cédric: Rinde. Die Wunderwelt der Bäume entdecken, Stuttgart: Eugen Ulmer, 2012.

Pongratz, Peter: Ekelhafter Brunnen im Gebiet der Lao. Reproduktion einer Radierung, in: Fünf unter einem Hut, hrsg. v. Otto Breicha, Salzburg: Eigenverlag der Salzburger Landessammlungen Rupertinum.

Prokop, Edeltraud: Freilandpädagogik, in: Praxis-Handbuch Kindertageseinrichtungen, hrsg. v. Hildegard Rieder-Aigner, Regensburg: Walhalla, 2000.

Prott, Roger: Aufsichtspflicht. Rechtshandbuch für Erzieherinnen und Eltern, Weimar/Berlin: verlag das netz, 2011.

Quedens, Georg: Natur entdecken an der Nordsee, München: BLV, 2010.

Raab, Renate/Schwartze, Klaus/Wittemann, Gerti: Naturwissenschaften – ganz einfach. Band 2: Physik. Licht Schall Kraft, Troisdorf: Bildungsverlag Eins, 2004.

Radkau, Joachim: Der Nerv der Zeit, in: Politische Ökologie, 57,58/1999, München: ökom, 1999.

Radkau, Joachim: Natur und Macht. Eine Weltgeschichte der Umwelt, München: C. H. Beck, 2012.

Raith, Nikolaus/Schubel, Frauke (Hrsg.): Augen auf! Heimat- und Sachunterricht 2, Regensburg: Wolf, 2003.

Raith, Nikolaus (Hrsg.): Augen auf! Heimat- und Sachunterricht 3, Regensburg/Troisdorf: Wolf, 2003.

Rehm, Sigmund/Espig, Gustav: Die Kulturpflanzen der Tropen und Subtropen. Anbau, wirtschaftliche Bedeutung, Verwertung, Stuttgart: Ulmer, 1996.

Reichholf, Josef H.: Eine kurze Naturgeschichte des letzten Jahrtausends, Frankfurt/M.: Fischer Taschenbuch Verlag, 2008.

Reichholf, Josef H.: Die Zukunft der Arten, München: Verlag C. H. Beck, 2006.

Reidelhuber, Almut: Umweltbildung. Ein Projektbuch für die sozialpädagogische Praxis von 3–10 Jahren, Freiburg i. Br.: Lambertus, 2000.

Reisigl, Herbert/Keller, Richard: Lebensraum Bergwald. Alpenpflanzen in Bergwald, Baumgrenze und Zwergstrauchheide, Stuttgart/New York: Gustav Fischer, 1999.

Riess, Hans W.: Obstbaumschnitt in Bildern. Kernobst, Steinobst, Beerensträucher, Veredelung, München: Obst- und Gartenbauverlag, 2012.

Rietschel, Siegfried: Insekten, München: BLV, 2012.

Roberts, Callum: Der Mensch und das Meer. Warum der größte Lebensraum der Erde in Gefahr ist, München: DVA, 2013.

Roth, Gerhard: Ich-Empfindungen und Bewusstsein in der Hirnforschung, persönlich erstellte Mitschrift eines Vortrags am 14.11.1998 am Gasteig, München, 1998.

Rothmaler, Werner/Jäger, Eckehart J./Werner, Klaus: Exkursionsflora von Deutschland. Band 2: Gefäßpflanzen, Heidelberg/Berlin: Spektrum Akademischer Verlag, 2005.

Rücker, Karlheinz: Die Pflanzen im Haus, Stuttgart: Eugen Ulmer, 2012.

Runge, Fritz: Die Pflanzengesellschaften Mitteleuropas, Münster: Aschendorff, 1994.

Salewski, Sibylle: Lernen zahlt sich aus. Der Ökonom James Heckmann berechnet den Wert frühkindlicher Bildung, in: Deutschlandradio Kultur, 01.05.2013, abgerufen unter: www.dradio.de/dkultur/sendungen/forschungundgesellschaft/925919, 2009.

Schäfer, Gerd E.: Frühkindliche Bildungsprozesse, in: Neue Sammlung, 39 (1999) 2, 1999.

Schäfer, Gerd E.: Bildung beginnt vor der Schule. Thesen zum Elementarbereich als eigenem Bildungsort, in: Theorie und Praxis der Sozialpädagogik TPS Kinder – Lernen – Bildung (Sammelband), Seelze: Kallmeyer, 2002.

Schäfer, Gerd E. (Hrsg.): Bildung beginnt mit der Geburt. Ein offener Bildungsplan für Kindertageseinrichtungen in Nordrhein-Westfalen, Berlin: Cornelsen Scriptor, 2005.

Schäfer, Gerd E.: Das Denken lernen. Bildung im Krippenalter, in: *Betrifft* KINDER 08-09/2008, Berlin/Weimar: verlag das netz, 2008, S. 7–15.

Scheffer, Fritz/Schachtschabel, Paul: Lehrbuch der Bodenkunde, Heidelberg/Berlin: Spektrum Akademischer Verlag, 2010.

Schellnhuber, Hans J.: Zit. in: Ein Mann läuft Sturm, v. Stephan Lebert, in: DIE ZEIT 37/2005 vom 08.09.2005, Hamburg: ZEIT-Verlag.

Schmeiler, Jutta/Schröder, Nicole: Die Magnet-Werkstatt, Mülheim a. d. Ruhr: Verlag a. d. Ruhr, 2004.

Schmid, Otto/Henggeler, Sylvia: Biologischer Pflanzenschutz im Garten, Stuttgart: Eugen Ulmer, 2012.

Schneider, Siegfried: Mathematisches Grundwissen. Kleines Mathe-Lexikon, Bühl: Konkordia, 2000.

Schneider, Wolfgang/Lindenberger, Ulman (Hrsg.): Entwicklungspsychologie, Weinheim/Basel/Berlin: Beltz, 2012.

Schönenberg Reinhard/Neugebauer, Joachim: Einführung in die Geologie Europas, Freiburg: Rombach, 1997.

Schotte, Ramona u. a.: Spaß mit Schwerkraft, Magnetismus und Elektrizität. Technische Erziehung im KiTa-Alltag, in: kiga heute, 2/2005, Freiburg i. Br.: Herder, 2005.

Schreier, Helmut: Bäume. Streifzüge durch eine unbekannte Welt, Berlin: Der Freitag Mediengesellschaft, 2009.

Schröder, Eva-Maria (Hrsg.): Ernährung in Kindertageseinrichtungen. Sonderausgabe der KiTa spezial, 2/2002, Freiburg i. Br.: Herder, 2002.

Schubel, Frauke (Hrsg.): Augen auf! Heimat- und Sachunterricht 2, Regensburg: Wolf, 2001.

Schulmeister, Rolf: Grundlagen hypermedialer Lernsysteme. Theorie Didaktik Design, München: Oldenbourg Wissenschaftsverlag, 2007.

Schumann, Walter: Der neue BLV Steine- und Mineralienführer, München: BLV, 2012.

Schwanitz, Dietrich: Bildung, Frankfurt/M.: Eichborn, 2002.

Senftleben, Hans-Günter: Tausendundeins. Mein Mathematikbuch 1, Regensburg: Wolf, 2001.

Seybold, Siegmund (Hrsg.), Fitschen, Jost und Schmeil, Otto: Die Flora Deutschlands und der angrenzenden Länder, Wiesbaden: Quelle & Meyer, 2011.

Singh, Simon: Fermats letzter Satz. Die abenteuerliche Geschichte eines mathematischen Rätsels, übers. v. Klaus Fritz, München: dtv, 2013.

Sönning, Walter/Keidel, Claus G.: Wolkenbilder, Wettervorhersage, München: BLV, 2012.

Sohr, Sven: Ökologisches Gewissen. Die Zukunft der Erde aus der Perspektive von Kindern, Jugendlichen und anderen Experten, Baden-Baden: Nomos Verlagsgesellschaft, 2000.

Speck, Otto: Hirnforschung und Erziehung. Eine pädagogische Auseinandersetzung mit neurobiologischen Erkenntnissen, München/Basel: Ernst Reinhardt, 2009.

Spitzer, M.: Lernen. Gehirnforschung und die Schule des Lebens, Heidelberg/Berlin: Spektrum Akademischer Verlag, 2007.

Spohn, Margot/Aichele, Dietmar: Was blüht denn da?, Stuttgart: Franckh-Kosmos, 2010.

Stangl, Martin: Obst aus dem eigenen Garten. Pflanzung, Pflege, Ernte. Baum-, Strauch- und Beerenobst, München: BLV, 2000.

Stebler, Hans: Optische Spielereien, München: Hugendubel, 1987.

Stein, Dagmar/Stein, Siegfried: Pilze anbauen, München: BLV, 2005.

Steinbach, Gunter (Hrsg.): Werkbuch Naturschutz. Selbstbau-Anleitungen für den Vogel-, Fledermaus-, Kröten- und Insektenschutz, Stuttgart: Kosmos-Franckh, 1988.

Stewart, Ian: Das Rätsel der Schneeflocke. Die Mathematik der Natur, übers. v. Andrea Kamphuis u. a., Heidelberg/Berlin: Spektrum Akademischer Verlag, 2007.

von Storch, Hans/Krauß, Werner: Die Klimafalle, München: Carl Hanser, 2013.

Textor, Martin R.: Projektarbeit im Kindergarten. Planung, Durchführung, Nachbereitung, Norderstedt: Books on Demand, 2009.

Textor, Martin R. (Hrsg.): Online-Handbuch Kindergartenpädagogik, abgerufen unter: www.kindergartenpaedagogik.de. [01.05.2013].

Thiesen, Peter: Arbeitsbuch Spiel. Für die Praxis in Kindergarten, Hort, Heim und Kindergruppe, Troisdorf: Bildungsverlag Eins, 2009.

Trapp, Wolfgang: Kleines Handbuch der Maße, Zahlen, Gewichte und der Zeitrechnung, Köln: Komet, 1998.

Traxler, Josef: Im Pechwald. Erzählung, Wien: Deuticke, 1992.

Trudewind, Clemens/Schubert, Ute/Ballin, Ursula: Die Rolle von Neugier und Angst als Basismotivationen der frühkindlichen Erfahrungsbildung, in: Motivation und Lernen aus der Perspektive lebenslanger Entwicklung, hrsg. v. Christiane Spiel, Ursula Kastner-Koller, Pia Deimann, Münster: Waxmann, 1996.

Unterbruner, Ulrike: Umweltangst – Umwelterziehung. Vorschläge zur Bewältigung der Ängste Jugendlicher vor Umweltzerstörung, Linz: Veritas, 2001.

Verband Deutscher Schullandheime e. V. (Hrsg.): Projektarbeit im Schullandheim. Band 2 Biologie, Regensburg: Walhalla und Praetoria, 1996.

Viernickel, Susanne/Völkel, Petra: Beobachten und dokumentieren im pädagogischen Alltag, Freiburg i. Br.: Herder, 2009.

Wagner, Richard: Naturspielräume gestalten und erleben, Münster: Ökotopia, 2001.

Weber, Elke/Wessel, Mechthild/vom Wege, Brigitte: Kinderpflege und Ernährung, Troisdorf: Bildungsverlag Eins, 2000.

Weber, Andreas: Mehr Matsch! Kinder brauchen Natur, Berlin: Ullstein Taschenbuch, 2012.

Weberling, Focko/Schwantes, Hans Otto: Pflanzensystematik. Einführung in die Systematische Botanik, Stuttgart: UTB, 2000.

WHO: Die Zukunft unseren Kindern – The Future for our Children, 4. Ministerkonferenz zu Umwelt und Gesundheit am 23.–25. Juni 2004 in Budapest, Ungarn, in: umwelt medizin gesellschaft, 2/2004, Bremen: UMG Verlagsgesellschaft, 2004.

Wichmann, Siegfried: Meister, Schüler, Themen: Münchner Landschaftsmaler im 19. Jahrhundert, Herrsching: Schuler Verlagsgesellschaft, 1987.

Wiederhold, Doris/Sobat, Vera: Julies Einschlafbuch, München: Ars Edition, 2007.

Wilken, Hedwig: Kinder werden Umweltfreunde. Umweltbildung in Kindergarten und Grundschule, München: Don Bosco, 2002.

Wittmann, Josef: Physik in Wald und Flur. Beobachtungen und Gedanken eines Physikers in der freien Natur, Köln: Aulis Verlag Deubner, 2000.

Wygotsky, Lew: Ausgewählte Schriften, Band 2, Köln: Pahl-Rugenstein, 1991.

Zahradnik, Jiri: Der Kosmos-Insektenführer. Ein Bestimmungsbuch, Stuttgart: Kosmos-Franckh, 2009.

Zajonc, Arthur: Die Lichtfänger: Die gemeinsame Geschichte von Licht und Bewusstsein, übers. v. Hainer Kober, Stuttgart: Verlag Freies Geistesleben, 2014.

Zeh, Helgard: Ingenieurbiologie: Handbuch Bautypen, Zürich: Vdf Hochschulverlag, 2007.

Zimmer, Renate: Handbuch der Bewegungserziehung. Grundlagen für Ausbildung und pädagogische Praxis, Freiburg i. Br.: Herder, 2009.

Zimmermann-Kogel, Katrin/Kühne, Norbert (Hrsg.): Praxisbuch Sozialpädagogik. Arbeitsmaterialien und Methoden, Troisdorf: Bildungsverlag Eins, 2005.

Internetadressen

www.aid.de – aid infodienst Verbraucherschutz, Ernährung, Landwirtschaft

www.alpenverein.de – Deutscher Alpenverein

www.lfu.bayern.de/index.htm – Bayerisches Landesamt für Umwelt

www.bfn.de – Bundesamt für Naturschutz

www.bfs.de – Bundesamt für Strahlenschutz

www.bpb.de/die_bpb/ – Bundeszentrale für politische Bildung

www.bundesverband-erlebnispaedagogik.de – Bundesverband Erlebnispädagogik

www.familienhandbuch.de – Sammlung von Fachartikeln und Praxisberichten

www.faunistik.net – Bestimmung heimischer Tiere und Tierökologie

www.floraweb.de – Wildpflanzen und Vegetation Deutschlands

www.foodwatch.org – Informationen über Ernährungspolitik und Verbraucherschutz

http://gernot-katzers-spice-pages.com/germ/index.html?redirect=1 – Gewürzpflanzen-Datenbank

www.hautkrebsstiftung.de – Deutsche Hautkrebs Stiftung

www.kindergartenpaedagogik.de – Sammlung von Fachartikeln und Praxisberichten

www.kinderumweltgesundheit.de – Schwerpunktseite der Fachhochschule Magdeburg-Stendal, FB Sozial- und Gesundheitswesen

www.lbv.de – Landesbund für Vogelschutz

www.lfu.bayern.de/geologie – Bayerisches Geologisches Landesamt

http://www.lfu.bayern.de/laerm/foliensammlung/allgemein/doc/a122.pdf www.luetzschena-stahmeln.de/park/voegel – Vogelbestimmung mit Audiodateien

www-m10.ma.tum.de/ix-quadrat – Mathematikseite der Technischen Universität München

www.mineralienatlas.de – umfangreiche Mineralien- und Fossiliendatenbank

www.nabu.de – Naturschutzbund Deutschland NABU und Naturschutzjugend NAJU

www.natur-tilgner.de – Naturhörbilder auf Audio-CDs

www.naturdetektive.de – Multimediaprojekt des Bundesamtes für Naturschutz (BfN)

www.pirabel.de – Seite für Mathematik-Fans

www.ptb.de – Physikalisch-Technische Bundesanstalt (PTB)

www.rki.de – Robert-Koch-Institut

www.uba.de – Bundesministerium für Umwelt, Naturschutz und Reaktorsicherheit

www.forstverein.de – Deutscher Forstverein mit Beiträgen zur Waldpädagogik

www.umweltinstitut.org/elektrosmog – Informationen zu Elektrosmog, Radioaktivität, Energiefragen etc. eines großen überparteilichen Umweltschutzvereins in Bayern

www.verbraucherzentrale.de – Zugang zum Gesamtangebot der deutschen Verbraucherzentralen www.who.int/en/ – Weltgesundheitsorganisation WHO

www.wikipedia.org – Freie Netz-Enzyklopädie

www.zvab.de – Zentrales Verzeichnis antiquarischer Bücher zur Suche nach vergriffenen Publikationen

www.zzzebra.de/index.asp – Webmagazin für Kinder mit vielen praktischen Anregungen

Die in diesem Werk aufgeführten Internetadressen sind auf dem Stand der Drucklegung. Die ständige Aktualität der Adressen kann vonseiten des Verlags nicht gewährleistet werden. Darüber hinaus übernimmt der Verlag keine Verantwortung für die Inhalte dieser Seiten.

Bildquellenverzeichnis

Anette Schaumlöffel, Köln: S. 109, 161, 164.2, 214, 226

Anja Berger, Eggenfelden: S. 141, 423

Bayerisches Landesamt für Umwelt, Augsburg: S. 28

Bergmoser + Höller Verlag AG, Aachen: S. 130

Christian Schlüter, Essen/Bildungsverlag EINS, Köln: S. 30.1, 32.1, 314, 319, 320, 359, 416.2

Deutsches Museum, München: S. 417

Fotolia Deutschland GmbH, Berlin: S. 89.2 (BeTa-Artworks), 126 (photo 5000), 154.2 (Smailhodzic), 182 (Ingo Bartussek), 209.1 (Sunny Forest), 249 (Halfpoint), 270 (Schiddrigkeit), 295 (Yves Damin), 304.2 (Maria P.r), 324.2 (photophonie), 363 (Andrea Hardert), 367.1 (Jürgen Fälchle), 372.1 (Matty Symons), 372.2 (Gina Sanders), 372.3 (Sundara Drishti), 404 (Bernd Jürgens)

MEV Verlag GmbH, Augsburg: Umschlag links und Icons zum Kapitelbeginn (Micha Pawlitzkia), Umschlag Mitte und Icons zu den Projekten (Waltraud Baeuerle), Umschlag zentral (Andreas Becker), Umschlag rechts und Icons zu den Aufgaben (Gerhard Dagner), S. 78 (Elke Zückert), 90.1 (Klaus Kindermann), 90.2 (Graeme Nicholson), 90.3 (GEWA Fotostudio), 90.4 (Rudolf Kostolnik), 156.1 (Tim Krieger), 217.1 (Call Agency), 272 (GEWA Fotostudio), 292 (digiphot), 294.1 (Eckart Seidl), 407 (GEWA Fotostudio)

Nikolaus Raith, Regensburg: S. 420.2

Peter Ferstl, Regensburg: S. 134

Wikimedia Foundation, Los Angeles (USA): S. 110.2 (Karin Sturzenegger), 361 (NASA)

Zeichnungen/Karikaturen

Ales Vrtal, Kemmern/Bildungsverlag EINS, Köln: S. 274f., 288

Angelika Brauner, Hohenpeißenberg/Bildungsverlag EINS, Köln: S. 18, 25, 31, 67.3, 68, 71, 72, 84, 85.2, 85.3, 89.1, 91, 93.2, 97.1, 97.3, 118, 119, 121, 123, 124, 137.1, 143, 153.1, 156.2, 157, 171, 173.2, 175.1, 181, 194, 200, 201.1, 201.2, 205.1, 216, 217.2, 228.2, 242.2, 256, 276.1, 280, 316.2, 317, 329, 341, 375, 390.1, 393.1, 393.2, 398.2, 418

Birgitt Biermann-Schickling, Hannover/Bildungsverlag EINS, Köln: S. 147, 153.2, 315, 352, 421

Cornelia Kurtz, Boppard/Bildungsverlag EINS, Köln: S. 59.1, 85.1, 88.2, 135.2, 283, 303.1, 303.2, 394

Deutsche Gesellschaft für Ernährung e.V., Bonn: S. 313

Ebstorfer Weltkarte, Kopie auf der Plassenburg ob Kulmbach (Foto: Dieter Schmudlach): S. 102

Evelyn Neuss, Hannover/Bildungsverlag EINS, Köln: S. 305

J. Ludwig Laaber/Bildungsverlag EINS, Köln: S. 97.2, 420.1

Jacob van Strij, Dordrecht (Niederlande): S. 355

Peter Pongratz, Wien (Österreich): S. 69

Knesebeck Verlag, München, in: Sylvie Bednar: Länder und ihre Flaggen. Eine Reise um die Welt, 2009: S. 107

Verlag Ed. Hölzel, Wien (Österreich): S. 138

Alle übrigen Fotos wurden freundlicherweise von unserem Autor Herbert Österreicher zur Verfügung gestellt. Viele dieser Fotos sind in pädagogischen Einrichtungen der Stadt München sowie des Deutschen Paritätischen Wohlfahrtsverbandes im Rahmen bestimmter umweltpädagogischer Projekte gemacht worden, wofür sich Autor und Verlag bedanken.

Sachwortverzeichnis